Holzfrei

Nr. 43 1953

S. 7013—7220 28. Oktober

Chemisches Zentralblatt

Vollständiges Repertorium für alle Zweige der reinen und angewandten Chemie

1830 gegründet. 1897—1945 von der Deutschen Chemischen Gesellschaft fortgeführt.
Im Auftrage der Deutschen Akademie der Wissenschaften zu Berlin, der Chemischen Gesellschaft in der Deutschen Demokratischen Republik, der Akademie der Wissenschaften zu Göttingen und der Gesellschaft Deutscher Chemiker

herausgegeben von Prof. Dr. **Maximilian Pflücke**

124. Jahrgang

1953

Chefredakteure: Dr. Eugen Klever und Prof. Dr. Maximilian Pflücke

Akademie-Verlag GmbH., Berlin — Verlag Chemie, GmbH., Weinheim/Bergstr.

Inhalt

Namenregister

Chemisches Zentralblatt

1953 Nr. 43 28. Oktober

Geschichte. Unterricht.

Ralph E. Oesper, *Odd Hassel.* Werdegang u. wissenschaftliche Arbeitsgebiete des 55jährigen norweg. Physiko-Chemikers, der seit 1934 einen Lehrstuhl in Oslo innehat. (J. chem. Educat. **29.** 25. Jan. 1952. Cincinnati, O., Univ.) PAULI. 1

W. Tatewski, *A. W. Frosst.* ANDREI WLADIMIROWITSCH FROSST (1906—1952) studierte in Moskau. Seine Hauptarbeitsgebiete waren die Thermochemie in ihrer Anwendung auf Probleme des Crackens, die Katalyse u. Gleichgewichte organ. Reaktionen. Die letzten 10 Jahre seines Lebens Inhaber des Lehrstuhls für physikal. Chemie an der Universität Moskau. (Вестник Московского Университета, Серия Физико-Математических и Естественных Наук [Nachr. Moskauer Univ., physik.-mathemat. u. naturwiss. Ser.] **7.** Nr. 12. 131—37. Dez. 1952.) R. KNOBLOCH. 1

Alfred Mosig, *Dem Gedächtnis Paul Ehrlichs, des Schöpfers der Chemotherapie.* In Fortsetzung des früheren Berichtes (C. **1951.** II. 2977) über P. EHRLICH wird zu der wissenschaftlichen Arbeit des Forschers Stellung genommen. (Pharmaz. Zentralhalle Deutschland **90.** 117—21. April 1951. Dresden.) KERN. 1

—, *Gedächtnisfeier des 100. Geburtstages von Jacobus Henricus van't Hoff in Amsterdam.* Lebenslauf u. -werk. (Chem. Weekbl. **48.** 774—77. 18/10. 1952.) WESLY. 1

J. A. A. Ketelaar, *J. H. van't Hoff und die physikalische Chemie.* Übersicht über die Arbeiten von VAN'T HOFF auf dem Gebiete der physikal. Chemie (Anwendung thermodynam. Gesetze auf chem. Vorgänge, Beziehung zwischen osmot. Druck u. mol. Zus., Grundzüge der Lehren von der Reaktionsgeschwindigkeit, vom chem. Gleichgewicht u. von der Dissoziation; Erklärung der ozean. Salzablagerungen). (Chem. Weekbl. **48.** 622—29. 30/8. 1952. Amsterdam, Univ.) WESLY. 1

W. P. Jorissen, *Meine Erinnerungen an Jacobus Henricus van't Hoff und das Studium der Chemiker an der Universität von Amsterdam unter seiner Leitung.* Persönliche Erinnerungen. (Chem. Weekbl. **48.** 647—58. 30/8. 1952.) WESLY. 1

F. G. Donnan, *Einige Erinnerungen an van't Hoff.* Persönliche Erinnerungen. (Chem. Weekbl. **48.** 643—44. 30/8. 1952.) WESLY. 1

J. P. Wibaut, *Die Bedeutung der Untersuchungen von J. H. van't Hoff für die organische Chemie.* Übersicht über die organ. Arbeiten von VAN'T HOFF, bes. über Stereochemie. (Chem. Weekbl. **48.** 630—37. 30/8. 1952.) WESLY. 1

C. H. J. van Soest, *Die Tätigkeit von Martinus van Marum als Chemiker zwischen 1781 und 1798.* Übersicht über Gedanken u. Tätigkeit von VAN MARUM als Anhänger der Phlogistontheorie u. seine „Bekehrung" zur Theorie von LAVOISIER. (Chem. Weekbl. **48.** 558—67. 2/8. 1952.) WESLY. 1

—, *Erinnerung an Sir William Ramsay (1852—1916).* Beschreibung des Werdegangs u. Würdigung der Arbeiten von RAMSAY. (Chem. Weekbl. **48.** 718—19. 27/9. 1952.) WESLY. 1

A. J. J. Van de Velde, *Ein Brief von J. S. Stas vom 27. Oktober 1886.* Der vermutlich an MALLET gerichtete Brief handelt von der Reinigung von metall. *Ag* u. von *K*-Salzen, sowie von der Zers. von Salzen in der Hitze. (Meded. vlaamse chem. Veren. **14.** 165—71. Nov./Dez. 1952. Gent, Musaeum historiae scientiarum.) WESLY. 1

Otto Hahn, *Moderne Alchemie: Der Weg über das Unwägbare zum Wägbaren.* Festvortrag aus Anlaß der Verleihung der Paracelsus-Medaille. (Helv. chim. Acta **36.** 608 bis 619. 30/4. 1953. Göttingen.) GERHARD SCHMIDT. 2

E. Whalley, *Vorlesungsgerät zur Wärmediffusion.* Eine elektr. geheizte innere Röhre u. eine koaxiale wassergekühlte äußere Röhre sind mit einem äquimol. Gemisch von Br_2 u. He oder — was die Reaktionsdauer verdoppelt — Br_2 u. Luft unter vermindertem Druck gefüllt. Die Gase werden in wenigen Minuten nach Inbetriebnahme getrennt, was an der Farbe erkennbar ist. (J. chem. Educat. **29.** 24—25. Jan. 1952. Ottawa, Nat. Res. Counc.) PAULI. 6

A. Allgemeine und physikalische Chemie.

Giorgio Favini, Esercizi di chimica-fisica. Appunti e problemi raccolti alle lezioni di esercitazioni di chimica-fisica II. Milano: Ed. Bignami. 1951. (161 S.)

Henri Normant, Chimie. Paris: C. Hermant. 1953. (VI + 196 S. m. Abb. u. Autogr.)

Luigi Pasquinelli, Chimica, 3a ed. Padova: Cedam, Casa ed. dott. A. Milani. 1952. (XIV + 239 S.) 8°. L. 1000,—.

Onofre Mendiola Ruiz, Nociones de Física, Química y Ciencias Naturales. Madrid: (S. e. autor). 1952. (328 S. m. Abb.) ptas 42,—.

Calogero Vinti, Esercitazioni di istituzioni di matematica per chimici. 1° corso. Anno accademico 1951—52. Palermo: 1952. (324 S.)

A_1. Kernphysik und Kernchemie.

Saul T. Epstein, *Die Kausalinterpretation der Quantenmechanik.* In Erwiderung des BOHMschen Vorschlages (vgl. C. **1952.** 6001) einer Kausalinterpretation der Quantenmechanik nimmt Vf. an, daß alternative Kausalinterpretationen von einer Impulsdarstellung der Wellenfunktion oder von anderen Darstellungen zwischen der der Lage u. des Impulses her möglich sein können. (Physic. Rev. [2] **89.** 319. 1/1. **1953.** Boston, Mass., Boston Univ.) GERHARD SCHMIDT. 80

David Bohm, *Kommentare zu einer Notiz über die Kausalinterpretation der Quantentheorie.* Vf. führt verschied. Gründe zu einer Widerlegung der Alternativannahmen von EPSTEIN (vgl. vorst. Ref.) an. (Physic. Rev. [2] **89.** 319—20. 1/1. 1953. São Paulo, Brazil, Univ. de São Paulo, Fac. de Filos., Ciênc. e Letras.) GERHARD SCHMIDT. 80

Gilbert W. King, *Die Monte Carlo-Methode in der Quantenmechanik.* (Sitzungsbericht.) Vers. einer Darst. der Meth. mittels harmon. Oscillatoren. (Physic. Rev. [2] **78.** 328. 1/5.; Bull. Amer. physic. Soc. **25.** Nr. 1. 21. 2/2. 1950. Arthur D. Little, Inc., u. MIT.) GERHARD SCHMIDT. 80

A. Romero Juárez, J. de Oyarzábal, C. Gómez und **F. Medina,** *Über die Albedo der Höhenstrahlung.* (Sitzungsbericht.) Unter Berücksichtigung des Dipol- u. Quadrupolanteils des magnet. Erdfeldes wurde die Bewegungsgleichung für ein geladenes Sekundärteilchen numer. integriert. Teilchen, die mit einer Energie von 0,3 Störmer in einer geomagnet. Breite von 40° u. einer geograph. Länge von 120° W mit einem Zenithwinkel von 60° u. einem Azimut von 0° auftreffen, gehen von in Länge u. Breite stark verschied. Punkten aus. (Physic. Rev. [2] **80.** 133. 1/10.; Bull. Amer. physic. Soc. **25.** Nr. 4. 18. 21/6. 1950. Mexico, Univ., Inst. de Fis.) E. REUBER. 85

Marcello L. Vidale, *Intensität der weichen und harten Komponente der Höhenstrahlung als eine Funktion der Höhe auf den geomagnetischen Breiten von 28, 41 und 55° N.* Auf Ballonflügen bis zu 94000 ft. Höhe auf den Breiten 28, 41 u. 55° N wurde mit Zählerteleskopen mit Pb-Absorbern bis zu 12 cm dazwischen durch Vierfachkoinzidenzen die Intensität der harten u. weichen Höhenstrahlkomponente in Abhängigkeit von der Höhe gemessen (vgl. VIDALE u. SCHEIN, C. **1952.** 1118). Die Kurven zeigen sämtlich Übergangseffekte, die Maxima liegen zwischen 5 u. 10 cm Hg Druck, u. zwar bei höheren Breiten bei geringerem Druck. Durch Extrapolation der Gesamtstrahlung auf die obere Grenze der Atmosphäre erhält Vf. für die Primärstrahlung das folgende Impulsspektr.: $N (> pc/Ze) = (0,49 \pm 0,04) (pc/Ze)^{-1,0\pm0,1}$. Vf. nimmt an, daß Primärteilchen mit 4—8 GeV über den Zerfall neutraler Mesonen in 2 γ-Strahlen Elektronenkaskaden hervorrufen u. daß Primärteilchen mit > 8 GeV Nucleonenkaskaden höherer Multiplizität erzeugen. Harte u. weiche Komponente haben als gemeinsamen Ursprung Kernwechselwirkungen, die neutrale u. geladene Mesonen hervorrufen. (Physic. Rev. [2] **88.** 266—72. 15/10. 1952. Chicago, Ill., Univ. of Chicago, Dep. of Phys.) WIEDEMANN. 8

Walter Goad, *Die Höhenstrahlung in großen Tiefen.* (Sitzungsbericht.) Das Knie in der Absorptionskurve der Höhenstrahlung unter der Erde wird auf die gegenseitige Einw. von Kernzusammenstößen u. μ-Zerfall der π-Mesonen zurückgeführt. Es wird angenommen, daß die mittlere freie Weglänge für die Erzeugung der π-Mesonen durch die Primärstrahlen gleich der mittleren freien Weglänge für ihre Wechselwrkg. mit den Kernen ist. Vf. erhält dann ein Energiespektr., mit dem die π-Mesonen zwischen 10^{10} u. 10^{12} eV erzeugt werden. (Physic. Rev. [2] **88.** 169. 1/10. 1952. Duke Univ., Los Alamos Scientif. Labor.) WIEDEMANN. 85

R. D. Sard, *Neutronenerzeugung durch Höhenstrahlen in drei verschiedenen Tiefen.* (Sitzungsbericht.) In 3,4 km Höhe, 160 m u. im Keller eines Wolkenkratzers wurden mit der gleichen Zählrohr-App. (vgl. C. **1950.** II. 1780) Koinzidenzmessungen durchgeführt. Die Änderung der relativen Häufigkeiten der verschied. Koinzidenzen lassen eine Trennung der Neutronenerzeugung durch μ-Mesonen u. durch Sekundärteilchen zu. (Physic. Rev. [2] **80.** 134. 1/10.; Bull. Amer. physic. Soc. **25.** Nr. 4. 19. 21/6. 1950. Washington, Univ.) E. REUBER. 85

K. E. Davis, J. B. Marion, J. F. Delord und **K. M. King,** *Der Effekt enger Paare bei den Höhenstrahlsternen.* Auf 95000 ft. Höhe u. 55° N Breite wurden auf insgesamt 278 cm² EASTMAN NTB-Emulsionen von 50 μ Dicke 1077 Sterne ausgezählt. Dabei wurden die Ränder der Platten nicht ausgewertet. Es wurden 241 Paare eng benachbarter Sterne mit einem Abstand von < 1950 μ gefunden. Der Überschuß der gezählten Paare über die zu erwartenden zeigt bei ca. 1000 μ ein Maximum. Nach einem Vgl. mit Messungen anderer Autoren scheint der Effekt der eng benachbarten Paare mit der Höhe zuzunehmen. (Physic. Rev. [2] **88.** 368—72. 15/10. 1952. Portland, Ore., Reed Coll.) WIEDEMANN. 85

Harold K. Ticho, *Die mittlere freie Absorptionslänge ausgedehnter harter Schauer in Luft.* Mittels einer Zählrohranordnung wurde in 4 Höhen zwischen 222 u. 720 g/cm² Luft die Erzeugung harter Schauer verschied. Ausdehnung in Pb mittels eines Hodoskops untersucht. Die Energien der schauererzeugenden Teilchen werden in 5 Gruppen auf 14—43, 43—75, 75—125, 125—260, > 260 GeV geschätzt. Die Abnahme der Intensität mit zunehmender atmosphär. Tiefe erfolgt für Schauer aller Größen exponentiell mit einer mittleren freien Weglänge für Absorption, einschließlich der Zusammenstöße, von ca. 125 g/cm² Luft. Dieser Wert ist doppelt so groß, wie aus dem geometr. Querschnitt folgen würde; dieser Widerspruch wird diskutiert. (Physic. Rev. [2] **88.** 236—41. 15/10 1952. Los Angeles, Calif., Univ. of California, Dep. of Phys.) WIEDEMANN. 85

John R. Green und **W. B. Fretter,** *Erzeugung durchdringender Schauer in Kohlenstoff.* (Sitzungsbericht.) Es wird eine Nebelkammeranordnung beschrieben, die von einem auftreffenden u. mindestens drei in der Kammer an C-Platten erzeugten Teilchen ausgelöst wurde. Die Aufnahmen zeigten eine große Wahrscheinlichkeit dafür, daß die in C erzeugten Teilchen sek. Ereignisse auslösen. Die durchdringenden Teilchen waren häufig von Elektronen u. γ-Strahlen, die ihrerseits Elektronenpaare erzeugten, begleitet. (Physic. Rev. [2] **78.** 92. 1/4. 1950. Berkeley, Calif., Univ.) E. REUBER. 85

John R. Green und **W. B. Fretter,** *Durchdringende Schauer in Kohlenstoff.* (Vgl. vorst. Ref.) (Sitzungsbericht.) In Nebelkammerunterss. wurden die in C erzeugten durchdringenden Schauer mit den in Pb erzeugten verglichen. Die Ähnlichkeit der Winkelverteilung der Sekundärteilchen läßt auf gleiche mittlere Energie schließen. Je Ereignis wurden in C 3,2—3,6, in *Pb* 3,8 durchdringende Teilchen erzeugt. Die freie Weglänge der schwach ionisierenden Sekundärteilchen für die Erzeugung von Kernrkk. wurde in C zu 237 ± 29 g/cm² gefunden. (Bull. Amer. physic. Soc. **25.** Nr. 4. 19. 21/6.; Physic. Rev. [2] **80.** 134. 1/10. 1950.) E. REUBER. 85

W. D. Walker, N. M. Duller und **J. D. Sorrels,** *Winkelverteilung der durchdringenden Sekundärteilchen aus Schauern in Kohlenstoff und Blei.* (Sitzungsbericht.) Die räumliche Verteilung der durchdringenden Sekundärteilchen von in *C* u. in *Pb* ausgelösten Schauern ist ähnlich, jedoch haben die Schauer in C relativ mehr Teilchen innerhalb eines engen Kegels um die Primärrichtung u. die Schauer in Pb mehr Teilchen in Winkeln um 40° oder größer von der Primärrichtung. Die C-Schauer weisen mehr Paare durchdringender Sekundärteilchen mit einer Winkeldifferenz von 3 oder 4° auf. (Physic. Rev. [2] **88.** 173. 1/10. 1952. Rice Inst.) WIEDEMANN. 85

Kurt Sitte, *Stoßquerschnitte bei Höhenstrahlwechselwirkungen.* (Sitzungsbericht.) Vf. zeigt, daß die Zählrohr-Verss. über die Stoßquerschnitte bei Höhenstrahlteilchen einer Korrektur bedürfen. Für schwere Elemente sind dann die Querschnitte verträglich mit einem geometr. bei Energien > $0{,}75 \cdot 10^9$ eV. Auch bei den leichten Elementen wurde die Durchlässigkeit bisher überschätzt. (Physic. Rev. [2] **88.** 172. 1/10. 1952. Syracuse Univ.) WIEDEMANN. 85

Fritz E. Froehlich und **Kurt Sitte,** *Die freie Weglänge für Wechselwirkung von π-Mesonen in Pb.* (Sitzungsbericht.) Vorläufige Ergebnisse ergaben auf 3260 m Höhe bei Absorbern über 660 g/cm² ein Ansteigen der mittleren freien Weglänge für Wechselwrkg. über den Wert von 165 g/cm². Die Möglichkeit, daß dieser Effekt von einem Unterschied der Wechselwirkungsweglänge zwischen Nucleonen u. π-Mesonen herrührt, wird diskutiert. (Physic. Rev. [2] **88.** 169. 1/10. 1952. Syracuse Univ.) WIEDEMANN. 85

Hugh Bradner und **Bayard Rankin,** *Weitwinkelstreuung und Sternerzeugung durch π-Mesonen im Flug.* (Sitzungsbericht.) In G 5-Emulsionen wurden insgesamt 902 cm Bahnspuren von 38 MeV-π^--Mesonen verfolgt. Die Streuung zwischen 5 u. 25° entspricht der einfachen COULOMB-Streuung. 26 Streuungen über mehr als 30°, 11 Sterne u. das Verschwinden von 5 Mesonen im Flug wurden beobachtet. Die mittleren freien Weglängen betragen für Weitwinkelstreuung 34,7 ± 4,6 cm, für Sternerzeugung 82,0 ± 16,7 cm u. für gesamte Kernwechselwrkg. 21,5 ± 2,2 cm. Der Gesamtwirkungsquerschnitt für Kernwechselwrkg. bei 30—40 MeV-π^--Mesonen in Emulsionen ist dem geometr. gleich. (Physic. Rev. [2] **81.** 649. 15/2. 1951; Bull. Amer. physic. Soc. **25.** Nr. 6. 6. 28/12. 1950. Berkeley, Univ. of California.) Wiedemann. 90

Donald R. Hamilton, W. P. Alford und **Leonard Gross,** *Grenzwert der Neutrinomasse aus dem β-Spektrum von Tritium.* (Sitzungsbericht.) Das β-Spektr. von T ist bei einer dicken Probe nur 1,5 keV unterhalb des Endpunktes (19,4 ± 0,4 keV) ungestört u. hat dort einen Verlauf, der einer Neutrinomasse < m_e/2000 entspricht. Bei einer anderen, dünneren Probe ist das β-Spektr. bis 10 keV herunter ungestört u. ergibt als obere Grenze der Neutrinomasse m_e/1000. (Physic. Rev. [2] **83.** 215. 1/7.; Bull. Amer. physic. Soc. **26.** Nr. 3. 24. 26/4. 1951.) Kirschstein. 90

Gladys R. White, *Durchdringungsfähigkeit der ^{60}Co-γ-Strahlung durch dicke Wasserschichten.* (Sitzungsbericht.) Vf. mißt in einem 60 ft. Wassertank die γ-Intensität zweier ^{60}Co-Quellen von 0,34 u. 4,9 C im Abstand von 30—180 cm mittels abgeschlossener Kelley-Koett-Ionisationskammern. Bei kleinen Abständen *r* stimmen die Ergebnisse mit den im MIT gewonnenen überein, jedoch nimmt die Intensität langsamer als $e^{-\mu r}/r^2$ bei wachsendem *r* ab, was auf die Sekundärstrahlung zurückgeführt wird, deren Vermehrungsfaktor etwas stärker als linear wächst. (Physic. Rev. [2] **78.** 330. 1/5.; Bull. Amer. physic. Soc. **25.** Nr. 1, 24. 2/2. 1950. Nat. Bur. of Stand.) Weigel. 90

J. D. Fox und **J. Korringa,** *Positronium und Vernichtung des Positrons.* Übersicht über Eigg., Vernichtung, experimentelle Best. der Lebensdauer u. der Hyperfeinstrukturspaltung von Positronium. (Nederl. Tijdschr. Natuurkunde **18.** 304—10. Dez. 1952.) Wesly. 90

Roy Britten, *Streuung von 31,5 MeV-Protonen an verschiedenen Elementen.* Die elast. u. unelast. Streuung von 31,5 MeV-Protonen aus dem Linearbeschleuniger wurde an *Be, C, Al, Pb* u. *Pt* mit einem NaJ(Tl)-Kristallzähler untersucht. Unelast. Streuung ergab Anregungszustände in ^{9}Be bei 2,5, 6,8 u. 11,6 MeV, in ^{12}C bei 4,3, (7,5), 9,5 u. eine weitere Gruppe zwischen 11 u. 17 MeV. Deuteronen aus der Rk. ^{12}C (p, d) ^{11}C, die zum Grundzustand von ^{11}C führt, wurden beobachtet. Bei allen Rkk. wurden die differentiellen Streuquerschnitte für 2 oder 3 Winkel sowie für die elast. Streuung unter mehreren Winkeln an ^{9}Be, ^{12}C, ^{27}Al u. Pb gemessen. Die Empfindlichkeit der berechneten Querschnitte gegen Phasenverschiebungen u. Amplituden zeigt, daß zumindest in der Rückwärtsrichtung schon rohe Messungen des Streuquerschnitts genaue Bestimmungen der einzelnen Phasenverschiebungen liefern. (Physic. Rev. [2] **88.** 283—94. 15/10. 1952. Princeton, N. J., Princeton Univ., Palmer Labor.) Gans. 90

J. B. Cladis, J. W. Hadley und **B. J. Moyer,** *Protonenstreuung aus Kernen bei hohen Energien.* (Sitzungsbericht.) Das Energiespektr. der gestreuten Protonen wurde erhalten, indem diese durch ein Magnetfeld in durch Proportionalzähler u. einen Satz von 35 Geiger-Zählern definierte Kanäle geleitet wurden. Beim Einfall von 340 MeV-Protonen auf leichte Elemente ähnelt das Spektr. der Streuung freier Teilchen. Beim Einfall von 270 MeV-Neutronen auf D ist die Ausbeute an Streuprotonen in Vorwärtsrichtung kleiner gegenüber der Ausbeute aus H. (Physic. Rev. [2] **81.** 649. 15/2. 1951; Bull. Amer. physic. Soc. **25.** Nr. 6. 6. 28/12. 1950. Berkeley, Univ. of California.) Wiedemann. 90

David A. Kleinman, *Unelastische Streuung thermischer Neutronen.* (Sitzungsbericht.) Die Einquanten (one-phonon)-Querschnitte, die häufig für die unelast. Streuung hauptsächlich verantwortlich sind, werden für eine Anzahl Substanzen als Funktion der Neutronenanfangsenergie E für verschied. Kristalltempp. berechnet. Das verwendete Integrationsverfahren wird beschrieben. Die in der Formel für σ auftretenden Funktionen werden tabelliert. (Physic. Rev. [2] **81.** 326. 15/1. 1951; Bull. Amer. physic. Soc. **25.** Nr. 5. 38. 24/11. 1950. Brookhaven Nat. Labor.) Weigel. 90

A. W. McReynolds, *Unelastische Streuung thermischer Neutronen in Blei.* (Sitzungsbericht.) Die unelast. Streukomponente von Neutronen an Pb wurde als Funktion von Temp. u. Neutronenwellenlänge im Bereich von 2—5,7 Å untersucht. Ein Meilerneutronenbündel wurde durch einen mechan. Geschwindigkeitsselektor geschickt u. durch Reflexion an der [200]-Netzebene eines Pb-Einkristalls monochromatisiert. Durch Verwendung eines weiteren Pb-Einkristalls konnte zwischen den Beugungsbereichen der unelast. Streuquerschnitt bestimmt werden. Kurven des unelast. Streuquerschnitts als Funktion von λ bei 80° u. 300° K zeigen in Übereinstimmung mit der Theorie einen Anstieg mit abnehmendem λ u. sind der Temp. proportional. (Physic. Rev. [2] **86.** 594. 15/5.; Bull. Amer. physic. Soc. **27.** Nr. 1. 19. 31/1. 1952. Brookhaven Nat. Labor.) Weigel. 90

Otto Halpern, *Mehrfachstreuung von Neutronen.* 3. Mitt. *Streuung durch spinabhängige Kräfte und Polarisationserscheinungen.* (2. vgl. Physic. Rev. [2] **76.** [1949.] 1811.) Die Mehrfachstreuung für langsame Neutronen an einer ebenen Fläche wird auf den

Fall spinabhängiger Kräfte erweitert u. eine analyt. Lösung gegeben. Vf. diskutiert die Berechnung des Verhältnisses der Streuamplituden aus der Depolarisation der zurückkehrenden sowie der durchgelassenen Neutronen. (Physic. Rev. [2] **88.** 232—35. 15/10. 1952. Los Angeles, Calif., Univ. of Southern California.) WIEDEMANN. 90

G. Placzek, B. R. A. Nijboer und **L. Van Hove,** *Interferenzeffekt für kurze Wellenlängen bei der Neutronenstreuung durch dichte Systeme schwerer Kerne.* Der Interferenzterm in dem Ausdruck für den totalen Streuquerschnitt von dichten Systemen schwerer Kerne (Massenverhältnis für Neutron u. Kern = 0) gegenüber Neutronen, welcher asymptot. die Form $d\sigma/\sigma = -(^1/_8\,\pi)\cdot\lambda^2\,\varrho^{2/3}\cdot J$ (λ Wellenlänge, ϱ D. der Teilchen) annimmt, wird im Bereich kleiner Wellenlängen berechnet. Der Koeff. J wird für verschied. Systeme (hexagonales Gitter dichtester Packung, flächenzentriertes kub. Gitter) unter Erweiterung der EWALDschen Berechnungsmeth. für die Summe von Gittern auf allg. Systeme bestimmt. Für alle Systeme ergab sich $J<3$; J lag für alle Systeme, welche sich von dem dichtester Packung nicht allzu weit entfernen, in der Nähe dieses Wertes. Es werden bes. ideale Gitter, wirkliche Gitter mit therm. Unordnung u. Fll. behandelt. (Physic. Rev. [2] **82.** 392—403. 1/5. 1951. Princeton, N. J., Inst. for Adv. Stud.) WERNER SCHULZ. 90

Louis Goldstein, *Über die kohärente Streuung langsamer Neutronen an Flüssigkeiten im kritischen Gebiet.* (Sitzungsbericht.) Die Theorie der kohärenten Streuung von Röntgenstrahlen an Fll. läßt sich auf das Verh. langsamer Neutronen übertragen. Der verwendete Formalismus fußt auf der expliziten Benutzung der Flüssigkeits-Korrelations-Funktion, welche die örtliche Konzentrations- oder Dichteinhomogenität in der Umgebung eines angegebenen Atoms oder Mol. beschreibt. An der Grenze der langwelligen Strahlung (sichtbares Licht) u. im Bereich der Kleinwinkelstreuung von Neutronen u. Röntgenstrahlen hängt der Flüssigkeitsstrukturfaktor lediglich von den durch die therm. Bewegung der Flüssigkeitsmoll. bedingten Dichteschwankungen ab. Für eine einfachere Deutung des Streuprozesses wird die Verwendung einatomiger Fll. vorgeschlagen. (Physic. Rev. [2] **81.** 326—27. 15/1. 1951; Bull. Amer. physic. Soc. **25.** Nr. 5. 38—39. 24/11. 1950 Los Alamos Sci. Labor.) WEIGEL. 90

G. Bertolini, M. Bettoni und **A. Bisi,** *Die Gesamtionisation der α-Teilchen von Polonium in Argon und Stickstoff.* Die mittlere Energie w, die ein α-Teilchen aus ^{210}Po verbraucht, um in reinem Ar u. N_2 ein Ionenpaar zu erzeugen, ergibt sich nach Messungen mit einer Gitterkammer in Ar zu $28{,}9 \pm 0{,}6$, in N_2 zu $37{,}9 \pm 0{,}8$ eV. (Nuovo Cimento [9] **9.** 1004—07. 1/10. 1952. Milano, Politecnico, Ist. di Fis. Speriment.) R. K. MÜLLER. 90

Judith Winogradzki, *Über die Spinorform der Dichten mittlerer Wertigkeit der mit Teilchen vom Spin ½ verbundenen physikalischen Größen.* Vf. stellt die allg. Spinorform der mittleren Dichten von physikal. Größen auf, die mit Teilchen vom Spin ½ verbunden sind. Die entsprechenden Operatoren wirken nicht auf die Spinvariable. Es wird gezeigt, daß die fünf klass. physikal. Größen durch bestimmte Symmetriebedingungen festgelegt sind. (C. R. hebd. Séances Acad. Sci. **235.** 463—65. 18/8. 1952.) GERHARD SCHMIDT. 90

L. Rosenfeld, *Elektromagnetische Eigenschaften von Kernen und Kernstruktur.* Die Kernstruktur u. die Kernkräfte werden auf der Grundlage des umfangreichen Erfahrungsmaterials über magnet. Dipolmomente, elektr. Quadrupolmomente u. mechan. Momente erörtert u. analysiert. Ausgehend von dem Kernniveauschema von JENSEN-MAYER werden die Schalenstruktur des Kerns, die Wrkg. des Kerns auf die elektromagnet. Wechselwirkungen zwischen Kern u. Elektronen des Atoms, welche Rückschlüsse auf die räumliche Verteilung der Nucleonen im Kern erlaubt, u. die Spin-Schalen-Kopplungen im Kern behandelt. Aus der Erörterung der Spin-Schalen-Kopplung bei leichten Kernen (Eigenfunktion des Grundzustandes) ergibt sich, daß diese Kopplungen von beträchtlicher Größe sind. Auf die möglichen Schlußfolgerungen aus dieser Erkenntnis für die Mesonenfeldtheorie wird hingewiesen. (Physica **17.** 461 bis 483. März/April 1951. Manchester, Univ.) WERNER SCHULZ. 95

P. Kusch, *Bestimmung der Hyperfeinstruktur durch die Atomstrahlmethode. Eigenschaften von Kernen und des Elektrons.* Unter den mit Spezialanordnungen gewonnenen Versuchsergebnissen über die Hyperfeinstruktur befinden sich 1. die Best. des Kernspins von ^{22}*Na*, ^{40}*K*, ^{135}*Cs* u. ^{137}*Cs*; 2. die Best. der Quadrupolmomente der Kerne ^{27}*Al*, ^{35}*Cl*, ^{37}Cl, ^{69}*Ga*, ^{71}Ga, ^{113}*In* u. ^{115}In aus der Messung der Wechselwirkungsenergie magnet. Kerndipole u. elektr. Quadrupolmomente mit dem Elektronensyst. u. aus dem bekannten magnet. Dipolmoment; 3. die Unters. der Anomalie des Verhältnisses der Hyperfeinstrukturaufspaltungen u. der magnet. Momente zweier Isotope (*H*, *Li*, K u. *Rb*); 4. die Best. der Größe des anomalen magnet. Momentes des Elektrons („inneres“

magnet. Moment) hauptsächlich durch Messung des gyromagnet. Verhältnisses des Atoms für verschied. Elektronenenergiezustände. (Physica **17.** 339—53. März/April 1951. New York, Columbia Univ.) WERNER SCHULZ. 95

Mark Fred und **Frank S. Tomkins,** *Kernspin von ^{241}Am.* Vff. nehmen das Spektr. von ^{241}Am mit einem 30 ft-Spektrographen auf u. erhalten viele Linien mit breiter Hyperfeinstruktur in Form schwacher Banden mit je 6 Komponenten. In den gut aufgelösten Linien tritt eine Verminderung des Abstandes u. der Intensität auf. Da die J-Werte für zu hoch angenommen werden, ist die Anzahl der Komponenten wahrscheinlich mit J = $^5/_2$ spinbegrenzt. Die Ggw. eines Quadrupolmomentes wird durch eine merkliche Abweichung von der Intervallregel für einige Linien angezeigt. (Physic. Rev. [2] **89.** 318. 1/1. 1953. Lemont, Ill., Argonne Nat. Labor., Chem. Div.) GERHARD SCHMIDT. 95

H. Aeppli, H. Albers-Schönberg, A. S. Bishop, H. Frauenfelder und **E. Heer,** *Die Bestimmung des magnetischen Moments eines angeregten Kernniveaus (^{111}Cd, 247 keV).* Die Möglichkeit, den g-Faktor eines bei Aussendung von γ-Strahlung in Kaskade entstehenden angeregten Zwischenkerns aus dem Einfl. eines senkrecht zur Ebene der Strahlung gerichteten Magnetfeldes auf die Winkelbeziehung zwischen den γ-Strahlen zu bestimmen, ist theoret. abgeleitet worden. Vff. weisen am ^{111}Cd, dessen γ-γ-Kaskade bekannt ist u. dessen Zwischenkern sich wahrscheinlich im $d_{5/2}$-Zustand befindet u. $T_{1/2}$ = 8,5·10^{-8} sec hat, diesen Effekt experimentell nach. Es ergab sich der Wert g (247 keV) = —(0,34 ± 0,09). Das negative Vorzeichen bestätigt die Zuordnung von $d_{5/2}$ zum 247 keV-Niveau u. schließt den Zustand $d_{3/2}$ aus, so daß also das Kernmoment für diesen angeregten Zustand μ ($d_{5/2}$) = —(0,85 ± 0,22) μ_K beträgt. Dieser Wert für den angeregten Zustand $d_{5/2}$ ist in guter Übereinstimmung mit dem der Gruppe der ungeraden Kerne im $d_{5/2}$-Grundzustand (^{25}Mg, ^{95}Mo, ^{97}Mo, ^{173}Yb). (Physic. Rev. [2] **84.** 370—71. 15/10. 1951. Zürich, ETH.) v. HARLEM. 95

H.-G. Schäfer, *Atombau — Periodisches System — Bindungsarten.* Allgemeinverständlicher Bericht. (Bergakademie [Freiberg] **4.** 354—57. Sept. 1952. Freiberg.) WEIGEL. 100

William Gardner, N. Knable und **B. J. Moyer,** *Verzögerte Emission von Neutronen aus leichten Elementen.* (Sitzungsbericht.) Durch Beschuß von Be_2N_3 u. elementarem *B* mit 190 MeV-Deuteronen wurde eine verzögerte Neutronenemission von 0,165 Sek. in einer BF_3-Kammer durch Bewegung des Films auf dem Oscilloskopschirm beobachtet. (Physic. Rev. [2] **81.** 649. 15/2. 1951; Bull. Amer. physic. Soc. **25.** Nr. 6. 6. 28/12. 1950. Berkeley, Calif., Univ. of California.) WIEDEMANN. 103

T. W. Bonner und **J. W. Butler,** *Neutronenschwellenwerte aus den Reaktionen $^3T(p, n)^3He$, $^7Li(p, n)^7Be$, $^9Be(d, n)^{10}B^*$ und $^{16}O(d, n)^{17}F$.* Vff. beschreiben Verff. zur Beobachtung von Schwellenneutronen (15—60 keV) bei Ggw. schneller Neutronen. Der Schwellenwert der Rk. ^{3}T(p, n)^{3}He beträgt 1020,3 keV, entsprechend einem Q-Wert von —764,7 keV u. einer n —^{1}H-Massendifferenz von 783,2 keV. Die Deutung der Ergebnisse nahe der Schwelle der Rk. ^{7}Li(p,n)^{7}Be spricht für ein Niveau in ^{8}Be bei 18,90 MeV. Die Rk. ^{9}Be(d, n)^{10}B* zeigt 3 Schwellenwerte bei Deuteronenenergien von 920, 985 u. 1916 keV, entsprechend Q-Werten von —752, —805 u. —1566 keV, die Anregungszuständen in ^{10}B bei 5,110, 5,163 u. 5,924 MeV zugeordnet werden. Der Schwellenwert der Rk. ^{16}O(d, n)^{17}F beträgt 1836 keV, entsprechend Q = —1631 keV, u. liefert für die M. von ^{17}F den Wert 17,007506. (Physic. Rev. [2] **83.** 1091—96. 15/9. 1951. Houston, Tex., Rice Inst.) WEIGEL. 103

Norton M. Hintz, *Anregungsfunktionen mit einem inneren Cyclotronstrahlenbündel.* Die Anregungsfunktionen von *Al* wurden bei Beschuß mit dem homogenen Protonenbündel gemessen, das durch Ablenkung des inneren Protonenbündels eines Cyclotrons infolge COULOMBscher Mehrfachstreuung erhalten wurde. Die Aktivitäten des bestrahlten ^{27}Al konnten ^{18}F (112 Min.), ^{24}Na (15 Std.) u. ^{22}Na (2,6 Jahre) zugeordnet werden, während eine beträchtliche Aktivität von ca. 20 Min., hauptsächlich von ^{11}C stammend, nicht eindeutig analysiert werden konnte. Für alle emittierten Teilchen werden die erwarteten Schwellenwerte angegeben. α-Teilchen oder schwerere Zerfallsprodukte werden mit hoher Wahrscheinlichkeit bei der Bldg. von ^{22}Na u. ^{18}F unterhalb einer Protonenenergie von 64 bzw. 110 MeV emittiert. (Physic. Rev. [2] **83.** 185—86. 1/7. 1951. Camdridge, Mass., Harvard Univ., Nucl. Labor.) WERNER SCHULZ. 103

Myron L. Good, *Positronensuche in ^{40}K.* (Vgl. C. **1952.** 1121 u. 2294.) Mit der früher beschriebenen App. wird nach Positronen bei dem ^{40}K-Zerfall gesucht. Durch Vgl. mit einer ^{65}Zn-Quelle wird bei ^{40}K eine Vernichtungsstrahlung beobachtet u. abgeschätzt, daß auf 100 γ-Strahlen 1 Positron kommt. (Physic. Rev. [2] **81.** 1058—59. 15/3. 1951. Durham, N. C., Duke Univ., Dep. of Phys.) EICHHOFF. 103

Luis Marquez, *Zersplitterung von Cu mit energiereichen Neutronen.* Mit Synchrocyclotron-Protonen werden in einem 2 in. starken Be-Target Neutronen erzeugt, deren Energiespektr. ein Maximum bei 370 MeV hat. Die Energieverteilung fällt nach höheren Energien langsamer ab u. verschwindet bei 440 MeV. Die Neutronen treffen auf Cu-Folien innerhalb eines Zylinders; die über 10 Min. bis 3 Std. vorgenommenen Bestrahlungen werden laufend durch eine *Al*-Folie auf der anderen Zylinderhälfte geprüft. Der Fluß der schnellen Neutronen ist in der Größenordnung von 10^5 Neutronen/cm^2/Sekunde. Mit Ausnahme von ^{64}Cu ist die Ausbeute unabhängig vom Ort der Cu- u. Al-Targets in der Vakuumkammer. Die erzeugten Zersplitterungsprodd. werden nach der Meth. von BATZEL u. Mitarbeitern (C. **1952.** 5526) chem. abgetrennt. Die Ergebnisse für Ausbeute u. Halbwertszeit gleichen denen, die mit energiereichen Protonen erhalten worden sind. Für ^{45}*Ti*, ^{49}*Cr*, ^{51,52,56}*Mn*, ^{52,53,59}*Fe*, ^{55,58,61}*Co*, ^{57,65}*Ni* u. ^{61,62,64}Cu werden die Ergebnisse tabellar. wiedergegeben. Neben den Ausbeuten relativ zur ^{24}*Na*-Ausbeute aus Al u. den Ausbeuten in mbarn durch Neutronenbeschuß sind die Ausbeuten in mbarn bei Beschuß mit 340 MeV-Protonen u. 190 MeV-Deuteronen sowie die entsprechenden Verhältnisse zu den Ergebnissen mit Neutronen aufgeführt. Im Falle von Al werden die Ausbeuten beim Beschuß mit 420 MeV-Protonen u. mit energiereichen Neutronen sowie das Ausbeuteverhältnis bei Protonen u. Neutronen für die Zersplitterungsprodd. ^{11}*C*, ^{13}*N*, ^{18}*F*, ^{24}Na u. ^{27}*Mg* mitgeteilt. Für Cu liegen 10 von 15 Proton/Neutron-Ausbeuteverhältnissen zwischen 0,67 u. 2,00, u. 13 von 15 Deuteron/Neutron-Ausbeuteverhältnissen zwischen 0,55 u. 1,95. Für die leichtesten Isotope eines Elementes ist das Verhältnis >1; nahe der Stabilität eines Elementes liegt das Verhältnis um 1. Es ist <1 für Isotope auf der schwereren Seite, die mit geringer Ausbeute erzeugt werden. Trotz der verschied. Beschußenergien können die Ergebnisse miteinander verglichen werden, da die Ausbeuten bei den meisten Zersplitterungs-Rkk. in dem untersuchten Bereich von 100—450 MeV nur wenig von der Energie abhängen. (Physic. Rev. [2] **88.** 225—27. 15/10. 1952. Chicago, Ill., Univ., Inst. for Nucl. Stud.)

GERHARD SCHMIDT. 103

L. Katz, R. G. Baker und **R. Montalbetti,** *Der Photoneutronenquerschnitt von* ^{87}*Rb*, ^{90}*Zr und* ^{92}*Mo.* Vff. bestimmen die Photoneutronen-Wirkungsquerschnitte für die 50-Neutronen-Isotope ^{87}Rb, ^{90}Zr u. ^{92}Mo als eine Funktion der Photoenergie. Im Falle von Rb wird $RbNO_3$, das mit Cd gegen Neutroneneinfang abgeschirmt ist, im Betatronbündel bestrahlt. Bei Mo sind zwei Halbwertszeiten bei der Aktivierung beteiligt, u. zwar die Halbwertszeit von 65,5 Sek. bei der Rk. ^{92}Mo(γ, n)^{91}Mo u. die Halbwertszeit von 15,5 Min. bei der Rk. ^{92}Mo(γ, n)^{91}Mo*. Wegen der kurzen Halbwertszeit wird eine Spezialapp. verwendet, welche die in einer zylindr. Mo-Probe induzierte Aktivität mißt. Im Falle von Zr werden metall. Zr-Folien mit Cd-Abschirmung bestrahlt u. die aus den Photo-Rkk. ^{90}Zr(γ, n)^{89}Zr (78 Std.) u. ^{90}Zr(γ, n)^{89}Zr* (4,25 Min.) sich ergebenden Aktivitäten untersucht. Die Wirkungsquerschnitte zeigen den spitzen Verlauf, der für Kernphoto-Rkk. charakterist. ist. Spitzen werden bei 0,32, 0,27 u. 0,14 barn bei 17,5, 18,0 bzw. 18,7 MeV für die oben angeführten Kerne gefunden. Die Breiten sämtlicher Kurven beim halben Maximum liegen bei ca. 6 MeV. Im Falle von Zr u. Mo werden die Wirkungsquerschnitte für die isomeren u. Grundzustände der Restkerne getrennt bestimmt. Das Verhältnis dieser Wirkungsquerschnitte wird als eine Funktion der Photonenenergie wiedergegeben. (Canad. J. Physics **31.** 250—61. Febr. **1953.** Saskatoon, Sask., Univ. of Saskatchewan, Dep. of Phys.) GERHARD SCHMIDT. 103

E. Bleuler, J. W. Blue und **A. C. Johnson,** *Die Isomerie von* ^{110}*In.* (Sitzungsbericht.) Vff. fanden bei der Unters. des Abfalls der Konversionslinie des angeregten Niveaus von ^{110}*Cd* bei 654 keV ein Isomer des ^{110}In-Kerns (4,9 Std.), das hauptsächlich durch Elektroneneinfang in einen stark angeregten Zustand von ^{110}Cd zerfällt. (Physic. Rev. [2] **82.** 333. 15/4.; Bull. Amer. physic. Soc. **26.** Nr. 1. 46. 1/2. 1951. Purdue Univ.)

H. HAUSWALD. 103

Robert M. Kloepper, E. S. Lennox und **M. L. Wiedenbeck,** *Winkel- und Richtungspolarisationskorrelation für* ^{60}*Co*, ^{134}*Cs und* ^{124}*Sb.* Unter Benutzung des experimentellen Verf. von METZGER u. DEUTSCH (vgl. C. **1950.** II. 2764) werden die γ-γ-Winkel- u. Richtungspolarisationskorrelationen für ^{60}Co, ^{134}Cs u. ^{124}Sb gemessen. Die Ergebnisse anderer Vff. für ^{60}Co werden bestätigt u. zur Eichung der App. benutzt. II läßt sich im Fall von ^{134}Cs durch eine 4–2–0; EQ, EQ-Spinzuordnung deuten; die Abwesenheit beider Korrelationen in ^{124}Sb verlangt ein Multipolmischung für den Übergang höherer Energie sowie eine 3-2-0-Spinzuordnung für diejenigen γ-γ-Übergänge, die mit keiner Paritätsänderung verbunden sind. Die β-γ-Winkel- u. Richtungspolarisationskorrelation in ^{124}Sb entspricht einer 3-2-0-Spinzuordnung für die Niveaus der β-γ-Übergänge u. einem EQ-γ-Quant. (Physic. Rev. [2] **88.** 695—98. 15/11. 1952. Ann Arbor, Mich., Univ. of Michigan, Randall Labor. of Phys.) WEIGEL. 103

B. C. Haldar, *Durch Einfang langsamer Neutronen in Platin erzeugte Radioaktivität.* Reines Pt wurde mit langsamen Meilerneutronen beschossen u. chem. von *Au* nach zwei verschied. Methoden gereinigt. Die Zerfallskurve von Pt löst sich in drei Komponenten mit den Halbwertszeiten von 19 Std., 4,4 Tagen u. 73 Tagen auf. Die ersten beiden Halbwertszeiten gehören zu ^{197}Pt bzw. ^{193}Pt. Aus Al-Absorptionsmessungen sind den β^--Teilchen maximale Energien von 0,12 u. 0,62 MeV zuzuschreiben. Die 0,62 MeV-Linie wird der 73 Tage-Aktivität zugeordnet. Diese Aktivität stellt wahrscheinlich eine Kernisomerie zur 19 Std.-Aktivität dar. Es wird angenommen, daß bei dem isomeren Übergang zwischen den beiden Aktivitäten ein 0,62 MeV-β^--Teilchen emittiert wird. In diesem Falle muß der 73 Std.-Aktivität die Massenzahl 197 zugeordnet werden. (Physic. Rev. [2] **87.** 158—59. 1/7. 1952. Notre Dame, Ind., Notre Dame Univ., Dep. of Chem.) Gerhard Schmidt. 103

W. J. MacIntyre, *Messungen kurzlebiger Isomere.* Nach der Meth. der verzögerten Koinzidenzen wurden die Halbwertszeiten von 8 kurzlebigen Isomeren bestimmt. Zum Nachw. der β-Teilchen diente ein Proportionalzähler, für die γ-Strahlung ein Polystyrol-Scintillationszähler mit Photomultiplier. Die unterste Grenze der Meßbarkeit lag bei $1-2\cdot10^{-8}$ Sekunden. Für den 0,411 MeV-Übergang von $^{198}Hg^*$ wurde eine Halbwertszeit von $2{,}3\cdot10^{-8}$ Sek. gemessen. Bei den übrigen Elementen lagen die Halbwertszeiten unter der Meßgrenze. Aus der oberen Grenze wurden nach der Formel von Segrè-Helmholz die *l*-Werte für die Änderung des Drehimpulses abgeschätzt u. mit anderen Bestimmungen verglichen. Als wahrscheinlich ergeben sich bei nachstehenden Isomeren die folgenden *l*-Werte: $^{24}Mg = 2$, $^{38}Al < 2$, $^{42}Ca = 2$, $^{56}Fe = 1$, $^{122}Te < 2$, $^{142}Nd < 3$, ^{198}Hg = 2, ^{199}Hg < 2. (Physic. Rev. [2] **80.** 1018—23. 15/12. 1950. New Haven, Conn., Yale Univ., Sloane Phys. Labor.) Wiedemann. 103

R. F. Leininger, E. Segrè und **F. N. Spiess,** *Die Halbwertszeit von AcC'.* (Sitzungsbericht.) Das durch α-Beschuß von Pb erzeugte AcC' hat eine α-Aktivität von 0,25 Sek. Halbwertszeit; diese Aktivität rührt von einem Po-Isomer nach der Rk. $^{208}Pb(\alpha, n)$ her. (Physic. Rev. [2] **82.** 334. 15/4.; Bull. Amer. physic. Soc. **26.** Nr. 1. 47. 1/2. 1951. Berkeley, Calif., Univ. of California.) H. Hauswald. 103

R. R. Edwards, P. E. Damon und **H. M. Schwartz,** *Untersuchung des Verlaufs von β-Spektren am energieschwachen Ende.* (Sitzungsbericht.) Das β-Spektr. von ^{210}Pb als gasförmiges Tetramethylblei zeigt im Proportionalzähler im Vgl. zu einer n. Fermi-Verteilung zu wenig Teilchen unterhalb 15 keV u. eine wahrscheinlichste Energie, die um mehr als die Hälfte größer als das bisher angenommene Maximum des Spektr. (25—29 keV) ist. (Physic. Rev. [2] **82.** 333—34. 15/4.; Bull. Amer. physic. Soc. **26.** Nr. 1. 46—47. 1/2. 1951. Univ. of Arkansas.) H. Hauswald. 103

Arnold Kramish, *Spontane Spaltung in Abhängigkeit vom α-Zerfall.* Im Anschluß an die von Seaborg (vgl. C. **1952.** 6167 u. 6967) aufgestellte empir. Beziehung zwischen den Größen der spontanen Spaltung u. dem Spaltbarkeitsparameter Z^2/A wird zur theoret. Erklärung der beobachteten Spaltgrößen die α-Zerfallsberechnung mit dem gleichen Parameter herangezogen. Aus der Darst. des Verhältnisses der Halbwertszeiten der spontanen Spaltung zu den Halbwertszeiten des α-Zerfalls in Abhängigkeit von Z^2/A wird gezeigt, daß für die gerade–gerade-Kerne der Zerfallstyp für die spontane Spaltung um so stärker vorherrschend wird, je mehr Z^2/A zunimmt. Für Kerne mit ungerader Neutronenzahl scheint das Gegenteil zuzutreffen. (Physic. Rev. [2] **88.** 1201. 1/12. 1952. Santa Monica, Calif., Rand Corp.) Gerhard Schmidt. 103

James F. Perkins und **David L. Hill,** *Ionisationszustände der Spaltprodukte.* (Sitzungsbericht.) Der Ionisierungszustand der Spaltprodd. wird bei gegebener Geschwindigkeit u. Substanz mittels der statist. Atommodelle von Fermi-Thomas u. Hartree berechnet. (Physic. Rev. [2] **83.** 484. 15/7. 1951. Vanderbilt Univ.) H. Hauswald. 103

Ernest D. Courant, M. Stanley Livingston und **Hartland S. Snyder,** *Das stark fokussierende Synchrotron. — Ein neuer Beschleuniger für hohe Energien.* Es wird ein 30 GeV (10^9 eV)-Protonenbeschleuniger mit einem Bahnradius von 300 ft. entworfen, der nach dem Prinzip der starken Fokussierung durch große, abwechselnd positive u. negative n-Werte [$n = -(r/B)(d\,B/dr)$] in aufeinanderfolgenden Sektoren des magnet. Führungsfeldes in einem Synchrotron arbeitet. (Physic. Rev. [2] **88.** 1190—96. 1/12. 1952. Upton, N. Y., Brookhaven Nat. Labor.) H. Hauswald. 112

J. P. Blewett, *Radiale Fokussierung im Linearbeschleuniger.* (Vgl. vorst. Ref.) In einem 10 m langen 4 MeV-Beschleuniger können die Defokussierungskräfte durch magnet. oder elektr. Linsen vom Typus des alternierenden Gradienten kompensiert werden. (Physic. Rev. [2] **88.** 1197—99. 1/12. 1952.) H. Hauswald. 112

C. D. Moak, H. Reese jr. und **W. M. Good,** *Anordnung und Arbeitsweise einer Hochfrequenz-Ionenquelle für Teilchenbeschleuniger.* (Vgl. C. **1953.** 1287.) Es wird eine Hochfrequenz-Ionenquelle beschrieben, die zur Erzeugung von Protonen, He^{3+} u. He^{4+} verwendet wird. Zur Vermeidung von Aufladungserscheinungen wird dafür Sorge getragen, daß nur ein geringer %-Satz des Teilchenbündels das Linsensyst. radial verläßt. Im 0,3 MeV-COCKROFT-WALTON-Beschleuniger besitzt der Strahl 2 m hinter dem Beschleunigersyst. einen Durchmesser von 3 mm. (Nucleonics **9.** Nr. 3. 18—23. Sept. 1951. Oak Ridge, Tenn., Oak Ridge Nat. Labor., Phys. Dep.) W.-E. REICHARDT. 112

R. F. Post, *Leistung gepulster Photomultiplier.* Bei ausreichend langer Betriebsdauer können gepulste Scintillationszähler verwendet werden, um äußerst kurze Auflösungszeiten ($7 \cdot 10^{-10}$ Sek.) mit hoher Verstärkung aus dem Photomultiplier zu erhalten. Die Auflösungszeit des Syst. reicht für den Nachw. der Flugzeit schneller Elektronen über eine Entfernung von einigen cm aus. Vf. benutzt diese Daten zur Berechnung der zeitlichen Dispersionseffekte des Photomultipliers. (Nucleonics **10.** Nr. 5. 46—50. Mai 1952. Stanford, Calif., Stanford Univ.) GERHARD SCHMIDT. 112

Robert K. Swank und **Warren L. Buck,** *Impulshöhenauflösung und Photoempfindlichkeit.* Bei einer auf statist. Grundlage entwickelten Meth. für 5819-Multiplier wird die Impulshöhenauflösung eines Photomultipliers als das Reziproke der mittleren quadrat. Abweichung der Ausgangsamplituden definiert, die sich aus einer Reihe ident. Scintillationen ergeben. Durch Summation der Effekte an der Kathode u. an n. Dynoden wird für die Auflösung eine Approximation erhalten. Nichtstatist. Schwankungen werden dabei auf ein Minimum beschränkt u. eine Korrektur für den Impulsverlauf auf die Ergebnisse angewandt. (Nucleonics **10.** Nr. 5. 51—54. Mai 1952. Chicago, Ill., Argonne Nat. Labor., Instrum. Res. and Develop.) GERHARD SCHMIDT. 112

R. Favre und **Ch. Haenny,** *Konstruktion von Maze-Zählern und ihre Charakteristik bei 0 bis 50°.* Beschreibung der Herst. u. Eigg. von ausheizbaren MAZE-Zählrohren aus Glas mit äußerer Kathode, welche im Temperaturbereich von 10—40° stabil arbeiten u. eine Lebensdauer von $\sim 10^9$ Impulsen besitzen. (Helv. physica Acta **26.** 53—64. 15/2. 1953. Lausanne, École Polytechn., Univ., Labor. de Rech. Nucl.) EICHHOFF. 112

A. H. Morrish, G. W. Williams und **E. K. Darby,** *Zählung ultravioletter Photonen mit einem Elektronenmultiplier.* Mit einem Elektronenmultiplier, dessen Elektroden aus einer Be–Cu-Legierung für UV-Strahlung empfindlich sind, u. den üblichen Zählgeräten wurden einzelne Photonen aus dem Spektralbereich von 2000—3000 Å gezählt. Die Zählgeschwindigkeit wird als Funktion der Spannung pro Multiplierstufe, der Diskriminatorvorspannung u. der Wellenlänge graph. dargestellt. Die Quantenausbeute wurde für Photonen von 2000 Å zu $7 \cdot 10^{-4}$ u. für ^{60}Co-γ-Strahlen zu 0,1% bestimmt. Mit der Anordnung wurde u. a. das Luminescenzabklingen von CaF_2 gemessen. (Rev. sci. Instruments **21.** 884—85. Okt. 1950. Vancouver, Can., Univ. of Brit. Columbia, Dep. of Phys.) H. HAUSWALD. 112

G. G. Eichholz, *Die Verwendung des Rosenblum-Funkenzählers für α-Zählung.* (Sitzungsbericht.) Vf. berichtet über einen α-Zähler nach ROSENBLUM in einer ähnlichen Ausführung, wie sie u. a. von CONNOR (C. **1951.** II. 183) angegeben worden ist. Die mit einem Po-α-Strahl erzeugte spezif. Emission zeigte keine größere Streuung als die mit flachen Ionisationskammern gemessene. Auf die bei diesen Zählern beobachtete Selbststabilisierung wird hingewiesen. (Physic. Rev. [2] **83.** 891. 15/8.; Bull. Amer. physic. Soc. **26.** Nr. 5. 11. 25/6. 1951. Ottawa, Dep. of Mines and techn. Surv., Radioact. Div.) REUSSE. 112

Sven A. E. Johansson, *Messung der Energie der α-, β- und γ-Strahlen mittels eines Scintillationszählers.* Ausführliche Darst. der C. **1950.** II. 1908 referierten Arbeit. Die Meth. wird auf die Messung von Höhenstrahlen ausgedehnt. (Ark. Fysik **2.** 171—86. 1950. Lund, Univ., Dep. of Phys.) GERHARD SCHMIDT. 112

P. S. Jastram, A. H. Benade, M. R. Cleland und **A. L. Hughes,** *Ein Zähler für schnelle Neutronen.* (Sitzungsbericht.) Es wird ein Scintillationszähler beschrieben mit einem mittleren Wirkungsgrad von 50% für Neutronen von 1—10 MeV. Als Scintillationsmaterial dient eine Lsg. von Terphenyl in einer Konz. von 2 g/Liter, gelöst in Xylol. Als Behälter wird ein Messingzylinder von 6 cm Länge u. 4 cm Durchmesser mit einem Quarzfenster an einem u. einem dünnen Duralfenster am anderen Ende benutzt, die Innenwand ist mit Al-Folie belegt. Zwischen dem Quarzfenster u. dem Photomultiplier befindet sich eine Mineralölschicht zur besseren Lichtübertragung. Die Neutronen stammen aus einer 3 mC Po/Be-Quelle mit $E_{max} = 11$ MeV. Die gemessene Impulsverteilung stimmt mit der berechneten angenähert überein. (Physic. Rev. [2] **81.** 327. 15/1. 1951; Bull. Amer. physic. Soc. **25.** Nr. 5. 39. 24/11. 1950. Washington Univ.) WEIGEL. 112

G. P. Freeman und **H. A. van der Velden,** *Einige Betrachtungen der Zähleigenschaften des Diamanten.* (Vgl. C. **1951.** II. 2150 u. **1952.** 5529.) Mit Hilfe der HECHTschen Funktion wird das Prod. von Beweglichkeit u. Relaxationszeit eines Elektrons zu 5,3 $\cdot 10^{-5}$ cm^2/V in Übereinstimmung mit früheren Messungen bestimmt. Die innere Ablösearbeit zur Befreiung eines Elektrons ergibt sich zu ca. 8,6 eV. Es wird gezeigt, daß in Diamantkristallen, die die beiden durch ihre Absorption zwischen 2000 u. 3000 Å bzw. durch ihre Durchlässigkeit in diesem Gebiet charakterisierten Kristallsorten gleichzeitig enthalten, die durchlässige Kristallsorte in der Hauptsache für den Zähleffekt von α-Teilchen maßgebend ist. (Physica **17.** 565—72. Juni 1951. Utrecht, Rijks-Univ., Phys. Labor.) RUDOLPH. 112

N. Warmoltz, *Eine starke Lichtquelle zur Beleuchtung von Wilsonschen Nebelkammern.* Es wird eine capillare Blitzröhre (innerer Durchmesser 4 mm, Länge 20 cm) zum Photographieren der Spuren in einer WILSONschen Nebelkammer beschrieben. Bei einer Anfangsenergie von 500 W pro Sek. u. Blitz mit einem mit der Röhre in Serie geschalteten Dämpfer erhält man eine Ausbeute von 15000 Lumen pro Sek. u. Blitz. Bei dieser Energie u. 8 Blitzen pro Min. übersteigt die Lebensdauer der Röhre 100000 Blitze. (Appl. sci. Res. B **1.** 139—42. 1950. Eindhoven, N. V. Philips Gloeilampenfabrieken, Natuurkuundig Labor.) GOTTFRIED. 112

A_2. Optisches Verhalten der Materie.

Lyman Spitzer jr. und **J. B. Oke,** *Die Verteilung des interstellaren Natriums.* 2. Mitt. (1. vgl. C. **1948.** E. 10.) Vers. einer einheitlichen Erklärung der Ergebnisse von VAN RHIJN (Groningen Publ. Nr. **53.** [1949.] 37) u. des Verfassers. Unters. des Einfl. der Radialgeschwindigkeit der galakt. Rotation auf die Äquivalentbreite (B) der D-Linien u. der Veränderung von B mit dem Farbüberschuß (E). Die früher gefundene Beziehung zwischen B u. E für Sterne mit spektroskop. Entfernungen von $\sim$1000 parsec ist durch Fehler in den Entfernungen verursacht. Die nicht rotverfärbten Sterne haben eine geringere Entfernung als angenommen u. dementsprechend schwächere interstellare D-Linien. Aus der sicher beobachteten Beziehung zwischen dem Dublettverhältnis D_2/D_1 u. E wird auf eine Beziehung zwischen B u. C für Sterne gleicher Entfernung geschlossen. (Astrophysic. J. **115.** 222—26. März 1952. Princeton, Univ. Obs.) EICHHOFF. 113

Paul McRae Routly und **Lyman Spitzer jr.,** *Ein Vergleich der Komponenten bei interstellarem Natrium und Calcium.* (Vgl. vorst. Ref.) Radialgeschwindigkeiten u. Äquivalentbreiten von interstellaren D-Linien u. Ca II-Linien wurden an mit großer Dispersion aufgenommenen Spektren von einigen 20 Sternen bestimmt. Mit Zunahme der Radialgeschwindigkeit der interstellaren Wolken zeigt sich eine ausgesprochene Abnahme des Häufigkeitsverhältnisses Na I/Ca II. Diese Änderung kann durch Ionisationsunterschiede in den Wolken verschied. Geschwindigkeit verursacht werden. Bei einer Temp. zwischen 5000 u. 10000° würden sich die Beobachtungen durch Stoßionisation aufklären lassen. (Astrophysic. J. **115.** 227—43. März 1952.) EICHHOFF. 113

H. C. van de Hulst, *Die planetarischen Nebel als Gebiete von ionisiertem Wasserstoff.* Krit. Bemerkungen zu der Arbeit von PAGE u. GREENSTEIN (C. **1952.** 7286) über Theorie u. Form planetar. Nebel. (Astrophysic. J. **115.** 331—32. März 1952. Leiden, Obs.) EICHHOFF. 113

M. Migeotte und **L. Neven,** *Sonnenspektrogramme hoher Dispersion zwischen 15 und 24 μ.* Mit einem hochauflösenden Gitterspektrographen wurde das Sonnenspektr. von 15,90—23,73 μ vermessen; 145 Linien wurden gefunden u. identifiziert. Nach kürzeren Wellenlängen verhinderte die Absorption durch tellur. CO_2 eine weitere Vermessung, jenseits 23,73 μ die H_2O-Dampfabsorption. (Astrophysic. J. **115.** 326. März 1952. Jungfraujoch.) D. HAHN. 113

Norman M. Kroll und **Franklin Pollock,** *Strahlungskorrekturen der Hyperfeinstruktur- und der Feinstrukturkonstante.* Vff. beschreiben eine Berechnung der Strahlungskorrekturen zweiter Ordnung, die zur genauen Best. der Feinstrukturkonstante α gebraucht werden. Als Grundlage zu den Berechnungen dient die FERMI-Formel. Ferner beschäftigen sich Vff. mit Energieberechnungen. (Physic. Rev. [2] **84.** 594—95. 1/11. 1951. New York, N. Y., Columbia Univ.) D. HAHN. 114

Georges Hornecker und **Philippe Pluvinage,** *Über die magnetische Aufspaltung des Heliumtripletts 2^3P.* Die BETHEsche Berechnung der Aufspaltung des 2^3P-Tripletts des He in einem magnet. Feld H wird durch Verwendung der verbesserten Theorie der Feinstruktur für H = 0 von ARAKI als Ausgangspunkt der Rechnung erweitert. Die Theorie wird auf den ZEEMAN- u. PASCHEN-BACK-Effekt beim Term 2^3P des He angewandt. (C. R. hebd. Séances Acad. Sci. **234.** 1438—40. 31/3. 1952.) RUDOLPH. 118

Jean Robin und **Stéphane Robin,** *Untersuchung der Intensitätsänderungen der sichtbaren Banden des komprimierten Sauerstoffes in Abhängigkeit vom Druck bis zu 1300 kg/cm²*. Unters. der Absorptionsbanden des komprimierten O_2 bei 4770, 5773 u. 6299 Å im Druckbereich von 150—1300 at. Die Lage der Maxima ist nicht druckabhängig, die Form der Banden zeigt bei 1000 at eine geringe asymm. Verbreiterung gegenüber 100 at. Die Extinktionskoeffizienten der Maxima steigen weniger rasch an als das Quadrat des Druckes, dagegen wesentlich rascher als das Quadrat der Dichte. (C. R. hebd. Séances Acad. Sci. **236**. 792—95. 23/2. 1953.) EICHHOFF. 118

Janine Granier-Mayence, Jean Robin und **Stéphane Robin,** *Einige absorptionsspektrographische Beobachtungen über den Zerfall von Stickoxyd*. Das Absorptionsspektr. von komprimiertem NO zeigt ein Minimum zwischen 4500 u. 5500 Å, dessen Lage in Abhängigkeit von der Zeit u. der Temp. veränderlich ist. Diskussion der Möglichkeit, dieses Minimum zur Best. des Verhältnisses von N_2O_3 u. N_2O_4 zu benutzen, u. der Natur der Zerfallsprodd. des NO in Verbindung mit den verschied. möglichen Rkk. u. der Struktur dieser Verbindungen. (C. R. hebd. Séances Acad. Sci. **236**. 1011—14. 9/3. 1953.) EICHHOFF. 118

Gunnar Almkvist und **Albin Lagerqvist,** *Ultraviolettbandensystem von Strontiumoxyd (SrO)*. Außer den infraroten u. blauen Bandensystemen des SrO (vgl. C. **1951**. II. 637) untersuchten Vff. jetzt das UV-Bandensyst. zwischen 3200 u. 3700 Å. Die Rotationsanalyse der 2,0-, 1,0- u. 0,0-Banden ergibt, daß es sich um einen $^1\Sigma - {}^1\Sigma$-Übergang handelt u. daß der untere Zustand mit dem der blauen u. infraroten Bandensysteme übereinstimmt. Bandenkonstanten für den oberen Zustand werden angegeben. (Nature [London] **170**. 885—86. 22/11. 1952. Stockholm, Univ., Phys. Dep.) D. HAHN. 118

André Monfils, *Das Infrarotspektrum und die Struktur des SiH_3Cl-Moleküls*. Aus einer Analyse der Feinstruktur der Infrarotbanden des SiH_3Cl werden für die Nullstellen der ||-Banden $\nu_1 = 2196$, $\nu_2 = 1097{,}5$, $\nu_3 = 551$, der ⊥-Banden $\nu_4 = 2147{,}4$, $\nu_5 = 951{,}2$, $\nu_6 = 666{,}2$ cm^{-1} u. für die Trägheitsmomente $I_A = 9{,}89 \pm 0{,}15$ u. $I_B = 124{,}3 \pm 3 \cdot 10^{-40}$ g.cm² ermittelt. Für die Konstanten der Wechselwrkg. zwischen Schwingung u. Rotation, welche die entarteten Schwingungen charakterisieren, wird $\zeta_7 = +0{,}12$, $\zeta_5 = -0{,}17$ u. $\zeta_6 = +0{,}26$ abgeleitet. Für die Atomabstände SiH bzw. SiCl ergeben sich $1{,}49 \pm 0{,}02$ bzw. $2{,}048 \pm 0{,}001$ Å, für den Winkel H-Si-H $110^0 34' \pm 30'$. Die Kraftkonstanten in 10^5 dyn/cm werden zu $f_1 = 2{,}66$, $f_2 = 5{,}13$, $f_\alpha = 0{,}19$, $f_\beta = 0{,}28$, $g_c = -0{,}36$, $f' = 0{,}08$ berechnet. (C. R. hebd. Séances Acad. Sci. **236**. 795—96. 23/2. 1953.) EICHHOFF. 120

Masataka Mizushima, *Die Theorie der Druckverbreiterung und ihre Anwendung auf die Mikrowellenspektren*. Kurze Mitt. zu der C. **1952**. 3285 referierten Arbeit. (Physica **17**. 453. März/April 1951.) WERNER SCHULZ. 121

Yu Ting und **Dudley Williams,** *Mikrowellenresonanzabsorption in paramagnetischen Salzen*. Die Resonanzabsorption von 13 paramagnet. Salzen der *Fe*-Gruppe in Pulver- u. Kristallform wird bei einer Frequenz von $9{,}516 \cdot 10^9$ Hz gemessen (variiertes magnet. Gleichfeld < 6800 Gauß). Das effektive gyromagnet. Verhältnis g wird aus der Frequenz u. der magnet. Feldstärke ermittelt [für *Cu*(II)- u. *Ni*(II)-Ionen $g > 2$]. Der Einfl. der Dipol–Dipol- u. Austauschwechselwirkungen sowie des kristallelektr. Feldes auf die Form der Absorptionslinie wird untersucht. Bei $NiCl_2$, $NiBr_2$, $CrCl_3$ u. $CrBr_3$ ist der Einfl. des kristallelektr. Feldes auf die Resonanzbreite zu vernachlässigen. (Physic. Rev. [2] **82**. 507—10. 15/5. 1951. Columbus, O., Ohio State Univ., Mendenhall Labor. of Phys.) WERNER SCHULZ. 121

Ch. Ryter und **R. Extermann,** *Faraday-Effekt der Zentimeterwellen. Resonanzphänomene*. Die Drehung der Polarisationsebene u. die Energieabsorption einer durch ein Klystron erzeugten ebenen u. linear polarisierten ultrakurzen Welle ($\lambda = 3$ cm) in einem paramagnet., pulverförmigen Salz ($MnSO_4 \cdot 4\ H_2O$) wurden als Funktion des magnet. Feldes (bis 3500 G) mit Hilfe von 2 um 45⁰ gegen diese Richtung geneigten Antennen u. eines Kristalldetektors untersucht, wobei 2 der Drehung bzw. der Absorption proportionale Spannungen oscillograph. aufgezeichnet wurden. Die aufgenommenen Kurven stehen in Übereinstimmung mit der Theorie. Die Drehung der Polarisationsebene in der Nähe der Resonanz zwischen der LARMOR-Frequenz der magnet. Dipole u. der Frequenz der erregenden Welle ist nur durch den reellen Teil des Brechungsindex des Salzes bestimmt. (Physica **17**. 440—45. März/April 1951. Genf, Univ., Inst. de Phys.) WERNER SCHULZ. 121

Kurt Suchy, *Schrittweiser Übergang von der Wellenoptik zur Strahlenoptik in inhomogenen anisotropen absorbierenden Medien*. 1. Mitt. *Gleichungen für Wellennormale, Brechungsindex und Polarisation*. Ausgehend von den MAXWELLschen Gleichungen, werden Gleichungen für Wellennormale, Brechungsindex (Doppelbrechung) u. Polarisation unter Bedingungen angegeben, die einem teilweisen Übergang von der Wellen- zur Strahlenoptik entsprechen, was sich in den mathemat. Formeln durch Näherungen bzw. Vernachlässigungen ausdrücken läßt. Diese Bedingungen, die die Krümmung der Inhomogenität der Medien bzw. des Verlaufes der Wellennormalen u. die Polarisation beschränken, gelten allg. für inhomogene, anisotrope, absorbierende Medien. (Ann. Physik [6] **11.** 113–30. 1952. Freiburg/Br.) LINDBERG. 122

A. Güttler, *Die Miesche Theorie der Beugung durch dielektrische Kugeln mit absorbierendem Kern und ihre Bedeutung für Probleme der interstellaren Materie und des atmosphärischen Aerosols.* Die Amplituden des an kugelförmigen dielektr. Körnern mit absorbierendem Kern gestreuten Lichtes werden nach der MIEschen Beugungstheorie exakt berechnet. Für die opt. Wirkungsquerschnitte sehr kleiner Teilchen werden Reihenentwicklungen u. einfache Näherungsformeln angegeben. Unter Anwendung der Theorie wird gezeigt, daß bei den interstellaren Körnern eine Schalenstruktur mit absorbierendem Kern sehr wahrscheinlich ist u. daß dielektr. Kondensationskerne die opt. Eigg. des Aerosols kaum ändern, absorbierende Kerne aber die Streuung u. bes. die Extinktion der Wassertröpfchen bedeutend erhöhen. (Ann. Physik [6] **11.** 65–98. 1952. München, Univ., Sternwarte.) LINDBERG. 122

Henry F. Ivey, *Spektrale Lage der Absorption von Farbzentren in Erdalkalihalogenidkristallen.* Ähnlich wie bei den F-Banden der Alkalihalogenide sollte sich der Zusammenhang zwischen der Lage der — durch Röntgenbestrahlung erzeugten — Absorptionsbanden (λ in Å) u. der Gitterkonstante d (in Å) auch bei den Erdalkalihalogeniden mit Fluoritstruktur durch eine allg. Formel der Form $\lambda = a \cdot d^{-n}$ wiedergeben lassen, wobei a u. n Konstanten sind. Für die von SMAKULA (C. **1950.** II. 2887) gemessenen je 3 Banden von CaF_2 bzw. BaF_2 (I. 3350, II. 4000, III. 5800 Å, bzw. I. 3800, II. 4800, III. 6700 Å) ist der Zusammenhang gegeben durch: I: $\lambda = 614d$, II: $\lambda = 346 \cdot d^{1,144}$ u. III: $\lambda = 833 \cdot d^{1,144}$. Mit diesen 3 Beziehungen werden die zu erwartenden — bisher nicht gemessenen — entsprechenden Banden für SrF_2 u. $BaCl_2$ berechnet. (Physic. Rev. [2] **89.** 322. 1/1. 1953. New York, Skiatron Electronics and Televis. Corp.) RUDOLPH. 125

Daniel Chalonge, Pierre Guérin und **Marcel Servigne,** *Realisierung einer sekundären Luminescenzlichtquelle mit kontinuierlicher energetischer Verteilung.* Für photograph. u. andere Zwecke wird als Lichtquelle ein durch die 2537 Å-Linie einer Hg-Niederdruckentladung (mit Schwarzfilter) erregter Leuchtstoffschirm vorgeschlagen, der aus Mischungen der Leuchtstoffe *Ca-Halophosphat* mit *Sb* u. *Mn, Zn-Silicat–Mn,* $CaWO_4$, *Ba-Silicat–Pb* u. *Ca-Phosphat–Tl* in geeigneten Verhältnissen besteht. Das Spektr. ist kontinuierlich von 2900 Å bis über die langwellige Grenze der Empfindlichkeit panchromat. Platten hinaus u. gibt eine im ganzen Gebiet gleichmäßige Plattenschwärzung. Spektrale Verteilung u. Helligkeit dieser Lichtquelle können in weiten Grenzen variiert werden. Zeitliche Konstanthaltung der Intensität ist ohne großen Aufwand möglich. (C. R. hebd. Séances Acad. Sci. **234.** 1443–45. 31/3. 1952.) RUDOLPH. 125

Virgil L. Stout, *Luminescenz und thermische Emission von Bariumoxyd.* An BaO-Schichten, die aus mehrfach durch Umkristallisation gereinigten Ba-Verbb. über $BaCO_3$ gewonnen wurden, werden parallel die therm. Elektronenemission u. die Luminescenz bei Kathodenstrahlanregung für verschied. Aktivierungszustände gemessen. Das photograph. u. spektralphotometr. aufgenommene Luminescenzspektr. des BaO bei Anregung mit 1500 V-Elektronen (50 μA) besteht aus 6 Banden bei 345, 465, 550, 595, 650 u. 700 mμ. Mit zunehmender Aktivierung des BaO verändert sich das Luminescenzspektr. in dem Sinne, daß die Intensität der Bande 345 mμ wächst u. die der 465 mμ-Bande abnimmt. Mit abnehmender Temp. des BaO (Bereich 475–90° K) nimmt die Intensität der 345 mμ- u. der 550 mμ-Bande deutlich, die der 465 mμ-Bande sehr stark zu. Verss. mit einem rechteckmodulierten Elektronenstrahl ergaben eine Nachleuchtdauer der Luminescenz von ca. 1 μSekunde. Die Ergebnisse werden diskutiert unter der Annahme von überschüssigem Ba im BaO in Form von Ba auf Zwischengitterplätzen u. von O^{2-}-Ionenlücken. Ferner wird angenommen, daß der größte Teil der Energie der anregenden Elektronen zur Erzeugung von freien Elektronen im Leitfähigkeitsband verbraucht wird, wobei gleichzeitig Löcher im Valenzband gebildet werden. Die stark von der Spenderstellenkonz. abhängige 345 mμ-Emission (3,6 eV) dürfte auf Spenderstellen sehr nahe am Leitfähigkeitsband (z. B. O^{2-}-Lücken) zurückzuführen sein, da der Abstand von Leitfähigkeits- zu Valenzband 3,8–4 eV ist. Unter der Annahme eines strahlenden Überganges aus dem Spenderniveau ins Valenzband sollte die Intensität dieser Emissionsbande J u. a. der freien Weglänge der Löcher proportional sein, die nahezu exponentiell mit der reziproken Temp. wächst. Es wird gezeigt, daß log J über einen größeren Bereich mit 1/T linear ansteigt. Die Emissionsbande bei 465 mμ (2,67 eV) kann im Rahmen des Modells als Übergang angeregter Elektronen aus dem Leitfähigkeitsband in Haftstellen nahe dem Valenzband (Ba-Lücken) gedeutet werden u. auch der Einfl. des Aktivierungszustandes auf die Bandenintensität verstanden werden. (Physic. Rev. [2] **89.** 310—14. 1/1. 1953. Columbia, Mo., Univ. of Missouri, Dep. of Phys.) RUDOLPH. 125

Clifford C. Klick, *Luminescenz und Photoleitfähigkeit in Cadmiumsulfid an der Absorptionskante.* (Vgl. C. **1953.** 489.) An CdS-Einkristallen werden bei Tempp. von 4° K, 77° K u. Raumtemp. das Absorptionsvermögen im UV, die lichtelektr. Empfindlichkeit, die Kantenemission u. deren Erregungsspektr. gemessen. Mit abnehmender Temp. zwischen 300 u. 77° K wird die langwellige Absorptionsgrenze (bei ca. 5200 Å) um ca. 1 Å pro Grad, von 77—4° K um ca. 0,5 Å pro Grad nach kurzen Wellen (bis ca. 4870 Å) verschoben. Der langwellige Ausläufer der Absorptionskante tritt bei 4° K kaum noch auf. Ebenso wird das bekannte lichtelektr. Empfindlichkeitsmaximum von CdS bei Raumtemp. (um 5200 Å) mit sinkender Temp. bis ca. 4850 Å verschoben. Das aus 5 linienhaften Banden bestehende Emissionsspektr. des UV-erregten CdS bei 77° K liegt bei 4° K langwellig verschoben; die Banden werden gleichzeitig enger, u. neue, schwache kurzwelligere Banden erscheinen. Der Abstand der energet. äquidistanten Emissionshauptbanden entspricht dem Quant infraroten Lichtes von der Wellenlänge 32 μ. Das Erregungsspektr. bei 40° K liegt ähnlich wie die lichtelektr. Erregung kurzwelliger als bei 77° K. Zwischen Absorptionskante bei 40° K u. Beginn der Emission liegt ein Abstand von mehr als 0,1 eV. Aus den Beobachtungen wird gefolgert, daß die Kantenemission von CdS an bestimmten Zentren in Form von Störstellen erfolgt u. nicht eine Eig. des reinen Gitters im Sinne einer Art von Resonanzstrahlung ist. Die Natur der Störstellen ist unbekannt, jedoch wird vermutet, daß die Leuchtzentren im Gebiet einer Gitterkompression liegen, wie sie um Atome oder Ionen auf Zwischengitterplätzen herrscht, da die aus dem Liniensyst. der Emission folgende Schwingungsfrequenz des Zentrums höher als die infrarote Schwingungsfrequenz des reinen CdS ist. (Physic. Rev. [2] **89.** 274—77. 1/1. 1953. Washington, D. C., Naval Res. Labor., Metallurgy Div., Cryst. Branch.) RUDOLPH. 125

Jasper A. Jackson und **F. B. Harrison,** *Eine langsame Komponente im Abklingen der Scintillationsphosphore.* Mit Hilfe von steuerbarer Röntgenröhre u. Elektronenvervielfacher wird der langabklingende Anteil (ca. 40—280 μSek.) des Emissionslichtes der Scintillationsleuchtstoffe *Terphenyl* als Kristall u. als Lsg. in Toluol (5 g/Liter) (I), *trans-Stilben, Anthracen* u. *NaJ* (II) gemessen. Der Anteil für **I** ist Null, für die übrigen 2,5—5,6%. Die längste Abklingzeit hat **II** mit 220 $\pm$ 40 μSek. bei einem Anteil der langsam abklingenden Komponente von 5% des Gesamtlichtes. (Physic. Rev. [2] **89.** 322. 1/1. 1953.) RUDOLPH. 125

C. Reid, *Scintillatoren und Energieübertragungsprozesse.* An Hand eines allg. Schemas des Fluorescenzmechanismus von Scintillatoren in Form von gelösten organ. Stoffen bei γ- oder α-Strahlanregung (vgl. auch KALLMANN u. FURST, C. **1951.** I. 3018 u. II. 3568) werden bes. diejenigen Energietransportprozesse diskutiert, die zu einer hohen Ausbeute führen. Es sind dies: 1. Energieübertragung zwischen den Lösungsmittelmoll., 2. Transport von Lösungsmittelmoll. zum benachbarten gelösten Mol. u. 3. Selbsttransport zwischen gelösten Molekülen. Prozeß 1, der zur Vermeidung von Energieverlusten in Form von Schwingungsenergie rasch verlaufen muß, ist bes. bei Lösungsmitteln hoher Polarisierbarkeit u. mit möglichst wenig Seitenketten (z. B. Xylol, Toluol, Bzl. usw.) vorteilhaft. Prozeß 2 gewährleistet hohe Ausbeuten bei guter Elektronenkupplung zwischen den Moll. des Lösungsm. u. des gelösten Stoffes, sowie bei gelösten Moll. mit niedrigen Schwingungsfrequenzen (Vermeidung von Rücktransporten). Vorgänge nach Prozeß 3 schließlich, die das Auftreten strahlungsloser Übergänge begünstigen, müssen vermieden werden, was bes. bei Moll. erfüllt ist, für die der Verlust der Energie in den oberen Schwingungszuständen schnell erfolgt. Diese Bedingungen erfüllen Lösungsscintillatoren, wie *Terphenyl, Diphenylhexatrien, Phenyl-α-naphthylamin* usw., dagegen z. B. nicht *Anthracen.* (Physic. Rev. [2] **88.** 422—23. 15/10. 1952. Vancouver, Can., Univ. of Brit. Columbia, Dep. of Chem.) RUDOLPH. 125

A₃. Elektrizität. Magnetismus. Elektrochemie.

Kazuo Takayanagi, *Über die Theorie atomarer Zusammenstöße mit Ladungsübertragung.* Vf. untersucht Ladungsübertragungsprozesse zwischen positiven Atomionen u. neutralen Atomen nach verschied. Approximationsmethoden, wie z. B. der BORNschen Approximation u. der halbklass., bei der die Kernbewegung durch einen klass. Parameter wiedergegeben wird. Die Approximation der starken Kopplung sowie die

Meth. der Wellenpakete werden diskutiert. Es zeigt sich, daß für den Ladungsübertragungsprozeß die BORNsche Approximation angewandt werden kann, falls die Geschwindigkeit der relativen Bewegung die Geschwindigkeit der elektron. Bewegung im Atom wesentlich überschreitet. In dem Zwischenbereich der Geschwindigkeit ist es notwendig u. nahezu ausreichend, den starken Charakter der Kopplung zu beachten. Falls der Energiedefekt sehr klein ist, liefert die halbklass. Meth. ziemlich gute Ergebnisse. (Sci. Rep. Saitama Univ., Ser. A **1.** 9—22. 1952. Urawa, Japan, Saitama Univ., Dep. of Phys. [Orig.: engl.]) GERHARD SCHMIDT. 131

M. Je. Gerzenstein, *Selbsterregung von Schwingungen in der positiven Säule einer Gasentladung.* Es werden die Kriterien für die Selbsterregung von Plasmaschwingungen aufgesucht. Die Schwingungseigg. des Plasmas werden durch die Summe von Ausbreitungsfunktionen der Elektronen u. Ionen definiert, wobei die Funktion der Ionen von dem Koeff. m/M abhängt. Zur Selbsterregung ist notwendig, daß die Summe höchstens zwei Maxima hat. Es wird gezeigt, daß bei kleiner Phasengeschwindigkeit der Wellen die Rolle der Ionen die der Elektronen übertrifft. (Журнал Экспериментальной и Теоретической Физики [J. exp. theoret. Physik] **23.** 669—77. Dez. 1952. Moskau, Univ.) A. KUNZE. 131

G. W. Gordejew, *Plasmaschwingungen im magnetischen Feld.* Es werden die longitudinalen Schwingungen des Plasmas im magnet. Gleichfeld betrachtet. Eine Folgerung der Dispersionsgleichung wird gegeben u. Frequenz u. Dämpfung der Schwingungen des Plasmas im Magnetfelde definiert. Bei starken Feldern ergibt sich eine anomale Dispersion u. die Möglichkeit zur Selbsterregung von Schwingungen. (Журнал Экспериментальной и Теоретической Физики [J. exp. theoret. Physik] **23.** 660—68. Dez. 1952. Leningrad, Univ.) A. KUNZE. 131

Gottfried Eckart, *Die Bestimmung der Feinstruktur der Dielektrizitätskonstanten in einer Schicht geringer Heterogenität durch Reflexionsuntersuchungen.* Vf. gibt quantitative theoret. Grundlagen zur Best. der dielektr. Feinstruktur inhomogener Proben. Die ortsabhängige DK. läßt sich aus der Lage der Schichten innerhalb der Probe, den Mittelwerten der DKK. u. des Dämpfungsfaktors u. dem Abstand der Oberfläche der Probe vom Erregerzentrum sowie aus Frequenz u. Verhältnis vom reflektierten zum einfallenden Anteil der elektromagnet. Wellen bestimmen. (C. R. hebd. Séances Acad. Sci. **234.** 309—11. 14/1. 1952.) H. JACOB. 132

M. Ss. Chaikin und **L. A. Prosorowa,** *Messung der Dielektrizitätskonstante von gasförmigem Helium.* Die Messung erfolgt durch Ermittlung der Verschiebung der Eigenfrequenz eines Resonators bei Füllung mit gasförmigem He im Gebiet der Temp. des fl. He (2—4° K) mit Frequenzen von 9500 MHz. Der erhaltene Wert für $\Delta\varepsilon$ $(69{,}0 \pm 0{,}3) \cdot 10^6$ ist etwas geringer als der anderer Autoren. (Журнал Экспериментальной и Теоретической Физики [J. exp. theoret. Physik] **23.** 733—34. Dez. 1952. Inst. für phys. Probleme der Akad. der Wiss. der UdSSR.) A. KUNZE. 132

J. Furuichi und **T. Mitsui,** *Elementarbereichstruktur von Rochellesalz.* Vff. untersuchten mit dem Polarisationsmikroskop den Aufbau des ferroelektr. Rochellesalzes aus Elementarbereichen. Im allg. bestanden die Kristalle aus zwei Arten von Gebieten, welche etwas verschied. Auslöschungsstellen besitzen. Die eine weicht um einen kleinen Winkel von der c-Achse nach rechts, die andere nach links ab. Bei gekreuzten Nicols erhielt man ein Syst. heller u. dunkler Bänder, die sich längs der c-Achse erstrecken. Die Breite dieser Bänder lag zwischen 0,5 bis unter 0,001 cm. Kristalle, die parallel zur b-Achse u. schräg zur a- u. c-Achse geschnitten sind, zeigten ähnliche Struktur, die Bänder liegen hier senkrecht zur b-Achse. Somit ist Rochellesalz ein polysynthet. Zwilling, dessen Komponente eine Schicht senkrecht zur b-Achse ist. Es wurden allerdings auch Kristalle gefunden mit Gruppen von Streifen parallel der b-Achse. Bei Temperaturänderung verschwindet die Struktur oberhalb $\sim 23°$ u. unterhalb ca. $-18°$ (den beiden CURIE-Punkten). Wieder auf Zimmertemp. gebracht, erscheint das ursprüngliche Bild wieder. Bei Anlegung eines elektr. Feldes verschwindet die Struktur ebenfalls, nach Entfernung desselben erscheint sie wieder; wird jedoch ein starkes Feld mehrere Min. lang angelegt, so ist nach seinem Abschalten die neue Struktur der alten nicht mehr ähnlich. Dasselbe gilt auch für eine mechan. Spannung. Daraus folgt, daß die Komponente des Zwillings selber einen Elementarbereich darstellt. Endlich wurde noch der Zusammenhang zwischen dem Sinn der Polarisation u. der Auslöschungsstellung untersucht u. dargestellt. (Physic. Rev. [2] **80.** 93—94. 1/10. 1950. Sapporo, Japan, Hokkaido Univ., Fac. of Sci.) V. HARLEM. 132

A. Michels und **J. P. Pérez,** *Verschiebung der piezoelektrischen Frequenz von Quarz bei hohem Druck.* Die Verschiebung der piezoelektr. Resonanzfrequenz von Quarz in Abhängigkeit vom Druck wird bei Zimmertemp. bis zu einem Druck von 10000 at untersucht, wobei der Quarz als Resonator (Filter) zwischen einen Sender u. einen Empfänger geschaltet wurde u. zur Verminderung der Dämpfung nicht direkt von der Fl. der Presse, sondern von N_2 umgeben war. Für den mittleren Druckkoeff. $\Delta f/f \cdot \Delta p$ ergaben sich an 2 entsprechend geschnittenen Quarzen mit den Grundfrequenzen von 942 u 604 kHz Werte von $+8{,}03 \cdot 10^{-6}$ u. $-2{,}03 \cdot 10^{-6}$ kg/cm² in Richtung einer elektr. Achse bzw. in Richtung der Winkelhalbierenden zweier elektr. Achsen. Aus der Größenordnung des Effektes ergibt sich, daß von den beiden Erklärungsmöglichkeiten durch Änderungen der Dimension u. des Elastizitätsmoduls die erste allein nicht ausreicht. (Physica **17.** 563—64. Mai 1951. Paris, Sorbonne, Fac. des Sci., Labor. d'Enseignement Physique.) WERNER SCHULZ. 135

W. G. Pfann und **K. M. Olsen,** *Reinigung und Verhinderung von Absonderungen in Germaniumeinkristallen.* Durch eine neue Technik werden Ge-Stäbe von solcher Reinheit erhalten, daß sie Eigenhalbleitung zeigen, bzw. Ge-Einkristalle mit konstanter, homogener Fremdstoffstörstellenkonz. hergestellt. Das Reinigungsverf. (zone refining) besteht darin, daß man durch einen relativ langen Stab unreinen Materials mehrmals eine kurze geschmolzene Zone wandern läßt. Durch sechsmalige Schmelzzonenwanderung wurde z. B. für einen vermutlich As enthaltenden Ge-Stab die Leitfähigkeit um den Faktor 20 bis nahe an die Eigenleitfähigkeit (Donatorenkonz. kleiner als $5 \cdot 10^{12}$ Atome/cm³) über den größten Teil der Stablänge gleichmäßig erhöht. Ein ähnliches Verf. der Schmelzzonenwanderung bei gleichzeitiger Einkristallzüchtung (mit Impfkristallen) führt bei Ge mit Zusätzen (z. B. von Sb) zu einer über 80% der Stablänge l konstanten Donatorenkonz. zum Unterschied von der etwa exponentiell mit l anwachsenden Konz. bei Erkaltenlassen eines polykristallinen Materials von einem Ende des Stabes aus. Dieses Homogenisierungsverf. (zone leveling) sowie das Reinigungsverf. können grundsätzlich auch für andere Stoffe, wie Metalle, anorgan. u. organ. Verbb., angewandt werden. (Physic. Rev. [2] **89.** 322—23. 1/1. 1953. Murray Hill, N. J., Bell Telephone Labors.) RUDOLPH. 135

J. A. Kok, *Über elektrostatische Plasmaschwingungen in Metallen.* Die Gleichungen für die elektrostat. Plasmaschwingungen von Elektronen u. Ionen bei der elektr. Entladung in Gasen werden versuchsweise auf Metalle angewendet, u. es wird gezeigt, daß die Elektronen in Metallen dem FERMI-DIRACschen Verteilungsgesetz u. nicht der BOLTZMANN-MAXWELL-Statistik gehorchen. Für die Frequenz der elektrostat. Ionenschwingungen wird ein oberer Grenzwert in der Größenordnung der DEBYEschen Maximalfrequenz gefunden. (Physica **17.** 543—47. Mai 1951. Eindhoven, N. V. Philips Gloeilampenfabrieken, Natuurkundig. Labor.) WERNER SCHULZ. 136

A. K. Butylenko, W. M. Danilenko, Ju. W. Milman, Ju. W. Naiditsch, Ss. A. Rybak und **A. A. Smirnow,** *Über den elektrischen Widerstand sich ordnender Legierungen.* Es werden Formeln für den spezif. Widerstand von Legierungen mit geordnetem u. ungeordnetem Gitteraufbau abgeleitet u. mit experimentell ermittelten Kurven für das Syst. *Au–Cu* verglichen. Für Legierungen mit flächenzentriertem kub. Gitter wird die Abhängigkeit der Konstanten von der Temperaturänderung ermittelt u. eine sprunghafte Änderung im Gebiet der krit. Tempp. betrachtet. (Журнал Экспериментальной и Теоретической Физики [J. exp. theoret. Physik] **23.** 731—32. Dez. 1952. Kiew, Polytechn. Inst.) A. KUNZE. 136

A. N. Gerritsen und **J. O. Linde,** *Der elektrische Widerstand von Silber–Mangan-Legierungen bei tiefen Temperaturen.* 1. Mitt. *Der Widerstand von 273° K bis 1° K.* Der elektr. Widerstand von Ag–Mn-Legierungen (Drähte von 0,2 mm Durchmesser) wird mit Hilfe einer Stromkompensationsmeth. nach DIESSELHORST im Temperaturbereich von 273—1° K für einen Mn-Geh. bis zu 20 At.-% bestimmt. Der Verlauf des Widerstandes in Abhängigkeit von der Temp. zeigt zwischen 0 u. 20° K Anomalien in Abweichung von der MATTHIESSENschen Regel. Bei den meisten Legierungen (Mn-Geh. $<$ 1 At.-%) tritt bei abnehmender Temp. zuerst ein Minimum u. dann ein Maximum des Widerstandes auf. Diese Erscheinung wird durch Einfang von s-Elektronen im unvollständig besetzten d-Niveau der Mn-Atome gedeutet, dessen Energie größenordnungsmäßig 10^{-4} eV höher liegt als das FERMI-Niveau der s-Elektronen im Metall. (Physica **17.** 573—83. Juni 1951. Leiden, Kamerlingh Onnes Labor.; Stockholm, Kungliga Tekniska Högskolan, Inst. för Fysik.) WERNER SCHULZ. 136

A. N. Gerritsen und **J. O. Linde,** *Der elektrische Widerstand von Silber–Mangan-Legierungen bei tiefen Temperaturen.* 2. Mitt. *Der Widerstand in einem Magnetfeld.* (1. vgl. vorst. Ref.) Der elektr. Widerstand von Ag–Mn-Legierungen wird bei niedrigen Tempp. in einem Magnetfeld bestimmt. Die Ergebnisse stehen mit der l. c. gegebenen Deutung nicht im Widerspruch. In einem Magnetfeld von 20 kOe wurde unterhalb von 20° K bei einem Mn-Geh. bis zu 4,35 At.-% eine bemerkenswerte Widerstandsabnahme

beobachtet. Unterhalb von 10^0 K sinkt der Widerstand mit Ausnahme von Legierungen mit einem Mn-Geh. bis zu 0,02 At.-% unter den Wert ohne Feld. Der Widerstand hat seinen Minimalwert in demselben Temperaturbereich wie ohne Magnetfeld. Der Unterschied zwischen dem Widerstand im transversalen u. longitudinalen Magnetfeld scheint beim absol. Nullpunkt zu verschwinden. (Physica **17.** 584—95. Juni 1951.)
WERNER SCHULZ. 136

Robert J. Corruccini, *Das Tempern von Platin für Temperaturmessungen.* An sehr reinem Pt (Temperaturkoeff. des Widerstandes $\alpha = 3{,}927 \cdot 10^{-3}$) wird die Erholung durch Tempern nach Verformungen durch Messung von α u. der therm. EMK (E) zwischen 1200 u. 0^0 gegenüber Pt 27 (Bureau of Standards) untersucht. Zwischen α u. E besteht die Beziehung $\alpha = 3{,}922 \cdot 10^{-3} - 5 \cdot 10^{-7} \cdot E$, allerdings nur bei bestimmten Verunreinigungen. Zusätze von Au, Ag u. Cu führen zu anderen Abhängigkeiten. Ähnliche Beziehungen werden für Drähte aus Ag u. Fe mitgeteilt. Eine Erholung tritt schon nach einstd. Tempern bei 400^0 auf, die durch Behandlung bei 1450^0 nicht mehr wesentlich gefördert wird. Dieses Verh. kann aber bei weniger reinem Pt nicht a priori erwartet werden. Abschrecken führt zu einer Abnahme von α bis auf 3,902; dieser Effekt ist proportional der Abschreckgeschwindigkeit u. wird durch Spannungen in der Oberfläche gedeutet. Die Erholung nach dem Abschrecken nimmt jedoch einen etwas anderen Verlauf als nach Verformungen. Die absol. Änderungen des Widerstandes sind nahezu temperaturunabhängig (MATTHIESSENsche Regel). Die Verdampfungsgeschwindigkeit des Pt bei 1450^0 erweist sich in Luft als etwa zwanzigmal größer als im Vakuum (flüchtige Pt-Oxyde). Verunreinigung mit Au erniedrigt die therm. EMK. gegenüber reinem Pt; Ag u. Cu zeigen jedoch das entgegengesetzte Verhalten. Die Kinetik der Erholung wird diskutiert; der Vorgang kann nicht durch einen festen Wert Q der Aktivierungsenergie der Fehlstellendiffusion beschrieben werden. Es wird deshalb angenommen, daß Q vom örtlichen Spannungszustand abhängt. (J. Res. nat. Bur. Standards **47.** 94—103. Aug. 1951. Washington, D. C., Nat. Bur. of Standards.) WITTIG. 136

W. P. Eatherly, *Eine theoretische und experimentelle Untersuchung von Hochtemperatur-Graphitierung.* (Sitzungsbericht.) Die Unters. der Hochtemperatur-Graphitierung wird an Probestangen von Petrolkoks vorgenommen. Die verschied. elektr. u. magnet. Eigg. ändern sich unterhalb von 1800^0 nur langsam; diese Änderungen werden dem Bindematerial zugeschrieben. Im Bereich von 1800—2700^0 treten, verbunden mit einem Kristallwachstum u. Verdampfen von Fremdatomen, größere Änderungen ein. Die elektr. Leitfähigkeit, der magnet. Widerstand u. die Susceptibilität wachsen gleichförmig, aber der HALL-Koeff. u. die Thermokraft gehen durch scharfe Maxima. Die therm. Leitfähigkeit zeigt in dem ganzen untersuchten Temperaturbereich ein mehr stufenförmiges Anwachsen. Legt man die aus der Näherung enger Bindung errechneten Bandenergien (WALLACE, C. **1947.** E. 330) zugrunde, so können analyt. Ausdrücke für die verschied. elektron. Phänomene gefunden werden. Diese Ausdrücke stimmen qualitativ mit den experimentellen Daten überein u. zeigen, daß die elektr. u. magnet. Änderungen, welche durch die Graphitierung hervorgerufen werden, prim. freiwerdenden Elektronen, welche durch Kristalldefekte u. Verunreinigungen eingefangen waren, zuzuschreiben sind. Die mittlere freie Weglänge der Leitungselektronen ist durch Streuung an den Kristallgrenzen u. Fehler mehr begrenzt als durch Gitterschwingungen. Die experimentellen Ergebnisse u. die Theorie zeigen beide die ungewöhnlichen elektron. Eigg. von Graphit, welche durch die überwiegende Wrkg. einer BRILLOUIN-Zonengrenze hervorgerufen werden. (Physic. Rev. [2] **85.** 768. 15/2. 1952; Bull. Amer. physic. Soc. **26.** Nr. 8. 20. 27/12. 1951. Downey, Calif., North Amer. Aviation Inc.)
KLEFFNER. 137

K. Hoselitz, *Permanent Magnet Assoziation. Zentrales Forschungslaboratorium.* Vf. teilt theoret. u. experimentelle Ergebnisse des Zentralen Forschungsinst. der PERMANENT MAGNET ASSOCIATION mit, wonach die Ursache des Permanentmagnetismus bei *Alni*-Legierungen nicht die inneren Spannungen im Sinne der BECKERschen Theorie, sondern im Sinne von NÉEL u. STONER kleinste Elementarbereiche großer Kristallanisotropie sind, die sich nur durch Drehprozesse magnetisieren lassen. (Research **3.** 77—82. Febr. 1950.) FAHLENBRACH. 137

J. J. Went, *Der Wert der spontanen Magnetisierung binärer Nickellegierungen als Funktion der Temperatur.* Der Verlauf der spontanen Magnetisierung I_s in Abhängigkeit von der Temp. T ist für reines Ni gegenüber der T-Achse stärker konkav gekrümmt als für bin. Ni-Legierungen (Abnahme der Krümmung in der Reihenfolge Co—Fe—Mn—Cr). Eine Ausnahme bilden vollständig geordnete Legierungen wie langsam abgekühltes Ni_3Fe. Das Krümmungsmaß $Q = I_T/I_0 = T/T_c$ (I_T, I_0 spontane Magnetisierung bei T u. 0^0 K, T_c CURIE-Temp.) nimmt mit wachsendem Legierungszusatz (im allg. ungefähr linear) ab u. ist bei Elementen ohne magnet. Moment bes. groß. Die I_s–T-Kurve entspricht für reines Ni der BRILLOUIN-Funktion für die Spinquantenzahl 1/2 (parallele u. antiparallele Spinlage) u. kann durch den Übergang der magnet. Momente vom geordneten in den ungeordneten Zustand erklärt werden, bei den Legierungen jedoch nur durch den zusätzlichen, die Kurve abflachenden Einfl. statist. Schwankungen des Geh. an gelösten Atomen. Bei Ni_3Fe wird ein kristallograph. u. magnet. Übergangsphänomen angenommen. (Physica **17.** 596—602. Juni 1952. Eindhoven, N. V. Philips Gloeilampenfabrieken, Natuurkundig Labor.) WERNER SCHULZ. 137

Livio Cambi, Adolfo Ferrari und **Mario Nardelli,** *Über das magnetische Verhalten der Kobalt(III)-hexanitrite.* Die Co(III)-Hexanitrite $Me^I_3[Co(NO_2)_6]\cdot xH_2O$ (Me = Na, K, NH_4, Tl, ½ Ba, ½ Pb) sowie das Mononatriumditetramethylammoniumsalz sind sämtlich paramagnet. mit BOHRschen Magnetonen (μ_B) zwischen 0,52 (Tl) u. 0,84 (Pb). Frühere Messungen (C. **1936.** II. 446), die inzwischen angezweifelt wurden (PAULING, Nature of Chemical Bond, Ithaca, N.Y. [1945]), werden damit an noch sorgfältiger gereinigten Präpp. bestätigt. (Gazz. chim. ital. **82.** 816—22. Nov./Dez. 1952. Milano, Univ., Ist. di Chim. ind., u. Parma, Univ., Ist. di Chim. gen. ed inorg.) R. K. MÜLLER. 137

R. Lacroix und **R. Extermann,** *Eine Methode zur Messung der paramagnetischen Absorption und Dispersion.* Gemessen wurde die reelle u. die imaginäre Komponente χ' u. χ'' der paramagnet. Susceptibilität in Abhängigkeit von der magnet. Induktion B durch ähnliche Meßanordnungen mit durch ein Klystron angeregten Hohlraumresonatoren. Zur Messung der Absorption (χ'') wurden die Amplituden der Resonanzkurven zweier T-förmig angeordneter Resonatoren miteinander verglichen, von denen die eine das zu untersuchende Salz enthielt (χ''-B-Kurve). Zur Messung der Dispersion (χ') wurden die beiden Spitzen der Doppelresonanzkurve des Meßresonators u. eines mit ihm gekoppelten Resonators miteinander verglichen. Hier wird die relative gegenseitige Frequenzänderung aus der ($\chi' - \chi_0$)–B-Kurve (χ_0 = Frequenz ohne Magnetfeld) bestimmt. An pulverförmigem $MnSO_4\cdot 4\,H_2O$ wurde für das $n\cdot\chi$ ein Wert von $0{,}25\cdot 10^{-25}$ cm³/Ion ermittelt, während $\Delta\nu/\nu$ als Maß für χ' mit einer bei der vorhandenen mechan. Festigkeit nicht ausnutzbaren Genauigkeit 10^{-8} bestimmt werden konnte. (Physica **17.** 427—31. März/April 1951. Genf, Univ., Inst. de Phys.) WERNER SCHULZ. 137

W. O. Milligan und **Harry B. Whitehurst,** *Magnetische Eigenschaften adsorbierter Dämpfe.* (Vgl. C. **1953.** 177.) Vff. bestimmten zunächst die Adsorptionsisothermen von *Wasser-*, *n-Propylalkohol-*, *Essigsäure-*, *Salicylaldehyd-* u. *n-Heptan*-Dämpfen an *Silicagel.* An jedem Punkt der Isothermen wurde dann die magnet. Susceptibilität mit Hilfe der FARADAY-Meth. gemessen. Bei hohen Drucken in der Nähe der Sättigung stimmen die gemessenen diamagnet. Susceptibilitäten mit den tabellar. erfaßten Werten für die jeweilige Fl. überein. Eine Ausnahme bildet nur der Salicylaldehyd, bei dem weniger als zwei Schichten adsorbiert werden. Wird weniger als eine einzelne Schicht adsorbiert, so weichen die Susceptibilitäten von denen der Fll. ab, nur im Fall von n-Heptan nicht. Bei W. u. n-Propylalkohol wurde eine Zunahme u. bei Essigsäure eine Abnahme der Susceptibilität beobachtet. Eine theoret. Deutung der experimentellen Ergebnisse unter besonderer Berücksichtigung der Wasserstoffbindungen in den untersuchten Substanzen wird diskutiert. (J. physic. Chem. **56.** 1073—77. Dez. 1952. Houston, Tex., Rice Inst.) G. HEINRICH. 137

Benton Brooks Owen, *Die Grenzbeweglichkeit einiger einfacher Ionen als Funktion der Temperatur.* Vf. hält ein genaues Studium der Grenzbeweglichkeiten (G.) für geeignet, um ein quantitatives Verständnis der Ion–Lösungsm.-Wechselwrkg. zu erreichen, u. berichtet über theoret. Überlegungen hinsichtlich der Temperaturabhängigkeit der G. der Halogen- u. Alkaliionen einschließlich des H-Ions, gewonnen aus einem krit. geprüften Literaturmaterial bzgl. der Leitfähigkeiten u. der Überführungszahlen der genannten Ionen. Es wird gezeigt, daß die Temperaturabhängigkeiten, wiedergebbar durch einfache kub. Gleichungen, trotz der Vielzahl der Beobachter u. der verschied. Untersuchungsmethoden zu gut übereinstimmenden Ergebnissen führen. Die berechneten Konstanten der betreffenden Gleichungen werden angegeben. Die Ergebnisse werden diskutiert, u. a. hinsichtlich der Gültigkeit des STOKESschen Gesetzes sowie besonderer Überlegungen über eine aus Selbstdiffusionsmessungen von WANG an W. gewonnene „Beweglichkeit des Wassers“. Vervollständigt werden die Überlegungen durch Heranziehung der von EYRING weiterentwickelten Theorie der Übergangszustände u. Verknüpfung der Temperaturabhängigkeiten der G. mit den Aktivierungsenergien. (J. Chim. physique Physico-Chim. biol. **49.** C 72—78. Juli/Aug. 1952. New Haven, Conn., Yale Univ.) NIEMITZ. 138

Guy Emschwiller, *Kinetik der Dissoziation des Ferrocyanidions in wässeriger Lösung.* Aus Unterss. über die Kinetik der Dissoziation des Ferrocyanidions in saurer wss. Lsg. ergibt sich, daß dieses spontan in Cyanionen u. in komplexes Ferropentacyanion dissoziiert; dieser Rk. folgt quantitativ eine gegenläufige Rk., indem die Cyanionen durch H-Ionen unter Bldg. von HCN-Gas abgefangen werden u. unter den Versuchsbedingungen die Ferropentacyanionen sich mit Nitrosobenzyl zu Komplexionen assoziieren. Die Geschwindigkeitskonstanten liegen bei 50° in der Größe von 0,020 (Zeit in Std. gerechnet), die Temperaturkoeffizienten betragen zwischen 30 u. 40° ca. 5,1, zwischen 40 u. 50° ca. 4,65 u. ca. 4,2 zwischen 50 u. 60°, daraus ergibt sich eine Aktivierungsenergie von ca. 30800 cal für die spontane Dissoziation des Ferrocyanidions, dessen mittlere Lebensdauer in neutraler wss. Lsg. in Abwesenheit der gegenläufigen Rekombinations-Rk. bei 17° in der Größenordnung von Jahren, bei 50° in der von Tagen, bei 75° in der von Std. u. bei 100° in der von wenigen Min. liegt. (C. R. hebd. Séances Acad. Sci. **236**. 72—74. 5/1. 1953.) NIEMITZ. 139

Julius Steiner, *Zur Theorie und Vorausberechnung der kathodischen Stromverteilung in galvanischen Elektrolyten.* (Vgl. C. **1951**. II. 3274.) Es wird eine einfache, für jede räumliche Anordnung u. Form der Elektroden u. des Bades empir. zu ermittelnde Formel aufgestellt, aus der sich für beliebige Variationen aller anderen Einflußgrößen die Stromverteilung aus der Leitfähigkeit u. der zutreffenden Stromdichte–Potentialkurve bestimmen läßt. Die chem. Zus. der Elektrolyten braucht hierbei nicht bekannt zu sein, wesentlich ist nur, daß sie sowie alle anderen Einflußgrößen bei einander zugeordneten Messungen möglichst gleich sind. Die Fehler bei der angegebenen Art der Berechnung bleiben in 80% aller Fälle unter $\pm 5\%$. Die Ursachen dieser Fehler liegen zum Teil in den Vereinfachungen der Meß- u. Rechenmeth., zum Teil aber in der Natur der Verhältnisse. Daher kann eine genauere Vorausberechnung auch mittels einer wesentlich umständlicheren Meth. nicht erwartet werden. (Z. physik. Chem. **200**. 53—69. Juli 1952. Wien, TH, Elektrochem. Inst.) STEINER. 141

W. Hans und **W. Jensch,** *Zur Theorie der polarographischen Kurve.* 4. Mitt. *Untersuchungen über die Gültigkeit der korrigierten Ilković-Gleichung.* (3. vgl. C. **1952**. 6492.) Die von STREHLOW u. v. STACKELBERG gegebene Ableitung der ILKOVIČ-Gleichung $\overline{i_d} = 607\, nD^{1/2} cm^{2/3} t^{1/6} (1 + AD^{1/2} m^{-1/3} t^{1/6})$ (vgl. C. **1950**. II. 739) wird experimentell geprüft. Hierbei bedeuten i_d = Stromstärke in μA, n = elektrochem. Wertigkeit des Depolarisators, D = Diffusionskoeff. des Depolarisators in $cm^2\, sec^{-1}$, c = Konz. des Depolarisators in Millimol·Liter^{-1}; m = Ausflußgeschwindigkeit des Hg in mg·sec^{-1}, t = Tropfzeit in Sek., A = Konstante. Die Gleichung unterscheidet sich von einer von LINGANE u. LOVERIDGE angegebenen (C. **1950**. II. 1667) durch die Größe der Konstanten A, die bei STREHLOW u. v. STACKELBERG 17, bei LINGANE u. LOVERIDGE 39 beträgt. In *HCl*-Lsg. mit *KCl* u. *LiCl* als Leitsalzen wird der Einfl. von Ausflußgeschwindigkeit u. Tropfzeit, der Depolarisatorkonz. u. der Konz. an Gelatine als Maximadämpfer auf den Grenzstrom untersucht. Es werden Ergebnisse mitgeteilt über den Einfl. der Gelatine u. der Capillareneigg. auf die H^+-Stufe u. den K^+-Anstieg, über die I–y-Kurven (I = Diffusionsstromkonstante $\equiv \overline{i_d}/cm^{2/3} t^{1/6} = 607\, nD^{1/2}$, $y = m^{-1/3} t^{1/6}$) bei verschied. H^+-Ionenkonzz. u. die Berechnung von $I_{y=0}$, über den Einfl. der Gelatine auf die Höhe des Grenzstroms bzw. der Diffusionsstromkonstante u. die Berechnung von $I_{y=0}$, $c_{g=0}$ (g = Gelatinekonz.), über die Berechnung des Diffusionskoeff., über den Einfl. der durch die Dämpfung des Galvanometers gegebenen Zackengröße auf den Diffusionsstrom u. die Berechnung von $I_{(\Delta A=0)}$ (ΔA = Differenz zwischen maximalem u. minimalem Ausschlag in Skaleneinheiten) u. über die Anwendung der entwickelten Meßmethodik auf die Best. der H^+-Konz. in ungepufferter Lsg. im p_H-Bereich 2—5. Die Experimente beweisen die Richtigkeit der Formel von STREHLOW u. v. STACKELBERG. Eine krit. Unters. der Arbeiten von L. MEITES u. T. MEITES (vgl. C. **1951**. II. 13) zeigt die Gültigkeit dieser Gleichung auch in gelatinefreier Lösung. (Z. Elektrochem., Ber. Bunsenges. physik. Chem. **56**. 648—62. 1952. Bonn, Univ., Inst. für physik. Chem.) R. LEVI. 142

M. v. Stackelberg, *Zur Theorie der polarographischen Kurve.* 5. Mitt. (4. vgl. vorst. Ref.) Im Gegensatz zu der vom Vf. gegebenen Form der ILKOVIČ-Gleichung, bei der die Konstante A den Wert 17 hat, ist von KOUTECKÝ (Československý časopis fys. **2**. [1952.] 117) ohne jedes Näherungsverf. ein Ausdruck mit einem A-Wert von 34 gefunden worden. Vf. weist darauf hin, daß allen derartigen Rechnungen eine idealisierte Tropfelektrode zugrunde gelegt ist, u. bespricht die notwendigen Korrekturfaktoren. Als solcher ist der Verarmungseffekt zu betrachten. Er beruht darauf, daß nur der 1. Tropfen nach Anlegen einer Spannung mit der im Innern der Lsg. herrschenden Depolarisatorkonz. wächst. Alle folgenden Tropfen wachsen in einer an Depolarisator verarmten Lsg., da der vorhergehende jeweils einen Teil seiner Diffusionsschicht zurückläßt. Dieser Verarmungseffekt erniedrigt die Stromstärke. Sein Betrag ergibt sich aus der Differenz der Stromintegrale des 1. u. der folgenden Tropfen. Er geht annähernd linear mit $\sqrt{Dt}$. Bei Einführung dieses Faktors in die behandelte Gleichung ergibt sich für A ein Wert von 18. Ein 2. Korrekturfaktor ergibt sich aus dem „Anbaueffekt". Ein Tropfen wächst nicht, wie in den Gleichungen angenommen wird, radialsymm., sondern vorzugsweise am Scheitel. Die Diffusionsschicht muß daher an diesem dünner sein als am Ansatzpunkt des Tropfens. Da sich die Größe dieses Effekts nicht rechner. erfassen läßt, wird der Betrag von 2%, um den der polarograph. gemessene Diffusionsstrom von dem aus den nach COTTRELL bestimmten Diffusionskoeffizienten errechneten abweicht, dafür in Rechnung gesetzt. Dieser Anbaueffekt ist grundsätzlich von dem Spüleffekt (Maximum 2. Art) zu unterscheiden. Bei Berücksichtigung dieses Effekts ist der Faktor 607 der Gleichung auf 619 zu erhöhen. In einer Tabelle sind für Ag^+ in KNO_3 u. Cd^{2+}, Pb^{2+} u. $Fe(CN)_6{}^{3-}$ in KCl die polarograph. bestimmten u. die berechneten Diffusionsstromstärken zusammengestellt. In einer weiteren Tabelle sind die Diffusionskoeffizienten von 0,0025 mol. Cd^{2+} in verschied. KCl-Lsgg. aus bei verschied. Potentialen gemessenen Diffusionsströmen berechnet. Damit wird bewiesen, daß die Gleichung auch die Änderung von g (= m·t) mit dem Potential infolge der Änderung der Grenzflächenspannung richtig erfaßt. In einem Anhang werden Korrekturen der in C. **1950. II.** 739 gegebenen Ableitungen für die polarograph. Diffusionsstromstärke mitgeteilt. (Z. Elektrochem., Ber. Bunsenges. physik. Chem. **57.** 338—42. 1953. Bonn, Univ., Inst. für physik. Chem.) R. LEVI. 142

T. W. Kalisch und **R. Ch. Burstein,** *Einfluß von bei hoher Temperatur absorbiertem Sauerstoff auf das elektrochemische Verhalten von Platin.* Nach dem Verf. von BURSTEIN, SCHUMILOWA u. GOLBERT (Журнал Физической Химии [J. physik. Chem.] **20.** [1946.] 789) wurde nach Aufnahme einer O_2-Menge durch Pt das Gerät vom Hochvakuum abgeschaltet, das Pt auf Zimmertemp. abgekühlt u. nach der Zerschlagung der Ampulle mit dem entgasten Elektrolyten das Elektrodenpotential u. die zeitliche Änderung des Potentials bei kathod. Polarisation mit dem Strom $2 \cdot 10^{-5}$ A gemessen. Bei Pt, das $34 \cdot 10^{15}$ Moll. O_2/cm^2 aufgenommen hat, u. bei der in O_2 bei 0,5 at u. 800° erhitzten Elektrode werden bei der Polarisation $2{,}35 \cdot 10^{15}$ Moll. entfernt, bei der entgasten Elektrode $0{,}47 \cdot 10^{15}$ Moll. O_2/cm^2. Aus den Ladekurven in HCl-Lsg. ergibt sich, daß nach der O_2-Aufnahme durch Pt aus der Gasphase bei 800° auf der Ladekurve keine charakterist. O_2-Haltepunkte wie in H_2SO_4 beobachtet werden. In 1 n H_2SO_4 treten Haltepunkte bei 0,6—0,7 V auf. Durch einmalige kathod. Polarisation wird vom Pt nur ein geringer Bruchteil des aufgenommenen O_2 entfernt. Durch wiederholte kathod. Polarisation mit langer Unterbrechung treten weitere aus den tiefen Metallschichten aufsteigende O_2-Mengen aus. In den Versuchsergebnissen sehen Vff. einen Beweis dafür, daß große O_2-Mengen in die Tiefe des Pt eindringen u. dessen Diffusion aus den tiefen Metallschichten sehr langsam erfolgt, so daß die Menge des aus der Gasphase aufgenommenen O_2 nicht nach der bei der kathod. Polarisation entfernten O_2-Menge beurteilt werden kann. (Доклады Академии Наук СССР [Ber. Akad. Wiss. UdSSR] [N. S.] **88.** 863—66. 11/2. 1953.) LEBTAG. 142

A$_4$. Thermodynamik. Thermochemie.

Bisheshwar Dayal, *Oberflächenspannung und Schmelzpunkt.* Die von SCHYTIL entwickelte Beziehung zwischen der Oberflächenspannung σ u. dem F. (T_m, $\sigma \sim T_m V^{-2/3}$; V = Mol-Vol.) wird genauer untersucht u. physikal. gedeutet. Eine Gleichung für σ am F. wird aufgestellt, der eine Anzahl nichtassoziierender organ. Fll. gehorcht. Aus der Gleichung kann weiter der Querschnitt der einzelnen KW-stoffkette berechnet werden, falls es sich um Substanzen handelt, welche sich senkrecht zur Oberfläche anordnen. Die Möglichkeit der Assoziation bei Alkalihalogeniden, die sich aus den σ_m-Werten ergibt, wird diskutiert, ebenso Besonderheiten bei Metallen. — Ist die krit. Temp. durch den Wert 0 in der Oberflächenspannung charakterisiert, so ist der F. definiert als die Temp., bei der der Translationsanteil des therm. Energieinhaltes einer Oberflächeneinheit gleich der freien Oberflächenenergie ist. Ist der Translationsanteil kleiner, so bleibt die Struktur der festen Oberfläche erhalten. (Nature [London] **169.** 1010. 14/6. 1952. Banares, Hindu Univ., Dep. of Phys.) v. SCHIESZL. 147

Alan W. Searcy, *Der Dampfdruck von Germanium.* Der Dampfdruck von Ge wurde dadurch gemessen, daß man im Temperaturbereich von 1510—1882° K den Dampf durch ein Loch von 0,336 oder 0,175 cm Durchmesser im Deckel des Graphitschmelztiegels ausströmen ließ u. auf einer Pt-Platte auffing. Gewichtszunahme auf der Platte u. -verlust des Ge im Tiegel wurde bestimmt. Wenn man ΔF = freie Energie der Verdampfung, ΔH = Verdampfungswärme u. T = absol. Temp. setzt, so ließen sich aus den Verss. die Gleichungen $\Delta F = 87{,}490 + 2{,}0\,T \cdot \ln T - 45{,}5\,T$ u. $\Delta H = 87{,}490 - 2\,T$ für die Verdampfung des fl. Ge ableiten. ΔH bei 298° K = 83,95 $\pm 0{,}60$ kcal als Mittel aus einzelnen Druckmessungen. Aus Schmelzungen mit anderen

Metallen (bin. Systemen) wurde die Schmelzwärme des Ge zu $8{,}3 \pm 1{,}6$ kcal/Mol ermittelt. Durch Röntgenoberflächenunterss. wurde festgestellt, daß sich das Ge mit dem Pt der Auffangplatte legierte. (J. Amer. chem. Soc. **74.** 4789—91. 5/10. 1952. Lafayette, Ind., Univ. of California, Radiat. Labor.) MIETHING. 150

George D. Oliver, H. T. Milton und **J. W. Grisard,** *Dampfdruck und kritische Konstanten von Uranhexafluorid.* Vff. führten ebulliometr. u. stat. Messungen des Dampfdruckes von festem u. fl. UF_6 zwischen 0^0 u. dem krit. Punkt durch. Der Dampfdruck des festen UF_6 wird durch die Gleichung $\log_{10} P(mm) = 6{,}38363 + 0{,}0075377\,t - 942{,}76/(t + 183{,}416)$ mit einer Unsicherheit von $\pm 0{,}05\,\%$ des Druckes wiedergegeben. Für den Dampfdruck des fl. UF_6 gilt für den Temperaturbereich von $64-116^0$ die Gleichung $\log_{10} P = 6{,}99464 - 1126{,}288/(t + 221{,}963)$ mit einer Unsicherheit von $\pm 0{,}03\,\%$ des Druckes u. für Tempp. oberhalb 116^0 die Gleichung $\log_{10} P = 7{,}69069 - 1683{,}165/(t + 302{,}148)$ mit einer Unsicherheit von 0,3% des Druckes. Aus der Druck-Temp.-Kurve errechnet sich die krit. Temp. zu $230{,}2 \pm 0{,}2^0$ u. der krit. Druck zu $45{,}5 \pm 0{,}5$ at. Aus der ersten Druckgleichung u. der CLAPEYRON-Gleichung ergibt sich für die Sublimationswärme ΔH_s bei 25^0 11,80, bei $56{,}54^0$ (Dampfdruck 1 at) 11,50 kcal/Mol. Beim Tripelpunkt ($64{,}02 \pm 0{,}05^0$, Schnittpunkt der zweiten u. dritten Druckgleichung) beträgt ΔH_s 11,38 kcal/Mol u. ΔH_v 6,82 kcal/Mol. Die Differenz dieser beiden Werte ergibt die Schmelzwärme von 4,56 kcal/Mol. Die Abweichung des Dampfzustandes vom idealen Gas beträgt 0,0062 bei 25^0, 0,031 bei $56{,}54^0$ u. 0,043 bei $64{,}02^0$. Demnach kann UF_6-Gas bei Zimmertemp. als ideal angesehen werden. (J. Amer. chem. Soc. **75.** 2827—29. 20/6. 1953. Oak Ridge, Tenn., Union Carbide and Carbon Corp., Carbide and Carbon Chem. Comp., K–25 Plant, Res. Labors.) FORCHE. 150

Alfons Weber und **Salvador M. Ferigle,** *Thermodynamische Eigenschaften von Chlortrifluorid.* Vff. behaupten, daß die Berechnungen der thermodynam. Daten des ClF_3 von SCHEER (vgl. C. **1953.** 4332) auf einer Inkonsequenz beruhen u. die erzielte Übereinstimmung zufällig ist. Sie berechnen auf Grund einer anderen Zuordnung der Fundamentalschwingungen u. unter Heranziehung der Mikrowellenunterss. von SMITH (C. **1953.** 4972) die Entropie von ClF_3 im idealen Gaszustand bei 1 at Druck u. $284{,}91^0$ K zu 66,64 cal/Mol·Grad. (J. chem. Physics **20.** 1497. Sept. 1952. Chicago, Ill., Illinois Inst. of Technol., Dep. of Phys., Spectroscopy Labor.) FORCHE. 154

Loren G. Hepler, William L. Jolly und **Wendell M. Latimer,** *Die Ionisationswärme und -entropie von Flußsäure. Die Entropie des Bifluoridions.* Aus der bei 25 ± 1^0 bestimmten Lösungswärme von NaF in W. u. $HClO_4$ wurde die Ionisationswärme von HF zu $\Delta H^0 = -3180 \pm 15$ cal/Mol u. hieraus die Ionisationsentropie zu $\Delta S^0 = -25{,}2$ Einheiten berechnet. Mit Hilfe dieses Wertes u. der aus den Dissoziationsmessungen von BROENE u. DEVRIES (C. **1948.** II. 279) errechneten Entropieänderung bei der Rk. $HF + F^- = HF_2^-$ ergibt sich für die Entropie des Bifluoridions der Wert 26. (J. Amer. chem. Soc. **75.** 2809—10. 20/6. 1953. Berkeley, Calif., Univ. of California, Dep. of Chem. and Chem. Engng., u. Radiat. Labor.) FORCHE. 154

John C. R. Kelly und **Paul E. Snyder,** *Die thermodynamischen Eigenschaften von Natriumhydroxyd bei niedrigen Temperaturen.* Die Wärmekapazität von reinem kristallinen NaOH wird von $60-300^0$ K mittels eines adiabat. Tieftemperaturcalorimeters (vgl. J. Amer. chem. Soc. **55.** [1933.] 4378) bestimmt. NaOH wurde sorgfältig gereinigt durch Lösen in A. u. Bldg. des Monoalkoholats, das bei vermindertem Druck vorsichtig zersetzt wurde. Aus den experimentell gewonnenen Werten wurden die thermodynam. Funktionen für verschied. Tempp. berechnet. Diese Berechnungen ergeben für die Entropie von NaOH den Wert $S_{298,16} = 15{,}34 \pm 0{,}1$ Entropieeinheiten, der mit dem von SHIBATA (J. chem. Soc. Japan [Nippon Kwagaku Kwaishi] **50.** [1929.] 523) übereinstimmt. Die Genauigkeit der Werte wird diskutiert. (J. Amer. chem. Soc. **73.** 4114—15. Sept. 1951. Pittsburgh, Pa., Carnegie Inst. of Technol., Dep. of Chem.) U. WINKLER. 154

Lee A. Cosgrove und **Paul E. Snyder,** *Die thermodynamischen Eigenschaften des Molybdäntrioxydes bei hohen Temperaturen.* Vff. bestimmen u. berechnen aus den gefundenen Daten folgende thermodynam. Größen des MoO_3 für die Tempp. $70-1300^0$ K: $(H_T-H_0)/T$, C_p, S_T u. $-(F_T-H_0)/T$ ($H_0 = H$ bei $273{,}16^0$ K). Experimentell wurden die Werte für die Tempp. von $273{,}16-1068{,}36^0$ K bestimmt. H_T-H_0 berechnet sich nach $H_T-H_0 = 1{,}25151\cdot10^5 - 2{,}19714\cdot10^2T + 1{,}47790\cdot10^{-1}T^2 - 2{,}33333\cdot10^{-5}T^3$ (pro Mol $MoO_{3\,flüssig}$). C_p ist gleich $-2{,}19714\cdot10^2 + 2{,}95580\cdot10^{-1}T - 7{,}00000\cdot10^{-5}T^2$ (pro Mol $MoO_{3\,flüssig}$). Für $MoO_{3\,fest}$ berechnet sich C_p nach $C_p = 20{,}07 + 5{,}90\cdot10^{-3}T - 3{,}68\cdot10^{-5}T^{-2}$ u. $H_T-H_0 = 20{,}07\,T + 2{,}95\cdot10^{-3}T^2 + 3{,}68\cdot10^{-5}\,T^{-1} - 7481$. Der F. wurde zu $1068{,}36^0$ K bestimmt u. die Schmelzwärme zu 12540 cal/Mol berechnet.

(J. Amer. chem. Soc. **75.** 1227—28. 5/3. 1953. Pittsburgh, Pa., Carnegie Inst. of Technol., Dep. of Chem.) Moslé. 155

Väinö Hovi, *Bildungswärmen und Umwandlungswärmen fester NaCl–NaBr-Lösungen.* Vf. wendet die statist. Theorie von Wasastjerna (Soc. Sci. fenn., Comment physico-math. **15.** [1949.] Nr. 3) zur Berechnung der Bildungswärmen fester NaCl–NaBr-Lsgg. entsprechend dem Gleichgewicht bei 60° an. Zur Berechnung wurde die geometr. Verzerrung der Ionengitterplätze in NaCl–NaBr-Mischkristallen, die bei 60° wasserfrei zu erhalten sind, bzgl. derjenigen eines Idealgitters berücksichtigt. Außerdem wurde für das Mischkristallgitter angenommen, daß es durch einen bestimmten Ordnungsgrad der Gitterplätze charakterisiert sei. Die für verschied. zusammengesetzte feste NaCl–NaBr-Lsgg. (untersucht wurden Zuss. die dem Molenbruch NaCl von 0,1053—0,8982 entsprachen) erhaltenen theoret. Werte werden mit den experimentellen Befunden von Fineman u. Wallace (C. **1948.** E. 173) verglichen. Es zeigt sich, daß die Wasastjernasche Theorie in guter Übereinstimmung mit den Verss. steht. Nach einer vom Vf. bereits mitgeteilten Gleichung (vgl. Suomen Kemistilehti B **23.** [1950.] Nr. 3—4) wurde die frei werdende Energie beim Übergang des Mischkristalls aus dem Zustande völliger Unordnung in den, der dem Ordnungszustand bei 60° entspricht, für verschied. Zuss. berechnet. (Ark. Fysik **5.** Nr. 1/2. 61—67. 1952. Helsinki, Finnland, Univ., Inst. of Phys.) Plust. 155

J. R. Lacher, R. E. Scruby und **J. D. Park,** *Die Chlorierungswärme von Diboran in der Dampfphase.* Mittels eines isothermen Strömungscalorimeters bestimmten Vff. die Wärmetönung der Gas-Rk. $B_2H_6 + 6Cl_2 \rightarrow 2BCl_3 + 6HCl$. Zur Best. der Zus. der Reaktionsprodd. wurden Infrarotspektren aufgenommen. Die Wärmetönung der Rk., bezogen auf 25°, betrug $-\Delta H = 343$ kcal pro Mol B_2H_6. Die Abweichungen der 6 durchgeführten Meßreihen betrugen maximal 1,5%. Die Berechnung der Wärmetönung aus den Bildungswärmen von B_2H_6 u. BCl_3 (Literaturangaben) ergab Werte, die nicht mit der Meßgröße übereinstimmen. (J. Amer. chem. Soc. **74.** 5292—94. 5/11. 1952. Boulder, Col., Univ. of Colorado.) Wasseroth. 155

J. van Steenis, *Bestimmung der Verbrennungsgeschwindigkeit.* Die Best. der Verbrennungsgeschwindigkeit v geschieht oft mittels Schlierenaufnahmen. Da zuweilen die Schlieren schlecht erkennbar sind, weil sie mehr zum Flammeninnern liegen, entwickelte Vf. ein Verf., nach dem er durch Phasenkontrastphotographie auch sonst nicht beobachtbare Schlieren betrachten konnte. Für v ergaben sich nach der Schlieren- u. Phasenkontrastmeth. nicht die gleichen Werte; für maximales v sind die Differenzen am größten. Die Ergebnisse der Phasenkontrastmeth. sind zuverlässiger, da sie den Ausgangspunkt der Schlieren leichter erkennen lassen. (Nature [London] **170.** 1068—69. 20/12. 1952. Geleen, Holland, Central Labor. of Staatsmijnen.) Roeder. 157

A₅. Grenzschichtforschung. Kolloidchemie.

E. Dönges, *Über eine Natriumthiohydroxoferrat(II)-Gallerte.* Wie Vf. zeigt, können beim Mischen sehr verd. wss. $FeSO_4$-Lsgg. mit einem Überschuß verd. wss. Na_2S_2-Lsgg. beständige schwarzgrüne Gallertenvon **Natriumthiohydroxoferrat** (II) der Zus. $(NaS_2FeOH \cdot xH_2O)$ entstehen. Der Einfl. der Konz. der Lsgg., der Temp. u. des p_H auf die Gallertbldg. werden untersucht. Der Existenzbereich der Gallerte wird im Konzentrationsdiagramm graph. mitgeteilt. Die Tempp. für den reversiblen Übergang Gallerte ⇌ Sol liegen zwischen 22 u. 45°, wobei die konz. Gallerten am temperaturbeständigsten sind. Der p_H-Bereich der Gallertbldg. reicht von 10,5—11,5. Die analyt. bestimmte Zus. der Gallerte ergibt ein Atomverhältnis Na:Fe:S = 1:1:2. Diskussion der Ergebnisse. (Z. anorg. allg. Chem. **267.** 131—36. Dez. 1951. Stuttgart, TH., Labor. für anorgan. Chemie.) Weitbrecht. 161

Pierre Tauzin, *Die Theorie der negativen Photophorese. Ergänzung zu zwei früheren Notizen.* (Vgl. C. **1952.** 6813 u. **1951.** II. 939.) Zur Erklärung der negativen Photophorese, bei der angenommen werden muß, daß die dem eingestrahlten Licht entgegengesetzte Seite der Aerosolteilchen wärmer ist, werden Betrachtungen über die Phasenbeziehungen des einfallenden u. des gestreuten Lichtes auf den Oberflächen der Teilchen angestellt u. der Effekt qualitativ gedeutet. Auf den Einfl. von Form u. Größe, von Absorption u. Brechungsindex der Aerosolteilchen auf Vorzeichen u. Größe des Photophoreseeffektes wird näher eingegangen. (C. R. hebd. Séances Acad. Sci. **235.** 1119—21. 10/11. 1952.) Rudolph. 162

M. L. Sssossinski, *Untersuchung der Dimensionen und der Form der Teilchen in Bentonithydrosolen mit Hilfe der dynamischen und elektrischen Doppelbrechung.* Durch wiederholtes Zentrifugieren u. Überführung der Ndd. von koll. Bentonitlsgg. in eine koll. Suspension wurden Sole homogener Dispersität erhalten. Die für $45° > \psi > 7°$ nach

ZWETKOW u. SSOSSINSKI (C. **1950.** I. 1068) ermittelten Koeffizienten der Rotationsdiffusion D bei verschied. Geschwindigkeitsgradienten g im Strom zeigten einen Anstieg des Mittelwertes mit der Zentrifugierdauer. Die D-Werte zeigten eine nur geringe Streuung. (Aus der Abhängigkeit des Auslöschungswinkels im Strom von g sowie der Abhängigkeit der Doppelbrechung von der effektiven Potentialdifferenz an den Folien der KERR-Zelle u. von g im Strom wird geschlossen, daß durch Best. von ψ in homogendispersen Lsgg. im Strom u. im elektr. Feld Form u. Größe der Teilchen ermittelt werden können. Die angewandte Fraktioniermeth. muß noch verbessert werden. (Коллоидный Журнал [Kolloid-J.] **14.** 192—96. Mai/Juni 1952. Leningrad, Shdanow-Univ., Physik. Inst., Lehrstuhl für allg. Physik.) LEBTAG. 162

Per Ekwall, *Oberflächenchemische Studien der Reaktion zwischen Aluminiumionen und Fett- bzw. Harzsäuren.* Mit Hilfe einer Oberflächenwaage wurde die p_H-Abhängigkeit der Eigg. von Fettsäure- u. Harzsäuremonoschichten untersucht. Hierbei ergaben sich für die Fettsäuren (*Myristinsäure*) innerhalb eines mittleren p_H-Gebietes extrem stabile Monoschichten, für die Harzsäuren (*Dekahydroreten-β-* u. *-α-carbonsäure, Dihydroreten-β-carbonsäure; Dehydro-* u. *Tetrahydroabietinsäure* sowie *Abietinsäure*) dagegen nicht. Vf. erklärte dies durch die vermutliche Existenz bzw. das Fehlen von H-Brückenbindungen zwischen den ionisierten u. nichtionisierten Säuren. Weiterhin wurde die Rk. dieser Monoschichten auf $KAl(SO_4)_2$-Lsgg. mit Al-Ionen untersucht u. festgestellt, daß die Reaktionsbedingungen von der Al^{3+}-Konz. u. dem p_H abhängen. Die Rk. führte ohne Zwischenstadien zur Al-Salzbldg. mit der Monoschicht. Vergleichsweise wurde die Rk. von Al-Ionen u. festen Fettsäure- u. Harzsäureoberflächen mit Hilfe der Randwinkelmessung unter denselben Bedingungen (Al-Konz.; p_H) wie bei Monoschichten untersucht. Die Ergebnisse dürften für die Harzleimung des Papieres neue Perspektiven eröffnen. (Kolloid Z. **125.** 129—38. März 1952. Åbo, Finnland, Åbo Akad., Physik.-chem. Inst.) RÖPKE. 166

Karo J. Mysels und **D. Stigter,** *Eine neue Methode zur Messung von Diffusionskoeffizienten.* Es handelt sich um die Best. der Selbstdiffusionskoeffizienten von Micellen, wobei in Lsg. gebrachte wasserunlösl. Farbstoffe zur Kennzeichnung der Micelle (Indicatoren) benutzt werden. Vff. konstruierten eine App., deren Merkmal ist, daß Konvektion vermieden wird. Zwei scheibenförmige Glasfritten enthalten die zu untersuchenden Fll., eine davon mit den Indicatoren. Die Fritten werden, nach außen abgedichtet, in einem Rahmen zusammengespannt u. für die Versuchszeit in Hg gebracht. Einzelheiten der App. u. experimentelle Erfahrungen werden mitgeteilt. Vff. benutzen zur Eichung der App. 0,7nNaCl-Lsg. in der unteren u. 0,2nNaCl in der oberen Glasfritte. Die untersuchten Stoffe sind nicht näher bezeichnet. (J. physic. Chem. **57.** 104—06. Jan. 1953. Los Angeles, Calif., Univ. of Southern California, Dep. of Chem.) G. HEINRICH. 171

Izumi Higuchi und **Hiroshi Utsugi,** *Capillarkondensation bei der Sorption von Dämpfen an nichtporöse Pulver.* 1. u. 2. Mitt. Theoret. Ableitung für das in Frage kommende Vol. u. die Oberfläche eines zwischen den kugelförmig gedachten, nichtporösen Teilchen capillar festgehaltenen Kondensats. Ferner wird die capillare Adsorption von *A.* an gepulvertem u. durch Sedimentation in 3 verschied. Korngrößen fraktioniertem *Rutil* untersucht. (J. chem. Soc. Japan, pure Chem. Sect. [Nippon Kagaku Zassi] **73.** 395—99. Juni 1952. Sendai, Tohoku [Orig.: japan.]) SCHULER. 176

N. N. Awgul, O. M. Dshigit und **A. W. Kisselew,** *Capillarkondensation von Dämpfen und die Struktur der Poren aktiver Kohlen.* Bei den Adsorptionsisothermen organ. Stoffe (Methyl-, Butylalkohol, Bzl., Heptan) an Blutkohle liegen Adsorption- u. Desorptionskurve nahe beieinander, was dafür spricht, daß hier eine gute Benetzung der Porenwände vorliegt u. an dem im ersten Adsorptionsprozeß gebildeten Flüssigkeitsfilm Capillarkondensation erfolgt. Bei der Adsorption von Wasserdampf muß sich an der Oberfläche der Kohle eine monomol. Schicht von untereinander durch H-Bindungen verbundenen Wassermoll. bilden, worauf dann „Volumen"-Capillarkondensation zur Erfüllung des restlichen Porenvol. führt. Man kann also die Adsorptions–Desorptions-Isothermen von Wasserdampf zur Aufklärung der Struktur akt. Kohlen mit Hilfe der Vorstellungen der Theorie der Capillarkondensation verwenden. (Доклады Академии Наук СССР [Ber. Akad. Wiss. UdSSR] [N. S.] **89.** 97—99. 1/3. 1953. Moskau, Lomonossow-Univ., Inst. für physik. Chem. der Akad. der Wiss. der UdSSR.) R. K. MÜLLER. 176

Rodolphe Viallard, *Bestimmung von sorbiertem Wasser mittels Austausch durch Deuteriumoxyd. Ausdehnung dieser Austauschmethode auf die Untersuchung makromolekularer Strukturen.* Die Unters. des Austausches wird mit Hilfe von Dichtemessungen des die Substanz umgebenden W. durchgeführt. Aus dem kinet. Gesetz des Verlaufs des Austauschs kann auf die Bindungsart des sorbierten W. geschlossen werden. (J. Chim. physique Physico-Chim. biol. **48.** 372. Juli/Aug. 1951. Paris, Fac. des Sci., Labor. Chim. Phys.) SCHÄFF. 176

M. Verzele, *Was ist Chromatographie?* Übersicht über Grundzüge u. Anwendungen der Chromatographie. (Meded. vlaamse chem. Veren. **14.** 177—81. Nov./Dez. 1952. Gent, Rijksuniv., Labor. voor Organ. Chemie.) WESLY. 177

A. A. Shuchowitzki, N. M. Turkeltaub und **B. A. Ssokolow,** *Zur Theorie der Chromothermographie.* Durch Ableitung der Gleichungen für die Chromothermographie (gleichzeitige Einw. eines Lösungsmittelstromes u. eines bewegten Temperaturfeldes auf das zu trennende Gemisch) bei unendlicher Sorptionsgeschwindigkeit für den Fall der geradlinigen u. nichtgeradlinigen Isotherme wird gezeigt, daß sich die Adsorption längs der Adsorbentenschicht mit der Geschwindigkeit des Temperaturfeldes bewegt. Bei der Fortbewegung der Schicht wird der Adsorbatstreifen bei linearer Isotherme bis zur mathemat. Linie, bei nichtlinearer Isotherme bis zur asymptot. Verteilung kontrahiert. (Доклады Академии Наук СССР [Ber. Akad. Wiss. UdSSR] [N. S.] **88.** 859—62. 11/2. 1953.) LEBTAG. 177

Yoshiyasu Fujitani, *Untersuchungen über die Aerosole.* 1. Mitt. *Der Koagulationsprozeß der Teilchen durch Altern an Ammoniumchloridrauch.* 2. Mitt. *Die Bestimmung der durchschnittlichen Teilchengröße durch die Sedimentationsgeschwindigkeit.* In einer Nebelkammer wird aus HCl u. NH_3 erzeugtes NH_4Cl (1,5 mg/Liter) durch Rührflügel (60 Umdrehungen/Min.) „gealtert", u. in kurzen Zeitabständen werden Proben des Nebels mit einem Ultramikroskop auf die Verteilung der Teilchengrößen untersucht. In einem 2. Vers. wird zu dem gleichen Zweck das TYNDALL-Phänomen herangezogen u. die Häufigkeit des Vork. bestimmter Teilchengrößen (Durchmesser 0,4—1,6 μ) graph. u. tabellar. dargestellt u. ausführlich erörtert. (J. chem. Soc. Japan, pure Chem. Sect. [Nippon Kagaku Zassi] **73.** 418—26. Juni 1952. Nagoya, Univ. [Orig.: japan.]) SCHULER. 180

A₆. Strukturforschung.

P. M. de Wolff, *Ein verstellbarer gekrümmter Kristallmonochromator für die Röntgenbeugungsanalyse.* Bei dem beschriebenen Monochromator handelt es sich um eine Verbesserung des von BARRAUD (vgl. C. R. hebd. Séances Acad. Sci. **214.** [1942.] 78) beschriebenen Monochromators, dessen Kristall so gebogen war, daß er die Form einer logarithm. Spirale annahm. Während die Anordnung von BARRAUD jeweils nur für eine Wellenlänge benutzt werden konnte, erlaubt die Verstellvorr. des Vf. die Einstellung auf verschied. Wellenlängen sowie auf verschied. Abstände Kristall–Brennpunkt. (Appl. sci. Res. B **1.** 119—26. 1950. Delft, Techn. Phys. Dienst, Laborr. voor Techn. Phys.) GOTTFRIED. 181

H. Lipson und **M. M. Woolfson,** *Eine Erweiterung der Benutzung der Intensitätsstatistik.* Von HANSON, TAYLOR u. LIPSON (vgl. C. **1953.** 6006) war die von WILSON (vgl. C. **1950.** I. 1828) eingeführte statist. Analyse zur Erkennung von Zentrosymmetrie in einem Kristall auf opt. Basis beschrieben worden. Es ergab sich hierbei, daß es gewisse Bedingungen gibt, bei denen Ausnahmen auftreten können. Eine dieser Ausnahmen, eine Struktur mit zentrosymm. Moll., die zentrosymm. angeordnet sind, gibt eine extremere Verteilung der Intensitäten als dies eine gewöhnliche zentrosymm. Struktur gibt. Diese Annahme wird gestützt durch eine Analyse der Daten von *Pyren, 1.1.6.6-Tetraphenylhexapentaen* u. *Flavanthron.* Es wird vorgeschlagen, diese Verteilung „hyperzentr." zu nennen. Es wird angenommen, daß die azentr., zentr. u. hyperzentr. Intensitätsverteilungen spezielle Fälle eines Stamms von Kurven sind, die verschied. „Graden" der Symmetrie entsprechen. So erhält man aus den 0kl-Intensitäten von *Di-p-anisylstickstoffoxyd* eine Verteilungskurve, die auf Zentrosymmetrie schließen läßt. Aus Raumgruppenüberlegungen folgt, daß das Mol. angenähert aus zwei zentrosymm. Teilen besteht. (Acta crystallogr. [Copenhagen] **5.** 680—82. 10/9. 1952. Manchester, Coll. of Technol., Phys. Dep.) GOTTFRIED. 181

Claude Vroelant, *Berechnung von Integralen, die sich für bestimmte Näherungsformen der Wellenfunktion ergeben.* Bei Molekülberechnungen, bei denen als Näherung Eigenfunktionen der Form $\Psi = \sum_k f_k (\cdots x_i, y_i, z_i \cdots) \exp[-g_k (x \cdots, x_i, y_i, z_i \cdots)]$ benutzt werden (f_k = Polynome, g_k = bestimmte Polynome 2. Grades), macht die Ausführung der Integrationen $\int \Psi^2/r_{ij} \cdot d\tau$ bzw. $\int \Psi^2/r_A \cdot d\tau$ Schwierigkeiten. Vf. gibt ein Verf. zur Lösung an. (C. R. hebd. Séances Acad. Sci. **236.** 2504—06. 29/6. 1953.) KRESZE. 182

Harald H. Nielsen, *Die Molekularstruktur von Arsin.* Es wurde das Spektr. von AsH_3 untersucht (Tabelle). Die Rotationstermwerte für die Schwingungszustände ν_3 u. ν_4 wurden bestimmt. Mit ihnen läßt sich auch der CORIOLIS-Faktor $\varrho_4^{(z)}$ ermitteln,

sowie andere spektroskop. Konstanten, mit deren Hilfe der As–H-Abstand zu $r_0 = 1{,}523$ Å u. der Winkel H–As–H zu $\alpha = 91^0\,34'$ gefunden wird. (J. chem. Physics **20.** 1955–56. Dez. 1952. Columbus, O., Ohio State Univ., Dep. of Phys. and Astronomy.)
D. Hahn. 182

Harold L. Friedman, *Die Dissoziationsenergien von HS und S_2.* Die ΔH_f^0-Werte für das Radikal HS geben zusammen mit der Dissoziationsenergie von 101 kcal/Mol für S_2 eine Dissoziationsenergie von 79,2 kcal/Mol für das Radikal HS, was auch von anderen Autoren (vgl. Franklin u. Lumpkin, C. **1953.** 829) gefunden wurde. Damit erscheint für S_2 der Wert von $D_{(S_2)} = 101$ kcal/Mol der wahrscheinlichere. (J. chem. Physics **20.** 1046. Juni 1952. Los Angeles, Calif., Univ. of Southern California, Dep. of Chem.)
W. Kaufmann. 182

R. B. Harvey und **S. H. Bauer,** *Eine Elektronenbeugungsuntersuchung von Dischwefeldekafluorid.* An dem durch Überleiten von F_2 über festen S neben dem Hauptprod. SF_6 gewonnenen S_2F_{10} wurden Elektronenbeugungsunterss. mit u. ohne rotierenden Sektor durchgeführt. Aus der radialen Verteilungskurve wurden Anhaltspunkte über die Vibrationsverschiebung der Atompaare gewonnen. Aus der Auswertung folgt, daß das Mol. aus zwei durch eine S–S-Bindung verbundene oktaedr. (SF_5)-Gruppen besteht. Der Abstand S–F beträgt $1{,}56 \pm 0{,}02$ Å, der Abstand S–S $2{,}21 \pm 0{,}03$ Å, die FSF-Winkel sind 90^0. Die Rotation der (SF_5)-Gruppen um die durch die S–S-Bindung gegebene Achse ist weitgehend gehindert. Ein brückenförmiges Molekülmodell

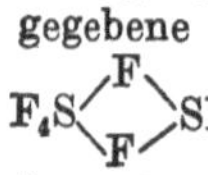

scheidet aus. (J. Amer. chem. Soc. **75.** 2840–46. 20/6. 1953. Alberta, Can., Cornell Univ., Dep. of Chem.)
Forche. 182

G. O. McClurg, *Eine Elektronenbeugungsuntersuchung an einigen Gläsern.* Best. des Atomabstandes in *Quarzglas, Vycor-* u. *Pyrexglas.* Die Ergebnisse stimmen mit den durch Röntgenstrahlbeugung ermittelten Werten überein. (J. chem. Physics **20.** 1398–1400. Sept. 1952. Chicago, Ill., Illinois Inst. of Technol., Phys. Dep.)
Frost. 188

A. J. Forty, *Das Wachstum von Cadmiumjodidkristallen.* 2. Mitt. *Eine Untersuchung über die Höhe der Wachstumsstufen an Cadmiumjodid.* (1. vgl. C. **1953.** 5784.) Das Messen von Wachstumsstufen mit weniger als 500 Å Höhe an CdJ_2 mittels einer inneren Interferenzmeth. (mit der Hg-Linie 5461 Å) zeigt, daß die auf der Annahme von „Biegung u. anschließender Gleitung" beruhende Theorie der Bldg. großer Schraubenversetzungsgruppen wahrscheinlich richtig ist. Es ist zu erwarten, daß die Versetzungsgruppen Burgers-Vektoren entsprechend einem ganzzahligen Vielfachen der kleinsten zu erwartenden Schichtdicke haben, wobei die geraden Werte sehr viel häufiger als die ungeraden sind. Das Auftreten ungerader Werte zeigt Polytypie in CdJ_2-Kristallen an. (Philos. Mag. [7] **43.** 377–92. April 1952. Bristol, Univ., H. H. Wills Phys. Labor.)
Hiller. 190

Roland Lindner, *Selbstdiffusion in Bleisilicaten.* Messung der Diffusionskonstanten (D) für Pb in Bleimetasilicat (I), $PbO \cdot SiO_2$, u. Bleiorthosilicat (II), $2PbO \cdot SiO_2$, bei 550 bis 700^0 an gesinterten Preßtabletten unter Verwendung von *ThB* (^{212}Pb) als Indicator nach der Hevesyschen Meth. der α-Strahlungsabsorption u. der Absorption der α-Rückstoßstrahlung, der Kontaktmeth. des Vf. (vgl. J. chem. Soc. [London], Suppl. **Issue 1949.** 395), sowie durch direkte Ermittlung der Konzentrationsverteilung durch Abschleifen dünner Schichten. — Anwendungsbereich, experimentelle Einzelheiten u. mathemath. Auswertung der verschied. Methoden werden besprochen. — Ergebnis für die Temperaturabhängigkeit der D zwischen 550 u. 700^0: Pb in I $D = 8{,}5 \cdot 10^1 \exp(-59500/RT)\,cm^2 \cdot sec^{-1}$, Pb in **II** $D = 2 \cdot 10^{-1} \exp(-47000/RT)\,cm^2\,sec^{-1}$. Anomalien der D mit bis 30fach erhöhten Werten liegen bei I bei 585^0, bei **II** bei 620^0. Als Ursache werden kristallograph. Umwandlungen vermutet u. mittels therm. Differentialanalyse nachzuweisen versucht. — Die Diffusionserscheinungen in den Preßtabletten werden durch Überlagerung zweier Vorgänge, der Gitterdiffusion u. der Diffusion auf inneren Grenzflächen („Kanaldiffusion") erklärt. (Acta chem. scand. **5.** 735–50. 1951. Göteborg, Chalmers Techn. Hochschule, Inst. für Silicatforschung.)
Grosse-Ruyken. 190

G. Cohen und **G. C. Kuczynski,** *Selbstdiffusionskoeffizient von Kupfer.* Nach der von Kuczynski (J. appl. Physics **21.** [1950.] 632) angegebenen Meth. wurde der Selbstdiffusionskoeff. D von Cu bei den in () genannten Tempp. bestimmt zu $4{,}06 \cdot 10^{-12}$ cm²/Sek. (700^0), $4{,}60 \cdot 10^{-11}$ (800^0), $1{,}53 \cdot 10^{-10}$ (850^0), $3{,}58 \cdot 10^{-10}$ (900^0), $6{,}80 \cdot 10^{-10}$ (950^0) u. $1{,}95 \cdot 10^{-9}$ (1000^0). Die Temperaturabhängigkeit von D läßt sich darstellen durch $D = 4{,}1 \cdot \exp(-54/RT)$. (J. appl. Physics **21.** 1339–40. Dez. 1950. Brooklyn, N. Y., Polytechn. Inst., Metallurgy Dep.)
Fuchs. 190

I. Ja. Dechtjar, *Über die Abhängigkeit des Diffusionskoeffizienten von der zwischenatomaren Wechselwirkung in Metallen und Legierungen.* Theoret. Betrachtungen über die Abhängigkeit von Aktivierungsenergie u. Diffusionskoeff. von der Art u. Größe der zwischenatomaren Bindungen. (Доклады Академии Наук СССР [Ber. Akad. Wiss. UdSSR] [N. S.] **89.** 49—52. 1/3. 1953.) EHMCKE. 190

Nevill Francis Mott, *Neuere Arbeiten in Bristol über die Oxydation von Metallen.* Für den Oxydationsprozeß mit endlicher Grenzdicke wird folgende Vorstellung entwickelt: Aus dem Metall (z. B. Al) können Elektronen durch die Oxydationsschicht diffundieren. Sie vereinigen sich mit den adsorbierten O-Atomen an der Grenzfläche Oxyd–Luft. Das hierbei entstehende elektr. Feld innerhalb der Oxydschicht ermöglicht das Nachwandern von positiven Metallionen, die sich mit den O-Ionen vereinigen. Für die Höhe des Potentialwalls, den ein Al-Ion überwinden muß, um aus dem Metall auf einen Zwischengitterplatz des Oxydgitters zu gelangen, ergibt sich der Wert 1,8 eV u. für den Abstand der beiden Positionen des Al-Ions der Wert 3,5 Å. Die Grenzdicke hängt von der Temp. ab; sie beträgt 30 Å bei 20°; oberhalb von 300° gilt ein parabol. Zeitgesetz (Diffusion von Metallionen auch ohne elektr. Feld). (Forsch. u. Fortschr. **26.** Sonderheft 3. 6—7. Aug. 1950. Bristol, Univ., H. H. Wills Phys. Labor.) FUCHS. 190

Émile Rinck, *Die allotropen Modifikationen des Strontiums.* Aus der therm. Analyse, dem elektr. Widerstand, der verschied. Thermoelektrizität, wie aus den Haltepunkten bei der Dest. von reinem Sr wird auf die Existenz von drei allotropen Modifikationen des Sr geschlossen mit Umwandlungspunkten bei 235 bzw. 540°. (C. R. hebd. Séances Acad. Sci. **234.** 845—47. 18/2. 1952.) KATTENHORN. 195

Isamu Nitta, Ryôiti Kiriyama und **Masao Haisa,** *Dielektrische und Röntgenuntersuchungen von Mischkristallen von Kalium- und Ammoniumdihydrogenphosphat.* Zur Erklärung des verschied. dielektr. Verh. der beiden isomorphen Komponenten wurden Mischkristalle der beiden Salze aus wss. Lsg. gezüchtet. Von den erhaltenen Mischkristallen der angenäherten Zus. $KH_2PO_4:NH_4H_2PO_4$, wie 1:4, 1:2, 1:1 u. 4:1, wurden Schwenkaufnahmen um die a- u. c-Achse gemacht. Es wurden keine anomalen Reflexe beobachtet. Damit konnte die Beobachtung von ZVORYKIN (Известия Академии Наук СССР, Серия Химическая [Bull. Acad Sci. USSS, Sér. chim.] **1938.** 195), daß die Komponenten eine kontinuierliche Reihe fester Lsgg. miteinander bilden, bestätigt werden. Aus Rückstrahlaufnahmen wurden die Gitterkonstanten genau bestimmt. Für ein Molverhältnis $KH_2PO_4:NH_4H_2PO_4$ von 1:0 ist (a =) 7,434, (c =) 6,959; von 4:1 7,46, 7,14 ∼ 7,24; von 1:2 7,467, 7,360; von 1:4 7,47, 7,38; 0:1 7,477, 7,507. Die DKK. wurden von —160 bis +30° an Scheibchen aus gepreßtem Pulver im Wechselfeld von 3000 kHz gemessen. Die gleiche Messung wurde an Einkristallen des Molverhältnisses $K:NH_4$ = 1:4 in Richtung der a- u. c-Achse durchgeführt. An reinem $NH_4H_2PO_4$ sowie der letztgenannten Verb. konnte ein Übergangspunkt bei —125° festgestellt werden. Aus den erhaltenen Resultaten wird auf den Mechanismus der Umwandlung geschlossen, die anders verläuft als beim K-Salz. Es wird angenommen, daß die Umwandlung auf den Übergang von asymm. zu symm. Wasserstoffbrücken zurückzuführen ist, was mit den Röntgenbefunden in Einklang steht. (Sci. Pap. Osaka Univ. **1951.** Nr. 30. 1—5. Febr. Osaka Univ.) KRÖNERT. 195

Jean Brenet und **Norbert Busquère,** *Entwicklung der Struktur von Manganoxyden, die durch thermische Zersetzung von Mangannitrat erhalten werden.* Vff. untersuchten röntgenograph. die Kristallstruktur von Manganoxyden, die sie durch therm. Zers. von Mangannitrat bei 55, 80, 105, 130, 150° u. anschließendes Waschen erhielten. Die durch Nachwaschen mit H_2O erhaltenen Oxyde zeigen nach Zers. des Nitrats bei 55, 80 u. 105° ein komplexes Röntgendiagramm. Es zeigt die charakteristischsten Linien des Pyrolusits u. des kub. Mn_2O_3. Alle Linien sind verwaschen, was auf ein gestörtes Kristallgitter hinweist. Das nach Zers. bei 130° erhaltene Oxyd zeigt das Diagramm des Pyrolusits mit den Restlinien (1 2 0), (2 0 0) u. (2 2 2). Oberhalb 150° zers., zeigen die Oxyde nur noch Pyrolusitstruktur. Nachwaschen der Oxyde mit verd. H_2SO_4 ist bei Oxyden, die bei 55 bzw. 80° erhalten wurden, ohne Einfluß. Das bei 105° gewonnene Oxyd zeigt dann die Mn_2O_3-Linien nicht mehr. Ebenso verschwinden die am bei 130° gewonnenen Oxyd beobachteten Restlinien. Die Vff. nehmen neben dem Pyrolusit zur Deutung ihrer Ergebnisse zwei definierte Manganoxyde ähnlicher Formel an, in denen das Mn-Atom verschied. Wertigkeiten u. das Kristallgitter Lücken besitzt. (C. R. hebd. Séances Acad. Sci. **230.** 1767—69. 15/5. 1950.) HALDER. 195

Adolfo Ferrari, Luigi Cavalca und **Mario Nardelli,** *Kristallographische Untersuchung des Natriumtetramethylammoniumkobalt-(III)-hexanitrits.* (Vgl. CAMBI u. Mitarbeiter, C. **1953.** 7029.) Mononatriumditetramethylammoniumkobalt(III)-hexanitrit, $Na[N(CH_3)_4]_2[Co(NO_2)_6]$, krist. in Pseudooktaedern, die dem monoklinen Syst. zugehören u. aus der

Kombination des Grundpinakoids {0 1 1}, des vertikalen Prismas {1 0 0} u. des negativen Orthopinakoids {2 0 1} hervorgehen. Für die Elementarzelle mit 2 Moll. werden folgende Konstanten ermittelt: a = 17,25 ±0,02 (Å); b = 8,56 ±0,02; c = 9,94 ±0,01; a:b:c = 2,010:1:1,162; β = 124° 35′; D. theoret. 1,516, experimentell (pyknometr. mit Xylol) 1,528. (Gazz. chim. ital. **83.** 102—07. Febr. 1953. Parma, Univ., Ist. di Chim. gen., u. Ist. di Mineral.) R. K. MÜLLER. 195

Ernst Raub und **Annemarie Engel,** *Der Aufbau galvanischer Legierungsniederschläge. 6. Mitt. Die Kupfer–Blei- und Silber–Wismut-Legierungen.* (5. vgl. C. **1947.** 830.) Röntgenograph., opt., durch Messen der Härte u. des spezif. Widerstandes wurden galvan. erhaltene Legierungen der Systeme Cu–Pb u. Ag–Bi untersucht. Wie bereits früher bei den auf die gleiche Weise dargestellten Ag-reichen Ag–Pb-Legierungen beobachtet worden war, traten auch bei den beiden obigen Systemen stark übersätt. Mischkristalle auf. Die Regel vom relativen Valenzeffekt ist bei beiden Legierungen erfüllt, denn es ist keine deutliche Löslichkeit von Cu in Pb bzw. von Ag in Bi festzustellen. Durch Anlassen auf höhere Temppp. entmischen sich die bei Zimmertemp. hergestellten übersätt. galvan. Mischkristallegierungen, wobei die dem Gleichgewichtszustand bei der betreffenden Temp. entsprechende Menge der gelösten Komponente im Gitter des Lösungsmetalls zurückbleibt; die Entmischungsgeschwindigkeit ist im Gegensatz zu therm. hergestellten Mischkristallen von der atomaren Konz. der gelösten Komponente unabhängig. Diese Entmischungsgeschwindigkeit ist gewöhnlich sehr viel größer als bei übersätt. therm. hergestellten Mischkristallen u. wird durch die bes. hohen Gitterstörungen außerhalb der Gitteraufweitung bestimmt. Die Entmischung ruft aber keine stärkeren Änderungen der besonderen mechan. Eigg. der galvan. Legierungen hervor, da sie nicht mit einer Erholung des Kristallgitters verbunden ist; diese tritt erst bei höherer Temp. ein. Auch nach Überschreiten ihrer Wendetemp. fällt die Härte durchweg noch nicht sofort auf den Wert für die therm. hergestellten Legierungen entsprechender Zusammensetzung. (Z. Metallkunde **41.** 485—91. Dez. 1950. Schwäbisch-Gmünd, Forschungsinst. für Edelmetalle.) GOTTFRIED. 197

W. G. Kusnetzow und **W. I. Rabesowa,** *Über die Struktur der Verbindung $AlAu_4$.* $AlAu_4$ besteht aus zwei Modifikationen mit großer Verschiedenheit der Umwandlungstemp. bei der Abkühlung u. Erwärmung. Die Hochtemperaturphase (β-Phase) hat eine ungeordnete raumzentrierte kub. A2-Struktur mit a = 3,23 kX u. Z = 2. Bei tieferen Temppp. < 400° findet sich die β′-Phase mit einfacher kub. Struktur (β-Mn-Struktur nach ULLNER). Eine Verb. Au_3Al existiert nicht. (Доклады Академии Наук СССР [Ber. Akad. Wiss. UdSSR] [N. S.] **81.** 51—54. 1/11. 1951.) SCHUBERT. 197

Seita Sakui und **Kimiko Sato,** *Über das Verhalten von Metallen während schneller Erhitzung und Abkühlung.* 3. Mitt. (2. vgl. C. **1952.** 4522. Es wird der Einfl. von extrem schneller Erhitzung u. Abkühlung auf die Korngröße von Ferrit in reinem Fe nach Rekristallisation oder A_3-Umwandlung untersucht. Die Ergebnisse werden mit der Änderung der Korngröße von C-Stahl bei gleicher Wärmebehandlung verglichen. Ferner werden die Strukturänderungen von übereutektoid. Stählen, die mit extrem hoher Erhitzungsgeschwindigkeit auf verschied. Temppp. erwärmt wurden, untersucht. — Bei reinem Fe hat die Höhe der Erhitzung keinen Einfl. auf die absol. Korngröße nach Rekristallisation oder A_3-Umwandlung. Bei Abkühlung zweier Proben von reinem Fe von derselben Temp. zeigt die vorher schnell erwärmte Probe ein feineres Korn als die vorher langsam erwärmte Probe. Die Höhe der Erwärmung hat aber einen sichtbaren Einfl. auf die Kornverfeinerung von C-Stahl (0,1; 0,2; 0,75% C). In vielen Fällen wird bei reinem Fe der Beweis für eine beginnende Kornvergröberung gefunden. Nach der A_3-Umwandlung entsteht bei verschiedenartiger Abkühlung ein Optimum für die Ausbildung feinster Ferritkörner. Aus Mikroaufnahmen extrem schnell erhitzter übereutektoid. Stähle ist ersichtlich, daß oft Strukturen von weißem Roheisen neben Stahl auftreten. (J. sci. Res. Inst. [Tokyo] **44.** 173—85. Okt. 1950.) KLEFFNER. 197

Je. M. Ssawitzki, *Temperaturabhängigkeit der mechanischen Eigenschaften von Metallen in Verbindung mit ihrer Kristallstruktur.* Die reinen Metalle bilden 3 Gruppen, 1. die, deren Kristallstruktur mit der Temp. nicht verändert wird, 2. die Gruppe der Metalle, die unter gewöhnlichen Bedingungen wenig plast. sind u. beim Erhitzen neue Gleitflächen aufweisen, u. 3. die der Metalle, die eine temperaturabhängige Allotropie aufweisen. Zu Gruppe 1 gehören alle monomorphen kub. Metalle, die bei jeder Temp. plast. sind. Durch Verringerung der Haftkräfte werden sie beim Erhitzen noch plastischer. Die manchmal beobachteten Sprödigkeitszonen sind durch die Wrkg. der Beimengungen u. des Gases in der Umgebung bedingt. In der 2. Gruppe (monomorphe hexagonale Metalle) nimmt die Plastizität beim Erwärmen monoton stark zu. Bei gewöhnlicher Temp. weisen sie nur eine Gleitfläche auf u. sind schwerer deformierbar als die Metalle aus Gruppe 1. In Gruppe 3 werden die mechan. Eigg. mit der Temp. sprunghaft geändert (neue Kristallmodifikationen). (Доклады Академии Наук СССР [Ber. Akad. Wiss. UdSSR] [N. S.] **89.** 85—88. 1/3. 1953. Kurnakow-Inst. für allg. u. anorgan. Chem. der Akad. der Wiss. der UdSSR.) LEBTAG. 200

J. K. Mackenzie, *Die Spannungen und Energien von interkristallinen Grenzen.* In einer Arbeit über die Energie von interkristallinen Grenzen (Korngrenzen) hat VAN DER MERVE (Proc. physic. Soc., Sect. A **63.** [1950.] 616) auf einige Rechnungen des Vf. über die dabei auftretenden FOURIER-Reihen Bezug genommen, die aber noch nicht veröffentlicht sind. In der vorliegenden Mitt. werden die Ergebnisse für zwei gegeneinander verschobene kub. raumzentrierte Gitter angegeben. Es wird gezeigt, daß bei einer durch zwei senkrecht zueinander verlaufende Reihen von Versetzungen zu beschreibenden Korngrenze, die in diesem Falle den Charakter einer Zwillingsgrenze hat, die Energien beider Reihen nicht ohne weiteres addiert werden dürfen. Bei kleinen Versetzungsdichten, also kleinen Orientierungsunterschieden, ist der dadurch begangene Fehler nicht groß, bei großen Dichten bzw. Orientierungsunterschieden wird er aber merklich. Darauf ist wohl zurückzuführen, daß die Korngrenzenenergie nach experimentellen Befunden von AUST u. CHALMERS (C. **1951.** I. 1707) mit dem Orientierungswinkel früher u. rascher abfällt, als die Rechnungen von VAN DER MERVE ergeben. (Proc. physic. Soc., Sect. A **63.** 1370. 1/12. 1950.) KOCHENDÖRFER. 200

K. A. Ossipow, Ss. G. Fedotow und **M. G. Losinski,** *Über den „neuen" Mechanismus der Plastizität fester Lösungen von Metallen.* Untersucht wurden ausgeglühte Proben aus *Cu–Sn-Legierungen,* die, im Gebiet der festen α-Lsg. liegend, 2, 5, 8 u. 12% Sn enthielten. Härtemessungen durch Eindrücken einer Diamantspitze bei den Tempp. 20—800° zeigen, daß die Logarithmen der Härtewerte bis 425—525° langsam linear abnehmen, um dann bei noch höheren Tempp. steil abzufallen. Im Gefüge neben den unterhalb 425—525° entstandenen Eindruckstellen läßt sich mkr., außer ausgeprägten Korngrenzen, das Vorhandensein von Gleitlinien deutlich feststellen; neben den bei den höheren Tempp. entstandenen Eindrücken waren letztere nicht zu beobachten, hingegen waren diese Stellen von zahlreichen Körnern erheblich geringerer Abmessungen, als dem Ausgangsgefüge entsprechend, umgeben. Während somit die Verformung bei den niederen Tempp. durch Gleitvorgänge innerhalb der Körner eingeleitet wird, erfolgt sie, wie aus weiteren metallograph. Beobachtungen gefolgert wird, durch eine Translokation der kleinen Körner relativ zueinander. Es wird die Möglichkeit angenommen, daß innerhalb der Ausgangskörner bereits gegeneinander abgegrenzte Elementarräume mit verschied. Gitterorientierung vorhanden sind, die den „neuen" Verformungsmechanismus durch „zähes Fließen" an den Abgrenzungsflächen verursachen. (Доклады Академии Наук СССР [Ber. Akad. Wiss. UdSSR] [N. S.] **89.** 57—60. 1/3. 1953. Inst. für Maschinenbaukunde der Akad. der Wiss. der UdSSR.) EHMCKE. 200

M. M. Chruschtschow, *Mikrohärte, Härte nach Mohs und die Härteklassen.* Es wird vorgeschlagen, die Härte von Mineralien nicht nach der MOHSschen Härteskala, sondern in Härteklassen zu registrieren. Hierzu entwickelt Vf. die Formel $H_0 = 0{,}7 \sqrt[3]{H}$, wo H_0 die gesuchte Härteklasse angibt u. H = die Härtezahl in kg/mm², die aus der mechan. Best. der Mikrohärte ermittelt wird. Die Vorteile des Verf., bes. die größere Genauigkeit, werden erläutert. (Доклады Академии Наук СССР [Ber. Akad. Wiss. UdSSR] [N. S.] **72.** 779—80. 1/6. 1950.) v. MICKWITZ. 200

A_7. Gleichgewichte. Kinetik.

Juro Horiuti und **Kozo Tanabe,** *Die Austauschreaktion von ^{36}Cl zwischen Kohlenstofftetrachlorid und wässeriger Chloridlösung.* Vff. hatten in einer früheren Arbeit (Proc. Japan Acad. **27.** [1951.] 404) in Übereinstimmung mit theoret. Erwägungen gefunden, daß bei einem p_H über 3 Chloratome zwischen $CHCl_3$ u. einer Chloridlsg. ausgetauscht werden. Nunmehr wurden unter gleichen Bedingungen die gegebenenfalls analoge Rk. bei CCl_4 untersucht. Die Temp. betrug 96,5—98°, der p_H-Wert wurde zwischen 0 u. 14 variiert. Austausch zwischen dem Cl des CCl_4 u. dem Cl^- der wss. Chloridlsg. erfolgt nicht in dem gesamten untersuchten p_H-Bereich. CCl_4 ist trotzdem nicht gänzlich inakt., wie sich aus dem Abfall des p_H zeigte; dies bedeutet, daß CCl_4 wie $CHCl_3$ in Berührung mit der Lsg. Säure abgibt, obgleich kein Austausch stattfindet. Aus dem Vgl. mit den bei $CHCl_3$ erhaltenen Ergebnissen leiten Vff. ab, daß die Austausch-Rk. von $CHCl_3$ keine Cl-Übertragung nach dem Schema $Cl^- + \overset{H}{\underset{Cl_2}{CCl}} \rightarrow \overset{H}{\underset{Cl_2}{ClC}} + Cl^-$ darstellt, wobei allerdings die Voraussetzung gilt, daß das H-Atom im $CHCl_3$-Mol. diesen Mechanismus nicht teilweise begünstigt. (Proc. Japan. Acad. **28.** 127–29. 1952; J. Res. Inst. Catalysis, Hokkaido Univ. **2. 404.** März 1953. [Orig.: engl.]) J. Mattner. 221

Juro Horiuti und **Kozo Tanabe**, *Die Wirkung von Sauerstoff bei der Austauschreaktion von* ^{36}*Cl zwischen Chloroform und wässeriger Chloridlösung.* (Vgl. vorst. Ref.) Im Anschluß an frühere Unterss. über die Hemmung des Cl-Austausches zwischen $CHCl_3$ u. wss. Cl^--Lsg. durch Luft untersuchten Vff. den Einfl. von O_2 verschied. Partialdrucks auf diese Austausch-Rk. bei $CHCl_3$ u. CCl_4. Bei $CHCl_3$ wird in Ggw. von O_2 der Austausch bei 100° nicht so stark verzögert wie bei Zimmertemperatur. CCl_4 tauscht weder in Ggw. noch bei Abwesenheit von O_2 Cl aus. (Proc. Japan. Acad. **28.** 130–32. 1952; J. Res. Inst. Catalysis, Hokkaido Univ. **2. 404.** März **1953.** [Orig.: engl.]) J. Mattner. 221

A. Je. Arbusow und **W. M. Soroasstrowa**, *Einige komplexe Verbindungen von neutralen Phosphorigsäureestern mit Kupfer-, Silber- und Goldsalzen.* Es wurde das Mol.-Gew. der **Komplexverbb.** von **Cu-, Ag-** u. **Au-Salzen** mit **Phosphorigsäureestern** kryoskop. in Bzl. ermittelt. Die meisten der untersuchten Verbb. haben verdreifachtes Mol.-Gew., nur die Verbb. vom Typus $2(C_6H_5O)_3P \cdot CuX$ (X = Cl, Br, J), ferner $(CH_3O)_3P \cdot AuCl$ u. $(C_6H_5O)_3P \cdot AuCl$ das einfache. — Komplexe $[(iso\text{-}C_3H_7O)_3P \cdot CuX]_3$. X = *Cl*, F. 112–114°. X = *Br*, F. 149–150°. X = *J*, F. 184–185°. X = *CNS*, F. 95–96°. — $[(C_6H_5O)_3P \cdot CuCl]_3$, F. 95–96°. $[(C_6H_5O)_3P \cdot CuBr]_3$, F. 90,5–91,5°. — Komplexe $2(C_6H_5O)_3P \cdot CuX$. X = *Cl*, F. 70°. X = *Br*, F. 73–74°. X = *J*, F. 73–76°. — Komplexe $[(iso\text{-}C_3H_7O)_3P \cdot AgX]_3$. X = *Cl*, F. 29–30°. X = *Br*, F. 73–75°. X = *J*, F. 163–164°. — $(CH_3O)_3P \cdot AuCl$, F. 101–102°. $(C_6H_5O)_3P \cdot AuCl$, F. 103°. (Доклады Академии Наук СССР [Ber. Akad. Wiss. UdSSR] [N. S.] **84.** 503–06. 21/5. 1952. Kasan, Uljanow-Lenin-Univ., Butlerow-Forschungsinst. für Chemie.) R. K. Müller. 223

Alfred M. Liebman und **Robbin C. Anderson**, *Spektrophotometrische Untersuchungen der Komplexbildung mit Sulfosalicylsäure.* 5. Mitt. *Mit Chrom(III).* (4. vgl. C. **1953.** 3700.) Die Komplexbldg. von Chrom(III)-ionen mit **Sulfosalicylsäure** wird mit Hilfe der Absorptionsspektren untersucht. Das Spektr. des Komplexes hat ein Absorptionsmaximum bei ca. 550 mμ, das bei einem Mischungsverhältnis der beiden Komponenten von 1:1 am stärksten auftritt. Die Komplexbldg. ist vom p_H u. der Temp. abhängig. Das Optimum liegt bei p_H 3,5 u. bei niederen Temperaturen. Aus der p_H-Abhängigkeit der Komplexbldg. im Zusammenhang mit den Dissoziationskonstanten der Sulfosalicylsäure wird geschlossen, daß das Ion $^-OOC{-}C_6H_3{-}OHSO_3^-$ im Komplex enthalten ist. (J. Amer. chem. Soc. **74.** 2111–12. 20/4. 1952. **Austin,** Tex., Univ. of Texas, Dep. of Chem.) D. Brück. 223

J. Haworth Jonte und **Don S. Martin jr.**, *Die Löslichkeit von Silberchlorid und die Bildung von Komplexen in Chloridlösung.* Vff. bestimmten die Ag-Ionenkonzz. bei verschied. Cl^--Konzz. im Gleichgewicht mit AgCl bei 15, 25 u. 35° unter Verwendung von radioakt. Ag. Ein Minimum der Ag-Ionenkonz. liegt bei 25° bei $5 \cdot 10^{-7}$ mol. für eine Cl^--Konz. von $2 \cdot 10^{-3}$. Für die in den Lsgg. auftretenden Gleichgewichte $Ag^+ + Cl^- \rightleftharpoons AgCl(aq)$; $Ag^+ + 2Cl^- \rightleftharpoons AgCl_2^-$; $AgCl_{(f)} \rightleftharpoons Ag^+ + Cl^-$ definierten Vff. die entsprechenden Gleichgewichtskonstanten $K_1 = M_{AgCl(aq)}/M_{Ag^+}\, a_{Cl^-}$, $K_2 = M_{AgCl_2^-}/M_{Ag^+}\, a^2_{Cl^-}$ u. $K_{sp} = M_{Ag^+}\, a_{Cl^-}$ u. fanden bei 15° für $K_{sp} = 7{,}02 \cdot 10^{-11}$, $K_1 = 2{,}29 \cdot 10^{-3}$, $K_2 = 2{,}16 \cdot 10^{-5}$; bei 25° $K_{sp} = 1{,}77 \cdot 10^{-10}$, $K_1 = 2{,}04 \cdot 10^{-3}$, $K_2 = 1{,}76 \cdot 10^{-5}$; bei 35° für $K_{sp} = 4{,}15 \cdot 10^{-10}$, $K_1 = 1{,}69 \cdot 10^{-3}$, $K_2 = 1{,}39 \cdot 10^{-5}$. Für die Rk. $Ag^+ + nCl^- \rightleftharpoons AgCl_n^{1-n}$ berechneten sich bei 25° für AgCl(aq) $\Delta H = -2{,}7$ kcal, $\Delta F = -4{,}5$ kcal, $\Delta S = 6$, S = 37; für $AgCl_2^-$ $\Delta H = -3{,}9$ kcal, $\Delta F = -7{,}2$ kcal, $\Delta S = 11$, S = 56. (J. Amer. chem. Soc. **74.** 2052–54. 20/4. 1952. Ames, Io., Atomic Energy Comm.) Plust. 224

Calvin Golumbic und **Sol Weller**, *Messung großer Verteilungskoeffizienten durch Austauschextraktion.* Vff. beschreiben eine Meth. zur Messung großer u. kleiner Verteilungskoeffizienten (k > 100 oder < 0,01). In einem Gegenstromverteiler wird die Lsg. des zu untersuchenden Stoffs im dichteren oder dünneren Medium in mehreren Stufen so angereichert, daß meßbare Werte erhalten werden. Die Technik dieser Meth. wird als „Austauschextraktion" bezeichnet. Mathemat. Behandlung der Meth. führte zur Aufstellung einer Gleichung, die die Beziehung zwischen Verteilungskoeff. u. Anzahl der Stufen ausdrückt. Die erhaltene Gleichung wurde experimentell durch Best. der Verteilungskoeffizienten von *o-Phenylphenol* in den Systemen *Cyclohexan–W.* u. *Cyclohexan–0,5 mol. Phosphatpuffer* vom p_H **6,65** bestätigt. (Analytic. Chem. **22.** 1418–19. Nov. 1950. Bruceton, Pa., Office of Synthetic Liquid Fuels, Res. and Developm. Branch.) Kühnhanss. 224

A. Eucken, *Über die Existenz aktiver Zentren bei chemischer Adsorption und Kontaktkatalyse.* Zusammenfassender Vortrag über die Arbeiten des Vf. auf dem genannten

Gebiet. (Vgl. hierzu C. **1950.** I. 1438 u. 2063 sowie **1952.** 6343.) (Discuss. Faraday Soc. **1950.** 128—34. Göttingen, Univ., Inst. für physikal. Chemie.) REITZ. 227

M. W. Poljakow, W. I. Urisko und **N. P. Galenko,** *Untersuchung der katalytischen Oxydation von Ammoniak.* Die in Laboratoriumsverss. untersuchte Oxydation von NH_3 mit Luft am Pt-Katalysator (Pt-Netz) verläuft bei bestimmten Tempp. u. Berührungszeiten des Gasgemischs mit dem Katalysator optimal. Dies wird damit erklärt, daß neben der Oxydation zu NO als mit steigender Temp. u. längerer Berührungsdauer an Umfang zunehmende Neben-Rk. die Zers. zu N_2 erfolgt, die anscheinend durch die Wandungen des Reaktionsgefäßes (hier Quarz) katalysiert wird, da sie auch im Pt-freien Gefäß auftritt. Wenn diese Wrkg. der Gefäßwand durch Vergiftung mit H_2S gehemmt wird, steigt die NO-Ausbeute an, daher die scheinbar aktivierende Wrkg. des S. Bei 800° (optimale Temp.) wird eine Bedeckung der Gefäßwand mit zerstäubtem Pt angenommen, die ebenfalls ihren katalysierenden Einfl. im Sinne der N_2-Bldg. herabsetzt. Wegen des Auftretens dieser Neben-Rk. lassen sich die Optima der NO-Ausbeute nicht für die thermodynam. Berechnung der Gleichgewichtsbedingungen auswerten. Vff. nehmen an, daß die Gefäßwand nur die an sich homogene Zers. des NH_3 zu N_2 anregen. Auch wenn nur der Katalysator erhitzt wird, werden die Wände (bes. bei kleinen Gasgeschwindigkeiten) schon heiß genug, um die NH_3-Zers. zu bewirken. Durch Überziehen der Gefäßwände mit Pt oder ähnlich wirkendem Material muß sich die NO-Ausbeute erhöhen lassen. (Журнал Физической Химии [J. physik. Chem.] **25.** 1460—68. Dez. 1951. Kiew, Pissarshewski-Inst. für physikal. Chem. der Akad. der Wiss. der UkrSSR.) R. K. MÜLLER. 227

B. Anorganische Chemie.

Edward D. North und **Robert R. White,** *Die Abtrennung des stabilen ^{34}S-Isotops.* Vff. beschreiben die Anreicherung des mit einer relativen Häufigkeit von 4,40 vorkommenden stabilen S-Isotops ^{34}S, das ein geeignetes Markierungselement für zahlreiche biol. u. physiol. Unterss. ist, bei welchen radioakt. Isotope stören würden. Die Anreicherung erfolgt auf Grund der Austausch-Rk. $^{34}SO_{2(\text{gasf.})} + H^{32}SO_3{}^-{}_{(\text{wss. Lsg.})} \rightleftharpoons {}^{32}SO_{2(\text{gasf.})} + H^{34}SO_3{}^-{}_{(\text{wss. Lsg.})}$ in einer ca. 19 m hohen, mit Porzellan-RASCHIG-Ringen (Durchmesser 0,6 cm) gefüllten Kolonne (Durchmesser 5 cm), in welcher die HSO_3^--Ionen enthaltende Fl. (1,6 mol. $NaHSO_3$) über die Füllung herabrieselt, während aus der Fl. durch am Boden der Kolonne zugegebene 2,8 n. H_2SO_4 u. durch Erhitzen entwickeltes SO_2 entgegenströmt. Die Wirksamkeit der RASCHIG-Ringe wird als Funktion der Temp. (20 u. 50°), des Druckes (305—324 u. 740 mm) u. der Fließgeschwindigkeit (zwischen 37,2 u. 74 cm³/Min.) bei einer Maximalversuchsdauer von 180 Std. (von 60—180 Std.) untersucht. Durchschnittswert des Trennfaktors bei 20° 1,0142, bei 50° 1,0136. Im letzten Falle gelangt man trotz des geringeren Trennfaktors zu einer größeren ^{34}S-Ausbeute, vermutlich deshalb, weil die Wirksamkeit der Kolonne rascher erhöht wird, als sich der geringere Trennfaktor auswirken kann. (Ind. Engng. Chem. **43.** 2390—97. Okt. 1951. Ann Arbor, Mich., Univ. of Michigan.) GEDSCHOLD. 253

Shogo Uchida und **Yukio Ito,** *Neues Doppelsalz von Ammoniumsulfat und Sulfaminsäure.* (Vorl. Mitt.) Gelegentlich der Unters. der Hydrolyse von *Imidosulfonsäure* wurde ein Doppelsalz $(NH_4)_2SO_4 \cdot HSO_3NH_2$ (42,2% HSO_3NH_2) aufgefunden u. das Zustandsdiagramm für das Syst. $(NH_4)_2SO_4$–HSO_3NH_2–H_2O bei 20° ausgearbeitet. (J. chem. Soc. Japan, pure Chem. Sect. [Nippon Kagaku Zassi] **73.** 348. Mai 1952. Tokyo, Ind. Res. Inst. [Orig.: japan.]) SCHULER. 253

Harry H. Sisler und **Danny M. Rosenbaum,** *Die Systeme Ammoniak–Sulfamid und Schwefelsäure–Sulfamid.* Im Verlauf von Arbeiten über das Verh. von Säureamiden gegenüber bas. u. sauren Lösungsmitteln wurden die Systeme H_2SO_4–Sulfamid u. NH_3–Sulfamid untersucht. — Im ersteren zeigt sich, daß aus den angesetzten Gemischen eine weiße Substanz nach der Rk. $SO_2(NH_2)_2 + SO_2(OH)_2 \rightarrow 2\,SO_2(NH_2)(OH)$ ausfällt. — Das Syst. NH_3–Sulfamid wurde mittels kryoskop. Messungen bestimmt. Es wurden die Verbb. $SO_2(NH_2)_2 \cdot 2\,NH_3$ u. $SO_2(NH_2)_2 \cdot 3\,NH_3$ mit den FF. —15,8 u. —12,5° gefunden. Die 1 : 1-Verb. wurde nicht beobachtet. Eutektika traten bei 59,5 Mol.-% NH_3 u. —21,8°, 69,1 Mol.-% NH_3 u. —19,0° u. bei 97 Mol.-% NH_3 u. —78° auf. Vff. formulieren die beiden gefundenen Verbb. als $SO_2\begin{matrix}\diagup NH(NH_4)\\ \diagdown NH(NH_4)\end{matrix}$ u. $SO_2\begin{matrix}\diagup NH(NH_4)\\ \diagdown NH(NH_4)\end{matrix} \cdot NH_3$. (J. Amer. chem. Soc. **74.** 6130—31. 5/12. 1952 Columbus, O., Ohio State Univ., McPherson Chem. Labor.) SIEWERT. 253

Charles A. Kraus, *Fragmente der Chemie.* 1. Mitt. *Reaktion von Kaliumamid mit aliphatischen Polyhalogeniden in flüssigem Ammoniak.* Beobachtete Umsetzungen von

KNH_2 in fl. NH_3 mit *$CHCl_3$* (quantitative Bldg. von KCN), *CCl_4* (ca. 90% des C bilden KCN neben N_2; Neben-Rk. unter Entw. von $H_2 + 3N_2$) u. *C_2Cl_6* (ca. 60% des C werden als C abgeschieden u. fast die ihm äquivalente Menge N als N_2 entwickelt; außerdem entsteht eine fl. C-Verb., die mit W. oder bei schwachem Erwärmen unter Abscheidung von C detoniert). (J. chem. Educat. **29.** 366–67. Juli 1952. Providence, R. I., Brown Univ.) BLUMRICH. 275

W. F. Cole, *Ein kristallines, hydratisiertes Magnesiumsilicat, das sich beim Einsturz eines Zementdeiches gebildet hatte.* Bei der Unters. eines Deichbruches wurde eine geringe Menge eines feinpulvrigen, weichen, weißen, krist. Bodensatzes gefunden, für den die chem. Analyse eine Zus. von *$4MgO \cdot SiO_2 \cdot 8{,}5H_2O$* (I) ergab. Durch die von STEOPOE angegebene Rk. zwischen $Mg(OH)_2$ u. Silicagel ist ein indirekter Beweis für die Bldg. eines solchen hydratisierten Mg-Silicats gegeben. Vf. nimmt an, daß sich I in ähnlicher Weise gebildet hat. $Mg(OH)_2$ entsteht beim Zerfall von Ca-Sulfoaluminat des Zements durch lösl. Mg-Salze des Meerwassers. Silicagel kann sich unter den gegebenen Bedingungen aus dem Zementmörtel bilden. Das Röntgendiagramm von I ähnelt dem der Zus. $4CaO \cdot Al_2O_3 \cdot 13H_2O$. Beim Erhitzen des lufttrockenen I tritt erst oberhalb 160° Wasserabgabe ein. Röntgenaufnahmen zeigten, daß bei 340° Periklas (MgO) u. ein hydratisiertes Mg-Silicat mit weniger Mg als I gebildet war. Bei 650° wird auch dieses zerstört, u. bei 700° rekrist. Periklas u. Forsterit ($2MgO \cdot SiO_2$) mit wenig eines nicht identifizierten Stoffes. Deshalb nimmt Vf. für I eine Zus. $3Mg(OH)_2 \cdot MgSiO_3 \cdot 5{,}5H_2O$ an. (Nature [London] **171.** 354–55. 21/2. 1953. Graham Road, Highett, Victoria, Commonwealth Sci. and Ind. Res. Organizat.) PLUSKAL. 282

George W. Morey, *Das System Natriummetaphosphat–Calciummetaphosphat.* Anknüpfend an Überlegungen, auf welchem Mechanismus die Enthärtung von W. mit glasigem Na-Metaphosphat beruht, wurde das Syst. $Na_2O \cdot P_2O_5$–$CaO \cdot P_2O_5$ durch F.-Best. der angesetzten Mischungen mit der „Abschreckmeth.", die von MOREY u. INGERSON (Amer. J. Sci. **242.** [1944.] 1) beschrieben wurde, untersucht. Es wurden folgende FF. gefunden: $NaPO_3$ 627,6°, $Ca(PO_3)_2$ 977°. Die binär. Verb. *$4NaPO_3 \cdot CaP_2O_6$* oder $2Na_2O \cdot CaO \cdot 3P_2O_5$ mit dem kongruenten F. bei 738° wurde beobachtet. Das Eutektikum zwischen $NaPO_3$ u. $2Na_2O \cdot CaO \cdot 3P_2O_5$ schm. bei 625° u. liegt bei ca. 1 Gew.-% CaP_2O_6. Das Eutektikum zwischen $2Na_2O \cdot CaO \cdot 3P_2O_5$ u. CaP_2O_6 liegt bei 46 Gew.-% CaP_2O_6 u. schm. bei 725°. (J. Amer. chem. Soc. **74.** 5783–84. 20/11. 1952. Washington, D. C., Geophys. Labor.) SIEWERT. 283

Georg Denk und **Liselotte Bauer,** *Über die Bildung basischer Salze beim Auflösen von Aluminium in Salzsäure.* Vff. untersuchen quantitativ die Auflösung von Al in einer unzureichenden Menge verd. sd. HCl am Rückflußkühler. Es zeigt sich, daß nach 6–8 Std. ein Höchstgeh. der Lsg. an Al bei einem Molverhältnis Al : Cl = 1 : 0,5 erreicht wird. Geschieht dagegen die Auflösung in Ggw. höherer Gehh. von NaCl oder $CaCl_2$, so ist bereits nach 5 Std. das Molverhältnis 1 : 0,5 erreicht, u. bei weiterem Erhitzen in Ggw. von metall. Al scheidet sich unter Abnahme des Al-Geh. der Lsg. ein mit NaCl bzw. $CaCl_2$ verunreinigter, in W. leicht lösl. Nd. eines 5/6 bas. Salzes der Zus. *$Al_2(OH)_5Cl$* aus, der schwache Röntgeninterferenzen zeigt. Aus der wss. Lsg. des 5/6 bas. Chlorids kann durch Zugabe von Na_2SO_4 das analoge 5/6 bas. Sulfat der Zus. *$(Al_2(OH)_5)_2 \cdot SO_4$* ausgefällt werden. Bei weiterer Rk. des 5/6 bas. Al-Chlorids mit Al entstehen höhere bas. Verbb., die in W. nur koll. lösl. sind. Diskussion des Auflösungsvorgangs von Al in verd. HCl u. der stabilisierenden Wrkg. von NaCl bzw. $CaCl_2$. (Z. anorg. allg. Chem. **267.** 89–96. Dez. 1951. Karlsruhe, TH, Inst. für anorgan. Chem.) WEITBRECHT. 294

N. Je. Filonenko und **W. I. Kudrjawzew,** *Dititansulfid in Elektrokorund.* Nach Behandlung einer Ferrolegierung aus der Elektrokorundherst. mit starker HCl wurde festgestellt, daß die darin enthaltenen Blättchen aus *Ti_2S* (I) bestehen, unlösl. in verd. u. konz. HCl u. H_2SO_4 sowie in kalter konz. HNO_3; D. 4,68; Mikrohärte H 620 kΓ/mm². Die Erhitzung von I bei Luftzutritt im Muffelofen bei 600, 700, 800, 900 u. 1000° zeigt, daß die I-Oxydation bei 700° beginnt u. prakt. bei 900° beendet ist. Nach vollständiger Oxydation zu TiO_2 besitzt das Prod. die D. 4,16. (Доклады Академии Наук СССР [Ber. Akad. Wiss. UdSSR] [N. S.] **88.** 891–93. 11/2. 1953. Allunions Wiss. Forschungsinst. für Schleifmittel u. Schleifen.) LEBTAG. 321

Harald Schäfer und **Christel Pietruck,** *Beiträge zur Chemie der Elemente Niob und Tantal.* 7. Mitt. *Notiz zum binären System Niobpentachlorid–Tantalpentachlorid.* (6. vgl. C. **1952.** 5863.) Vff. bestimmen die FF. von bestgereinigtem $NbCl_5$ (<0,3% $TaCl_5$) u. $TaCl_5$ (<0,1% $NbCl_5$) im Naphthalindampfbad zu 204,7° bzw. 216,5° u. untersuchen anschließend das Syst. $NbCl_5$–$TaCl_5$ durch Best. der Schmelzpunkte. Schmelze u. Mischkristalle verhalten sich wie ideale Mischungen. Die gefundenen Liquidustempp. werden mit den berechneten der Liquidus- u. Soliduskurve verglichen u. zeigen gute

Übereinstimmung. Die Genauigkeit der Temperaturbest. beträgt ±0,2°. Der Einfl. von $NbOCl_3$ u. WCl_6 auf die FF. wird diskutiert. (Z. anorg. allg. Chem. **267.** 174–80. Dez. 1951. Stuttgart, Max-Planck-Inst. für Metallforsch., Inst. für physikal. Chem. der Metalle.) WEITBRECHT. 332

O. Schmitz-Dumont und **Irmgard Heckmann,** *Über den Einfluß des Kationenradius auf die Bildungsenergie von Anlagerungsverbindungen. 4. Mitt. Die Systeme Alkalifluorid/Molybdän(VI)-oxyd.* (3. vgl. C. **1952.** 5704.) Vff. gelingt die Darst. von Verbb. vom Typus $Me_3MoO_3F_3$ durch Zusammenschmelzen von MoO_3 u. Alkalifluoriden (*NaF, KF, RbF* u. *CsF*). Dieselben können sowohl durch therm. Analyse als auch röntgenograph. einwandfrei nachgewiesen werden. Li bildet kein entsprechendes Salz. Die Na-Verb. schm. inkongruent, K, Rb u. Cs bilden kongruent schm. Verbb. vom oben genannten Typ. Bei der Rk. von *LiF* u. MoO_3 ist an Hand des Röntgendiagramms die Bldg. des Oxyfluorids MoO_2F_2 nachweisbar. Die genannten Komplexsalze krist. kub. flächenzentriert, sind aber aus wss. Lsgg. nicht darstellbar. KF bildet z. B. in W. mit MoO_3 Polyoxyfluoride $8\ MoO_3 \cdot 5\ KF \cdot 6\ H_2O$. Mit steigendem Kationenradius nimmt die Bildungsenergie für die Verbb. $Me_3MoO_3F_3$ zu. Die Gitterkonstanten der kub. Salze werden für das Na-Salz zu $8{,}1_0$ Å, für das K-Salz zu $8{,}5_5$ Å, für das Rb-Salz zu $9{,}0_0$ Å u. für das Cs-Salz zu $9{,}4_6$ Å angegeben. Die Tatsache, daß die Komplexbildungsenergie für die Rk. $MoO_3 + 3\ F^- = (MoO_3F_3)^{3-}$ zwar positiv ist, die Bildungsenergie für die Li-Verb. jedoch negativ ist, kann in befriedigender Weise erklärt werden. — Bei der Darst. der Salze muß das Fluorid im Überschuß vorliegen, da sonst Mo-Oxyfluoride wegsublimieren u. der Rückstand prakt. nur Trimolybdat $Mo_3O_{10}^{2-}$ enthält. Die Schmelz-, Zersetzungs- u. Umwandlungspunkte der Salze werden angegeben. Beim Schmelzen an feuchter Luft wird F gegen O ausgetauscht, u. es entstehen Verbb. vom Typus M_3MoO_4F. (Z. anorg. allg. Chem. **267.** 277–92. Jan. 1952. Bonn, Univ., Chem. Inst., Anorg. Abt.) LINK. 336

John E. Ricci und **Frank J. Loprest,** *Löslichkeitsbeziehungen von Kaliummolybdat in Wasser und seine wässerigen ternären Isothermen bei 25° mit KOH, KNO_3 und KJO_3.* (Vgl. C. **1952.** 1963.) Vff. untersuchen das bin. Syst. K_2MoO_4–H_2O (**A**) von −18° bis +119° u. die tern. Systeme K_2MoO_4–KOH–H_2O (**B**), K_2MoO_4–KNO_3–H_2O (**C**) u. K_2MoO_4–KJO_3–H_2O (**D**) bei 25°. Im Syst. **A** tritt nur wasserfreies K_2MoO_4 als Bodenkörper auf im Gegensatz zu den Ergebnissen anderer Autoren. Der nonvariante Punkt (K_2MoO_4-Anhydrid + Lsg. + Eis + Dampf) liegt bei −38° (62,7 Gew.-% K_2MoO_4), der Kp. der gesätt. Lsg. bei 119° (67,6% K_2MoO_4). Die Löslichkeiten lassen sich nach Gew.-% K_2MoO_4 = 63,82 + 0,0300 t° mit einem Fehler von 0,069% berechnen. Die Dichten der gesätt. Lsg. wurden bei 9° zu 1,803 u. bei 25° zu 1,800 bestimmt. In **B** tritt als Bodenkörper ebenfalls nur wasserfreies K_2MoO_4 auf. Dieses Syst. wurde bis zu einem KOH-Geh. von 33,51% untersucht. In den Systemen **C** u. **D** treten als Bodenkörper nur K_2MoO_4 u. KNO_3 bzw. K_2MoO_4 u. KJO_3 auf. Die Löslichkeiten werden mitgeteilt. (J. Amer. chem. Soc. **75.** 1224–26. 5/3. 1953. New York, N. Y., New York Univ., Dep. of Chem.) MOSLÉ. 336

S. J. Singer und **John L. T. Waugh,** *Ultrazentrifugierung von Heteropolysäuren mit Hilfe der Geschwindigkeitsmethode.* Vff. bestimmten die Mol.-Geww. einiger Heteropolysäuren u. deren Salze mit Hilfe der Ultrazentrifuge. Es wurde gefunden, daß die Sedimentationskonstanten (s) u. die Diffusionskonstanten (D) aus ein u. demselben Sedimentationsdiagramm berechnet werden können. Das in der Gleichung von SVEDBERG noch enthaltene spezif. Vol. (V) wird nach der Meth. von KRAEMER aus Dichtemessungen der krist. hydratisierten Komponenten bestimmt. Untersucht wurden: *Dodekawolframatokieselsäure,* $H_4SiW_{12}O_{40} \cdot 24\ H_2O$ (**I**), *Undekawolframatomanganat,* $(NH_4)_8H_2Mn_2W_{22}O_{74} \cdot 48\ H_2O$ (**II**) u. $(NH_4)_7PV_4W_8O_{40} \cdot 22\ H_2O$ (**III**). Innerhalb der experimentellen Fehler (bes. in der Best. der Diffusionskonstanten) zeigen die Ergebnisse, daß bei **I** das berechnete Mol.-Gew. mit dem Formelgewicht übereinstimmt; bei **II** beträgt das Mol.-Gew. die Hälfte des Formelgewichtes u. für **III** ist das Mol.-Gew. von ca. 3000 in Übereinstimmung mit einer von PAULING vorgeschlagenen Formel. (Proc. nat. Acad. Sci. USA **38.** 1027–30. Dez. 1952. Pasadena, Calif., Inst. of Technol., Gates and Crellin Labors. of Chem.) G. HEINRICH. 337

Charles C. Templeton und **Lyle K. Daly,** *Das System Nickel(II)-nitrat–Wasser–n-Hexylalkohol bei 25°.* Das Phasendiagramm von Ni(II)-Nitrat–W.–n-Hexylalkohol bei 25° wird zwischen den Grenzen W., n-Hexylalkohol u. $Ni(NO_3)_2 \cdot 6\ H_2O$ untersucht u. mit dem früher angegebenen entsprechenden Syst. mit Al-Nitrat (C. **1951.** II. 1707) verglichen. Es zeigt sich, daß das Hexahydrat die feste Phase im Gleichgewicht mit einem gesätt. Zweiflüssigkeitsphasensyst. ist. In der alkoholreichen Phase tritt wahrscheinlich noch ein Tetrahydrat auf. (J. physic. Chem. **56.** 215–17. Febr. 1952. Ann. Arbor. Mich., Univ. of. Michigan, Dep. of Chem.) v. SCHIESZL. 356

Jeannine Rossetti-François, *Untersuchungen über das Nickelcarbonathexahydrat.* Bei der Herst. von $NiCO_3 \cdot 6\ H_2O$ (I) nach der Meth. von DEVILLE (1852) entsteht nach Verss. des Vf. ein nichtkristallines bas. Carbonat. Vf. wandte daher folgende Arbeitsweise an: eine Lsg. von Ammoniumbicarbonat in mit CO_2 bei 0° gesätt. W. wird mit einer Lsg. von Nickelnitrat in W. bei 0° vereinigt. Dabei bildet sich zunächst kein Niederschlag. Beim Stehenlassen bei 5° erhält man nach etwa einer Woche blaugrüne Kristalle von I. Die Verb. läßt sich auch aus Nickelhydroxyd (II) in Ggw. von W. bei 50 at u. 40° nach MÜLLER u. LUBER (Z. anorg. allg. Chem. **187.** [1930.] 209) herstellen, jedoch ist das II geeigneter als das von diesen Autoren vorgeschlagene metall. Ni oder Nickeloxyd. Die Analysenwerte des nach beiden Methoden erhaltenen I stimmen mit den theoret. gut überein. I ist sehr labil u. zers. sich bei 55° in wenigen Std., bei 38° nach 188 Std. vollkommen. (C. R. hebd. Séances Acad. Sci. **234.** 840—43. 18/2. 1952.) KATTENHORN. 356

Yvette Carteret und **Boris Imelik,** *Über Mischfällungen des Kupfers und des Aluminiums.* Vff. bestimmen die Fällung der Hydroxyde des Kupfers, des Aluminiums u. Mischfällungen von beiden in Abhängigkeit vom p_H-Wert. Die aufgenommenen Kurven stimmen für die reinen Salze mit den bekannten überein, während bei dem Salzgemisch bei p_H 5,0—6,0 eine Abweichung auftritt, die als Mischfällung gedeutet werden muß. Eine Röntgenaufnahme nach DEBYE-SCHERRER zeigte neben den Linien des Al- u. des Cu-Hydroxyds weitere Linien einer neuen Verbindung. Berechnet man aus diesen Linien die Gitterabstände u. vergleicht sie mit denen des *Nickelhydroaluminates* (vgl. LONGUET-ESCARD, C. R. hebd. Séances Acad. Sci. **226.** [1948.] 579 u. J. Chim. physique Physico-Chim biol. **47.** [1950.] 238), so ergibt sich eine gute Übereinstimmung. (C. R. hebd. Séances Acad. Sci. **234.** 843—45. 18/2. 1952.) KATTENHORN. 358

C. Mineralogische und geologische Chemie.

R. Auerbach, *Über kosmologische Dispersoidik.* Vf. stellt unter Zugrundelegung der Arbeiten von JORDAN Betrachtungen über den spezif. Querschnitt des Weltalls an (Q/V in cm^2/cm^3) — in Analogie zur „spezif. Oberfläche". Für Q/V ergibt sich eine umgekehrte Proportionalität zum jeweiligen Alter der Welt, da der „Radius" mit Lichtgeschwindigkeit (c) proportional dem Alter (A) zunimmt. Hieraus resultiert das bemerkenswerte dimensionslose Prod. $AcQ/V \sim 1$. Da sowohl M. wie Q des Weltalls mit dem Alter quadrat. zunehmen, ist der auf die M. bezogene Querschnitt zeitlich konstant. Interessanterweise erhält man für Q/M des Weltalls etwa die gleiche Größenordnung wie für ein einzelnes Neutron, dessen Existenz gemäß JORDAN die Entstehung der Welt eingeleitet hat. (Kolloid-Z. **125.** 175. März 1952. Berlin.) RÖPKE. 378

Richard L. Burling, *Bestimmung geologischer Zeiten.* Übersicht über die radioakt. Methoden zur Berechnung geolog. Zeiten. Die Behandlung des Problems wird vom Vf. bis zu einem gewissen Grade als idealisiert angesehen. (Nucleonics **10.** Nr. 5. 30—35. Mai 1952. Honolulu, Hawai, Univ. of Hawai.) GERHARD SCHMIDT. 378

J. Laurence Kulp, *^{14}C-Messungen an geologischen Proben.* (Vgl. C. **1952.** 5525.) Zusammenfassender Bericht über die in Lamont durchgeführten Verss. mit besonderer Auswahl von Proben, die auf allg. Probleme des Alters von Formationen hinweisen. (Atomics **4.** 96—98. April 1953. Lamont Geol. Obs.) GERHARD SCHMIDT. 378

H. v. Buttlar und **I. Wendt,** *Radioaktive Messungen in der Geologie.* 1. Mitt. *Kernphysikalische Grundlagen.* Zusammenfassender Bericht über die physikal. Grundlagen der Radioaktivität, insoweit sie zur Bearbeitung geolog. Probleme herangezogen werden (Zerfallsreihen, Zerfallsgesetz, Isotopie, Reichweiten u. Absorptionsgesetze der drei Strahlenarten in Luft u. Gesteinen). (Arch. techn. Messen **1952.** 225—28. Okt. Göttingen, Univ., II. Physikal. Inst.) REUSSE. 378

H. v. Buttlar und **I. Wendt,** *Radioaktive Messungen in der Geologie.* 2. Mitt. *Messinstrumente.* 3. Mitt. *Praktische Anwendungen.* (1. vgl. vorst. Ref.) Vff. bringen eine kurze Beschreibung der wichtigsten Meßinstrumente für die Anwendung radioakt. Messungen in der Geologie: Aufsuchen von Lagerstätten mit Scintillometern, K-Best., Erdölbest. mit Neutronenzählern, Verwerfungen u. Spaltungen von Schichten mit verschied. Geh. an Ra, Messung des Emanationsgeh. von Quellen, Altersbestimmungen, Aufsuchen von unterird. Wasserwegen, Adsorption von Elementen u. Verbb. an Gesteinen. (Arch. techn. Messen **1952.** 251—54. Nov.) REUSSE. 378

Willy Richter, *Untersuchungen zum Auffinden von Kohlensäurenestern im Kalibergbau mit geoelektrischen Meßmethoden.* Ausführlichere Darst. der C. **1953.** 826 referierten Arbeit. (Bergakademie, Freiberger Forschungsh., Ausg. C **1953.** Nr. 7. 87—103. April. Freiberg.) OPPERMANN. 378

Fr. Hegemann, *Zur Kristallchemie einiger Eisenmineralien.* Es werden an Hand einer sehr großen Anzahl spektrochem. Mineralanalysen von *Pyrit, Magnetkies, Eisenglanz* u. *Magnetit* die Diadochieverhältnisse zwischen Fe u. Al, Ti, V, Cr, Mn, Co, Ni, Cu, Zn u. a. behandelt. Beim Vgl. der durchschnittlichen Zus. von jedem dieser vier Mineralien mit der Häufigkeit der betreffenden Elemente in der äußeren Silicatkruste ergab sich, daß die durchschnittlichen Gehh. der oben angeführten Elemente bei den Mineralien Pyrit, Magnetkies u. Eisenglanz unter deren Häufigkeit liegen mit Ausnahme von Co u. Ni beim Pyrit u. Magnetkies u. von V beim Eisenglanz. Beim Magnetit liegen die Durchschnittsgehh. von Al, Ti, Ni, Mg u. Ca unter, die von Mn, V, Cr u. Co über der relativen Häufigkeit. Die geochem. Unterbilanz der betreffenden Elemente in diesen Mineralien sowie die Anreicherungen von Co im Pyrit, von Ni u. Co im Magnetkies, von Mn, V, Cr im Magnetit sind durch besondere kristallchem. Verhältnisse bedingt. Die kristallchem. Auswertung der obigen Analysen sowie vieler neuer Analysen von *Zinkblende, Kupferkies, Fahlerz, Enargit, Wulfenit, Vanadinit, Phosphaten* u. *Silicaten* ergab, daß die Unterschiede bzgl. der diadochen Vertretbarkeit einzelner Elemente in Abhängigkeit von der Bindungsart des betreffenden Minerals stark ausgeprägt sind u. somit von großer Bedeutung für die geochem. Verteilungsweise der einzelnen Elemente. (Fortschr. Mineralog. **28.** 26—28. 1949; ausg. Dez. 1950. München.) GOTTFRIED. 378

A. G. Betechtin, *Paragenesen der Erzmineralien in den Systemen Fe–S–O und Cu–Fe–S–O.* (Vortrag.) Aus den systemat. Unterss. von Dünnschliffen verschied. Fe- u. Cu-, u. zwar sowohl sulfid. als auch oxyd. Erzadern verschied. Fundorte sowie unter Anwendung der Begriffe Textur u. Struktur auf die betreffenden Erze wird die Paragenese in den Systemen Fe–S–O u. Fe–Cu–S, sowie in dem beide umfassenden Syst. Cu–Fe–S–O diskutiert. Hierbei werden die genet. Beziehungen vorwiegend der Mineralien *Pyrit* (*Markasit*), *Pyrrhotin, Troilit, Ferrit, Magnetit, Hämatit, Bornit, Chalkopyrit, Chalkosin,* sowie anderer seltener auftretender Mineralien (z. B. *Cubanit, Covellin*) bei verschieden hohem O- u. S-Druck (verschieden hohen Tempp.) näher betrachtet u. eine Anzahl Gesetzmäßigkeiten allg. Art daraus gefolgert, wobei die Bedeutung des geometr. Darstellungsverf. für die Zus. u. die paragenet. Assoziationen der Mineralien in der Feststellung der tatsächlich „verbotenen" Genesen liegt. Als wesentlichstes Ergebnis konnte nachgewiesen werden, daß das Fe im Vgl. zum Cu mehr Affinität zum O als zum S besitzt (Fe wird unter Redoxbedingungen in Oxyde verwandelt, Cu bleibt als Sulfid zurück). Bes. instabil ist Pyrrhotin, mit welchem (wie gleichermaßen mit Magnetit u. Ferrosilicaten) das Auftreten von Ferrit eng verbunden ist. (Известия Академии Наук СССР, Серия Геологическая [Nachr. Akad. Wiss. UdSSR, geol. Ser.] **1950.** 16—41. Sept./Okt.) v. WILPERT. 378

Heikki V. Tuominen und **Toivo Mikkola,** *Metamorphe Mg–Fe-Anreicherung im Gebiet von Orijärvi und die Beziehungen zur Faltung.* Die bisher als klass. Beispiel für die Mg-Metasomatose angesehenen Cordierit–Anthophyllit-Gesteine bei Orijärvi werden vom Vff. anders gedeutet. Festere, sandige u. vulkan. Einlagerungen zwischen tonigen Gesteinen durchdrangen sich intensiv während der Faltung. Bei dieser Bewegung rekrist. die Gesteine unter Bldg. von Mineralen mit Schichtengitter (z. B. *Chlorit*), u. gleichzeitig wanderten überschüssige Bestandteile ab, so daß eine Anreicherung von Mg u. Fe resultierte. Der Prozeß ging unter hydrothermalen Bedingungen vor sich, wie sie bei progressiver Regionalmetamorphose auftreten. Der jetzige Mineralbestand ist das Ergebnis späterer Rekristallisation. (Bull. Commiss. géol. Finlande **1950.** Nr. 150. 67—92. 1 Tafel. Lohja, Finn. Ore Co.) HILLER. 378

Johann Heinrich Hellmers, *Die Schwermineralien der Sande der deutschen Ostseeküste.* Neben den bekannten Mineralien wurden als Schwerminerale neu gefunden: *Monazit, Spinelle* u. *Leukoxen.* Best. der mengenmäßigen Zus. der Seesande u. der Seifen u. deren örtliche Schwankungen. (Geologie **1.** 166—92. Mai 1952. Berlin.) ENSSLIN. 380

M. W. Kusmenko, *Chalcedonartiger Natrolith in den Pegmatiten basischer Magmen.* Beschreibung eines Natroliths, der dem Chalcedon so ähnlich sieht, daß er bisher mit ihm verwechselt wurde. Man fand ihn in einigen alkal. Pegmatitgängen, in denen Vf. zwei Spielarten vorfand, die er mit *Albit–Natrolith* u. *Hackmanit–Natrolith* bezeichnet. Die Analyse zeigte: 47,30 (%) SiO_2, 27,92 Al_2O_3, 0,18 Fe_2O_3, 0,48 CaO, 13,60 Na_2O, 0,83 K_2O, 9,50 H_2O^+, 0,20 H_2O^-. (Доклады Академии Наук СССР [Ber. Akad. Wiss. UdSSR] [N. S.] **72.** 767—70. 1/6. 1950.) v. MICKWITZ. 380

Je. K. Lasarenko, *Mineralogische Charakteristik der Donbassite.* Untersuchungsbericht über ein im Donezbecken, im Nagoljny Krjash vorgefundenes, bisher unbekanntes Mineral, das Vf. mit Donbassit bezeichnet. Seiner chem. Zus. nach liegt es etwa zwischen Kaolinit u. Chlorit. Es besteht aus: 34,65 (%) SiO_2, 46,03 Al_2O_3, 0,55 Fe_2O_3,

1,58 MgO, 1,82 CaO, 1,08 Na_2O + K_2O, 0,14 Li_2O, 13,96 H_2O. Die Härte beträgt 2,5, die D. 2,628. (Доклады Академии Наук СССР [Ber. Akad. Wiss. UdSSR] [N. S.] **72.** 771—74. 1/6. 1950. Lwow, Iwan Franko-Univ.) v. Mickwitz. 380

Seppo Wilska, *Spurenelemente in Waschgold aus Finnisch-Lappland.* 6 Proben von Waschgold aus Lappland werden spektrograph. auf Spurenelemente untersucht u. die Ergebnisse mit denen anderer Fundorte untersucht. Außer *Ag* sind nur Spurenelemente im Gold enthalten. Pt oder Pt-Elemente wurden nicht gefunden. Te u. Bi können vorkommen, sind aber nicht allg. in Finn. Gold. (Suomen Kemistilehti **25.** 75—79. 1952. Finland Inst. of Technol., Dep. of Chem.) Hiller. 383

H. T. Morris und **T. S. Lovering,** *Sekundäre und hydrothermale Wanderung von Schwermetallen in Nebengesteine von Erzkörpern im Tintic Distrikt, Utah.* Die sek. Wanderung von Schwermetallen unter dem Einfl. des Grundwassers in das Nebengestein (Carbonate u. Silicate) wurde in der Standard-Grube untersucht. Nach 25 Jahren wurde beobachtet, daß *Au* nur wenige cm, *Cu* einige Fuß, aber nur bei sauren Lsgg., gewandert war. Die Eindringungstiefe der Zinksalze betrug mehrere Meter, während *Ag* noch weiter abgewandert war, aber bei dem Auftreffen auf Sulfide sofort gefällt wurde. Maßgebend für die Beweglichkeit ist der p_H-Wert der Lsgg., die Hydrolysierbarkeit der Metalle u. die Löslichkeit ihrer Sulfate. In der hydrothermalen Phase nimmt der Metallgeh. logarithm. im *Monzonit* u. *Dolomit* mit der Entfernung vom Erzkörper ab. (Econ. Geol. **47.** 685—716. Nov. 1952. Washington, D. C., U. S. Geol. Surv.) Ensslin. 384

S. C. Creasey, *Geologie der Eisen-King-Grube, Yavapai County, Arizona.* (Econ. Geol. **47.** 24—56. Jan./Febr. 1952. Prescott, Ariz., U. S. Geol. Surv.) Ensslin. 384

V. C. Kelley, *Ursprung und pyrometasomatischer Gürtel der Capitan-Eisenlagerstätte, Lincoln County, New Mexiko.* Die Capitan-Eisenerze liegen als Lakkolithe, aus einem Aplit entstanden, in einem perm. Kalk. Mit dem *Magnetit* kommen die Silicate *Epidot, Phlogopit* u. *Tremolit* vor. (Econ. Geol. **47.** 64—83. Jan./Febr. 1952. Albuquerque, N. Mex., Univ., Geol. Inst.) Ensslin. 384

Thomas W. Mitcham, *Bedeutsame räumliche Verteilungsanordnungen der Mineralien in dem Distrikt Coeur d'Alene, Idaho.* In dem Bergbaugebiet von Coeur d'Alene treten tiefliegende hochwertige Erze auf. Vf. untersucht die räumliche Verteilung der dort auftretenden Mineralien mit dem Zweck, solche Mineralien festzustellen, die als „Indicatoren" für das Auftreten von Erz angesehen werden können. Zuerst wurde festgestellt, daß *Arsenopyrit* in Form von Umhüllungen eine Anzahl hochwertigster Erznester umgibt. In ähnlicher Weise kann späthydrothermaler *Chlorit* als „Indicator" angesehen werden; dieser ist jedoch sporad. in Zonen verteilt, die eine Art Schirm über dem Erz bilden. *Sericite* u. *Carbonate* erwiesen sich als negative „Indicatoren". Obwohl die besten Erzhorizonte in detrit. Quarz auftreten, hat dieser Quarz nur eine begrenzte prakt. Bedeutung als „Indicator". (Science [Washington] **115.** 11. 4/1. 1952. Vanadium, N. Mex., Amer. Smelting and Refining Co.) Gottfried. 385

A. Gansser, *Geologische und petrographische Bemerkungen über die Insel Gorgona in Beziehung zum nordwestlichen Südamerika.* Die Insel Gorgona liegt ca. 40 km von der kolumbian. Pazifikküste entfernt u. besteht zum größten Teil, neben wenigen Sedimenten, aus bas. Eruptivgesteinen. Das Gestein läßt sich aufteilen in diabas. *Tuffe, Diabase, Gabbros* u. peridotit. Gesteine; sie wurden petrograph. untersucht u. werden eingehend beschrieben. Die Beziehungen zu der festländ. Coastal Cordillera werden auseinandergesetzt, u. das Alter der Gesteine wird abgeschätzt. (Schweiz. mineralog. petrogr. Mitt. **30.** 219—37. 1950. Lugano.) Gottfried. 385

O. E. Radczewski, *Sedimentpetrographische Untersuchungen am Neuroder Schieferton.* Die zur Magerung hochwertiger Schamottesteine benutzten Neuroder Schiefer wurden durch Kochen u. Oxydation in ihre Bestandteile zerlegt; es trat Hellfärbung u. Zerfall ein. 62% war größer als 2 μ, der Rest kleiner. Die Feinfraktion bestand nach Elektronenmkr. u. -beugungsaufnahmen aus *Diaspor* u. *Pholerit.* (Fortschr. Mineralog. **28.** 68—69. 1949; ausg. Dez. 1950. Hamburg.) Zedlitz. 385

Ahti Simonen, *Drei neue Findlinge von Kugelgranit in Finnland.* Vf. beschreibt drei neue Findlinge von Kugelgranit von Längelmäki, Vilppula u. Heinävesi (Finnland). Die Kugeleinschlüsse haben esboit. (oligoklasit.) Zusammensetzung. Dieser Chemismus zeigt im Vgl. mit dem Muttergestein, daß eine Anreicherung der sal. Bestandteile mit einem Ersatz der maf. stattgefunden haben muß. Da die äußeren Zonen der Einschlüsse basischer sind als die inneren u. da das Muttergestein von heterogenem Charakter ist, ergibt sich, daß die Einschlüsse metasomat. in dem Primärgestein gebildet worden sind u. die Granitisation des Gesteins jünger ist als die Einschlüsse. (Bull. Commiss. géol. Finlande **1950.** Nr. 150. 31—37.) Hiller. 385

Georgios Paraskeuopoulos, *Über die Struktur und Entstehung der Natriumamphibolglimmerschiefer des metamorphen Gebietes im Westen von Malvasia.* Die Glimmerschiefer bestehen aus *Quarz, Muskovit, Almandin, Glaukophan* u. grünblauen *Natronamphibolen* u. führen accessor. *Turmalin, Apatit, Rutil, Fe-Oxyde* u. C-haltige Substanzen (*Graphit*). Strukturmäßig gehören sie zu den s-Tektoniten. (Praktika Akad. Athenon **24.** 18—30. 1949; ausg. 1951 [Orig.: griech.; Auszug.: französ.].) OPPERMANN. 385

W. A. Wahl und **H. B. Wiik,** *Der Meteorit von Varpaisjärvi.* 1. Mitt. *Allgemeine und petrographische Beschreibung.* 2. Mitt. *Chemische Untersuchung des Meteoriten von Varpaisjärvi.* Der 1913 bei Varpaisjärvi aufgefundene Meteorit, der 1,5—2 kg wog, wird makroskop. u. auf Grund von Dünnschliffunterss. beschrieben. Im Dünnschliff sind erkennbar feinkörniger *Bronzit* u. *Olivin,* ferner alle Umwandlungsphasen von *Plagioklas* zu *Maskelynit.* Daneben sind *Nickeleisen-* u. *Troilit*-Körner. Chondrulen sind nur wenig zu erkennen. Der Meteorit wird mit anderen verglichen u. als weißer Chondrit klassifiziert. Analyse: SiO_2 39,28, TiO_2 0,17, Al_2O_3 4,32, Cr_2O_3 0,66, FeO 12,68, MnO 0,14, MgO 23,94, CaO 1,88, Na_2O 0,83, K_2O 0,23, P_2O_5 0,28, H_2O^+ 0,21, H_2O^- 0,10%, dazu Fe 7,58, Ni 1,09, Co 0,11, FeS 6,97%. (Bull. Commiss. géol. Finlande **1950.** Nr. 150. 5—18.) HILLER. 397

D. J. Guppy und **R. S. Matheson,** *Wolf-Creek Meteorkrater, Westaustralien.* (Smithsonian Inst. Publ., Rep. **1950.** 317—25.) GEHLEN-KELLER. 397

D. Organische Chemie.

D_1. Allgemeine und theoretische organische Chemie.

Rezsö Paunez, *Die Beziehung zwischen den theoretischen Grundlagen der organischen Chemie und der Quantenchemie.* Zusammenfassende Übersicht über Berechnungsgrundlagen, die Diskussion von Verbindungstypen, theoret. berechenbare Eigg., Genauigkeit der Rechenmethoden. (Magyar Kémikusok Lapja [Z. Ver. ung. Chemiker] **8.** 3—8. Jan. 1953. Szeged, Tudományegyet., Elméleti Fizik. Int.) v. PILINSZKY. D 10

W. W. Robertson, A. J. Seriff und **F. A. Matsen,** *Die Wirkung der Einführung von Deuterium und der Substitution am O auf das Ultraviolettabsorptionsspektrum von Phenol.* Die Gas- u. Lösungsspektren von C_6H_5OH, C_6H_5OD, $C_6H_5OCH_3$, $C_6H_5OC_2H_5$, $C_6H_5OC_3H_7$, $C_6H_5OC_4H_9$ u. $C_6H_5OC_6H_5$ im nahen UV wurden gemessen, die Schwingungsanalyse für die Frequenzen der Grundzustände u. der angeregten Zustände durchgeführt. Die Lage der 0—0-Bande u. ihre geringe Verschiebung bei Substitution wird mit Hilfe eines Masseneffektes u. eines Resonanzeffektes erklärt. (J. Amer. chem. Soc. **72.** 1539—43. April 1950. Austin, Tex., Univ.) D. BRÜCK. D 118

W. W. Robertson und **F. A. Matsen,** *Die Absorptionsspektren N-substituierter Aniline im nahen Ultraviolett.* Die Gas- u. Lösungsspektren von *Anilin* (**I**), *Methylanilin* (**II**), *Äthylanilin* (**III**), *Dimethylanilin* (**IV**) u. *Diphenylamin* (**V**) wurden gemessen. Die 0—0-Übergänge, aus den Gasspektren ermittelt, die Absorptionsmaxima in Lsg. u. deren Extinktionen ($\varepsilon \cdot 10^{-3}$) sind für **I** 34032 cm^{-1}, 285 mμ ($1,5 \cdot 10^{-3}$); **III** 33300 cm^{-1}, 295 mμ ($1,7 \cdot 10^{-3}$); **II** 33292 cm^{-1}, 295 mμ ($1,8 \cdot 10^{-3}$); **IV** 298 mμ ($1,9 \cdot 10^{-3}$) u. **V** 285 mμ ($19,0 \cdot 10^{-3}$). Alkylgruppen haben auf die Absorption von **I** qualitativ den gleichen Einfl. wie auf die von Phenol (vgl. vorst. Ref.). Wegen der geringeren Elektronegativität des N im Vgl. mit O ist die Hyperkonjugation stärker ausgeprägt. **V** hat einen anderen angeregten Zustand als **I.** (J. Amer. chem. Soc. **72.** 1543—44. April 1950. Austin, Tex., Univ.) D. BRÜCK. D 118

William D. Harkins, Helen Krizek und **M. L. Corrin,** *Der Einfluß der Micellenbildung auf die Absorptionsspektren von Decyl- und Dodecylpyridiniumjodid.* Es werden die Absorptionsspektren für die Lsgg. von Dodecylpyridiniumjodid in W., A. u. Chlf. (mit 0,7% A.) u. für Decylpyridiniumjodid in W. u. A. bei verschied. Konzz. aufgenommen. Die Verschiebung des Absorptionsspektr. mit der Konz. in wss. Lsg. kann mit der krit. Micellkonz. dieser Kolloidelektrolyte in Verbindung gebracht werden. Die Änderungen des Absorptionsspektr. oberhalb der krit. Micellkonz. werden im Hinblick auf die Struktur der Micellen erörtert. (J. Colloid Sci. **6.** 576—83. Dez. 1951. Chicago, Ill., Univ.) HENTSCHEL. D 118

S. Nikitine, *Deutung der Absorptionsspektren einiger Klassen organischer Farbstoffe.* Unter Zugrundelegung der von dem Vf. bereits früher angewandten Theorie des Metallmodells (vgl. NIKITINE, J. Chim. physique Physico-Chim. biol. **48.** [1951.] 37) wurden die Lagen u. Intensitäten der Absorptionsbanden von *Methylenblau* (**I**) u. *Thionin* (**II**) berechnet. Bei **I** wurden die einfach- u. die doppeltionisierte Form, bei **II** außerdem noch die neutrale Form in Betracht gezogen. Die Übereinstimmung zwischen theoret.

u. experimentellen Werten war für **I** zufriedenstellend, für **II** jedoch nicht. (Gazz. chim. ital. **82.** 476—83. Juli/Aug./Sept. 1952. Strasbourg, Univ., Inst. de Phys.) GOTTFRIED. D 118

H. W. Thompson und **C. H. Miller,** *Rotationsschwingungsbanden im Spektrum des Methylmercaptans.* Neumessung des Schwingungsspektr. des *Methylmercaptan*-Dampfes bei hoher Dispersion u. Analyse der Rotationsstruktur von 6 Banden, wobei die Banden bei 2869 cm^{-1} u. bei 2946 cm^{-1} die erwartete Feinstruktur u. die Bande bei 3010 cm^{-1} deutlich einen Q-Zweig aufweist. Dies u. die Ergebnisse bei den übrigen untersuchten Banden bestätigen die früher von TROTTER u. THOMPSON (C. **1947.** 1175) vorgenommenen Zuordnungen. (Trans. Faraday Soc. **46.** 22—27. Jan. 1950. Oxford, Phys. Chem. Labor.) RUMPF. D 120

K. Narahari Rao, *Die Ultrarot-CO-Banden als Standardwellenzahlen im Ultrarotgebiet.* Die Lage der (1,0)-, (2,0)- u. (3,0)-Rotationsschwingungsbanden (J = 0—20) bei 2143,38, 4260,12 u. 6350,39 cm^{-1} wird berechnet u. in einer Tabelle wiedergegeben. Die Genauigkeit dieser berechneten Wellenzahlen wird auf $\pm 0,1$ cm^{-1} geschätzt u. mit Messungen aus der Literatur verglichen. Wegen der bequemen Reproduzierbarkeit wird die Benutzung dieser Banden als sek. Wellenzahlennormale im Ultrarot empfohlen. (J. chem. Physics **18.** 213—14. Febr. 1950. Williams Bay, Wis., Univ. of Chicago, Yerkes Observ.) A. REUTER. D 120

Gunhild Aulin-Erdtman und **Hugo Theorell,** *Untersuchungen in der Tropolonreihe.* 3. Mitt. *Infrarotspektren.* (2. vgl. Acta chem. scand. **4.** [1950.] 1325.) Wie das UV-Spektr.

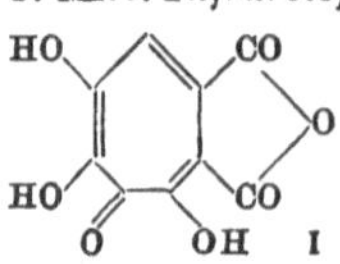
I

(l. c.) weist auch das Infrarotspektr. der *Puberulonsäure* auf die Konst. I oder eine tautomere Form hin u. nicht auf die von TODD u. Mitarbeitern (C. **1950.** II. 2199) vorgeschlagenen Lactonstrukturen. Das Infrarotspektr. zeigt die für das Tropolonsyst. charakterist. Maxima, keine COOH-Bande, jedoch die für Anhydridstruktur charakterist. Banden bei 1770 u. 1830 cm^{-1}. — Zum Vgl. werden auch die Infrarotspektren von *Stipitatsäure, Puberulsäure, β-* u. *γ-Thujaplicin* u. von *Nootkatin* (**II**) angegeben. Alle Verbb. zeigen die für das Tropolonsyst. charakterist. Maxima. **II**, das Aceton als Abbauprod. liefert, also eine Isopropylidengruppe enthalten muß, kann nach dem Infrarotspektr. keine extracycl. Doppelbindung enthalten. (Acta chem. scand. **4.** 1490—94. 1950. Stockholm, Kungl. TH, Organ.-Kemiska Inst. u. Med. Nobelinst., Biokem. Avdelningen.) NITZSCHKE. D 120

R. J. W. Le Fèvre und **I. Youhotsky,** *Die Thermochromie von Diphenylmethylenanthron.* SCHÖNBERG, ISMAIL u. ASKER (C. **1947.** 1194) nehmen an, daß die Thermochromie von *Diphenylmethylenanthron* (**I**) darauf zurückzuführen ist, daß mit steigender Temp. der Betainstruktureinfl. auf den Zwitterzustand des Mol. wächst. Da das Dipolmoment μ der Verb. mit reiner Betainstruktur nun 25—30 D sein müßte, bestimmten Vff. das μ von **I** (aus Eisessig, F. 205—207°) in Bzl. bei 25° (Lsg. blaßgelb) u. 55° (Lsg. gelbrot); μ^{25} 3,77 $\pm$ 0,030 u. μ^{55} 3,93 $\pm$ 0,02 D. Die Größe des Dipolmomentes läßt auf mesomere Verschiebung $>C=\overset{\frown}{O}$ schließen, bzgl. der Thermochromie schließen sich Vff. der Ansicht von GRUBB u. KISTIAKOWSKY (J. Amer. chem. Soc. **72.** [1950.] 419) an (Thermochromie, hervorgerufen durch Verbreiterung einer Absorptionsbande im nahen UV, verursacht durch Änderung der Schwingungszustände der Moll.). (J. chem. Soc. [London] **1953.** 1318—19. April 1953. Sydney, N. S. W., Australien, Univ.) PAULIG. D 122

Mantrala L. N. Sastri und **H. Sponer,** *Fluorescenzuntersuchung einiger einfacher Benzolderivate im nahen Ultraviolett.* 3. Mitt. *Benzotrifluorid.* (2. vgl. BASS u. SPONER, J. opt. Soc. America **40.** [1950.] 389.) Das Fluorescenzspektr. von *Benzotrifluorid* (Dampfdruck ca. 15 Torr) wird bei Anregung mit Licht der kondensierten Funkenentladung zwischen Fe-, Mn- u. Sn-Elektroden, sowie im Hg-Bogen im Gebiet 2640—2930 Å photograph. aufgenommen. Das Spektr. besteht aus 36 Banden u. kann als Folge ziemlich enger Gruppen von je ca. 12 Å Breite formuliert werden. Jede einzelne Gruppe besteht aus 5 Banden. Die meisten Banden werden Übergängen aus oberen angeregten Elektronenniveaus zugeschrieben, die übrigen enthalten v—v-Übergänge niederer Schwingungen, die den erstgenannten Banden überlagert sind. Banden mit Ursprung in Übergängen von höheren Schwingungsniveaus der oberen Elektronenniveaus werden nicht gefunden. Die Analyse des Fluorescenzspektr. unterliegt denselben Regeln wie die des Absorptionsspektrums. Absorptions- u. Fluorescenzbanden stimmen im Überlappungsgebiet überein. (J. chem. Physics **20.** 1428—31. Sept. 1952. Durham, N. C., Duke Univ., Dep. of Phys.) RUDOLPH. D 125

C. S. E. Phillips, *Dielektrische Relaxation von Alkohol–Heptan-Mischungen.* Reine Alkohole zeigen bei Radiowellen starke dielektr. Absorption u. bei cm-Wellen ein schwächeres Maximum. Bei konstanter Frequenz entspricht der Niederfrequenzabsorption ein Maximum bei +50 bis +100° u. der Hochfrequenzabsorption ein Maximum bei −100°. Vf. zeigt durch Messungen bei konstanter Frequenz ($\lambda = 10$ cm) im Bereich von −70 bis +80° an Lsgg. von *n-Amylalkohol*, *n-Butylalkohol* u. *n-Propylalkohol* in Heptan, daß die „Niederfrequenzabsorption", die bei +40 bis +60° hervortritt, stark konzentrationsabhängig ist u. bei starker Verdünnung verschwindet, im Gegensatz zur „Hochfrequenzabsorption", die bei −70° allein bemerkbar ist. (Nature [London] **166**. 866—67. 18/11. 1950. London, Queen Mary Coll., Dep. of Elektr. Engng.) A. REUTER. D 132

P. W. Selwood und **Robert M. Dobres**, *Die diamagnetische Korrektion für freie Radikale.* Aus den Messungen der magnet. Susceptibilität von *Hexa-p-biphenylyläthan-* u. *Hexa-p-tert.-butylphenyläthan*-Lsgg. in Toluol ergibt sich, daß die Resonanzstabilisierung der Triarylmethyle von einer wesentlichen Vergrößerung des mol. Diamagnetismus begleitet ist. Die Beobachtungen lassen daher Zweifel an den quantitativen magnet. Unterss. an freien Radikalen aufkommen. (J. Amer. chem. Soc. **72**. 3860—63. Sept. 1950. Evanston, Ill., Northwestern Univ., Chem. Labor.) v. HARLEM. D 137

Reino Näsänen und **Aarne Ekman**, *Potentiometrische und spektrophotometrische Untersuchungen des 8-Oxychinolins und seiner Derivate.* 5. Mitt. *Ionisation der 8-Oxychinolin-5-sulfonsäure und der 7-Jod-8-oxychinolin-5-sulfonsäure in wässeriger Lösung.* (4. vgl. C. **1953**. 4837.) Vff. untersuchen die Ionisation der *8-Oxychinolin-5-sulfonsäure* u. der *7-Jod-8-oxychinolin-5-sulfonsäure* u. bestimmen die beiden Ionisationskonstanten dieser zweibas. Säuren neu. In verschied. konz. KCl-Lsgg. wird der Einfl. der Ionenstärke untersucht. Die UV-Spektren der einzelnen Ionen dieser Verbb. in wss. Lsg. werden gemessen u. mit denen des 8-Oxychinolins verglichen, sowie die Struktur u. der Einfl. der Substituenten auf die Ionisation diskutiert. (Acta chem. scand. **6**. 1384 bis 1390. 1952. Helsinki, Finland, Inst. of Techn. Labor. of Phys. Chem.) NIEMITZ. D 139

N. Je. Chomutow und **Ss. W. Gorbatschew**, *Autokatalytische Erscheinungen bei der elektrochemischen Oxydation von Anilin.* Vff. untersuchen die zeitliche Abhängigkeit der Stromdichte bei konstantem Elektrodenpotential u. des Anodenpotentials bei konstanter Stromstärke bei der elektrochem. Oxydation des Anilins in alkal. (KOH) u. saurer (H_2SO_4) Lösung. In allen Fällen zeigt die Rk. eine Inkubationsperiode, in der die Intensität des Oxydationsvorganges zunimmt. Es wird auf einen autokatalyt. Charakter der Rk. geschlossen. Je höher die O_2-Konz. in der Lsg. ist, desto stärker werden die autokatalyt. wirkenden Zwischenprodd. oxydiert, desto langsamer entwickelt sich demnach die elektrochem. Reaktion. (Журнал Физической Химии [J. physik. Chem.] **24**. 1101—06. Sept. 1950. Moskau, Chem.-Technol. Mendelejew-Inst.) R. K. MÜLLER. D 141

S. Harrison, *Polarographische Untersuchung des Diacetyls.* Vf. untersuchte die polarograph. Red. des *Diacetyls* (I) in verschied. wss. Lsgg. u. Pufferlösungen. Es wird eine Reduktionswelle festgestellt, deren Halbwellenpotential mit steigenden p_H-Werten zu negativeren Werten ansteigt. Ebenfalls verändert sich der Grenzstrom mit dem p_H mit einem Maximum bei ca. 8,5. Diese Tatsachen sprechen dafür, daß zwei Formen des I existieren, die sich nur langsam ineinander umwandeln u. von denen eine nicht reduzierbar ist. In Übereinstimmung mit dieser Vorstellung stehen der hohe Temperaturkoeff. u. die Tatsache, daß der Grenzstrom nur einem Teil der analyt. Konz. des I entspricht. In NH_3-haltigen Lsgg. wird eine zweite Reduktionswelle gefunden bei einem weniger negativen Potential. Diese Welle entwickelt sich innerhalb von ca. 40 Min. zu ihrem Maximumswert u. steht im Gleichgewicht mit der anderen Welle. Die Unters. einiger anderer Diketone (*Acetylaceton* u. *Acetonylaceton*) u. des *Acetoins* (II) legt die Vermutung nahe, daß nur eine der beiden Carbonylgruppen reduzierbar ist. Zwischen 0 u. −2 V ist II nicht reduzierbar, jedoch kann dessen Ggw. polarograph. bestimmt werden, wenn seine Lsg. mit $FeCl_3$ dest. ist. Die Anwendbarkeit der polarograph. Meth. für eine genaue Best. des I u. des II wird bestätigt. (Collect. Trav. chim. Tchécoslov. **15**. 818—32. 1950. Prag, Karls-Univ., Phys. Chem. Inst.) NIEMITZ. D 142

G. B. Guthrie jr., **D. W. Scott**, **W. N. Hubbard**, **C. Katz**, **J. P. McCullough**, **M. E. Gross**, **K. D. Williamson** und **Guy Waddington**, *Thermodynamische Eigenschaften von Furan.* An gereinigtem *Furan* (I) werden Dampfdruck-, Dichte-, refraktometr., Infrarot- (2—15 μ) u. massenspektroskop. Messungen durchgeführt. Aus der Verbrennungswärme wird die Bildungswärme des fl. I ($\Delta H_t = 14{,}9$ kcal Mol^{-1}) bestimmt. Aus der Umwandlungstemp. (150,0° K), Umwandlungswärme (489,2 cal Mol^{-1}), der Schmelzwärme (908,8 cal Mol^{-1}) u. dem Tripelpunkt (187,55° K) sowie der Wärmekapazität wird die Entropie des fl. Zustandes berechnet (42,22 cal $Grad^{-1}$ Mol^{-1}). Der Dampfdruck folgt zwischen 2 u. 62° der Gleichung: $\log p_{mm} = 6{,}97523 - 1060{,}851/t + 227{,}740$. Die Verdampfungswärme am Kp. (31,36°) beträgt 6474 cal Mol^{-1}. Die Wärmekapazität des Dampfes wird zwischen 317 u. 488° K wiedergegeben nach: $C_p^0 = -7{,}55 +$

9,352 10^{-2} T–5,287 10^{-5} T^2 cal $Grad^{-1}$ Mol^{-1}. Der zweite Virialkoeff. ergab B = –279 – 22,6 exp. (950/T) cm^3 Mol^{-1}. Aus den Schwingungskonstanten werden für den idealen Gaszustand bis 1500° K die thermodynam. Funktionen berechnet, ebenso freie Energie u. Gleichgewichtskonstanten der Bildung. (J. Amer. chem. Soc. **74**. 4662–69. 20/9. 1952. Bartlesville, Okla., Bur. of Mines, Petr. Exp. Stat., Thermodynam. Labor.) W. KAUFMANN. D 146

George T. Furukawa, Rober E. McCoskey und **Gerard J. King,** *Calorimetrische Eigenschaften von Polytetrafluoräthylen (Teflon) von 0 bis 365° K.* Der Effekt einer therm. Vorbehandlung u. des Abschreckens in fl. N_2 auf die spezif. Wärme einer geformten *Teflon* (**I**)-Probe wurde mit Hilfe eines adiabat. Vakuumcalorimeters untersucht. Wärmekapazität, Enthalpie u. Entropie von **I**-Pulver, von geformtem u. von therm. vorbehandeltem **I** werden in Intervallen von 50° K im Bereich zwischen 0 u. 365° K tabelliert. Die Ergebnisse am geformten, angelassenen u. abgeschreckten **I** zeigen die Möglichkeit einer glasartigen Umwandlung bei ca. 160° K. Das Fehlen eines ausgeprägteren Glasumwandlungseffektes ist auf zwischen- u. innermol. Hemmungen gegenüber Strukturänderungen im polymeren **I** zurückzuführen. Die Existenz von Umwandlungen 1. Ordnung bei 293 u. 303° K, wie sie früher von QUINN, ROBERTS u. WORK (J. appl. Physics **22**. [1951.] 1085) berichtet wurden, hat sich bestätigt. (J. Res. nat. Bur. Standards **49**. 273–78. Okt. 1952.) CRAMER. D 154

Rempei Goto und **Masao Nikki,** *Dampfdruck und Entflammungsgrenzen organischer flüchtiger Substanzen.* Die Dampfdrucke von *Campher* (**I**), *Naphthalin* (**II**) u. *Phthalsäureanhydrid* (**III**) wurden bestimmt u. die Verdampfungswärmen wie folgt angegeben: **I** 12,43 [kcal/Mol]; **II** 11,31; **III** 13,12. Die Best. der Entflammungstemperatur u. -grenzen im Gemisch mit Luft ergab die Beziehung $1/C_0 = 11$ Q, wobei C_0 die % organ. Substanz u. Q die Verbrennungswärmen bedeuten. (Bull. Inst. chem. Res., Kyoto Univ. [Kagaku Kenkyusho Hokoku] **28**. Nr. 3. 68–69. März 1952. Goto Labor. [Orig.: engl.].) W. KAUFMANN. D 155

Elmer J. Badin, *Die durch atomaren Wasserstoff induzierte Verbrennung von Kohlenwasserstoffen bei niedrigen Drucken und tiefen Temperaturen.* Verwendet wurde vorwiegend Isobutan. Aus den Ergebnissen bei veränderten Abständen zwischen Reaktionsort u. Kondensationsfalle wird geschlossen, daß zunächst an der Pyrexglasoberfläche Peroxyde gebildet werden, die dann aber mangels Stabilisierung zu Aceton u. Formaldehyd zerfallen. Der Zustand der Oberfläche ist wichtig für die Oxydation. H_2O u. H_3PO_3 wirken fördernd. In der Gasphase bilden sich keine Peroxyde. Es wird bei 20° u. 0,2–0,55 mm Druck gearbeitet, die Verbrennungsprodd. werden bei –196° kondensiert. Die Geschwindigkeit der Bldg. von Carbonylverbb. aus CH_4 (0,03), C_3H_8 (0,19), *Propylen* (1,1), *n-Butan* (0,34), *Isobutan* (0,57), *Buten-(1)* (0,98) u. -(2) (1,3) u. *Butadien* (—) werden in cm^3/min angegeben, ebenso die Konst. der Produkte. Die Werte laufen parallel den Aktivierungsenergien, die im Entladungsrohr gemessen wurden. Infrarotmessung bestätigt, daß die zunächst entstehenden Peroxyde eine R–OOH-Gruppierung tragen. (J. Amer. chem. Soc. **72**. 1550–53. April 1950. Princeton, N. J., Univ., Frick Chem. Labor.) W. KAUFMANN. D 157

Robert B. Dean und **Henn Soonpää,** *Der Diffusionskoeffizient von Kupfer(II)-glycinat.* Der Diffusionskoeff. D wurde in 0,00917 u. 0,0274 mol Lsg. gemessen. Sein mittlerer Wert bei 25° ist $0{,}723 \pm 0{,}004 \cdot 10^{-5}$ cm^2/sec. Nach der EINSTEIN-SUTHERLAND-Gleichung unter Zugrundelegung des Kugelmodells für die Moll. ist $D = 0{,}717 \cdot 10^{-5}$ u. bei Berücksichtigung der Abweichung von der Kugelgestalt $D = 0{,}67 \cdot 10^{-5}$ cm^2/sec. (J. Amer. chem. Soc. **74**. 6108–09. 5/12. 1952. Eugene, Oreg., Univ. of Oregon, Dep. of Chem.) v. SCHIESZL. D 171

A. W. Pamfilow, G. G. Dewjatych und **L. M. Schirschowa** (unter Mitarbeit von **L. W. Wladimirowa** und **T. D. Toropowa**), *Adsorptionsschichten in nichtwässerigen Systemen.* 4. Mitt. *Aliphatische Alkohole und Säuren in Nitrobenzol.* (3. vgl. STAROBINETZ u. Mitarbeiter, C. **1948**. E. 722.) Bei dem **Molenbruch** 0,1–0,9 werden an der Grenzfläche *Nitrobenzol* (**I**)-Luft die Oberflächenspannung σ u. die Gefrierpunktserniedrigung Θ von *A., Isopropyl-, n-Butyl-, Isobutyl-* u. *Isoamylalkohol,* sowie von ***Butter-*** u. ***Isovaleriansäure*** bestimmt u. unter Berücksichtigung der Abweichung von der idealen Lsg. die Adsorption $\Gamma_2^{(1)}$ u. der Geh. der oberflächenakt. Substanz in der Oberflächenschicht Γ_2^* ermittelt. Bei dem **Molenbruch** $N_2 = 0{,}8$–$0{,}9$ wird $\Gamma_2^{(1)}$ prakt. unbestimmbar. Der Fehler beträgt hier 50% gegen sonst 10%. Die σ-Isothermen zeigen, daß bei den Alkoholen σ größer ist u. die Sättigung der Oberflächenschicht rascher erfolgt als in den Säurelösungen. Ebenso wie in ***Diphenylamin*** (**II**) (3. Mitt. l. c.) richtet sich die Oberflächenaktivität in **I** nicht nach der Länge der **KW**-stoffkette, wie in der wss. Lsg., sondern nach der Natur der polaren Gruppe. Die σ-Isothermen der Alkohole zeigen keinen anomalen S-förmigen Verlauf wie in **II**, auch nicht den n. S-Verlauf der in W. gelösten Stoffe mit langer KW-stoffkette u. 2 Phenylgruppen im Molekül. Die durch die I-Polarität nach den kleinen Konzz. verschobene S-Krümmung liegt außerhalb der untersuchten Konzentrationen. Die Θ/N_2-Kurven zeigen ein verschied. Verh. der Säuren u. Alkohole in I an, wodurch die σ-Werte der Alkohole sehr hoch werden u. nicht mit der monomol. Adsorptionsschicht erklärt werden können, während bei den Säuren diese n. sind. Die aus $\Gamma_2^* = (A_1N_1\Gamma_2^{(1)} + N_2)/(N_1A_1 + N_2A_2)$ berechneten Γ_2^*-Werte der Säuren bestätigen den monomol. Charakter der Adsorptionsschicht. In den Lsgg. gleicher Konz. steigt Γ_2^* mit der Polarität des Lösungsm. an. Die Struktur der Oberflächenschicht richtet sich nach der Wechselwrkg. der gelösten Moll. u. ihrer Rk. mit dem Lösungsmittel. In wss. Lsg. sind die σ-Kurven der Fettsäuren u. Alkohole ident. u. besitzen bei den höheren Homologen eine S-Krümmung. In I sind sie für Säuren u. Alkohole verschieden. Die Oberflächenaktivität richtet sich in W. nach der Länge der KW-stoffketten, in I nach der polaren Gruppe. In II tritt die S-Form nur bei Alkoholen auf, bei den höheren Homologen verschwindet sie. Die Abnahme der S-Krümmung in der homologen Alkoholreihe bleibt auch erhalten, wenn nach FRUMKIN die Oberflächenaktivität der gelösten Substanz berücksichtigt wird. Die mit dem Mol.-Gew. des Alkohols abnehmende S-Krümmung steht im Widerspruch zur FRUMKINschen These, wonach die Krümmung durch die Wechselwrkg. der KW-stoffketten der vertikal orientierten Moll. verursacht wird. (Журнал Физической Химии [J. physik. Chem.] **24.** 292—98. März 1950. Gorki, Ind. Inst., Labor. für physikal. Chem.) LEBTAG. D 176

H. H. Jaffé, *Freie-Elektronen-Wellenfunktionen als Annäherungen zu MO-Wellenfunktionen für konjugierte Moleküle.* Vf. gibt ein graph. Verf., das es gestattet, die entsprechenden Wellenfunktionen, die 1. nach der Molekülbahntheorie u. 2. unter Benutzung des freie-Elektronen-Modells (FEM) berechnet wurden, für acycl. konjugierte Verbb. zur Übereinstimmung zu bringen. Das Verf. wird am Beispiel des $CH_2=CH-CH=CH-CH_2$-Radikals durchgeführt. Auf die Ordinate werden die Werte der Wechselwirkungskoeffizienten c_{ik} für die einzelnen Atombahnen u. auf der Abszisse die Atomabstände längs der konjugierten Kette aufgetragen; die Kurven, die durch Verbinden der so erhaltenen Punkte entstehen, sind ident. mit den Wellenfunktionen des FEM. (J. chem. Physics **20.** 1646. Okt. 1952. Chapel Hill, N. C., Univ., U. S. Public Health Serv., School of Public Health, V. D. Exp. Labor.) ZIMMER. D 182

C. A. Coulson und **P. L. Davies,** *Weitreichende Kräfte zwischen großen Kettenmolekülen.* Berechnung der Dispersionskräfte zwischen 2 Moll. mit konjugierten C=C-Bindungen in Abhängigkeit vom Mol.-Abstand d. Daraus folgt, daß sich die Dispersionsenergie E nur für große d-Werte nach dem LONDONschen Gesetz mit d^{-6} ändert. Bei Abnahme von d fällt auch der Exponent ab bis zu einem Wert von 3,5 (daneben hängt der Exponent von der Mol.-Größe ab). Die Rechnungen werden für Moll. bis zu 20 C-Atomen, für d bis zu 50 Å u. für parallel zueinander liegende u. für unter einem bestimmten Winkel gegeneinander verdrehte (bzw. gegeneinander rotierende) Moll. durchgeführt. Die E-Werte sind klein gegenüber der therm. Energie kT, so daß die Dispersionskräfte keinen spezif. Einfl., wie er z. B. für biol. Systeme angenommen wurde, ausüben können. (Trans. Faraday Soc. **48.** 777—89. Sept. 1952. London, King's Coll., Wheatstone Phys. Labor.) FUCHS. D 182

P. L. Davies, *Polarisierbarkeiten von langen konjugierten Kettenmolekülen.* Berechnung des von den π-Elektronen herrührenden Beitrags α_π zur Polarisierbarkeit α von Moll. mit konjugierten C=C-Bindungen. Die Rechnung wird für Moll. bis zu 20 C-Atomen durchgeführt. Es wird gezeigt, daß α_π proportional zu $\sqrt[3]{L}$ ansteigt, wobei L = Mol.-Länge. Daraus folgt, das α_π im Vgl. zum Beitrag α_σ der σ-Elektronen um so stärker wird, je größer L ist. (Trans. Faraday Soc. **48.** 789—95. Sept. 1952.) FUCHS. D 182

Jean Barriol und **Ghassem Khodadadi,** *Anwendung des Metallmodells bei der Untersuchung von Polymethinfarbstoffen.* Durch Vgl. der Eigenwerte für die π-Elektronenenergie E eines konjugiert ungesätt. Kettenmol., wie sie sich nach der Molekülbahnmeth. u. unter Benutzung des Metallmodells (vgl. KUHN, C. **1949.** II. 1173) ergeben, zeigen Vff. die Anwendbarkeit dieses Modells bei der Unters. der Eigg. von Polymethinfarbstoffen. Selbst bei *Äthylen* ergeben sich so angenähert richtige Werte für E. (C. R. hebd. Séances Acad. Sci. **236.** 2507. 29/6. 1953.) KRESZE. D 182

G. W. van Vloten, *Berechnung der optischen Aktivität* (*Berechnung der absoluten Konfiguration von optisch-aktiven Verbindungen*). Die Frage, ob ein bestimmter opt.-akt. Antipode durch ein Modell oder dessen Spiegelbild dargestellt wird, wurde bisher durch eine theoret. Berechnung der einem gegebenen Modell zugehörigen Aktivität beantwortet. Es wird gezeigt, daß diese Frage tatsächlich noch nicht in zuverlässiger Weise beantwortet werden kann. (Chem. Weekbl. **48.** 977—85. 20/12. 1952. Utrecht, Rijksuniv., Labor. voor. Kristalchemie.) WESLY. D 184

E. Höfling, H. Lieb und **W. Schöniger,** *Untersuchungen über das Verhalten keto-enol-tautomerer Substanzen gegenüber Lithiumaluminiumhydrid.* Die Lsgg. folgender Verbb. in Di-n-propyläther wurden untersucht: *Acetessigester, Benzoylessigester, Methyl-, Äthyl-, Propyl-, Butylacetessigester* u. *-benzoylessigester, Acetylbenzoylessigester, Malonsäurediäthylester, Methyl-* u. *Benzylmalonsäurediäthylester, Benzoylacetylmethan* u. *Dibenzoylmethan.* Der bei der Red. von 3–5 mg entstehende H_2 wurde maßanalyt. (vgl. Schöniger, C. **1952.** 1545) bestimmt. Der gleichzeitige Ablauf der Rkk. zwischen der Keto- u. der Enolform einerseits u. $LiAlH_4$ andererseits u. eine stärker enolisierende Wrkg. der entstehenden Endprodd. (Alkoholate) bilden die Hauptursache dafür, daß der nach der $LiAlH_4$-Meth. bestimmte Enolgeh. um etwa eine Zehnerpotenz höher liegt als bei anderen Methoden. (Mh. Chem. **83.** 60–64; S.-B. **österr. Akad. Wiss., Math.-naturwiss. Kl.,** Abt. IIb **161.** 60–64. 1952. Graz, Univ., Med.-chem. Inst. u. Pregl-Labor.) John. D 184

Sadao Hoshino und **Seizo Nagasaki,** *Über die Phasenumwandlung von Pentaerythrit.* Es wird die Phasenumwandlung des Kristalls bei 180° von der tetragonalen in die kub. Form untersucht, die spezif. Wärmen u. die Sublimationswärmen werden in Abhängigkeit von der Temp. gemessen u. daraus Umwandlungswärme (8,4 kcal/Mol) u. -entropie (8,5 R), Schmelzwärme (1,3 kcal/Mol) u. -entropie (1,3 R) sowie Sublimationswärme (22 kcal/Mol) berechnet. Trotz der hohen Umwandlungsenergie reicht diese nicht aus, um alle im Kristall vorhandenen 4 H-Brücken pro Mol. zu sprengen. Vff. nehmen an, daß bei der Umwandlung eine H-Brücke pro Mol. gesprengt wird u. die neue Kristallform einige freie OH-Gruppen enthält wie der fl. Zustand. — Nach Erhitzen des Kristalls über den F. wird beim Abkühlen nicht der alte Zustand erreicht, weil die Substanz teilweise polymerisiert oder glasig wird. (Bull. chem. Soc. Japan **23.** 80–83. Aug. 1950. Tokyo, Inst. of Technol.) W. Kaufmann. D 190

O. Hassel und **K. Lunde,** *„Trans"-1.4-Chlorbromcyclohexan.* Es wurde röntgenograph. das bisher noch nicht bekannte *1.4-Chlorbromcyclohexan* (I) untersucht. Die aus Ligroin oder A. erhaltenen monoklinen nadelförmigen Kristalle haben die Elementarkörperdimensionen a = 11,81 Å, b = 5,52 Å, c = 5,95 Å, β = 103°; sie erwiesen sich als isomorph mit denen von „trans" ($\varkappa, \varkappa$) 1.4-Dibromcyclohexan (F. 112°) u. dem entsprechenden Dijodcyclohexan (F. 142°). Vff. stellten außerdem fest, daß das entsprechende Dichlorcyclohexan mit F. 102° einen Umwandlungspunkt bei 12–13° hat, u. daß die unterhalb dieser Temp. stabile Modifikation eine Kristallstruktur besitzt, die denen der drei genannten 1.4-Dihalogencyclohexane entspricht. Aus den Beobachtungen muß geschlossen werden, daß in I die Cl- u. Br-Atome kristallograph. äquivalent sind. Ein Übergang in eine zweite Form konnte bei I nicht festgestellt werden.

V e r s u c h e: I, $C_6H_{10}ClBr$, F. 102° (A.), $Kp._{0,5}$ 62–64°, aus dem Gemisch der beiden stereoisomeren 4-Chlorcyclohexanole aus Chinit u. 35%ig. HCl bei 100° mit PBr_3 zuerst unter Kühlung, hierauf bei Zimmertemperatur. (Acta chem. scand. **6.** 1126–27. 1952. Oslo, Univ., Kjemiske Inst.) Gottfried. D 195

Marco F. Lorétan, *Optische und strukturelle Eigenschaften der Isomeren des Hexachlorcyclohexans.* Von den isomeren Formen des Hexachlorcyclohexans wurden α- (F. 158°), β- (F. 309°), γ- (F. 112°) u. δ-Form (F. 138°) untersucht, δ bildet zwei Formen, u. zwar eine monokline (s. unten) u. seltener eine hexagonale Form. Die goniometr. Vermessung ergab für α, γ u. δ monoklin-holoedr. u. für β kub. Symmetrie; die hexagonale Form von δ wurde durch Laue-Aufnahmen festgestellt. Die Elementarkörperdimensionen wurden durch Drehkristallaufnahmen wie folgt festgelegt: α: a = 12,9 ± 0,3 Å; b = 12,8 ± 0,3 Å; c = 6,65 ± 0,15 Å; β = 111¼°; Raumgruppe $P\,2_1/c$; Z = 4; β: a = 10,1 ± 0,3 Å; Z = 4; γ: a = 15,2 ± 0,3 Å; b = 10,2 ± 0,1 Å; c = 13,8 ± 0,3 Å; β = 109¼°; Raumgruppe $P\,2_1/c$; Z = 8; δ (monoklin): a = 13,9 ± 0,2 Å; b = 8,7 ± $0,2_5$ Å; c = 17,7 ± 0,3 Å; β = 106½°; Raumgruppe $P\,2_1/a$; Z = 8; δ (hexagonal): a = $14,3_5$ ± 0,1 Å; c = $11,9_5$ ± $0,0_5$ Å; Z = 8. Die opt. Unterss. hatten die folgenden Ergebnisse α: 2 V = + 42°; Ebene der opt. Achsen (0 1 0); Auslöschung auf (0 1 0) n_γ: Z = 41°; γ: 2 V = + 56°; opt. Achsenebene senkrecht zu (0 1 0); n_γ ist Hauptbrechungsindex senkrecht (0 1 0); Auslöschung auf (0 1 0) n_α: Z = −11°; δ (monoklin): 2 V = −78°; opt. Achsenebene senkrecht zu (0 1 0); n_α ist Hauptbrechungsindex senkrecht zu (0 1 0); Auslöschung auf (0 1 0) n_γ: Z = 20°. (Schweiz. mineralog. petrogr. Mitt. **32.** 111–59. 1952. Lausanne.) Gottfried. D 195

Jean Landais, *Überblick über die Struktur des Triphenylmethylbromids. Triphenylmethylbromid* krist. aus CS_2 in Blättchen mit hexagonalem Umriß. Die Elementarzelle hat die Dimensionen a = 13,85 Å; c = 13,42 Å; Z = 6. Aus den Auslöschungen folgt rhomboedr. Symmetrie u. die Raumgruppe C^1_{3i}. Die Struktur wurde in großen Zügen durch Patterson-Synthesen aufgeklärt. Drei Br-Atome haben mit Bezug auf die drei dreizähligen Achsen die Parameter Z_1 = 0,125; Z_2 = 0,235 u. Z_3 = 0,515; die drei

restlichen Br-Atome gehen aus den ersten drei durch das Symmetriezentrum hervor. Die Valenzen, die das zentrale C-Atom (C_c) mit dem Br-Atom einerseits u. mit den aromat. Kernen andererseits verbinden, bilden ein in der Richtung C_c–Br abgeflachtes Tetraeder. Der Abstand C–Br beträgt ca. 2 Å. In dem Kristall sind 2 Moll. gegeneinander um 60° gedreht u. scheinen sich zu Paaren zu assoziieren, was aus dem kurzen Br–Br-Abstand von 3,3 Å geschlossen werden kann. Der bimol. Komplex befindet sich im Gitter in einer speziellen Lage. Das Symmetriezentrum eines Molekülpaares liegt im Ursprung; die der beiden anderen Paare mit ihren Schwerpunkten bei Z = 0,36 u. Z = −0,36. (C. R. hebd. Séances Acad. Sci. **236**. 94—96. 5/1. 1953.)
GOTTFRIED. D 195

A. Raul Poggi und **Giorgio Serchi**, *Untersuchungen über Stereokinetik.* 1. Mitt. *Keton-Oxim-Gleichgewicht.* Die Oximierung von *Cyclopentanon* (**I**) u. *Cyclohexanon* (**II**) u. die Verseifung der Oxime wird bei 0 u. 18° untersucht, wobei die Rkk. volumetr. u. potentiometr. (mit Chinhydron- u. Glaselektrode) verfolgt werden. Der Farbumschlag von Methylorange ist schwer zu erkennen, besser der von Bis-[3-methyl-4-nitropyrazolyl-(5)]-triazol. Besser eignet sich die Potentiometrie mit Glaselektrode, offenbar weil die raschere Ablesung u. die direkte p_H-Best. den Einfl. der Natur des Mediums, katalyt. Wirkungen, sek. Rkk. usw. nicht zur Geltung kommen läßt. Es werden nach einigen Min. sehr konstante Oximgehh. erreicht (in Klammern Verseifungswerte): **I** 0° 83,72% (84,05%) (nach 4,5 Min.); 18° 90,72% (90,40%) (5); **II** 0° 86,12% (79,76%) (5); 18° 79,76% (86,12%) (4,5). In allen Fällen wird asymptot. Reaktionsverlauf u. Gleichgewichtseinstellung erreicht. (Gazz. chim. ital. **80**. 385—411. Juni 1950. Firenze, Univ., Ist. di Chim. organ.)
R. K. MÜLLER. D 221

Amir Rouhi, Judith Blass und **Michel Macheboeuf**, *Löslichmachen von Harnstoff in Petroläther durch Lecithin und Cholesterin.* Es wurde der Einfl. verschied. Fettsäuren, von *Triglyceriden* aus *Cocosfett*, *Lecithin* (**III**) u. *Cholesterin* (**II**) auf die Löslichkeit von *Harnstoff* (**IV**) in PAe. untersucht. Keinerlei Einfl. zeigten *Stearin-*, *Palmitin* (I)-, *Laurin-* u. *Ölsäure*, I-*Äthylester*, die Triglyceride u. **II**. Mit **III** erhält man wohl zunächst klare Lsgg., doch tritt nach kurzer Zeit Ausfällung von **IV** u. **III** ein. Dagegen wurden unbegrenzt haltbare klare Lsgg. von **IV** in PAe. bei gleichzeitigem Zusatz von **III** u. **II** erhalten. (C. R. hebd. Séances Acad. Sci. **236**. 539—41. 2/2. 1953.)
GOTTFRIED. D 224

E. F. G. Herington und **W. Kynaston**, *Die Wirkung des Lösungsmittels auf das Ultraviolettabsorptionsspektrum von aromatischen Kohlenwasserstoffen, insbesondere Beziehung zum Mechanismus des Aussalzens.* 1. Mitt. *Alkoholische Lithiumchloridlösungen.* Zur Unters. des Mechanismus des Aussalzens wurde versucht, aus dem UV-Spektr. Kenntnis über die Umgebung eines Nichtelektrolyten in einer Salzlsg. zu erhalten. Dazu wurden die Spektren von *Bzl.*, *m-Xylol*, *Naphthalin*, *Anthracen* u. *Chrysen* in alkoh. Lsg., alkoh. LiCl-Lsg. u. in Cyclohexanlsg. gemessen u. miteinander verglichen. Weiter wurde die Wrkg. von LiCl auf das Spektr. von *Benzylalkohol* ohne Lösungsm. untersucht. Es wird gezeigt, daß die Änderung der Extinktion mit der Salzwrkg. übereinstimmt, die in Nachbarschaft der Nichtelektrolyte eine Änderung der Alkoholstruktur hervorruft. Die Spektren zeigen auch, daß diese Strukturänderung sich auf einige Entfernung von den Ionen ausdehnt. Dieser Befund stimmt mit den Entropiewerten von Ionen in alkoh. Lsg. überein. Eine ausreichende Theorie über das Aussalzen aus alkoh. Lsgg. muß diesen Strukturfaktor berücksichtigen. (J. chem. Soc. [London] **1952**. 3137—42. Aug. Teddington, Chem. Res. Labor.)
D. BRÜCK. D 224

Robert Gomer, *Die Geschwindigkeitskonstante der Rekombinationsreaktion des Methylradikals.* Durch Bestrahlung von $Hg(CH_3)_2$ mit Licht bestimmter Intensität werden die Folge-Rkk. so geleitet, daß das Verhältnis der Reaktionsprodd. $C_2H_6/CH_4 \approx 25$ ist. Wird dann das entstehende u. der stationären Konz. an CH_3-Radikalen proportionale CH_4 genau bestimmt, so ergibt sich der Wert der Geschwindigkeitskonstanten der Rekombinations-Rk. $2CH_3 \rightarrow C_2H_6$ bei 175° aus der experimentell erhaltenen Kurve von $CH_4/\overline{CH_4}$ gegen log Δt_1 zu $7\cdot10^{13}$ (Mol sec/cm³)$^{-1}$. Hierbei bedeuten $CH_4/\overline{CH_4}$ das Verhältnis von gebildetem CH_4 bei (durch rotierenden Sektor) unterbrochener bzw. stetiger Lichteinstrahlung u. Δt_1 die Dauer eines Leuchtintervalles bei rotierendem Sektor. Berechnete u. experimentelle Kurve überdecken sich, wenn (bei einer C_2H_6-Bldg. von $3{,}6\cdot10^{-11}$ Mol/cm³ sec) die mittlere Lebensdauer der CH_3-Radikale zu 10^{-2} sec angenommen wird. (J. chem. Physics **18**. 998. Juli 1950. Cambridge, Mass., Harvard Univ., Gibbs Chem. Labor.)
GÜNTHER WOLFF. D 225

R. A. Marcus und **O. K. Rice**, *Die Kinetik der Rekombination von Methylradikalen und Jodatomen.* (Vgl. C. **1950**. II. 276.) Es wurde theoret. die Abhängigkeit 1. des ster. Faktors u. 2. der Rekombinationsgeschwindigkeit vom Druck bei Rkk. mit freien

Radikalen untersucht; ausgewertet wurden Verss. an der therm. Zers. von *Methyljodid* (I) zu CH_3-Radikalen u. J-Atomen u. deren Rekombination zu I. Zur Erklärung der Rk. wurden mehrere mögliche Formen des aktivierten Komplexes angenommen; die Vereinigung von CH_3-Radikalen mit J-Atomen soll danach über einen Zwischenzustand verlaufen, der aus einer Verb. eines CH_3-Radikals u. eines J-Atoms mit viel überschüssiger Schwingungsenergie besteht. Mehrere Arten des aktivierten Komplexes (starr oder locker gebunden) wurden berücksichtigt u. für alle eine Rk. 1. Ordnung gefunden. Allg. zeigte es sich, daß der ster. Faktor der Rekombinations-Rk. $CH_3 + J \rightarrow I$ nicht unabhängig vom Druck ist u. wesentlich davon abhängt, was für eine Form eines aktivierten Komplexes angenommen wird. (J. physic. Colloid Chem. **55.** 894—908. Juni 1951. Chapel Hill, N. C., Univ., Dep. of Chem.) Zimmer. D 225

W. von E. Doering und **Richard W. Young,** *Partielle asymmetrische Meerwein-Ponndorf-Verley-Reduktionen.* Vff. haben in 2 Fällen bei der in möglichst kurzer Zeit durchgeführten Red. von Ketonen mit einem großen Überschuß von opt.-akt. Carbinolen partiell asymm. Redd. festgestellt. Die 8std. Red. von 5 g *6-Methylheptanon-(2)* mit 30 g (+)-*Butanol-(2)* (I; $[\alpha]_D^{26}$ +12,6°) u. 5 g rac. Al-Butylat-(2) bei 36° gab (+)-*6-Methylheptanol-(2)*, $[\alpha]_D^{23}$ +0,56° (*Hydrogenphthalat*, $[\alpha]_D^{26}$ +2,8°), entsprechend 5,9% ig. asymm. Red., u. I mit $[\alpha]_D^{25}$ +10,3°; 17% Racemisation. Ebenso wurde *Methylcyclohexylketon* mit (+)-*3-Methylbutanol-(2)* (II; $[\alpha]_D^{30}$ +4,94°) u. rac. Al-3-Methylbutylat-(2) zu (+)-*Methylcyclohexylcarbinol*, $[\alpha]_D^{32}$ +1,03° (*Hydrogenphthalat*, $[\alpha]_D^{31}$ +12,1°), entsprechend 21,8% asymm. Red., red., wobei II mit $[\alpha]_D^{30}$ +1,80° (63% Racemisation) zurückgewonnen wurde. — Der Mechanismus der Rk. wird diskutiert. (J. Amer. chem. Soc. **72.** 631. Jan. 1950. New York, N. Y., Columbia Univ., Dep. of Chem.)

Nitzschke. D 225

D. Klamann, *Über die Reaktionsweise von Estern mit Pyridinhydrohalogeniden.* Sulfonsäureester aliphat. Alkohole reagieren in der Wärme mit geschmolzenen, H_2O-freien Pyridinhydrohalogeniden bei 200° oder beim Kp. oder deren wss. Lsgg. unter Bldg. von Alkylhalogenid u. Sulfonsäure bzw. deren Pyridiniumsalz. Die Reaktionsgeschwindigkeit in wss. Phase nimmt von Pyridinhydrochlorid zu -hydrojodid zu. N-Äthyl- u. N-Benzylpyridiniumbromid liefert unter vergleichbaren Bedingungen mit p-Toluolsulfonsäure kein Alkylhalogenid, so daß hier der Austausch des Säurerestes RCOO gegen das Halogen als sicher gelten kann. Carbonsäureester aliphat. Alkohole reagieren analog unter Bldg. von Säure u. Alkylhalogenid. Wegen der Zweiphasigkeit des Reaktionsgemischs ist erhöhte Temp. u. verlängerte Reaktionszeit erforderlich. Ein Unterschied zwischen dem Verh. von Estern aliphat. u. aromat. Säuren konnte nicht beobachtet werden. Bei Verwendung von Estern sek. Alkohole oder von Cycloalkoholen treten in einer Neben-Rk. die entsprechenden ungesätt. Verbb. auf; bei dem Ester des Benzylalkohols muß wegen der möglichen Benzylpyridiniumchloridbldg. das entstehende Benzylchlorid laufend aus der Reaktionslsg. abgezogen werden. Gleiches Verh. wie die Carbon- u. Sulfonsäureester aliphat. Alkohole zeigen auch die der Phenole, reagieren jedoch mit Pyridiniumhydrochlorid in geschmolzenem Zustand unter Bldg. von Oxyketonen bzw. Oxysulfonen. Die Spaltung tritt hier also nicht zwischen Phenylrest u. dem phenol. O-Atom, sondern zwischen letzterem u. der Acylgruppe ein. Als Neben-Rk. dieser Friesschen Verschiebung erfolgt je nach anwesender H_2O-Menge Verseifung. Unterschiedlich zu letzterer Rk. reagieren aber die Carbonsäure- bzw. Sulfonsäureester von 2.4-Dinitrophenol mit Pyridiniumhalogenid n. unter Bldg. des 2.4-Dinitrohalogenbenzols u. der Säure, bei Ggw. von W. tritt hier vollständige Verseifung ein. — Die Unterss. zeigen, daß kein Unterschied besteht in dem Verh. von aliphat. Estern von Carbon- u. Sulfonsäuren bei der Rk. mit Pyridinhydrohalogeniden, jedoch reagieren die Ester von Phenolen andersartig. Infolge ihrer Reaktionsweise sind die Sulfosäureester von Phenolen als Arylierungsmittel ungeeignet. — Im einzelnen wurden umgesetzt: *Äthyl-, n-Butyl-* u. *n-Octyl-p-toluolsulfonat, n-Butylacetat* u. *-butyrat, Äthyl-* u. *Benzylbenzoat, Diäthyl-, Di-n-butyl-* u. *Dicyclohexylphthalat.* — Phenylacetat gab bei 240—260° mit Pyridin–HCl (I) *o-Oxyacetophenon* ($Kp._{11}$ 95—96°; n_D^{20} 1,5565; *Phenylhydrazon*, F. 106—107°; *Semicarbazon*, F. 210°), Phenyl-p-toluolsulfonat analog neben 50,8% Ausgangsmaterial *o-Oxyphenyl-p-tolylsulfon*, F. 140° (W.). — Aus 2.4-Dinitrophenyl-p-toluolsulfonat (**II**) u. I entstand bei 170° (Bad) 57,1% *2.4-Dinitrochlorbenzol* (**IV**; F. 53°), u. 37,6% *2.4-Dinitrophenol* (**III**; F. 113,5°), aus **II** u. Pyridinhydrobromid 6% *2.4-Dinitrobrombenzol* (F. 71—72°) u. 32% **III**, daneben viel Harz. Analog gab 2.4-Dinitrophenylacetat mit **I** (7 Std./180°) 11,9% **IV** u. 32,2% **III**. — *Pyridinhydrochlorid* (I), F. 146,5°, nach Aurich (J. Amer. chem. Soc. **58.** [1937.] 428) u. wiederholte Vakuumsublimation. (Mh. Chem. **83.** 1398—1408; S.-B. österr. Akad. Wiss., math.-naturwiss. Kl., Abt. IIb **161.** 1398—1408. 1952. Wien, TH, Inst. für Organ.-chem. Technol.) Lehwald. D 225

O. L. Brady und **J. Jakobovits,** *Der Einfluß der Veränderung des Kations bei einigen organischen Reaktionen, die im alkalischen Medium ablaufen.* Nach einem Überblick über bisherige Unterss., welchen Einfl. die Art des Kations auf Verlauf u. Geschwindigkeit von Rkk. im alkal. Medium besitzt, berichten Vff. über Verss., bei denen das Verhältnis von O- u. N-Prod. bei Methylierungen von Lactam–Lactim-Tautomeren (a), das o–p-Verhältnis bei der REIMER-TIEMANN-Rk. (b), sowie die Geschwindigkeit der Esterhydrolyse (c) in Abhängigkeit vom verwandten Alkali untersucht wurden. Ergebnisse: a) Methylierung von *1-Oxybenztriazol* mit $(CH_3)_2SO_4$ in 2n-Alkali, O/N-Verhältnis bei Verwendung von LiOH 1,12; NaOH 0,97; KOH 1,02; RbOH 1,17; CsOH 1,26 u. $(C_2H_5)N(CH_3)_3OH$ (I-OH) 1,53; Methylierung von *2-Oxylepidin* mit CH_3J in Ggw. von Alkalimethylat, O/N bei Verwendung von $NaOCH_3$ 4,5; von $KOCH_3$ 10,8; in Ggw. von I-OCH_3 entstand nur das N-Methylderivat. In beiden Versuchsreihen wurden OCH_3- bzw. NCH_3-Gruppen nach ZEISEL bzw. nach HERZ-MEYER bestimmt. — b) Bei der REIMER-TIEMANN-Synth. wurden die gebildeten Aldehyde über die Dinitrophenylhydrazone getrennt, Verhältnis o- zu p-Verb. bei Anwendung von 15n-Alkali bei NaOH 2,08, KOH 1,24, CsOH 0,98, I-OH 0,52. In 2n-Alkali waren Differenzen nicht bemerkbar. — c) Kinet. verfolgt wurden die Hydrolyse von $(CH_3)_2SO_4$ in 50 Vol.-%ig. Methanol bei 0°, wobei keine Unterschiede zwischen den verschied. Basen bemerkbar waren; von $(C_2H_5)_2SO_4$ in 90%ig. Methanol bei 0°, $k_2 \cdot 10^5$ bei NaOH 7,5, bei KOH 9,5, bei I-OH 16,9 sec^{-1}; von *Methansulfonsäuremethylester* in 1n-NaOH ($5,5 \cdot 10^{-4}$) bzw. I-OH ($9,4 \cdot 10^{-4}$) bei 25°, sowie von *Alkali-(+)-sek.-Octylphthalat* (in W. [NaOH] $6,2 \cdot 10^{-6}$, [I-OH] $6,95 \cdot 10^{-6}$), *-sek.-Butylphthalat* (in W. $1,8 \cdot 10^{-4}$, $1,8 \cdot 10^{-4}$; in 90%ig. Methanol $1,4 \cdot 10^{-5}$, $0,092 \cdot 10^{-5}$, KOH $1,1 \cdot 10^{-5}$); *-Methylphthalat* bei 25° (in W. $4,33 \cdot 10^{-3}$, $3,5 \cdot 10^{-3}$, bei 0° $5,0 \cdot 10^{-4}$,—, in 90%ig. Methanol $1,25 \cdot 10^{-4}$, $0,14 \cdot 10^{-4}$) sowie von *Äthylacetat* bei 0° in 90%ig. Methanol ($1,66 \cdot 10^{-4}$, $1,17 \cdot 10^{-4}$, KOH $1,66 \cdot 10^{-4}$). In allen Fällen wurde in ~1n-Alkali gearbeitet u. als Kation des Salzes das der Base angewandt. Vff. deuten ihre Ergebnisse in allen drei Versuchsreihen durch die Annahme der Beteiligung von Lösungsmittelkomplexen im geschwindigkeits- u. richtungsbestimmenden Schritt der Rkk.; diese Komplexbldg. wirkt zum Teil als ster. Hinderung einer Reaktionsrichtung, zum Teil verändert sie die polare Struktur des Übergangszustandes. Da die Fähigkeit zur Solvatation in der Folge $Na^+ > K^+ > I^+$ sinkt, ist die in allen Fällen beobachtete Reihenfolge bei plausiblen Annahmen über den Mechanismus der Rk. gut deutbar, ebenso werden auch frühere Ergebnisse, bes. bei der WALDENschen Umkehrung, erklärlich. (J. chem. Soc. [London] **1950.** 767—77. März. London, Univ. Coll., Sir William Ramsay and Ralph Forster Labors.) KRESZE. D 225

M. Szwarc, *Die Häufigkeitsfaktoren von monomolekularen Dissoziationsprozessen.* Es werden die Häufigkeitsfaktoren ν u. die Aktivierungsenergien (Werte in kcal/Mol in ( ) von nachst. monomol. Dissoziations-Rkk., bei denen eine Bindung im Mol. gesprengt wird, angegeben; die ν haben bei allen Rkk. einen Wert von ~10^{13} bis 10^{14} sec^{-1}: $C_6H_5CH_3 \rightarrow C_6H_5CH_2 + H$ (76,5); *o-*, *m-* u. *p-*$(CH_3)_2C_6H_4 \rightarrow$ o-, m-, p-$CH_3C_6H_4CH_2 + H$ (75, 77,5, 76); $C_6H_5CH_2Br \rightarrow C_6H_5CH_2 + Br$ (50,5); $C_6H_5CH_2CH_3 \rightarrow C_6H_5CH_2 + CH_3$ (63); $C_6H_5CH_2NH_2 \rightarrow C_6H_5CH_2 + NH_2$ (59); $C_6H_5CH_2COCH_3 \rightarrow C_6H_5CH_2 + COCH_3$ (63); $N_2H_4 \rightarrow 2NH_2$ (60); $CH_3COCOCH_3 \rightarrow 2CH_3CO$ (60); $(CH_3)_3CCOCOC(CH_3)_3 \rightarrow 2(CH_3)_3CCO$ (34); $CH_2{=}CHCH_2Br \rightarrow CH_2{=}CHCH_2 + Br$ (47,5); $(C_6H_5)_3CC(C_6H_5)_3 \rightarrow 2(C_6H_5)_3C$ (11); $(C_6H_5CO)OO(COC_6H_5) \rightarrow 2C_6H_5COO$ (27—33); $(CH_3CO)OO(COCH_3) \rightarrow 2CH_3COO$ (31); $C_2H_5OOC_2H_5 \rightarrow 2C_2H_5O$ (31). Die Bedeutung der ν in der Absolut-Reaktionsgeschwindigkeits-Theorie wird diskutiert. (J. physic. Colloid Chem. **55.** 939—49. Juni 1951. Manchester, Univ., Chem. Dep.) ZIMMER. D 225

Jean Vène, Jean Tirouflet und **Robert Carrié,** *Aktivierungsenergie und Häufigkeitsfaktor der alkalischen Hydrolyse von Phthaliden.* (Vgl. VÈNE u. TIROUFLET, C. **1952.** 4923.) Vff. untersuchten den Einfl. von Art u. Stellung von Substituenten im Benzolring auf die Geschwindigkeit der alkal. Hydrolyse von Phthaliden (Ph), die titrimetr. verfolgt wurde. In 20%ig. wss. A. wurden bei 15, 25, 35 u. 45° u. der Konz. von 1/500 mol Alkali u. Ph untersucht [in ( ) Aktivierungsenergie E in cal/Mol u. Stoßzahlfaktor log PZ]: *Phthalid* (I) (13210 ± 250; 8,88 ± 0,19), *5-* (14900 ± 510; 8,67 ± 0,08), *6-* (13460 ± 450; 8,82 ± 0,22) u. *7-Amino-* (13860 ± 100; 8,06 ± 0,16), *4-* (12820 ± 90; 8,80 ± 0,17), *5-* (13130 ± 250; 8,15 ± 0,25) u. *6-Methoxy-* (13390 ± 300; 9,05 ± 0,25), *6.7-Dimethoxy-* (13100 ± 200; 8,63 ± 0,30), *5-* (13610 ± 290; 9,57 ± 0,24), *6-* (12840 ± 430; 9,21 ± 0,34) u. *7-Chlor-* (12520 ± 530; 8,98 ± 0,30) sowie *5-* (13640 ± 510; 9,65 ± 0,42), *6-* (12940 ± 260; 9,36 ± 0,21) u. *7-Bromphthalid* (12550 ± 270; 9,01 ± 0,29). Die Ergebnisse bei I sind in guter Übereinstimmung mit denen von HEGAN u. WOLFENDEN (J. chem. Soc. [London] **1939.** 508). Für *4-Amino-*, *4-Chlor-* u. *4-Bromphthalid* ergab log [Reaktionsgeschwindigkeitskonstante] gegen 1/T keine Gerade, so daß E u. PZ nicht berechnet wurden. Im Vgl. mit der Hydrolyse der entsprechenden Benzoesäureester fällt auf, daß sich bei diesen log PZ innerhalb enger Grenzen 9,69—9,76 bewegt, bei den Ph aber zwischen 8,15 u. 9,65 schwankt. Ferner ist der Orthoeffekt von Halogenen in Ph (Halogen in 7-Stellung) erheblich geringer als bei den o-Halogenbenzoesäureestern. (C. R. hebd. Séances Acad. Sci. **234.** 2074—76. 19/5. 1952.) GNAUCK. D 225

Arne Dyfverman und **Bengt Lindberg,** *Die alkalische Hydrolyse von Phenyl-β-glucosiden.* Vff. untersuchten die Kinetik der alkal. Hydrolyse folgender *β-Glucoside* bei 100°: *p-Methoxyphenyl-, p-Kresyl-, m-Kresyl-, Phenyl-, p-Chlorphenyl-, p-Acetophenyl-* u. *p-Nitrophenyl-β-glucosid* (**I**) Die Rk. ist 2. Ordnung. Die Rkk. wurden polarimetr. verfolgt, die Umsetzungen von **I** wegen seiner Alkaliempfindlichkeit photoelektrisch. Die Gültigkeit der HAMMETTschen Beziehung für Rkk. in der Seitenkette von m- oder p-substituierten Benzolderivv. wurde bestätigt, die Reaktionskonstante ϱ betrug $+2{,}5$. Die pseudomonomol. Hydrolysengeschwindigkeitskonstante k bei ca. 10fachem Alkaliüberschuß betrug für die unsubstituierte Verb.: $k = 9{,}7 \cdot 10^{-4}$. Nach MCCLOSKEY u. COLEMAN (C. **1946.** I. 479) verläuft die Hydrolyse über die hypothet. *1.2-Anhydro-α-glucose* (**II**) zu *Lävoglucosan* (**III**). Die bei vollständiger Bldg. von **III** zu erwartende Drehung wurde nicht erreicht. Bei Annahme von opt.-inakt. Prodd. aus Glucose als Nebenprodd. berechnet sichdie Ausbeute an **III** zu 80—90%. Die Neben-Rk. scheint die Kinetik nicht merklich zu beeinflussen. Falls **II** die Zwischenstufe der Rk. ist, muß dessen Bldg. der geschwindigkeitsbestimmende Schritt sein, die Umwandlung in **III** müßte dann schnell erfolgen. Die Ergebnisse können nur mit diesen Annahmen in Einklang gebracht werden. Die Theorie von MCCLOSKEY u. COLEMAN wurde von Vff. dadurch weiter bestätigt, daß sie aus *1.2-Anhydro-α-glucosetriacetat* (**IV**) durch Behandlung mit 1,25 n KOH *Lävoglucosantriacetat* erhielten.

Versuche: Die Glucoside wurden als Tetraacetate dargestellt u. mit K-Äthylat in A. katalyt. nach BONNER u. KOEHLER (C. **1949.** I. 202) desacetyliert. — *m-Kresyl-β-glucosid,* F. 174—175°, *Tetraacetat,* F. 109—111°. — *p-Chlorphenyl-β-glucosid,* $C_{12}H_{15}O_6Cl$, F. 173—174° aus A., durch Desacetylieren seines Tetraacetats in 100%ig. Ausbeute. *Tetraacetat,* $C_{20}H_{23}O_{10}Cl$, F. 123—124° (unkorr.) aus A., aus β-Glucosepentaacetat u. p-Chlorphenol mit p-Toluolsulfonsäure als Katalysator nach HELFERICH u. SCHMITZ-HILLEBRECHT, Ber. **66.** [1933.] 378, (65%), $[\alpha]^{20}_D = -20{,}0°$ (c = 2, Chlf.). — *Lävoglucosantriacetat,* F. 107,5—108,5°, aus **IV** in Dioxan u. 1,87 n KOH, Stehenlassen, Neutralisieren mit 2n-H_2SO_4, Trocknen im Vakuum, Behandeln mit Acetanhydrid u. wasserfreiem Na-Acetat, 2std. Erhitzen auf dem Dampfbad u. Gießen in Eis u. W. (20%). (Acta chem. scand. **4.** 878—84. 1950. Stockholm, Kgl. TH, Organ.-chem. Inst.) GNAUCK. D 225

Robert B. Scott jr. und **John B. Gayle,** *Mechanismus von Umlagerungen des Retropinakolintyps.* Die Vorstellung, daß Carboniumionen in gespannten Systemen spontan der Retropinokolinumlagerung in weniger gespannte Moll. unterliegen, vermag nicht die vielen beobachteten Anomalien (größere Ausbeute an Umlagerungs-Prodd. bei Carbinolen als bei den entsprechenden Olefinen, Einfl. der Natur des Reagens) zu erklären. Vff. schlagen daher einen modifizierten Mechanismus vor: Unter Einw. von HX bildet sich aus dem Carbinol ein Gleichgewichtsgemisch aus dem Oxoniumion (**A**) u. dem daraus durch Wasserabspaltung hervorgehenden Carboniumion (**B**). Bei den umlagerungsfähigen Systemen ist n. S_N 2-Rk. von **A** mit der Base X gehindert, statt dessen findet ausschließlich Angriff von X auf das β-C-Atom statt, unter Verdrängung eines Alkylanions, s. nebenst. Gleichung. **B** entsteht auch aus dem Olefin, bei ihm kann sowohl n. „Neutralisation" durch X unter Bldg. des umgelagerten Prod. als auch analoge Rk. wie bei **A** erfolgen. — Ist die Basen-Rk. mit dem β-(meist Neo)-C-Atom gehindert — ster. durch große Substituenten oder elektrostat. durch elektronegative Gruppen — so bleibt die Umlagerung aus. Vff. erklären so die — bisher anomal erscheinenden — Rkk. ohne Umlagerung von *Pentaglykol, 10-Oxyfenchon, 3-Oxymethylcamphan, 8-Oxycamphan, Tricyclol, 2.10-Dichlor-* u. *-Dibromcampher, Pentaerythrit, Pentaglycerin* u. *γ-Piperidinoneopentylalkohol.* (J. org. Chemistry **18.** 740—44. Juni 1953. Univ. of Alabama, Dep. of Chem.) KRESZE. D 225

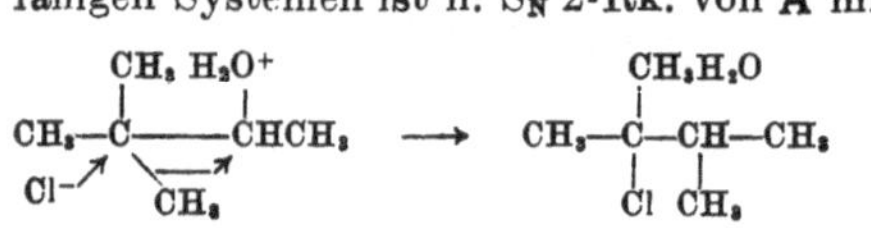

Georges Darzens und **Maxence Meyer,** *Deutung der Waldenschen Umkehrung bei Reaktionen von α-Glykolen, Epoxyden und Halogenhydrinen.* Vff. deuten die früher festgestellten WALDENschen Umkehrungen bei Rkk. von Cyclohexanepoxyd u. analogen Verbb. mit Halogenwasserstoffen oder W. u. bei HX-Abspaltungen oder Rkk. mit AgOH von Cyclohexylhalogenhydrinen durch intermediäre Bldg. von Oxoniumverbb. des Epoxyds oder von Analogen (vgl. DARZENS, C. **1951.** II. 508). Das Oxoniumion soll sehr reaktionsfähig sein, die H-Atome in ihm sind nur locker gebunden, eines dieser

Atome wird durch X substituierend ausgetauscht unter Bldg. einer isomeren Oxoniumverb. (vgl. nachst. Schema). Man erhält so bei der Aufspaltung eines cis-Epoxyds das X in der trans-Stellung zum OH. Auch die anderen erwähnten Rkk. sollen ähnlich verlaufen (z. B. Addition von AgOH an die Hydroxylgruppe eines Halogenhydrins, Abspaltung von AgX

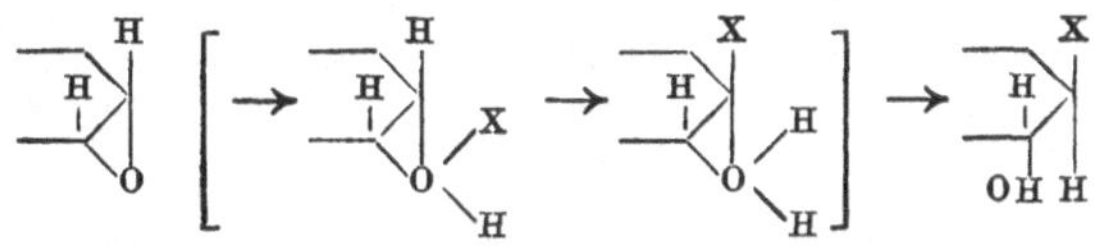

unter Bldg. einer Oxoniumverb., bei der Umlagerung zum Keton stattfindet). (C. R. hebd. Séances Acad. Sci. **231.** 623—24. 25/9. 1950.) DU MONT. D 225

Eugenio Mariani, *Kinetik der Inversion des Rohrzuckers mittels Ionenaustauschharzen.* 2. Mitt. (1. vgl. Ann. Chimica **39.** [1949.] 283.) Die Geschwindigkeitskonstante k der Zuckerinversion wird bei 25, 35 u. 45° unter Wrkg. verschied. Korngrößefraktionen von Ionenaustauscherharz (**I**) bestimmt. Der Unterschied der k-Werte ist nicht so groß, wie die Verschiedenheit der Oberfläche der einzelnen Fraktionen erwarten ließe. Die Abweichung von der linearen Oberflächenabhängigkeit deutet darauf hin, daß sich auf der Oberfläche eine kondensierte Schicht konstanter Dicke bildet, durch die die reagierenden Moll. diffundieren. Der Vgl. der freien Energie, der Enthalpie u. der Entropie mit der HCl-Katalyse führt zu dem Schluß, daß der Übergangszustand mit einem ziemlichen hohen Verlust der Zuckermoll. an freier Entropie gebildet wird, daß also bei der Bldg. des akt. Komplexes (**II**) eine wesentliche Umverteilung der Energie zwischen den verschied. Freiheitsgraden erfolgt u. die Wahrscheinlichkeit der **II**-Bldg. relativ klein ist. Verss. mit Zusatz von K-beladenem **I** bei 30—50° führen zu der Gleichung $\ln k = 27057 - (11744/T)$, K^+-**I** ist also von geringerer katalyt. Wirksamkeit als HCl oder „saures" **I.** Bei Zusatz neutraler Salze (KCl) gelten die Gesetze des kinet. Salzeffekts. Mit ein- u. derselben Probe **I** kann die Zuckerinversion, wenn **I** zwischen den einzelnen Verss. mit dest. W. ausgewaschen u. wieder getrocknet wird, mehrfach mit gleicher k durchgeführt werden, was sich vielleicht durch die Bldg. des **II** erklären läßt, wenn dieser als eine Schicht orientierter Zuckermoll. aufgefaßt wird, die auf der Oberfläche des **I** durch die vorhandenen elektr. Dipole entsteht. (Ann. Chimica **40.** 500—11. Aug./Okt. 1950. Roma, Fac. d'Ingegn., Ist. di Chim. appl.) R. K. MÜLLER. D 225

H. N. Mortlock und **D. W. G. Style,** *Reaktion zwischen Diäthylperoxyd und Stickoxyd.* Vff. wollen die Radikale fassen, welche wahrscheinlich bei der Photolyse von *Diäthylperoxyd* (**I**) entstehen. Sie mischten **I** in Dampfform mit überschüssigem *NO* u. ließen auf das Gemisch unter Wasserkühlung die Strahlung eines Hg-Lichtbogens einwirken. In der stark gekühlten Vorlage wurden große Mengen *Äthylnitrit* (**II**) gefunden. Bei einem Vers. ohne Einw. von Lichtenergie war die gebildete **II**-Menge sogar noch größer. Spektrometr. Unterss. nach 20std. Stehen im Dunklen zeigten, daß die Hauptmenge des **I** in **II** übergegangen war. Die Inhibitorwrkg. von *NO* auf die therm. Zers. von **I** nach MORYA (Rev. Phys. Chem. Japan, **1946.** 143) ist daher kein Beweis für einen Mechanismus mit freien Radikalen. (Nature [London] **170.** 706. 25/10. 1952. London, King's Coll.) R. MATTNER. D 226

Károly Garay und **Ferenc Guba,** *Die Einwirkung von Ultraschall, Ultraviolett- und Röntgenstrahlen auf Adenosintriphosphat (ATP).* Vff. untersuchen die Einw. von UV, Ultraschall u. Röntgenstrahlen auf die wss. Lsg. von *Adenosintriphosphat* (ATP). Bestrahlung ruft in jedem Fall Erhöhung der enzymat. Spaltungsgeschwindigkeit durch Myosin B hervor, festgestellt an Hand von Diagrammen bzgl. der zeitlichen Änderung der Viscosität u. des Geh. an freier Phosphorsäure. Aus Absorptionskurven bei 260 mμ geht hervor, daß die Extinktion gegenüber unbestrahltem ATP erniedrigt wird. ATP-Lsgg., hergestellt mit auf vorst. Arten bestrahltem W., zeigen bei diesen Unterss. diametral entgegengesetzte Ergebnisse. Vff. schließen daraus, daß die Änderungen des Verh. des ATP nicht auf eventuelle Veränderungen des Lösungsm. bei der Bestrahlung zurückzuführen sind, sondern wahrscheinlich auf einer Änderung der Struktur des ATP beruhen. (Agrokémia és Talajtan [Agrochem. u. Bodenkunde] **1.** 1—10. Nov. 1951. Budapest, Agrokém. Kutato Int., Biokém. oszt.) v. PILINSZKY. D 226

Jerzy Tułecki, *Die Photochemie in praktischer Anwendung.* Nach Darst. der Grundlagen photochem. Rkk. werden als Beispiele der prakt. Anwendung beschrieben: Oxydation von α-Terpinen zu Ascaridol; Vitamin D_2-Synth. aus Ergosterin über Lumisterin (photochem.) u. Tachysterin; Oxydation von β-Pinen. (Farmacja polska **8.** 450—53. Dez. 1952. Danzig [Gdańsk], Akad. med.) R. K. MÜLLER. D 226

L. Ch. Freidlin, L. F. Wereschtschagin und **I. U. Numanow,** *Der Einfluß des Pressens auf die Eigenschaften fester Katalysatoren.* Beim Vgl. verschied. Katalysatoren, die meist durch Fällen erhalten wurden, in ungepreßtem u. gepreßtem Zustand sind im

allg. keine wesentlichen Unterschiede in Selektivität u. Leistung zu beobachten, Änderungen der Aktivierungsenergie in keinem Falle. Mit 2% $CuCl_2$ aktiviertes Silicagel (I) wird in systemat. Verss. bei 400—550° nach Pressen mit Drucken bis 20000 at bei der Dampfphasenhydrolyse von Chlorbenzol untersucht. Dabei wird bis 500° ein deutliches Maximum der Leistung für die bei 5000 at gepreßte Probe festgestellt. Die spezif. Oberfläche nimmt durch das Pressen bei feinporigem **I** um 57, bei grobporigem um 26% ab. Bei ZnO, TiO_2, **I** u. $Ca_3(PO_4)_2$ ist die Leistung nach dem Pressen geringer, als der Verdichtung entspricht, es wird also offenbar ein Teil der akt. Zentren durch das Pressen zerstört. Nur bei ThO_2 wird stärkere Zunahme der Leistung (bei Zers. von A.) gefunden, die aber vielleicht nur durch anderen Reaktionsverlauf vorgetäuscht wird. Anscheinend kommt jedem Katalysator für eine bestimmte Rk. eine optimale Kompressionsgrenze zu. Die Erhöhung der Stabilität durch das Pressen ist bei Mischkatalysatoren am stärksten ausgeprägt. (Доклады Академии Наук СССР [Ber. Akad. Wiss. UdSSR] [N. S.] **88.** 1011—14. 21/2. 1953. Inst. für organ. Chemie der Akad. der Wiss. der UdSSR.)
R. K. Müller. D 227

A. W. Toptschijew und **N. F. Bogomolowa,** *Katalytische Eigenschaften von Siliciumtetrafluorid. Anlagerung von Methylalkohol an Olefine. SiF_4* (I) bildet mit Alkoholen (C_1—C_5) Komplexverbb. mit I : ROH = 1:4, deren therm. Zers. bei Methylalkohol (II) zum Äther, bei den höheren Alkoholen zum Olefin führt. Nur der Komplex **I—II** reagiert bei 2—4std. Durchmischen mit Isoamylenen (**III**) unter Bldg. einer Fraktion Kp. 80—85°, n_D^{20} 1,3920, $D.^{20}_4$ 0,7671 von äther. Geruch, die ein Gemisch von *Methyl-tert.-amyläther* (Kp. 86—87°) u. vielleicht *Methyl-isopropylcarbinyl-methyläther* (Kp. 81,5°) ist. 30—40% des **III**-Gemischs treten in Rk., vermutlich die KW-stoffe mit Doppelbindung am tert. C-Atom. Bei 0° verläuft die Rk. langsamer, bei —20° u. darunter nicht mehr, bei Zimmertemp. u. 50—3000 atü ohne Durchmischung nur spurenweise. Bei Durchleiten von **I—II** u. **III** durch ein Rohr mit Glaswatte bei 50—300° entsteht Dimethyläther u. SiO_2 ohne Veränderung der **III**, die bei höheren Tempp. u. Drucken polymerisieren. Bei 2—3std. Schütteln des **I—II**-Komplexes mit Isobutylen (1—1,3:1) tritt dieses zu 70—80% in Rk. unter Bldg. von *Methyl-tert.-butyläther*, Kp. 54—55°, n_D^{20} 1,3755. (Доклады Академии Наук СССР [Ber. Akad. Wiss. UdSSR) [N. S.] **88.** 487—89. 21/1. 1953.)
R. K. Müller. D 227

Giuseppe Travagli, *Über die katalytischen Wirkungen der Mercurisalze. Untersuchungen über Hydrolyse einiger Sulfonsäurederivate.* Der katalyt. Einfl. von Hg(II)-Salzen, dessen Bedeutung bei verschied. organ. Rkk. in einer ausführlichen Einleitung (mit bes. Berücksichtigung der Abhängigkeit dieser Katalyse von der verwendeten Säure bei der Nitril-Hydratation) besprochen wird, ist für den Ersatz von Sulfongruppen durch H_2 auf hydrolyt. Wege bisher nur bei einem Beispiel, der *α-Anthrachinonsulfonsäure* (I) bekannt u. wird nun weiter untersucht. Die Katalyse an **I** wird durch Kochen mit 60%ig. H_2SO_4 mit oder ohne Zusatz von $HgSO_4$ bestätigt: quantitative bzw. 10%ige Umwandlung. Unter gleichen Bedingungen läßt sich an den Sulfonsäuren von *Bzl., Toluol, Naphthalin* u. *Anthracen* sowie *Phenol* u. *Anilin* kein derartiger Einfl. beobachten, u. die Hydrolyse von *Acetonmonosulfonsäure*, an der ein möglicher Einfl. von CO-Gruppen untersucht werden könnte, gibt mit u. ohne Katalysator gleich wenig Aceton. Dagegen ist bei *Alizarin-3-sulfonsäure* die katalyt. Wrkg. deutlich: $HgSO_4$ bewirkt Umsetzung in theoret. Menge (gegenüber 15% ohne $HgSO_4$). Ferner gibt *NH_4-o-Naphthochinon-4-sulfonat* in Abwesenheit von Hg-Salz nur $^2/_3$ der Ausbeute an o-Naphthochinon von der des Ansatzes mit Katalysator. — Bei **I** verläuft die katalyt. Hydrolyse in $HClO_4$-Lsg. mit annähernd gleicher Geschwindigkeit wie in H_2SO_4-Lsg., analog den Beobachtungen bei der Hydratation von C_2H_2 u. von Nitrilen. (Gazz. chim. ital. **81.** 668—72. Juli 1951. Ferrara, Univ., Istit. di Chimica gen. inorgan. ed organ.)
v. Dechend. D 227

D_2. Präparative organische Chemie. Naturstoffe.

Franz Drahowzal, Dieter Klamann und **Franz Haas,** *Zur Kenntnis der Friedel-Crafts-Reaktion.* Vff. untersuchten Friedel-Crafts-Rkk. mit Estern der p-Toluolsulfonsäure (I) Diese sind, sofern es sich um Ester aliphat. Alkohole handelt, gute Alkylierungsmittel (vgl. Mh. Chem. **83.** [1952.] 870). Die besten Ausbeuten an Alkylbenzol wurden mit etwa äquimol. Mengen von $AlCl_3$ u. Ester erhalten. Für den Mechanismus der Rk. nehmen Vff. eine Zwischenstufe an, die kein an C gebundenes Chlor enthält, denn nach sehr kurzer Reaktionszeit ist der Ester völlig verbraucht, aber kein Alkylchlorid nachweisbar, u. die Ausbeuten an Alkylbenzol sind geringer als nach längerer Ausrührzeit. Ferner lassen sich die Rkk. statt mit $AlCl_3$ auch mit BF_3 durchführen, wobei Halogenidbldg. durch doppelten Umsatz unwahrscheinlich ist. Bei überschüssigem Bzl. entsteht nach kurzer Reaktionsdauer viel mehr Dialkylbenzol als bei längerer

Reaktionsdauer. Vff. meinen, daß entweder die 2. Alkylgruppe viel schneller als die 1. eintritt, oder daß sich eine Komplex-Verb. aus $AlCl_3$ u. dem Ester bildet, die eingebautes Bzl. enthält, mit dem sie bevorzugt reagiert. Dialkylierung wird dadurch bewirkt, daß nicht genügend Bzl. im Komplex vorhanden ist. Da bestätigt werden konnte, daß die Rk. $C_6H_6 + C_6H_4R_2 \rightarrow 2\ C_6H_5R$ in Ggw. von $AlCl_3$ auch rückläufig sein kann, wird die Einstellung eines Gleichgewichtes angenommen. Bei einer Reihe von Rkk., wobei äquimol. Mengen des n-Butylesters von **I** (**II**) u. $AlCl_3$ bei 80° auf wechselnde Mengen Bzl. einwirkten (meist 2 Std.), wurden die Gleichgewichtskonstanten k berechnet. Die Verwendung von Nitrobenzol bzw. PAe. als Lösungsm. hatte keinen wesentlichen Einfl. auf k. Die beträchtliche Harzbldg., die durch die Ggw. eines Überschusses von $AlCl_3$ bei Alkylierungen mit Alkylchlorid auftritt, wird vermieden bei Verwendung von Estern von **I**. Vff. schreiben dies der Wrkg. eines Aluminiumchlorid-p-toluolsulfonates, $CH_3C_6H_4\cdot SO_3AlCl_2$, zu, das jedoch in dieser Zus. nicht gefaßt werden konnte; aus **I** u. $AlCl_3$ dargestellte Verbb. ähnlicher Zus. erwiesen sich als unwirksam zur Katalyse. Die Reaktionslsg. von Ester u. $AlCl_3$ jedoch hatte katalyt. Wrkg., z. B. zur Überführung von Mono- in Dibutylbenzol, die zwar auch durch $AlCl_3$, aber unter Harzbldg. bewirkt wird. Die alkylierenden Wirkungen von Alkylchlorid u. Alkylestern von **I** werden verglichen u. Gleichwertigkeit festgestellt, doch bestehen Unterschiede in den Reaktionsbedingungen. Eine Reihe von Alkylierungen wurde durchgeführt mit **II** sowie dem *Äthyl-* (**III**), *Isopropyl-*, *n-Octyl-* (**VI**) u. *n-Dodecylester* (**V**) von **I**, wobei der Ester gegen $AlCl_3$ im Überschuß angewendet wurde. Die Ausbeute an Alkylbenzol war größer, als dem $AlCl_3$ entsprach (bis 154%). — Wurde zu einer Reaktionsmasse, die aus stöchiometr. Mengen $AlCl_3$ u. Ester mit überschüssigem Bzl. bestand, weiterhin Ester, Alkylchlorid oder beides zugegeben, so wurde das restliche Bzl. noch alkyliert, wobei eine Ausnützung des $AlCl_3$ bis zu 802% gelang. Als hierfür günstig wird die Bldg. von HCl während der Rk. angesehen, mit HCl-Gas gesätt. Ester bewirkte Erhöhung der Ausbeute. Die Beobachtung, daß Alkylierungen besser verlaufen, wenn eine kräftige HCl-Entw. stattfindet, spricht dafür, daß die Umsetzungen der Ester durch Protonen katalysiert werden, u. daß unter Anlagerung an das Brücken-O-Atom des Sulfosäureesters die Alkylgruppe abgespalten wird. So läßt sich auch die Rk. von 2.4-Dinitrophenyl-p-toluolsulfonat mit $AlCl_3$ u. Bzl. deuten, bei der 2.4-Dinitrophenol u. *Phenyl p-tolylsulfon* (F. 125,5°) entstanden. Vff. nehmen trotzdem die Bldg. eines unter HCl-Entw. alkylierenden Ansolvosäure–Bzl.-Esterkomplexes an, der ein gemischtes Al-Salz zurückläßt. In Abwesenheit alkylierbarer KW-stoffe ließ sich Alkylchloridbldg. oder teilweise Alkylierung des p-Toluolsulfosäurerestes nachweisen. Die Ester höherer aliphat. prim. Monoalkohole gaben in Ggw. von Bzl. merkliche Alkoholbldg., die durch Feuchtigkeit begünstigt wurde [Verss. mit den Hexadecyl- (**VI**) u. Octadecylester (**VII**)]. Die Wrkg. alkoh. Lsgg. von KOH, HCl u. $AlCl_3\cdot 6\ H_2O$ auf **II** u. **VI** wurde in Abhängigkeit von der Zeit untersucht. — Trotz der Alkohol-Bldg. wurden auch mit den höheren Estern gute Ausbeuten an Alkylbenzol halten. [Verss. mit **II**—**VII** sowie dem *Methyl-*, *n-Propyl-*, *Cyclohexyl-*, *2-Chloräthyl-*, *Äthylenglykoldi-* (**VIII**), *1.3-Butandioldi-* u. *1.6-Hexandioldiester* von **I** mit Bzl. u. $AlCl_3$ (im Überschuß), 3 oder 6 Std. bei 80°]. Es zeigte sich, daß die für unsubstituierte Monoester bzw. Alkylchloride gefundenen Gesetzmäßigkeiten nicht auf mehrfach substituierte Verbb. übertragen werden können. Die Ergebnisse aller Unterss. sind in Tabellen zusammengestellt.

Versuche: *Butylbenzol*, $Kp._{16}$ 67—69°, aus in Bzl. suspendiertem $AlCl_3$ u. **II** unter Rühren u. 3std. Kochen, nach dem Erkalten Zers. mit Eis u. verd. HCl; n_D^{20} 1,4908; 81,5% (Ausbeute). — Darst. der anderen Alkylbenzole analog. — *β-Chloräthylbenzol*, C_8H_9Cl, neben Dibenzyl aus **VIII**, Bzl. u. $AlCl_3$; 8,2%. (Liebigs Ann. Chem. **580**. 210—24. 1953. Wien, TH, Inst. für organ.-chem. Technol.) CLEVE. 450

Friedrich Klages und **Herbert Meuresch**, *Die Darstellung von Trialkyloxoniumsalzen mit Hilfe von Diazoparaffinen.* Es wird die Darst. des *Dimethyl-* u. des *Diäthyloxoniumhexachloroantimonats* (**III** u. **VI**) sowie deren Alkylierung zu *Trialkyloxonium-hexachloroantimonaten* mit Hilfe von *Diazomethan* u. *Diazoäthan* beschrieben.

Versuche: *Antimonpentachlorid-dimethylätherat* (**I**), durch Zutropfen von trockenem *Dimethyläther* (**II**) im Verlauf von 20 Min. zu $SbCl_5$ bei —70° unter Rühren mit trockenem N_2; ~ 100% (Ausbeute). — *Dimethyloxonium-hexachloroantimonat* (**III**), $C_2H_7OCl_6Sb$, F. 116° (Zers.): **I** wird bei — 70° unter Rühren mit einem langsamen N_2-Strom in fl. SO_2 gelöst, die Lsg. mit HCl gesätt. u. das Lösungsm. bei Zimmertemp. abgedampft; ~ 100% (roh); kann aus Äthylenchlorid (**IV**) bzw. SO_2 verlustreich umkrist. werden. *Dimethylätherat* (**V**), $C_4H_{13}O_2Cl_6Sb$, F. 112° (Zers.), wie vorst. in **II** statt in SO_2-Lsg.; **V** wird auch erhalten durch Versetzen einer Lsg. von **III** in SO_2 bei —40° mit **II** u. Abscheidung nach 1std. Stehen durch Eindunsten oder Ausfällen mit überschüssigem **II**. — *Diäthyloxonium-hexachloroantimonat* (**VI**), $C_4H_{11}OCl_6Sb$,

F. 137° (Zers.), analog **III** aus $SbCl_5$ u. trockenem Diäthyläther. *Diäthylätherat*, $C_8H_{21}O_2 \cdot Cl_6Sb$, F. 149° (Zers.), analog **V**. — *Trimethyloxonium-hexachloroantimonat* (**VII**), F. 156 bis 158° (Zers.). Zu **III** in **IV** wird unter Wasserkühlung u. Rühren eine Lsg. von Diazomethan in **IV** gegeben; nach beendeter N_2-Entw. ($^1/_2$ Std.) krist. das in **IV** schwerlösl. **VII** innerhalb 1 Std. nahezu rein aus; 65%. — *Diäthylmethyloxonium-hexachloroantimonat*, $C_5H_{13}OCl_6Sb$, F. 114° (Zers.), wie vorst. aus **VI**, aber Ausfällen nach ca. 1 Std. mit PAe.; 83%; die reine Substanz ist luftbeständig. — *Dimethyläthyloxonium-hexachloroantimonat*, $C_4H_{11}OCl_6Sb$, F. 119° (Zers.), aus **III** in **IV** mit Diazoäthan in Ae.; 37%. — *Triäthyloxonium-hexachloroantimonat*, $C_6H_{15}OCl_6Sb$, F. 131°, wie vorst. aus 14 g **VI**; 1 g. (Chem. Ber. **85**. 863—66. 14/10. 1952. München, Univ., Chem. Labor.)
SPARMANN. 560

Ralph C. Huston und **Harlan E. Tiefenthal**, *Die Reaktion von 1.2-Epoxypropan mit Alkylmagnesiumchloriden.* Bei der Einw. von Alkyl-MgCl auf 1.2-Epoxypropan bildet sich *1-Chlorpropanol-(2)* u. *1-Alkylpropanol-(2)*. Bei Verwendung von Alkyl-MgCl werden größere Ausbeuten an halogenfreiem Alkohol erhalten als bei Verwendung von Alkyl-MgBr. Durch Erhitzen in benzol. Lsg. können diese weiter gesteigert werden, wobei, nach Ansicht von Vff., das an $C_{(1)}$ addierte Cl-Atom mit einem weiteren Mol der GRIGNARD-Verb. unter Abspaltung von $MgCl_2$ reagiert. Bei Verwendung von 2 Mol Epoxyd auf 1 Mol der GRIGNARD-Verb. entstehen in guter Ausbeute sowohl Alkohol als auch Chloralkohol. Keton- oder Aldehydbldg. konnte nicht beobachtet werden.

Versuche: Aus 1.2-Epoxypropan u. Alkyl-MgCl in äther. Lsg. wurden dargestellt: *1-Chlorpropanol-(2)*, $Kp._{746}$ 125—126°; n_D^{20} 1,4392. — *Pentanol-(2)*, $Kp._{743}$ 120,1°; n_D^{20} 1,4068. *3.5-Dinitrobenzoat* (*DB*), F. 60—61°. — *Hexanol-(2)*, $Kp._{743}$ 139,2°; n_D^{20} 1,4140; *DB*, F. 36—37,5°. — *4-Methylpentanol-(2)*, $Kp._{745}$ 131,4°; n_D^{20} 1,4132; *DB*, F. 60,5—61,5°. — *Heptanol-(2)*, $Kp._{745}$ 158,8°; n_D^{20} 1,4218; *DB*, F. 47,5—48,5°. — *4-Methylhexanol-(2)*, $Kp._{744}$ 152,2°; n_D^{20} 1,4236; *DB*, F. 62—63°. — *5-Methylhexanol-(2)*, $Kp._{744}$ 150,4°; n_D^{20} 1,4194; *DB*, F. 34,5—35,5°. — *4.4-Dimethylpentanol-(2)*, $Kp._{742}$ 135,4°; n_D^{20} 1,4241; *DB*, F. 48—50°. (J. org. Chemistry **16**. 673—78. Mai 1951. East Lansing, Michigan, State Coll., Kedzie Chem. Labor.) LEHWALD. 560

A. W. Kirssanow und **Ju. M. Solotow**, *3-Äthylimino-bis-sulfamid und Äthylsulfamid.* Bei der Einw. von C_2H_5J auf das Ag-Salz von Imino-bis-sulfamid (**I**) oder Diazoäthan auf freies **I** entsteht *3-Äthylimino-bis-sulfamid* (**II**), das bei der Hydrolyse *Sulfaminsäureäthylamid* („*Äthylsulfamid*") u. *Sulfaminsäure* liefert.

Versuche: *3-Äthylimino-bis-sulfamid* (**II**), $C_2H_9O_4N_3S_2$, F. 113—115°; a) aus 2,82 g Ag-Salz von **I** u. 3 ml C_2H_5J, 4 Tage im Dunkeln bei Zimmertemp.; man krist. das Reaktionsprod. aus Bzl. um; 0,41 g (Ausbeute), neben 0,82 g eines öligen Prod., wahrscheinlich aus *diäthyliertem* **I** bestehend; b) aus äquimol. Mengen **I** u. Diazoäthan in Ae. bei ca. 10°; wird aus der mit akt. Kohle geklärten u. etwas eingedickten Lsg. mit Bzl. abgeschieden; 86,3%; verfilzte Nadeln; die wss., bitterlich schmeckende Lsg. wird nach wenigen Min. infolge Hydrolyse sauer. — *Sulfaminsäureäthylamid*, $C_2H_8O_2N_2S$, F. 33 bis 35°; man verdampft die beim Aufkochen von **II** mit W. erhaltene Lsg. im Vakuum zur Trockne, extrahiert mit Aceton, verdampft, extrahiert den Rückstand mit sd. Bzl. u. läßt die eingedickte Lsg. bei 10° kristallisieren; weitere Reinigung durch Fällen mit Bzl. aus Aceton; aus Bzl. dünne, Glaswolle ähnliche Nadeln, aus Essigester kurze Prismen; die wss. Lsg. reagiert neutral; 81,4%. (Журнал Общей Химии [J. allg. Chem.] **22** (**84**). 2038—40. Nov. 1952. Dnepropetrowsk, Stalin-Inst. für Metallurgie, Lehrstuhl für organ. Chem.) H. FRÖHLICH. 600

René Lombard und **Roger Boesch**, *Untersuchung der Kondensation von Chloroform mit Carbonylverbindungen.* 1. Mitt. *Allgemeines. Reaktion aliphatischer gesättigter Ketone.* (Vgl. Bull. Soc. chim. France, Mém. [5] **19**. [1952.] 438.) Nach einem Überblick über bisherige Arbeiten berichten Vff. über Verss., die Reaktionsfähigkeit aliphat. gesätt. Ketone bei der Kondensation mit Chlf. in Ggw. alkal. Katalysatoren festzustellen. Der Rk., die zu α-trichlorierten Alkoholen führt, unterliegen nur Methylketone; Diisopropylketon u. Diisobutylketon reagieren sowohl bei Versuchsdurchführung nach WEIZMANN (C. **1948**. E. 1056) als auch bei Rk. nach HEILNER (C. **1931**. I. 2394) nicht, Diäthylketon (**I**) mit einer Ausbeute $< 1\%$. Peroxyde haben keinen Einfl. auf die Ausbeute, Na als Katalysator, der Radikal-Rkk. begünstigt, verschlechtert sie bei der Kondensation von Aceton. Vff. nehmen daher für die Rk. einen ion. Mechanismus an, bei dem prim. Chlf. unter Wrkg. des Alkalis dissoziiert nach $CCl_3H + OH^- \rightarrow CCl_3^- + H_2O$ u. dann Addition des CCl_3^- an die aufgerichtete C=O-Doppelbindung des Ketons erfolgt. Methylketone sollen bes. reaktionsfähig sein, einmal wegen der Möglichkeit zur Hyperkonjugation, die eine alternierende Polarisation, $\overset{(-)}{O}-\overset{(+)}{C}-\overset{(-)}{C}H_2\overset{(+)}{H}$, im Mol. bewirkt, zum anderen wegen der bei ihnen geringsten ster. Hinderung.

Versuche: Bei den Kondensationen wurde bei -15^0 zu Methylal 60 g gepulverte KOH unter Rühren zugegeben, dann 2 Mol Chlf. u., bei -5 bis -7^0, während 1 Std. 1 Mol Keton, nach 3 std. Rühren wird mit Eis u. 30%ig. H_2SO_4 zersetzt. — *2-Trichlormethylpentanol-(2)*, $C_6H_{11}OCl_3$, Kp.$_{10}$ 85—86^0, aus Methyl-n-propylketon; n_D^{20} 1,4855, $D.^{20}_4$ 1,280; 10% (Ausbeute). — *3-Trichlormethylpentanol-(3)*, Kp.$_{11}$ 86—87^0, aus I; n_D^{20} 1,4856; <1%. — *2-Trichlormethylheptanol-(2)*, $C_8H_{15}OCl_3$, Kp.$_{11}$ 113—114^0, aus Methyl-n-amylketon; n_D^{20} 1,4804, $D.^{20}_4$ 1,193; 10—11%. — *2-Trichlormethyloctanol-(2)*, $C_9H_{17}OCl_3$, Kp.$_{11}$ 127—128^0, aus Methyl-n-hexylketon, n_D^{20} 1,4810, $D.^{20}_4$ 1,174; 10—11%. (Bull. Soc. chim. France, Mém. [5] **20.** 733—37. Juli/Aug. 1953. Strasbourg, Fac. des Sci., Inst. de Chim.) KRESZE. 710

A. Crossley und **T. P. Hilditch,** *Die Isomerisierung von Decadien-(2.4)-säure-(1) in Gegenwart von Alkali bei 180^0.* Beim Versuch, *Decadien-(2.4)-säure-(1)-methylester* (**Ia**) zur freien Säure (I) mit KOH in Glykol bei 170—180^0 zu verseifen, erfolgt Isomerisierung unter Verschiebung der konjugierten Doppelbindungen von der Carboxylgruppe weg. Es entsteht ein Gemisch von I-isomeren Säuren, die vorherrschend konjugierte Doppelbindungen aufweisen. Spektrophotometr. Best. der Prodd. (Absorptionsmaximum für **Ia** 260 mμ, für die Reaktionslsg. 234 mμ, der Extinktionskoeff. erreicht nach 3 Std. seinen Höchstwert) ergaben neben Zersetzungsprodd. (15%) im Gleichgewicht ca. 15%, I 60% anderer konjugierter Decadiensäuren u. 25% Säuren, bei denen die Doppelbindungen vermutlich nicht mehr konjugiert sind. Nach Oxydationsverss. am Reaktionsprod. sind Säuren, deren Doppelbindungen am 9., bzw. 8., 7. oder 6. C-Atom enden, zu ca. 13 bzw. 42, 31 u. 14% vorhanden. Die Verschiebung führte danach hauptsächlich in die 4.6- u. 5.7-Stellung. — *Decadien-(2.4)-ol-(1)* (**II**) hat das für konjugierte Doppelbindungen in aliphat. Kette charakterist. Absorptionsmaximum bei 231 mμ. — Da bei Linol- u. Linolensäure unter gleichen Bedingungen keine Doppelbindungsverschiebung der Art wie bei **I** stattfindet, kann die Carboxylgruppe nur einen kleinen Einfl. auf die Beweglichkeit der Doppelbindungen haben, wenn CH_2-Gruppen dazwischen liegen. — **II**, Kp.$_{0,2}$ 67^0, durch Eingießen einer äther. Lsg. von 10 g Decadien-(2.4)-säure-(1) (**I**) in äther. Lsg. von 2,2 g Li-Al-Hydrid unter Rühren, Rohausbeute 8,9 g. (J. chem. Soc. [London] **1952.** 4613—15. Dez. Liverpool, Univ.) CLEVE. 810

John G. Erickson, *2.2-Dialkoxyfettsäurenitrile.* 2.2-Dialkoxyfettsäurenitrile, $(R'O)_2$. CRCN, wurden in sehr guter Ausbeute durch Rk. von HCN mit Alkylestern aliphat. u. aromat. Orthosäuren bei 25^0 dargestellt. Als saurer Katalysator diente $ZnCl_2$. Weniger wirksam waren p-Toluolsulfonsäure, NH_4Cl- u. BF_3-Ätherat.

Versuche: Ausgangsstoffe: Orthoester, 50% Überschuß HCN, 0,003 Mol $ZnCl_2$. Die empfindlichen Dialkoxynitrile werden durch Feuchtigkeit leicht hydrolysiert. *Dimethoxyacetonitril*, $C_4H_7O_2N$, Kp.$_{772}$ 139,5^0, aus Methylorthoformiat (Reaktionsdauer 6 Tage); $D.^{25}_4$ 0,9897; n_D^{25} 1,3818; Mol.-Refr. [MR] 23,74; 87,4% (Ausbeute). — *Diäthoxyacetonitril*, $C_6H_{11}O_2N$, Kp.$_{773}$ 167,7, F. $-18,5$ bis -19^0, aus Äthylorthoformiat (3 Tage); $D.^{25}_4$ 0,9288; n_D^{25} 1,3937; [MR] 33,20; 79,0%. — *Dibutoxyacetonitril*, $C_{10}H_{19}O_2N$, Kp.$_{757}$ 231^0, aus Butylorthoformiat (7 Tage); $D.^{25}_4$ 0,8941; n_D^{25} 1,4158; [MR] 51,90; 95,2%. — *Bis-[2-äthylhexyloxy]-acetonitril*, $C_{18}H_{35}O_2N$, Kp.$_{0,5}$ 125^0, aus 2-Äthylhexylorthoformiat mit 100% Überschuß HCN (3 Tage); $D.^{25}_4$ 0,8804; n_D^{25} 1,4373; [MR] 88,44; 80,6%. — *Dimethoxypropionitril*, $C_5H_9O_2N$, Kp.$_{774}$ 136,5^0, F. -24 bis -25^0, aus Methylorthoacetat (11 Tage); $D.^{25}_4$ 0,9604; n_D^{25} 1,3877; [MR] 28,23; 89,3%. — *Diäthoxyphenylacetonitril*, $C_{12}H_{15}O_2N$, Kp.$_{3,5}$ 102,5^0, F. -11 bis -12^0, aus Äthylorthobenzoat (24 Tage); $D.^{25}_4$ 1,0112; n_D^{25} 1,4794; [MR] 57,53; 45,2%. — *2-Äthylhexylorthoformiat*, $C_{25}H_{52}O_3$, Kp.$_{0,5}$ 158^0, durch Kochen einer Mischung von Äthylorthoformiat, 2-Äthylhexanol u. $ZnCl_2$; n_D^{25} 1,4390; 54%. (J. Amer. chem. Soc. **73.** 1338—39. 15/3. 1951. Stamford, Conn., American Cyanamid Co.) JOHN. 850

F. L. Breusch und **E. Ulusoy,** *Synthese von 2- und 3-methylierten 3-Oxyfettsäuren.* Vff. stellen nach REFORMATSKI racem. *2-Methyl-*, *3-Methyl-* u. *2,3-Dimethyl-3-oxycarbonsäuren* mit einer geraden Kettenlänge von C_8—C_{18} dar u. überführen die meist fl. Fettsäuren in *Bis-[p-dimethylaminophenyl]-ureide* u. *p-Brombenzylpseudothiuroniumsalze.*

Versuche: 0,1 Mol Aldehyd bzw. Keton wurden mit 0,1 Mol α-Bromessigester oder α-Brompropionester in Bzl.-Ae. (1:1) bzw. einem höhersd. Bzl.-Toluol-Gemisch gelöst u. diese Lsg. so zu frisch mit 2%ig. HCl gewaschenem u. getrocknetem Zn-Pulver gegeben, daß die mit einem Körnchen Jod in Gang gebrachte Rk. bei leichtem Sieden in 30—40 Min. beendet war; es wurde noch 1 Std. gekocht, dann mit 10%ig. H_2SO_4 zers. u. ausgeäthert. Alle Lösungsmittel wurden bei der weiteren Aufarbeitung durch freiwillige Verdunstung bei Zimmertemp. entfernt. Die Rohester wurden bei Zimmertemp. 24 Std. mit 10%ig. alkoh. KOH in 10%ig. Überschuß verseift, die Säuren sorgfältig isoliert u. über Paraffin u. P_2O_5 im Vakuum getrocknet, die höheren Säuren krist. nach wochenlangem Aufbewahren bei -17^0. — *Bis-[dimethylaminophenyl]-ureide* (**I**). 100—300 mg Fettsäure, in Ae. gelöst, wurden mit geringem Überschuß einer 5%ig. Lsg. von Bis-[p-dimethylaminophenyl]-carbodiimid in Ae. 3 Std. gekocht; Kristallisation zum Teil erst nach Einengen u. Kühlen; Ausbeuten 60—80%. — *p-Brombenzylpseudothiuroniumsalze* (**II**). 100—300 mg Fettsäure, in 50%ig. A. suspendiert, wurden mit n alkoh. KOH gegen Phenolphthalein neutralisiert u. mit geringem Überschuß an p-Brombenzylpseudothiuroniumbromid, gelöst in heißem A., versetzt; Ausbeuten 10—20%. — *3-Oxy-2-methylnonansäure*, $C_{10}H_{20}O_3$, fl., n_D^{21} 1,4508; 70% (Ausbeute). *Deriv.* **I**, $C_{27}H_{40}O_3N_4$, F. 125—127° (A.); *Deriv.* **II**, $C_{18}H_{29}O_3N_2BrS$, F. 147° (Aceton). — *3-Oxy-2-methylcaprinsäure*, $C_{11}H_{22}O_3$, fl., n_D^{21} 1,4481; 71%. **I**, $C_{28}H_{42}O_3N_4$, F. 122—123° (A.); **II**, $C_{19}H_{31}O_3N_2BrS$, F. 150° (Aceton). — *3-Oxy-2-methylundecansäure*, $C_{12}H_{24}O_3$, fl., n_D^{21} 1,4510; 83%; **I**, $C_{29}H_{44}O_3N_4$, F. 117—118° (A.); **II**, $C_{20}H_{33}O_3N_2BrS$, F. 150° (Aceton). — *3-Oxy-2-methyllaurinsäure*, $C_{13}H_{26}O_3$, F. 30—32° (PAe.), n_D^{70} 1,3380; 80%; **I**, $C_{30}H_{46}O_3N_4$, F. 132—133° (Aceton); **II**, $C_{21}H_{35}O_3N_2BrS$, F. 144—145° (Methanol). — *3-Oxy-2-methyltridecansäure*, $C_{14}H_{28}O_3$, F. 36—38° (PAe.), n_D^{70} 1,4420; 78%; **I**, $C_{31}H_{48}O_3N_4$, F. 130—131° (Aceton); **II**, $C_{22}H_{37}O_3N_2BrS$, F. 140—141° (Aceton). — *3-Oxy-2-methylmyristinsäure*, $C_{15}H_{30}O_3$, F. 48—50° (PAe.), n_D^{70} 1,4390; 80%; **I**, $C_{32}H_{50}\cdot O_3N_4$, F. 123—124° (A.); **II**, $C_{23}H_{39}O_3N_2BrS$, F. 126—127,5°. — *3-Oxy-2-methylpalmitinsäure*, $C_{17}H_{34}O_3$, F. 54—55° (PAe. oder Ae.); 25%; **I**, $C_{34}H_{54}O_3N_4$, F. 114—115° (A.). — *3-Oxy-2-methylstearinsäure*, $C_{19}H_{38}O_3$, F. 60—61° (PAe.); 12%. — *3-Oxy-3-methylcaprilsäure*, $C_9H_{18}O_3$, fl., n_D^{21} 1,4490; 80%; **I**, $C_{26}H_{38}O_3N_4$, F. 150° (A.–Aceton). — *3-Oxy-3-methylcaprinsäure*, $C_{11}H_{22}O_3$, fl., n_D^{21} 1,4498; 82%; **I**, $C_{28}H_{42}O_3N_4$, F. 106 bis 108° (A.); **II**, $C_{19}H_{31}O_3N_2BrS$, F. 111—112°. — *3-Oxy-3-methyllaurinsäure*, $C_{13}H_{26}O_3$, fl., n_D^{21} 1,4521; 83%; **I**, $C_{30}H_{46}O_3N_4$, F. 103—104° (A. oder Äthylacetat); **II**, $C_{21}H_{35}O_3\cdot N_2BrS$, F. 107,5—108,5°. — *3-Oxy-3-methylmyristinsäure*, $C_{15}H_{30}O_3$, F. 25—27° (Ae. oder PAe.), n_D^{70} 1,4428; 77%; **I**, $C_{32}H_{50}O_3N_4$, F. 96—98° (A.); **II**, $C_{23}H_{39}O_3N_2BrS$, F. 104—105°. — *3-Oxy-3-methylpalmitinsäure*, $C_{17}H_{34}O_3$, F. 38—40° (PAe.), n_D^{70} 1,4439; 75%; **I**, $C_{34}H_{54}O_3N_4$, F. 98—99° (A.). — *3-Oxy-3-methylstearinsäure*, $C_{19}H_{38}O_3$, F. 39 bis 42° (PAe.), n_D^{70} 1,4445; 78%; **I**, $C_{36}H_{58}O_3N_4$, F. 87—89° (A.); **II**, $C_{27}H_{47}O_3N_2BrS$, F. 100—102°. — *3-Oxy-2.3-dimethylcaprylsäure*, $C_{10}H_{20}O_3$, fl., n_D^{23} 1,4520; 85%; **I**, $C_{27}H_{40}O_3N_4$, F. 145—146° (A.). — *3-Oxy-2.3-dimethylcaprinsäure*, $C_{12}H_{24}O_3$, fl., n_D^{23} 1,4538; 76%; **I**, $C_{29}H_{44}O_3N_4$, F. 116—117° (A.). — *3-Oxy-2.3-dimethyllaurinsäure*, $C_{14}H_{28}O_3$, fl., n_D^{23} 1,4559; 66%; **I**, $C_{31}H_{48}O_3N_4$, F. 99—101° (A.). —*3-Oxy-2.3-dimethylmyristinsäure*, $C_{16}H_{32}O_3$, F. 28—29° (wenig PAe. bei -17^0), n_D^{23} (fl.) 1,4572; **I**, $C_{33}H_{52}\cdot O_3N_4$, F. 96—98° (A.). (Hoppe-Seyler's Z. physiol. Chem. **286**. 174—80. Febr. 1951. Istanbul, Univ., II. Chem. Inst.) FROHLOFF. 850

J. R. Schaeffer und **A. O. Snoddy,** *δ-Acetyl n-valeriansäure*. Durch Oxydation von 2-Methylcyclohexanon mit CrO_3 u. H_2SO_4 {vgl. WALLACH (Liebigs Ann. Chem. **359**. [1908.]300)}: $C_7H_{12}O_3$, Kp.₁ 122—123°; 45—55% Ausbeute. (Org. Syntheses **31**. 3—5. 1951. Ivorydale, O., Procter & Gamble Co.) TROFIMOW. 870

F. J. Bandelin und **J. V. Tuschhoff,** *Isothioharnstoffe als Germicide*. Zur Prüfung ihrer germiciden Wrkg. werden zahlreiche *S-Alkylisothioharnstoffe* u. ihre *N.N'-Dialkylderivv.* hergestellt. Bei der Testung gegen *Staphylococcus aureus* u. *Eberthella typhi* wurde ein Wirkungsmaximum bei Verbb. gefunden, deren S-Alkylrest C_{12} oder C_{14} u. deren N-Alkyle Methyl oder Äthyl waren. Die Verbb. haben Schaum- u. Netzwrkg., werden durch Seifen gefällt u. gleichen in diesen u. weiteren Eigg. den quaternären Ammoniumverbindungen.

V e r s u c h e : *S-Alkylisothioharnstoffhydrohalogenide* $RS—C(NHR')=NR'\cdot HX$; Darst. aus Alkylhalogenid u. Thioharnstoff bzw. N.N'-Dialkylharnstoff durch Erhitzen in Toluol oder ohne Lösungsm. auf 130—140°. *S-Decyl-, Hydrochlorid.* $C_{11}H_{25}N_2ClS$, F. 114—115°; in () krit. Tötungsverdünnung (= größte Verdünnung von 1 g Substanz im Liter, die Organismen standardisierter Phenolresistenz in 10, aber nicht in 5 Min. bei 37° nach der Meth. des US Departm. of Agricultur abtötet) an St. aureus bzw. E. typhi; (4—15). *Hydrobromid*, $C_{11}H_{25}N_2BrS$, F. 96—97°; (4—15). *Hydrojodid*, $C_{11}H_{25}N_2JS$, F. 67—68°; (4—15). — *S-Dodecyl-, Hydrochlorid*, $C_{13}H_{29}N_2ClS$, F. 104 bis 105°; (5—20). *Hydrobromid*, $C_{13}H_{29}N_2BrS$, F. 90—91°; (5—20). *Hydrojodid*, $C_{13}H_{29}N_2JS$, F. 73—74°; (5—20). — *S-Tetradecyl-, Hydrochlorid*, $C_{15}H_{33}N_2ClS$, F. 110—112°; (5—15). *Hydrobromid*, $C_{15}H_{33}N_2BrS$, F. 105—106°; (5—10). *Hydrojodid*, $C_{15}H_{33}N_2JS$, F. 90—91°; (4—10). — *S-Hexadecyl-, Hydrochlorid*, $C_{17}H_{37}N_2ClS$, F. 120—122° (1—5); *Hydrobromid*, $C_{17}H_{37}N_2BrS$, F. 104—105°; (1—5). *Hydrojodid*, $C_{17}H_{37}N_2JS$,

F. 89—90°; (1—4). — *S-Decyl-N.N'-dimethyl-*, *Hydrochlorid*, $C_{13}H_{29}N_2ClS$, F. 36—37°; (3—7). *Hydrobromid*, $C_{13}H_{29}N_2BrS$, F. 48—49°; (3—15). *Hydrojodid*, $C_{13}H_{29}N_2JS$, F. 56—57°; (3—7). — *S-Dodecyl-N.N'-dimethyl-*, *Hydrochlorid*, $C_{15}H_{33}N_2ClS$, F. 34 bis 35°; (20—50). *Hydrobromid*, $C_{15}H_{33}N_2BrS$, F. 56—57°; (20—50). *Hydrojodid*, $C_{15}H_{33}N_2JS$, F. 66—67°; (20—50). — *S-Tetradecyl-N.N'-dimethyl-*, *Hydrochlorid*, $C_{17}H_{37}N_2ClS$, F. 38—39°; (10—10). *Hydrobromid*, $C_{17}H_{37}N_2BrS$, F. 58—59°; (10—15). *Hydrojodid*, $C_{17}H_{37}N_2JS$, F. 68—69°; (10—15). — *S-Hexadecyl-N.N'-dimethyl-*, *Hydrochlorid*, $C_{19}H_{41}N_2ClS$, F. 53—54°; (4—5). *Hydrobromid*, $C_{19}H_{41}N_2BrS$, F. 61—62°; (4—5). *Hydrojodid*, $C_{19}H_{41}N_2JS$, F. 77—78°; (4—5). — *S-Decyl-N.N'-diäthyl-*, *Hydrochlorid*, $C_{15}H_{33}N_2ClS$, Fl.; (8—7). *Hydrobromid*, $C_{15}H_{33}N_2BrS$, Fl.; (8—7). *Hydrojodid*, $C_{15}H_{33}N_2JS$, Fl.; (8—7). — *S-Dodecyl-N.N'-diäthyl-*, *Hydrochlorid*, $C_{17}H_{37}N_2ClS$, F. 51 bis 52°; (50—25). *Hydrobromid*, $C_{17}H_{37}N_2BrS$, F. 44—45°; (50—20). *Hydrojodid*, $C_{17}H_{37}N_2JS$, F. 34—35°; (50—15). — *S-Tetradecyl-N.N'-diäthyl-*, *Hydrochlorid*, $C_{19}H_{41}N_2ClS$, F. 57—58°; (50—15). *Hydrobromid*, $C_{19}H_{41}N_2BrS$, F. 52—53°; (50—15). *Hydrojodid*, $C_{19}H_{41}N_2JS$, F. 38—39°; (50—8). — *S-Hexadecyl-N.N'-diäthyl-*, *Hydrochlorid*, $C_{21}H_{45}N_2ClS$, F. 64—65°; (5—5). *Hydrobromid*, F. 55—56°; (5—5). *Hydrojodid*, $C_{21}H_{45}N_2JS$, F. 44—45°; (5—5). — *S-Decyl-N.N'-diisopropyl-*, *Hydrochlorid*, $C_{17}H_{37}N_2ClS$, Fl.; (5—5). *Hydrobromid*, $C_{17}H_{37}N_2BrS$, Fl.; (5—5). *Hydrojodid*, $C_{17}H_{37}\cdot N_2JS$, Fl.; (5—5). — *S-Dodecyl-N.N'-diisopropyl-*, *Hydrochlorid*, $C_{19}H_{41}N_2ClS$, Fl.; (5—4). *Hydrobromid*, $C_{19}H_{41}N_2BrS$, Fl.; (5—4). *Hydrojodid*, $C_{19}H_{41}N_2JS$, Fl.; (5—4). — *S-Tetradecyl-N.N'-diisopropyl-*, *Hydrochlorid*, $C_{21}H_{45}N_2ClS$, Fl.; (1—5). *Hydrobromid*, $C_{21}H_{45}N_2BrS$, Fl.; (1—5). *Hydrojodid*, $C_{21}H_{45}N_2JS$, F. 40—41°; (1—5). — *S-Hexadecyl-N.N'-diisopropyl-*, *Hydrochlorid*, $C_{23}H_{49}N_2ClS$, Fl.; (unlösl.). *Hydrobromid*, $C_{23}H_{49}N_2BrS$, F. 45—46°; (unlösl.). *Hydrojodid*, $C_{23}H_{49}N_2JS$, F. 50—51°; (unlösl.). — *S-Decyl-N.N'-dibutyl-*, *Hydrochlorid*, $C_{19}H_{41}N_2ClS$, Fl.; (8—10). *Hydrobromid*, $C_{19}H_{41}\cdot N_2BrS$, Fl.; (8—10). *Hydrojodid*, $C_{19}H_{41}N_2JS$, Fl.; (15—10). — *S-Dodecyl-N.N'-dibutyl-*, *Hydrochlorid*, $C_{21}H_{45}N_2ClS$, Fl.; (5—2). *Hydrobromid*, $C_{21}H_{45}N_2BrS$, Fl.; (5—2). *Hydrojodid*, $C_{21}H_{45}N_2JS$, Fl.; (unlösl.). — *S-Tetradecyl-N.N'-dibutyl-*, *Hydrochlorid*, $C_{23}H_{49}\cdot N_2ClS$, Fl.; (unlösl.). *Hydrobromid*, $C_{23}H_{49}N_2BrS$, F. 33—34°; (unlösl.). *Hydrojodid*, $C_{23}H_{49}N_2JS$, Fl.; (unlösl.). — *S-Hexadecyl-N.N'-dibutyl-*, *Hydrochlorid*, $C_{25}H_{53}N_2ClS$, F. 37—38°; (unlösl.). *Hydrobromid*, $C_{25}H_{53}N_2BrS$, F. 38—39°; (unlösl.). *Hydrojodid*, $C_{25}H_{53}N_2JS$, F. 44—45°; (unlösl.). (J. Amer. chem. Soc. **74**. 4271—73. 5/9. 1952. Decatur, Ill., Flint, Eaton & Co., Res. Labors.) K. FABER. 880

Károly Nádor und **Lászlo Gyermek**, *Synthese von Verbindungen mit ganglionblockierender Wirkung.* 1. Mitt. *Synthese einiger einfacher quaternärer Ammoniumderivate.* Vff. haben einige monoquaternäre Verbb. dargestellt als Modellsubstanzen zur Unters. der Beziehung zwischen der Struktur quaternärer Ammoniumgruppen u. ihrer Wrkg. auf Ganglien. Es wurde beobachtet, daß sich Methyl- u. Äthylanaloge scharf unterscheiden, erstere wirken erregend, die letzteren blockierend. Im Gegensatz zu anderen Autoren schließen Vff. auf Grund ihrer Ergebnisse, daß im Fall einfacher monoquaternärer Verbb. die Ladung des quaternären N-Atoms vermindert oder gleich 0 sein muß, um einen ganglionblockierenden Effekt auszuüben. Auf der Basis ihrer Unterss. empfehlen Vff. für die Synth. ganglionblockierender Stoffe Verbb. mit den Gruppen **I** oder **II**.

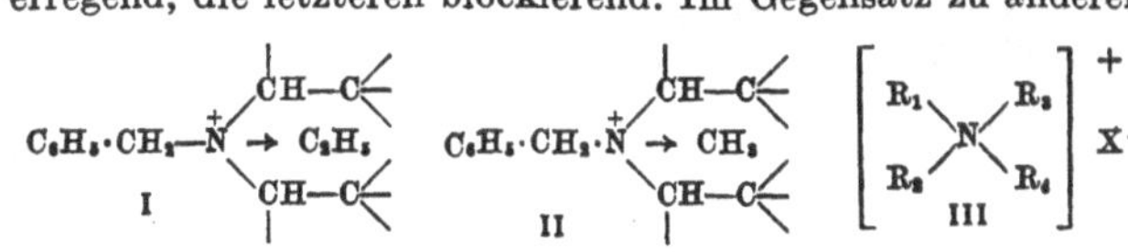

Versuche (F. = Schmelz- bzw. Zersetzungspunkt): Die folgenden Verbb. wurden dargestellt aus den entsprechenden tert. Aminen u. Alkyl- bzw. Aralkylhalogeniden in absol. Aceton. CH_3J u. $C_6H_5CH_2Br$ reagierten bei 20°, während in anderen Fällen bei 100° im geschlossenen Rohr gearbeitet wurde. Dargestellt wurden folgende Verbb. der Formel **III**: $R_1 = R_2 = R_3 = CH_3$, $R_4 = C_6H_5$, $X = J$, $C_9H_{14}NJ$, F. 216° (A.). — $R_1 = R_2 = R_3 = C_2H_5$, $R_4 = CH_2C_6H_5$, $X = J$, $C_{13}H_{22}NJ$, F. 168—170° (A./Ae.). — $R_1 = R_2 = C_2H_5$, $R_3 = CH_3$, $R_4 = CH_2C_6H_5$, $X = J$, $C_{12}H_{20}NJ$, F. 152—154° (A./Ae.). — $R_1 = R_2 = CH_3$, $R_3 = C_6H_5$, $R_4 = CH_2C_6H_5$, $X = Br$, $C_{15}H_{18}NBr$, F. = 200—203° (A./Ae.). — $R_1 = R_2 = C_2H_5$, $R_3 = R_4 = CH_2C_6H_5$, $X = Br$, $C_{18}H_{24}NBr$, F. 146 bis 148° (Ae./Aceton). — $R_1 = R_2 = R_3 = CH_3$, $R_4 = CH_2C_6H_5$, $X = J$, $C_{10}H_{16}NJ$, F. 180° (A./Ae.). — $R_1 = R_2 = CH_3$, $R_3 = R_4 = CH_2C_6H_5$, $X = Br$, $C_{16}H_{20}NBr$, F. 176—177° (A./Ae.). — $R_1 = R_2 = CH_3$, $R_3 = CH_2C_6H_5$, $R_4 = (CH_2)_2C_6H_5$, $X = Br$, $C_{17}H_{22}NBr$, F. 186—188° (A./Ae.). — $R_1 = R_2 = R_3 = C_2H_5$, $R_4 = (CH_2)_2C_6H_5$, $X = J$, $C_{14}\cdot H_{24}NJ$, F. 165—166° (A./Ae.). — $R_1 = R_2 = CH_3$, $R_3 = CH_2C_6H_5$, $R_4 = CH_2C_6\cdot H_4Cl$(p), $X = Br$, $C_{16}H_{19}NClBr$, F. 205° (A./Ae.). — $R_1 = R_2 = CH_3$, $R_3 = C_4H_9$,

$R_4 = C_6H_5$, $X = J$, $C_{12}H_{20}NJ$. — $R_1=R_2=R_3 = CH_3$, $R_4 = CH_2$-α-*Naphthyl*, $X = J$, $C_{14}H_{18}NJ$, F. 215–216° (A./Ae.). — $R_1=R_2 = CH_3$, $R_3 = C_2H_5$, $R_4 = CH_2$-α-*Naphthyl*, $X = J$, $C_{15}H_{20}NJ$, F. 171–173° (A./Ae.). — $R_1=R_2=R_3 = C_2H_5$, $R_4 = CH_2$-α-*Naphthyl*, $X = Cl$, $C_{17}H_{24}NCl$, F. 180° (Methanol/Ae.). — $R_1=R_2 = CH_3$, $R_3 = CH_2C_6H_5$, $R_4 = CH_2$-α-*Naphthyl*, $X = Br$, $C_{20}H_{22}NBr$, F. 128° (A./Ae.). — $R_1=R_2=R_3 = C_2H_5$, $R_4 = CH_2 \cdot C_6H_4Cl$(p), $X = J$, $C_{13}H_{21}NClJ$, F. 188–190° (A./Ae.). — $R_1=R_2=R_3 = C_2H_5$, $R_4 = CH_2C_6H_4Br$(p), $X = Br$, $C_{13}H_{21}NBr_2$, F. 175–176° (Methanol/Ae.). — $R_1=R_2=R_3=R_4 = C_2H_5$, $X = Br$, $C_8H_{20}NBr$. — $R_1=R_2=R_3=R_4 = CH_3$, $X = Br$, $C_4H_{12}NBr$. — Pharmakol. Wrkg. in vorst. Reihenfolge: blockierend —; 80; >20; —; 40; —; 80; >20; 60; 110; —; —; >40; 50; 80; 30; 30; 100; —. Die mit — bezeichneten Verbb. besitzen sämtlich erregende Wirkung. (Acta chim. Acad. Sci. hung. **2**. 95–101. 1952. Budapest, Med. Univ., Pharmacol. Inst.)

Goebel. 910

Norman Good und **Herschel K. Mitchell**, *Eine Synthese des Diäthylacetals von Glutamin-γ-semialdehydsäure.* Da bei der Hydrolyse von γ.γ-Dicarbäthoxy-γ-acetamidobutyraldehyd nicht wie erwartet *Glutamin-γ-semialdehydsäure* (**I**) entsteht, sondern *Δ^1-Pyrrolincarbonsäure-(5)* (**II**), die nach Ansicht von Vogel u. Davis (C. **1952**. 7675) durch sofortige Cyclisierung von **I** entsteht, stellen Vff. das *Diäthylacetal* von **I** dar: 24std. Kochen von 3 g Na in A., 16 g Äthylacetamidocyanacetat, etwas NaJ u. 20 g β-Chlorpropionaldehydacetal, Verdünnen mit Ae., Waschen mit Bicarbonatlsg., Abdampfen im Vakuum, 12 std. Kochen mit 20%ig NaOH, Behandeln mit festem CO_2, Filtration u. Einengen, Chromatographie u. Elution der ninhydrinpositiven Zone mit W. u. Abdampfen im Vakuum ergab *Glutamin-γ-semialdehydsäurediäthylacetal*, $C_9H_{19}O_4N$, Zers. bei 235°; 150 mg; wird durch Behandeln mit verd. Säure oder 15 Min. langes Erhitzen im neutralen Medium auf 120° im Autoklaven in **II** verwandelt. (J. Amer. chem. Soc. **74**. 4952–53. 5/10. 1952. Pasadena, Calif., Inst. of Technol., Kerckhoff Labors. of Biol.)

Lehwald. 950

F. Wessely, K. Schlögl und **G. Korger**, *Eine neue Methode zum Abbau von Peptiden.* Beschreibung einer Meth. zur Best. des endständigen, sowie des hierzu benachbarten Aminosäurerestes von *Peptiden* durch Umlagerung von *N-Carbalkoxypeptiden* in *Carbonyl-bis-aminosäurederivv.* bei Alkalieinwirkung. — Z. B. wird ein *Tripeptid* in die *Carbalkoxyverb.* **I** (R = CH_3, C_2H_5, $C_6H_5CH_2$) übergeführt, die mit 2 Moll. verd. Alkali, wahrscheinlich über das *Hydantoin* **II** als Zwischenstufe in der Wärme das *Harnstoff*-Deriv. **III** liefert. Nach HCl-Behandlung spalten sich die *Aminosäuren 1* u. *2* leicht als *Hydantoin* (**IV**, **V**) ab, das von der Aminosäure *3* u. bei höheren Peptiden von den folgenden Aminosäuren durch Ae.-Extraktion abgetrennt werden kann. Nach Hydrolyse von **IV** u. **V** erfolgt die Identifizierung von *1* u. *2*, z. B. durch Papierchromatographie. Umwandlung von **IV** in das Säurechlorid, Red. desselben mit $NaBH_4$ u. Hydrolyse gibt *1* u. den *2* entsprechenden *Aminoalkohol*. Der Abbau von *Diglycylglycin*, *DL-Alanylglycyl-DL-phenylalanin*, *DL-Leucylglycyl-DL-phenylalanin* (**VI**), *L-Tyrosylglycylglycin* u. *L-Tyrosylglycyl-DL-phenylalanin* gab eindeutige Ergebnisse. In allen

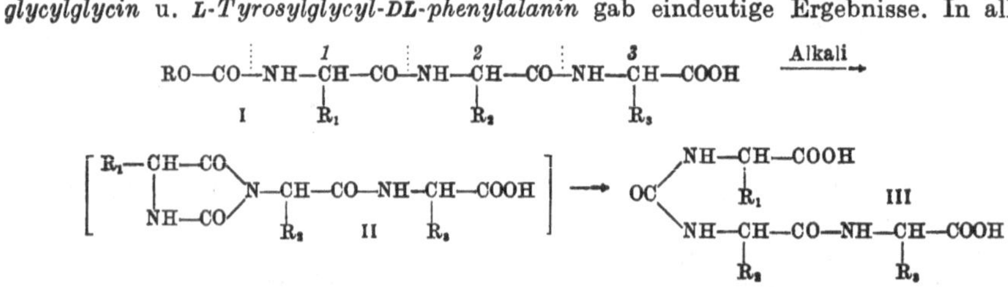

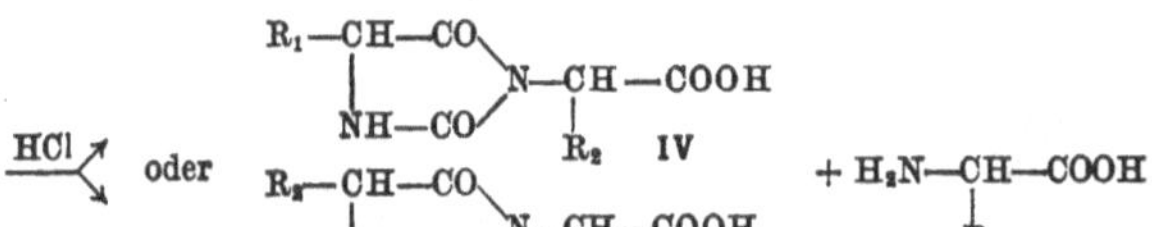

Fällen entstanden Hydantoine der Formel **IV**. Jedoch besteht die Möglichkeit, daß bei anderen Peptiden der Ringschluß unter **V**-Bldg. erfolgt. In diesem Falle würde die Konst. von **V** keinen eindeutigen Hinweis auf die Anordnung der Aminosäuren *1* u. *2* geben. Die Meth. erfordert keine Isolierung der Zwischenstufen u. ist mit wenig Material, z. B. 0,1 mMol **VI** durchführbar. (Nature [London] **169**. 708–09. 26/4. 1952. Vienna, Univ., II. Chem. Labor.)

K. Maier. 950

Courtland L. Agre und **Wallace Hilling,** *Halogensubstituierte Vinyltrichlorsilane und Äthyltrichlorsilane.* Die Rk. von Trichloräthylen (I) mit Trichlorsilan (II) führt, entgegen der früheren Annahme (vgl. C. **1950.** I. 1345), vorwiegend zu *β.β-Dichlorvinyltrichlorsilan* (**III**), nicht zu α.β-Dichlorvinyltrichlorsilan. Die Strukturbest. erfolgte nach WAGNER u. PINES (C. **1950.** II. 758) durch Seitenkettenabspaltung mit Basen, wobei *Vinylidenchlorid* (**IV**) entstand. An Hand der Eigg. u. Rkk. einer Reihe von halogensubstituierten Äthyl- u. Vinyltrichlorsilanen werden verschied. Reaktionsmechanismen zur Bldg. von **III** aus **I** u. **II** diskutiert. In diesem Zusammenhang wurde die Pyrolyse (Pyr.) von α- (**IX**) u. *β-Chloräthyltrichlorsilan* (**XIII**), *α.β-Dichloräthyltrichlorsilan* (**XIV**) u. *α.α.β-Trichloräthyltrichlorsilan* (**XVIII**) sowie die Behandlung mit Chinolin (Chin.) untersucht. Ferner wird die Pyr. von cis- u. trans-1.2-Dichloräthylen (**V** u. **VI**), **IV** u. Acetylen (**VII**) mit **II** beschrieben.

Versuche: Spaltung durch Zugabe von W. u. überschüssiger 40—50%ig. KOH oder NaOH-Lsg. zum Silan u. Destillation. — Pyr. durch Leiten des Silans durch einen Ofen bei 610° während 1—3 Std. — Chin. durch 1—2std. Erhitzen des Silans mit Chinolin. — Spaltung von 6,5 g **III** ($Kp._{738}$ 162°) gab 0,7 g **IV**, Kp. 32 bis 37°, n_D^{20} 1,4246; + Br_2 → *1.1-Dichlor-1.2-dibromäthan*, Kp. 175° (Zers.). — Spaltung von 9,9 g β.β-Dichlorvinyltri-n-butoxysilan gab 0,5 g **IV**. — Äthyltrichlorsilan u. Vinyltrichlorsilan (**VIII**) reagierten bei Pyr. u. Chin. nicht. — Pyr. von 94 g **IX** gab *Äthylen* (**X**), bestimmt als Äthylendibromid (**XI**; Kp. 130—132°, n_D^{20} 1,5384, $D.^{15}$ 2,16), 6,1 g $SiCl_4$ (**XII**; Kp. 58°) u. 16 g **VIII** (Kp. 88—91°). — Chin. von **IX** gab 10 g **XII** u. 14,7 g **VIII**. — Pyr. von 37 g **XIII** gab **X**, bestimmt als **XI** (4 g), 14 g **XII** u. 6 g **VIII**. — Chin. von 187 g **XIII** gab 3,3 g **XII** u. 71 g **VIII**. — *α.β-Dichloräthyltrichlorsilan* (**XIV**), $C_2H_3Cl_5Si$, $Kp._{13}$ 63—65°, aus **VIII** u. Cl_2 unter Eiskühlung u. Belichtung; $D.^{27}$ 1,53, n_D^{20} 1,4876; 64% (Ausbeute). — Pyr. von 72,5 g **XIV** gab 13,5 g **XII** u. 26,5 g Gemisch von α- u. *β-Chlorvinyltrichlorsilan* (**XV** u. **XVI**) [identifiziert durch Br_2-Anlagerung u. Spaltung zu ClBrC = CH_2 (Kp. 59—66°) u. CHCl= CHBr]. — Chin. von 289 g **XIV** gab 7,6 g **XII** u. 203 g **XV**, $C_2H_2Cl_4Si$, $Kp._{724}$ 124°, $D.^{28}$ 1,43, n_D^{20} 1,4638. — Pyr. von 45 g **XV** gab **VII**, 1,9 g HCl, 1 g **XII**. — Spaltung von **XV** gab *ClHC = CH_2*, identifiziert als *BrClHC=CH_2Br*, Kp. 170—180°, n_D^{20} 1,554, $D.^{22}$ 2,27. — *α.β-Dibrom-α-chloräthyltrichlorsilan* (**XVII**), $C_2H_2Cl_4Br_2Si$, $Kp._{14}$ 108°, aus **XV** u. Br_2 bei 250°; $D.^{27}$ 2,07, n_D^{20} 1,5492; 84%. — Spaltung von 29 g **XVII** gab 5 g *BrClC = CH_2*. — Pyr. von 59 g **XVII** gab 1,5 g **XII**. — *α.α.β-Trichloräthyltrichlorsilan* (**XVIII**), $C_2H_2Cl_6Si$, $Kp._{10}$ 78—80°, F. 56°, aus **XV** u. Cl_2 bei 40° unter Belichtung; 73%. — Chin. von 50 g **XVIII** gab 5,5 g **IV** u. 11 g **XII**. — Pyr. von **XVIII** gab HCl, **XII** u. **V** bzw. **VI** (+ Br_2 → *1.2-Dichlor-1.2-dibromäthan*, Kp. 188—193°, $D.^{25}$ 2,28, n_D^{19} 1,5672). — Spaltung von **XVIII** gab **IV**. — Pyr. von **VII** + 40 g **II** gab 23 g Reaktionsprod., davon 4,7 g **VIII** u. 2,8 g komplexe Silane. — Pyr. von 42 g **VI** + 54 g **II** gab 80 g Reaktionsprod., davon 19,9 g **XVI**, $C_2H_2Cl_4Si$, $Kp._{738}$ 133—135°, $D.^{22}$ 1,45, n_D^{20} 1,4735. **XVI** + Br_2 gaben *α.β-Dibrom-β-chloräthyltrichlorsilan*, $C_2H_2Cl_4Br_2Si$, $Kp._{10}$ 131—133°, welches bei Spaltung *ClHC = CHBr* lieferte. — Analog reagierten 22 g **V** u. 39 g **II** zu 13,7 g **XVI**. — Pyr. von 34 g **IV** + 46 g **II** gab 4,7 g **XV** oder **XVI**. (J. Amer. chem. Soc. **74.** 3895—99. 5/8. 1952. Northfield, Minn., St. Olaf Coll., Dep. of Chem.) GROSSE-RUYKEN. 980

Courtland L. Agre und **Wallace Hilling,** *Beobachtungen an einigen Silanen, welche Brom in Seitenketten enthalten.* Die Unters. der Seitenkettenabspaltung aus Halogenalkyltrichlorsilanen wird auf Silane mit Brom in der Seitenkette ausgedehnt. Es wird die Pyrolyse (Pyr.), Chinolinbehandlung (Chin.) u. Alkalispaltung (Spalt.) von *α.β-Dibromäthyltrichlorsilan* (**I**) u. *α.α.β-Tribromäthyltrichlorsilan* (**II**) beschrieben. **I** u. **II** werden durch Br_2-Anlagerung an Vinyltrichlorsilan (**III**) bzw. α-Bromvinyltrichlorsilan (**IV**) dargestellt. Während die Chin. von **I** nur **IV** u. $SiCl_4$ liefert, ist die Pyr. eine komplexe Rk., ähnlich wie bei der entsprechenden Chlorverb. (vgl. vorst. Ref.), es entstehen u. a. $SiCl_4$, $SiCl_3Br$, **IV**, *αβ-Bromvinyltrichlorsilan* (**IX**) u. *Äthinyltrichlorsilan* (**VII**). Als Ursache für die unerwartete Bldg. von $SiCl_4$ wird Disproportionierung von $SiCl_3Br$ vermutet. — Hochtemperatur-Rk. von Tribromäthylen (**V**) u. Trichlorsilan (**VI**) gibt ein Prod., das für *Bromäthinyltrichlorsilan* gehalten wird.

Versuche: *α.β-Dibromäthyltrichlorsilan* (**I**), $C_2H_3Cl_3Br_2Si$, $Kp._{11}$ 91°, $Kp._{18}$ 101°, $Kp._{70}$ 140°, $Kp._{735}$ 215°, aus **III** u. Br_2 bei höchstens 50° unter Belichtung; $D.^{21}$ 2,05, n_D^{20} 1,5370; 91% (Ausbeute). — Spaltung von 15 g **I** in W. mit überschüssiger NaOH-Lsg. gab *Vinylbromid*, bestimmt nach Br_2-Anlagerung als *1.1.2-Tribromäthan*, $Kp._{721}$ 187—190°, $D.^{20}$ 2,58, n_D^{20} 1,5890; 8 g. — Pyr. von **I** bei 620° gab u. a. HBr, $SiCl_4$, $SiCl_3Br$, *Äthinyltrichlorsilan* (**VII**), isoliert nach Br_2-Anlagerung als *α.β-Dibromvinyltrichlorsilan* (**VIII**), $C_2HCl_3Br_2Si$, $Kp._{11}$ 90°, $Kp._{735}$ 210—213°; $D.^{20}$ 2,1, n_D^{20} 1,5458, u. ein Gemisch von **IX** u. **IV**, Kp. 147—165°. — **VIII** gab bei Spaltung *1.2-Di-*

bromäthylen (**X**; Kp. 111—114°, $D.^{25}$ 2,3, n_D^{20} 1,5432). **IX** u. **IV** gaben mit Br_2 ein Gemisch von **II** u. *α.β.β-Tribromäthyltrichlorsilan*, $C_2H_2Cl_3Br_3Si$, $Kp._3$ 119—124°, $Kp._{10}$ 133—144°, $D.^{22}$ 2,2, n_D^{20} 1,566, welches bei Spaltung **X** u. *Vinylidenbromid* (**XI**); Kp. 88—92°, $D.^{25}$ 2,2, n_D^{24} 1,534) gab. — 520 g **I** u. 400 g Chinolin, während 90 Min. bis auf 165° erhitzt, gaben 54 g $SiCl_4$ u. 147 g *α-Bromvinyltrichlorsilan* (**IV**), $C_2H_2Cl_3$·BrSi, $Kp._{722}$ 146—148°, $Kp._{36}$ 60°; n_D^{25} 1,4920. — *α.α.β-Tribromäthyltrichlorsilan* (**II**, $C_2H_2Cl_3Br_3Si$, $Kp._6$ 105—109°, F. 65—70°, aus **IV** in CCl_4 mit Br_2 bei Zimmertemp.; $D.^{20}$ 2,86, n_D^{20} 1,6317. — Spalt. von 50 g **II** gab 6,6 g **XI**. — Pyr. von 70 g **II** bei 625° gab 25 g HBr, 17,1 g Silangemisch u. 20 g **II**. — 59 g **IX** u. **IV**, mit 58 g Chinolin bis zu 144° dest., gaben 10,1 g $SiCl_4$, 4 g **XI** u. ein Gemisch ungesätt. Silane. — Pyr. von 220 g **IX** u. **IV** bei 630° gab neben Ausgangsmaterial 5 g $SiCl_4$, 4 g $SiCl_3Br$ u. **VII**. — Pyr. von 26 g **V** u. 34 g **VI** gab 6,9 g wahrscheinlich *Bromäthinyltrichlorsilan*, C_2Cl_3BrSi, $Kp._1$ 76—80°, n_D^{25} 1,5240. (J. Amer. chem. Soc. **74**. 3899—3902. 5/8. 1952.)

Grosse-Ruyken. 980

A. M. Kinnear und **E. A. Perren**, *Bildung von Organophosphorverbindungen durch Reaktion von Alkylchloriden mit Phosphortrichlorid in Gegenwart von Aluminiumchlorid.* Viele Alkylchloride kondensieren mit PCl_3 u. $AlCl_3$ zu fl. oder festen Komplexen der wahrscheinlichen Zus. $[R\cdot PCl_3]^+[AlCl_4]^-$; diese geben mit W. in guten Ausbeuten *Alkylphosphonyldichloride*, R·$POCl_2$. n-Propyl- bzw. n-Butyl- bzw. Isobutylchlorid geben Prodd., die mit denen aus Isopropyl- bzw. sek.-Butyl- bzw. tert.-Butylchlorid ident. sind; überhaupt geben n. Verbb. mit mehr als 3 C-Atomen die entsprechenden methylverzweigten Chloride. Während Vinylchlorid nicht reagiert, wird mit Allylchlorid glatt *Allylphosphonyldichlorid* gebildet. Polyhalogenverbb., wie CH_2Cl_2, $CHCl_3$, CCl_4, $ClCH_2CH_2Cl$, CH_3CHCl_2, geben ebenfalls entsprechende Verbb. (allerdings unter verschied. Reaktionsbedingungen), während symm.-Tetrachloräthan, Penta- u. Hexachloräthan keine Phosphonylchloride bilden. Die aus CCl_4 erhaltene Verb. gibt mit Anilin kein Dianilid, sondern *Trianilinophosphinoxyd*. Tri- u. Tetrachloräthylen geben kaum oder gar nicht Phosphonylchlorid, aus letzterem wurde nur $POCl_3$ gebildet. Ebenso mißlangen Verss., Bisphosphonylderivv. herzustellen. Mit Ausnahme von Chlortrifluormethan, das nicht reagiert, geben brom- u. fluorsubstituierte KW-stoffe dieselben Verbb. wie die chlorsubstituierten. — Die Mechanismen der Komplexbldg. u. der Hydrolyse werden diskutiert (vgl. Clay, C. **1952**. 2986). — Werden die gebildeten Komplexe mit H_2S zers., so entstehen erst *Alkylthiophosphonyldichloride*, R·$PSCl_2$, dann *Dithiophosphoalkane*, R·PS_2, die vielleicht ebenso wie die daraus mit warmem W. erhältlichen Verbb. *RPOS* cycl. gebaut sind, da im Infrarotspektr. der letzteren die charakterist. P=O-Bande fehlt. Daß bei der Bldg. der Verbb. RPS_2 aus den Verbb. $RPSCl_2$ Verb. *RPS(SH)Cl* Zwischenprodd. sind, konnte dadurch gezeigt werden, daß im Falle von R = C_2H_5 bei Zugabe von A. zum Reaktionsgemisch die Verb. $C_2H_5\cdot PS(SH)OC_2H_5$ isoliert wurde. — Dichlorphosphinigsäureester, $ROPCl_2$, geben mit Alkylchloriden u. $AlCl_3$ ebenfalls Alkylphosphonyldichloride, wobei wahrscheinlich die Verbb. $RO\cdot PR'Cl_3$ Zwischenprodd. sind. Da auch Äther mit PCl_3 u. $AlCl_3$ Alkylphosphonyldichloride bilden, werden dabei zunächst Dichlorphosphinigsäureester u. Alkylchlorid entstehen, die dann die angegebene Umlagerung eingehen. Äthyldichlorphosphin (**II**), an Stelle von PCl_3 verwandt, reagiert mit $AlCl_3$ sehr heftig; das entstehende Prod. scheint sich dann auch mit C_2H_5Cl umzusetzen, doch konnten bei der Hydrolyse keine einheitlichen Stoffe isoliert werden. Bei Behandlung mit A. wurde *Diäthylphosphinsäureäthylester* erhalten, der jedoch wahrscheinlich aus **II** über *Äthylphosphonigsäurediäthylester* durch dessen Umlagerung in Ggw. von C_2H_5Cl entstanden ist.

V e r s u c h e : Die *$AlCl_3$-Komplexe* wurden durch Rk. der Komponenten bis zur vollständigen Auflsg. des $AlCl_3$ gewonnen; in einigen Fällen mußte im geschlossenen Gefäß gearbeitet werden; meist wurde bei n. Temp. umgesetzt, oftmals jedoch auch in der Siedehitze oder bei 100° im geschlossenen Gefäß. Die erhaltenen Komplexe wurden in CH_2Cl_2 bei —20° (festes CO_2) mit W. versetzt; es wurde schnell filtriert u. dest.; die *Phosphonyldichloride* wurden durch Rk. mit überschüssigem Anilin in Bzl. meist als *Dianilide* charakterisiert; diese konnten aus wss. A. bzw. Bzl.-Chlf. umkrist. werden. Einige Komplexe wurden bei —20° durch Versetzen mit A. verestert. Im einzelnen wurden nachst. *Phosphonyldichloride* isoliert: *CH_3-* $Kp._{760}$ 162°, F. 33, aus CH_3Cl; 68% (Ausbeute). *Dianilid*, $C_{13}H_{15}ON_2P$, F. 156—157°. — *C_2H_5-*(**IV**), $Kp._3$ 34°, $Kp._{30}$ 88°, aus C_2H_5Cl, 82%; entsteht auch mit $PFCl_2$ (22%) u. PF_2Cl (15%). *Dianilid*, $C_{14}H_{17}$·ON_2P, F. 148—149°. *Diäthylester*, $C_6H_{15}O_3P$, $Kp._4$ 65°; 92%. Mit **II** wurde bei direkter Veresterung des Komplexes *Diäthylphosphinsäureäthylester*, $C_6H_{15}O_2P$, $Kp._1$ 68°, erhalten; 75%. Mit $C_2H_5OPCl_2$ entstand bei direkter Veresterung des Komplexes *Äthylphosphonsäurediäthylester*, $C_6H_{15}O_3P$, $Kp._2$ 67°. — *$(CH_3)_2CH$—*, $Kp._{0,5}$ 35°, $Kp._2$ 62°, aus $(CH_3)_2CHCl$ 70%, aus n-C_3H_7Cl 90%, aus **II** u. n-C_3H_7Cl 45%. *Dianilid*, $C_{15}H_{19}ON_2P$, F. 199—200°. Aus $(CH_3)_2CHCl$ u. **II** entsteht ein Cl-freies Prod., wahrscheinlich *Äthylisopropylphosphinsäureanhydrid*, $C_{10}H_{24}O_3P_2$, Kp.$_1$ 143°. — *sek.-C_4H_9—* (**VI**), Kp.$_3$ 59°, aus sek.-C_4H_9Cl 83%, aus n-C_4H_9Cl 93%. *Dianilid*, $C_{16}H_{21}ON_2P$, F. 152—153°. Zum Vgl. wurde *n-Butylphosphonyldianilid*, $C_{16}H_{21}ON_2P$, F. 147—148°, aus dem aus n-Butylphosphonsäurediäthylester durch Kochen mit $SOCl_2$ erhaltenen Prod. gewonnen. — *tert.-C_4H_9—*, F. 110°, aus tert.-C_4H_9Cl 81%, aus Isobutylchlorid 92%, aus $Cl_2POCH\cdot(CH_3)_2$ u. tert.-C_4H_9Cl 75%. *Dianilid*, $C_{16}H_{21}ON_2P$, F. 256—257°. — *1-Methylpentadecyl-*, $C_{16}H_{33}OCl_2P$, Kp.$_1$ 165°, aus Cetylchlorid; 60%. — *Cyclohexyl-*, $C_6H_{11}OCl_2P$, Kp.$_1$ 90°, aus Cyclohexylchlorid; 82%. *Dianilid*, $C_{18}H_{23}ON_2P$, F. 229—230°. — *Benzyl-*, F. 57,5°, Kp.$_2$ 130°, aus Benzylchlorid; 62%. *Dianilid*, $C_{19}H_{19}ON_2P$, F. 185—186°. — *1-Chloräthyl-* (**III**), Kp.$_{15}$ 80—84°, Kp.$_3$ 57°, aus Vinylchlorid Spuren, aus 1.1-Dichloräthan 75%. *Dianilid*, $C_{14}H_{16}ON_2ClP$, F. 152—153°. — *Allyl-*, $C_3H_5OCl_2P$, Kp.$_3$ 55°, aus Allylchlorid; 53%. *Dianilid*, $C_{15}H_{17}ON_2P$, F. 136—137°. — *Chlormethyl-*, $CH_2\cdot OCl_3P$, Kp.$_{0,5}$ 50°, Kp.$_3$ 66°, aus Methylenchlorid 85%, aus CH_2Br_2 35%, aus $ClCH_2Br$ 35%. *Dianilid*, $C_{13}H_{14}ON_2ClP$, F. 97—125°. *Chlormethylphosphonsäure*, F. 89—90°; *Anilinsalz*, $C_7H_{11}O_3NClP$, F. 199—201°. — *Dichlormethyl-*, $CHOCl_4P$, Kp.$_9$ 79°, aus Chlf. 63%, aus CHF_2Cl 40%. *Dianilid*, $C_{13}H_{13}ON_2Cl_2P$, F. 176—177°. — *Trichlormethyl-*, F. 157—158°, aus CCl_4 85% (der *Komplex* schm. bei 105—108° [CH_2Cl_2]), aus CF_2Cl_2 50%, aus CCl_3Br 90%. *Anilid*, $C_7H_6ONCl_4P$, F. 124—125°. Verss. zur Darst. des Dianilids führten zu *Trianilinophosphinoxyd*, F. 216—217°. — *2-Chloräthyl-* (**V**), $C_2H_4\cdot OCl_3P$, Kp.$_6$ 77°, aus 1.2-Dichloräthan 58%, aus FCH_2CH_2Cl 35%. *Trianilid*, $C_{20}H_{22}\cdot ON_3P$, F. 166—167°, in der Hitze gewonnen. *Dianilid*, $C_{14}H_{16}ON_2ClP$, F. 170°. — *2.2.2-Trichloräthyl-*, Kp.$_1$ 65—66°, aus 1.1.2-Trichloräthylen; 20%. *Anilid*, $C_8H_8ONCl_4P$, F. 105—106°. — *α-Chlorbenzyl-*, $C_7H_6OCl_3P$, Kp.$_2$ 132°, F. 48°, aus Benzalchlorid; 40%. — *α.α-Dichlorbenzyl-*, $C_7H_5OCl_4P$, Kp.$_2$ 114—120°, aus Benzotrichlorid; 10%. — *4-Chlor-2-methylbutyl-*, $C_5H_{10}OCl_3P$, Kp.$_1$ 112—123°, aus 1.5-Dichlorpentan; 15%. — *1.1-Dichloräthyl-*, $C_2H_3OCl_4P$, F. 147—150°, aus 1.1-Dichlor-1-fluoräthan. — Mit nachst. Halogeniden bildeten sich nur undefinierbare Prodd., in einigen Fällen auch *$POCl_3$*: symm.-Tetrachloräthan, Pentachloräthan, Hexachloräthan, Tetrachloräthylen u. Chlortrifluormethan. — **III** wurde auch bei 10std. Kochen mit PCl_3 u. $AlCl_3$ u. nachheriger Hydrolyse unverändert zurückgewonnen, ohne daß ein Bisphosphonylderiv. entstand; dieses wurde auch nicht aus $ClCH_2CH_2Cl$ bei 24std. Kochen mit PCl_3 + $AlCl_3$ erhalten. — Auch Äther konnten mit PCl_3 u. $AlCl_3$ erfolgreich umgesetzt werden: **IV** aus 0,25 Mol Ae. u. je 0,5 Mol $AlCl_3$ u. PCl_3 erst bei 0°, dann 7 Std. bei 100° im Rohr; 28 g; **V** ebenso aus 2.2'-Dichlordiäthyläther; 23 g; **VI** ebenso aus Di-n-butyläther; 34 g. — Der aus gleichmol. Mengen **II** u. $AlCl_3$ bei nachherigem Sättigen mit Cl_2 u. anschließendem Durchleiten von CO_2 erhältliche *Komplex*, der auch aus $C_2H_5PCl_4$ u. $AlCl_3$ entsteht, schm. bei 201—235° u. bildet aus CH_2Cl_2 Nadeln. Er liefert bei Hydrolyse, bei 24std. Kochen mit n-C_3H_7Cl oder mit CCl_4 ausschließlich **IV**; 83 bzw. 81 bzw. 83%. — *Dithiophosphoäthan*, $C_2H_5S_2P$, Plättchen, F. 157° (CCl_4): In den festen Komplex aus C_2H_5Cl, PCl_3 u. $AlCl_3$ wurde bei 90—100° H_2S 200 Std. lang eingeleitet, die erhaltene Fl. in CH_2Cl_2 mit W. zers.; 85%; daraus entstand beim Erwärmen mit W. *Thiophosphoäthan* (**I**), C_2H_5OSP, F. 54—55° (Leichtbenzin); **I** wird durch sd. W. nicht zersetzt. *Äthylthiophosphonyldichlorid*, $C_2H_5Cl_2SP$, Kp.$_4$ 54° (*Dianilid*, $C_{14}H_{17}\cdot N_2SP$, F. 112—114°), bildete sich neben **I** (47%) bei 7std. Einw. von H_2S auf obigen Komplex; 32%. *O-Äthylhydrogenäthyldithiophosphonat*, $C_4H_{11}OS_2P$, Kp.$_1$ 85°, durch erschöpfendes Behandeln obigen Komplexes mit H_2S bei 130° u. anschließendem Umsatz mit A.; 40%. *Thiophosphomethan*, CH_3OSP, F. 197—200°, wie **I** aus dem Methylchlorid–PCl_3–$AlCl_3$-Komplex. Der Äthylchlorid–PCl_3–$AlCl_3$-Komplex, gelöst in CH_2Cl_2, wurde elektrolysiert: An der Anode schied sich $AlCl_3$ ab, während an der Kathode **IV** isoliert werden konnte. Elektrolysen bei höheren Stromstärken verliefen undurchsichtig. (J. chem. Soc. [London] **1952**. 3437—45. Sept. Porton, Near Salisbury, Wiltshire Exp. Establ.) ZIMMER. 980

Erich Adler und **Karl Johan Björkqvist**, *Synthese des α-[3.4-Dimethoxyphenyl]-glycerins.* Vff. synthetisieren im Rahmen der Strukturaufklärung des Lignins *α-[3.4-Dimethoxyphenyl]-glycerin* (*Veratrylglycerin*, **I**). Ein Vers., β-[3.4-Dimethoxyphenyl]-glycerinsäuremethylester aus Methylferulasäuremethylester (**VIII**) durch Oxydation mit Permanganat oder Bleitetraacetat darzustellen, schlug fehl. Bromierung von **VIII** in Chlf. zum *Dibromid* (**II**), Austausch des reaktionsfähigen, zum Kern α-ständigen Br-Atoms gegen OH (Verb. **III**) durch kurzes Erwärmen in Aceton–W. u. Acetylierung mit Essigsäureanhydrid–Kaliumacetat bei 100°, oder mit Essigsäureanhydrid–Pyridin bei Raumtemp. gab in 30- bzw. fast 100%ig. Ausbeute *α-Brom-β-acetoxydihydroferulasäuremethyläthermethylester* (**IV**), der auch aus **II** mit Eisessig–Kaliumacetat zu

30% erhalten wurde. Der Austausch des 2. Bromatoms gegen Acetoxyl war schwieriger: Die direkten Rkk. von **II** oder **IV** mit Kaliumacetat–Eisessig bei 80—100° ergaben nur sehr geringe Mengen *Veratryldiacetylglycerinsäuremethylester* (**V**), mit Kaliumacetat–Eisessig–Essigsäureanhydrid wurden 12—25% **V** erhalten. Aus **III** wurden schließlich mit überschüssigem Essigsäureanhydrid u. 2—3 Mol Kaliumacetat nach späterem Zusatz von Eisessig u. Erwärmen 30% **V** u. daraus dann mit 3 Mol $LiAlH_4$ 70% **I** (im wesentlichen nur eines der 2 möglichen Racemate) erhalten. Die Konst. von **I** wurde durch Perjodoxydation bei p_H 7 zu Veratrumaldehyd, HCOOH u. CH_2O bewiesen. — Wird bei der Acetylierung von **III** zum Sieden erhitzt, bildet sich *α-Bromferulasäuremethyläthermethylester* (**VI**), der kein Br_2 addierte u. dessen Konst. durch Vgl. der UV-Absorptionsspektren von **I**, **III**, **VI** u. **VIII** bewiesen wurde. In **III** läßt sich auch nach 6std. Erwärmen mit Kaliumacetat das Br nicht austauschen. Analog verhält sich der aus **II** mit CH_3OH erhaltene *α-Brom-β-methoxydihydroferulasäuremethyläthermethylester* (**VII**), der mit Ag-Acetat oder Ag-Benzoat (33std. Erhitzen) keine Rk. gab. α.β-Dibromdihydroferulasäuremethyläther (**IX**) gibt mit Aceton–W. *Methylferulasäure* (Abspaltung von HOBr aus prim. gebildetem Carbinol), mit Kaliumacetat–Eisessig bei Raumtemp. *3.4-Dimethoxy-β-bromstyrol*, mit Methanol **VII**.

Versuche: *Ferulasäuremethyläthermethylester* (**VIII**), F. 68—69° (Methanol), aus Ferulasäuremethyläther u. trockenem CH_3OH unter Einleiten von HCl bis zur Lsg., derbe Prismen; 87% (Ausbeute). — *α.β-Dibromdihydroferulasäuremethyläthermethylester* (**II**), $C_{12}H_{14}O_4Br_2$, F. 100—101° ($CHCl_3$–Hexan), aus **VIII** mit Br_2 in $CHCl_3$ bei $<15°$, Prismen; 83%. — *α-Brom-β-oxydihydroferulasäuremethyläthermethylester* (**III**), $C_{12}H_{15}O_5Br$, F. 136—137° (50% Aceton), aus **II** mit Aceton–W. (1 : 1) in 10 Min. unter Rückfluß (Nebenprod. Bromaceton), derbe Prismen; 92%. — *α-Brom-β-acetoxydihydroferulasäuremethyläthermethylester* (**IV**), $C_{14}H_{17}O_6Br$, F. 64—66° (CH_3OH), aus **II**, Eisessig u. wasserfreiem Kaliumacetat (28%), aus **III**, Essigsäureanhydrid u. wasserfreiem Kaliumacetat in 1 Std. bei 100° (25%), aus **III**, Essigsäureanhydrid u. Pyridin fast 100%; Stäbchen. — *α.β-Diacetyl-β-[3.4-dimethoxyphenyl]-glycerinsäuremethylester* (**V**), $C_{16}H_{20}O_8$, F. 102—103° (absol. A.), aus **II**, Eisessig, Essigsäureanhydrid u. Kaliumacetat in 6 Std. bei 100°; 12%; analog aus **IV** 25%; aus **IV**, Eisessig u. Silberacetat in 5 Std. bei 80°; 20%; aus **III**, Essigsäureanhydrid u. Kaliumacetat (1 Std., Wasserbad) u. dann Zusatz von Eisessig (weitere 2 Std.); 30%; Täfelchen. — *α-[3.4-Dimethoxyphenyl]-glycerin* (**I**), $C_{11}H_{16}O_5$, F. 109—110° ($CHCl_3$), $LiAlH_4$–Ae.-Lsg. in Kolben, worauf Extraktionsrohr mit **V** u. Rückflußkühler gesetzt ist, kochen. Nach 4—6 Std. bei 0° unter N_2 mit W. zerlegen, Ae.-Schicht eindampfen, Rückstand in $CHCl_3$ aufnehmen; wss. Suspension zentrifugieren, Lsg. mit CH_3COOH genau neutralisieren, im Vakuum eindampfen, mit $CHCl_3$ erwärmen u. filtrieren, Rückstand mit heißem A. ausziehen, eindampfen, in $CHCl_3$ lösen u. die vereinigten $CHCl_3$-Lsgg. mit Ae. fällen; Blättchen; 70%. — 1 Mol **I** in Eisessig verbraucht die theoret. Menge (2 Mol) $NaBiO_3$. Nach Rk. mit $NaJO_4$ mit 2.4-Dinitrophenylhydrazin in HCl versetzt, abgesaugt u. mit A. ausgezogen, gibt einen Rückstand von *Veratrumaldehyd-2.4-dinitrophenylhydrazon*, F. 258—260°; 83%; aus der A.-Lsg. krist. *Formaldehyd-2.4-dinitrophenylhydrazon*, F. 162—164°, goldgelb; 81%. — *α-Bromferulasäuremethyläthermethylester* (**VI**), $C_{12}H_{13}O_4Br$, F. 82—83° (A.), aus **III**, Essigsäureanhydrid u. Kaliumacetat in 1 Std. unter Rückfluß, Nadeln; 75%. — *α-Brom-β-methoxydihydroferulasäuremethyläthermethylester* (**VII**), $C_{13}H_{17}O_5Br$, F. 89—90° (CH_3OH), aus **II** u. CH_3OH bei Raumtemp. oder aus **IX** u. HCl-gesätt. Methanol in einigen Std.; 90%; Tafeln bzw. Prismen. — *3.4-Dimethoxy-β-bromstyrol*, $C_{10}H_{11}O_2Br$, F. 63—65° (Hexan), aus **IX**, Eisessig u. Kaliumacetat, 4 Std., Nadeln; 80%. (Acta chem. scand. **5**. 241—52. 1951. Stockholm, Schwed. Inst. für Holzforsch., Holzchem. Abt.) LIEBIG. 1070

Luigi Panizzi und **Rodolfo A. Nicolaus**, *Einwirkung von Benzoylchlorid auf p-toluolsulfinsaures Natrium.* Als Prod. der Rk. zwischen *p-toluolsulfinsaurem Na* (**I**) u. *Benzoylchlorid* (**II**) soll nach KOHLER u. MCDONALD [1899] ein Ketosulfonhydrat (p)-$CH_3 \cdot C_6H_4 \cdot SO_2 \cdot C(OH)_2 \cdot C_6H_5$ (**III**) entstehen. Bei der Nacharbeitung dieser Verss. erhielten Vff. als krist. Abscheidung aus dem öligen Rk.-Prod. (Öl „A") eine Substanz mit den Eigg. des von dem zitierten Autoren als **III** bezeichneten Prod., doch erwies sie sich nach Verh. u. Analyse als *Di-p-tolyldisulfoxyd*, $[(p)\text{-}CH_3 \cdot C_6H_4 \cdot SO]_2$ (**V**). Es scheint also nicht möglich, auf dem beschriebenen Weg zu dem Ketosulfon (p)-$CH_3 \cdot C_6H_4 \cdot SO_2 \cdot CO \cdot C_6H_5$ zu kommen, u. es werden daher die im Verlauf der Rk. gebildeten Prodd. näher untersucht. In dem NaCl-haltigen Rückstand wird *p-Toluolsulfonsäure* (**VII**) gefunden (gleichviel ob die Rk. im geschlossenen Rohr oder in sd. Xylol unter Rückfluß durchgeführt wird), u. im Öl „A" neben **V** *Benzoesäureanhydrid* (**IV**) nachgewiesen. Der gesamte Reaktionsablauf kann danach durch die Gleichung 3 (p)-$CH_3 \cdot$

$C_6H_4 \cdot SO_2Na + 2\,C_6H_5 \cdot COCl \rightarrow$ (p)-$CH_3 \cdot C_6H_4 \cdot SO - SO \cdot C_6H_4 \cdot CH_3$ + (p)-$CH_3 \cdot C_6H_4 \cdot SO_3Na + (C_6H_5CO)_2O + 2\,NaCl$ ausgedrückt werden. Es wird angenommen, daß prim. durch Einw. von **II** auf **I** das gemischte Anhydrid (p)-$CH_3 \cdot C_6H_4 \cdot SO \cdot O \cdot CO \cdot C_6H_5$ entsteht u. aus diesem **IV** sowie *p-Toluolsulfonsäureanhydrid*, das mit **I** das Disulfoxyd **V** bildet. Für diesen Mechanismus spricht auch, daß bei der Einw. von **IV** auf das Sulfinat **I** eine Dismutations-Rk. erfolgt zu (p)-$CH_3 \cdot C_6H_4 \cdot SO_3Na$ + (p)-$CH_3 \cdot C_6H_4 \cdot SO \cdot SO \cdot C_6H_4 \cdot CH_3 + 2\,C_6H_5COONa$. Die von KOHLER u. MCDONALD aus dem vermeintlichen Ketosulfon mit Ketonreagentien erhaltenen krist. Prodd. sind durch die reduzierende Wrkg. dieser Reagentien auf das Disulfoxyd **V** entstanden, wie an der glatten u. quantitativen Umsetzung von **V** mit Phenylhydrazin zu *Di-p-tolyldisulfid* u. p-Toluolsulfinsäure bewiesen werden kann.

Versuche: *Einw. von* **II** *auf* **I** (wasserfrei aus dem Dihydrat bei 110° oder im Vakuum), in trocknem Xylol, 8 Std., gibt gelbbraune Xylollsg. u. als Rückstand *p-Toluolsulfonsäure* (**VII**) (*Amid*, F. 136—137°). Aus der Xylollsg. *Di-p-tolyldisulfoxyd* (**V**) durch Verdampfen im Vakuum, Behandeln mit PAe., dann mit $2\,n\,Na_2CO_3$ u. W. u. Stehenlassen des erhaltenen gelbbraunen Öls („A") im Vakuumexsiccator als krist. Abscheidung, F. 78—79° (aus Ligroin); reagiert leicht mit Phenylhydrazin unter Gasentw., wird durch NH_3 oder Anilin nicht verändert. **V** wird auch durch Rk. von **I** u. **II** in trocknem Ae. im geschlossenen Rohr (110°, 72 Std.) erhalten, daneben im NaCl-haltigen Rückstand **VII**. — *Einw. von* NH_3 *u. von Anilin auf das Öl „A"*: Bei Durchleiten von NH_3-Gas durch Lsg. von „A" in Ae. Abscheidung von *Ammoniumbenzoat*; aus der Ae.-Lsg. wird nach Verdampfen des Ae. *Benzamid* mittels Ligroin von dem in diesem lösl. *Disulfoxyd* **V** abgetrennt. Setzt man tropfenweise Anilin zu „A" u. nimmt nach 12 Std. Stehen die halbfeste M. in Bzl. auf, so entsteht als krist. Rückstand *Benzanilid* u. aus der Lsg. nach Behandeln mit 2nNaOH (Auszug „b"), danach mit 2nHCl (Auszug „c") u. Eindampfen **V** u. aus dem wss.-alkal. Auszug „b" nach HCl-Zusatz *Benzoesäure*, aus „c" *Anilinhydrochlorid*. — *Einw. von Benzoesäureanhydrid auf* **I** (in Xylol, 8 Std.): Der Rückstand gibt nach 8std. Kochen mit HCl 1 : 1, dann Auflösen in 2nNaOH (zurück bleibt etwas **V**) u. Ansäuern *Benzoesäure*; aus der salzsauren Lsg. wird nach Ausäthern von wenig Benzoesäure u. Sulfinsäure, Eindampfen, Lösen des Rückstandes in A., Wiedereindampfen u. Behandeln mit PCl_5, dann NH_3 *p-Toluolsulfonamid* erhalten. Die Xylollsg. liefert nach Behandeln mit NaOH (im Filtrat Benzoesäure) **V**. — Einw. von Phenylhydrazin auf **V**: Bei gelindem Erwärmen N_2-Entw., mit Wasserdampf geht Bzl. über. Aus einem weiteren Ansatz wird nach Stehen über Nacht eine halbfeste M. erhalten u. mit Bzl. behandelt: Rückstand ist das *Phenylhydrazinsalz der p-Toluolsulfinsäure*, F. 160—165° (A.) (gibt mit Alkali Phenylhydrazin, mit konz. H_2SO_4 grünbraune, bei Wasserzusatz rote Färbung); aus der Benzollsg. nach Behandeln mit HCl bleibt *p-Ditolyldisulfid*, F. 44—46° (A.) zurück. (Gazz. chim. ital. **80**. 431—40. Juni 1950. Neapel, Univ., Ist. di Chim. organ.)

V. DECHEND. 1090

Theodor A. Liss, *Derivate von 3-Methoxy-4-nitrobenzoesäure und 3-Carbomethoxy-4-nitrobenzoesäure. 3-Methoxy-4-nitrobenzoylchlorid*, $C_8H_6O_4NCl$, F. 63—63,5°, aus der Säure mit PCl_5, 30 Min. auf dem Dampfbad; aus PAe. hellgelbe Nadeln. *Anilid*, $C_{14}H_{12}O_4N_2$, F. 162—163°, aus A. u. W. flache Platten. *Amid*, $C_8H_8O_4N_2$, F. 193 bis 196° (Erweichen bei 189°), aus A. große Kristalle. — *4-Nitro-3-carbomethoxybenzoylchlorid*, $C_9H_6O_5NCl$, F. 91—94° (PAe.), aus 4-Nitroisophthalsäuredimethylester über den Halbester. *Anilid*, $C_{15}H_{12}O_5N_2$, F. 140—142°, aus wss. CH_3OH Nadeln. *Amid*, $C_9H_8O_5N_2$, flache Kristalle, F. 196—198,5° (Methanol). (J. Amer. chem. Soc. **74**. 4969. 5/10. 1952. Pennsylvania, Lehigh Univ. Bethlehem, Wm. H. Chandler, Chem. Labor.)

HILDEGARD SCHULZ. 1200

V. Ettel, J. Weichet und **J. Spáčil**, *Einige Derivate der Phenoxyessigsäure.* Zur Unters. der Abhängigkeit der herbiciden u. fungiciden Wirkungen der halosubstituierten Phenoxyessigsäuren von der Stellung des Halogensubstituenten stellen Vff. folgende Verbb. dar: Aus Hydrochinon mit Chloressigsäure (**I**) *Hydrochinon-O.O-diessigsäure* (**VI**). Hieraus *2.5-Dibrom-* u. *2.5-Dichlorhydrochinon-O.O-diessigsäure* (**VII**). Konstitutionsbeweis der letzteren erfolgt durch Synth. aus 2.5-Dichloranilin durch Oxydation zu *2.5-Dichlorbenzochinon-(1.4)*, Red. mit SO_2 zu *2.5-Dichlorhydrochinon* u. Rk. mit **I**. Chlorierung von 2.5-Dichlorhydrochinon-O.O-diessigsäuredimethylester bei 110° führt neben *Chloranil* zu *Tetrachlorhydrochinon-O.O-diessigsäure*. Aus Salicylsäure wird durch Rk. mit **I** *Salicylsäure-O-essigsäure* (**VIII**) u. durch anschließende Chlorierung mit $KClO_3$ + HCl *5-Chlorsalicylsäure-O-essigsäure* (**II**), durch Chlorierung in Essigsäure bei 60—80° aber *3.5-Dichlorsalicylsäure-O-essigsäure* (**III**) dargestellt. Letztere ist ebenfalls aus **II** durch Rk. mit $KClO_3$ + HCl bei erhöhter Temp. darstellbar. Therm. Spaltung von **II** mit Cu-Bronze liefert *p-Chlorphenol* u. von **III** *2.4-Dichlorphenol* (**IV**). Aus **I** u.

p-Chlorthymol wird *p-Chlorthymol-O-essigsäure*, aus **IV** u. Dichloressigsäure *Bis-[2.4-dichlorphenoxy]-essigsäure* erhalten. — Ferner entsteht durch Diazotierung von p-Aminophenoxyessigsäure in Ggw. von $HgCl_2$ + HCl u. Verkochen mit Cu-Bronze *p-Chlormercuriphenoxyessigsäure*. — Kondensation von Resorcin mit Anilin liefert *3-Oxydiphenylamin* (**V**), das mit **I** *Diphenylamin-(3)-oxyessigsäure* (**IX**) ergibt. Analoge Rk., von Hydrochinon ausgehend, liefert *Diphenylamin-(4)-oxyessigsäure* (**X**). Schließlich wird aus **V** durch Acetanhydrid das *N.O-Diacetylderiv.* gewonnen, aus dem *N(?)-Acetyl-3-oxydiphenylamin* entsteht.

Versuche: *Hydrochinon-O.O-diessigsäure* (**VI**), F. 248°, durch Sieden von Hydrochinon + NaOH u. **I** in NaOH, Aufnehmen des beim Erkalten ausfallenden Kristallbreis in W. u. Ansäuern; 76,5% (Ausbeute). *Dimethylester*, $C_{12}H_{14}O_6$, F. 88 bis 89° (Methanol). — *2.5-Dichlorhydrochinon-O.O-diessigsäure* (**VII**), $C_{10}H_8O_6Cl_2$, F. 274—275° (Essigsäure), durch Einleiten von Cl_2 in 22,6 g vorst. Säure in Essigsäure bei 60—70°; 20,3 g. *Dimethylester*, $C_{12}H_{12}O_6Cl_2$, F. 176—178° (Essigsäure), durch Veresterung von 13 g der Säure, 12,7 g; oder aus 25,5 g vorst. Dimethylesters durch Chlorierung wie oben; 22 g. — *2.5-Dibromhydrochinon-O.O-diessigsäuredimethylester*, $C_{12}H_{12}O_6Br_2$, F. 190—191° (Essigsäure), aus 11,3 g **VI** u. 16 g Br_2; nach Erwärmen Filtrieren (16,5 g) u. Verestern mit Methanol. *Freie Säure*, $C_{10}H_8O_6Br_2$, F. 294—296° (Essigsäure); bei direkter Bromierung von **VI**-Dimethylester entsteht ein Gemisch von Säure u. Diester. — *2.5-Dichlorhydrochinon*, F. 168—170°, aus 2.5-Dichloranilin durch Oxydation zu 2.5-Dichlorchinon u. Red. mit SO_2 in wss.-methanol. Lsg.; bildet bei Rk. mit **I** wie oben **VII**. — *2.3.5.6-Tetrachlorhydrochinon-O.O-diessigsäure*, $C_{10}H_6O_6Cl_4$, F. 288—290° (Essigsäure), durch Chlorierung von 22 g **VII**-Dimethylester in Essigsäure + Jod bei 110°; Abtrennen von *Chloranil* (3,5 g goldgelbe Kristalle) durch Sublimation des Nd. u. Verseifen mit methanol. KOH; wird durch CrO_3-Oxydation in Essigsäure + H_2SO_4 in *Chloranil* zerlegt. *Dimethylester*, $C_{12}H_{10}O_6Cl_4$, F. 168°. — *5-Chlorsalicylsäure-O-essigsäure* (**II**), $C_9H_7O_5Cl$, F. 186—187°, durch Unterschichten einer Mischung von 12 g **VIII** (F. 188°) in konz. HCl mit 3 g $KClO_3$ in W. unter starkem Kühlen; 11,1 g; lösl. in organ. Lösungsmitteln u. in warmem Wasser. *Dimethylester*, $C_{11}H_{11}O_5Cl$, F. 66 bis 67° (Methanol); leicht verseifbar. — *3.5-Dichlorsalicylsäure-O-essigsäure* (**III**), $C_9H_6O_5Cl_2$, F. 202—203°, a) aus 1,5 g vorst. Verb. in konz. HCl durch Unterschichten mit $KClO_3$ bei 55°, 1,2 g; b) aus 12 g **VIII** in Essigsäure durch Einleiten von Cl_2 bei Wasserbadtemp.; 5,2 g; c) aus **VIII** durch Chlorierung mit der doppelten Menge $KClO_3$ wie bei b). *Monomethylester*, $C_{10}H_8O_5Cl_2$, F. 124—126° (Methanol). — Konstitutionsbeweis für **III**: *2.4-Dichlorphenoxyessigsäure*, F. 138—140°, aus **III** durch Erhitzen mit Cu-Bronze u. fraktionierte Dest.; aus den höhersd. Anteilen (*2.4-Dichlorphenol*) durch Rk. mit **I** in Alkali. — Konstitutionsbeweis für **II**: analog vorst. Rk. entsteht hier über *4-Chlorphenol* *4-Chlorphenoxyessigsäure*. — *4-Chlorthymol-O-essigsäure*, $C_{12}H_{15}O_3Cl$, F. 137—138° (Bzl.), aus 18,5 g *Chlorthymol* (F. 50—52°, aus Thymol durch Chlorieren in Essigsäure mit Cl_2 oder mit SO_2Cl_2), durch Neutralisieren einer wss. Lsg. mit Soda, Aufnehmen des Nd. in NaOH u. Rk. mit **I** wie oben; Kristalle aus Bzl.; 7,8 g. *Methylester*, $C_{13}H_{17}O_3Cl$, F. 51—52°. — *p-Chlormercuriphenoxyessigsäure*, $C_8H_7O_3ClHg$, F. 183—184° (W.), durch Diazotieren einer Lsg. von p-Aminophenoxyessigsäure in halbkonz. HCl u. $HgCl_2$ unter Kühlung, nach Stehen Zufügen von Cu-Bronze unter Rühren bei 3° (N_2-Entw.) u. Aufnehmen des Nd. in Methanol; 36%. *Äthylester*, $C_{10}H_{11}O_3ClHg$, F. 167—168°, aus p-Aminophenoxyessigsäureäthylester wie oben. — *3-Oxydiphenylamin* (**V**), F. 80—81°, durch Erhitzen von Resorcin, Anilin u. $ZnCl_2$ unter Abdest. des sich bildenden H_2O im Ölbad, Aufnehmen in NaOH u. Ausfällen mit Säure; 82%. — *3-Anilinophenoxyessigsäure* (*Diphenylamin-(3)-oxyessigsäure*; **IX**), $C_{14}H_{13}O_3N$, F. 139—140° (Bzl.), aus vorst. Verb. u. **I** wie oben; 85%. *Methylester*, $C_{15}H_{15}O_3N$, F. 69—70°. *Äthylester*, Kp.$_{16}$ 260—262°. — *3-Acetylanilinophenoxyessigsäure*, $C_{16}H_{15}O_4N$, F. 153°; leicht verseifbar. — *4-Anilinophenoxyessigsäure* (**X**), $C_{14}H_{13}O_3N$, F. 148°, analog **IX**. *Methylester*, $C_{15}H_{15}O_3N$, F. 85—86°, Kp.$_{16}$ 249—252°. — *N.O-Diacetyl-3-oxydiphenylamin*, $C_{16}H_{15}O_3N$, F. 65° (Methanol), Kp.$_{12}$ 225—230°, aus **V** durch Rk. mit Acetanhydrid; über 80%. — *N(?)-Acetyl-3-oxydiphenylamin*, $C_{14}H_{13}O_2N$, F. 156—158° (Methanol), aus vorst. Verb. durch vorsichtiges Verseifen mit 2 Äquivalenten NaOH in verd. wss.-alkoh. Lsg. u. vorsichtiges Ansäuern mit 1 Äquivalent H_2SO_4; 85%. — *Bis-[2.4-dichlorphenoxy]-essigsäure*, F. 152—153° (CH_3OH), aus **IV** u. Dichloressigsäure in Alkali; 45,5%. *Äthylester*, Kp.$_{11}$ 251—253°, F. 63°; 82%. (Collect. Trav. chim. Tchécoslov. **15.** 1050—68. 1950. Prag-Vysočany, Verein für chem. u. metallurg. Prod., organ. Forschungslabor.) LEHWALD. 1250

Alfred Burger und **Edwin D. Hornbaker**, *Einige aromatische Trifluormethylverbindungen. Die Rosenmund-Reduktion von Trifluormethylbenzoesäuren.* Die ROSENMUND-

Red. von m- (I) u. p-Trifluormethylbenzoylchlorid (II) liefert mit 75—80%ig. Ausbeuten *m-* bzw. *p-Trifluormethylbenzaldehyd.* — Zwecks chemotherapeut. Prüfung wurden einige Acyl- u. Arylsulfonylderivv. des *p-Aminobenzotrifluorids* (III) dargestellt.

Versuche (FF. korr.): *m-Trifluormethylbenzoesäure,* F. 102—105°; durch Aufgießen der GRIGNARD-Verb. aus 94,9 g m-Brombenzotrifluorid u. 10,6 g Mg in 250 cm³ wasserfreiem Ae. auf 175 g Trockeneis u. Zers. mit 500 cm³ eiskalter 3,5%ig. HCl; 76,5% (Ausbeute). — *p-Trifluormethylbenzoylchlorid* (II), $Kp._{16}$ 86—87°; aus p-Trifluormethylbenzoesäure mit $SOCl_2$; 80,5%. — *p-Trifluormethylbenzaldehyd,* durch Einleiten von H_2 in eine am Rückfluß sd. Mischung aus 16,2 g II, 100 cm³ wasserfreiem Xylol, 1,62 g 5%ig. Pd–$BaSO_4$-Katalysator u. 0,16 cm³ 10%ig. Chinolin-S-Reglerlsg. bis zum Aufhören der HCl-Entw., Klärung der Lsg. mit Norit, Filtrieren, Verdünnen mit 100 cm³ Ae., 12std. Schütteln mit 200 cm³ gesätt. $NaHSO_3$-Lsg., Waschen der Bisulfitverb. mit Ae., Zers. mit Na_2CO_3-Lsg. u. Extraktion des Aldehyds mit Ae.; 72% Rohausbeute. *Semicarbazon,* $C_9H_8ON_3F_3$, aus A. Blättchen, F. 193,5—194,5°. *3-Thiosemicarbazon,* F. 172—173°. — *m-Trifluormethylbenzaldehyd,* $Kp._{20}$ 79—83°; ebenso aus I; 81%. *2.4-Dinitrophenylhydrazon,* F. 260—261°. — Zur Darst. der p-Trifluormethylbenzamide u. -sulfonamide wurden 0,031 Mol Säurechlorid zu einer Lsg. von 5 g III in 10 cm³ Pyridin bei unterhalb 45° gegeben u. das Gemisch 30—45 Min. auf 80—90° erwärmt. *p-Benzamidobenzotrifluorid,* $C_{14}H_{10}ONF_3$, aus A. Blättchen, F. 205—206°. — *p-Benzolsulfamidobenzotrifluorid,* $C_{13}H_{10}O_2NF_3S$, aus PAe.-Bzl., F. 101—101,5°. — *p-[4-Nitrobenzamido]-benzotrifluorid,* $C_{14}H_9O_3N_2F_3$, aus verd. A. blaßgelbe Kristalle, F. 213,5—215,5°. — *p-[3-Nitrobenzolsulfamido]-benzotrifluorid,* $C_{13}H_9O_4N_2F_3S$, aus verd. A. Blättchen, F. 110,5—111°. — *p-[4-Acetamidobenzolsulfamido]-benzotrifluorid,* $C_{15}H_{13}O_3N_2F_3S$, aus verd. A., F. 192—193,5°. — *p-[4-Nitrobenzolsulfamido]-benzotrifluorid,* $C_{13}H_9O_4N_2F_3S$, aus verd. A. hellgelbe Kristalle, F. 150 bis 150,5°. — *N-[4-Trifluormethylphenyl]-phthalamidsäure,* $C_{15}H_{10}O_3NF_3$, F. 256,5 bis 257,5° (bei 211° Sintern); durch Einrühren von 5 g III in eine Lsg. von 6,9 g Phthalsäureanhydrid in 112 g Eisessig bei 30°; 49%. — *4.4'-Bis-[trifluormethyl]-benzalanilin,* $C_{15}H_9NF_6$, F. 87,5—88,5°, aus verd. A. hellgelbe Kristalle; durch 4std. Erwärmen von äquivalenten Mengen p-Trifluormethylbenzaldehyd u. III in A.-Lsg.; 91%. — *N-Allyl-N'-[3-trifluormethylphenyl]-thioharnstoff,* $C_{11}H_{11}N_2F_3S$, F. 94—94,5°, aus verd. A. Nadeln; durch 16std. Kochen von m-Aminobenzotrifluorid u. Allylisothiocyanat in A.; 75%. — *N-Allyl-N'-[4-trifluormethylphenyl]-thioharnstoff,* $C_{11}H_{11}N_2F_3S$, F. 142,5 bis 143,5°, aus A. Nadeln; ebenso mit III; 91%. (J. org. Chemistry **18.** 192—95. Febr. 1953. Charlottesville, Va., Univ. of Virginia, Cobb Chem. Labor.) FORCHE. 1310

Robert R. Sealock, Merrill E. Speeter und **Richard S. Schweet,** *Synthese, Spaltung und Konfigurationsbeweis der Isomeren des m-Tyrosins.* Das durch ERLENMEYER-Kondensation von Acetylglycin (I) u. m-Oxybenzaldehyd (II) dargestellte *2-Methyl-4-[3'-acetoxybenzal]-5-oxazolon* (III) ergab durch HJ-Spaltung *DL-m-Tyrosin* (DL-IV). Die Darst. der opt.-akt. Formen von IV gelang über die Brucinsalze der Formylverb. von DL-IV. Von den erhaltenen Aminosäuren besitzt das linksdrehende Isomere (D-IV) L-Konfiguration, wie durch die D-Aminosäureoxydasemeth. von KREBS (Biochem. J. **29.** [1935.] 1620) u. durch die Meth. von LUTZ u. JIRGENSON (Ber. dtsch. chem. Ges. **64.** [1931.] 1221; **63.** [1930.] 448) nachgewiesen wurde. Die mit dem rechtsdrehenden Isomeren (D-IV) erhaltenen Ergebnisse waren damit in Übereinstimmung. — Es wurde weiter gezeigt, daß die Red. von *α-Acetamido-m-oxyzimtsäure* (VI, aus III) mit PtO_2-Katalysator *N-Acetylcyclohexylalanin* (VII) ergibt.

Versuche: *2-Methyl-4-[3'-acetoxybenzal]-5-oxazolon* (III), $C_{13}H_{11}O_4N$, F. 118 bis 120°, durch 6std. Erhitzen von je 0,5 Mol I, II u. Na-Acetat in 1,5 Mol Acetanhydrid, gelbe Kristalle aus Essigester + „Skellysolve"; 67—75% (Ausbeute). — *DL-m-Tyrosin* (DL-IV), $C_9H_{11}O_3N$, F. 283° (Zers.), durch 2½std. Erhitzen von 0,2 Mol III mit 250 cm³ Eisessig + 250 cm³ HJ (D. 1,7) u. 20 g rotem P; 60—70%. — *Formyl-DL-m-tyrosin* (DL-V), $C_{10}H_{11}O_4N$, F. 136—138°, Platten aus W.; 89%. — Spaltung von DL-V: 37 g DL-V u. 69,3 g Brucin werden in 1900 cm³ 95%ig. A. heiß gelöst; in der Kälte fällt das *Brucinsalz* von *Formyl-D-m-tyrosin* aus, aus A., $[\alpha]_D^{25}$ —37,3° (1%ig in W.); 82%. *Brucinsalz von Formyl-L-m-tyrosin* aus den alkoh. Mutterlaugen, aus W., $[\alpha]_D^{25}$ +0,73° (1%ig in W.); 46%. *Formyl-D-m-tyrosin* (D-V), $C_{10}H_{11}O_4N$, F. 146—148°, aus der wss. Lsg. des Brucinsalzes u. 2nNaOH bei 40°, Abkühlung, Entfernung des Brucins durch Absaugen u. Chloroformextraktion, Ansäuern, Platten aus W., $[\alpha]_D^{27}$ —44,7° (1%ig in W.); 40%. *Formyl-L-m-tyrosin* (L-V), F. 148—149°, $[\alpha]_D^{27}$ +45,7° (1%ig in W.). *D-m-Tyrosin* (D-IV), $C_9H_{11}O_3N$, F. 275—276°, durch 4std. Erhitzen von D-V mit 10 Voll. 10%ig. Essigsäure, Platten (aus HCl oder W.), rechtsdrehend; 56%. *L-m-Tyrosin* (L-IV), linksdrehend. — *α-Acetamido-m-oxyzimtsäure* (**VI**), $C_{11}H_{11}O_4N \cdot H_2O$, F. 140—142°, aus **III** mit wss. NaOH bei 60°, gelbe Kristalle; 80%. — *N-Acetylcyclohexylalanin* (**VII**), $C_{11}H_{19}O_3N$, F. 174—175°, durch 2std. Hydrierung von **VI** in Eisessig bei 40 at in Ggw. von PtO_2, Platten aus Wasser. — *β-DL-Cyclohexylalanin*, $C_9H_{17}O_2N$, F. 229—230° (Zers.), durch 12std. Erhitzen von **VII** mit n-HCl. — *N-Formyl-DL-cyclohexylalanin*, $C_{10}H_{17}O_3N$, F. 135—136°, aus W.; 80%. — *N-Benzoyl-DL-cyclohexylalanin*, F. 184 bis 185°. (J. Amer. chem. Soc. **73**. 5386—88. Nov. 1951. Ames, Io., Iowa State Coll., Dep. of Chem.) K. F. MÜLLER. 1350

Robert A. Benkeser und **Donald J. Foster**, *Die Reaktion von Organosilanen mit Natrium–Kalium-Legierung*. Die nähere Unters. der Rk. von *Phenylsilan* (**I**), *Diphenylsilan* (**II**) u. *Triphenylsilan* (**III**) mit Na/K-Legierung (1 : 5) (**IV**) (vgl. C. **1953**. 5658) ergab, daß **I** u. **II** Phenylgruppen als C_6H_5Na oder C_6H_5K abspalten, welche mit dem Ausgangsmaterial *Tetraphenylsilan* (**V**) bilden. Als Nebenprodd. entstehen dabei *Triphenylsilanol* (**VI**) u. **III** über *Triphenylsilylkalium* (**VII**), ferner SiO_2 durch vollständige Abspaltung der Phenylgruppen. Bei **III** tritt nur geringe Spaltung u. überwiegend Bldg. von **VII** ein, welches mit C_6H_5Br zu **V** oder mit $(CH_3)_3SiCl$ zu *1.1.1-Trimethyl-2.2.2-triphenyldisilan* umgesetzt werden kann.

V e r s u c h e : 13 g **III** u. 7 g **IV**, einige Std. bei Zimmertemp. in Ae. gerührt, gaben nach Hydrolyse mit 6nHCl 0,6 g **V**, 5,6 g **VI** u. 4,2 g **III**. — 9,2 g **II** u. 7 g **IV**, wie vorst. behandelt, gaben 6,8 g **V**, 0,7g **III**, 0,4 g **VI**. — 10,8 g **I** u. 6 g **IV** gaben 5,6 g **V**, 0,5 g **VI** u. 0,8 g **III**. (J. Amer. chem. Soc. **74**. 4200—01. 20/8. 1952. Lafayette, Ind., Purdue Univ., Dep. of Chem.) GROSSE-RUYKEN. 1380

O. A. Reutow und **O. A. Ptitzyna**, *Arylierung metallorganischer Verbindungen des dreiwertigen Antimons mittels Diazoverbindungen*. Die den Arylierungen durch Diazoniumsalze oder -doppelsalze zugrunde liegenden Rkk. lassen sich durch die Gleichungen $ArSbX_2 + Ar'N_2Y \rightarrow ArAr'SbX_2Y + N_2$ u. $Ar_2SbX + Ar'N_2Y \rightarrow Ar_2Ar'Sb \cdot XY + N_2$ (X, Y = Cl^- oder $CH_3CO_2^-$) darstellen. *Triphenylantimondiacetat*, aus $(C_6H_5)_2SbOCOCH_3$ u. $C_6H_5N_2OCOCH_3$ (**I**) in Aceton bei Zimmertemp.; 26% (Ausbeute). — *Phenyl-p-tolylantimontrichlorid*, F. 150—151,5°; aus $p\text{-}CH_3C_6H_4SbCl_2$ (**II**) u. **I** u. Erwärmen des entstehenden *Phenyl-p-tolylantimondichloridacetats* mit 5nHCl. — *Phenyl-p-tolylstibinsäure*, F. 155—160°; aus vorst. Trichlorid; 92% (auf **II** bezogen). — *Di-p-tolylantimondichloridacetat*, aus **II** u. $p\text{-}CH_3C_6H_4N_2OCOCH_3$ (**III**) in Aceton; 20% neben 60% des *Doppelsalzes $p\text{-}CH_3C_6H_4Sb(OCOCH_3)_2 \cdot p\text{-}CH_3C_6H_4N_2OCOCH_3$*. — *Tri-p-tolylantimondiacetat*, aus $(p\text{-}CH_3C_6H_4)_2SbOCOCH_3$ u. **III**; 59%. Hieraus durch Hydrolyse *$(p\text{-}CH_3C_6H_4)_3Sb(OH)OCOCH_3$*. — *Tri-o-chlorphenylantimondichlorid*, aus $(o\text{-}ClC_6H_4)_2SbC$ (**IV**) u. $o\text{-}ClC_6H_4N_2Cl \cdot SbCl_3$ (**V**) in Aceton bei Zimmertemp.; 73%. — *p-Nitrophenyldi-o-chlorphenylantimondichlorid*, F. 202°; aus **IV** u. $p\text{-}NO_2C_6H_4N_2Cl \cdot SbCl_3$ (**VI**) in Aceton; 45%. — *o-Chlorphenyldi-o-phenetylantimondichlorid*, F. 189 bis 190°; aus $(o\text{-}C_2H_5OC_6H_4)_2SbCl$ (**VII**) u. $o\text{-}ClC_6H_4N_2Cl \cdot ZnCl_2$; nach Beendigung der N_2-Entw. wird ½ Std. auf 56° erwärmt; 74%. — *p-Nitrophenyldi-o-phenetylantimondichlorid*, F. 230°; aus **VII** u. **VI**; 82%. — Die Leichtigkeit u. sogar die Möglichkeit des Ablaufs der Arylierung hängt vom Charakter der Radikale in der Sb-organ. Verb. u. auch der zur Arylierung angewendeten Verb. ab. So reagiert $C_6H_5SbCl_2$ mit $C_6H_5N_2Cl \cdot SbCl_3$ bei Zimmertemp.; aber die Rk. von **II** mit $p\text{-}CH_3C_6H_4N_2Cl \cdot SbCl_3$ läßt sich auch in sd. Aceton nicht realisieren. **IV** u. $(o\text{-}ClC_6H_4N_2Cl)_2 \cdot ZnCl_2$ (**VIII**), ebenso **VII** u. $(o\text{-}C_2H_5OC_6H_4N_2Cl)_2 \cdot ZnCl_2$ reagieren in sd. Aceton nicht, während sich **VII** mit **VIII** schon bei Zimmertemp. umsetzt. Am reaktionsfähigsten sind Diazoacetate. (Доклады Академии Наук СССР [Ber. Akad. Wiss. UdSSR] [N. S.] **89**. 877—80. 11/4. 1953. Moskau, Lomonossow-Univ.) R. KNOBLOCH. 1380

H. Schmid und **K. Schmid**, *Zur Kenntnis der Claisen-Umlagerung*. 1. Mitt. *Versuche mit ¹⁴C*. 2. Mitt. (1. vgl. C. **1952**. 1827.) Die o-CLAISEN-Umlagerung verläuft nicht intermol., sondern intramol. (bisherige Beweise für diese Theorie waren nicht eindeutig): Ein äquimol. Gemisch von in ω-Stellung ^{14}C-markiertem *p-Kresylallyläther* (**I**) mit einer Umlagerungsgeschwindigkeitskonstanten von $7{,}7 \cdot 10^{-5}\,sec^{-1}$ mit *Allyl-[p-acetylphenyl]-äther* (**II**) mit einer Konstanten von $4{,}2 \cdot 10^{-5}\,sec^{-1}$ bei 200° wurde 3½ Std. auf 200° erhitzt. Bei einer intermol. Umlagerung hätten neben dem ^{14}C-markierten *3-[5'-Methyl-2'-oxyphenyl]-propen-(1)* (**V**) ein n. **V**, neben dem aus **II** entstandenen *3-[5'-Acetyl-2'-oxyphenyl]-propen-(1)* (**III**) ein ^{14}C-markiertes **III** entstehen müssen. Das in 52%ig. Ausbeute erhaltene **III**, das durch mehrmaliges Umkristallisieren u. Chromatographieren über Al_2O_3 gereinigt worden war, zeigte jedoch nur 0,007% der Radioaktivität des eingesetzten **I**. Daß mit der Umlagerung mindestens bei *Arylallyläthern* eine Allylverschiebung der wandernden Allylgruppe verbunden ist, wurde dadurch gezeigt, daß in ω-Stellung markierter I ausschließlich in α-Stellung markiertes V liefert, wie durch Abbau eindeutig festgestellt wird. Die Umlagerung wird erklärlich, wenn für sie ein quasicycl. Zwischenzustand (s. obenst. Formel) angenommen wird.

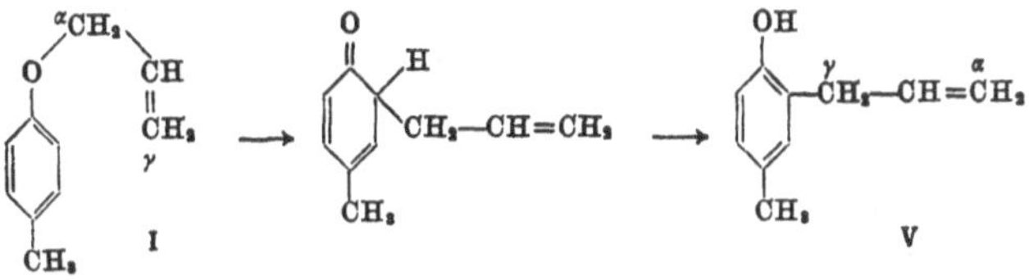

Versuche (FF. auf dem KOFLER-Block): $^{14}C_{(1)}$-*β-Oxypropionitril*, Kp.$_{10-11}$ 109 bis 111°, aus Äthylenchlorhydrin in sd. A. u. $K^{14}CN$ in W. durch 20std. Kochen u. Zugabe von Aceton; 83% (Ausbeute). — $^{14}C_{(1)}$-*β-Chlorpropionsäure*, F. 38—40°, aus vorst. Verb. u. konz. HCl im Bombenrohr bei 100°; Ausschütteln des in W. aufgenommenen Reaktionsprod. mit Ae. u. Sublimation bei 40—60° Badtemp./0,01 mm; 71%. *Methylester*, mit CH_2N_2 fast 100%. — $^{14}C_{(1)}$-*3-Chlorpropanol-(1)*, Kp.$_{10-11}$ 60 bis 61°, aus vorst. Ester u. $LiAlH_4$ in äther. Lsg. u. Zers. mit verd. HCl; 78%. — $^{14}C_{(1)}$-*3-[p Kresoxy]-propanol-(1)*, $C_{10}H_{14}O_2$, F. 34—35°, aus vorst. Verb., p-Kresol (Kp.$_{10,5}$ 90,5°) u. wss. NaOH durch 3std. Erhitzen auf 125°; Kp.$_{10-11}$ 150—151°; aus Ae.-PAe. Nädelchen; 85%. — $^{14}C_{(1)}$-*1-Chlor-3-[p-kresoxy]-propan*, $C_{10}H_{13}OCl$, Kp.$_{10-11}$ 130—131°, aus geschmolzener vorst. Verb. durch Zutropfen von $SOCl_2$ bei 0° u. 4std. Erhitzen auf 80° mit 3 Tropfen Pyridin u. Ausäthern; 85%. — $^{14}C_{(1)}$-*1-Jod-3-[p-kresoxy]-propan*, Kp.$_{0,4}$ 112—114°, aus vorst. Verb., Aceton u. Na durch 16std. Kochen unter Ausschluß von W., Abdest. u. Extraktion mit Ae.; >88%. — $^{14}C_{(1)}$ *Trimethyl-[3-(p-kresoxy)-propyl]-ammoniumjodid*, $C_{13}H_{22}ONJ$, F. 176—177°, durch Erhitzen von vorst. Verb. in wenig absol. A. mit wasserfreiem Trimethylamin im Bombenrohr auf 100°; aus A. Nädelchen; >93%. — $^{14}C_{(1)}$-*3-[p-Kresoxy]-propen-(1)* (*Allyl-[p-tolyl]-äther*) (I), aus vorst. Verb. in W. durch 10std. Verrühren mit AgOH bei 20°, mehrstd. Stehen, Eindampfen der filtrierten Lsg. bei höchstens 40°, Zers. durch Vakuumdest. bei 90—140°, Ausäthern des Destillats, Dest. bei 100—110°/10,5 mm u. Filtration in Pentan durch Al_2O_3; 83,5%. — $^{14}C_{(3)}$-*3-[5'-Methyl-2'-oxyphenyl]-propen-(1)* (V), aus I durch Abkühlen auf —80°, Einschmelzen im Hochvakuum in ein Bombenrohr, 13std. Erhitzen auf 200° u. Dest. bei 115—120°/11 mm; 85%. — *p-Kresoxyessigsäure*, F. 138 bis 139°, durch tropfenweise Zugabe von $KMnO_4$ in W. zu I in W. bei 0°, Entfärbung mit $NaHSO_3$, Ansäuern mit H_2SO_4, Sättigen mit $(NH_4)_2SO_4$, Extrahieren mit Ae., Ausschütteln mit $NaHCO_3$-Lsg. u. Ansäuern; aus Ae.-PAe. Prismen; 28%. Aus der Ätherlsg. $^{14}C_{(1)}$-*1.2-Dioxy-3-[p-kresoxy]-propan* (*Glycerin-α-[p-tolyl]-äther*) (IV), $C_{10}H_{14}O_3$, F. 71—72,5°; aus Ae.-PAe. Plättchen; 37%. — *p-Kresoxyacetaldehydsemicarbazon*, $C_{10}H_{13}O_2N_3$, F. 186,5—188° (CH_3OH), durch Versetzen von IV mit HJO_4 in W., Neutralisieren mit $NaHCO_3$, 12 Std. Stehen u. Ausschütteln mit Ae.; äther. Rückstand in wenig Methanol lösen u. mit Semicarbazidhydrochlorid u. Na-Acetat in W. 1 Std. auf 90—100° erhitzen; 40%. Die wss. Phase, mit Dimedon versetzt, mit Essigsäure schwach angesäuert u. 10 Min. auf 100° erhitzt, ergab ^{14}C-*Formaldimedon* (VI), F. 190 bis 191° (A.); 63,5%. — $^{14}C_{(3)}$-*3-[5'-Methyl-2'-methoxyphenyl]-propen-(1)*, aus V, KOH u. $(CH_3)_2SO_4$ bei 100°; Kp.$_{10}$ bei 95—100° Badtemp.; fast 100%. — $^{14}C_{(3)}$-*1.2-Dioxy-3-[5'-methyl-2'-methoxyphenyl]-propan*, $C_{11}H_{16}O_3$, F. 56—57°, aus vorst. Verb. mit OsO_4 in Ae. u. Pyridin durch Stehen über Nacht bei 20°, Abdest. im Vakuum, Behandeln des Rückstandes mit Chlf., NaOH, Mannit u. W. u. Ausschütteln mit Ae.; aus Aceton-PAe. Nädelchen; 60%. Spaltung von vorst. Verb. mit HJO_4 wie bei IV: Die wss. Phase ergab inakt. VI (73%), die äther. das $^{14}C_{(\alpha)}$-*[5'-Methyl-2'-methoxyphenyl]-acetaldehydsemicarbazon*, $C_{11}H_{15}O_2N_3$, F. 169—170°, aus CH_3OH Plättchen; 52%. — Die Best. der Umlagerungsgeschwindigkeit einiger Phenylallyläther wurde refraktometr. durchgeführt; die n-Werte steigen linear mit der Konz. an Allylphenol, wie an den Paaren I/V, II/III u. [*Naphthyl-(2)*]-*allyläther*/*1-Allylnaphthol-(2)* gezeigt wird. Die Konstanten wurden nach der Gleichung $k_T = 1/t \cdot 2{,}303 \cdot \log (x_0/x)$ für eine Rk. 1. Ordnung berechnet, wobei x_0 die Anfangskonz. des Allyläthers zur Zeit 0 in %, x die zur Zeit t bedeutet. — Für *p-Oxyacetophenon*, F. 106—107° (A. u. Bzl.), wird eine genaue Darst. aus Phenol, Acetylchlorid u. $AlCl_3$ in Nitrobenzol angegeben; 55% roh, 18% rein. — Zur Messung der Radioaktivität wurde die Substanz naß verbrannt u. CO_2 in $BaCO_3$ umgewandelt. Von jeder $BaCO_3$-Probe wurden 3 Platten mit 4—5 mg $BaCO_3/cm^2$ hergestellt, diese unter einer dünnwandigen GEIGER-MÜLLER-Glimmer-Endfensterröhre mit einer Geometrie von ca. 10 Desintegrationen pro Impuls bei einer 100fachen Untersetzung des Zählwerkes auf einen mittleren Fehler von <1% ausgezählt. Die Werte für die Selbstabsorption wurden berücksichtigt. — Umlagerung eines etwa gleichmol. Gemisches von I u. *3-[p-Acetophenoxy]-propen-(1)* (II): Es wurde im

Hochvakuum bei —80° eingeschmolzen u. 3½ Std. auf 200° erhitzt. In Ae. aufnehmen, äther. Lsg. wiederholt mit 2n Sodalsg. ausschütteln u. ansäuern; es fällt **III**; 24%. Ursprüngliche äther. Lsg. erschöpfend mit 1%ig. KOH ausziehen, ansäuern, in Ae. aufnehmen, Prozeß wiederholen; es werden weitere 28% **III**, $C_{11}H_{12}O_2$, erhalten. (Helv. chim. Acta **35.** 1879—90. 15/10. 1952. Zürich, Univ., Chem. Inst.) ENDRASS. 1460

W. N. Below, T. A. Rudolfi und **G. S. Schechtman,** *Neue Daten zur Acetylierung ungesättigter Kohlenwasserstoffe mittels Acetanhydrid in Gegenwart von Metallchloriden.* Vff. stellen für die Acetylierung von ungesätt. KW-stoffen mit Acetanhydrid in Ggw. von $ZnCl_2$ ein neues Reaktionsschema auf; bei Acetylen–KW-stoffen z. B. $C_6H_5 \cdot C \equiv CH + (CH_3CO)_2O + ZnCl_2 \rightarrow$ Komplex $\rightarrow ZnCl(OCOCH_3) + C_6H_5CCl{=}CHCOCH_3$. Bei Äthylen–KW-stoffen entstehen analog gesätt. *Chlorketone,* die zum Teil unter HCl-Abspaltung in *ungesätt. Ketone* übergehen. Der Komplex wird als Molekülverb. aus Metallchlorid u. entweder Acetanhydrid oder ungesätt. Ausgangs-KW-stoff angesehen. Das Auftreten der Chlorketone wird experimentell nachgewiesen.

Versuche: Acetylierung a) von *Cyclohexen* mit Acetanhydrid in Ggw. von $ZnCl_2$, 3 Std. bei 40—45°, ergibt ca. 10% *2-Chlor-1-acetylcyclohexan* (**I**, *Semicarbazon,* F. 156°) u. *Tetrahydroacetophenon* (ca. 25%), letzeres ein Gemisch der Δ^1- u. Δ^2-Verb.; b) von *Phenylacetylen;* man erhält *1-Chlor-1-phenylbuten-(1)-on-(3)* (31%), $Kp._{10}$ 137 bis 138°; $D.^{20}_4$ 1,2373; n_D^{20} 1,5930; Mol.-Refr. 49,47; *Semicarbazon,* F. 180,5—181°; c) von *Heptin-(1);* man erhält *4-Chlornonen-(3)-on-(2)* (20%), $Kp._{10}$ 93—95°; $D.^{20}_4$ 0,9939; n_D^{20} 1,4645; Mol.-Refr. 48,54; *Semicarbazon,* F. 137—138°. (Доклады Академии Наук СССР [Ber. Akad. Wiss. UdSSR] [N. S.] **88.** 979—82. 21/2. 1953. Allunions Wiss. Forschungsinst. für synth. u. natürl. Riechstoffe.) WINTER. 1560

A. T. Blomquist, Robert E. Burge jr., Liang Huang Liu, James C. Bohrer, Arthur C. Sucsy und **John Kleis,** *Vielgliedrige Kohlenstoffringe.* 4. Mitt. *Synthese von Cyclononin und Cyclodecin.* Die genannten cycl. C_9-(**II**) u. C_{10}-(**I**) Acetylene wurden nach einer modifizierten Meth. von CURTIUS (1889) synthetisiert. Sie enthielten kleine Mengen von Carbonylverbb. u. gesätt. KW-stoffen, aber keine isomeren Allene oder andere ungesätt. KW-stoffe, wie dieses bei der Darstellungsmeth. von RUZICKA u. Mitarbeitern (Helv. chim. Acta **16.** [1933.] 498) bzw. STOLL u. Mitarbeitern (Helv. chim. Acta **31.** [1948.] 543) der Fall ist. — *Cyclodecin* (**I**), $C_{10}H_{16}$, $Kp._{740}$ 203—204°: Sebacinsäuredimethylester → *Sebacoin* [55% (Ausbeute)] → *Sebacil* [73%] → *Sebacildihydrazon* [F. 121—123° (Zers.); 65%] → über die nichtisolierte Bis-diazoverb. → **I**; chromatograph. Reinigung über Silicagel; n_D^{20} 1,4903, $D.^{20}_4$ 0,8975; Ozonolyse gibt *Sebacinsäure,* F. 126—129°, *Bis-p-toluidid,* F. 198—200° korr.; Hydratation gibt *Cyclodecanon, Semicarbazon,* F. 203—205° korrigiert. — *Cyclononin* (**II**), C_9H_{14}, $Kp._{740}$ 177—178°, n_D^{20} 1,4891, $D.^{20}_4$ 0,8979; Hydratation gibt *Cyclononanon, Semicarbazon,* F. 179—180°. Kurven der Infrarotspektren von **I** u. **II** im Original. (J. Amer. chem. Soc. **73.** 5510—11. Nov. 1951. Ithaca, N. Y., Cornell Univ., Baker Labor. of Chem.) ROSDORFF. 1810

A. T. Blomquist, Robert E. Burge jr. und **Arthur C. Sucsy,** *Vielgliedrige Kohlenstoffringe.* 5. Mitt. *Cyclodecin, cis- und trans-Cyclodecen und verwandte Verbindungen.* (4. vgl. vorst. Ref.) In Analogie zur Darst. von Cyclooctin nach DOMNIN (J. gen. Chem. **8.** [1938.] 851) wurde *Cyclodecin* (**I**) aus Cyclodecanon (**II**) → *1.1-Dichlorcyclodecan* → *1-Chlorcyclodecen* (**IX**) → *1-Brom-2-chlorcyclodecen* (**VI**) → **I** in geringer Menge neben dem Hauptprod. *1.2-Cyclodecadien* (**VII**) erhalten. Es gelang jedoch nach CURTIUS (1889 bzw. 1891), **I** aus Sebacoin (**V**) über *Cyclodecandion-(1.2)* (**III**), Oxydation des **III**-Dihydrazons zur Bis-diazoverb. u. N_2-Abspaltung nahezu rein zu erhalten. **I** enthielt keine ungesätt. KW-stoffe, kleine Mengen **II** u. **III** wurden chromatograph. entfernt, Red. mit ADAMS-Katalysator gab Cyclodecan, Ozonolyse Sebacinsäure, Hydratation **II**. Hydrierung von **I** mit Pd-Katalysator führte zu *cis-Cyclodecen* (*cis*-**IV**), das auch durch Enthalogenierung von **IX** mit Na in fl. NH_3 erhalten werden konnte. *trans-Cyclodecen* (*trans*-**IV**) entstand durch Dehydratation von Cyclodecanol bzw. Einw. von Zn auf 2-Bromcyclodecanolacetat oder durch therm. Zers. von Cyclodecyltrimethylammoniumhydroxyd. Der Vgl. der Infrarotspektren der carbocycl. Verbb. mit denen der offenkettigen C_{10}-KW-stoffe zeigt eine weitgehende Übereinstimmung der charakterist. Absorption für die verschied. Atomgruppen. Erhitzen von cis- oder trans-**IV** auf 170—180° in Ggw. von β-Naphthalinsulfonsäure gibt ein Gemisch der beiden Isomeren, Messungen der Refraktion u. des Infrarotspektr. zeigen, daß sich trans-**IV** weniger leicht isomerisiert als cis-**IV**; beide Isomeren reagieren nicht mit Phenylazid, woraus zu schließen ist, daß beide Verbb. wahrscheinlich spannungsfrei sind. Infrarotspektren eines Gemisches von **I** u. **VII**, cis- u. trans-**IV**, **V**, **III**, **II** vgl. Original.

Versuche: *Sebacoin* (*2-Oxycyclodecanon*) (**V**), $Kp._6$ 113—114°, nach PRELOG u. Mitarbeitern (C. **1948.** I. 42) u. STOLL u. Mitarbeitern (C. **1948.** I. 40). Ausführung der gesamten Rk. unter N_2 einschließlich der Hydrolyse des Kondensationsprod., wobei die Temp. nicht über 25—30° steigen darf; 55% (Ausbeute). *Acetylderiv.*, $C_{12}H_{20}O_3$; Kp.$_4$ 166—117°, n_D^{20} 1,4780, D.$^{20}_4$ 1,0604. — *Cyclodecanon* (**II**), Kp.$_{12}$ 103 bis 105°, nach Prelog u. Mitarbeitern (l. c.) durch Red. von **V**; 80%. *Semicarbazon*, F. 203—205° (korr.). — *1-Chlorcyclodecen* (**IX**), $C_{10}H_{17}Cl$, Kp.$_{29}$ 121—124°, durch Eintragen von **II** in PCl_5 während 1½ Std., 4tägiges Stehen bei Zimmertemp. unter Ausschluß von Luftfeuchtigkeit u. mehrmalige Chromatographie an Silicagel zur Entfernung von **II**; n_D^{20} 1,5038, D.$^{20}_4$ 1,0165; 43,2%. — *1-Brom-2-chlorcyclodecen* (**VI**), $C_{10}H_{16}ClBr$, Kp.$_{1,5}$ 125—129°, durch langsames Hinzufügen von Br_2 in Chlf. bei 0° unter Schütteln zu vorst. Verb. in Chlf., 30 Min. Stehen, Aufnehmen des Chloroformrückstandes in A., langsames Eingießen in alkoh. NaOH u. 1½ Std. Kochen; n_D^{20} 1,5450; D.$^{20}_4$ 1,372; 26%. Enthalogenierung mit Na in A. (10 Tage Stehen bei Zimmertemp. u. gelegentliches Schütteln) gab einen fl. KW-stoff, $C_{10}H_{16}$, Kp.$_{13}$ 72—75°, dessen Infrarotabsorption die Anwesenheit eines Acetylens (**I**) u. eines Allens (**VII**) zeigte; n_D^{20} 1,5024; D.$^{20}_4$ 0,897; 1½ std. Ozonolyse gab *Sebacinsäure*, F. 124—128° (W.), u. *Azelainsäure*, F. 99—101°. — *Sebacil* [*Cyclodecandion-*(*1.2*)] (**III**), $C_{10}H_{16}O_2$, F. 40 bis 41°, durch Oxydation von **V** mir CrO_3 in Eisessig $< 20°$; Kp.$_{10}$ 104—105°; 73,2%. *Dihydrazon*, $C_{10}H_{20}N_4$, F. 121—123° (A.; Zers.). — *Cyclodecin* (**I**), $C_{10}H_{16}$, Kp.$_{740}$ 203 bis 204°, durch Oxydation vorst. Hydrazons mit HgO in Bzl. u. alkoh. KOH; Hauptfraktion Kp.$_{5-6}$ 59—60°; 36,3%. Chromatographie ohne Lösungsm. gab ein gelbes Band, wahrscheinlich eine Carbonylverb ; fraktionierte Dest. des A.-Eluates gab **I**, n_D^{20} 1,4903, D.$^{20}_4$ 0,8975. Hydrierung in Ggw. von PtO_2 führte zu *Cyclodecan*, $C_{10}H_{20}$, Kp.$_{740}$ 199—200°; n_D^{20} 1,4716, D.$^{20}_4$ 0,8575. Ozonolyse gab Sebacinsäure. Hydratisierung mit 80%ig. Essigsäure, H_2SO_4 u. Hg-Sulfat u. Umsetzen mit Semicarbazid führte zu **II**-Semicarbazon. — *cis-Cyclodecen* (*cis*-**IV**), $C_{10}H_{18}$, Kp.$_{740}$ 194—195°, a) durch Hydrierung von **I** über red. Pd/$BaCO_3$ in Äthylacetat; n_D^{20} 1,4850, D.$^{20}_4$ 0,8770; 70%; b) durch Versetzen von fl. NH_3 mit einer Lsg. von **IX** in Ae. unter Kühlen u. Rühren u. Eintragen von kleinstückigem Na während 2 Std., Versetzen mit NH_4Cl u. Stehen über Nacht bei Zimmertemp. u. Ae.-Extraktion; 50,4%; c) durch Behandeln von Cyclodecanol in Essigsäure mit trockenem HBr während 5 Std., Dest. gab 3 Fraktionen, von denen Nr. 3 *Cyclodecylbromid* (**VIII**) [$C_{10}H_{19}Br$, Kp$_{11}$ 119—121°, n_D^{20} 1,5125; 70,7%] war; Fraktion 1 enthielt ein Gemisch von *Cyclodecan* u. cis-**IV**, Chromatographie an Silicagel gab ein Prod. (n_D^{20} 1,4837), das 87,5% cis-**IV** enthielt; cis-**IV** verbraucht 1 Mol H_2; Ozonolyse gab Sebacinsäure. — *Cyclodecanol*, $C_{10}H_{20}O$, F. 40—41°, durch Red. von **II** mit $LiAlH_4$ in Ae.; n_D^{20} 1,4926; D.$^{20}_4$ 0,9626, Kp$_{10,5}$ 118—119°; 93,6%. — *1.2-Cyclodecandiol*, F. 135—138° (Bzl.), durch Red. von **V** a) mit Al-Isopropylat; 47%; b) mit $LiAlH_4$; 52%; c) mit Adams-Katalysator in absol. A.; 75%. *Diacetat*, $C_{14}H_{24}O_4$, Kp.$_5$ 150—151°, n_D^{20} 1,4667, D.$^{20}_4$ 1,0550. *Bis-p-nitrobenzoat*, $C_{24}H_{26}O_8N_2$, F. 164—165° (korr.). — *2-Bromcyclodecanolacetat*, $C_{12}H_{21}O_2Br$, Kp.$_{0,65}$ 112—116°, durch Einleiten von HBr in vorst. Verb. in Essigsäure unter 3½ std. Erhitzen auf 130—135°; n_D^{20} 1,5098, D.$^{20}_4$ 1,285; 64,5%. — *3-Bromcyclodecen*, $C_{10}H_{17}Br$, Kp.$_3$ 86—87°, durch Bromierung von trans-**IV** mit N-Bromsuccinimid in CCl_4, 1½ std. Kochen, n_D^{20} 1,5319; D.$^{20}_4$ 1,2438. — *3-Dimethylaminocyclodecen*, $C_{12}H_{23}N$, Kp.$_8$ 98°, aus vorst. Verb. u. Dimethylamin in Bzl., 3tägiges Stehen bei Zimmertemp. u. 3std. Kochen, Kühlen, Extrahieren des Filtrates mit verd. HCl, Alkalischmachen u. Ae.-Extraktion; n_D^{20} 1,4892; 70%. *Methojodid*, $C_{13}H_{26}NJ$, F. 195—197° (Zers.). — *Cyclodecyltrimethylammoniumjodid*, $C_{13}H_{28}NJ$, F. 265—265,5° (Zers.), durch Hydrierung des vorst. Amins mit H_2 über Pt-Oxyd während 7 Std., Behandeln der alkoh. Lsg. des gesätt. Amins mit CH_3J, 1std. Kochen u. Versetzen mit Isopropyläther; 95%. — *trans-Cyclodecen* (*trans*-**IV**), $C_{10}H_{18}$, Kp.$_{10}$ 68—70°, a) durch Erhitzen von Phthalsäureanhydrid auf 295° u. Hinzufügen von Cyclodecanol, Steigern der Temp. auf 340°; n_D^{20} 1,4822, D.$^{20}_4$ 0,8620; 80%; b) durch 7std. Kochen von 2-Bromcyclodecanolacetat mit Zn-Staub u. $ZnCl_2$ in Methanol, Filtrieren, Aufnehmen in Ae., Dest. u. Chromatographie, n_D^{20} 1,4820; D.$^{20}_4$ 0,8676; c) durch Behandeln von Cyclodecyltrimethylammoniumjodid in W. mit frisch gefälltem Ag_2O u. 3std. Rühren, Filtrieren u. Zers. des Sirups durch Erhitzen; 64%; nimmt mit Adams-Katalysator ein Mol H_2 auf; Ozonolyse gibt Sebacinsäure. — HBr-Abspaltung aus **VIII** durch 2std. Kochen mit Kollidin, Kühlen, Filtrieren u. nochmals Zugabe von Kollidin u. erneutes 3std. Kochen gab 60% **IV** (cis- u. trans-Verb.) mit durch Chromatographie zu entfernenden Spuren von **VIII**. (J. Amer. chem. Soc. **74**. 3636—42. 20/7. 1952.) Rosdorff. 1810

Tetsuo Nozoe, *Substitutionsprodukte von Tropolon und verwandten Verbindungen.* Vf. gibt eine Zusammenfassung seiner an anderen Stellen veröffentlichten Arbeiten über Substitutionsprodd. verschiedenster Art des *Hinokitiols* (*β-Thujaplicins, m-Isopropyltropolons*, **I**), über die Synth. von *Tropolon* (**II**) u. seinen Homologen u. ihre

Substitutions-Rkk., über die Resonanzformen von II, Substitutionsregeln u. ihre Erklärung, über die Umlagerung von I-Azoverbb. in chinoide II-Systeme u. über das Verh. der verschieden substituierten II-Verbindungen. (Nature [London] **167.** 1055—57. 30/6. 1951. Tohoku, Univ., Fac. of Sci., Chem. Inst.) NITZSCHKE. 1980

J. R. Bartels-Keith, A. W. Johnson und **W. I. Taylor,** *Synthetische Versuche in der Cycloheptatrienonreihe.* 1. Mitt. *Eine Synthese der Stipitatsäure.* Methoxybenzochinon reagiert ebenso mit Diazoessigester (I) wie 1.4-Naphthochinon: Es bildet sich *5-* (oder *6-*) *Methoxyindazol-4.7-chinon-3-carbonsäure,* die auch bei 200⁰ keinen N_2 abspaltet; Ringerweiterung, die direkt zum Methyläther der Stipitatsäure (IV) führen würde, findet also nicht statt. Dagegen liefert Veratrol (II) mit I einen *3.4-Dimethoxycycloheptatrien-1-carbonsäureester,* welcher ein Enoläther eines Dihydrotropoloncarbonsäureesters ist. Er gibt bei der oxydativen Hydrolyse mit Br_2 (in schlechterer Ausbeute auch mit Bromsuccinimid) den *Tropolon-β-carbonsäure* (III)-*Ester,* der, bezogen auf II, so in 7%ig. Ausbeute erhalten wird. Damit ist auch eine Synth. für *Tropolon* (V) gegeben, das aus III leicht durch Decarboxylierung gebildet wird. Als Nebenprod.

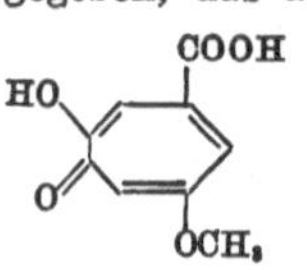

bei der Rk. zwischen I u. II bildet sich eine *Verb.* $C_8H_6O_4$, die kein V-Deriv. ist. — Analog III wurde aus 1.2.4-Trimethoxybenzol IV dargestellt. Neben IV wird ihr *Methyläther* isoliert, dem die nebenst. Konst. zukommen muß, da er bei $^1/_4$std. Erhitzen mit 48%ig. HBr noch nicht hydrolysiert wird, während V-Methyläther leicht durch Säuren u. Alkalien entmethyliert wird. — Die Infrarotmaxima von III-Äthylester werden angegeben, ebenso die UV-Absorptionskurven von III u. dem Ester.

Versuche: *5(6)-Methoxyindazol-4.7-chinon-3-carbonsäureäthylester,* $C_{11}H_{10}O_5N_2$, F. 245—247⁰ (Zers.), aus 3 g Methoxy-p-benzochinon in sd. Bzn. durch 1std. Zugabe von 2,4 g Diazoessigsäureäthylester (I), 1std. Kochen, Waschen des Nd. mit Aceton u. Sublimation bei 100⁰/1 mm; aus A. blaßgelbe Nadeln; 150 mg (Ausbeute). — *3.4-Dimethoxycycloheptatrien-1-carbonsäureäthylester,* $C_{12}H_{16}O_4$, Kp. 84—87⁰/1,3·10⁻⁴ mm, aus 200 g II durch 2std. Zugabe von 40 g I bei 150⁰, 3½std. Erhitzen bei derselben Temp., Abdest. von überschüssigem II bei 0,2 mm (Kp. 50—60⁰) u. Hochvakuumdest.; n_D^{16} 1,5175; 17,8 g; luftempfindlich; die UV-Maxima werden angegeben. — *Tropolon-β-carbonsäure* (III)-*Äthylester,* $C_{10}H_{10}O_4$, F. 90—91⁰, aus 1,84 g vorst. Ester in Chlf. durch Zugabe von Br_2 in Chlf., 5std. Kochen, Abdampfen, Lösen in Ae., Ausziehen mit gesätt. $NaHCO_3$-Lsg., Ansäuern der wss. Lsg., Ausäthern, Abdampfen u. Sublimation bei 80—100⁰/20 mm; aus PAe. gelbe Nadeln; 110 mg. Wird vor der Sublimation mit PAe. ausgezogen, dann der Rückstand mit Bzn., so wird aus der letzten Lsg. eine *Verb.* $C_8H_6O_4$ erhalten, die durch Sublimation bei 100⁰/0,05 mm u. Kristallisation aus n-Hexan gereinigt wird; Nadeln, F. 149⁰ (Zers.); 187 mg aus 15,2 g rohem Triencarbonsäureester; die UV-Maxima werden angegeben. — III, $C_8H_6O_4$, F. 217—219⁰, aus 64 mg Ester durch 2½std. Kochen mit Sodalsg.; bräunliche Nadeln; 52 mg; die Infrarotmaxima werden angegeben. — *1.2.4-Trimethoxybenzol,* Kp.$_{0,4}$ 96⁰, aus Methoxyhydrochinon durch Methylierung mit Dimethylsulfat; 60%. — *O-Methylstipitatsäureäthylester,* $C_{11}H_{12}O_5$, F. 154—156⁰, aus 600 g vorst. Verb. durch 2½std. Zugabe von 120 cm³ I bei 150⁰, 3½std. Rk. bei derselben Temp., Abdest. von viel überschüssiger vorst. Verb. bei 0,1 mm u. fraktionierte Dest. des Rückstandes; die Fraktion vom Kp. 80—100⁰/10⁻⁴ mm wurde in kleinen Anteilen in verd. Essigsäure mit Br_2 oxydiert; nach $^3/_4$std. Erhitzen auf dem Dampfbad, Abdest., Ausziehen mit n Sodalsg., Ansäuern mit 3n HCl, Ausäthern, Sublimation bei 100—110⁰/0,02 mm u. kurzem Ausziehen des Sublimates mit Ae. wurde mit sd. CH_3OH extrahiert; aus CH_3OH blaßgelbe Nadeln; 200 mg; die UV-Maxima werden angegeben. Aus dem äther. Auszug des Sublimates u. vorst. CH_3OH-Mutterlaugen wird eine *Verb.* $C_{10}H_{10}O_5$, F. 182—184⁰ (Zers.), isoliert; aus CH_3OH gelbe Nadeln; 30 mg; die UV-Maxima werden angegeben. Aus dem nicht sublimierbaren Rückstand wird durch Digerieren mit kaltem CH_3OH u. Kristallisation des Unlöslichen aus CH_3OH IV-*Äthylester,* $C_{10}H_{10}O_5$, F. 244⁰ (Zers.), erhalten; aus CH_3OH blaßgelbe Platten; 40 mg; die UV-Maxima werden angegeben. — *O-Methylstipitatsäure,* $C_9H_8O_5$, F. 262—264⁰ (Zers.), durch Verseifung des Esters bei 50⁰; aus CH_3OH flache blaßgelbe Nadeln; fast 100%; die UV-Maxima werden angegeben. — IV, $C_8H_6O_5$, F. 282⁰, a) aus vorst. Verb. durch 12std. Erhitzen mit 48%ig. HBr auf 110⁰; aus W. kleine, blaßgelbe Platten; b) aus dem Äthylester durch Verseifung bei 50⁰; alle beschriebenen IV-Derivv. geben mit alkoh. $FeCl_3$ Grünfärbung. (J. chem. Soc. [London] **1951.** 2352—56. Sept. Cambridge, Univ., Chem. Labor.) NITZSCHKE. 2050

Dorothy V. Nightingale, Jack D. Kerr, James A. Gallagher und **Millard Maienthal,** *Die Einwirkung von salpetriger Säure auf einige alicyclische Amine.* (Vgl. C. **1951.** II.

2452.) *2-Phenyl-4.5-dimethylcyclohexylamin* (**I**) reagiert mit HNO_2 unter Ringverengung zu *[2.3-Dimethylcyclopentyl]-phenylcarbinol* (**II**). Die Konst. von **II** ergab sich aus der CrO_3-Oxydation zu *[2.3-Dimethylcyclopentyl]-phenylketon* (**III**), das bei der SCHMIDT-Rk. in eine Mischung von wenig *N-[2.3-Dimethylcyclopentyl-(1)]-benzamid* u. *2.3-Dimethylcyclopentancarbonsäureanilid* überging. — Die *trans*-Formen von *2-Cyclohexyl-* (**V**), *4-Phenyl-* (**VI**), *4-Cyclohexyl-* (**VII**), *4-tert.-Butyl-* (**VIII**) u. *4-Methylcyclohexylamin* (**IX**), die durch Red. der entsprechenden Cyclohexanonoxime mit Na u. A. erhalten werden konnten (die cis-Verbb. wurden weder durch Pt- noch durch RANEY-Ni- noch durch Pd-Red. erhalten), lieferten dagegen in 49—60%ig. Ausbeute die entsprechenden *trans-Cyclohexanole*. Eine α-ständige Phenylgruppe scheint demnach die Ringverengerung zu begünstigen.

Versuche: *4-Phenylcyclohexanol*, durch katalyt. Hydrierung von 4-Oxydiphenyl. — *2-Cyclohexylcyclohexanol* (**IV**), aus 2-Cyclohexylcyclohexanon mit Na u. A. als Mischung von 87% *trans-* u. 13% *cis*-Form (*Phenylurethan*, F. 127—128°). — *trans-4-Phenylcyclohexylamin* (**VI**), $C_{12}H_{17}N$, F. 87—88°, aus 4-Phenylcyclohexanonoxim, a) in sd. A. mit Na, Zers. mit W. u. HCl, Eindampfen u. Behandeln mit 40%ig. NaOH bei $p_H > 11$; Kp.₃ 106—108°; 65%; b) durch katalyt. Hochdruckred. in A. in Ggw. von RANEY-Ni bei 75°; 40%. *Benzoylverb.*, $C_{19}H_{21}ON$, F. 213,5—214,5°. — *trans-4-Cyclohexylcyclohexylamin* (**VII**), $C_{12}H_{23}N$, Kp.₁ 105—115°, F. 92°; analog nach a); 50%. *Benzoylverb.*, $C_{19}H_{27}ON$, F. 215—216°. — *trans-4-tert.-Butylcyclohexylamin* (**VIII**), $C_{10}H_{21}N$, Kp.₁₉ 142—145°, F. 81—83°, analog nach a); 52%. *Benzoylverb.*, $C_{17}H_{25}ON$, F. 178—179°. — *trans-2-Phenylcyclohexylamin*, F. 55—56°, analog nach a), oder durch katalyt. Red. von 1-Nitro-2-phenylcyclohexen-(4) in Ggw. von RANEY-Ni. *Benzoylverb.*, F. 179—180°. — *[2.3-Dimethylcyclopentyl]-phenylcarbinol* (**II**), $C_{14}H_{20}O$, Kp.₁ 107 bis 115°, n_D^{25} 1,5232, durch Behandeln von **I** in 10%ig. Essigsäure mit wss. $NaNO_2$ bei 80—90° (2 Std.) u. Extrahieren mit Ae., neben einem Vorlauf vom Kp.₁ 90—101°, n_D^{25} 1,5228. — *[2.3-Dimethylcyclopentyl]-phenylketon* (**III**), $C_{14}H_{18}O$, Kp.₅ 110—112°, bei der Oxydation von **II** mit CrO_3 in Eisessig < 50°, Zers. mit W. u. Extrahieren mit Bzl.; n_D^{20} 1,5138. *2.4-Dinitrophenylhydrazon*, $C_{20}H_{22}O_4N_4$, F. 115—116°. — *2.3-Dimethylcyclopentancarbonsäureanilid*, $C_{14}H_{19}ON$, F. 110—111° (A., dann Leichtbenzin), durch Umsetzen von **III** in 90%ig. H_2SO_4 mit NaN_3 bei 0° (6 Std.), Gießen auf Eis, Neutralisieren mit 10%ig. NaOH u. Extrahieren mit Bzl.; nach dem Verseifen des harzigen Rückstandes mit alkoh. HCl Überführen der rohen 2.3-Dimethylcyclopentancarbonsäure in das Chlorid mit $SOCl_2$ u. Umsetzung mit Anilin. — *trans-4-Phenylcyclohexanol*, F. 117—118° (Bzl.), durch 12std. Kochen einer wss. Lsg. von **VI**-Hydrochlorid mit $NaNO_2$ u. Extrahieren mit Ae.; 53%. — *trans-4-Cyclohexylhexanol*, F. 102,5 bis 104°, analog aus **VII**; 49%. — *trans-4-tert.-Butylcyclohexanol*, F. 78—79°, aus **VIII**; 55%. — *trans-4-Methylcyclohexanol*, aus **IX**; 60%. *p-Nitrobenzoylverb.*, F. 64—64,5°. — *2-Cyclohexylcyclohexanol* (**IV**), analog aus **V**, als teilweise kristallisierende Fraktion (F. 47—48° [PAe.]) vom Kp.₁ 110—118°, n_D^{19} 1,4980, die 87% *trans-* u. 13% *cis*-Form enthält (*Phenylurethan*, F. 126—128°). Die Anwendung der früher beschriebenen Diazotierungsmeth. (vgl. l. c.) lieferte 4 Fraktionen: a) Kp.₄ 88—95°, n_D^{20} 1,4905, u. b) Kp.₄ 97—105°, n_D^{20} 1,4928, enthielten 40—50% Olefin; die Fraktionen c) Kp.₄ 105 bis 121°, n_D^{20} 1,4956, u. d) Kp.₄ 124—125°, n_D^{20} 1,4975, krist. nicht, ergaben aber ein **IV**-*Phenylurethan* vom F. 126—127°. (J. org. Chemistry **17**. 1017—22. Juli 1952. Columbia, Mo., Univ., Dep. of Chem.) GOLD. 2110

I. P. Zukerwanik, *Kondensation von Acetylen mit aromatischen Verbindungen.* Ein Auszug aus den im Бюллетень Академии Наук Узб.ССР [Bulletin der Akad. der Wiss. der UsbekSSR] **12.** [1946.] 3 u. in den Доклады Академии Наук Узб.ССР [Ber. der Akad. der Wiss. der UsbekSSR] **10.** [1949.] erschienenen Arbeiten des Vf. u. GARKOWETZ. Von wesentlicher Bedeutung bei der Kondensation von Bzl. mit C_2H_2 ist der angewendete Katalysator. In Ggw. eines aus Bauxit durch Chlorieren gewonnenen, $FeCl_3$ enthaltenden $AlCl_3$ werden nicht unbedeutende Mengen *Styrol* erhalten. Das gleiche bewirken Zusätze von $FeCl_3$, $TiCl_4$ oder $SnCl_4$ zu reinem $AlCl_3$, wobei ersteres bes. wirksam ist (bis zu 15% des Kondensates bestand aus Styrol). Die Ausbeute an Kondensat ist nicht hoch. In ihm wurde hauptsächlich *1.1-Diphenyläthan* festgestellt; außerdem wurden *9.10-Dimethylanthracen* u. *Distyrol* gefunden. Der harzartige Rückstand der Dest. gab bei der trockenen Dest. etwas *Styrol*, offenbar aus *Polystyrolharz* gebildet. Die früher bei Anwendung eines hochakt. $AlCl_3$ festgestellte Bldg. eines hochpolymeren, unlösl. Harzes läßt sich mit einem beliebigen $AlCl_3$ bei 70—80°, bes. in Ggw. von Luft, Spuren von Peroxyden, Hg-Salzen oder Fe-Pulvern erreichen, wobei das Verhältnis Bzl.: $AlCl_3$: C_2H_2 bes. wichtig ist. — Z. B. wurden bei Anwendung von 500 cm³ Bzl. u. 20 g $AlCl_3$ unter Durchleiten von 20 Litern C_2H_2 nur fl. Prodd. erhalten, dagegen mit 100 cm³ Bzl. u. 20 g $AlCl_3$ mit der gleichen Menge C_2H_2 120 g unlösl. Harz. Die Bldg.

von Harzen war das Haupthindernis bei der Erzielung hoher Ausbeuten an fl. Produkten. Hier half der $Hg-C_2H_2$-Komplex von NESSMEJANOW (Известия Академии Наук СССР, Отделение Химических Наук Bull. Acad. Sci. URSS [Cl. Sci. chim.] **1945**. 288). Für sich allein unwirksam, gab er bei Zusatz kleiner Mengen $AlCl_3$ hohe Ausbeuten an *1.1-Diphenyläthan* u. den gewöhnlichen Nebenprodukten. Mit diesem Komplex in Ggw. von H_2SO_4 entstand aus Resorcin *Vinylresorcin*, mit seiner Hilfe aus Anilin *Chinaldin*. Auch die früher vergeblich angestrebte Kondensation von Dimethylanilin mit C_2H_2 (oder CH_3CHO) gelang in Ggw. von $AlCl_3$, $SnCl_4$, $ZnCl_2$ oder H_2SO_4, wobei ident. Prodd. gewonnen wurden, u. a. bis zu 35% *α.β-Bis-[3-dimethylaminophenyl]-äthan*. (Доклады Академии Наук СССР [Ber. Akad. Wiss. UdSSR] [N. S.] **74**. 959—61. 11/10. 1950. Taschkent, Chem. Inst. der Akad. der Wiss. der UsbekSSR.)

G. FROELICH. 2210

Theodore August Jacob, G. Bryant Bachman und **Henry B. Hass**, *Synthese von 1.1-Bis-[alkoxyaryl]-2-nitroalkanen zur insekticiden Erprobung.* Die übliche Darstellungsmeth. von 1.1-Diaryl-2-nitroalkanen, Kondensation eines aromat. Aldehyds mit einem Nitroparaffinsalz, Zugabe von Säure zu dem 1-Aryl-2-nitroalkanol-(1)-Salz u. Kondensation des Alkohols mit einem aromat. Kern in Ggw. von H_2SO_4, $AlCl_3$ oder $ZnCl_2$ ließ sich nicht für 1.1-Bis-[alkoxyaryl]-2-nitroalkane benutzen, da an Stelle der gewünschten Alkohole zum großen Teil oder ausschließlich die entsprechenden Olefine entstanden. Diese Neben-Rk. konnte bei der Kondensation von Nitromethan-Na mit einem Aldehyd dadurch verhindert werden, daß das entstehende Salz getrocknet u. unter wasserfreien Bedingungen angesäuert wurde. Der Vers., Nitroäthan (I) u. Nitropropan mit Alkoxybenzaldehyden in Ggw. von Na-Methylat zu kondensieren, schlug fehl. Dagegen gelang es, die o-Methoxy- u. o-Äthoxybenzaldehydbisulfitverbb. mit I-Na umzusetzen u. den Nitroalkohol krist. zu erhalten. Die Anisaldehydbisulfitverb. lieferte jedoch ein Gemisch, aus dem die gesuchte Verb. nicht isoliert werden konnte. Die Rk. der Nitroalkohole mit den aromat. Verbb. erfolgte in Ggw. von H_2SO_4. Die Ausbeute an 1.1-Diaryl-2-nitroalkanen hing sehr von der Reinheit der Nitroalkohole ab. — Alle dargestellten Verbb. wiesen insekticide Eigg. auf, jedoch war keine so wirksam wie 1.1-Bis-[p-chlorphenyl]-2-nitropropan.

Versuche (FF. korr.): *1-[p-Äthoxyphenyl]-2-nitroäthanol*, $C_{10}H_{13}O_4N$, F. 67 bis 68°, durch Zugabe von 0,4 Mol Na in CH_3OH zu 0,4 Mol Nitromethan, 0,2 Mol p-Äthoxybenzaldehyd u. absol. A. bei 2—4°, 2std. Rühren bei 3°, Aufnehmen des Nd. in Eisessig u. Ae., nach 12std. Stehen Mischen mit Eiswasser u. Aufarbeitung der äther. Schicht, Kristalle aus PAe.; 69% (Ausbeute). — *1-[p-Äthoxyphenyl]-2-nitroäthylen*, $C_{10}H_{11}O_3N$, F. 115—116°, durch Zugabe von Na-Äthylat zu der vorst. Verb. in wenig A. u. Ansäuern des Nd. mit verd. CH_3COOH. — *1-[o-Äthoxyphenyl]-2-nitropropanol-(1)*, $C_{11}H_{15}O_4N$, F. 64,5—66°, durch Zutropfen von I u. NaOH zu o-Äthoxybenzaldehyd, Na-Pyrosulfit u. W. bei 3—5°, 8std. Rühren bei 30°, Ausziehen des Prod. mit Ae. u. Aufarbeitung der Ätherlsg., aus PAe.-Bzl. (2:1); 67%. 14% unveränderter Aldehyd konnten zurückgewonnen werden. — *1.1-Bis-[p-äthoxyphenyl]-2-nitroäthan*, $C_{18}H_{21}O_4N$, F. 79—80°, durch Zugabe von 1-[p-Äthoxyphenyl]-2-nitroäthanol in Phenetol zu 85%ig. H_2SO_4 in Phenetol bei 6—8°, 5std. Rühren bei 22°, Eingießen in Eiswasser, Extraktion mit Ae., 8std. Wasserdampfdest., Abdekantieren des W. u. Verrühren mit A.; aus PAe.; 95%. Durch 1std. Kochen mit Pyridin, NaOH u. $KMnO_4$ wurde *p,p'-Diäthoxybenzophenon*, F. 131—132° (A.), erhalten. — Nachst. *2-Nitroäthanole* wurden dargestellt: *1-Anisyl-*, F. 37—41°. — *1-[p-Propoxyphenyl]-*, F. 65—67°. — *1-[3'.4'-Dimethoxyphenyl]-*, F. 92—93,5°. — *1-[3'.4'-Methylendioxyphenyl]-*, F. 95—96°. — *1-[p-Chlorphenyl]-*, F. 35—37°. — *1-[o-Methoxyphenyl]-2-nitropropanol*, F. 83—86°. — Nachst. *2-Nitroäthane* wurden dargestellt: *1-Anisyl-1-[p-äthoxyphenyl]-*, F. 75—76°; 98%. — *1-Anisyl-1-[o-methoxyphenyl]-*, F. 88—90°; 96%. — *1.1-Bis-[p-propoxyphenyl]-*, F. 48—49°; 92%. — *1-[p-Chlorphenyl]-1-[p-äthoxyphenyl]-*, F. 89—90°; 82%. — *2-Nitropropane*: *1.1-Dianisyl-*, F. 102—102,4°; 40%. — *1-Anisyl-1-[o-methoxyphenyl]-*, F. 83—84°; 60%. — *1-[p-Äthoxyphenyl]-1-[o-äthoxyphenyl]-*, F. 85—87°; 69%. (J. org. Chemistry **16**. 1572—76. Okt. 1951. Purdue Univ., Purdue Res. Foundat., u. Dep. of Chem.)

HORST BAGANZ. 2270

Heinrich Rinderknecht, *Einige Beobachtungen über die Alkylierung von Diphenylacetophenon und Diphenylaceton.* Rk. von *Diphenylacetophenon* (I) mit bas. Alkylhalogeniden des Typs $ClCH_2CH_2R$, worin R ein sek. Aminoradikal bedeutet, in Toluol oder tert.-Butanol in Ggw. von $NaNH_2$ oder K führte nicht zu den erwarteten Hydrochloriden der C-Alkylierungsprodd., sondern mit 50—90% zu den Alkylierungsprodd. der entsprechenden Enoläther. Verseifung der Verbb. führte wieder zu I. Der enol. Charakter der Prodd. konnte durch Spektrographie nachgewiesen werden. Nach Hydrierung des Reaktionsprod. wurde eine Dihydroverb. erhalten, die nicht mehr verseift werden konnte. Ebenso wurde aus Diphenylaceton u. β-Chloräthyldimethylamin eine Verb. erhalten, die auf Grund ihrer Neigung, in Ggw. von Säure zu hydrolysieren, als *1.1-Diphenyl-2-[β-dimethylaminoäthoxy]-propen-(1)* angesehen wurde. Während die Alkylierung von I mit CH_3J nur das C-Alkylierungsprod. lieferte (zu 60%), wurden nach Alkylierung mit Äthyljodid u. Propyljodid beide Substitutionsprodd. isoliert. Als Grund für diese unterschiedlichen Ergebnisse wird angesehen, daß beim Eintritt größerer Alkylgruppen die C-Alkylierung infolge ster. Hinderung gar nicht oder nur unvollkommen erfolgen kann.

Versuche: *1.1-Diphenyl-2-[β-dimethylaminoäthoxy]-propen-(1)*, $C_{19}H_{23}ON$, $Kp._{0,1}$ 137—138°, durch Zugabe von gepulvertem $NaNH_2$ zu α.α-Diphenylaceton in sd. Toluol, 2std. Kochen mit β-Chloräthyldimethylamin u. Eindampfen des Filtrates, 55% (Ausbeute); Rk. in tert.-Butanol in Ggw. von K lieferte 71%. ½std. Kochen mit 2nHCl, Extraktion mit PAe., Eindampfen der Lsg. u. Dest. lieferte *Diphenylaceton*, $Kp._{0,25}$ 115°, F. 45—46,5° (Bzl.–PAe.) zurück; 99,5%. Durch Eindampfen der wss. Lsg. wurde *Dimethylaminoäthanolhydrochlorid* isoliert; 95%. *Chloroaurat*, F. 192—194° (Zers.). — *1.2.2-Triphenyl-1-[β-dimethylaminoäthoxy]-äthylenhydrochlorid*, $C_{24}H_{26}ONCl$, F. 220—222° (A. oder Aceton), aus I u. β-Chloräthyldimethylamin in Toluol mit $NaNH_2$, Behandlung mit W. u. Zugabe von 2nHCl zur organ. Schicht; 50%. — *1.2.2-Triphenyl-1-[β-piperidinoäthoxy]-äthylenhydrochlorid*, $C_{27}H_{30}ONCl$, F. 222—224° (Aceton); 46%. — *1.2.2-Triphenyl-1-[β-morpholinoäthoxy]-äthylenhydrochlorid*, $C_{26}H_{28}O_2NCl$, F. 245—247°, durch Zugabe von I u. β-Chloräthylmorpholin zu K in tert.-Butanol, 2std. Kochen, Entfernung des Lösungsm. im Vakuum, Behandlung mit W. u. Ae. u. Zugabe von 2nHCl zur äther. Lsg., aus A.; 93%. Mit $NaNH_2$ in Toluol wurden 45% erhalten. Suspendieren in W.–HCl, Zugabe von A., ½std. Kochen u. Dest. im Vakuum lieferte 89% I. — *1.2.2-Triphenyl-1-[β-morpholinoäthoxy]-äthanhydrochlorid*, $C_{26}H_{30}\cdot O_2NCl$, F. 192—195°, durch Hydrierung der vorst. Verb. in A. in Ggw. von 5%ig. Pd–Kohle, aus Aceton. — *α.α-Diphenylpropiophenon*, $C_{21}H_{18}O$, F. 91—93°, durch 3std. Erhitzen von I mit CH_3J u. K in tert.-Butanol im Rohr auf 80—100°, Eindampfen zur Trockne, Dest., 15 Min. langes Kochen mit 2nHCl u. A., Abtrennen des zuerst ausgeschiedenen Diphenylpropiophenons u. des I, Verdünnen des Hydrolysates mit W. u. fraktionierte Kristallisation. Kristalle aus PAe.; daneben *Diphenylacetophenon* (I), F. 135—137° (PAe.); 66%. — *1.2.2-Triphenyl-1-äthoxyäthylen*, $C_{22}H_{20}O$, F. 120°, durch 2std. Kochen von I u. K in tert.-Butanol u. C_2H_5J, Eindampfen des Filtrates u. Aufnehmen in sd. A.; gibt nach Hydrolyse I. — *α.α-Diphenylbutyrophenon*, $C_{22}H_{20}O$, F. 97—98°, durch Einengen der Mutterlauge des vorst. Vers., Aufnehmen in PAe. u. fraktionierte Kristallisation. — *1.2.2-Triphenyl-1-propoxyäthylen*, $C_{23}H_{22}O$, F. 92—93°, aus I u. Propyljodid, Kristallisation aus A. u. fraktionierte Kristallisation aus Petroläther. — *α.α-Diphenylvalerophenon*, $C_{23}H_{22}O$, $Kp._{2,5}$ 195°, durch Einengen der alkoh. Mutterlauge, Verseifung mit verd., wss. alkoh. HCl, Zugabe von W. u. Eindampfen des Filtrates. — *α.α-Diphenyl-γ-morpholinobutyrophenonhydrochlorid*, $C_{26}H_{28}O_2NCl$, F. 235—237° (Aceton), durch 18std. Kochen von Phenyl-MgBr in Bzl. mit α.α-Diphenyl-γ-morpholinobutyronitril, Gießen auf Eis–HCl u. 3std. Erwärmen der wss. Schicht auf dem Wasserbad; 83%. (J. Amer. chem. Soc. **73**. 5770—73. Dez. 1951. Pasadena, Calif., California Inst. of Technol., Gates and Crellin Labors. of Chem.)

HORST BAGANZ. 2360

Carlo Musante und **Valerio Parrini**, *Über das Diphenylylglyoxal und seine Derivate.* Durch Oxydation von p-Phenylacetophenon mit SeO_2 in Dioxan oder A. wird *Diphenylyl-(4)-glyoxal* (I) als Hydrat oder Alkoholat erhalten. Beim Behandeln von I mit KOH entsteht in der Kälte durch CANNIZZARO-Rk. *p-Phenylmandelsäure*, in der Wärme *p-Phenylbenzoesäure*. I läßt sich mit o-Phenylendiamin zu *3-Diphenylyl-(4')-chinoxalin* kondensieren, bildet mit NH_3 u. HCHO *5-Diphenylyl-(4')-imidazol* u. mit NH_3 allein ein *Prod.* $C_{28}H_{30}ON_2$ mit 2 Resten von I, für das Imidazol- oder Pyrazinstruktur möglich ist (die Struktur konnte noch nicht entschieden werden). Als funktionelle Derivv. von I wurden das *Phenylhydrazon*, *Osazon*, *p-Nitrophenylhydrazon* u. *Semicarbazon* hergestellt, ferner das *Glyoxim*. Dieses geht unter Einw. von NaOH in der Wärme zunächst — wahrscheinlich über das entsprechende Nitril — in das *Oxim des Diphenylyl-(4)-glyoxylsäureamids*, dann in das *Oxim der freien Säure*, $C_6H_5\cdot C_6H_4\cdot C(=NOH)COOH$ über, das beim Kochen in wss. Lsg. unter Decarboxylierung *p-Phenylbenzaldehydoxim* bildet. Durch Kondensation von I mit aromat. Aminen werden SCHIFFsche Basen erhalten, die mit Phenylhydrazin β-Phenylhydrazone geben; mit Benzidin erfolgt doppelte Kondensation zu $[C_6H_5\cdot C_6H_4\cdot CO\cdot CH{=}N\cdot C_6H_4\cdot]_2$. — Analog I wird *4-Chlordiphenylyl-(4')-glyoxal* (II) aus p-[4-Chlorphenyl]-acetophenon (dessen Struktur durch Chromsäureoxydation zu Terephthalsäure bewiesen wird) als Alkoholat u. Hydrat erhalten. Von **II** werden analoge Derivv. hergestellt wie von I, u. a. das Glyoxim, das mit NaOH in das Oxim der p-Chlordiphenylylglyoxylsäure übergeht, ohne daß hier die Zwischenstufen Nitril u. Amidoxim festgestellt werden konnten, u. analoge Umwandlungen durchgeführt. Mit wss.-alkoh. KOH gibt II nicht die CANNIZZARO-Rk., sondern *p-[4-Chlorphenyl]-benzoesäure* u. eine *Verb.* $C_{28}H_{20}O_3Cl_2$, F. 225—227°, die in verd. Alkalien in der Kälte unlösl. ist u. ein Bis-p-nitrophenylhydrazon liefert. Wahrscheinlich handelt es sich um ein Tetrahydrofuranderiv. der Formel $Cl\cdot C_6H_4\cdot C_6H_4\cdot C_4H_4O_3\cdot C_6H_4\cdot C_6H_4Cl$, das durch Oxydored. u. Kondensation über den Ketoalkohol entstanden sein könnte.

Versuche: *p-Phenylacetophenonphenylhydrazon* aus den Komponenten in alkoh. Lsg., hell kaffeebraune Kristalle, F. 178° (A.). — *Diphenylyl-(4)-glyoxal* (I). *Hydrat*, $C_{14}H_{10}O_2 + H_2O$, aus p-Phenylacetophenon u. SeO_2 in Dioxan u. wenig W. (5 Std. Wasserbad), F. 114—117° (aus kochendem W.); *Alkoholat*, $C_{14}H_{10}O_2 + C_2H_6O$, analog aus absol. alkoh. Lsg. (5 Std. Rückfluß), F. 84—86° (A.). — *p-Phenylmandelsäure*, aus der alkoh. Lsg. von I mit KOH in wenig W. in der Kälte (einige Std. Stehenlassen), weiße Kristalle, F. 175—177° (A.); lösl. in NH_3 u. in $NaHCO_3$; bildet unlösl. grünes Cu-Salz. — *p-Phenylbenzoesäure*, aus I wie vorst., jedoch in der Wärme, weiße Nädelchen, F. 220°. — *3-Diphenylyl-(4')-chinoxalin*, aus I mit o-Phenylendiamin in A. (1 Std. Rückfluß), hellgelbe Kristalle, F. 128—130° (A.). — *5-Diphenylyl-(4')-imidazol*, aus I in alkoh. Lsg. mit 40%ig. HCHO u. 30%ig. NH_3. Farblose, mit der Zeit leicht violett gefärbte Kriställchen, F. 213—215° (A.). — *Verb.* $C_{28}H_{20}ON_2$, aus I in alkoh. Lsg. mit 30%ig. NH_3, gelbe Kriställchen, F. 305° (aus Essigsäure), ziemlich wenig lösl. in A., unlösl. in Alkalihydroxyden. — I-*β-Phenylhydrazon*, aus den Komponenten in A. in der Wärme, goldgelbe Schuppen, F. 206° (aus A.), red. nicht ammoniakal. $AgNO_3$. — I-*β-p-Nitrophenylhydrazon*, hergestellt in essigsaurer Lsg. in der Wärme, orangerote Kriställchen, F. 230° (aus Essigsäure). — I-*β-Semicarbazon*, schwach strohgelbe Kristalle, F. 227—229° (aus A.). — I-*Diphenylosazon*, aus I mit Phenylhydrazin in essigsaurer Lsg. unter Rückfluß, orangegelbe Nadeln, F. 201—202° (aus Essigsäure). — *Diphenylyl-(4)-glyoxim*, aus I mit $NH_2OH\cdot HCl$ in wss.-alkoh. Lsg. in Ggw. von Na_2CO_3. Reinigen durch Umfällen aus verd. NaOH mit Essigsäure oder CO_2, F. 206—207° (aus verd. A.); dunkelroter Nd. mit Ni-Salzen. — *Oxim des Diphenylyl-(4)-glyoxylsäureamids* aus vorst. Verb. mit 10%ig. NaOH (Rückfluß), dann ansäuern. Weiße Kristalle, F. 220° (aus A.). — *Oxim der Diphenylyl-(4)-glyoxylsäure*, wie vorst., jedoch 2 Std. erhitzen; nach beendeter NH_3-Entw. mit W. verd. u. mit H_2SO_4 ansäuern, weißes Kristallpulver, lösl. in NH_3, wird bei 160° decarboxyliert u. bei 163° klar. Gibt in alkoh. Lsg. mit $FeCl_3$ Rotfärbung. — *Oxim des p-Phenylbenzaldehyds*, $C_{13}H_{11}ON$, aus vorst. Verb. beim Umkrist. aus W. unter Gasentw., F. 150°. Aus den Mutterlaugen wird mit essigsaurer p-Nitrophenylhydrazinlsg. *p-Phenylbenzaldehyd-p-nitrophenylhydrazon*, $C_{19}H_{15}O_2N_3$, gebildet, gelbe Kristalle, F. 210 bis 212° (aus A.). — *Kondensationsprodd. von I mit Anilin*, weiße Kristalle, F. 120° (aus A.), *p-Toluidin*, hellgelbe Schüppchen, F. 116—118° (aus A.); *p-Chloranilin*, blaßgelbe Nädelchen, F. 130° (aus A.), red. nicht ammoniakal. $AgNO_3$; *p-Bromanilin*, hellgelbe Nädelchen, F. 128—130° (aus A.); *Xenylamin*, gelbes Kristallpulver, F. 125—127° (aus Chlorbenzol mit A. gefällt); *Benzidin*, gelb, F. 251—252° (aus Bzl.). — *4-Chlordiphenylyl-(4')-glyoxal* (II), *Hydrat*, $C_{14}H_9O_2Cl + H_2O$, weiße Nädelchen, F. 140—142° (Gelbwerden u. Gasentw.), geht im Vakuum über H_2SO_4 in die wasserfreie Form, F. 125—130°, über. *Alkoholat*, $C_{14}H_9O_2Cl + C_2H_6O$ weiße Nädelchen, F. 70—72°. Darst. vorst. 2 Verbb. u. der folgenden Derivv. von II analog I (Alkoholat jedoch 10 Std. unter Rückfluß): *3-[p-Chlordiphenylyl-(4')]-chinoxalin*, weiße Nadeln, F. 164—165° (aus A.). *5-[p-Chlordiphenylyl-(4')]-imidazol* (Darst. mit 15%ig. NH_3), weiße Kristalle, F. 226—227° (aus Bzl.). — *Kondensationsprod. von II mit NH_3*, $C_{28}H_{18}O_2N_2Cl_2$ (mit wss. konz. NH_3), gelbliches Kristallpulver, F. 283—285° (aus Essigsäure). II-*β-Phenylhydrazon*, orangegelbe Schuppen, F. 213—215° (aus A.). II-*β-p-Nitrophenylhydrazon*, rotes Kristallpulver, F. 300°, wenig lösl. in den üblichen Mitteln. II-*β-Semicarbazon*, strohgelbe Kristalle, F. 233° (aus A.). II-*Diphenylosazon*, gelbe Nädelchen, F. 211—212° (aus Essigsäure). II-*Glyoxim*, weiße Nädelchen, F. 200—201° (aus A.), dunkelroter Nd. mit Ni-Salzen. — *Oxim der p-Chlordiphenylylglyoxylsäure*, Kristallpulver, F. 168 bis 170° (bei ca. 165° beginnende CO_2-Abgabe), gibt mit $FeCl_3$ in alkoh. Lsg. Rotfärbung. — *Kondensationsprod. von II mit Anilin*, weiße Kristalle, F. 93° (aus A.). — *Einw. von Alkali auf* II: mit wss.-alkoh. KOH nach 12 Std. Stehen rötlicher Nd., wird nach Waschen mit W., Suspendieren in A. u. Zusatz von verd. H_2SO_4 gelblich. — *Verb.* $C_{28}H_{20}O_3Cl_2$, Schuppen, F. 225—227° (Rotfärbung), unlösl. in A. sowie in Alkalihydroxyden u. -bicarbonaten, gibt in essigsaurer Lsg. *Bis-(p-Nitrophenylhydrazon)*, $C_{40}H_{30}O_5N_6Cl_2$, ziegelrote Nädelchen, F. 265—267° (aus Essigsäure). Aus dem alkal. Filtrat der Verb. vom F. 225—227° nach Ansäuern mit H_2SO_4 *p-[4-Chlorphenyl]-benzoesäure*, F. 290°

(aus A.). (Gazz. chim. ital. **80.** 868—83. Nov./Dez. 1950. Florenz, Univ., Inst. für organ. Chem.) V. DECHEND. 2380

E. C. Horning, J. Koo, M. S. Fish und **G. N. Walker,** *Äthyl-α-acetyl-β-[2.3 dimethoxyphenyl]-propionat.* Nach COPE u. HOFMANN (J. Amer. chem. Soc. **63.** [1941.] 3456) aus 2.3-Dimethoxybenzaldehyd in Acetessigester u. Red. des erhaltenen *Äthyl-α-acetyl-β-[2.3-dimethoxyphenyl]-acrylats* (Öl, $Kp._2$ 186—190°, n_D^{25} 1,5507—1,5508; 64—72% [Ausbeute]) mittels 5%ig. Pd-Kohle-Katalysator: $C_{15}H_{20}O_5$, $Kp._3$ 175—177°, n_D^{25} 1,5042—1,5044; 56—63%. — Die Ausbeute an vorst. Acrylat aus Veratrumaldehyd beträgt 53—63%, $Kp._{0,8}$ 190—196°, F. 82,5—84,5°. Das hydrierte Prod. ist ein Öl, $Kp._1$ 180 bis 183°; 38—44%. (Org. Syntheses **31.** 56—58. 1951. Philadelphia, Pa., Univ. of Pennsylvania.) TROFIMOW. 2450

Everett M. Schultz, *Eliminierung einer Cyangruppe durch ein Grignard-Reagens. 4.5-Bis-[dimethylamino]-2.2-diphenylpentannitril* (**I**) gibt mit C_2H_5MgBr in Xylol nicht das erwartete Keton, sondern — unter Abspaltung der Cyangruppe — *3.4-Bis-[dimethylamino]-1.1-diphenylbutan* (**II**). Ein solcher Abbau wird sonst nur durch sehr starke Basen (KOH, $NaNH_2$) bewirkt. Bei der Darst. von **I** aus 4.5-Dibrom-2.2-diphenylpentannitril (**III**) u. Dimethylamin wurde neben wenig **I** ein öliges *ungesätt. Monobromnitril* als Hauptprod. erhalten, wahrscheinlich *5-Brom-2.2-diphenylpenten-(4)-nitril,* da die 4-Bromverb. von ATTENBURROW u. Mitarbeitern (J. chem. Soc. [London] **1949.** 510) fest ist.

Versuche: *4.5-Bis-[dimethylamino]-2.2-diphenylpentannitril* (**I**), $C_{21}H_{27}N_3$, F. 74,5—75,5° (PAe., Bzl.), aus **III** (vgl. ATTENBURROW, l. c.) u. Dimethylamin in absol. A. (20 Std. bei 70—80° im Autoklaven) neben nachst. Verb.; 25% (Ausbeute). — *5(?)-Brom-2.2-diphenylpenten-(4)-nitril,* $C_{17}H_{14}NBr$, $Kp._1$ 156—159°, neben vorst. Verb., aus dem Neutralteil; Öl, n_D^{20} 1,5988; 59%; reagiert nicht mit Piperidin in A. (64 Std. gekocht). — *3.4-Bis-[dimethylamino]-1.1-diphenylbutan* (**II**) (im Original irrtümlich *4.5-Bis-[dimethylamino]-2.2-diphenylpentan,* der Referent), $C_{20}H_{28}N_2$, F. 59—60°, durch 5std. Erhitzen von 0,04 Mol **I** in Xylol mit der GRIGNARD-Lsg. aus 0,096 Mol C_2H_5Br auf 100°, Stehenlassen über Nacht, Zers. mit 12%ig. HCl u. Alkalisieren des gereinigten Hydrochlorids; oder durch Erhitzen von **I** mit KOH (vgl. MAY u. MOSETTIG, C. **1949.** II. 864); Prismen aus Leichtbenzin. *Dihydrochlorid,* F. 223—224° (Zers.), aus A. oder Isopropanol. *Dipikrat,* $C_{32}H_{34}O_{14}N_8$, F. 191—192° (absol. A.). (J. Amer. chem. Soc. **74.** 5793—94. 20/11. 1952. West Point, Pa., Med. Res. Div., Dep. of organ. Chem.) PRACEJUS. 2550.

Robert T. Hart und **R. F. Tebbe,** *Acylierung–Alkylierungs-Untersuchungen.* 1. Mitt. Zur Synth. einiger *Indanone* wird die Möglichkeit einer gleichzeitigen Acylierung u. Alkylierung des aromat. Ringes mit Hilfe bifunktioneller Verbb., z. B. $ClCH_2CH_2COCl$ (**I**) untersucht: 1. Acylierung nach FRIEDEL-CRAFTS, Abdest. des Lösungsm., Zers. des Komplexes mit konz. H_2SO_4 bei gleichzeitigem Ringschluß; dieses Verf. ist nicht geeignet für ungesätt. Säuren u. ihrer Chloride; 2. die HF-Meth. (vgl. FIESER u. HERSHBERG, C. **1939.** II. 1486) gibt auch bei ungesätt. Verbb. im allg. gute Ausbeuten, bei Verwendung von β-Chlorpropionsäure, ihrem Chlorid (**I**), β-Propiolacton, Acrylsäure, ihrem Chlorid u. Hydracrylsäure wurden Teerprodd. erhalten. **I** reagiert mit Acenaphthen unter Bldg. eines Cl-freien Ketons, $C_{15}H_{12}O$, F. 160—161° (Ausbeute 29,7%), wahrscheinlich *α-Acenaphthindanon-(1)* (**II**).

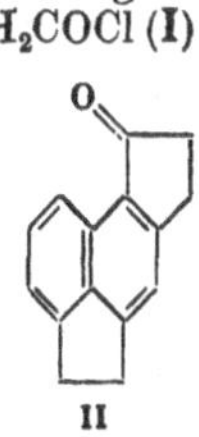

II

Versuche: *β-Chlorpropionylchlorid* (**I**), $Kp._{100}$ 80—83°, aus β-Propiolacton mit $SOCl_2$; 71% (Ausbeute). — *4.7-Dimethylindanon-(1),* F. 76—77° (CH_3OH), aus p-Xylol (**IV**) u. **I** durch FRIEDEL-CRAFTS-Rk. in CS_2, Abdest. des Lösungsm., Zusatz von konz. H_2SO_4, ³/₄std. Erhitzen auf 90° u. Gießen auf Eis; 72,5%. — Ebenso *Indanon-(1),* F. 40—41°, aus Bzl. u. **I**; 54,5%. — *5-Methyl-6.7-benzindanon-(1),* F. 130,5 bis 131,5°, aus α-Methylnaphthalin u. **I**; 52,3%. — *5-Chlor-4(6)-methylindanon-(1),* F. 77,5—78°, aus o-Chlortoluol u. **I**; 45%. — *3.4.7-Trimethylindanon-(1)* (**V**), F. 31—32°, aus **IV** u. Crotonsäurechlorid (**III**); 35,4%. — *3-Methylindanon-(1),* $Kp._4$ 108—110°, aus Bzl. u. **III**; 52,5%. *Semicarbazon,* F. 206—207°. — *2.4.7-Trimethylindanon-(1),* $C_{12}H_{14}O$, $Kp._{3,5}$ 118—120°; **IV**, 40%ig. wss. Methacrylsäure u. wasserfreien fl. HF im Autoklaven 6 Std. auf 90° erhitzen, in Sodalsg. gießen; n_D^{22} 1,5550; 62,1%. *2.4-Dinitrophenylhydrazon,* $C_{18}H_{18}O_4N_4$, F. 185,2—186° (korr.); scharlachrote Nadeln. — Ebenso **V**, F. 31—32°, aus **IV** u. Crotonsäure; 81%. — *3-Phenyl-4.7-dimethylindanon-(1),* F. 93,5 bis 94,5°, aus **IV** u. Zimtsäure; 84%. (J. Amer. chem. Soc. **72.** 3286—87. Juli 1950. Orono, Me., Univ. of Maine, Dep. of Chem.) LIEBIG. 2650

Robert West, *Trinaphthyl-(1)-germaniumverbindungen und sterische Hinderung.* Trinaphthyl-(1)-german **II** wird aus Trinaphthyl-(1)-bromgerman (**I**) mit $LiAlH_4$ erhalten.

I kann leicht zu *Trinaphthyl-(1)-germanol* hydrolysiert werden, das sich in *Bis-[trinaphthyl-(1)-germanium]-oxyd* umwandeln läßt. Aus I u. Naphthyl-(1)-Li entsteht *Tetranaphthyl-(1)-german* in kleinen Mengen. Diese Verss. zeigen, daß die Naphthylgermaniumverbb. weniger stark ster. gehindert sind als die entsprechenden Silane.

Versuche: *Trinaphthyl-(1)-bromgerman* (I), $C_{30}H_{21}BrGe$, F. 242—243,5° (Prismen aus Äthylacetat), aus Naphthyl-(1)-MgBr u. $GeBr_4$ in Bzl. durch Erhitzen (6 Std.) unter N_2; 38% (Ausbeute). — *Trinaphthyl-(1)-germanol*, $C_{30}H_{22}OGe$, F. 130 bis 140° (unter Aufblähen u. Abgabe von W.) u. F. 206—208° (aus A. oder Bzl. durch Auflösen bei Raumtemp. u. Eindunsten), aus I mit n. alkoh. NaOH in sd. Aceton; (95%). Reagiert in Methanol quantitativ mit K. FISCHER-Reagens (Z. angew. Chem. **48**. [1935.] 394). Nach Erhitzen auf 170° (24 Std.) findet damit keine Rk. mehr statt, weil *Bis-[trinaphthyl-(1)-germanium]-oxyd* entstanden ist. Bei Erhitzen mit 85%ig. HCOOH (2 Std.) entstehen unlösl. *polymere Organogermaniumoxyde*. — *Tetranaphthyl-(1)-german*, $C_{40}H_{28}Ge$, F. 252—256° (Nadeln aus Isopropanol + Äthylacetat 3 : 1), aus I u. Naphthyl-(1)-Li durch Erhitzen in Bzl. (4 Std.); (38%). — *Trinaphthyl-(1)-german* (II), $C_{30}H_{22}Ge$, F. 249—250° (Nadeln aus Bzl. u. PAe.), aus I u. $LiAlH_4$ in Ae. durch 2std. Erhitzen; (82%). (J. Amer. chem. Soc. **74**. 4363—65. 5/9. 1952. Cambridge, Mass., Harvard Univ., Mallinckrod Labor.) K. FABER. 2700

Charles E. Braun, Clinton D. Cook, Charles Merritt jr. und **Joseph E. Rousseau,** *9-Nitroanthracen*. Nach DIMROTH [1901] aus Anthracen in Eisessig u. HNO_3, Filtrieren, Versetzen des Filtrates mit HCl + Eisessig u. Behandeln des so erhaltenen *9-Nitro-10-chlor-9.10-dihydroanthracens* mit warmer NaOH: $C_{14}H_9O_2N$, F. 145—146°, rotgelbe Nadeln aus Eisessig; Ausbeute 60—70%. (Org. Syntheses **31**. 77—79. 1951. Burlington, Vt., Univ. of Vermont.) TROFIMOW. 2800

William E. Parham, William T. Hunter, Roberta Hanson und **Thomas Lahr,** *Untersuchungen über das Bicyclo-[2.2.1]-hepten-(2)-ringsystem*. 2. Mitt. (1. vgl. C. **1952**. 5249.) Die Methylierung von *endo-5-Aminobicyclo-[2.2.1]-hepten-(2)* (I) mit Formaldehyd u. Ameisensäure liefert eine hauptsächlich aus *5-Ketobicyclo-[2.2.1]-hepten-(2)* (II) bestehende Ketonfraktion, das erwartete *endo-5-Dimethylaminobicyclo-[2.2.1]-hepten-(2)* (III) u. Trimethylamin. II liefert bei der Red. *2-Ketobicyclo-[2.2.1]-heptan* (IV); die katalyt. Hydrierung von III führt zu *endo-2-Dimethylaminobicyclo-[2.2.1]-heptan* (V). IV u. V werden, gleichfalls neben Trimethylamin, bei der Methylierung von *endo-2-Aminobicyclo-[2.2.1]-heptan* (VI) mit Formaldehyd u. Ameisensäure erhalten. Die Bldg. von Carbonylverbb. bei der beschriebenen Methylierung geht nicht über eine Zwischenstufe vom Typ $RR'C{=}N{-}CH_3$, da die CLARKE-Methylierung von d-[β-Phenylisopropyl]-amin ohne Racemisierung verläuft.

Versuche: *5-Ketobicyclo-[2.2.1]-hepten-(2)* (II), aus I mit 40%ig. Formaldehyd in sd. 87%ig. Ameisensäure (7 Std.), Ansäuern mit HCl u. Wasserdampfdest.; aus dem Destillat durch Extrahieren mit Ae. als Öl; 24% (Ausbeute). *2.4-Dinitrophenylhydrazon*, $C_{13}H_{12}O_4N_4$, F. 149—154° (A.). *Semicarbazon*, F. 197—203° (Zers.). II liefert beim Hydrieren in A. in Ggw. von Pt IV. — *endo-5-Dimethylaminobicyclo-[2.2.1]-hepten-(2)* (III), $C_9H_{15}N$, Kp.$_5$ 47°, aus dem Rückstand der Wasserdampfdest.; 30% (neben *Trimethylamin, Pikrat*, F. 215—219°). *Pikrat*, $C_{15}H_{18}O_7N_4$, F. 190—195° (Zers., dunkelt bei 164°), aus A. Kristalle. *Jodmethylat*, $C_{10}H_{18}NJ$, F. 160° (Zers.), aus A. + Bzn.; konnte nach HOFMANN nicht abgebaut werden. III liefert beim Hydrieren in Ggw. von PtO_2 V. — *2-Ketobicyclo-[2.2.1]-heptan* (IV), aus VI mit Formaldehyd u. Ameisensäure; 40%. *2.4-Dinitrophenylhydrazon*, $C_{13}H_{14}O_4N_4$, F. 130—131° (A.). *Semicarbazon*, $C_8H_{13}\cdot ON_3$, F. 189—192° (Zers., erweicht bei 182°), aus Methanol u. Toluol. — *Nortricyclanonsemicarbazon*, $C_8H_{11}ON_3$, F. 214—217° (Zers.; wss. A.). — *endo-2-Dimethylaminobicyclo-[2.2.1]-heptan* (V), $C_9H_{17}N$, Kp. 165—180°, aus VI neben IV; 27%. *Pikrat*, $C_{15}H_{20}O_7N_4$, F. 213—216° (Zers.; A.). *Jodmethylat*, $C_{10}H_{20}NJ$, F. 291—293° (A.). — *d-Dimethyl-[β-phenylisopropyl]-amin*, $C_{11}H_{17}N$, Kp.$_{2,5}$ 68—72°, durch Methylieren von d-[β-Phenylisopropyl]-amin mit Formaldehyd u. Ameisensäure; 66%. *Jodmethylat*, $C_{12}H_{20}NJ$, F. 196—197°, $[\alpha]_D^{25}$ —4,81° (W.), aus A. Kristalle. (J. Amer. chem. Soc. **74**. 5646—48. 20/11. 1952. Minneapolis, Minn., Univ., School of Chem.) GOLD. 2950

V. Prelog und **M. Osgan,** *Untersuchungen über Organextrakte und Harn*. 22. Mitt. *Über die Konstitution des Ketons C aus dem Harn von trächtigen Stuten*. (21. vgl. C. **1951**. II. 3337.) Das aus dem Harn trächtiger Stuten schon früher isolierte Gemisch von natürlichen *5-Oxy-cis-tetrahydrojonolen* liefert bei Oxydation mit Chrom(VI)-oxyd in Eisessig das sogenannte *Diketon D* (*5-Oxo-cis-tetrahydrojonon*), dessen *Bis-phenylsemicarbazon* (I) bei 207—209° siedet. Daneben wurde ein *Keton C* unbekannter Struktur ($C_{13}H_{22}O_2$) isoliert. Es wird experimentell gezeigt, daß I bei der Spaltung mit Oxalsäure im Wasserdampfstrom ein Prod. liefert, dessen *Phenylsemicarbazon* (F. 192°) mit dem des Ketons C ident. ist. Diese Überführung gelingt auch, wenn man I nach der Spaltung mit Al_2O_3 in Bzl. 5 Tage lang schüttelt. Die Ketone C u. D unterscheiden sich durch ihr Infrarotspektr.; sie sind wechselseitig ineinander überführbar. Es wird abgeleitet, daß das Keton C aus dem isomeren Keton D während der präparativen Aufarbeitung des Harnes sek. entsteht u. nicht ein genuines Stoffwechselprod. darstellt. Auf Grund seiner Bldg. aus dem Diketon D u. seines Infrarotspektr. wird dem Keton C die Konst. eines bicycl. Oxyketons

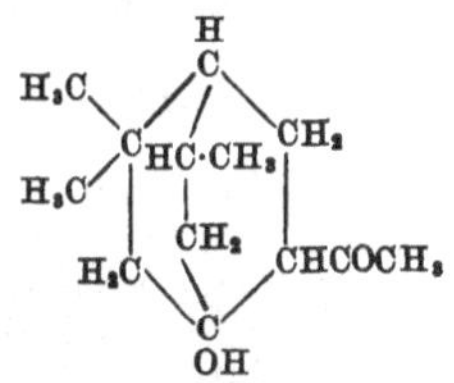

oder

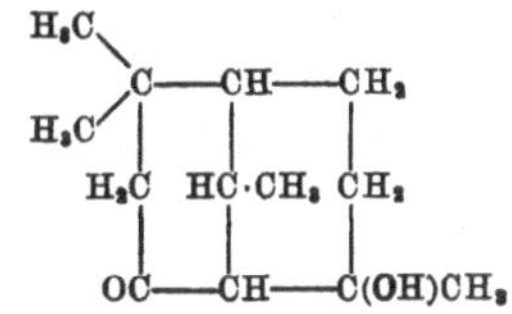

zugeschrieben, u. zwar entsprechend nebenst. Formeln. Ein weiteres *Oxyketon* $C_{13}H_{22}O_2$, F. 117–118° (Hexan) konnte in geringen Mengen bei der Umwandlung des Diketons D in das Keton C erhalten werden. Wahrscheinlich handelt es sich um ein Isomeres des Ketons C. (Helv. chim. Acta **35.** 981–85. 2/5. 1952. Zürich, ETH, Organ.-Chem. Labor.) TÄUFEL. 2950

Bruno Puetzer, Leon Katz und **Lester Horwitz,** *Darstellungsmethode für N-Vinylpyrrolidon-(2).* Vff. beschreiben 2 Methoden zur Darst. des als Blutplasmaersatz benutzten monomeren *N-Vinylpyrrolidons-(2)* (**III**) unter Umgehung der Acetylenhochdrucksynthese. *N-[β-Oxyäthyl]-pyrrolidon-(2)* (**I**), aus Butyrolacton (**IV**) u. überschüssigem 2-Aminoäthanol (**V**) erhalten, gibt mit $SOCl_2$ die *β-Chloräthylverb.* (**II**), die mit KOH, $NaNH_2$ oder $NaOCN_3$ **III** liefert; mit gepulvertem NaOH entstand aus **II** mit 96% Ausbeute **I.** Oder **II** wird mit $NaJ/(CH_3)_3N$ in Aceton in das *quaternäre Jodid* (**VI**) übergeführt, das in Methanol mit Ag_2O u. nachfolgender Dest. 81% **III** liefert.

Versuche: *N-[β-Oxyäthyl]-pyrrolidon-(2)* (**I**), $C_6H_{11}O_2N$, Kp.$_{2,3}$ 142–143°, aus **IV** u. **V** bei 20std. Erhitzen auf 180–190°; 88% (Ausbeute). – *N-[β-Chloräthyl]-pyrrolidon-(2)* (**II**), $C_6H_{10}ONCl$, Kp.$_7$ 118–119,5°, durch Rühren von **I** u. $SOCl_2$ in Bzl. bei > 35° (3 Std.); 76%. – *N-Vinylpyrrolidon-(2)* (**III**), C_6H_9ON, F. 17°, Kp.$_{2,0}$ 64 bis 66°, durch Rühren von **II** in Bzl. mit $NaOCH_3$ bei 20° (4 Std.); 48%; oder aus **II** u. $NaNH_2$ in Bzl. bzw. **II** u. 85%ig. KOH durch Kochen; 56%; oder aus **I** in Bzl. mit $SOCl_2$, dann Zugabe von festem $NaHCO_3$, Filtrieren u. Umsetzung des Filtrats mit KOH; 49%. – Polymerisation von **III**: je 1 cm³ **III** u. W. mit je 0,01 cm³ Superoxol + konz. NH_4OH bei 70°. – *Quaternäres Jodid* (**VI**), $C_9H_{19}ON_2J$, F. 224–225° (Methanol, Platten), aus **II** u. NaJ in Aceton (4 Std. kochen), dann Einleiten von $(CH_3)_3N$-Gas u. 10std. Stehen; 53%. Gibt mit Ag_2O bei 12std. Stehen **III**; 81%. – *N-[β-Jodäthyl]-pyrrolidon-(2)*, $C_6H_{10}ONJ$, Kp.$_{0,5}$ 125 bis 127,5°, aus **II** mit NaJ; 74%. (J. Amer. chem. Soc. **74.** 4959–60. 5/10. 1952. Lawrenceburg, Ind., Schenley Labors., Inc.) GOEBEL. 3081

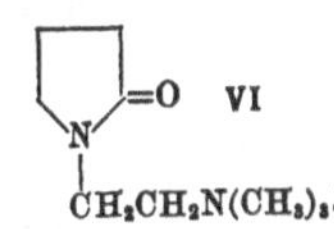

VI

W. F. Martynow, *Reaktion aromatischer Amine mit Glycidsäuren. Synthese von Indolhomologen.* β.β-Dimethylglycidsäureäthylester (I) lagert Anilin, unter Öffnung des Oxidorings am β-C-Atom, an, wobei sich *α-Oxy-β-anilinoisovaleriansäureäthylester* (II) bildet. Dieser entwickelt mit konz. H_2SO_4 bei 120–130° *CO*, offenbar aus HCO_2H, dem n. Spaltungsprod. von α-Oxysäuren. Die Öffnung des Oxidorings am α-C-Atom, die zu β-Oxy-α-anilinoisovaleriansäureäthylester geführt hätte, tritt demnach nicht ein. Das 2., neben HCO_2H entstehende Spaltungsprod., α-Anilinoisobutyraldehyd, wird unter den Reaktionsbedingungen intramol. zu *2.3-Dimethylindol* (Ausbeute 90%) kondensiert; als Zwischenprod. ist 3-Oxy-2.2-dimethyl-2.3-dihydroindol anzunehmen, das eine Retropinakolinumlagerung erfährt. Wird α-Oxy-β-cyclohexylaminoisovaleriansäureamid bei 170–175° mit konz. H_2SO_4 behandelt, so wird *α-Cyclohexylaminoisobutyraldehyd* mit 50%ig. Ausbeute erhalten; der Aldehyd kann hier gefaßt werden, da er sich intramol. nicht kondensiert. Aus **I** werden auch mit o- u. p-Toluidin die **II** entsprechenden *α-Oxy-β-arylaminoisovaleriansäureäthylester* (**III** u. **IV**) erhalten, desgl. mit β-Naphthylamin u. α-Aminopyridin. Die Ausbeute beträgt in diesen Fällen 50–60%, wird aber bei dem schwerer reagierenden o-Toluidin erst in der 5fachen Reaktionszeit erreicht. Träge verläuft die Anlagerung von Anilin an β-Methyl-β-äthyl- u. β.β-Diäthylglycidsäureäthylester; bei ersterem beträgt die Ausbeute 50% bei 50std. Erhitzen auf 170–180°. Hierbei entstehen *α-Oxy-β-anilino-β-methylvaleriansäure (α-Oxy-β-anilinoisocapronsäure)-äthylester* (**V**) bzw. *α-Oxy-β-anilino-β.β-diäthylpropionsäureäthylester* (**VI**). In allen Fällen läßt sich die α-Stellung der Oxygruppe durch die CO-Bldg. mit konz. H_2SO_4 beweisen. Nachst. Indolderivv. wurden erhalten. *2.3.7-* u. *2.3.5-Trimethylindol* (aus **III** bzw. **IV** fast quantitativ), *2-Methyl-3-äthylindol* (aus **V**) –

nicht 2-Äthyl-3-methylindol, das hätte entstehen können — u. *2.3-Diäthylindol* (aus **VI**). Die aus Glycidsäuren u. aromat. Aminen entstehenden Anlagerungsprodd. haben demnach nicht die von v. SCHLICKH (Ber. dtsch. chem. Ges. **69.** [1936.] 970) angenommene Konst. von β-Oxy-α-aminosäurederivaten. — Die Arbeit enthält keine Beschreibung der Versuche. (Доклады Академии Наук СССР [Ber. Akad. Wiss. UdSSR] [N. S.] **89.** 869—72. 11/4. 1953. Leningrad, Shdanow-Univ.)

R. KNOBLOCH. 3081

W. S. Smith und **R. Y. Moir,** *Indol-1-essigsäure.* Durch Kondensation von asymm. Phenylhydrazinessigsäureäthylesterhydrochlorid (**II**) mit Brenztraubensäureester bzw. α-Ketobuttersäureester entsteht *2-Carboxyindol-1-essigsäurediäthylester* (**IIIa**) bzw. *2-Carboxy-3-methylindol-1-essigsäurediäthylester* (**IVa**), die bei der Hydrolyse die *freien Säuren* (**III** bzw. **IV**) geben, aus denen durch Halbveresterung (am Essigsäurerest) die Halbester (**IIIb** bzw. **IVb**) erhältlich sind. Bei der Decarboxylierung letzterer in Ggw. von Cu-Chromit in Chinolin bildeten sich infolge eines geringen Anilingeh. des Chinolins außer dem *Indol-1-essigsäureäthylester* (**Ia**) bzw. *3-Methylindol-1-essigsäureäthylester* (**Va**) die entsprechenden Anilide **Ib** bzw. **Vb**. **Ia** u. **Ib** sowie **Va** u. **Vb** gaben bei der Hydrolyse die gewünschte *Indol-1-essigsäure* (**I**) bzw. *3-Methylindol-1-essigsäure* (**V**). Von den neuen Indolderivv. zeigte **Ib** in Wachstumsverss. an Tomaten die größte Wirkung.

V e r s u c h e (FF. korr.): *asymm.-Phenylhydrazinessigsäureäthylesterhydrochlorid* (**II**), F. 194,8—195,7° (Zers.), a) durch Red. des N-Nitrosoderiv. des N-Phenylglycinäthylesters mit Zn-Staub u. A. nach HARRIES [1895], Lösen des roten Sirups in A. u. Sättigen mit HCl; hellrote Nadeln; 18% (Ausbeute); b) aus Phenylhydrazin u. Chloressigsäure nach BUSCH [1903]; gelbe Nadeln; 64%. — *2-Carbäthoxyindol-1-essigsäureäthylester* (**IIIa**), $C_{15}H_{17}O_4N$, Kp.$_{0,2}$ 150—155°, durch 1std. Kochen von **II** mit Brenztraubensäuremethylester in mit HCl gesätt. A.; blaßgelbes Öl, das langsam krist.; 92%. — *2-Carboxyindol-1-essigsäure* (**III**), $C_{11}H_9O_4N$, F. 232,8—234,4° (Zers.; Bzl./A.), durch Verseifen von rohem **IIIa** durch 4std. Kochen mit NaOH; 71%. Pyrolyse von **III** in Ggw. eines Katalysators unter niedrigem Druck führte zum Anhydrid (**IIIc**), ohne Katalysator unter gewöhnlichem Druck entstanden ein Harz u. wahrscheinlich *N-Methylindol* u. rohe **I**. Erhitzen von **III** über Cu-Chromit in Chinolin gab unreine **I** u. teerige Rückstände. — *2-Carboxyindol-1-essigsäureanhydrid* (**IIIc**), $C_{11}H_7O_3N$, F. 237—238° (Zers.), durch Erhitzen von **III** mit Cu-Chromit unter vermindertem Druck, wobei **IIIc** sublimiert; hellgelbe Nadeln. — *2-Carboxyindol-1-essigsäureamid,* $C_{11}H_{10}O_3N_2$, F. 272—273,5° (Zers.), durch Behandeln von **III** mit konz. NH_4OH; glitzernde Nadeln. — *2-Carboxyindol-1-essigsäureäthylester* (**IIIb**), $C_{13}H_{13}O_4N$, F. 200,5—201,5° (A.), durch Erwärmen von **III** mit absol. A. auf 65° unter Einleiten von HCl; 85%. — *Indol-1-essigsäureanilid* (**Ib**), $C_{16}H_{14}ON_2$, F. 180,3—181°, durch 80 Min. Erhitzen von **IIIb** mit etwas Anilin enthaltendem Chinolin u. Cu-Chromit unter N_2 auf 190°, 10 Min. auf 195—197°, 20 Min. auf 205° u. kurzes Erhitzen auf 209°, Ansäuern mit verd. HCl, Ausäthern u. Dest. des braunen Ae.-Rückstandes als 2. Fraktion [nach einem Öl vom Kp.$_{0,07-0,08}$ 100—130° (Bad)] $>$130°/0,07 mm; aus verd. A. Kristalle. — *Indol-1-essigsäure* (**I**), $C_{10}H_9O_2N$, F. 178,4—179,4°, a) durch 3std. Erhitzen der vorst. öligen Fraktion mit alkoh. KOH u. Ansäuern; Reinigen der rohen Kristalle durch 2tägiges Stehen in äther. Lsg. über Kohle, Behandeln mit PAe. u. nochmaliges Stehenlassen mit Kohle; kleine glänzende Nadeln aus Bzl.; b) durch 3std. Erhitzen von **Ib** mit alkoh. KOH. — *2-Carboxy-3-methylindol-1-essigsäurediäthylester* (**IVa**), $C_{16}H_{19}O_4N$, F. 80° (unkorr.), durch 1std. Kochen von α-Ketobuttersäuremethylester (Kp.$_2$ 66—69,5°) u. rohem **II** in mit HCl gesätt. absol. A.; aus A. Nadeln; 86%. — *2-Carboxy-3-methylindol-1-essigsäure* (**IV**), $C_{12}H_{11}O_4N$, F. 236,5—237,6° (Zers.), durch Verseifen von **IVa** mit wss.-alkoh. NaOH; aus Bzl./A. u. verd. A. glänzende Kristalle; 93%. — *2-Carboxy-3-methylindol-1-essigsäureäthylester* (**IVb**), $C_{14}H_{15}O_4N$, F. 195,7 bis 196,7° (A.), durch Erwärmen von **IV** mit A. auf 65°, Sättigen mit HCl, nochmalige Zugabe von A., Erwärmen auf 80° u. Sättigen mit HCl; 88% (roh). Decarboxylierung mit Chinolin über Cu-Chromit bei 180—204° u. fraktionierte Dest. bei 0,06 mm gab 5 Fraktionen, von denen Fraktion 4, 165—250° (Bad), eine feste M. lieferte, die aus A. Kristalle des *3-Methylindol-1-essigsäureanilids* (**Vb**), $C_{17}H_{16}ON_2$, F. 221,9—222,4°, gab. Die ölige Fraktion 2, F. 110—116° (Bad), gab *3-Methylindol-1-essigsäureäthylester* (**Va**), $C_{13}H_{15}O_2N$, Kp.$_{0,06}$ 112—115°. — *3-Methylindol-1-essigsäure* (**V**), $C_{11}H_{11}O_2N$, F. 178,9 bis 179,9°, a) durch Verseifen von rohem **Va** mit wss.-alkoh. NaOH; aus Bzl. Kristalle; 58% (roh); b) aus roher Indol-1.3-diessigsäure durch Schmelzen unter gewöhnlichem Druck u. Dest. bei 0,5 mm. (Canad. J. Chem. **30.** 411—21. Mai 1952. Guelph, Ont., Dominion Rubber Co., Res. Labors., u. Kingston, Ont., Queen's Univ., Dep. of Chem.)

ROSDORFF. 3081

B. P. Lugowkin und **B. A. Arbusow,** *Alkylierung der Amine durch Dialkylphosphorsäurechloride.* Dialkylphosphorsäurechloride $ClP(:O)(OR)_2$ reagieren mit prim. u. sek. Aminen [Carbazol (**I**), Anilin (**II**), β-Naphthylamin, Diphenylamin (**III**)] unter Bldg. *N-alkylierter Amine.* α-Aminopyridin wird nicht am Amino-N alkyliert; statt dessen bildet sich *Py-N-Methyl-α-pyridonimin.* Auch Säureamide können so alkyliert werden: aus Benzamid entsteht *N-Methylbenzamid.* Da beim Erhitzen von Diäthylphosphorsäureanilid (**IV**) *Diäthylanilin* (**V**) mit 85%ig. Ausbeute erhalten wird, ist offenbar **IV** das zunächst entstehende Prod. bei der Einw. von $ClP(:O)(OC_2H_5)_2$ (**VI**) auf **II**. Für den weiteren, von **IV** nach **V** führenden Weg wird ein (vorläufiges) Ionenschema gegeben. Die Rkk. werden bei Tempp. (> 100°) durchgeführt, bei denen sich die Dialkylphosphorsäurechloride selbst zers., wobei *HCl, Alkylchlorid, ungesätt. Verbb.* (C_2H_4) u. andere, nicht untersuchte Verbb. gebildet werden.

Versuche: *N-Äthylcarbazol,* F. 68—69°, $Kp._5$ 167—169°; aus 6,8 g **I** u. 9 g **VI** ($Kp._{11}$ 82°; $D.^{20}{}_{20}$ 1,1953; $n_D{}^{20}$ 1,4169) in stark exotherm. Rk., wobei die Temp. auf 210° ansteigt; unverändertes **I** wird durch Abkühlen der alkoh. Lsg. des Reaktionsprod. auf —10° abgetrennt, worauf fraktioniert wird; 25% (Ausbeute). Bei Verwendung von Bzl. oder Toluol + Dimethylanilin als Lösungsm. trat keine Rk. ein. *Pikrat,* F. 97—98°, aus A. dunkelrote Nädelchen. — *N-n-Butylcarbazol,* $Kp._5$ 210—218°; aus **I** u. $(n\text{-}C_4H_9O)_2P(:O)Cl$ ($Kp._8$ 117°; $D.^{20}{}_{20}$ 1,0824; $n_D{}^{20}$ 1,4310), 1 Std. bei 135 bis 175°; 28,7%. *Pikrat,* F. 88°; dunkelrote Nädelchen. — *N-Äthyldiphenylamin,* $Kp._{10}$ 147°; aus **III** u. **VI** bei 140—165°; die Reaktionsmasse bestand aus 2 Schichten, einer oberen, öligen u. einer sirupösen unteren, die beim Abkühlen erstarrte u. mit konz. Na_2CO_3-Lsg. behandelt wurde; das hierdurch abgeschiedene Öl wurde mit der oberen Schicht vereinigt, worauf mit Ae. aufgenommen wurde; $D.^{20}{}_{20}$ 1,0396; $n_D{}^{20}$ 1,6095; 82,7%. *p.p'-Dibromderiv.,* $C_{14}H_{13}NBr_2$, F. 107—108° (Bzl. + PAe.). — *N-Methyldiphenylamin,* $Kp._{11}$ 147—148°; aus **III** u. $ClP(:O)(OCH_3)_2$ ($Kp._{10}$ 64—65°; $D.^{20}{}_{20}$ 1,3455; $n_D{}^{20}$ 1,4118) bei 120—170°; $D.^{20}{}_{20}$ 1,0572; $n_D{}^{20}$ 1,6230; 68,8%. *p.p'-Dibromderiv.,* F. 119°; aus A. Nädelchen. — *Diäthylanilin* (**V**), $Kp._{10}$ 89—90°; a) aus **II** u. **VI** bei 110—230°; 87,5%; b) durch Erhitzen von **IV** auf 230°; 85,2%. Ölige Fl.; $D.^{20}{}_{20}$ 0,9402; $n_D{}^{20}$ 1,5410. *Pikrat,* F. 138—139°; aus A. gelbgrüne Kristalle. — *N.N-Diäthyl-β-naphthylamin,* $Kp._{10}$ 169—172°; hellgelbe, ölige Fl. mit blauer Fluorescenz; $D.^{20}{}_{20}$ 1,0215; $n_D{}^{20}$ 1,6335; 87,7%. *Pikrat,* F. 151—152°; aus A. gelbe Kristalle. *Hydrochlorid,* $C_{14}H_{17}\cdot N\cdot HCl$, F. 175° (Bzl. + Chlf.). — *Py-N-Methyl-α-pyridonimin,* $Kp._{18}$ 107—110°; gelbe Fl.; 28,7%. *Pikrat,* F. 199—200°; aus A. gelbgrüne Kristalle; aus der Mutterlauge wenig eines gelben *Pikrats,* F. 158—167°, das nicht identifiziert wurde. — *N-Methylbenzamid,* F. 79—80°; 34,4%. — *Äthylanilin,* $Kp._{10}$ 80—82°; durch Erhitzen von **IV** mit **II**-Hydrochlorid auf 100—225°; Öl; $D.^{20}{}_{20}$ 0,9771; $n_D{}^{20}$ 1,5640; 5,7 g aus 10,9 g **IV**. *Pikrat,* F. 136—136,5°; aus A. gelbe Kristalle. (Журнал Общей Химии [J. allg. Chem.] **22 (84)**. 2041—47. Nov. 1952. Kasan, Uljanow-Lenin-Univ., Butlerow-Inst. für Chemie.) H. FRÖHLICH. 3081

William Bradley und **Kenneth W. Geddes,** *1.9-Pyrazoloanthron.* 1. Mitt. *Ersatz von Halogenen in Derivaten von 1.9-Pyrazoloanthron.* Die *2-* u. *3-Brom-* u. *4-*, *5-* u. *8-Chlorderivv.* von *1.9-Pyrazoloanthron* (**I**; *Pyrazolo-[5'.4'.3':1.13.9]-anthron*) wurden hergestellt. Die Beziehung zwischen Orientierung u. Austausch des Halogens durch Anilin, Piperidin (**II**) oder CH_3ONa ist ähnlich wie in der meso-Benzanthronreihe. Die beiden *N-Methylverbb.* von **I** u. von einigen seiner *Halogenderivv.* (**III**) wurden synthetisiert. Die Eigg. der **III** sind im allg. denen von **I** ähnlich.

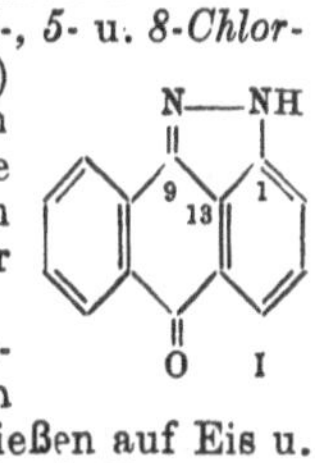

Versuche [Chromatographie (Chr.) in Bzl. an Al_2O_3; Fluorescenz (Fz.)]: *1.2-Dibromanthrachinon* (**IV**), F. 223°, durch 4std. Rühren von 50 g 1-Amino-2-bromanthrachinon mit $NaNO_2$ in konz. H_2SO_4, Gießen auf Eis u. Zufügen des Nd. zur Suspension von CuCl in 50%ig. HBr; N_2-Entw. durch Erwärmen beendet, verd. u. Nd. mit warmer verd. HNO_3 verrührt; blaßgelbe Nadeln aus C_6H_5Cl; 39,5 g (Ausbeute). — *2-Brom-1.9-pyrazoloanthron* (**V**), $C_{14}H_7ON_2Br$, F. 289—290°, aus 8,5 g **IV** in Pyridin (**VI**) u. 50%ig. $N_2H_4\cdot H_2O$ durch 5std. Kochen, Gießen in W. u. Umlösen aus $C_6H_5NO_2$; 7 g; weiter Vakuumsublimation oder Chr.; gelbe Nadeln; in verd. NaOH orange, + $Na_2S_2O_4$ grünlichgelb; in **VI** blaß grünlichgelb, + konz. methanol. KOH (**VII**) blaßrot; in konz. H_2SO_4 orange. *Acetylverb.,* F. 205° (aus C_6H_5Cl). — *3-Brom-1.9-pyrazoloanthron* (**VIII**), $C_{14}H_7ON_2Br$, F. 309—310°, aus 12 g 1.3-Dibromanthrachinon (**IX**) wie **V**, gelbe Nädelchen aus C_6H_5Cl; 10 g roh; in wss. NaOH + $Na_2S_2O_4$ wie **V**, in **VI** grünlichgelb, + **VII** gelblichrot, Fz. gelb. Bleibt durch Erhitzen mit CH_3ONa (4 Std.) mit Anilin (3 Std.) u. mit **II** (6 Std.) unverändert, auch nahezu in sd. alkoh. KOH (1 g/2 cm³), aus letzterem Rohprod. durch Vakuumsublimation eine *Verb.* vom F. 280—285°. *Acetylverb.,* F. 228°, aus 10 g **VIII** u. sd. Acetanhydrid (10 Min.);

blaßgelbe Nädelchen aus C_6H_5Cl; 8,5 g. — *4-Chlor-1.9-pyrazoloanthron* (**X**), $C_{14}H_7ON_2Cl$, F. 318° (C_6H_5Cl), aus 1.4-Dichloranthrachinon (**XI**) u. $N_2H_4 \cdot H_2O$; orangefarbene Lsg. in NaOH, + $Na_2S_2O_4$ gelb; in **VI** blaßgelb, + **VII** orange, Fz. grün; in konz. H_2SO_4 orange. — *5-Chlor-1.9-pyrazoloanthron* (**XII**), $C_{14}H_7ON_2Cl$, F. 298°, aus 20 g 1.5-Dichloranthrachinon analog **V**; Rohprod. (18,8 g) in konz. H_2SO_4 auf 100° erhitzt, in W. gegossen u. aus C_6H_5Cl umkrist.; goldgelbe Blättchen; Eigg. wie **X**. Bleibt bei 4std. Kochen mit CH_3ONa/CH_3OH unverändert u. in sd. Anilin (3 Std.) fast unverändert. *Acetylverb.*, $C_{16}H_9O_2N_2Cl$, F. 249°, braune Nadeln. — *8-Chlor-1.9-pyrazoloanthron* (**XIII**), $C_{14}H_7ON_2Cl$, F. 346—347°, gelbe Nadeln aus Xylol. Reagiert weder mit sd. **II** (21 Std.) noch mit sd. Anilin (3 Std.). *Acetylverb.*, $C_{16}H_9O_2N_2Cl$, F. 280°, blaßgelbe Nadeln aus C_6H_5Cl. — *1'-Methylpyrazolo-[5'.4'.3':1.13.9]-anthron* (**XIV**), $C_{15}H_{10}ON_2$, F. 189°, aus 11 g **I** u. $(CH_3)_2SO_4$ in alkoh.-wss. NaOH; 10,1 g *Gemisch* (**XIV** u. **XV**); Chr. u. Elution der breiten gelben Schicht mit Bzl., gelbe Nadeln; auch aus 7,5 g 1-Chloranthrachinon, Methylhydrazinsulfat (**XVI**) u. Na_2CO_3 in sd. **VI**; 5 g; aus **VI**-Filtraten mit W. gelber Nd., aus A. umkrist., dann Chr.; unrein; in Bzl. blaue Fz.; in wss. NaOH unlösl., + $Na_2S_2O_4$ blaßgelbe Lsg.; in **VI** u. + festem KOH gelb; in Aceton + KOH schmutzigrot. — *1'-Methylpyrazolo-[3'.4'.5':1.13.9]-anthron* (**XV**), $C_{15}H_{10}ON_2$, F. 229°, gelbe Nadeln aus C_6H_5Cl; in Bzl. Fz. hellgelblichgrün, sonstige Eigg. wie **XIV**, nur gelbe Acetonlsg. + KOH über rot u. violett schnell blau werdend; entsteht auch aus 20 g **I**, CH_3OH u. konz. H_2SO_4 nach D. R. P. 454 760; 13 g (roh.). — *1-[N-Methyl-N-nitrosamino]-anthrachinon*, $C_{15}H_{10}O_3N_2$, F. 185—186°, aus 1-Methylaminoanthrachinon (**XVII**) mit $NaNO_2$ u. CH_3COOH; goldgelbe Nadeln aus C_6H_5Cl; gibt bei 1,5std. Kochen mit Na_2S in A. oder 6std. Kochen mit **VI** u. $N_2H_4 \cdot H_2O$ oder mit Zn-Staub in CH_3COOH-W. bei 20° **XVII** zurück. — *2-Brom-1'-methylpyrazolo-[5'-4'.3':1.13.9]-anthron* (**XVIII**), $C_{15}H_9 \cdot ON_2Br$, F. 224—227°, durch 10std. Kochen von 4 g **IV**, **XVI**, CH_3COONa u. **VI**; 1 g roh; im Vakuum sublimiert, gelb; keine Depression mit der nachst. erhaltenen Verb. vom F. 230°. — *2-Brom-1'-methylpyrazolo-[3'.4'.5':1.13.9]-anthron* (**XIX**), $C_{15}H_9ON_2Br$, F. 232—234° (C_6H_5Cl), aus 2 g **XV** in CH_3COOH u. Br_2 in CH_3COOH (2 Std., Zimmertemp.), gelb; 2,1 g (roh). 10 g **V**, mit $(CH_3)_2SO_4$ u. 9%ig. NaOH 3 Std. bei Raumtemp. verrührt, Nd. mit NaOH in wss. A. ausgezogen, gaben 9 g eines Gemisches, aus dem durch Chr. von 5 g u. Verdampfen von jeweils 200 cm³ Benzoleluat 0,6 g **XVIII** (F. 230°) u. 0,1 g **XIX** isoliert werden konnten. — *3-Brom-1'-methylpyrazolo-[5'.4'.3':1.13.9]-anthron*, $C_{15}H_9ON_2Br$, F. 242—244°, aus 10 g **IX**, **XVI** u. K_2CO_3 in sd. **VI** (12 Std.); grünlichgelbe Nadeln; 4 g. — *4-Chlor-1'-methylpyrazolo-[5'.4'.3':1.13.9]-anthron* (**XX**), $C_{15}H_9ON_2Cl$, F. 260°, analog vorst. Verb. aus 5 g **XI** (8std. Kochen); im Vakuum sublimiert; 2 g. — *2.1'-Dimethylpyrazolo-[5'.4'.3':1.13.9]-anthron*, $C_{16}H_{12}ON_2$, F. 217—218°, aus 1-Chlor-2-methylanthrachinon, gelbe Nadeln aus C_6H_5Cl. — *4-Brom-1'-methylpyrazolo-[5'.4'.3':1.13.9]-anthron* (**XXI**), $C_{15}H_9ON_2Br$, F. 248—249°, aus 3 g **XIV** u. Br_2, beide in CH_3COOH, durch 1std. Kochen u. Gießen in W.; gelbe Nädelchen aus C_6H_5Cl; 2,6 g (roh). — *4-Anilino-1.9-pyrazoloanthron*, $C_{20}H_{13}ON_3$, F. 282—283°, durch 3std. Kochen von 0,5 g **X** mit $C_6H_5NH_2$ u. Waschen des Nd. mit verd. HCl; Chr., orangefarbene Schicht mit Aceton eluiert; goldorangefarbene Nadeln aus C_6H_5Cl; 0,35 g (roh); in konz. H_2SO_4 orange, in **VI** blaßgelb, + **VII** orange. — *4-Piperidino-1.9-pyrazoloanthron*, $C_{19}H_{17}ON_3$, F. 264°, aus **X**, gelbe Nadeln aus C_6H_5Cl; in konz. H_2SO_4 blaßgelb, in 20%ig. NaOH hellgelb mit grünlicher Fz., die mit $Na_2S_2O_4$ verschwand; in **VI** gelb, + KOH orange, Fz. grünlichgelb. — *4-Methoxy-1.9-pyrazoloanthron* (**XXII**), $C_{15}H_{10}O_2N_2$, F. 287 bis 288° (C_6H_5Cl), durch 3std. Kochen von 0,5 g **X** mit CH_3ONa in CH_3OH u. Zugabe von verd. HCl, blaßgelb; 0,35 g (roh); in 20%ig. NaOH gelb., Fz. grün. — *4-Hydrazino-1.9-pyrazoloanthron*, $C_{14}H_{10}ON_4$, F. 270°, aus **X**, $N_2H_4 \cdot H_2O$ u. **VI** (10 Std., 140°), braune Nadeln, im Vakuum sublimiert; in sd. W. blaßgelb, Fz. grün; ebenso in **VI**, + **VII** gelb, Fz. hellorange; aus konz. H_2SO_4 nach 15 Min./90° unverändert zurückerhalten. — *5-Piperidino-1.9-pyrazoloanthron* (**XXIII**), $C_{19}H_{17}ON_3$, F. 218—219°, aus 0,5 g **XII** u. sd. **II** (3 Std.); Gießen in W.; gelbe Nadeln aus C_6H_5Cl; 0,4 g (roh); in konz. H_2SO_4 hellgelb, in NaOH weinrot, + $Na_2S_2O_4$ gelb; in **VI** gelb, + **VII** rötlichgelb. — *2-Piperidino-1.9-pyrazoloanthron*, $C_{19}H_{17}ON_3$, F. 251—252° (C_6H_5Cl), aus 0,5 g **V** wie **XXIII**; 0,4 g (roh); in konz. H_2SO_4 blaßgelb; in **VI** gelb, Fz. blaßgrün, + **VII** tiefer gelb, Fz. gelb. — *2-Methoxy-1.9-pyrazoloanthron*, $C_{15}H_{10}O_2N_2$, F. 224—226°, aus 0,5 g **V** wie **XXII**, gelbe Nadeln aus C_6H_5Cl; 0,4 g (roh); in NaOH gelb, Fz. grün. — *4-Oxy-1'-methylpyrazolo-[5'.4'.3':1.13.9]-anthron*, $C_{15}H_{10}O_2N_2$, F. 206—208°; a) 0,4 g **XXI** mit CH_3ONa in CH_3OH gekocht, W. u. verd. HCl zugegeben, CH_3OH abdest.; NaOH-Auszug des gelben Nd. (0,3 g) angesäuert; b) analog aus **XX**. (J. chem. Soc. [London] **1952**. 1630—35. Mai. Leeds, Univ., Clothworkers Res. Labor.) LEHMSTEDT. 3122

William Bradley und **Kenneth W. Geddes**, *1.9-Pyrazoloanthron.* 2. Mitt. *Kernsubstitution durch Basen und Selbstkondensation von 1.9-Pyrazoloanthron und seinen N-Me-*

thylderivaten. (1. vgl. vorst. Ref.) In 1.9-Pyrazoloanthron (**I**) u. seinen N-Methylderivv. (**II**) wird der Indazolkern in p-Stellung zur CO-Gruppe durch reaktionsfähige Anionen substituiert. So entsteht aus **I** u. Na-Anilid *2-Anilino-1.9-pyrazoloanthron* (**III**) unter gleichzeitiger Selbstkondensation von **I** zu *Di-[1.9-pyrazoloanthronyl-(2)]* (**IV**). Bei solchen Rkk. wird 1'-Methylpyrazolo-[3'.4'.5':1.13.9]-anthron (**V**) wegen seines ungesättigteren Charakters leichter substituiert als 1'-Methylpyrazolo-[5'.4'.3':1.13.9]-anthron (**VI**). Die Konst. von **IV** u. seinen N-Methylderivv. wird aufgeklärt u. so auch die Konst. der Methylierungsprodd. von **IV** ermittelt. Der Verlauf der Rkk. wird erörtert. Bei der Alkalischmelze von **I** u. **II** wird der mittlere Ring des Anthracengerüstes zu *3-[o-Carboxyphenyl]-indazolen* aufgespalten.

V e r s u c h e [Fluorescenz (Fz.)]: *Di-[1.9-pyrazoloanthronyl-(2)]* (**IV**), $C_{28}H_{14}O_2N_4$, F. 360°, a) aus 15 g **I** mit alkoh. KOH nach MAYER u. HEIL (Ber. dtsch. chem. Ges. **55**. [1922.] 2155) als acetonunlösl. Rückstand; 12,5 g (Ausbeute); b) aus je 1 g N-Acetyl-2-brom-1.9-pyrazoloanthron, Cu-Bronze u. Naphthalin (9 Std., 250°), Dampfdest., Ausziehen mit NH_4OH + NH_4Cl, Auskochen des Rückstandes mit C_6H_5Cl u. Umlösen aus Pyridin (**VII**), braun; 0,1 g; in **VII** gelb lösl., + methanol. KOH (**VIII**) violett; c) 2,4 g Na, 0,1 g Cu-Bronze u. 0,1 g NiO werden in 60 g sd. Anilin eingetragen u. bis Ende der H_2-Entw. gerührt; bei 40—45° 9 g **I** zugefügt, 30 Min. auf 45—60° gehalten u. mit noch 30 g $C_6H_5NH_2$ 2 Std. verrührt; mit verd. HCl Nd., im SOXHLET mit Aceton extrahiert; Rückstand 5,9 g. — *2-Anilino-1.9-pyrazoloanthron* (**III**), $C_{20}H_{13}ON_3$, F. 357°, a) aus vorst. Acetonextrakt, gelblichbraune Nadeln aus C_6H_5Cl; b) aus $C_6H_5\cdot NHNa$ (s. oben) u. 4 g 2-Brom-1.9-pyrazoloanthron (3 Std., 60°); Zers. mit verd. HCl; 4 g (roh); in konz. H_2SO_4 weinrot, Fz. schwach grün; in **VII** gelb, Fz. grün, + **VIII** weinrot, Fz. hellgelb; in 20%ig. NaOH orange, Fz. grün, + $Na_2S_2O_4$ blaßgelb, Fz. bläulichgrün. — Werden je 2 g N-Acetyl-3-brom-1.9-pyrazoloanthron, Cu-Bronze u. Naphthalin 8 Std. auf 250° erhitzt u. von Naphthalin u. Cu befreit, so werden aus dem Rückstand durch Extraktion mit A. 0,3 g verunreinigtes **I** erhalten; durch weiteres Ausziehen mit C_6H_5Cl noch **I** u. mit **VII** unreines *3-Brom-1.9-pyrazoloanthron*, F. 252—256°; keine Bldg. von Di-[1.9-pyrazoloanthronyl-(3)]; ähnliches Ergebnis mit Anthracen statt Naphthalin (12 Std., 250°). — *1.9;5.10-Dipyrazoloanthracen* (**IX**), $C_{14}H_8N_4$, a) direkt aus 1.5-Dichloranthrachinon (**X**), $N_2H_4\cdot H_2O$ u. **VII** nach MÖHLAU (Ber. dtsch. chem. Ges. **45**. [1912.] 2244); b) wie a) aus 10 g **X**, aber mit Zusatz von CH_3COONa (5 std. Kochen); neben 6 g *5-Chlor-1.9-pyrazoloanthron* (F. 296—297°). Bleibt unverändert durch Erhitzen mit 2,8 g KOH in 2 g A. (6 Std.), mit C_6H_5NHNa (4 Std., 40—60°) oder MnO_2, CH_3COOK u. KOH (½ Std., 200—250°). *N.N-Diacetylverb.*, $C_{18}H_{12}O_2N_4$, F. 334°, mit sd. Acetanhydrid (Fz. blau, dann gelb); goldgelbe Nadeln. — *Di-[1'-methylpyrazolo-(5'.4'.3':1.13.9)-anthronyl-(2)]* (**XI**), $C_{30}H_{18}O_2N_4$, F. 356—358°, a) aus 4 g **IV** in wss.-alkoh. NaOH mit $(CH_3)_2SO_4$ bei 30—40°; nach 6 Std. gekühlt u. 12 Std. stehen gelassen; Nd. mit alkoh. KOH (Rückstand 2,6 g), dann im SOXHLET mit Aceton extrahiert; Eindampfrückstand im Vakuum sublimiert; gelbe Kristalle; als Nebenprod. 0,9 g acetonunlösl. *Di-[1'-methylpyrazolo-(3'.4'.5':1.13.9)-anthronyl-(2)]*(**XII**), F. > 360° (s. unten); b) aus 3 g **VI** u. C_6H_5NHNa in $C_6H_5NH_2$ wie **IV** nach c); Aceton gab erst stark farbige (**A**), dann blaßgelbe Extrakte; diese eingedampft; in konz. H_2SO_4 rötlichorange; in NaOH + $Na_2S_2O_4$ bläulichgrün, mit Luft Nd. von **XI**. — *2-Anilino-1'-methylpyrazolo-[5'.4'.3':1.-13.9]-anthron* (**XIII**), $C_{21}H_{15}ON_3$, F. 184—186°, durch Chromatographie des Eindampfrückstandes (1,75 g) von **A**, (neben **VI**) aus festerer rötlicher Schicht mit Aceton; gelb; in konz. H_2SO_4 weinrot; in Aceton gelb, Fz. grün; + **VIII** rot; dagegen 4-Anilino-1.9-pyrazoloanthron in **VII** gelb, + **VIII** gelborange. — **XII**, $C_{30}H_{18}O_2N_4$, F. > 360°, a) aus 3 g **V** wie **XI** nach b), aber bei 50—60°; aus Aceton 2 g brauner Rückstand; b) aus 2 g **V** u. 10 g KOH in 25 cm³ sd. A.; 0,7 g; c) durch ¼ std. Verrühren von 0,5 g 2-Brom-1'-methylpyrazolo-[3'.4'.5':1.13.9]-anthron mit $Na_2S_2O_4$ u. KOH in W. bei 60—80° (gelb → grün → blau); verd. u. belüftet; aus Nd. 0,2 g Acetonextraktrückstand; in C_6H_5Cl bläulichrot, in NaOH + $Na_2S_2O_4$ blau, + Luft roter Niederschlag. — *3-[o-Carboxyphenyl]-indazol*, $C_{14}H_{10}O_2N_2$, F. 237—238°, aus 10 g **I**, 10 g MnO_2, 75 g KOH u. 7,5 g CH_3COOK bei 200—220° (¼ Std.); nach 30 Min. bei 220—250° in W. eingetragen, längere Zeit auf 60° erhitzt u. filtriert; mit HCl Nd., daraus im SOXHLET mit Bzl. 3,6 g braune Kristalle (**B**) (F. 235—246°); Filtrat verdampft u. Rückstand im Vakuum sublimiert; 0,8 g; lösl. in $NaHCO_3$; in konz. H_2SO_4 gelb, Fz. grün; in Aceton gelb, Fz. blau, + KOH gelb, Fz. gelbgrün. **B** zeigte gleiche Rkk. u. gab durch 1 std. Erhitzen mit konz. H_2SO_4 **I** (F. 283°). *Acetylverb.*, $C_{16}H_{12}O_3N_2$, F. 217—218°, aus **B** u. Acetanhydrid. Der in Bzl. unlösl. Rückstand (0,8 g) war eine Säure; in Aceton gelb, Fz. grünlichblau, + **VIII** bräunlichgelb, Fz. grünlichgelb. — *3-[o-Carboxyphenyl]-1-methylindazol*, $C_{15}H_{12}$·O_2N_2, F. 205—206°, aus je 10 g **VI** u. MnO_2, 50 g KOH u. 5 g CH_3COOK (10 Min. bei 200°, 20 Min. bei 220—250°); aus W. mit HCl Nd., daraus mit Bzl. (Rückstand **C**) bräunlichgelbe Kristalle; 7 g; in wss. $NaHCO_3$ leichtlösl., gelb, Fz. grünlichgelb; in Aceton gelb, Fz. blau, + **VIII** Fz. gelbgrün; keine Rk. mit sd. Acetanhydrid; mit konz. H_2SO_4 (1 Std., 95—100°) aus 0,7 g 0,6 g **VI**, F. 185° (Bzl.). — **C** (0,8 g), F. > 360°, ist eine Säure; in wss. $KHCO_3$ blaßgelb, Fz. blau; in wss. KOH gelb, Fz. hellgelblichgrün. — *Di-[3-(o-carboxyphenyl)-indazolinyl-(7)]*, $C_{28}H_{18}O_4N_4$, F. 330—331°, aus 3 g **IV**, 30 g KOH u. 3 g CH_3COOK (1 Std. 220—250°); aus wss. Filtrat mit HCl Nd., aus Acetonextrakt cremefarbener Rückstand; 0,6 g; in wss. $KHCO_3$ gelbe Lsg., Fz. blau, ebenso in Aceton, + **VIII** Fz. hellgelblichgrün; mit konz. H_2SO_4 bei 90° Rückbldg. von **IV**. (J. chem. Soc. [London] **1952**. 1636—43. Mai.) LEHMSTEDT. 3122

Gösta Lindstedt und **Alfons Misiorny**, *Eine Synthese von dl-2-Methyl-5.7-dioxyflavanon.* Unter den Bedingungen der Rk. nach FRIEDEL-CRAFTS wurden aus Phloroglucin u. β-Methylzimtsäurechlorid zwei farblose, isomere Substanzen erhalten, von denen die eine, als Hauptprod. anfallend, das *dl-2-Methyl-5.7-dioxyflavanon* (**I**) darstellt, während die Struktur der zweiten Verb. noch nicht aufgeklärt werden konnte; es handelt sich wahrscheinlich um den *Phloroglucin-mono-β-methylzimtsäureester*, eine Chalkonstruktur ist kaum anzunehmen.

V e r s u c h e : *dl-2-Methyl-5.7-dioxyflavanon* (**I**), $C_{16}H_{14}O_4$, F. 154—156°, Nadeln aus 50%ig. Essigsäure. Durch 2tägiges Stehenlassen u. anschließendes 1std. Erhitzen auf 50—60° einer Mischung von Phloroglucin, β-Methylzimtsäurechlorid u. $AlCl_3$ in Nitrobenzol unter Zufügen einiger Tropfen Thionylchlorid. Eisenchlorid erzeugt eine rötlichbraune, diazotiertes Benzidin eine rote Färbung. Beim Papierchromatogramm ist der R_F-Wert ca. 0,55 (Bzl./Ligroin). *Monomethyläther*, $C_{17}H_{16}O_4$, F. 92—93°, Kristalle aus Methanol. Durch Behandeln von **I** in äther. Lsg. mit Diazomethan. — Isomere Substanz von **I**, F. 233—234°, durch Versetzen der essigsauren Kristallisationsmutterlauge von **I** mit W. u. Umkristallisieren des Nd. aus Toluol u. Methanol. (Acta chem. scand. **5**. 970—71. Aug. 1951. Stockholm, TH, Organ.-Chem. Inst.) H. FRIESE. 3211

Richard A. Robinson, *Das autonome System blockierende Stoffe.* 1. Mitt. *Verzweigte aliphatische quaternäre Ammonium- and analoge cyclische Ammoniumsalze.* Vff. suchen ganglionblockierende Stoffe, möglichst mit oraler Wirksamkeit. Da die Einführung einer oder zweier sek. Alkylgruppen in einfache quaternäre Salze die ganglionblockierende Wrkg. erhöht, wird eine große Anzahl Verbb. der Typen **A**, **B** u. **C** synthetisiert.

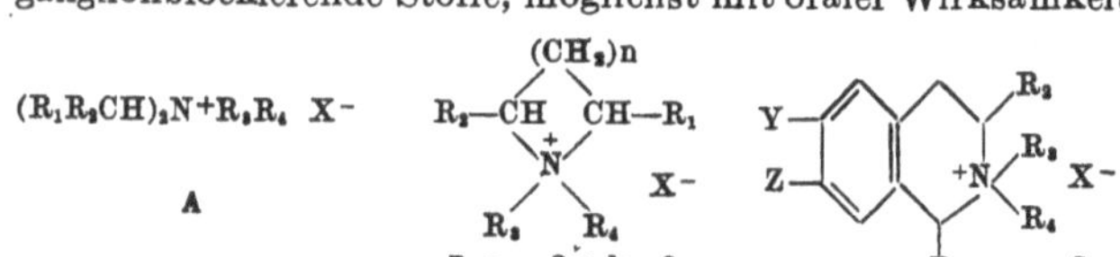

A B n = 2 oder 3 C

Die relativ hohe Aktivität der Diisopropyl- u. Di-sek.-butylammoniumsalze ist erhalten bei den *2.6-Lupetidinium-* u. den *2.5-Dimethylpyrrolidiniumsalzen*, sie ist dagegen niedriger bei den *Isochinoliniumsalzen*, bei denen die *6.7-Dioxyverbb.* gesteigerte Aktivität, aber keine Verbesserung der oralen Wirksamkeit aufweisen; die *2.2-Dimethylderivv.* sind aktiver als die *2.2-Diäthylderivate*. — Die *Lupetidiniumsalze* sind Derivv. eines reinen Stereoisomeren, doch konnte die ster. Zuordnung bisher nicht getroffen werden. — *1.3-Dimethyltetrahydroisochinolin* (**I**) gibt durch Kristallisation der Hydrochloride beide möglichen Racemformen. **I** u. *1-Methyltetrahydroisochinolin* wurden aus den 3.4-Dihydroverbb. erhalten; die Cyclodehydratation von N-Acetylphenyläthylaminen nach SPÄTH (Ber. dtsch. chem. Ges. **63**. [1930.] 134) gab dabei nur geringe Ausbeuten [empfindliches Methylenamin (?)] an 1-Methyl-3.4-dihydroisochinolinen, dagegen lassen sich aus den N-Chloracetylphenyläthylaminen *1-Chlormethyldihydroisochinoline* in guter Ausbeute darstellen; bei der nachfolgenden Red. durch Zn–HCl erfolgt gleichzeitig Enthalogenierung. Die *6.7-Dimethoxytetrahydroisochinoline* wurden aus N-Acyl-[3.4-dimethoxyphenyl]-äthylaminen in Toluol mit P_2O_5 erhalten.

V e r s u c h e : *Äthylisopropylmethylamin*, $C_6H_{15}N$, Kp. 90°, aus *Äthylisopropylamin* (aus Aceton u. Äthylamin oder aus Acetaldehyd u. Isopropylamin durch Hydrierung in CH_3OH mit ADAMS-Katalysator) mit CH_2O + HCOOH; n_D^{25} 1,3998. — *Äthyldiisopropylamin*, $C_8H_{19}N$, Kp. 126,5°, aus Diisopropylamin u. Äthyljodid in Butanon; n_D^{25} 1,4121; 50% (Ausbeute). — *Diisobutylmethylamin*, $C_9H_{21}N$, Kp. 143°, durch N-Methylierung mit CH_2O + HCOOH; n_D^{25} 1,4070. — *Methyl-bis-[1-methylpropyl]-amin*, $C_9H_{21}N$, Kp. 159°, wie vorst.; n_D^{25} 1,4220. — *Diisoamylmethylamin*, $C_{11}H_{25}N$, $Kp._{21}$ 83 bis 84°, n_D^{25} 1,4212. — *Methyl-bis-[1-methylbutyl]-amin*, $C_{11}H_{25}N$, Kp. 196°, aus Pentanon-(2) durch Hydrierung in Ggw. von NH_3 u. Methylierung mit CH_2O + HCOOH; n_D^{25} 1,4300. — *Bis-[1-äthylpropyl]-methylamin*, $C_{11}H_{25}N$, Kp. 198°, aus Pentanon-(3) wie vorst.; n_D^{25} 1,4300. — *Diisopropylmethylamin*, $C_7H_{17}N$, Kp. 111°,; n_D^{25} 1,4100. — *Diäthylisopropylamin*, $C_7H_{17}N$, Kp. 107,5°, n_D^{25} 1,4047. — Verbb. **A**, durch Quaternisierung der vorst. Amine in Butanon; H = blockierende Aktivität bezogen auf $(C_2H_5)_4$·NBr = 1: *Diäthylisopropylmethylammoniumbromid*, $C_8H_{20}NBr$, F. 277°, mit C_2H_5Br bei 70° in 60 Std.; H = 0,84. — *Triäthylisopropylammoniumbromid*, $C_9H_{22}NBr$, F. 264°, wie vorst.; H = 2,58. — *Dimethyldiisopropylammoniumchlorid*, $C_8H_{20}NCl$, F. 261°, mit CH_3Cl in 3 Std. bei 95°; H = 1,9. — *Diisopropyläthylmethylammoniumbromid*, C_9H_{22}·NBr, F. 247°; H = 5,9. — *Diäthyldiisopropylammoniumchlorid*, $C_{10}H_{24}NCl$, F. 299°, mit C_2H_5J in 8 Std. bei 125° u. anschließend Umsatz mit AgCl; H = 12,1. — *Di-sek.-butyläthylmethylammoniumjodid*, $C_{11}H_{26}NJ$, F. 199°, 20 Std. bei 80° in Nitromethan; H = 6,4. — *Diisobutyläthylmethylammoniumjodid*, $C_{11}H_{26}NJ$, F. 162°, wie vorst.; H = 1,1. — *Bis-[1-methylbutyl]-äthylmethylammoniumjodid*, $C_{13}H_{30}NJ$, F. 117—118°, H = 3,2. — *Diisoamyläthylmethylammoniumbromid*, $C_{13}H_{30}NBr$, F. 126—128°, 9 Std. bei 125°; H = 0,36. — *Bis-[1-äthylpropyl]-dimethylammoniumjodid*, $C_{12}H_{28}NJ$, F. 114°, 5 Std. bei 80°; H = 3,0. — *[2-Oxyäthyl]-isopropyldimethylammoniumbromid*, $C_7H_{18}ONBr$, F. 274°, mit CH_3Br in 24 Std. bei 70°; H = 0,22. — *[2-Oxyäthyl]-isopropyläthylmethylammoniumbromid*, $C_8H_{20}ONBr$, F. 262°, wie vorst.; H = 0,3. — *[2-Oxyäthyl]-diisopropylmethylammoniumbromid*, $C_9H_{22}ONBr$, F. 234°; H = 0,85. — *[2-Oxyäthyl]-diisopropyläthylammoniumchlorid*, $C_{10}H_{24}ONCl$, F. 206°; H = 2,8. — Verbb. **B**: *1-Äthyl-2.6-lupetidin*, Kp. 166°, durch Hydrierung von 2.6-Lutidin zu *2.6-Lupetidin* (**II**; Kp. 126°; *Hydrochlorid*, F. 287°) u. Äthylierung mit Äthylsulfat + NaOH; 77%. *Brommethylat*, $C_{10}H_{22}NBr$, F. 280°; H = 3,2. *Bromäthylat*, $C_{11}H_{24}NBr$, F. 268°; H = 9,5. *Brombenzylat*, $C_{16}H_{26}NBr$, F. 216°; H = 2,4. *Brom-p-cymylat*, $C_{19}H_{32}NBr$, F. 115°; H = 2,6. — *1-Methyl-2.6-lupetidin*, Kp. 145°, aus **II** mit CH_2O + HCOOH; 90%. *Chlormethylat*, $C_9H_{20}NCl$, F. 287°; H = 2,0. — *1-Propyl-2.6-lupetidin*, $Kp._{65}$ 104°, aus **II** u. n-C_3H_7J. *Jodmethylat*, $C_{11}H_{24}NJ$, F. 238°; H = 3,3. — *2.6-Lupetidinoäthanol*, $C_9H_{19}ON$, $Kp._{0,3}$ 65°, aus **II** u. Äthylenoxyd; n_D^{25} 1,4818; 80%. *Brommethylat*, $C_{10}H_{22}ONBr$, F. 260°; H = 2,4. *Bromäthylat*, $C_{11}H_{24}ONBr$, F. 246°; H = 0,85. — *1-[2-Acetoxyäthyl]-1-methyl-2.6-lupetidiniumbromid*, $C_{12}H_{24}O_2NBr$, F. 120—125°, aus vorst. Brommethylat u. Acetanhydrid + CH_3COOH; H = 1,89. — *2-Phenyl-1.1-dimethylpiperidiniumjodid*, $C_{13}H_{20}$·NJ, F. 180°, durch Hydrierung von 2-Phenylpyridinhydrochlorid in A. bei 25°/56 lbs., Methylieren des erhaltenen *2-Phenylpiperidins* mit CH_2O + HCOOH u. Quaternisierung mit CH_3J in CH_3OH; H = 1,3. — *1-Äthyl-2.5-dimethylpyrrolidin*, Kp. 130—131,5°. 112 g Acetonylaceton u. 350 ml 33%ig. Äthylamin 2 Std. kochen u. das erhaltene Pyrrol in 50 g-Portionen mit PtO_2 in CH_3COOH 3 Std. bei 25°/45 lbs. hydrieren; 85 g. *Bromäthylat*, $C_{10}H_{22}NBr$, F. 275°; H = 6,4. — *2.5-Dimethylpyrrolidinoäthanol*, $Kp._{18}$ 86 bis 89°, aus 0,4 Mol *2.5-Dimethylpyrroloäthanol* [$Kp._{18}$ 137°, aus Acetonylaceton u. Äthanolamin bei 100—110°; 74%] wie vorst.; n_D^{25} 1,4628; 146 g. *Hydrochlorid*, $C_8H_{18}ONCl$, F. 168—169° (Butanon). *Pikrat*, F. 107—108°. *Brommethylat*, $C_9H_{20}ONBr$, F. 298°; H = 0,36. *Bromäthylat*, $C_{10}H_{22}ONBr$, F. 272°; H = 0,75. — *2-Phenyl-Δ^2-pyrrolin*, $Kp._1$ 110°, nach CRAIG (J. Amer. chem. Soc. **53**. [1931.] 1833); 61%. — *2-Phenylpyrrolidin*, $Kp._1$ 90—92°, mittels RANEY-Ni. — *1-Äthyl-2-phenylpyrrolidin*, mit C_2H_5Br in Butanon. — *1.1-Diäthyl-2-phenylpyrrolidiniumbromid*, $C_{14}H_{22}NBr$, F. 190°, mit C_2H_5Br in Butanon, 40 Std. bei 100°; 40%; H = 0,9. — *1.1-Dimethyl-2-phenylpyrrolidiniumjodid*, $C_{12}H_{18}NJ$, F. 130°, H = 1,1. — Verbb. **C**: *1-Methyltetrahydroisochinolin*, $Kp._{19}$ 119°, durch Dehydratation von N-Chloracetylphenäthylamin mit P_2O_5 in Tetralin nach SPÄTH (l. c.) zu *1-Chlormethyl-3.4-dihydroisochinolin* (69%), das als Hydrochlorid mit Zn + verd. HCl oder in alkal. A. über RANEY-Ni red. wurde. *Hydrochlorid*, $C_{10}H_{14}$·NCl, F. 178°. — *1-Methyl-2-äthyltetrahydroisochinolin*, $Kp._1$ 94°, mit C_2H_5Br in Butanon; 50%. — *1-Methyl-2.2-diäthyl-1.2.3.4-tetrahydroisochinoliniumbromid*, $C_{14}H_{22}NBr$, F. 168°; 90%; H = 0,65. — *3-Methyltetrahydroisochinolin*, $Kp._{18}$ 121—123°, durch Hydrierung von 3-Methylisochinolin in Ggw. von Cu-Chromit bei 150°/2000 lbs.; n_D^{24} 1,5494. — *3-Methyl-2-äthyltetrahydroisochinolin*; 50%. *Hydrochlorid*, $C_{12}H_{18}NCl$, F. 215°. — *3-Methyl-2.2-diäthyl-1.2.3.4-tetrahydroisochinoliniumbromid*, $C_{14}H_{22}NBr$, F. 186°; 60%; H = 0,56. — *1-Chlormethyl-3-methyl-3.4-dihydroisochinolin*, aus N-Chloracetyl-[1-methyl-2-phenyläthyl]-amin mit P_2O_5 in Tetralin bei 200° in 90 Minuten. — *1.3-Dimethyltetrahydroisochinolin* (**I**), aus vorst. Verb. mit Zn/HCl, roh 67%. Aus Methanol 2 stereoisomere *Hydrochloride*, $C_{11}H_{16}NCl$, F. 287°, Nadeln, u. F. 294° (Misch-F. 254°). *1.2.3-Trimethyltetrahydroisochinolin*, $Kp._2$ 80°. *Chloräthylat*, $C_{14}H_{22}NCl$, F. 190—215°, über das Jodäthylat mit AgCl; H = 0,95. — *N-[2-(3.4-Dimethoxyphenyl)-äthyl]-phenylessigsäureamid*, $C_{18}H_{21}O_3N$, F. 111°, aus Phenylessigsäure u. 3.4-Dimethoxyphenyläthylamin in 1 Std. bei 180—200°; 95%. — *1-Benzyl-6.7-dimethoxy-3.4-dihydroisochinolin, Hydrochlorid*, F. 175°, aus vorst. Verb. mit $POCl_3$ in Toluol; 94%. *Brommethylat*, F. 165—175°. — *1-Benzyl-6.7-dimethoxy-1.2.3.4-tetrahydroisochinolinhydrochlorid*, F. 215°, aus vorst. Hydrochlorid mit Zn/HCl; 85%. — *1-Benzyl-2.2-dimethyl-6.7-dimethoxy-1.2.3.4-tetrahydroisochinoliniumjodid*, F. 216°, aus vorst. Verb., CH_3J u. Na-Acetatpuffer in CH_3OH;

82%; *-chlorid*, $C_{20}H_{26}O_2NCl$, F. 211°; H = 4,0. — *1-Benzyl-2.2-dimethyl-6.7-dioxy-1.2.3.4-tetrahydroisochinoliniumjodid*, F. 225°, aus 3,5 g vorst. Chlorids mit 48%ig. HBr u. Fällen mit NaJ; 2,75 g; *-chlorid*, $C_{18}H_{22}O_2NCl$, F. 207°, mit AgCl; 80%; H = 9,6. — *1-Benzyl-2-methyl-2-äthyl-6.7-dioxy-1.2.3.4-tetrahydroisochinoliniumjodid*, F. 205°; *-chlorid*, $C_{19}H_{24}O_2NCl$, F. 183°; H = 7,8. — *1-Benzyl-2.2-diäthyl-6.7-dioxy-1.2.3.4-tetrahydroisochinoliniumchlorid*, $C_{20}H_{26}O_2NCl$, F. 175°; H = 4,6. — *1-n-Heptyl-2.2-dimethyl-6.7-dioxy-1.2.3.4-tetrahydroisochinoliniumchlorid*, $C_{18}H_{30}O_2NCl$, F. 138°, aus Caprylsäure u. 2-[3.4-Dimethoxyphenyl]-äthylamin in üblicher Reaktionsfolge; 59%; H = 3,8. — *1-[4-Oxybenzyl]-2.2-dimethyl-6.7-dioxy-1.2.3.4-tetrahydroisochinoliniumchlorid*, $C_{18}H_{22}O_3NCl$, F. 214°, ausgehend von [4-Methoxyphenyl]-essigsäure; H = 1,6. (J. org. Chemistry **16**. 1911—20. Dez. 1951. Chicago, Ill., G. D. Searle and Co., Res. Labors.) LIEBIG. 3231

J. W. Cusic und **Richard A. Robinson**, *Das autonome System blockierende Stoffe.* 2. Mitt. *Alkaminester und deren quaternäre Derivate.* (1. vgl. vorst. Ref.) Es wird die Darst. quaternärer Derivv. bas. Ester, die sich von wirksamen Aminen ableiten, beschrieben, da die abschwächende Wrkg. der Oxyalkylgruppe auf die Aktivität durch Acylierung teilweise aufgehoben werden kann. Viele tert. bas. Ester wurden auf ihre spasmolyt. Rk. untersucht; wo ein Vgl. mit quaternären Ammoniumderivv. möglich war, war die neurotrop. Wrkg. verstärkt, die muscolotrop. vermindert. Die acetylcholinkrampflösende Wrkg. wurde gegen Atropin als Vgl. gemessen. Die Darst. der tert. bas. Ester erfolgte nach HORENSTEIN u. PÄLICKE (Ber. dtsch. chem. Ges. **71**. [1938.] 1654) aus den Dialkylaminoalkylchloriden u. den freien Säuren, bei den Piperidinolderivv. aus Säurechlorid u. Alkohol. Die Quaternisierung mit Alkylhalogeniden in Butanon (bei sek. Gruppen enthaltenden Derivv. in Chlf.) war nicht immer möglich, da einige Ester nicht sehr stabil sind. Die mol. ganglionblockierende Wrkg. ist durch die Esterbldg. gestiegen, erreicht jedoch nicht ganz die Höhe der einfachen quanternären Derivv.; Ester gut blockierender Stoffe zeigen gute spasmolyt. Eigg., die orale Wirksamkeit ist beträchtlich besser.

Versuche (FF. korr.): *1-[2-Chloräthyl]-2.5-dimethylpyrrolidinhydrochlorid*, $C_8H_{17}NCl_2$, F. 137—138° (Butanon), aus 107 g 2.5-Dimethylpyrrolidinoäthanol, HCl u. $SOCl_2$ in Chlf. bei Raumtemp. in 48 Std.; 110 g (Ausbeute). — *1-[2-Chloräthyl]-2.6-lupetidinhydrochlorid*, $C_9H_{19}NCl_2$, F. 181°, analog. — *Xanthencarbonsäure-(9)* (**I**)—*β-Diisopropylaminoäthylesterhydrochlorid*, $C_{22}H_{28}O_3NCl$, F. 111—112°, aus 83 g **I** u. *2-Diisopropylaminoäthylchlorid* in 4 Std. in sd. Propanol-(2); 120 g; H (ganglionblockierende Wrkg. wie in vorst. Ref.) = 0,5, L (Antiacetylcholinwrkg. bezogen auf Atropin = 1) = 0,24. *Methobromid*, $C_{23}H_{30}O_3NBr$, F. 156—157°, aus 93 g tert. Base, Methylbromid u. Chlf. in 60 Std. bei 70—80°; lösl. in Chlf.; 100 g; H = 2,0, L = 3,77. *Äthojodid*, F. 148—149°, aus 10 g **I**-Chlorid u. *2-Oxyäthyldiisopropyläthylammoniumchlorid*, 1 Std. bei 80—90°; Umsatz mit NaJ; 9 g. *Äthobromid*, $C_{24}H_{32}O_3NBr$, F. 151—152°, mit AgBr in W.; 7 g; H = 1,56, L = 4,42. — Analog nachst. **I**-Ester mit den Estergruppen: *β-Diäthylaminoäthylester, Brommethylat*, $C_{21}H_{26}O_3NBr$, F. 175—176°; H = 1,4, L = 0,67. *Bromäthylat*, $C_{22}H_{28}O_3NBr$; H = 1,7, L = 1,47. *Jodpropylat*, $C_{23}H_{30}O_3NJ$, F. 124—125°; H = 1,5, L = 0,15. *Brombutylat*, $C_{24}H_{32}O_3NBr$, F. 117—118°; H = 1,0, L = 0,04. *Brom-[β-oxyäthylat]*, $C_{22}H_{28}O_4NBr$, F. 148—149°; H = 1,6, L = 0,08. — *β-Methylisopropylaminoäthylester, Hydrochlorid*, $C_{20}H_{24}O_3NCl$, F. 105—106°; H < 0,1, L = 0,04. *Brommethylat*, $C_{21}H_{26}O_3NBr$, F. 188°; H = 2,0, L = 2,27. — *β-Äthylisopropylaminoäthylester, Hydrochlorid*, $C_{21}H_{26}O_3NCl$, F. 172—173°; H < 0,01, L = 0,07. *Brommethylat*, $C_{22}H_{28}O_3NBr$, F. 178—179°; H = 0,44, L = 1,84. *Chloräthylat*, $C_{23}H_{30}O_3NCl$; H = 1,4, L = 4,72. — *γ-Diäthylaminopropylester, Brommethylat*, $C_{22}H_{28}O_3NBr$, F. 186—187°; H = 2,0, L = 0,45. *Bromäthylat*, $C_{23}H_{30}O_3NBr$, F. 123—124°; H = 2,4, L = 0,60. — *β-Pyrrolidinoäthylester, Hydrochlorid*, $C_{20}H_{22}O_3NCl$, F. 128—129°; H < 0,1, L = 0,03. *Brommethylat*, $C_{21}H_{24}O_3NBr$, F. 164—166°; H = 1,0, L = 0,23. *Bromäthylat*, $C_{22}H_{26}O_3NBr$, F. 179—180°; H = 1,2, L = 0,56. — *β-[2.5-Dimethylpyrrolidino]-äthylester, Hydrochlorid*, $C_{22}H_{26}O_3NCl$, F. 144°; H = 0,7, L = 0,52. *Brommethylat*, $C_{23}H_{28}O_3NBr$, F. 185—186°; H = 1,1, L = 1,86. — *β-Piperidinoäthylester, Hydrochlorid*, $C_{21}H_{24}O_3NCl$, F. 146—147°; L = 0,02. *Brommethylat*, $C_{22}H_{26}O_3NBr$, F. 161—162°; H = 1,4, L = 0,35. *Bromäthylat*, $C_{23}H_{28}O_3NBr$, F. 167—168°; H = 1,4, L = 0,88. *Brom-[carbäthoxymethylat]*, $C_{25}H_{30}O_5NBr$, F. 180—181°; H = 3,0, L = 0,01. — *β-[2.6-Lupetidino]-äthylester, Brommethylat*, $C_{24}H_{30}O_3NBr$, F. 215°; H = 2,36, L = 0,56. *Chloräthylat*, $C_{25}H_{32}O_3NCl$, F. 203—204°; H = 0,9, L = 0,93. — *β-Morpholinoäthylester, Hydrochlorid*, $C_{20}H_{22}O_4NCl$, F. 182—183°; H = 0,1, L = 0,01. *Methobromid*, $C_{21}H_{24}O_4NBr$, F. 168—169°; H = 0,82, L = 0,02. — *N-Methylpiperidinyl-(4)-ester, Hydrochlorid*, $C_{20}H_{22}O_3NCl$, F. 219—221°; H < 0,01, L = 0,95. *Methobromid*, $C_{21}H_{24}O_3NBr$, F. 226—227°; H = 2,1, L = 1,23. — *β-[4-Methylpiperazino]-äthylester-*

hydrochlorid, $C_{21}H_{25}O_3N_2Cl$, F. 145—146°; L < 0,01. — *N-Methyl-2.6-lupetidylesterhydrochlorid*, $C_{22}H_{26}O_3NCl$, F. 244—245°; L = 0,1. — *β-[Tetrahydroisochinolino]-äthylesterhydrochlorid*, $C_{25}H_{24}O_3NCl$, F. 163—165°; L < 0,01. — *β-Dimethylaminopropylestermethobromid*, $C_{20}H_{24}O_3NBr$, F. 175—177°; H = 2,0, L = 0,45. — Tropasäureester: *β-Methylisopropylaminoäthylester, Brommethylat*, $C_{16}H_{26}O_3NBr$, F. 115°; H = 0,41, L = 1,04. — *β-Äthylisopropylaminoäthylester, Hydrochlorid*, $C_{16}H_{26}O_3NCl$, F. 93 bis 94°; H < 0,1, L = 0,1. *Brommethylat*, $C_{17}H_{28}O_3NBr$, F. 99—100°; H = 0,5, L = 0,66. — *β-Diisopropylaminoäthylester, Hydrochlorid*, $C_{17}H_{28}O_3NCl$, F. 113—114°; H = 0,4, L = 0,06. *Brommethylat*, $C_{18}H_{30}O_3NBr$, F. 95—97°; H = 3,5, L = 0,5. — *β-[2.5-Dimethylpyrrolidino]-äthylester, Hydrochlorid*, $C_{17}H_{26}O_3NCl$, F. 106—108°; H = 0,1, L = 0,58. *Brommethylat*, $C_{18}H_{28}O_3NBr$, F. 185—186°; H = 1,6, L = 1,0. — *β-[2.6-Lupetidino]-äthylester, Hydrochlorid*, $C_{18}H_{28}O_3NCl$, F. 125—126°, H = 0,44, L = 0,2. *Brommethylat*, $C_{19}H_{30}O_3NBr$, F. 169—170°; H = 4,8, L = 0,14. — Ferner wurden nachst. Salze bas. Ester synthetisiert: *9-Methylfluorencarbonsäure-(9)-β-diäthylaminoäthylesterhydrochlorid*, $C_{21}H_{26}O_2NCl$, F. 118—120°, L = 0,08. — *Fluorencarbonsäure-(9)-β-dimethylaminoäthylesterbromäthylat*, $C_{20}H_{24}O_2NBr$, F. 200—210°; H = 0,83, L = 0,33. *-β-diisopropylaminoäthylesterbrommethylat*, $C_{23}H_{30}O_2NBr$, F. 124 bis 125°; H < 0,1, L = 0,3. *-β-[2.6-dimethylpiperidino]-äthylester, Hydrochlorid*, $C_{23}H_{28}O_2 \cdot NCl$, F. 206°; L = 0,06. *Brommethylat*, $C_{24}H_{30}O_2NBr$, F. 180—195°; H = 0,21, L = 0,14. — *9-Oxyfluorencarbonsäure-(9)-β-dimethylaminoäthylesterchlormethylat*, $C_{19}H_{22}O_3NCl$, F. 223°; H = 1,16, L = 0,16. *-β-diäthylaminoäthylesterbromäthylat*, $C_{22}H_{28}O_3NBr$, F. 183—184°; H = 0,63, L = 0,22. — *Diphenylessigsäure-β-diäthylaminoäthylesterbrommethylat*, $C_{21}H_{28}O_2NBr$, F. 106—107°; H = 0,22, L = 0,013. *-β-diisopropylaminoäthylester, Hydrochlorid*, $C_{22}H_{30}O_2NCl$, F. 84°; H = 0,54, L = < 0,01. *Brommethylat*, $C_{23}H_{32}O_2NBr$, F. 176°; H = 1,78, L = 0,02. *-β-[2.6-dimethylpiperidino]-äthylester, Hydrochlorid*, $C_{23}H_{30}O_2NCl$; H = 0,01, L < 0,01. *Methobromid*, $C_{24}H_{32}O_2NBr$, F. 150—160°, H = 5,05, L = 0,014. — *9.10-Dihydroanthracencarbonsäure-(9)-β-diäthylaminoäthylesterbrommethylat*, $C_{22}H_{28}O_2NBr$, F. 161—162°; L = 0,08. *-β-dimethylaminoäthylesterhydrochlorid*, $C_{19}H_{22}O_2NCl$, F. 175—176°; L < 0,01. *-β-piperidinoäthylesterhydrochlorid*, $C_{22}H_{26}O_2NCl$, F. 138°; L < 0,01. — *Benzilsäure-β-pyrrolidinoäthylesterbrommethylat*, $C_{21}H_{26}O_3NBr$, F. 205°; H = 0,19, L = 0,2. *-β-dimethyläthylesterbrom-[β-oxyäthylat]*, $C_{20}H_{26}O_4NBr$, F. 131—132°; H = 0,15, L = 0,33. (J. org. Chemistry **16**. 1921—30. Dez. 1951.) LIEBIG 3231

S. Wawzonek, M. F. Nelson jr. und **P. J. Thelen,** *Darstellung von Chinuclidinen.* N-Brom- u. N-Chlor-4-alkylpiperidine geben in 85%ig. H_2SO_4 unter dem Einfl. von UV-Licht bei nachheriger Alkalisierung die entsprechenden *Chinuclidine* u. nicht 1-Azabicyclo-[2.2.1]-heptanderivate. Mit Ausnahme von N-Brom-4-n-propylpiperidin, das bessere Ausbeuten liefert als die Cl-Verb., geben die Brom- u. Chloramine etwa gleiche Ausbeuten. — Wird die bestrahlte Lsg. von *N-Brom-4-äthylpiperidin* zur Isolierung des *Chinuclidins* (**I**) schnell auf p_H 9 gebracht u. dann auf 40° erwärmt, wird sie sauer (p_H 5), was mehrfach wiederholt werden kann; daraus folgt, daß *4-[β-Bromalkyl]-piperidine* bei der Bestrahlung gebildet werden, welche bei der Behandlung mit Alkali cyclisiert werden.

Versuche: *Chinuclidin* (**I**), F. 156°, aus 5 g 4-Äthylpiperidin (**II**) in CCl_4 durch 3minütige Rk. mit 20%ig. NaOCl- oder 15%ig. NaOBr-Lsg. bei 0—5°, Ausziehen der CCl_4-Lsg. mit kalter 85%ig. H_2SO_4, 20std. Bestrahlung mit UV-Licht bei 0—5°, Zugabe zu Eiswasser, Alkalisieren mit 40%ig. NaOH, Dampfdest. in 6nHCl, Einengen der sauren Lsg., Schütteln mit $C_6H_5SO_2Cl$ + 40%ig. NaOH, Ansäuern der alkal. Lsg. mit 6nHCl, Ausäthern des **II**-Benzolsulfonylderiv. (8,1 g [Ausbeute]), Alkalisieren der sauren Lsg., Dampfdest. u. Bldg. des *Pikrats*; F. 274—275° (CH_3OH–Ligroin, 1 : 1); 4,1 g. *Hydrochlorid*, F. 364—365° (absol. A.). Ausbeute an **I**-Pikrat: Aus N-Chlor-4-äthylpipieridin bei 0—5° 19,2%, bei 23° 21,3%, bei 120° (½ Std. ohne UV-Bestrahlung) 7%, aus N-Brom-4-äthylpiperidin bei 0—5° 19,8%, bei 23° 20,2%. Wird hierbei die bestrahlte Lsg. vorsichtig mit Pottasche neutralisiert (p_H 7), entstehen nur 2,6% **I**-Pikrat. — *2-Methylchinuclidinpikrat*, F. 282—283° unter Zers. (A., dann Ligroin–Aceton 1 : 1), aus N-Brom-4-n-propylpiperidin bei 23° 20,4%, bei 50° 1%, aus N-Chlor-4-n-propylpiperidin bei 23° 2%, aus N-Brom- oder -Chlor-2-methyl-4-äthylpiperidin maximal 2%. — *2-Äthylchinuclidinpikrat*, F. 172° unter Zers. (Aceton–Ligroin), aus N-Chlor- oder -Brom-4-n-butylpiperidin bei 23°; 1 bzw. 2%. — *3-Methylchinuclidinpikrat*, F. 229—230° (Aceton–Ligroin), aus N-Brom- oder -Chlor-3-methyl-4-äthylpiperidin bei 23°; 27,4 bzw. 22,6%. — Aus N-Chlor-2.6-dimethyl-4-äthylpiperidin konnten nur Spuren des Pikrats eines tert. Amins erhalten werden. (J. Amer. chem. Soc. **73**. 2806—08. Juni 1951. Iowa City, Iowa, State Univ. of Iowa, Dep. of Chem.)
NITZSCHKE. 3231

J. Büchi, K. Leuenberger und **R. Lieberherr,** *Die Synthese einiger N-Alkylpiperidin-4'.5-spirobarbitursäuren. N-Alkylpiperidin-4'.5-spirobarbitursäuren* (**I**) werden durch Umsetzen von 5.5-Bis-[β-bromäthyl]-barbitursäure (**II**) mit Monoalkylaminen erhalten.

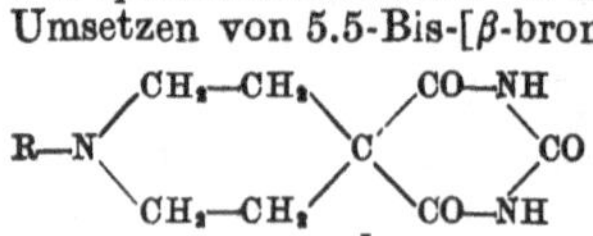

I

II entsteht aus Tetrahydropyran-4'.5-spirobarbitursäure durch Spaltung mit HBr. Verschied. andere Wege zur Darst. von **I** führten nicht zum Ziel.

Versuche: Kondensation von N.N-Bis-[β-chloräthyl]-p-toluolsulfonamid mit Malonsester in Ggw. von Na in absol. A. (je 2 mal 12 Std. bei 20°, 6 Std. Kochen) führt zu *N-[β-Chloräthyl]-p-toluolsulfamid*, $C_9H_{12}O_2NClS$, u. einem Öl (**III**; Kp.$_{0,05}$ 122–127°). — Beim Erhitzen von **III** (wahrscheinlich *1-[p-Toluolsulfonyl]-4.4-dicarbäthoxypiperidin*) mit H_2NCONH_2 in Ggw. von Na in absol. A. (5 Std., 70°) entsteht wahrscheinlich *N.N-Divinyl-p-toluolsulfamid* (**IV**), $C_{11}H_{13}O_2NS$, F. 49–50° (aus 70%ig. A.). Hydrolyse von **IV** mit alkoh. HCl führt zu *p-Toluolsulfamid*. — Kondensation von Essigsäure-β-chloräthylester mit Malonester in Ggw. von Na in absol. A. (5 Std. Kochen) gibt *α.α'-Bis-butyrolactonspiran* (**V**), F. 110° (8% Ausbeute), neben *α-Carbäthoxybutyrolacton*. — Kondensation von **V** mit NH_2CONH_2 in absol. A. in Ggw. von Na (15 Std. bei 75°) führt zu *N-Carbäthoxyharnstoff*, $C_4H_8O_3N_2$, F. 190° (aus A.). — *Tetrahydropyrandicarbonsäure-(4.4)-diäthylester*, Kp.$_{12}$ 132–137°, aus Malonester u. β.β'-Dichlordiäthyläther in absol. A. in Ggw. von Na (je 2 mal 12 Std. bei 20° u. 8 Std. bei 80°); 50%. — *Tetrahydropyran-4'.5-spirobarbitursäure*, F. 219° (aus W.), aus vorst. Verb. u. NH_2CONH_2 in absol. A. mit Na bei 60°; 78%. — *5.5-Bis-[β-bromäthyl]-barbitursäure* (**II**), $C_8H_{10}O_3N_2Br_2$, F. 199° (A.), aus vorst. Verb. mit 65%ig. HBr im Rohr bei 80° (8 Std.); 73%. Gelegentlich verläuft die Rk. unter Bldg. von NH_4Br u. *α-[β-Bromäthyl]-butyrolacton*, $C_6H_9O_2Br$, Kp.$_{0,002}$ 74°. — *N-Alkylpiperidin-4'.5-spirobarbitursäuren* (**I**): Durch Zugeben von AgO zu einer Lsg. von Alkylamin u. **II** in A. u. anschließendes 1 std. Erhitzen. *N-Methyl-*, $C_9H_{13}O_3N_3$, F. 160–161° (A.); 59%. *N-n-Propyl-*, $C_{11}H_{17}O_3N_3$, F. 155–156° (A.); 63%. *N-n-Butyl-*, $C_{12}H_{19}O_3N_3$, F. 168° (A.); 60%. — Die 3 Verbb. vom Typ **I** haben ebensowenig wie **II** hypnot. Wirkungen. (Farmaco [Pavia] **6.** 429–37. Juli/Aug. 1951. Zürich, ETH, Pharmazeut. Inst.) K. FABER. 3272

Bernard Klein und **Paul E. Spoerri,** *Die Einwirkung von Organolithiumverbindungen auf 2.5-Dimethylpyrazin.* 2. Mitt. (1. vgl. C. **1951.** I. 1004.) Die in der 1. Mitt. beschriebenen Rkk. haben allg. Gültigkeit: *2.5-Dimethylpyrazin* liefert mit *Alkyllithiumverbb.* die entsprechenden *2.5-Dimethyl-6-alkylpyrazine*, sicher durch prim. Addition an die N=CH-Bindung. Unsubstituiertes *Pyrazin* gibt mit 1 Äquivalent *Phenyl-Li* unter verschied. Bedingungen nur polymeres Material oder setzt sich gar nicht um; mit *Butyl-Li* wurden jedoch bei –20° 10% *2-Butylpyrazin* erhalten. Mit Alkyllithiumverbb. lassen sich demnach Alkylreste direkt in den Kern einführen. — Weder *2-Chlor-* noch *2.5-Dimethyl-6-chlorpyrazin* gehen mit CH_3Li eine Austausch-Rk. ein.

Versuche (FF. korr. u. auf dem KOFLER-Block bestimmt): Durch tropfenweise Zugabe von 2.5-Dimethylpyrazin in absol. Ae. zu der äquimol. Menge Alkyl-Li-Verb. bei 0°, 1 std. Rühren bei langsamer Erhöhung der Temp. auf 15–20°, Zers. mit Eiswasser, Ausäthern u. Dest. wurden folgende *2.5-Dimethylpyrazine* erhalten: *6-Methyl-*, $C_7H_{10}N_2$, Kp.$_{35}$ 86–88,5°; n_D^{25} 1,4968; 44% (Ausbeute). — *6-Äthyl-*, $C_8H_{12}N_2$, Kp.$_{19}$ 80–81°; n_D^{22} 1,4975; 11,5%. — *6-Butyl-*, $C_{10}H_{16}N_2$, Kp.$_1$ 67°; n_D^{23} 1,4926; 22,4%. *Dipikrat*, $C_{22}H_{22}O_{14}N_8$, F. 96,5–98°. — *6-Amyl-*, $C_{11}H_{18}N_2$, Kp.$_7$ 96,5°; n_D^{23} 1,4872; 33,9%. *Pikrat*, $C_{17}H_{21}O_7N_5$, F. 90–92,5°. — *6-Hexyl-*, $C_{12}H_{20}N_2$, Kp.$_{5,1}$ 100,5–104°; n_D^{29} 1,4853; 23%. *Pikrat*, $C_{18}H_{23}O_7N_5$, F. 73–74°. — *6-Phenyl-*, $C_{12}H_{12}N_2$, Kp.$_{1,4}$ 124 bis 126°; n_D 1,5792; 27%. — *2-Butylpyrazin*, $C_8H_{12}N_2$, Kp.$_{19}$ 84°, aus Pyrazin u. C_4H_9Li in Ae. durch 1 std. Rk. bei –20°, mehrstd. Stehen unter N_2, 1 std. Kochen u. Zers. mit Eiswasser; n_D^{26} 1,4963; 10,4%. *Pikrat*, F. 39–42°. *Chloroplatinat*, $C_{16}H_{22}N_4 \cdot Cl_6Pt$, gelbes, mikrokristallines Pulver. — *2-Chlorpyrazin*, Kp.$_{29}$ 62,5°, aus 2-Oxypyrazin durch ³/₄ std. Kochen mit $POCl_3$, Gießen auf Eis u. Ausäthern; n_D^{28} 1,5340; 71%. — *2.5-Dimethyl-6-chlorpyrazin*, Kp.$_{8,6}$ 66–69°, aus 2.5-Dimethylpyrazin-1-oxyd; n_D^{25} 1,5250; 92%. *Pikrat*, F. 100–101°. (J. Amer. chem. Soc. **73.** 2949–51. Juni 1951. Brooklyn, N. Y., Polytechn. Inst. of Brooklyn.) NITZSCHKE. 3272

Adrien Albert, D. J. Brown und **Gordon Chesseman,** *Pteridinuntersuchungen.* 2. Mitt. *6- und 7-Oxypteridine und ihre Derivate.* (1. vgl. C. **1952.** 1998.) Aus 4.5-Diaminopyrimidin (**I**) u. Glyoxylsäureäthylesterhemiacetal (**II**) entstehen *6-* (**III**) u. *7-Oxypteridin* (**IV**), die sich durch ihre verschied. Basizität trennen lassen. Infolge langsamer Tautomerisierung von **III** sind in wss. Lsg. die p_H-Werte bei Zugabe von NaOH viel höher als bei der Rücktitration mit HCl. Es werden noch einige *6-* bzw. *7-substituierte Pteridine* u. *Dihydropteridine* synthetisiert u. ihre Ionisationskonstanten, R_F-Werte u. UV-Spektren ermittelt.

Versuche: *4.5-Diaminopyrimidin* (I), pK_a 6,03 ± 0,04 (0,01 mol), pK_{a_1} <0 (mol.) bei 20°. — *6-Oxypteridin* (III)-*Monohydrat* (**IIIa**), $C_6H_4ON_4 \cdot H_2O$, Zers. >240°, a) 4,4 g **I** in 80 cm³ 2nH_2SO_4 bei 30° gelöst, mit 9 g **II** bis zur Lsg. geschüttelt, nach 18 Std. bei 20° ¼ Std. gekocht u. mit 6nNaOH auf p_H 2,0 gebracht; nach 1 Std bei 20° *7-Oxypteridin* (**IV**) [20% (Ausbeute)]; Filtrat mit Na-Citrat u. 2,5nNaOH auf p_H 5,5 eingestellt; Kristalle aus W., bei 120°/0,1 mm getrocknet; 65%; b) durch Lösen von 7.8-Dihydro-6-oxypteridin (**V**) in sd. 0,8%ig. NaOH, schnelles Kühlen auf 20° u. Zugabe von 0,1 mol. $KMnO_4$; Einstellen auf p_H 5,5; 80%; Zers. in n/10 NaOH (bei 100° fast sofort), haltbar in 10nHCl bei 20°; nicht benzoylierbar. — **V**, $C_6H_6ON_4$, Zers. 310—340°, aus **IIIa**-Suspension in W. u. 4%ig. NaHg bei 45—55° [bei 6.7-Dioxypteridin (**VI**) als Ausgangsstoff dann mit HCl auf p_H 3,3 gebracht, nach 1 Std./20° Kohle zugesetzt u. von **VI** filtriert], auf p_H 8 eingestellt u. Nd. aus W. oder $HCON(CH_3)_2$ umkrist.; 85%; nicht oxydierbar mit J_2 oder Ag_2O. — **VI**, $C_6H_4O_2N_4$, F. >350°, a) aus 8,8 g $(COOH)_2 \cdot 2\,H_2O$ u. 1,1 g **I** (½ Std. 160°, 2 Std. 160—170°, bei 100—150 mm); mit 125 cm³ W. u. NaOH (Rotfärbung von Phenolphthalein) ausgekocht, auf p_H 4 gebracht u. nach 4 Std. Nd. filtriert, Tafeln aus W.; 88%; b) aus 1 g **III** in sd. CH_3COOH u. 15 cm³ 30%ig. H_2O_2; nach 3 Tagen bei 20° Nd. unter 30%ig. H_2O_2 verrieben u. nach 4 Tagen bei 20° Nd. mit W. gekocht; bei p_H 2,0 auskrist.; 45%; Reinigung auch über K-Salz u. Ausfällen mit CH_3COOH bei p_H 4. — *6-Chlorpteridin* (**VII**), $C_6H_3N_4Cl$, Zers. 146—147°, aus 1 g **IIIa**, 5 g PCl_5 u. 50 cm³ $POCl_3$ (2 Std., 115—120° im Bad), Evakuieren bei 60°, Zers. mit Eis u. Neutralisieren mit 10nNaOH; Extraktion mit eiskaltem Chlf. bei p_H 7 u. Evakuieren des Extrakts; blaßgelbe Kristalle aus PAe., dann A.; 0,65 g roh. — *6-Aminopteridin* (**VIII**), $C_6H_5N_5$, schnelle Zers. >300°, durch 1std. Einleiten von NH_3 in eine Benzollsg. von rohem **VII** bei 20°; gelbe Nadeln aus W.; 53%; grün fluorescierende Lsgg., starke Zers. in sd. Acetanhydrid (½ Std.). — *6-Dimethylaminopteridin* (**IX**), $C_8H_9N_5$, F 212°, aus $(CH_3)_2NH$ u. rohem **VII**, beide in CH_3OH; nach 4 Std./20° eingeengt; lange gelbe Kristalle; 78%. — *6-Methoxypteridin* (**X**), $C_7H_6ON_4$, F. 124—125°, aus CH_3ONa in CH_3OH u. rohem **VII** in CH_3OH bei 0°; nach 30 Min. (20°) schnell mit CO_2 neutralisiert u. Vakuumrückstand mit PAe. ausgezogen; gelbliche Nadeln; 53%. — **IV**, $C_6H_4ON_4$, Zers. >230°, aus sd. wss. Lsg. von 4,4 g **I**, 10 cm³ 5nCH_3COOH, 10 g $CH_3COONa \cdot 3\,H_2O$ u. 9 g **II** durch 1std. Erhitzen auf 100°; mit 5nH_2SO_4 auf p_H 2,0 eingestellt, 5 Min. gekocht u. über Nacht gekühlt; Nd. in 70 cm³ sd. n-NaOH gelöst; nach 1 Std./20° lange Nadeln des *Na-Salzes*; dessen Lsg. in sd. W. + NaOH auf p_H 2,5 gebracht; längliche Tafeln aus W.; 65%; keine Färbung mit 10nHCl (1 Tag, 20°), Zers. in lange sd. nH_2SO_4; aus p_H 2-Filtrat bei p_H 5,5 26% **IIIa**. — *N-Methylpteridon-(7)* (**XI**), $C_7H_6ON_4$, F. 124,5—125,5°, durch 1std. Zugabe von 0,026 Mol CH_2N_2 in Ae. von —70° zu 1,8 g **IV** u. 0,2 g **IV**-Na in 200 cm³ trocknem CH_3OH von 0°, 2std. Rühren u. Stehen über Nacht bei 0°; Vakuumrückstand des Filtrats mit PAe. (60—80°) ausgekocht u. eingeengt; Tafeln; 32%; aus den Mutterlaugen nach Kochen mit n-NaOH 0,014 g **IV**, wohl aus **IV**-Methyläther stammend (<1%). — *C.N-Dimethylpteridon-(7)*, $C_8H_8ON_4$, F. 146—147°, a) durch 2malige Zugabe von je 0,03 (Mol) CH_2N_2 in Ae. zu 0,01 **IV** in CH_3OH unter Eiskühlung (3 Std.); Nadeln aus CH_3OH; 1,1 g; b) aus CH_2N_2 in Ae. u. 0,32 g **XI** in CH_3OH, über Nacht bei 0°; Ae. u. CH_2N_2 evakuiert, Nd. bei 130°/0,5 mm sublimiert; 0,27 g roh. — *4-Amino-5-carboxymethylaminopyrimidin* (**XII**), $C_6H_8O_2N_4$, Zers. ca. 310° (W.), aus **IV** in sd. ca. 1,24%ig. NaOH mit $Na_2S_2O_4$, schnelles Einengen u. Einstellen auf p_H 4,8 mit CH_3COOH unter Eiskühlung; 95%; sehr lösl. in n NaOH, schwer in n HCl. — *4-Amino-5-carbomethoxymethylaminopyrimidindihydrochlorid*, $C_7H_{10}O_2N_4 \cdot 2\,HCl$, durch 4std. Schütteln von 0,34 g **XII** in 15 cm³, 2 g HCl enthaltendem CH_3OH, Abblasen mit Luft auf 2 cm³ u. Zugabe von 5 cm³ Ae ; 0,37 g; bei p_H 4,8 λ_{max} 290 mμ [kein 5.6-Dihydro-7-oxypteridin (**XIII**) zugegen]; R_F 0,55, dunkler Fleck. — **XIII**, $C_6H_6ON_4$, durch 1std. Kochen von **XII** in 3 Äquivalenten nHCl, Einstellen auf p_H 5,5 u. Umlösen aus W.; 70%; sehr lösl. in 2nNaOH u. nHCl; wurde wie **V** zu **IV** oxydiert. — **VI**, aus 1,2 g **IV** u. 2,4 cm³ gelber HNO_3 (D. 1,5) unter Kühlung, Stehen über Nacht bei 20° u. Zugabe von 24 cm³ W.; 2 Min. gekocht, schnell gekühlt, mit 1 g Na-Citrat u. 6nNaOH auf p_H 4,5 eingestellt; Nd. über K-Salz gereinigt; 30%. — Physikal. Messungen wie in der 1. Mitt.; die Zahlen bedeuten: pK_a in W. von 20° u. Konz. in ( ), R_F in Butanol–CH_3COOH, λ_{max} (W.) u. p_H (W.); in [ ] Fluorescenzen unter WOOD-Lampe (hauptsächlich 360 mμ) in W., 0,05nNaOH u. 0,05nH_2SO_4: **IIIa**: —; 0,30—0,70, langer Streifen (langsame Tautomerisation im Solvens), in 9 (Vol.) $HCON(CH_3)_2$ mit 6% HCOOH u. 1 W. R_F 0,90; λ_{max} <215 mμ (log ε >4,10), 289 (4,00); 5,2; [0, 0, 0]; *Anion*: 6,7 (mol./500); —; <215 (>4,25), 258 (3,90), 289 (3,69), 356 (3,60); 8,8; *Kation*: 3,67 ± 0,04 (mol./500); —; <215 (>4,27), 287 (4,09); 1,7. — **IV**: —; 0,75, nur sichtbar nach starker Tageslichtbestrahlung, unter 254 mμ-Strahlen dunkler Fleck, nach 1 Min. hellblau u. dann im WOOD-Licht hellviolett (Photooxydation);

227 (3,79), 248 + 256 (3,44 + 3,45), 303 (4,00); 4,0; [violett ++, 0, wenig oder 0]; *Anion*: 6,41 ±0,02 (mol./200); —; 226 (4,27), 260 (3,76), 326 (4,04); 9,0; *Monokation*: 1,2 ±0,2 (spektroskop. Best.); —; Kurven vgl. Original; —; *Dikation*: —2,0 ±0,5 (spektroskop. Best.); —; Kurven vgl. Original; —. **VI**: —; 0,35, hellvioletter Fleck; <220 (>3,98), 249 (3,71), 301 (4,18); 4,0; [violett +, wenig oder 0, violett +]; *Monoanion*: 6,87 ±0,03 (mol./500); —; 227 (4,03), 268 (3,71), 319 (4,29); 8,4; *Dianion*: 10,0 ±0,08 (mol./500); —; <220 (>4,47), 324 + 338 (4,30 + 4,25); 12; *Kation*: <2,7 (mol./500). — **V**: —; 0,50, dunkler Fleck; <215 (>4,09), 293 (3,94); 7,4; [0, violett +, 0]; *Anion*: 10,54 ±0,02 (mol./500); —; *Kation*: 4,78 ±0,03 (mol./500); —; <220 (>4,20), 292 (4,01); 2,4. — **XIII**: —; 0,75, hellvioletter Fleck im WOOD-Licht ohne vorherige Bestrahlung; <215 (>4,42), 271 (3,58), 319 (3,70); 6,0; [violett +, violett ++, violett ++]; *Anion*: 9,94 ±0,05 (mol./400); —; *Kation*: 3,36 ±0,01 (mol./400); —; 223 (4,47), 284 (3,74), 352 (3,71); 1,02. — **VIII**: —; 0,50; 223 (4,30), 258 (4,01), 362 (3,75); 7,0; [violett ++, violett ++, blau ++]; *Kation*: 4,15 ±0,02 (mol./200); —; Kurven vgl. Original. — **IX**: —; —; 231 (4,21), 279 (4,17), 399 (3,74); 7,0; [gelb +, gelb +, violett +]; *Kation*: 4,31 ±0,03 (mol./200); —; Kurven vgl. Original; —. — **VII**: —; —; wegen leichter Hydrolyse durch W. in Cyclohexan (Feinstruktur): 220 (4,46), 303 + 310 + 315 (3,84 + 3,92 + 3,86), fast ident. mit Spektr. von Pteridin in beiden Fll.; —. — **X**: —; —; (Feinstruktur): <215 (>4,36), 303 + 309 + 316 + 323 + 331 (3,83 + 3,84 + 4,01 + 3,84 + 3,97), in Cyclohexan wegen Hydrolyse in W.; —; *Kation*: 3,60 ±0,03 (mol./100). — **XI**: —; —; <220 (>4,13), 250 + 257 (3,55 + 3,54), 306 (3,97); 4,0; *Kation*: 1,1 ±0,1 (mol./30); —; <220 (>4,19), 295 (3,97); —2,0. — **XII**: —; 0,30, dunkler Fleck; <220 (>4,04), 282 (3,93); 4,84; *Anion*: 3,02 ±0,03 (mol./100); *Kation*: 6,67 ±0,02 (mol./100); —; <220 (>4,05), 288 (3,94); 1,04. — *4-Aminopteridin*: —; 0,70. — *4-Oxypteridin*: —; 0,50; [violett ++, blau +, wenig oder 0]. (J. chem. Soc. [London] **1952**. 1620—30. Mai. London, Australian Nat. Univ., Dep. of Med. Chem.) LEHMSTEDT. 3272

Leonhard Birkofer und **Anneliese Birkofer**, *Synthese einiger Phenazinderivate*. Es wird die Darst. von *1-Oxymethylphenazin* (I) durch Red. des *Phenazincarbonsäure-(1)-methylesters* (II) beschrieben. Durch Oxydation von I mit Bichromat entsteht *Phenazinaldehyd-(1)*, der auch durch Red. von Phenazincarbonsäure-(1)-dimethylamid mit $LiAlH_4$ erhalten wird.

Versuche: *Phenazincarbonsäure-(1)-methylester* (II), $C_{14}H_{10}O_2N_2$, F. 123—124°, aus Phenazincarbonsäure-(1) mit $SOCl_2$ bei 90° u. Umsetzung des Säurechlorids mit Methanol (2 Std. kochen), dann einengen, Rückstand mit n-Na_2CO_3 verreiben u. in Ae. aufnehmen, dann Chromatographie der Benzollsg. an Al_2O_3; gelbe Nadeln aus Methanol; 80% (Ausbeute). *β-Diäthylaminoäthylester-Hydrochlorid*, $C_{19}H_{21}O_2N_3 \cdot HCl$, F. 196 bis 197°, aus dem Säurechlorid mit Diäthylaminoäthanol bei 30 Min. Kochen in Bzl.; aus A. gelbe Nadeln. — *9.10-Dihydrophenazin*, F. 317° (unter N_2 im zugeschmolzenen Rohr), aus Phenazin in Ae. mit einer äther. Lsg. von $LiAlH_4$ bei 3std. Kochen; Aufarbeitung unter reinem N_2; Blättchen; oder in A. mit H_2/PdO. — *1-Oxymethylphenazin* (I), $C_{13}H_{10}ON_2$, F. 132°, durch Zugabe von **II** in Ae. zu einer äther. Lsg. von $LiAlH_4$ bei 20°, dann 3½ Std. kochen; hellgelbe Nadeln aus Bzn., dann Sublimation (3 mm); 30%. — *Phenazincarbonsäure-(1)-dimethylamid*, $C_{15}H_{13}ON_3$, F. 213°, aus dem Säurechlorid mit wss. $(CH_3)_2NH$ beim Stehen; aus 40%ig. Methanol gelbe abgeflachte Rhomben. — *Phenazinaldehyd-(1)*, $C_{13}H_8ON_2$, F. 175°; aus vorst. Verb. in trockenem Tetrahydrofuran/absol. Ae. bei —60° mit $LiAlH_4$, 4 Tage bei —40 bis —60° stehenlassen, mit Ae. verd. u. auf Eis/H_2SO_4 gießen, wss. Phase alkal. stellen u. ausäthern; oder aus I in Aceton mit $K_2Cr_2O_7$ in H_2SO_4 (zutropfen, dann 30 Min. kochen); gelbe Nadeln aus 80%ig. Methanol. *Thiosemicarbazon*, $C_{14}H_{11}N_5S$, F. 241°; aus A. orangegelbe Nadeln. (Chem. Ber. **85**. 286—89. 1952. Heidelberg, Max-Planck-Inst. für Med. Forsch., Inst. für Chem.) GOEBEL. 3272

John G. Erickson, *3-Amino-asymm.-triazine*. Vf. beschreibt die Synth. des *3-Amino-asymm.-triazins* u. des *3-Amino-5.6-dimethyl-asymm.-triazins* aus Aminoguanidinbicarbonat (**III**) u. Glyoxal (**I**) bzw. Diacetyl (**II**) in wss. Lsg., während THIELE u. DRALLE [1898] aus dem **III** entsprechenden Hydrochlorid oder Nitrat keine asymm.-Triazine erhalten konnten, was Vf. auf die geringe Löslichkeit von **III** zurückführt, da die intermediären Monoguanylhydrazone wegen der geringeren Konz. an III weniger leicht Bisguanylhydrazone bilden können.

Versuche: *3-Amino-asymm.-triazin*, $C_3H_4N_4$, F. 171,5—172,5° (korr.) (Acetonitril), durch Zufügen von **I** (als 30%ig. Lsg.) zu einer Suspension von **III** in W. bei 25°, 2 Std. Rühren (CO_2-Entw.), Stehen über Nacht, Eindampfen im Vakuum u. Extraktion mit kaltem CH_3OH; 60,3% (Ausbeute). — *3-Amino-5.6-dimethyl-asymm.-triazin*, $C_5H_8N_4$, F. 211—212° (korr.) (Toluol–A. 3 : 1), analog aus **II** u. **III**; 82,6%. (J. Amer.

chem. Soc. **74.** 4706. 20/9. 1952. Stamford, Conn., Amer. Cyanamid Co., Stamford Res. Labors.) RUSKE. 3313

Roy L. Whistler, K. Ann Kimmel und **Donald F. Durso,** *Die Herstellung von Methyl-2.3.4-triacetyl-α-D-xylosid.* Im Handel verfügbares *β-D-Xylosid* wird acetyliert u. unter der Einw. von BF_3 zu der entsprechenden *α-Verb.* isomerisiert.

Versuche: *Methyl-2.3.4-triacetyl-β-D-xylosid,* $C_6H_9O_5(CH_3CO)_3$, F. 114,5 bis 115,5°, aus Methyl-*β-D*-xylosid durch Acetylierung mit Na-Acetat u. Essigsäureanhydrid bei 110°, aus 95%ig. A., $[\alpha]_D^{25}$ −61,2 (c = 2,42 in Chlf.). — Daraus *Methyl-2.3.4-triacetyl-α-D-xylosid,* $C_6H_9O_5(CH_3CO)_3$, F. 86—87°, durch Lösen in trockenem Chlf. u. Sättigen mit BF_3, in 10 Min. Bldg. eines gelatinösen Nd., nach 24std. Stehen in verschlossenem Gefäß Waschen mit gesätt. $NaHCO_3$-Lsg. u. mit W., Trocknen der Chloroformlsg. u. Abdampfen, Kristalle aus 95%ig. A., $[\alpha]_D^{25}$ +120,1 (c = 1,59 in Chlf.); Ausbeute 85%. (J. Amer. chem. Soc. **73.** 3530. 6/7. 1951. College Park, Md., Univ., Dep. of Chem.) ROSSOW. 3400

J. P. Wibaut und **H. C. Beyerman,** *Die Konstitution des Dihydronicotyrins („N-Methylmyosmin").* Bei dem durch Zn/HCl-Red. von 3.2'-Nicotyrin erhaltenen Dihydronicotyrin (I) ist die Stellung der Doppelbindung im Pyrrolinring von SPÄTH u. Mitarbeitern (Ber. dtsch. chem. Ges. **71.** [1938.] 100) nach chem. Unterss. in Konjugation zum Pyridinring als Δ^2 angenommen worden. Nach von Vff. bestimmten UV-Spektren von I, 3-Allylpyridin u. 3-Vinylpyridin liegt die Annahme näher, daß die Doppelbindung in 3'.4'-Stellung steht. Bei der Ozonspaltung von I erhielten Vff. jedoch Nicotinsäure. Sie nehmen aber an, daß es sich hier um einen „abnormen" Verlauf der Spaltung handelt u. das Absorptionsspektr. der wahren Stellung der Doppelbindung entspricht.

Versuche: *Dihydro-3.2'-nicotyrin* (I), n_D^{25} 1,5365, aus dem Dipikrat (F. 159 bis 160°). — *3-[Pyridyl-(3')] propen-(1)* (*3-Allylpyridin*), $Kp._{15}$ 73—75°, n_D^{20} 1,5164, aus 3-Brompyridin u. Mg-Allylbromid. — *Pyridyl-(3)-essigsäurehydrochlorid,* $C_7H_7O_2N \cdot HCl$, F. 153—154°, durch Ozonolyse vorst. Verb. u. Oxydation mit Perhydrol; Ausbeute fast quantitativ. — Ozonspaltung von I gab *Nicotinsäurehydrochlorid,* $C_6H_5O_2N \cdot HCl$, F. 250—255°; Ausbeute 85%. (Recueil Trav. chim. Pays-Bas **70.** 977—84. Nov. 1951. Amsterdam, Univ., Labor. für organ. Chem.) NEZEL. 3500

P. Karrer und **R. Saemann,** *Neue Synthese des Dihydrodesoxycodeins.* Dihydrocodein-p-toluolsulfonsäureester ($C_{25}H_{29}O_5NS \cdot 3\,H_2O$, ab 123° erweichend; Pikrat, $C_{31}H_{32}O_{12}N_4S$, F. 197—199°; Tartrat, $C_{29}H_{35}O_{11}NS \cdot H_2O$, F. 130—150°), dargestellt aus Dihydrocodein u. p-Toluolsulfochlorid in Pyridin, wird durch $LiAlH_4$ in Tetrahydrofuran mit 40% Ausbeute zu Dihydrodesoxycodein (F. 107°; Tartrat, F. 155° nach Sintern) reduziert. (Helv. chim. Acta **36.** 605—07. 30/4. 1953. Zürich, Univ., Chem. Inst.) BOIT. 3500

Bryce Douglas, D. G. Lewis und **Léo Marion,** *Lycopodiumalkaloide.* 12. Mitt. *Beziehungen zwischen einigen Nebenalkaloiden und Lycopodin.* (11. vgl. C. **1952.** 3819.) *Lycopodin* (F. 116°, $[\alpha]_D^{26}$ — 24,5° [absol. A.], p_K 7,44; *Oxim,* $C_{16}H_{26}ON_2$, F. 262—264°) wird durch $LiAlH_4$ zu der Alkoholbase *Dihydrolycopodin* (I; F. 168°, p_K 9,2; vgl. l. c.) red. u. aus dieser durch Oxydation mit CrO_3 in Eisessig zurückerhalten. Das aus I u. Acetanhydrid oder Trifluoracetanhydrid + Eisessig erhältliche *O-Acetylderiv.* (F. 95 bis 96°, p_K 8,4; *Perchlorat,* $C_{18}H_{29}O_2N \cdot HClO_4$, F. 246—247° oder 230° [je nach Art des Erhitzens], durch methanol. KOH verseifbar zu I) ist ident. mit *Alkaloid L 2* (vgl. C. **1945.** II. 1331). Durch Erhitzen mit PCl_5 in Xylol wird I in *Anhydrodihydrolycopodin* (Öl; *Perchlorat,* $C_{16}H_{25}N \cdot HClO_4$, F. 238—239°, $[\alpha]_D^{26}$ —107° [CH_3OH]) übergeführt, welches mit *Alkaloid L 14* (vgl. Canad. J. Res., Sect. B **22.** [1944.] 1) ident. ist. Das O-Acetylderiv. von I liefert bei der Dest. unter Atmosphärendruck *7-Methylchinolin* (*Pikrat,* F. 235—236°). — Die *Alkaloide L 8* (vgl. MANSKE u. MARION, Canad. J. Res., Sect. B **21.** [1943.] 92) u. *L 30* (vgl. C. **1948.** I. 909) erweisen sich als identisch. (Canad. J. Chem. **31.** 272—76. März 1953. Ottawa, Ontario, Can., Nat. Res. Counc., Div. of Pure Chem.) BOIT. 3500

Roger Adams und **B. L. VanDuuren,** *Trachelanthin- und Viridiflorinsäure.* Durch Oxydation von *α-Isopropylcrotonsäure* (I) mit Perwolframsäure entsteht *α-Isopropyl-α.β-dioxybuttersäure* (II) mit trans-ständigen OH-Gruppen, während man bei der Oxydation mit $KMnO_4$ oder OsO_4 die diastereomere *cis-Verb.* (III) erhält. Beide Racemate lassen sich mit Brucin in die opt. Antipoden spalten. — Aufnahmen der F.-Kurven der opt.-akt. Säuren in Gemischen mit ihren Antipoden zeigen, daß es sich bei *Trachelanthinsäure* (aus dem Alkaloid Trachelanthin) um teilweise racemisierte III u. bei *Viridiflorinsäure* (aus dem Alkaloid Viridoflorin) entgegen einer früheren Mitt. (C. **1950.** II. 1818) um teilweise racemisierte II handelt. Wie Unterss. an den opt. Isomeren zeigen, tritt die Racemisierung der natürlichen Säuren wahrscheinlich bei der Hydrolyse der Alkaloide mit wss.-alkoh. Alkali ein.

Versuche (FF. korr.): *Methyl-α-isopropylcrotonat* (**Ia**), $C_8H_{14}O_2$, Kp. 137—139°, n_D^{20} 1,4369, aus **I** mit Diazomethan; 94,5% (Ausbeute). — *cis-α-Isopropyl-α.β-dioxybuttersäure* (**III**), $C_7H_{14}O_4$, F. 119° (Ae./PAe.), a) durch Hinzufügen von OsO_4 in tert.-Butanol zu **Ia** u. H_2O_2 in tert.-Butanol bei 0°, nach 12 Std. bei 0° mit Alkali hydrolysieren, ansäuern, wasserdampfdest. u. Rückstand 24 Std. mit Ae. extrahieren; 28%; b) durch 6std. Hinzufügen einer 2%ig. $KMnO_4$-Lsg. zwischen —5 u. —7° zu **I** in NaOH-haltigem, mit NaCl gesätt. W., Ansäuern u. Wasserdampfdest. des Filtrats, Behandeln des Rückstandes mit $CaCO_3$, ansäuern u. Ae.-Extraktion; 50%. — *d*-**III**, F. 89° (Ae./PAe.), $[\alpha]_D^{25}$ +2,9° (W.), durch Hydrolyse des aus **III** erhaltenen *schwerlösl. Brucinsalzes* [$C_{30}H_{40}O_8N_2$, F. 217—220°, $[\alpha]_D^{16}$ —21,1° (Chlf.); 29,3%] mit H_2SO_4 u. 24std. Ae.-Extraktion; Nadeln; 75%. *p-Bromphenacylester*, $C_{15}H_{19}O_5Br$, F. 99—99,5° (A./W.), $[\alpha]_D^{27}$ +3,9° (Chlf./Ae.); Nadeln. — *l*-**III**, F. 89°, $[\alpha]_D^{25}$ —3,4° (W.), aus dem *leichterlösl. Brucinsalz* [F. 182,5—187,5°, $[\alpha]_D^{26}$ —25,0° (Chlf.); 17,4%]; Nadeln; 80%. — *α-Äthyl-α.β-dioxybuttersäure*, F. 145° (Aceton/PAe.), durch 18std. Stehen von α-Äthylcrotonsäure in W. u. Aceton mit H_2O_2 u. WO_3 bei 60° u. Abdest. des Lösungsmm. im Vakuum; Öl, das beim Trocknen im Vakuum fest wird; 27,2%. — *trans-α-Isopropyl-α.β-dioxybuttersäure* (**II**), F. 150° (Ae./PAe.), durch Oxydation von **I** analog vorst. Verb.; 43,8%; sublimiert bei 110°/0,01 mm. — *d*-**II**, F. 127,5° (Ae./PAe.), $[\alpha]_D^{26}$ +1,8° (W.), analog d-**III** aus dem *schwererlösl. Brucinsalz* [F. 183—186°, $[\alpha]_D^{26}$ —22,1° (Chlf.); 32,2%]; Nadeln; 79%. *p-Bromphenacylester*, F. 110—111° (A./W.), $[\alpha]_D^{29}$ +3,0° (Chlf.). — *l*-**II**, F. 127,5° (CCl_4), $[\alpha]_D^{26}$ —1,6°, aus dem *leichterlösl. Brucinsalz* [F. 187—189°, $[\alpha]_D^{29}$ —23,3° (Chlf.); 17,9%]; 72%. (J. Amer. chem. Soc. **74.** 5349—51. 5/11. 1952. Urbana, Ill., Univ., Noyes Chem. Labor.) FRANCK. 3500

Hans Herloff Inhoffen, Ferdinand Bohlmann, Käthe Bartram, Günther Rummert und **Horst Pommer**, *Synthesen in der Carotinoidreihe*. 15. Mitt. *Über die Darstellung von trans- und von 9.9′-mono-cis-β-Carotin*. (14. vgl. C. **1953.** 542.) In Anlehnung an die von Vff. bereits früher beschriebene Synth. des 7.7′-Bis-desmethyl-β-carotins (vgl. C. **1953.** 541) wurde der *C_{19}-Aldehyd* (**I**) mit Acetylendi-MgBr umgesetzt. Zur Darst. von **I** erwies sich der Weg über den *Vinyläther* (**III**) als brauchbar. Das aus Methoxyacetonitril mit

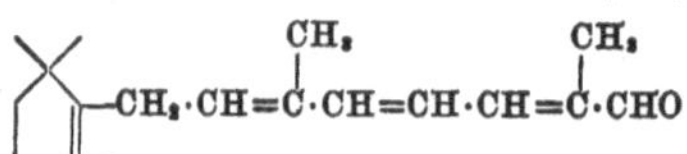
I

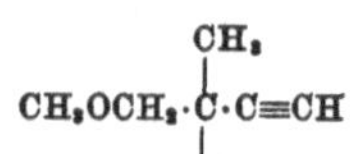
II

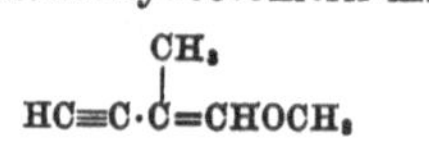
III

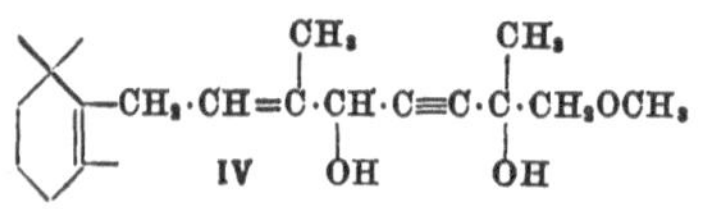
IV

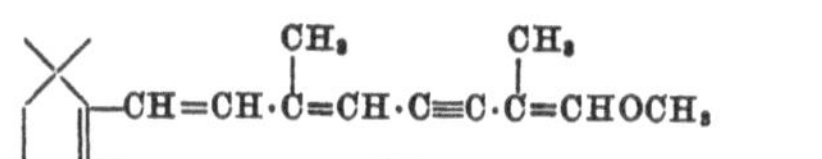
Va

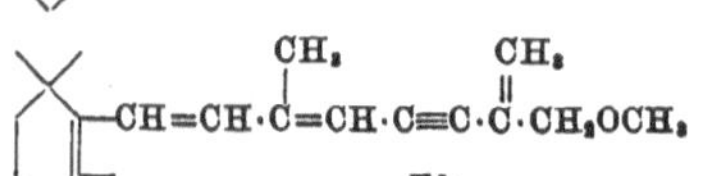
Vb

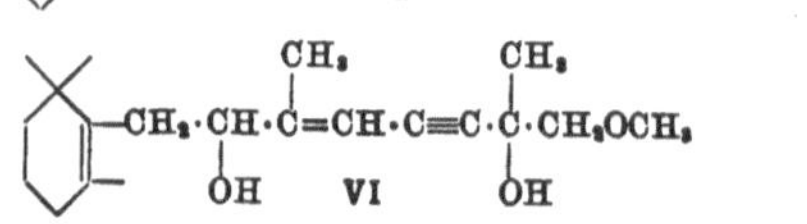
VI

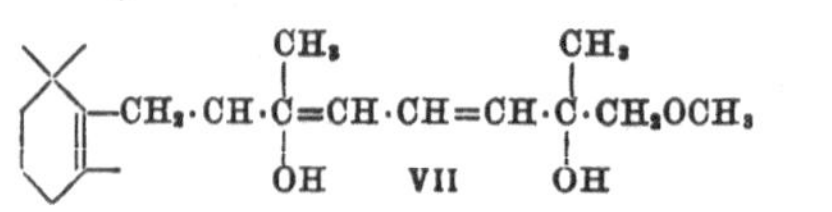
VII

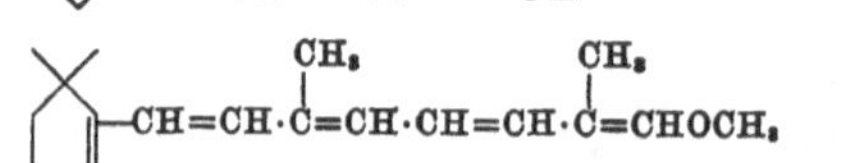
VIII

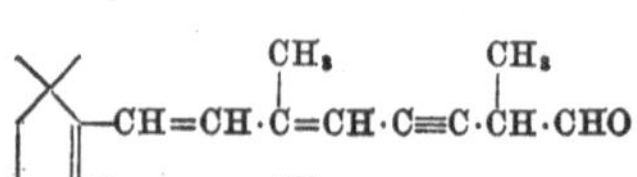
IX

CH_3MgBr oder durch Oxydation von 1-Methoxypropanol-(2) erhaltene Methoxyaceton wurde mit Li-Acetylid zum *Carbinol* (**II**) kondensiert u. in der Dampfphase mit Al-Phosphat oder Mg-Sulfat zu **III** dehydratisiert. Mit Säure entstand hieraus *2-Methylbutin-(3)-al*. Da die Ausbeute an **III** bei der Wasserabspaltung aus **II** gering war, wurde **II** mit C_{14}-Aldehyd zu **IV** kondensiert. Wasserabspaltung in Toluol mit $POCl_3$/Pyridin führte zum Gemisch der beiden Äther **Va** u. **b. IV** wurde durch Allylumlagerung in **VI** übergeführt u. zu **VII** partiell hydriert. Die Wasserabspaltung bei **VII** mit $POCl_3$/Pyridin führte zu Vinyläthern, von denen der eine **VIII** war, während die Struktur des zweiten (**VIIIa**) noch ungeklärt ist. Bei der Wasserabspaltung mit p-Toluolsulfonsäure in Toluol entstand prakt. nur **VIII.** Mit verd. Säure entstand aus **VIII** der *C_{19}-Aldehyd* **I**, der mit Acetylendi-MgBr zum Isomerengemisch des C_{40}-Diols umgesetzt wurde. Durch Allylumlagerung u. Wasserabspaltung mit Toluolsulfonsäure/Toluol entstand daraus *9.9′-Dehydro-β-carotin*, das chromatograph. gereinigt wurde. Die partielle Hydrierung lieferte *9.9′-mono-cis-β-Carotin*. Es ist sehr labil u. lagert sich in 36 Std. in das Isomerengleichgewicht um. Auch mit J_2 findet die Umlagerung statt, u. durch Chromatographie an Al_2O_3 läßt sich trans-β-Carotin leicht isolieren. Der aus **VIIIa** mit Säure erhaltene Aldehyd gab mit Acetylendi-MgBr ein Diol mit λ_{max} 335; 348; 365 mμ. Durch Wasserabspaltung mit Toluolsulfonsäure entstand ein neuer KW-stoff, F. 174°; λ_{max} 450 mμ. Seine partielle Hydrierung führte zu einem KW-stoff mit λ_{max} 468 mμ. Es wird angenommen, daß es sich bei diesen neuen KW-stoffen um teilweise dehydrierte C_{40}-Carotinoide handelt.

Versuche: *Acetolmethyläther* (*Methoxyaceton*), Kp. 116—118°, aus Methoxyacetonitril mit überschüssigem CH_3MgBr; 40—50% (Ausbeute). Durch Oxydation von Methoxypropanol-(2) mit $Na_2Cr_2O_7/H_2SO_4$ 40%. *Semicarbazon*, F. 114—115° (Bzl./PAe.). *Dinitrophenylhydrazon*, gelbe Kristalle (CH_3OH), F. 161°. — *4-Methoxy-3-methylbutin-(1)-ol-(3)* (**II**), Kp.$_{19}$ 58—59°. In 1,2 Liter fl. NH_3 werden unter Kühlung mit CO_2/Aceton 15 g Li gelöst, bis zum Verschwinden der Blaufärbung C_2H_2 eingeleitet u. unter Rühren u. gleichzeitigem Einleiten von C_2H_2 80 g vorst. Verb. zugetropft; mit NH_4Cl wird zers., nach Verdampfen des NH_3 mit W. aufgenommen u. mit Ae. ausgezogen; 66%. — *4-Methoxy-3-methylbuten-(3)-in-(1)* (**III**), Kp. 113—114°, durch Überleiten von **II** über 300—310° heißes Al-Phosphat bei 65 mm N_2; 5%. Beim Erwärmen dieser Verb. mit 2.4-Dinitrophenylhydrazin u. HCl wurde unter Abspaltung der Methoxygruppe der Aldehyd gebildet, u. außer der Umsetzung zum Dinitrophenylhydrazon erfolgte Anlagerung von HCl an die Dreifachbindung. *Verb.* $C_{11}H_{11}O_4N_4Cl$, F. 191°, rote Kristalle (CH_3OH). — *C_{19}-Dioläther* **IV**, $C_{20}H_{32}O_3$, F. 60—80°. Das aus **II** u. äther. Li-Phenyllsg. unter N_2 erhaltene Li-Salz wird mit C_{14}-Aldehyd versetzt, nach Stehen über Nacht 30 Min. gekocht, in der Kälte mit NH_4Cl-Lsg. zers., die neutrale Ae.-Lsg. eingedampft, der Rückstand in PAe. gelöst, 2 mal mit 65%ig. u. 5 mal mit 75%ig. CH_3OH ausgeschüttelt; der 75%ig. Auszug gibt nach Versetzen mit W., Ausäthern u. Eindampfen ein gelbes, zähes Öl; nach Lösen in PAe. u. Stehen bei —10° Nadeln. — *C_{19}-Vinyläther* **V**, gelbes Öl, durch Wasserabspaltung aus **IV** in absol. Toluol mit $POCl_3$/Pyridin unter N_2 bei 85—95°; nach dem Erkalten wird auf Eis gegossen, mit Ae. isoliert u. der Ae.-Rückstand aus PAe. an Al_2O_3 chromatographiert; nach Eluieren mit PAe. Dest. im Kupolrohr bei 0,001 mm/140—145° Badtemp.; λ_{max} 300—320 mμ; mit $SbCl_3$ intensive blaue Färbung. Ozonisierung gab neben Formaldehyd Geronsäure. — *C_{19}-Aldehyd* (**IX**), nach Erwärmen von **V** in verd. wss.-alkoh. H_2SO_4 unter N_2 auf dem Wasserbad u. Isolierung mit Ae., 1 std. Kochen des roten Öls in essigsaurem A. mit GIRARD-P, Versetzen mit W., Ausschütteln mit Ae., Ansäuern der wss. Schicht (p_H 1) u. Ausäthern nach 1 Std.; Ae.-Rückstand aus PAe.-Lsg. an Al_2O_3 chromatographiert u. mit Ae./PAe. 1:10 eluiert; orangefarbenes Öl. *Phenylsemicarbazon*, $C_{26}H_{33}ON_3$, F. 232°; λ_{max} 275; 359 mμ. — *Dioläther* (**VII**), viscoses, gelbes Öl. **IV** wird durch verd. wss.-alkoh. H_2SO_4 bei Zimmertemp. innerhalb 36—40 Std. der Allylumlagerung unterworfen, das Umlagerungsprod. mit Ae. isoliert, in CH_3OH mit 4% Pt-Kohle durch Stehen über Nacht von Kontaktgiften befreit u. mit Pd-Kohle u. etwas Chinolin partiell hydriert. Isolierung mit Ae.; λ_{max} 242 mμ. — *C_{19}-Vinyläther* (**VIII**). Wasserabspaltung mit $POCl_3$/Pyridin in Toluol bei 90—95° aus 40 g **VII** gab nach Chromatographie an Al_2O_3 aus PAe.-Lsg. durch Eluieren mit PAe. 12 g **VIII** u. durch Eluieren mit PAe./Aceton 8 g eines rötlichen Öls. Dehydratisierung mit p-Toluolsulfonsäure/Toluol gab nur **VIII**. — *C_{19}-Aldehyd* (**I**). Das mit PAe. eluierte Öl (**VIII**) wurde mit verd. wss.-alkoh. H_2SO_4 gespalten, mit Ae. isoliert, der Ae.-Rückstand mit PAe. aufgenommen, an Al_2O_3 chromatographiert u. der Aldehyd mit PAe. u. 1% Aceton eluiert; λ_{max} 328 mμ; bräunliches Öl. *Phenylsemicarbazon*, $C_{26}H_{35}ON_3$, F. 218—219°; λ_{max} 333; 347 mμ. — Der fester adsorbierte Vinyläther, der erst mit Aceton/PAe. eluiert werden konnte, gab einen Aldehyd mit λ_{max} 410 mμ. *Phenylsemicarbazon, $C_{26}H_{33}ON_3$*, F. 199—200°, Nadeln (A.); λ_{max} 392; 413 mμ. — *C_{40}-Acetylendiol*. **I** wurde mit Acetylendi-MgBr in Ae., wie beschrieben, umgesetzt u. das Diol aus der Petrolätherlsg. mit 98%ig. CH_3OH ausgeschüttelt; die CH_3OH-Auszüge wurden mit PAe. gewaschen, dann mit W. u. Ae. versetzt u. aus der Ae.-Lsg. die Verb. isoliert. — *9.9'-Dehydro-β-carotin*, $C_{40}H_{54}$, F. 155—156°. Vorst. Verb. wurde mit Toluol/Toluolsulfonsäure dehydratisiert, der Vakuumrückstand aus Petrolätherlsg. an Al_2O_3 chromatographiert, die orangefarbene Hauptzone mit PAe./A. eluiert u. der Eluatrückstand aus CS_2 u. Bzl./CH_3OH umkrist.; metall. glänzende rote Blättchen; λ_{max} 433; 458 (Hexan), 442; 470 (Bzl.), 460; 490 mμ (CS_2). — *β-Carotin*, $C_{40}H_{56}$, durch Semihydrierung vorst. Verb., F. 150°, dunkelrote Kristalle (Bzl./CH_3OH). Nach dem Spektr. [λ_{max} 338; 449; 477 mμ (Hexan)] lag *9.9'-mono-cis-β-Carotin* vor. — *trans-β-Carotin*, $C_{40}H_{56}$, durch Isomerisierung vorst. Verb. in Hexan in Ggw. von J_2 u. Chromatographie an Al_2O_3; violettrote Blättchen (Bzl./CH_3OH), F. 179—180°; λ_{max} 452; 480 mμ (Hexan). — *C_{40}-Carotinoid*, aus dem bei der Darst. von **I** gleichfalls erwähnten Aldehyd durch Umsetzung mit Acetylendi-MgBr, Wasserabspaltung unter Bldg. einer Verb. vom F. 174° (dunkel braunrote Kristalle), u. Semihydrierung; dunkelrote Kristalle (Bzl./CH_3OH); λ_{max} 468 mμ. (Liebigs Ann. Chem. **570.** 54—69. 12/10. 1950. Braunschweig, TH, Organ.-chem. Inst.) NEZEL. 3550

Hans Herloff Inhoffen, Horst Pommer und **Franz Westphal,** *Synthesen in der Carotinoidreihe.* 16. Mitt. *Eine weitere Synthese des β-Carotins.* (15. vgl. vorst. Ref.) Das Mg-Bromid der Verb. **I** wurde mit Octen-(4)-dion-(2.7) zum *β-C_{40}-Diintetrol* (**II**) umgesetzt, dann mit Chinolin vergiftetem Pd partiell hydriert u. mit p-Toluolsulfonsäure/Toluol 4mal W. abgespalten. Aus dem Chromatogramm konnte reines *trans-β-Carotin* isoliert werden.

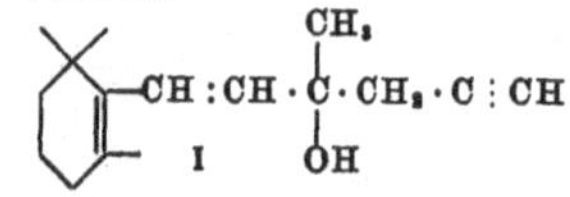

I

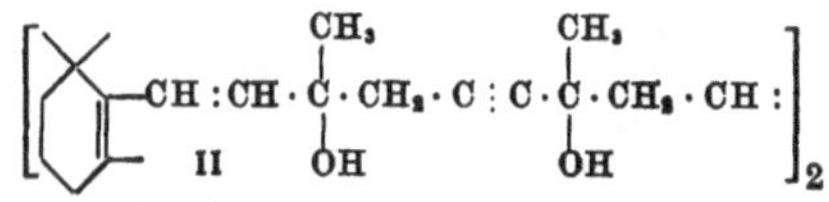

II

V e r s u c h e: **II:** In Toluol wurde **I** mit Äthyl-MgBr zum Mg-Bromid umgesetzt u. dann in die 50—60° warme Lsg. Octen-(4)-dion-(2.7), in Ae./Toluol gelöst, eingetropft; nach dem Abkühlen wurde mit Phosphorsäure/Eis zersetzt, an Al_2O_3 adsorbiert, mit Ae. gewaschen u. dann mit CH_3OH eluiert; sehr zähes Öl; 69% (Ausbeute); mit $SbCl_3$/Chlf. grüne, später dunkelblaue Färbung. Diese Verb. wurde durch Behandeln mit Pt-Kohle während 5 Min. in absol. A. von Kontaktgiften befreit u. mit Chinolin vergiftetem Pd-Katalysator semihydriert; fast festes Öl; helle Blaufärbung mit$SbCl_3$/Chloroform. — *β-Carotin,* F. 177—178°, dunkelrote, glitzernde Blättchen, λ_{max} 452; 479 mμ. 1 g vorst. Öls wurde in 150 ml absol. Toluol unter Sieden in N_2 gelöst u. möglichst schnell 200 mg p-Toluolsulfonsäure zugesetzt, nach 10 Min. abgekühlt, PAe. zugesetzt, 3mal mit je 200 ml 90%ig. CH_3OH ausgewaschen, die Epiphase mit W. gewaschen, ihr Verdampfungsrückstand in PAe. aufgenommen u. an Al_2O_3 chromatographiert. (Liebigs Ann. Chem. **570.** 69—72. 12/10. 1950.) NEZEL. 3550

Hans Herloff Inhoffen, Ferdinand Bohlmann und **Gerhard Linhoff,** *Synthesen in der Carotinoidreihe.* 17. Mitt. *Über ein neues Spaltstück zur Charakterisierung von Carotinoidverbindungen.* (16. vgl. vorst. Ref.; 18. vgl. C. **1952.** 4140.) Vff. stellten fest, daß Geronsäure (**III**) nicht nur bei der Ozonolyse von Verbb. der Struktur **I**, sondern unter geeigneten Versuchsbedingungen in geringer Ausbeute auch beim Ozonabbau von Verbb. der Struktur **II** entsteht. Danach ist **III** offenbar lediglich für die Ringstruktur beweisend, durch die Ozonoxydation wird die gesamte Seitenkette aboxydiert. Es gelang aber unter entsprechenden Versuchsbedingungen, *3.3-Dimethyloctandion-(2.7)* als Spaltprod. zu isolieren, das der Struktur **II** entspricht. Damit ist es möglich, zwischen Verbb. vom Typ **I** u. **II** zu unterscheiden. Dieses Diketon entsteht auch bei der Ozonisierung des β-C_{14}-Aldehyds, dem danach Formel **II** zukommt.

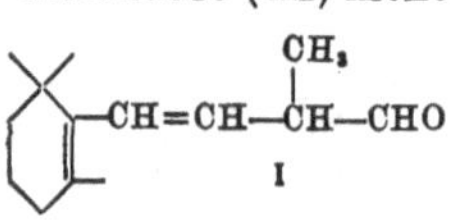

I

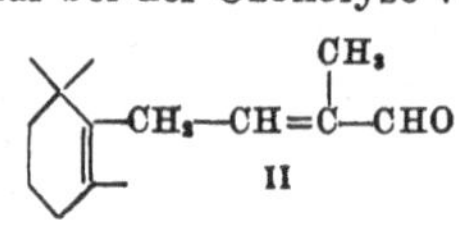

II

V e r s u c h e: *Ozonisierung von β-C_{14}-Aldehyd* (**II**). 3 g **II** wurden in 50 ml CCl_4 unter Eiskühlung 6 Std. ozonisiert, das Lösungsm. im Vakuum abgedampft, der Rückstand 1 Std. mit 50 ml W. erwärmt, mit Ae. ausgeschüttelt u. dieser mit $NaHCO_3$ gewaschen. Der Ae. hinterließ 1,5 g *3.3-Dimethyloctandion-(2.7)* als Öl. *Bis-dinitrophenylhydrazon,* $C_{22}H_{26}O_8N_8$, F. 176° (Butanol). Aus dem Bicarbonatauszug wurde **III** als Semicarbazon isoliert. Die Ozonisierung von C_{18}-Aldehyd in Essigester führte ebenfalls zu 3.3-Dimethyloctandion-(2.7) u. **III.** (Liebigs Ann. Chem. **570.** 73—76. 12/10. 1950.) NEZEL. 3550

H. H. Inhoffen, F. Bohlmann und **H. J. Aldag,** *Vierte Totalsynthese des β-Carotins.* (*Synthesen in der Carotinoidreihe.* 20. Mitt.) (3. Totalsynth. vgl. vorvorst. Ref.; 19. vgl. C. **1952.** 4140.) Vorläufige Mitt. zu der C. **1952.** **4141** (21. Mitt.) referierten Arbeit. (Angew. Chem. **63.** 146. 21/3. 1951.) POMMER. 3550

Hans Herloff Inhoffen und **Gerhard Leibner,** *Synthesen in der Carotinoidreihe.* 23. Mitt. *Darstellung des kristallisierten β-C_{19}-Aldehyds.* (22. vgl. Naturwissenschaften **38.** [1951.] 478; 21. vgl. C. **1952.** 4141.) Nach Allylumlagerung des C_{19}-Dioläthers (**I;** in viertvorst. Ref. **IV**) zum isomeren Dioxyäther **II** (in viertvorst. Ref. **VI**) u. partieller Hydrierung der Dreifachbindung bildet sich bei der anschließenden Wasserabspaltung zu 25% der freie *Aldehyd* (**III**), $C_{19}H_{28}O$, der nun nach chromatograph. Auftrennung krist. erhalten wurde. Das aus ihm mit Hydrazinhydrat erhaltene *Azin* unterscheidet sich vom 7.7-Dihydro-β-carotin dadurch, daß die mittelständige =CH—CH=-Gruppe durch die =N—N=-Gruppierung ersetzt ist, wodurch das Absorptionsspektr. wegen der leichteren Polarisierbarkeit der Azingruppe durch Lösungsmittel stärker beeinflußt wird. So ist in PAe. noch die Feinstruktur ausgeprägt, während in CH_3OH nur noch eine breite verwaschene Bande auftritt. Doppelte Kondensation von **III** mit BrMgC≡CMgBr führte zum *C_{40}-Diol* **IV**, das als krist. Isomerengemisch anfiel u. nach doppelter Wasserabspaltung zu *15.15'-Dehydro-β-carotin* führte, das zu β-Carotin partiell hydriert werden konnte.

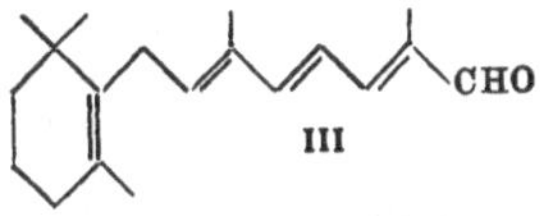

III

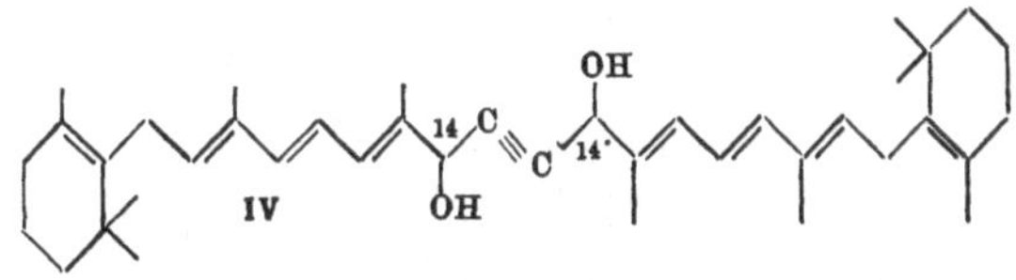

IV

Versuche (Alle Verss. unter reinstem N_2): *C_{19}-Aldehyd* (**III**). Die Mutterlaugen von **I** wurden bei 160—170°/0,01—0,02 mm dest., aus PAe. krist., in wss.-alkoh. schwefelsaurer Lsg. während 48 Std. der Allylumlagerung unterworfen, partiell hydriert u. durch Vakuumdest. gereinigt; hellgelbes Öl, $Kp._{0,01-0,02}$ 150—155°; 82% (Ausbeute); λ_{max} 242 mμ (CH_3OH). Der erhaltene C_{19}-Diendioläther wurde mit Bzl./Toluolsulfonsäure zur Wasserabspaltung gebracht; nach 8 Min. langem Kochen wurde abgekühlt, die Sulfonsäure mit Bicarbonat ausgewaschen, Bzl. im Vakuum bei 20° verdampft u. das Öl in Petrolätherlsg. an Al_2O_3 chromatographiert. Mit PAe. wurde entwickelt, mit PAe. mit steigenden Benzolzusätzen (bis 30%) gewaschen u. dann der Aldehyd mit PAe. + 2% Aceton eluiert; aus PAe. honiggelbe, unregelmäßige Blöcke des *Aldehyds* (**III**), $C_{19}H_{28}O$, F. 64,5°; CARO-PRICE kräftig gelb; λ_{max} 328 mμ (CH_3OH); 310,5; 322,5 mμ (PAe.). — **III**-*Azin*, $C_{38}H_{56}N_2$, F. 166°; aus **III** u. Hydrazinhydrat in CH_3OH bei 50°; Kristalle (Bzl./CH_3OH); λ_{max} 257; 320; 372; 390; 410 mμ (PAe.). *Phenylsemicarbazon*, F. 218°; λ_{max} 333; 347 mμ. — *C_{40}-Diol* **IV**, F. 112,5°, aus 1,03 g **III** u. BrMgC≡CMgBr in Ae.; Ausbeute 219 mg; λ_{max} 280 mμ (CH_3OH). — *15.15'-Dehydro-β-carotin*, F. 154,5—155,5°; aus **IV** durch Wasserabspaltung mit Bzl./Toluolsulfonsäure; aus Bzl./absol. A. Kristalle; 37,3%. (Liebigs Ann. Chem. **575.** 105—11. 1951.)

NEZEL. 3550

Hans Herloff Inhoffen und **Wolfgang Arend,** *Synthesen in der Carotinoidreihe.* 24. Mitt. *Versuche zur Darstellung des 3.4.3'.4'-Bis-dehydro-β-carotins.* (23. vgl. vorst. Ref.) Für die über das *3.4-Dehydro-β-C_{18}-keton* (**I**) durch Umsetzung mit Diacetylen vorgesehene Synth. des 3.4.3'.4'-Bis-dehydro-β-carotins war die Darst. von **I** notwendig. Der Weg zur Herst. von **I** aus 3.4-Dehydro-β-jonon durch Umsetzung mit γ-Bromcrotonsäuremethylester gelang nicht, weil die Dehydratisierung des *3.4-Dehydro-β-C_{17}-oxysäureesters* (**II**) eine Verb. mit ununterbrochener Konjugation der Doppel-

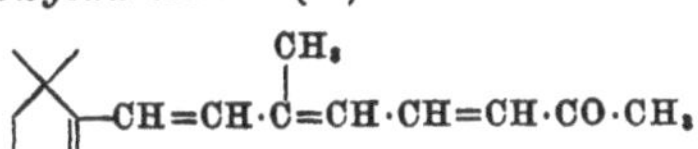

I

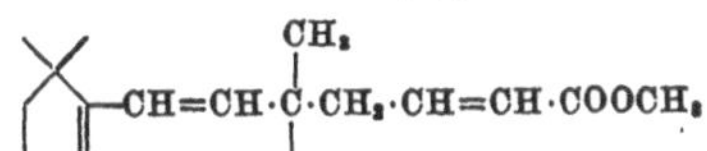

II

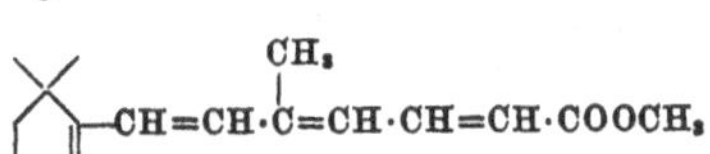

III

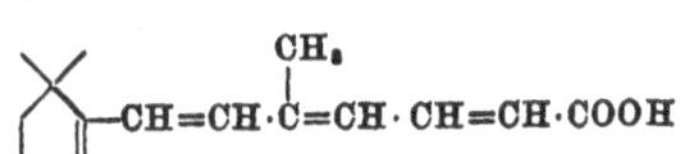

IV

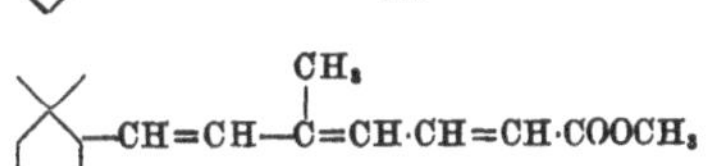

V

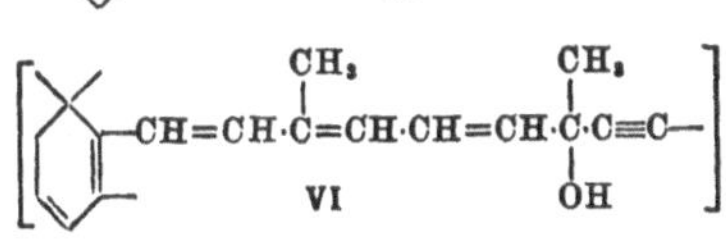

VI

bindungen ergab. Dagegen gelang die nachträgliche Einführung der Doppelbindung dadurch, daß der *β-C_{17}-Säuremethylester* (**III**) mit Bromsuccinimid unter Luftausschluß bromiert u. mit Diäthylanilin u. nachfolgen-

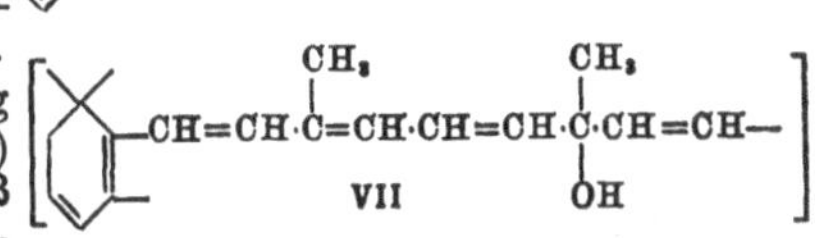

VII

der Zn-Staubbehandlung HBr abgespalten wurde. Die *3.4-Dehydro-β-C_{17}-säure* (**IV**) ließ sich auch aus dem α-C_{17}-Säuremethylester (**V**), allerdings mit geringerer Ausbeute, nach dem Verf. von TREIBS u. BAST (Liebigs Ann. Chem. **561.** [1949.] 165) darstellen. Durch Umsetzung von **IV** mit CH_3-Li entstand **I** in guter Ausbeute. Es gab mit Diacetylen das Bis-dehydro-β-C_{40}-diindiol (**VI**), das zum Dien (**VII**) partiell hydriert wurde. Die Herausnahme der beiden Oxygruppen mit P_2J_4 lieferte jedoch kein befriedigendes Ergebnis.

Versuche: *3.4-Dehydro-β-jonon.* β-Jonon wird in CCl_4 mit Bromsuccinimid bei Siedetemp. portionsweise versetzt, nach dem Abkühlen PAe. zur Vervollständigung der

Succinimidausscheidung hinzugefügt, das Filtrat rasch zu Diäthylanilin gegeben, im Vakuum zur Entfernung von CCl_4 u. PAe. erwärmt u. 45 Min. auf dem Wasserbad erhitzt. Nach Pyridinzusatz wird nochmals 25 Min. erhitzt, das Prod. mit PAe. isoliert, die eingeengte Petrolätherlsg. nach. A.-Zusatz während 3 Std. portionsweise mit Zn-Staub versetzt u. filtriert; nach Waschen mit verd. Essigsäure u. Bicarbonatlsg. u. Abtreiben des PAe. wird im Hochvakuum bei 62—75°/0,05 mm destilliert. *Semicarbazon*, F. 140—142°, Nadeln (80%ig. CH_3OH); λ_{max} 259; 325 mμ. Durch Spaltung des Semicarbazons in CH_3OH/PAe. mit 2nH_2SO_4 in Ggw. von Glyoxal wurde das 3.4-Dehydro-β-jonon freigemacht u. bei 110—120° (Luftbadtemp.)/1 mm destilliert. *Phenylsemicarbazon*, F. 148—150°; λ_{max} 238; 273; 321 mμ. — **II**, gelbes, zähes Öl. 3.4-Dehydro-β-jonon wird mit γ-Bromcrotonsäuremethylester nach REFORMATSKI umgesetzt u. die Verb. bei 0,005 mm u. 120—150° Luftbadtemp. im Kugelrohr dest.; λ_{max} 290 mμ. Wasserabspaltung durch Erhitzen des Oxyesters mit wasserfreier Oxalsäure gab ein dehydratisiertes Prod. mit λ_{max} 335 mμ. — *3.4-Dehydro-β-C_{17}-säure* (**IV**), $C_{17}H_{22}O_2$, F. 157—159°. **III** in CCl_4 bei Siedetemp. mit Bromsuccinimid bromieren, dann wie oben HBr abspalten. Der durch Dest. bei 0,0001 mm/100—130° Luftbadtemp. erhaltene Rohester wird mit methanol. KOH verseift u. die Säure mit Ae. isoliert; dunkelgelbe, derbe Prismen (Aceton); λ_{max} 282; 351 mμ. — *α-C_{17}-Säuremethylester* (**V**), Kp.$_{0,1}$ 152—153°, aus α-Jonon u. γ-Bromcrotonsäuremethylester mit jodaktiviertem Zn in Bzl.; λ_{max} 313 mμ. — *4-Acetoxy-β-C_{17}-säuremethylester*, schwach rötlich gefärbtes, zähes Öl; λ_{max} 324 mμ. 41,3 g **V**, 49 g Hg-Acetat u. 6 ml Eisessig werden im Ölbad rasch auf 130° erhitzt, innerhalb 60 Min. auf 155° u. dann 30 Min. bei 155—160° erhitzt. Nach Abkühlen wird mit 30 ml 50%ig. Essigsäure versetzt u. mit PAe. extrahiert. Bei der Chromatographie an Al_2O_3 (Aktivität I—II) bildet sich unter einer Harzzone eine braungelbe Zone, die die Verb. enthält. Hieraus nach Verseifung u. Kochen in Toluol in Ggw. von p-Toluolsulfonsäure **IV**. — *3.4-Dehydro-β-C_{18}-keton* (**I**), 3 g **IV** in 200 ml absol. Ae. werden unter kräftigem Schütteln mit einer äther. Lsg. von Methyl-Li versetzt. Nach Zusatz von W. wird mit Ae. isoliert; Reinigung über das *Semicarbazon*, $C_{19}H_{27}ON_3$, F. 188 bis 190°; λ_{max} 301; 359 mμ. *Keton*, rötliches Öl; λ_{max} 387 mμ. — *Bis-dehydro-β-C_{30}-diindiol*, $C_{30}H_{38}O_2$, F. 112—116° (Isomerengemisch), aus 3.4-Dehydro-β-jonon u. Diacetylendi-MgBr in Ae. unter N_2; λ_{max} 288 mμ. — *Bis-dehydro-β-C_{30}-diendiol*, Öl. 4 g vorst. Verb. blieb in 100 ml Bzl. mit 2 g Pt-Kohle unter häufigem Umschütteln 1 Tag stehen; das Filtrat wurde mit 0,8 g Pd–Pb-Katalysator u. 0,2 ml Chinolin versetzt u. hydriert; λ_{max} 240; 228 mμ. — *Bis-dehydro-β-C_{40}-diindiol* (**VI**), aus **I** u. Diacetylendi-MgBr, zähes, rotes Öl; λ_{max} 342 mμ. — *Bis-dehydro-β-C_{40}-diendiol* (**VII**), zähes, rotgelbes Öl, durch Hydrierung von **VI** wie oben; λ_{max} 342 mμ. (Liebigs Ann. Chem. **578**. 177—87. 1952.) NEZEL. 3550

Hans Herloff Inhoffen, Siegfried Bork und **Ullrich Schwieter,** *Synthesen in der Carotinoidreihe.* 25. Mitt. *Darstellung der β-C_{19}-Säure und ihre Umwandlung in den β-C_{19}-Aldehyd.* (24. vgl. vorst. Ref.) β-C_{14}-Aldehyd (**I**) gab nach REFORMATSKI-Rk. mit γ-Bromtiglinsäuremethylester den *β-C_{19}-Oxysäuremethylester* (**II**), der in den *β-C_{19} Säuremethylester* (**III**) durch Erhitzen im Vakuum übergeführt wurde. **III** wurde mit $AlLiH_4$ zum Alkohol red. u. dieser mit MnO_2 zum *C_{19}-Aldehyd* (**IV**) oxydiert.

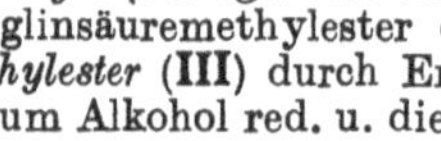
I

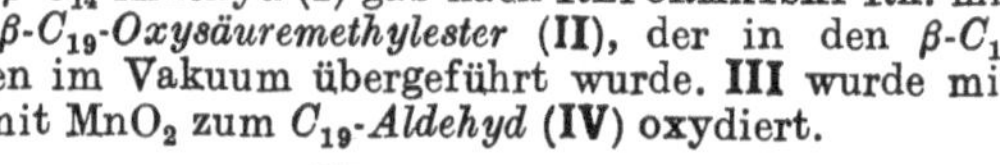
II

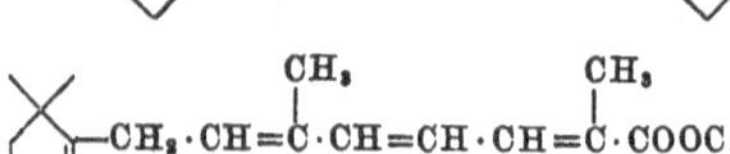
III

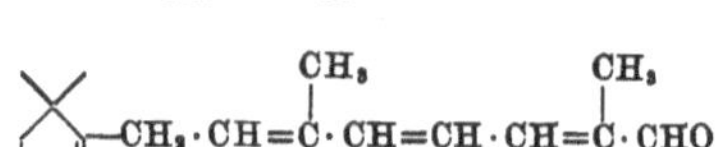
IV

V e r s u c h e : *γ-Bromtiglinsäuremethylester*, $C_6H_9O_2Br$, Kp.$_{11}$ 90—92°. Tiglinsäuremethylester wird in CCl_4 unter Belichtung 2½ Std. mit N-Bromsuccinimid gekocht. Nach Stehen bei —18° wird vom Succinimid abgesaugt; 63% (Ausbeute). — *β-C_{19}-Säure*, $C_{19}H_{28}O_2$, F. 147,5—148,5°, 17,8 g aktiviertes Zn werden mit 38,4 g **I** in Bzl. versetzt, zum Sieden erhitzt u. vorst. Ester, in Bzl. gelöst, nach Entfernen der Flamme eingetropft. Unter Eiskühlung wird mit Essigsäure zers., das rotbraune Öl im Vakuum (0,1 mm/120°) erhitzt, das Wasserabspaltungsprod. mit methanol. KOH verseift, die Säure mit Ae. isoliert; aus dem Öl durch Aceton nach 3tägigem Stehen bei —18° Kristalle; 63%; λ_{max} 302 mμ. *Methylester* (**III**), $C_{20}H_{30}O_2$, durch Veresterung mit CH_2N_2, gelbes Öl; λ_{max} 310 mμ. — *β-C_{19}-Alkohol*, gelbes Öl, durch Red. von **III** mit $LiAlH_4$ in Ae. bei —40°. *Anthrachinoncarbonsäureester*, $C_{34}H_{36}O_4$, rote Kristalle. — *C_{19}-Aldehyd* (**IV**).

0,7 g vorst. Alkohols werden in Aceton gelöst u. 7 g MnO_2 dazugegeben, 2 Std. bei 20° geschüttelt; hellgelbes Öl, das nach Anspritzen mit PAe. nach 12std. Stehen bei −18° krist.; λ_{max} 328 mμ. *Phenylsemicarbazon*; λ_{max} 333; 347 mμ. (Liebigs Ann. Chem. **580**. 1−6. 1953.) NEZEL. 3550

Hans Herloff Inhoffen, Otto Isler, Gerhard von der Bey, Gerhard Raspé, Paul Zeller und **Rolf Ahrens,** *Synthesen in der Carotinoidreihe.* 26. Mitt. *Totalsynthese des Crocetindimethylesters.* (25. vgl. vorst. Ref.) α-Methylacrolein wurde mit Acetylendi-MgBr zum *2.7-Dimethyloctadien-(1.7)-in-(4)-diol-(3.6)* umgesetzt u. mit wss.-alkoh. H_2SO_4 einer Allylumlagerung unterworfen. Das so erhaltene *2.7-Dimethyloctadien-(2.6)-in-(4)-diol-(1.8)* wurde mit Butylchromat zum *2.7-Dimethyloctadien-(2.6)-in-(4)-dial-(1.8)* (**III**) oxydiert. Bessere Ausbeuten ergab die Oxydation mit MnO_2. **III** ließ sich in Tetrahydrofuran bei Verwendung von amalgamiertem Zn mit γ-Bromtiglinsäuremethylester zum *Diol* **I** umsetzen. Die Wasserabspaltung mit p-Toluolsulfonsäure führte zu einem braunen Öl, das ca. 1%

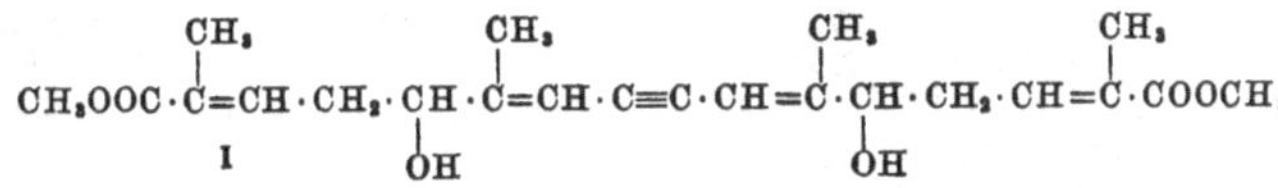

I

8.8'-Dehydrocrocetindimethylester enthielt, der durch Chromatographie an Al_2O_3 abgetrennt werden konnte. Partielle Hydrierung ergab *8.8'-mono-cis-Crocetindimethylester* vom F. 146°. In der Schmelze erfolgte rasch Isomerisierung zur Verb. vom F. 22,3°. Der cis-Crocetindimethylester konnte durch Bestrahlung in Ggw. von J_2 in *„all"-trans-Crocetindimethylester* umgelagert werden.

Versuche: *2.7-Dimethyloctadien-(1.7)-in-(4)-diol-(3.6)*, $C_{10}H_{14}O_2$, F. 72,5°. Unter Rühren wurden zu 1 Mol Acetylendi-MgBr in Ae. unter N_2 2 Mol α-Methylacrolein zugetropft; mit verd. H_2SO_4 wurde zers., die wss. Schicht neutralisiert, mit Ae. ausgeschüttelt, die vereinten Ae.-Auszüge eingedampft u. der Rückstand dest.; im Kühlschrank durch Überschichten mit Bzl. Kristalle, 54% (Ausbeute). — *2.7-Dimethylocta-dien-(2.6)-in-(4)-diol-(1.8)*, $C_{10}H_{14}O_2$, F. 110°. 80 g vorst. Verb. wurden in 1330 ml A. gelöst, mit 4280 ml 5%ig. H_2SO_4 versetzt u. unter N_2 7 Std. bei 55° erwärmt; Isolierung mit Ae. u. Kristallisation aus Bzl.; 30,4%. — *2.7-Dimethyloctadien-(2.6)-in-(4)-dial-(1.8)* (**III**), $C_{10}H_{10}O_2$, F. 68°, durch Oxydation vorst. Verb. mit MnO_2 in Aceton bei 20°; gelbliche Nädelchen; 95%. *Disemicarbazon,* $C_{12}H_{16}O_2N_6$; λ_{max} 360; 378 mμ. — *γ-Bromtiglinsäuremethylester,* Kp.$_{24}$ 109—114°. Tiglinsäuremethylester vom Kp. 137—140° wurde mit N-Bromsuccinimid in CCl_4 unter Belichtung 2½ Std. gekocht, das ausgeschiedene Succinimid abgesaugt u. der Ester dest.; stark augenreizend. — *Isodehydrogeraniumsäure* (**II**), $C_{10}H_{14}O_2$, F. 149—150° (im Vakuum unter N_2), durch REFORMATSKI-Rk. aus vorst. Ester u. Tiglinaldehyd in Bzl. über den sellerieartig riechenden Methylester; nach Sublimation Nadeln; 65%. — *8.8'-Dehydrocrocetindimethylester,* $C_{22}H_{26}O_4$, F. 167—167,5° (Vakuum u. N_2), durch REFORMATSKI-Rk. aus **III** u. γ-Bromtiglinsäuremethylester in Tetrahydrofuran. Nach Abkühlen wurde mit Essigsäure zers. u. mit Bzl. ausgezogen, der Abdampfrückstand 20 Min. bei 160°/0,01 mm erhitzt, wobei ein farbloses Öl überdestillierte. Der Rückstand wurde mit p-Toluolsulfonsäure in Bzl. am absteigenden Kühler gekocht, die Reaktionslsg. mit Bicarbonatlsg. gewaschen u. eingedampft. Der Rückstand wurde aus Benzollsg. an Al_2O_3 chromatographiert. Beim Eluieren befand sich der Ester in den ersten 250 ml Benzol. Das rötliche Öl wurde nochmals bei 160°/0,01 mm erhitzt. Der Rückstand gab beim Verreiben mit CH_3OH feine gelbe Nädelchen. — *8.8'-cis-Crocetindimethylester,* F. 146° (im Vakuum u. N_2), nach Verfestigung F. 214,7°, durch partielle Hydrierung vorst. Verb. in Bzl. im Dunkeln oder bei Rotlicht; ziegelrote Nädelchen (PAe. bei −10°). — *„all"-trans-Crocetindimethylester,* $C_{22}H_{28}O_4$, F. 222°, durch Isomerisierung vorst. Verb. in PAe. in Ggw. von J_2 im Licht einer 500 Watt PHILIPS-Photolampe; nach Chromatographie rautenförmige Kristallblättchen. (Liebigs Ann. Chem. **580**. 7—19. 1953.) NEZEL. 3550

II

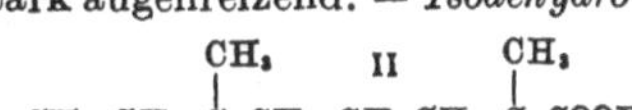

O. C. Musgrave, *Grignard-Reaktionen mit Δ^4-Cholesten-3-on.* *Δ^4-Cholesten-3-on* (**I**) lieferte mit Methyl-MgJ einen tert., $\alpha.\beta$-ungesätt. *Alkohol* (**II**), der wahrscheinlich als Molekülverb. aus *3α-Methyl-Δ^4-cholestenol-3β-ol* u. *3β-Methyl-Δ^4-cholesten-3α-ol* aufzufassen ist; eine Epimerentrennung durch Digitoninfällung gelang jedoch nicht. — Behandlung von **II** mit Tosylchlorid–Pyridin ergab *3-Methylen-Δ^4-cholesten* (**III**). Isomerisierung von **III** mit alkoh. HCl führte zum *3-Methyl-$\Delta^{3,5}$-cholestadien* (**IV**), das in gleicher Weise auch direkt aus **II** erhältlich war. — Wurde die GRIGNARD-Rk. in Ggw. von CuCl durchgeführt, so trat Wasserabspaltung ein u. **III** u. **IV** wurden nebeneinander gefunden; eine 1.4-Addition wurde nicht beobachtet.

Versuche: *3-Methyl-Δ^4-cholesten-3-ol* (II), $C_{28}H_{48}O$, F. 114—115,5°; durch Umsetzung von I mit Methyl-MgJ in absol. Ae.–Bzl. bei 0°; aus Aceton–Methanol Nadeln, $[\alpha]_D^{19}$ +76° (c = 1 in Bzl.). Mit Tetranitromethan Gelbfärbung. — *3-Methyl-$\Delta^{3,5}$-cholestadien* (IV), $C_{28}H_{46}$, F. 79—79,5° (CH_3OH–Aceton) durch 2std. Kochen von II mit n/30 alkoh. HCl; $[\alpha]_D^{19}$ —129° (c = 1 in Chlf.); λ_{max} 231 u. 239 mμ (ε = 21500 bzw. 22700; in Cyclohexan). Mit Tetranitromethan gelbbraune Färbung. IV wird unter den gleichen Bedingungen auch aus III erhalten. — *3-Methylen-Δ^4-cholesten* (III), $C_{28}H_{46}$, F. 63—64° (CH_3OH–Aceton), aus II durch 15 Min. Erhitzen mit Tosylchlorid in Pyridin auf dem Wasserbad; Al_2O_3-Chromatographie (Aktivität II, eluiert mit PAe.); $[\alpha]_D^{19}$ +50,5° (c = 1 in Bzl.); λ_{max} 233—239 mμ (ε = 16230 bzw. 17260; in Cyclohexan). Mit Tetranitromethan gelbbraune Färbung. Ozonisierung von II in Chlf. lieferte nach Zers. mit Zn wss. Essigsäure im flüchtigen Anteil 6% *Formaldehyd*, als *Dimedonderiv.* F. u. Misch.-F. 186—188°. — IV wurde auch durch Umsetzung von I mit Methyl MgJ, dem trockenes CuCl zugesetzt war, in Ae. bei 0° erhalten; aus Aceton–Methanol, F. 77 bis 78°; aus der opt. Drehung ($[\alpha]_D^{19}$ —111,6°) läßt sich ein Geh. von 9% III errechnen. Das reine *Dien* IV konnte durch Isomerisierung des Gemischs erhalten werden. — Aus den Mutterlaugen konnte durch Al_2O_3-Chromatographie auch noch reines III gewonnen werden. (J. chem. Soc. [London] **1951**. 3121—23. Nov. Glasgow, Royal Techn. Coll.)
FRUHSTORFER. 3700

Richard B. Turner, *Acylierung der 17α-Oxy-20-ketosteroide: Verbindung L-Diacetat.* Im Gegensatz zu der relativ leichten Acetylierung der 17β-Oxy-20-ketosteroide gelang die bisher nicht durchführbare Acetylierung von *Allopregnan-3β.17α-diol-20-on* (REICHSTEINs Verb. L) mit Essigsäureanhydrid u. Essigsäure erst in Ggw. von p-Toluolsulfosäure; das entstandene *Allopregnan-3β.17α.diol-20-ondiacetat* (*L-Diacetat*), F. 197,5 bis 198,5°, $[\alpha]_D$ —9,3° (Dioxan), wurde durch das Infrarotspektr. (Maxima bei 1715 u. 1735 cm^{-1}) u. Hydrolyse zur Verb. L identifiziert. Analog wurde Allopregnan-3β.17β-diol-20-on (iso-L) in das *iso-L-Diacetat* übergeführt. (J. Amer. chem. Soc. **74**. 4220—21. 20/8. 1952. Housten, Tex., Rice Inst., Dep. of Chem.) SCHORRE. 3750

Z. Stary und **M. Arnaki,** *Über das Problem der Wirkungsgruppe des Insulins.* Kurze Zusammenfassung bekannter Arbeiten über den Aufbau der *Insulin* (I)-Molekel. Neben wirkungslosen Gruppen stellen die Carboxylgruppen des I u. die Phenolgruppen der Tyrosinreste wichtige Wirkungszentren des I dar. Trotzdem ist die Wrkg. an die Gesamtheit des I-Mol. gebunden. Das Mol.-Gew. von I ist je nach dem Vork. 12000 oder ein 3- u. 4faches davon. Die leichte Resorbierbarkeit von I ist den Mol.-Gew. 12000 zuzuschreiben. (Folia Farmac. [Istanbul] **2**. 3—8. Aug. 1951.) GRAU. 3750

Robert B. Angier, James H. Boothe, John H. Mowat, Coy W. Waller und **Joseph Semb,** *Pteridinchemie.* 2. Mitt. *Die Wirkung von überschüssiger salpetriger Säure auf Pteroylglutaminsäure und Derivate.* (1. vgl. J. Amer. chem. Soc. **70**. [1948.] 3029.) Vff. fanden bei Anwendung eines Überschusses an HNO_2 in 6nH_2SO_4 (4nHCl wirkte nur etwas weniger) u. Eisessig bei 50° die besten Bedingungen für die Desaminierung von Pteroylglutaminsäure (I) zum 2-Oxyderiv., wobei gleichzeitig Nitrosierung an $N_{(10)}$ eintritt. Die Nitrosogruppe kann leicht mit Phenol + konz. HCl entfernt werden. Die erhaltene *N-[4-([{2.4-Dioxypteridyl-(6)}-methyl]-amino)-benzoyl]-glutaminsäure* (II) hatte 0,02—7% (je nach Darstellungsweise) der I-Wrkg. gegenüber *Streptococcus faecalis R.* Die Anwendung der Meth. auf verschied. Pteroinsäure- u. Pteridinderivv. wird beschrieben.

Versuche (FF. korr.): *N-[4-([{2.4-Dioxypteridyl-(6)}-methyl]-N-nitrosoamino)-benzoyl]-glutaminsäure,* $C_{19}H_{17}O_8N_7$, Kristalle aus W., F. 205—215° (Zers.), stark positiver LIEBERMANN-Nitrosamintest, λ_{max} 260, 372,5 mμ (in 0,1nNaOH); 240, 275—277,5, 350—355 mμ (0,1nNH_4OH); 232,5, 287,5 mμ (0,1nHCl); 93% (Ausbeute). — *N-[4-([{2.4-Dioxypteridyl-(6)}-methyl]-amino)-benzoyl]-glutaminsäure* (II), F. 220—224° (Zers.), aus vorst. Verb. mit Phenol + konz. HCl; gelbe nadelige Kristalle aus HCl; λ_{max} 280, 370 mμ (in 0,1nNaOH), 280, 355 mμ (0,1nNH_4OH), 297,5 mμ (0,1nHCl); 82%. *Diäthylester,* $C_{23}H_{26}O_7N_6$, nadelige Kristalle aus A., F. 203—207°. — *N-[4-([{2.4-Dioxypteridyl-(6)}-methyl]-N-nitrosamino)-benzoyl]-α-glutamylglutaminsäure,* $C_{24}H_{24}O_{11}N_8$, F. 180—184° (Zers.), aus Pteroyl-α-glutamylglutaminsäure; Kristalle aus W.; 90%; gab mit Phenol + HCl *N-[4-([{2.4-Dioxypteridyl-(6)}-methyl]-amino)-benzoyl]-α-glutamylglutaminsäure,* $C_{24}H_{25}O_{10}N_7$, kleine gelbe nadelige Kristalle, F. 179—189° (Zers.); λ_{max} 285, 370 mμ (0,1nNaOH), 297,5 mμ (0,1nHCl). — *N-[4-([{2.4-Dioxy-7-methylpteridyl-(6)}-methyl]-amino)-benzoyl]-glutaminsäure,* $C_{20}H_{20}O_7N_6 \cdot H_2O$, aus 7-Methylpteroylglutaminsäure über die 2-Oxy-$N_{(10)}$-nitrosoverb.; gelbe Kristalle; λ_{max} 282,5, 357,5 mμ (0,1nNaOH), 302,5 mμ (0,1nHCl). — *2.4-Dioxy-7-methylpteridin,* $C_7H_6O_2N_4$, F. > 300° (Zers.), aus 2-Amino-4-oxy-7-methylpteridin; Kristalle aus Essigsäure;

λ_{max} 250–252,5, 360 mμ (0,1nNaOH), 237,5, 272,5, 347,5 mμ (0,1nNH_4OH), 325 mμ (0,1nHCl). — *2.4-Dioxy-6-methylpteridin*, $C_7H_6O_2N_4$, aus 2-Amino-4-oxy-6-methylpteridin; Kristalle, sintert bei 272–274°, Zers. 310–320°; λ_{max} 255, 367,5 mμ (0,1n NaOH), 237,5, 270, 352,5 mμ (0,1nNH_4OH), 230, 332,5 mμ (0,1nHCl). — *4-[({2.4-Dioxypteridyl-(6)}-methyl)-amino]-benzoesäure*, $C_{14}H_{11}O_4N_5 \cdot H_2O$, F. 290–295° (Zers.), aus $N_{(10)}$-Formylpteroinsäure über das Nitrosamin (λ_{max} 260, 372,5 mμ in 0,1nNaOH; 217,5, 275, 352,5 mμ in 0,1nNH_4OH, 235, 290 mμ in 0,1nHCl), Reinigung als Na-Salz; λ_{max} 277,5, 370–372,5 mμ (0,1nNaOH). — *2.4-Dioxypteridincarbonsäure-(6)*, $C_7H_4O_4N_4$, F. > 300°, aus II durch Oxydation mit $KMnO_4$ in NaOH bei 90°, Kristalle; λ_{max} 267,5, 370 mμ (0,1nNaOH), 237,5, 265, 330 mμ (0,1nHCl). (J. Amer. chem. Soc. **74**. 408–11. Jan. 1952. Pearl River, N. Y., Amer. Cyanamid Corp., Lederle Labors. Div.)

LINDENBERG. 3800

Josef Klosa, *Die Chemie der Antibiotica.* Kurzer Überblick über die chem. Natur u. Konst. der bisher näher aufgeklärten Antibiotica. Genannt sind: Das *Lupulon* aus Hopfen, die *Thujaplicine* (α, -β-, γ-Form) aus Thuja plicata, das *Anemonin* u. *Protoanemonin*, das *Allicin* des Knoblauchs, *Fumigatin*, *Spinulosin* u. *Gliotoxin*, ferner *Atranorin*, *Usninsäure*, *Physodsäure*, *Evernsäure*, *Calycin* u. *Pinastrinsäure*, *Streptomycin*, *Chloromycetin* u. *Actidion*. Wir kennen heute bereits über 120 antibiot. wirksame Stoffwechselprodukte. (Apotheker-Ztg. **3**. 220–23. Dez. 1951. Berlin.)

ENDRASS. 3900

A. H. Cook, *Penicillin und seine Stellung in der Wissenschaft.* Übersichtsbericht. Geschichtliche Entw., Bestimmungsmethoden, Bldg. u. Konst. von Penicillin, präparative organ. Chemie in Verbindung mit Penicillin, Synth.; 181 Literaturangaben. (Fortschr. Chem. organ. Naturstoffe [Wien] **7**. 193–247. 1950.) K. MAIER. 3900

H. Hauptmann und **L. Lacerda Nazário**, *Einige Bestandteile der Blätter von Cassia alata L.* Nach Vorbehandlung mit PAe. („Benzosol") wird mittels 25%ig. A. aus den Blättern von *Cassia alata L.*, einer der 189 brasilian. Cassiaarten, ein Extrakt gewonnen, aus dem Vff. durch fraktionierte Fällung mit gesätt. Bleiacetatlsg. bei Raumtemp. Anthrachinonderivv. u. deren äußerst sauerstoffempfindliche Reduktionsprodd. isolieren. Die bei Luftoxydation aus diesen Reduktionsprodd. entstehenden Anthrachinone konnten nicht isoliert werden. Dagegen gab die Oxydation der mikrokristallinen Fällungen mit $FeCl_3$ stets *Rhein* (*1.8-Dioxyanthrachinon-3-carbonsäure* (I) vom F. 310°, das auch nach Zers. der Bleisalzfällungen mit H_2S direkt oder nach erneuter Oxydation mit $FeCl_3$ isoliert wurde. I ist mit geringen Mengen eines weiteren Anthrachinons verunreinigt, von dem es nur sehr schwer trennbar ist. Der stets gefundene niedrige F. wie auch der der dargestellten Derivv. (*Acetat*, F. 218°; *Methylester*, F. 172–174°; *Methylesteracetat*, F. 194–195°), lassen das Vorliegen einer anderen Modifikation als der bisher aus Sennisblättern isolierten möglich erscheinen. — Die alkal. Hydrolyse des alkoh. Extrakts mit 3% Soda ergibt nach 1std. Kochen I u. weitere nichtidentifizierte Anthrachinone sowie eine gelbe krist. *Verb.* $C_{15}H_8O_7$ (II) vom F. 335–336° (Zers.). II gibt mit Diazomethan einen *Dimethylester* $C_{17}H_{12}O_7$ vom F. 186–187°, entsteht bei der alkal. Hydrolyse aus den Anthrachinonen wahrscheinlich durch Öffnung eines Ringes u. ist möglicherweise ident. mit den von ANCHEL (J. biol. Chemistry **177**. [1949.] 169) isolierten „blaßgelben Kristallen" des Sodaextrakts aus Cassia reticulata. Die Trennung von I u. den weiteren Anthrachinonderivv. aus der alkal. Hydrolyse gelingt durch Chromatographie an „Magnesol", während sie an MgO, Al_2O_3 oder Kohle irreversibel u. nicht eluierbar fest haften, von Silicagel dagegen nicht adsorbiert werden. — Als Begleitstoffe der alkal. Hydrolyse werden Phytosterine, fettähnliche u. harzartige Prodd. erhalten. Als Zuckerbausteine der in den Blättern vorliegenden Glykoside werden *Glucose* u. *Rhamnose* isoliert u. als Phenylosazone identifiziert. Die Isolierung krist. Glykoside gelang bisher nicht. — Als Hauptprod. der Wirkstoffe in den Blättern von Cassia alata L. liegt demnach I in red. Form als Glykosid vor; die kathart. Wrkg. der Glykoside beweist die Ähnlichkeit der Cassia alata L. mit den Sennisblätterarten (Cassia angustifolia Vahl u. C. acutifolia Delile). (J. Amer. chem. Soc. **72**. 1492–95. April 1950. São Paulo, Univ., Fac. de Filos., Ciênc. et Letras, Chem. Dep.)

PEUKERT. 3950

D_3. Makromolekulare Chemie.

G. Scheibe und **R. Fauß**, *Ultraviolettabsorption bei Hochpolymeren.* Vff. zeigen, daß das UV-Spektr. von natürlichen u. synthet. Hochpolymeren qualitativen u. in manchen Fällen quantitativen Aufschluß über Verunreinigungen (z. B. Styrol in Polystyrol, Eiweißstoffe im Latex, Geh. an Inhibitoren u. Beschleunigern) u. über die Zus. (z. B. Polystyrolgeh. von GR-S) geben u. zur Identifizierung einzelner Bausteine dienen kann. Die UV-Spektroskopie ist ein wichtiges Hilfsmittel bei der Konstitutionsermittlung (bes. bei Auswertung der Anisotropie der Lichtabsorption) zum Studium der Tautomerie u. Mesomerie u. bei reaktionskinet. Untersuchungen. Eine Mol.-Gew.-Best. von Hochpolymeren ist dagegen auf diesem Wege nicht möglich. Abschließend wird die Berücksichtigung der Streuabsorption bei der Auswertung der Meßergebnisse kurz erörtert. (Kolloid-Z. **125.** 139—49. März 1952. München, TH, Physikal.-chem. Inst.) SCHÄFF. 4000

Tōru Kawai, *Thermodynamik der Lösung starrer stäbchenförmiger Moleküle.* Unter Berücksichtigung der Theorie von FLORY u. HUGGINS einerseits u. von ZIMM andererseits wird eine neue thermodynam. Beziehung aufgestellt, die auf verd. Lsgg. starrer stäbchenförmiger Moll. anwendbar ist u. ein Gittermodell verwendet. Dabei wird eine geringfügige Abweichung von dem Ergebnis nach ZIMM im Hinblick auf Größe u. Gestalt von Lösungsm. u. gelöstem Stoff erörtert. Obwohl wegen der schwierigen Größenbest. des period. Abschnitts der Makromoll. eine quantitative Behandlung nicht möglich ist, kann man sagen, daß der Beitrag der Verdünnungsentropie zu der Größe A_2 (dem 2. Virialkoeff. bei dem Ausdruck für den osmot. Druck als Potenzreihe) für starre stäbchenförmige Moll. einen kleineren Wert als für geknäuelte Moll. besitzen wird, u. daß ferner der Unterschied zwischen solchen Systemen wie Celluloseestern in verschied. Lösungsmitteln sehr gering sein wird. (Bull. chem. Soc. Japan. **24.** 264—69. Dez. 1951. Tokio, Technolog. Inst., Labor. für Textilchemie. [Orig.: engl.]) HENTSCHEL. 4000

K. Little, *Bestrahlung von linearen Hochpolymeren.* (Vorl. Mitt.) Verschied. Polymere wurden der Bestrahlung im Uranbrenner u. von Elektronen eines VANDE GRAAF-Generators ausgesetzt, die Veränderungen unter Wrkg. der Strahlung wurde durch Röntgenstrahlenstreuung untersucht. Prim. erfolgt Bruch von kovalenten u. auch ion. Bindungen. Die gebildeten Radikale können auf verschied. Weise reagieren: In Ggw. von O_2 bilden sie niedermol. Verbb. u. COOH-Endgruppen, andersartiger Abbau erfolgt in Abwesenheit von O_2; ferner kann Rückbldg. der ursprünglichen Bindungen oder andersartige Rekombination auftreten. Das Ausmaß, in dem diese Rkk. auftreten, hängt im wesentlichen von drei Faktoren ab: a) Ggw. oder Abwesenheit von Luft oder anderen reagierenden Medien, b) Intensität der Bestrahlung, c) chem. Natur der Polymere. (Nature [London] **170.** 1075—76. 20/12. 1952. Harwell, Berks., At. Energy Res. Establ.) E. W. HAAS. 4000

L. Mandelkern, W. R. Krigbaum, H. A. Scheraga und **P. J. Flory,** *Sedimentationsverhalten flexibler Kettenmoleküle: Polyisobutylen.* Unter der Annahme, daß sich die „effektiven" hydrodynam. Radien proportional den mittleren linearen Mol.-Dimensionen ändern, wurde der Zusammenhang zwischen der Sedimentationskonstanten s_0 (bei unendlicher Verdünnung) bzw. der Viscositätszahl $[\eta]$ flexibler Kettenmoll. u. dem Mol.-Gew. abgeleitet. s_0 u. $[\eta]$ von 5 Polyisobutylenfraktionen (osmot. Mol.-Gew. M = $3{,}1\cdot10^4$ bis $1{,}4\cdot10^6$) wurden in Cyclohexan (gutes Lösungsm.) bestimmt. Unter der obigen Voraussetzung ist $f_0/\eta_0 = P(r^2)^{1/2}$ u. $[\eta] = \Phi(r^2)^{3/2}/M$; ($f_0$ = Reibungskoeff., η_0 = Viscosität des Lösungsm., (r^2) = mittleres Quadrat des Molekülendenabstandes, P u. Φ = Konstante). Im untersuchten Mol.-Gew.-Bereich ist $s_0[\eta]^{1/3}/M^{2/3}$ = konst. u. $\Phi^{1/3}P^{-1} = 2{,}5\cdot10^6$. Die gute Übereinstimmung dieses Wertes ($2{,}5\cdot10^6$) mit den Werten von 4 anderen bekannten Systemen [Polystyrol in Methyläthylketon ($2{,}6\cdot10^6$) bzw. Toluol ($2{,}3\cdot10^6$), Celluloseacetat in Aceton ($2{,}7\cdot10^6$) u. Polysarkosin in W. ($2{,}3\cdot10^6$)] zeigt, daß P (wie Φ) eine für flexible Kettenmol. universelle Konstante ist. Daraus folgt, daß die beobachtete Proportionalität zwischen s_0 (oder M/f_0) u. $M^{0,42}$ (statt $M^{1/2}$) mit intramol. Wechselwirkungen zusammenhängt, welche eine Streckung des Mol. in Lsg. um den Faktor α verursachen, der mit dem Mol.-Gew. zunimmt. Diese Theorie ist sowohl für das Sedimentationsverh. als auch für die Viscositätszahl flexibler Kettenmoll. anwendbar, was für die Theorien von KIRKWOOD-RISEMAN bzw. von DEBYE-BUECHE nicht zutrifft. (J. chem. Physics **20.** 1392—97. Sept. 1952. Ithaca, N. Y., Cornell Univ., Dep. of Chem.) SCHÄFF. 4010

I. M. Kolthoff und **W. J. Dale,** *Die Kaliumferricyanid–Diazothioäther–Mercaptan-Rezeptur für die Emulsionspolymerisation von Butadien und Styrol.* 2. Mitt. *Einfluß verschiedener chemischer Bedingungen.* (1. vgl. J. Polymer Sci. **3.** [1948.] 400.) Die Zugabe von *p-Methoxyphenyldiazothio-*[*naphthyl-*(*2*)]*-äther* (I) zu verschied. stark auspolymerisierten Latices (Typ GR–S), welche nach der *K-Ferricyanid–n-Dodecylmercaptan*-Rezeptur hergestellt worden waren, beschleunigt die weitere Polymerisation. Der Einfl. verschied. Mengen an Fettsäureseifen im I-*Ferricyanid–tert.-Dodecylmercaptan*-Ansatz auf die Umsatz–Zeit-Kurve wurde ermittelt. Die mi dem I-Ferricyanidansatz gefundene Umsatzgeschwindigkeit nimmt mit abnehmender Mercaptanmenge stark ab. Die Verwendung von *Aerosol AY* bzw. von *Na-Di-tert.-butylnaphthalinsulfonat* als Emulgator an Stelle von Fettsäureseifen ergibt befriedigende Umsatzgeschwindigkeiten. Als Ersatz für I wurden mehrere Diazothioäther (*p-Chlor-* u. *p-Methylphenyldiazothio-[naphthyl-(2)]-äther* sowie die Kupplungsprodd. aus *diazotierter Sulfanilsäure* mit *p-Thiokresol* u. *β-Thionaphthol*) untersucht. *p-Methylphenyldiazothio-[naphthyl-(2)]-äther* ergibt eine sehr brauchbare Umsatz–Zeit-Kurve. (J. Polymer Sci. **5.** 301—06. Juni 1950. Minneapolis, Minn., Univ., School of Chem.) Schäff. 4010

I. M. Kolthoff, W. J. Dale und **I. K. Miller,** *Die Kaliumferricyanid–Diazothioäther–Mercaptan-Rezeptur für die Emulsionspolymerisation von Butadien und Styrol.* 3. Mitt. *Bestimmung von p-Methoxyphenyldiazothio-[naphthyl-(2)]-äther.* (2. vgl. vorst. Ref.) Vff. beschreiben eine Meth. zur Best. von *p-Methoxyphenyldiazothio-[naphthyl-(2)]-äther* (I) in benzol. Lsg. u. im Latex. I wird in ammoniakal. Lsg. hydrolyt. gespalten u. kann daher wie Mercaptan mit $AgNO_3$ amperometr. titriert werden. In Ggw. von Mercaptanen ergibt diese Titration die Summe von I u. Mercaptan. Wenn das Diazoniumbruchstück des I mit β-Naphthol in bas. Lsg. zum Farbstoff *1-[p-Methoxyphenylazo]-naphthol-(2)* gekuppelt wird, läßt sich I spektralphotometr. bestimmen. Ein empir. Korrekturfaktor berücksichtigt den Verlust des während der Farbstoffbldg. zers. I. Die Genauigkeit der colorimetr. Meth. beträgt in Bzl. ca. 1% u. ca. 2% im Latex. (J. Polymer Sci. **5.** 667—72. Dez. 1950.) Schäff. 4010

M. M. Koton, Je. P. Mosskwina und **F. Ss. Florinski,** *Polymerisation von im Kern halogensubstituierten Styrolderivate*ꜱ. 2. Mitt. *Polymerisation von Dichlorstyrolen.* (1. vgl. C. **1952.** 6066.) Die Polymerisation von *2.5-Dichlorstyrol* (I; Kp.$_5$ 92—94°; Kp.$_2$ 72—73°; D.^{20} 1,246), *2.4-Dichlorstyrol* (II; Kp.$_6$ 80—81°; D.^{20} 1,249) u. *3.4-Dichlorstyrol* (III; Kp.$_6$ 92°; D.^{20} 1,256) wurde bei 75, 100 u. 125° in Abwesenheit von Katalysatoren durchgeführt. Der Geh. an Monomeren in I–III betrug 99,1—99,5%. Im Vgl. zu den früher untersuchten Monochlorstyrolen zeigten I–III höhere Polymerisationsgeschwindigkeit (v). Diese war am höchsten bei I; z. B. wurden bei 100° in 3 Std. 72,3% I, 64,3% II u. 37,3% III polymerisiert (bei Styrol in der gleichen Zeit 8%). Es zeigt e sich demnach ein deutlicher Einfl. der o-Stellung des Cl-Atoms, der zur Erhöhung von v führt; das gleiche war bei o-Chlorstyrol im Vgl. zu p-Chlorstyrol festgestellt worden. Den Einfl. der Temp. illustriert die Reaktionszeit, die z. B. bei I für eine 58%ig. Ausbeute an Polymerem erforderlich war — bei 75° 10 Std., bei 100° 2 Std., bei 125° $<1/2$ Stunde. Das aus der Viscosität in Bzl., bei III in Chlf., ermittelte Mol.-Gew. der Polymeren betrug bei I 60000—85000, bei II u. III 26000—31000; diese sind durchsichtig u. erweichen bei 160—180°. Die Polymerisation ist eine Rk. 1. Ordnung; die Aktivierungsenergie bei I, II u. III beträgt 16,97, 15,55 bzw. 15,56 kcal/Mol (Styrol 20,13). (Журнал Общей Химии [J. allg. Chem.] **22** (84). 789—92. Mai 1952. Leningrad, Physikal.-Techn. Inst. der Akad. der Wiss. der UdSSR.) Müller-Mulot. 4010

Ichiro Sakurada, Keiroku Fuchino und **Noboru Okada,** *Kristallstruktur von Polyvinylalkohol.* Vff. nehmen Bezug auf die von Bunn u. Peiser (vgl. Nature [London] **159.** [1947.] 161 u. **161.** [1948.] 929) vorgeschlagene Struktur u. weisen darauf hin, daß die von Bunn zur Erklärung der Röntgendiagramme angenommene stereochem. Unregelmäßigkeit des Mol. nicht notwendig ist. Eine besondere, unregelmäßige Anordnung der Moll. mit abwechselnd rechts u. links der Kette angeordneten OH-Gruppen erklärt ebenfalls befriedigend die Diagramme. Notwendig ist nur die Annahme, daß die zweite Molekülkette in der Elementarzelle in bezug auf die erste Kette um 1,26 Å regellos auf- u. abwärts in Richtung der Faserachse verschoben ist. Es werden die folgenden neuen Parameter angegeben: C (von CH_2): 0,243a; 0,250b; 0,065c; C (von CH): 0,293a; 0,750b; 0,217c; die Hälfte der O-Atome: 0,166a; 0,750b; 0,420c u. die andere Hälfte der O-Atome: 0,466a; 0,750b; 0,480c. Die Elementarzelle hat die Dimensionen a = 7,83 Å; b = 2,52 Å; c = 5,53 Å; β = 87°. (Bull. Inst. chem. Res., Kyoto Univ. [Kagaku Kenkyusho Hokoku] **23.** 78—79. Dez. 1950. Sakurada Labor.)
Gottfried. 4010

J. W. C. Crawford und **D. Plant,** *Die Pyrolyse von Poly-[sek.-butylchloracrylat].* Wird Poly-[(+)-sek.-butyl-α-chloracrylat] (I) pyrolysiert, bildet sich sek.-Butylchlorid (II), C_4H_9Cl, als Ergebnis einer Lactonisierungsreaktion. Dabei tritt Inversion u. zu 40% Racemisierung ein. — Als Mechanismus der Rk. halten Vff. einen unimol. Prozeß u. Auftreten von $C_4H_9^+$-Ionen, zumindest für die unter Racemisierung verlaufende Rk., für wahrscheinlich. sek.-Butyl-γ-chlorbutyrat, ein Modell für die reaktionsfähigen Einheiten von I, bildet unter Inversion II mit ähnlichgroßer opt. Drehung, aber nur bei Pyrolyse in Ggw. von Zinkchlorid oder ähnlichen Katalysatoren. *(+)-sek.-Butyl-α-chloracrylat*, $C_7H_{11}O_2Cl$, Kp.$_{13}$ 56,5—57°, aus (+)-sek.-Butanol (III, Kp. 98—99°, D.$^{20}_4$ 0,8079, $[\alpha]_D^{20}$ +15,1°) u. α-Chloracrylsäure in Bzl. in Ggw. von H_2SO_4 u. tert.-Butylbrenzcatechin im Wasserabscheider, 6¼ Std.; 59,6% (Ausbeute), n_D^{20} 1,4368, D.$^{20}_4$ 1,0488; D.$^{25}_4$ 1,0424; $[\alpha]_D^{22}$ +34,2°. — Polymerisation bei 50° in Ggw. von Ben-

zoylperoxyd, I, $[\alpha]_D^{21,5}$ + 8,0° (fest), $[\alpha]_D^{21}$ + 14,4° (Chlf., c = 2,290). — *γ-Chlorbuttersäure*, Kp.$_{0,5}$ 67°, F. 14°, aus 505 g Tetramethylenchlorhydrin mit HNO_3 bei 50—55°; 65,5%, n_D^{20} 1,4540, D.$^{20}_4$ 1,2373. — (+)-*sek.-Butyl-γ-chlorbutyrat*, $C_8H_{15}O_2Cl$, Kp.$_{10}$ 85 bis 86°, aus III u. vorst. Verb. in Bzl. in Ggw. von p-Toluolsulfonsäure; 38%, D.$^{20}_4$ 1,0210, D.$^{25}_4$ 1,0156, n_D^{20} 1,4323, $[\alpha]_D^{20}$ + 17,9°. — (±)-*sek.-Butyl-α-chlorpropionat*, $C_7H_{13}O_2Cl$, Kp.$_{15}$ 61,5°, n_D^{20} 1,4201, D.$^{20}_4$ 1,0190. (J. chem. Soc. [London] **1952**. 4492 bis 4495. Nov. Welwyn Garden City, Herts., ICI Ltd., Plastics Div., Res. Dep.)
E. W. HAAS. 4010

Roy L. Whistler, *Xylan*. Übersicht mit 140 Literaturhinweisen: Vork. von Xylan (I) in den verschied. Pflanzen. Rolle von I beim Aufbau der Zellwand u. der möglichen Bindung an Cellulose. Günstigste Vorbehandlung des Pflanzenmaterials, der Entfernung des Lignins u. der extraktiven Isolierung der Hemicellulose unter Ausschluß von O_2. Reinigung von I. Die Hydrolyse zur Strukturaufklärung zeigt das Vorhandensein von wahrscheinlich 2 verschied. Typen I. Weiter werden opt. Drehung von I verschied. Herkunft, Methylierung, Oxydation, Herst. von Derivv. u. industrielle Verwendung von I beschrieben. (Advances Carbohydrate Chem. **5**. 269—90. 1950. Lafayette, Ind., Purdue Univ., Dep. of Agricult. Chem.)
ROSSOW. 4050

Nishio Hirai, *Untersuchungen über Lösungsmittel*. 1. Mitt. *Quellungsgeschwindigkeit von Stärke und lyophile Eigenschaften*. Nach Ansicht der Vff. geht die Auflsg. wie die Quellung von *Stärke* über eine Intermediärform. Diese bildet sich durch Eindringen des Lösungsm. in die Micellen u. Ausdehnung der Stärkemoll.; dabei entsteht die spiralige Form der Moll., die α-Form, bei der die hydrophilen Gruppen nach außen u. hydrophoben nach innen weisen. — Die Quellungsgeschwindigkeit ist dann von der „freien" Wasserkonz. v abhängig. Hydrophile Verbb. wie *Rohrzucker* oder *Methanol* reduzieren v durch Hydratation proportional ihrer Konzentration. Hydrophobe Verbb. (*Nitrobenzol*) vergrößern v, da sie in die Micellen eindringen u. die Ausbldg. der α-Form fördern. Bei Ggw. beider Funktionen in der zugesetzten Verb. (*A.*, *Propanol*) wird unterhalb einer bestimmten Konz. eine Steigerung, darüber aber eine Verminderung der Quellungsgeschwindigkeit erfolgen. Die Maximalgeschwindigkeit liegt bei der Konz. $x_0 = 1/c - 1/B$, wenn $c = E_{xw}/RT$ u. $B = E_{xs}/RT$ ist, wobei E_{xw} die Hydratationsenergie u. E_{xs} die Energie für die Komplexbldg. zwischen Stärke u. der gelösten Verb. ist. Moll. mit beiden Funktionen, die zu groß sind, um in das spiralige Stärkemol. einzutreten, wirken wie hydrophile Substanzen. (Bull. Inst. chem. Res., Kyoto Univ. [Kagaku Kenkyusho Hokoku] **23**. 73—74. Dez. 1950. Kodama Labor. [Orig.: engl.].)
KLEINWÄCHTER. 4050

E. Schauenstein und **E. Treiber**, *Absorptionsspektren von Actomyosin im Ultraviolett*. 1. Mitt. Nach dem Absorptionsspektrogramm wurden im *Actomyosin* (I) aus Kaninchenmuskel durch Unters. bei verschied. p_H 8,0% *Tyrosin* u. 1,3% *Tryptophan* (±10%) gefunden. Gegenüber Modellsgg. liegt im Bereich von 3600 u. 4000 Å bei I eine beträchtliche zusätzliche Absorption vor, die in charakterist. Weise vom p_H abhängt. Koll. Lsgg. von I u. Proteinfilme haben dasselbe Spektrogramm. Bei der Dehnung, u. zwar schon bei 2%, findet eine Veränderung wie in alkal. Lsg. statt, die durch intermol. Rkk. (dichtere Packung) hervorgerufen wird. Aus Volumenmessungen gestreckter Filme folgt, daß der Effekt hervorgerufen wird durch einen energet. ungewöhnlich begünstigten quasi-nativen Zustand mit Bldg. von H-Brücken zwischen den Peptidbindungen. (J. Polymer Sci. **5**. 145—58. April 1950. Graz, Univ., Inst. für Theoret. u. Phys. Chem.)
LOHMANN. 4070

E. Schauenstein und **J. O. Fixl**, *Dehnungseffekte an Actomyosinfilmen*. Zur Überprüfung der Annahme, daß bei geringfügigem Dehnen in wassergequollenen *Actomyosin* (I)-Filmen zusätzliche Bindungen zwischen den >C=O- u. >N—H-Gruppen der Peptidketten auftreten, wurde das Verh. von I-Filmen (aus quergestreiften Kaninchenmuskeln) von 20—40 mμ Dicke hinsichtlich der Änderung des Filmvol., der Gesamtdoppelbrechung u. der elast. Eigg. in Abhängigkeit vom Dehnungsgrad L/L_0 gemessen. Die wichtigsten experimentellen Ergebnisse sind: I-Filme werden erst bei Dehnungsgraden von 1,2—1,3 elast.; eine Doppelbrechung ist erst von L/L_0=1,3 an meßbar; im Dehnungsintervall von L/L_0 = 1,0—1,2 tritt eine Volumenkontraktion von 15—20% ein; der Volumendefekt geht auf eine spontane Dickenabnahme zurück. Die Unterss. bilden eine weitere Stütze für die obige Annahme einer Ausbldg. zusätzlicher intermol. H-Brücken zwischen den >CO- u. >NH-Gruppen; dabei darf eine bestimmte Anzahl der Carbonimidgruppen in der Enolform angenommen werden, die bereits im mittleren UV unterhalb $\nu' = 4200\ mm^{-1}$ absorbiert. Die zusätzliche H-Bindung führt zu einer gemessenen Absorptionszunahme in W. gequollener I-Filme (L/L_0 = 1,0—1,2) im

Gebiet von $\nu' = 3800-4100\,mm^{-1}$. Das Spektr. zeigt eine Zunahme der phenol. Dissoziation der *Tyrosin*-Moll. an; die elektr. Leitfähigkeit nimmt zu. Die elast. Eigg. verlieren sich, wenn die I-Filme mindestens 30 Min. in hochgedehntem Zustand ($L/L_0 = 4$) gehalten werden. (S.-B. österr. Akad. Wiss., math.-naturwiss. Kl., Abt. IIb **159.** 1129—36. 1950. Graz, Univ., Inst. für theoret. u. physikal. Chem.) K. F. Müller. 4070

W. F. H. M. Mommaerts und **Robert G. Parrish,** *Untersuchungen über Myosin.* 1. Mitt. *Darstellung und Kennzeichen der Reinheit.* Die Darst. von *krist. Myosin* aus Kaninchenmuskulatur ohne seine Denaturierung beruht auf der Dialyse des Gemisches von *Myosin* (I) u. *Actomyosin* (II) aus dem Muskelextrakt, wobei beide ausfallen, II aber zum großen Teil irreversibel unlösl. bleibt, Ausfällen des etwa noch vorhandenen II nach Auflösen des I bei Einstellung von Ionenstärke u. p_H, sowie wiederholter Kristallisation von I aus der Lsg. durch Verdünnen mit Wasser. In der Ultrazentrifuge erscheint I monodispers; Sedimentationskonstante bei der Konz. 0 u. 20° ca. 6,7 Svedberg-Einheiten. Ferner wurde die Reinheit der Präpp., die mit 85—90% angegeben wird, durch Elektrophorese u. Unters. der Löslichkeit bestimmt. Nach Extraktion von I mit A., Chlf. u. Ae., wobei weniger als 1% Lipoide entfernt wurden, enthielt aschefreies I 16,20% N u. 1,03% S. (J. biol. Chemistry **188.** 545—52. Febr. 1951. Durham, N. C., Duke Univ., School of Med., Dep. of Biochem.) Lohmann. 4070

W. F. H. M. Mommaerts, *Die Zerstreuung des Lichts in Myosinlösungen.* 1. Mitt. *Die Asymmetrie der Winkelverteilung und die Moleküllänge.* (Vgl. vorst. Ref.) In monodispersen Myosin (I)-Lsgg. wurde die Lichtintensitätsasymmetrie der Winkelverteilung für 45 u. 135° bei 3220 u. 4080 Å gemessen. Bei Annahme stäbchenförmiger I-Moll. ist ihre Länge 1500 ± 100 Å. Dieser Wert an dem hochgereinigten I ist wesentlich kleiner als nach früheren Unterss. auf Grund von Messungen der Viscosität u. der Doppelbrechung an Actomyosin enthaltenden Präparaten. (J. biol. Chemistry **188.** 553—57. Febr. 1951.) Lohmann. 4070

W. F. H. M. Mommaerts, *Die reversible Polymerisation und die Reinigung des Actins in der Ultrazentrifuge.* (Vgl. vorst. Ref.) *Actin* (I) ist neben seiner Fähigkeit, sich mit *Myosin* zum *Actomyosin* zu verbinden, charakterisiert durch seine Eig., in den 2 Formen G- u. F-I als kugelförmiges u. fadenförmiges I aufzutreten. Der Übergang von G- in F-I erfolgt durch Zusatz eines Neutralsalzes bei neutraler oder schwach alkal. Reaktion. Zur Gewinnung von reinem I wurden rohe wss. Acetonmuskelextrakte bei p_H 8,0 ± 0,5 auf eine KCl-Konz. von 0,1 mol. gebracht u. nach einigen Std. bei 40000 Umdrehungen/Min. zentrifugiert. 30% des Eiweißes wurden sedimentiert. Dieses sedimentierte Eiweiß ist zunächst noch stark heterodispers. Zur weiteren Reinigung wird es abwechselnd unter Zusatz von Adenosintriphosphorsäure, welche für die Reversibilität der Vorgänge nötig ist, in W. gelöst, dialysiert, das Dialysat mit KCl polymerisiert u. die Lsg. ultrazentrifugiert. Nach 9maliger Wiederholung deutet die Ultrazentrifugierung darauf hin, daß völlige Reinigung bei einem I mit 14,62 N u. 1,37% S erreicht war. (J. biol. Chemistry **188.** 559—65. Febr. 1951.) Lohmann. 4070

T. W. Wenkstern, *Photochemische Oxydation von Myosin.* Die photosensibilisierende Wrkg. von *Methylenblau* u. anderen Farbstoffen auf *Myosin* (I) führt zu dessen Oxydation in Ggw. von O_2, welcher dabei verbraucht wird. Diesem Prozeß liegt die Oxydation cycl. Aminosäuren, vor allem von Histidin u. Tryptophan, zugrunde. Dabei verliert I seine Adenosintriphosphorsäureaktivität u. die Fähigkeit, den Actomyosinkomplex zu bilden. Eine Beteiligung der Sulfhydrylgruppen an der photochem. Umwandlung von I ließ sich nicht feststellen. (Биохимия [Biochemie] **18.** 97—108. Jan./Febr. 1953. Moskau, Biochem. Bach-Inst. der Akad. der Wiss. der UdSSR.) Rentz. 4070

Raymond Quelet, Précis de chimie. T. III. Chimie organique. Paris: Presses universitaires de France. (290 S.) fr. 1400,—.

E. Biologische Chemie. Physiologie. Medizin.

E_1. Allgemeine Biologie und Biochemie.

S. Rowlands, *Isotope als diagnostische Hilfsmittel.* Zusammenfassender Bericht über die therapeut. Anwendung von radioakt. J u. Fe zur Unters. anomaler Metabolismen im biol. Organismus. — Literatur. (Edinburgh med. J. **60.** Nr. 4. 149—68. April 1953.) Reusse. 4100

H. B. Newcombe und **H. A. Whitehead,** *Die Umkehr ultraviolettinduzierter mutagener und letaler Effekte bei Escherichia coli durch Belichtung.* Bei *E. coli*, Stamm *B/r*, wurden die Wirkungen von UV-Bestrahlung (2537 Å) u. der Nachbehandlung mit Licht (hauptsächlich 3650 u. 3663 Å) untersucht u. die Tötungsrate u. der Anteil der *streptomycin*-resistenten u. -abhängigen Mutanten, sowie solcher mit veränderter Farb-Rk. auf Mannit–Tetrazoliumagar ermittelt. Bei Einw. kleiner UV-Dosen (500 Erg/mm^2) können letaler u. mutagener Effekt durch Nachbehandlung mit Licht stark verringert werden, während bei hohen UV-Dosen (2500 Erg u. mehr/mm^2) der mutagene Effekt stabil wird u. nur der letale rückgängig zu machen ist. Unter den überlebenden Zellen ist der Anteil der Mutationen für alle UV-Dosen von 500–5000 Erg/mm^2 der gleiche u. nur die Lichtempfindlichkeit des Effekts ändert sich merklich. Es wird angenommen, daß durch UV-Bestrahlung in der Zelle ein „lichtempfindliches" u. ein „lichtstabiles mutagenes Agens" gebildet werden, wobei ersteres die photoreversiblen, letzteres, das bei hohen Strahlungsdosen bevorzugt entsteht, die nicht umkehrbaren mutagenen Effekte auslöst. (J. Bacteriol. **61.** 243–51. März 1951. Ontario, Chalk River, Nat. Res. Counc. of Canada, Atomic Energy Project, u. Montreal, P. Q., McGill Univ., Dep. of Bacteriol. and Immunol.) K. MAIER. 4130

P. Fredericq, *Spontane Entstehung Colicin M-bildender Mutanten von Escherichia coli V.* Die Mutanten von *Escherichia coli V*, die Colicin M (**I**) bilden, treten bei der Isolierung unter dem Einfl. von *Colicin C* (**II**) u. den Phagen T 1, T 5 u. T 7 (Ph) spontan auf. Die Eig., **I** zu bilden, ist mit der Resistenz gegen die Ph u. gegen **II** verbunden, denn sie verursacht den Verlust des Rezeptors für **I**, der auch die Empfindlichkeit gegen Ph u. **II** bedingt. (Antonie van Leeuwenhoek **17.** 227–31. 1951. Liège, Univ., Inst. de Bacteriol.) CARLS. 4130

Roy B. Mefferd jr. und **Orville Wyss,** *Die Mutabilität von Bacillus anthracis-Sporen während der Keimung.* Sporen des VOLLUM-Stamms von *Bacillus anthracis* wurden in Phosphatpuffersuspension (0,005 mol., p_H 7,0) mit verschied. Dosen UV-Licht bestrahlt u. anschließend die Zahl der überlebenden Zellen u. *Streptomycin* (**I**)-resistenten Zellenmutanten (Nullpunkt- u. Endpunktmutanten) ermittelt. Während des Beginns der Keimungsperiode erwiesen sich die Sporen als UV-empfindlicher, u. gleichzeitig löste eine Strahlungsdosis äquivalenter Letalität die Bldg. einer größeren Zahl **I**-resistenter Mutanten aus. In den Sporen treten während des Keimprozesses, lange bevor dieser cytol. sichtbar wird, Veränderungen ein, die sie gegen UV-Strahlung empfindlicher machen. Die Mutabilität während dieser Umwandlungsperiode des Zellkernmaterials bei der Keimung u. Sporenbldg. übersteigt die einer vegetativen Population nicht. (J. Bacteriol. **61.** 357–64. März 1951. Austin, Tex., Univ. of Texas, Dep. of Bacteriol.) K. MAIER. 4130

H. Firket und **M. Chèvremont,** *Teilweise Aufhebung der Berylliumwirkung auf die Mitose durch Magnesium.* Die *Be*-Wrkg. in der Mitose beruht auf einer Hemmung der alkal. Phosphatase u. kann durch einen Überschuß von *Mg* wieder aufgehoben werden. Es wurden Verss. gemacht mit verschied. Be- u. Mg-Konzentrationen. In der Be-Kultur waren relativ viele Metaphase- u. weniger Prophasestadien. Die Mg-Kultur verhielt sich umgekehrt. Bei Ggw. beider Ionen waren beide Stadien etwas stärker vorhanden. (C. R. Séances Soc. Biol. Filiales **146.** 310–12. Febr. 1952. Liège, Univ., Inst. d'Histol., u. Centre nat. de Rech. sur la Croissance.) H. SCHEURLEN. 4130

Friedrich J. Bassermann, *Beitrag zum Nachweis von Kernäquivalenten in Tuberkelbacillen.* Auf Grund vergleichend morpholog. Unterss. an Tuberkelbakterien vom Typus *humanus* u. *gallinaceus* wird angenommen, daß die mittels der FEULGENschen Nucleal-Rk. nachweisbare *Desoxyribonucleinsäure* in die am zweckmäßigsten mit Hilfe des Phasenkontrastverf. nachweisbaren Granula als Kernäquivalente des lebenden Tb-Bacteriums zu lokalisieren ist. Gleiche Ergebnisse wurden durch Unterss. mit der nach PIEKARSKI-ROBINOW modifizierten GIEMSA-Färbung oder Färbung mit LÖFFLERscher Methylenblaulsg. nach Hydrolyse erzielt. (Zbl. Bakteriol., Parasitenkunde, Infektionskrankh. Hyg., I. Abt., Orig. **158.** 104–05. 12/5. 1952. Montabaur/Westerwald.) K. MAIER. 4150

T. Hofman und **H. Lees,** *Zusammensetzung und Cytologie von Nitrosomonas.* Der Aminosäure- u. Zuckergeh. von *Nitrosomonas* wird durch papierchromatograph. Unterss. der Salzsäure- u. Schwefelsäurehydrolysate ermittelt. Folgende Aminosäuren werden identifiziert (Angabe in % vom Gesamt-N): *Asparaginsäure* 5, *Glutaminsäure* 8, *Serin* 2, *Glykokoll* 8, *Threonin* 4, *Alanin* 8, *Tyrosin* 1, *Leucin* 3, *Isoleucin* 4, *Valin* 7, *Arginin* 2, *Histidin* 1, *Lysin* 4, *Phenylalanin* 4, *Methionin* 2, *Prolin* 4, *Ammoniak* 8. *Cystin* ist in Spuren vorhanden. Außerdem enthalten die Bakterien *Galaktose, Ribose, Rhamnose, Xylose* in Spuren, keine *Glucose*. Elektronenmkr. Aufnahmen zeigen, daß jede Zelle einen Kern enthält. Die Bldg. von Zoogloea wird beobachtet. (Biochem. J. **53.** V. Jan. 1953. Aberdeen, Univ., Dep. of biol. Chem.) BAUMANN. 4150

U. Bonomi, *Über die Diaminophilie der Mastzellen.* Bei Färbung mit Toluidinblau zeigen Mastzellen (Unterhautgewebe von Ratten, humane Magenwand) Metachromasie. Mit N.N'-Dimethyl-p-phenylendiamin färben sie sich ebenfalls, wenn das p_H zwischen

3 u. 7 liegt. Diese Eig. nennt Vf. Diaminophilie. Diese u. auch die Metachromasie scheint durch die Ggw. S-haltiger Polysaccharide bedingt zu sein, wofür in den Mastzellen das *Heparin* in Frage kommt. (Arch. Scienze biol. **36.** 314—18. Mai/Juni 1952. Siena, Univ., Ist. di Patol. gen.) P. G. SCHEURLEN. 4150

W. Burkl, *Über Mastzellen und ihre Aufgaben.* Vf. berichtet über die Identifizierung der Mastzellen (I)-Granula mit Heparin (II), über die Morphologie u. genet. Abkunft von I u. über die möglichen Beziehungen von I zu den Mucopolysacchariden des Bindegewebes. Er stellt einen Zusammenhang fest zwischen der bekannten Hemmung der Hyaluronidaseaktivität durch II u. der Vermehrung von I bei verschied. pathol. Zuständen. (Wiener klin. Wschr. ([N. F.] 7.) **64.** 411—15. 6/6. 1952. Wien, Univ., Histol.-Embryol. Inst.) NECKEL. 4150

Paavo Klami, *Über die Sichtbarmachung ulcerativer Prozesse durch Anwendung von Wasserstoffsuperoxyd im Kontrastmedium.* (Vorl. Bericht.) Für den röntgenolog. Nachw. ulcerierender Schäden, bes. carcinomatöser Art im Ösophagus oder Magen, hat Vf. dem Ba-Kontrastbrei 3% H_2O_2 beigemischt. Bei Anwesenheit von Eiter oder Blut entstehen Blasen, die sich im Röntgenbild eindeutig abzeichnen. Auf diese Weise kann eine differentialdiagnost. Unters. von Schleimhautveränderungen auf narbige oder ulcerisierende Struktur durchgeführt werden. (Acta radiologica [Stockholm] **39.** 98—104. Febr. 1953. Helsinki, Univ., Surg. and Med. Clin., Roentgen Dep., u. Jyväskylä, Roentgen Inst.) REUSSE. 4160

A. Graffi und **H. Gummel,** *Zur Frage der cancerogenen Wirkung der steroiden Geschlechtshormone.* Bei Mäusen wurde die Rückenhaut alternierend mit Hormonlsg. (*Testosteron, Östradiol* oder *Progesteron*; 500—1000 γ) u. mit *Crotonöl*-Lsg. (5%ig.) bepinselt. Es zeigte sich, daß die kombinierte Crotonöl–Hormon-Behandlung zu solch einer geringen Tumorzahl führt, daß sie neben der durch 10 γ *9.10-Dimethyl-1.2-benzanthracen* hervorgerufenen vernachlässigt werden kann. Die Versuchsergebnisse sprechen dafür, daß die genannten Hormone nicht zur Tumorkeimanlagenbldg. befähigt sind, daß sie vielmehr eine durch andere Noxen hervorgerufene Tumorkeimanlage organspezif. realisieren können. (Dtsch. Gesundheitswes. **7.** 1250—54. 3/10. 1952. Berlin, Deutsche Akad. der Wiss., Inst. für Med. u. Biol., Geschwulstklinik.) H. SCHEURLEN. 4160

Giorgio Avezzù und **Guido Tomatis,** *Experimentell erzeugte lymphatische Leukämie bei der Maus.* An weißen Mäusen kann experimentell eine lymphat. Leukämie erzeugt werden, die sowohl im Blutbild als auch in den lymphat. Proliferaten der Milz, Lymphknoten, Leber u. Knochenmark die von der menschlichen Lymphadenose her bekannten Bilder zeigt. Vff. injizierten hierzu mehrere Male eine aus Ochsenorganen gewonnene Lipoproteidfraktion den durch eine einmalige Benzpyren (I)-Injektion vorbereiteten Tieren. I allein erzeugt diese Veränderungen nicht; wenn die genannte Fraktion allein injiziert wird, werden nur die Blutbildveränderungen hervorgerufen. Die lymphat. Umwandlung tritt erst Monate nach Ende der Behandlung auf. — Die Benzpyrentumoren werden durch das Lipoproteid in ihrem Wachstum gesteigert. — Die Unterss. sind dazu geeignet, eine Virusätiologie der Leukämien zu widerlegen, ferner sprechen sie dafür, daß jeweils ein onkogener Faktor (z. B. I) zum Tumorwachstum der Leukämie notwendig ist. (Arch. Patol. Clin. med. **30.** 330—38. 1952. Padova, Univ., Ist. di Patol. Gen.) P. G. SCHEURLEN. 4160

Hans L. Falk und **Paul E. Steiner,** *Der Nachweis aromatischer polycyclischer Kohlenwasserstoffe in Ruß.* Isolierung von *Pyren, Fluoranthen, 3.4-Benzpyren, Anthanthren, 1.2-Benzpyren, 1.12-Benzperylen* u. *Coronen* aus Ruß (Teilchendurchmesser: 10—160 mμ) u. Heizkohlen (80 mμ) durch Extraktion mit Bzl. u. chromatograph. Trennung des Extraktes. Kohlen mit einem Teilchendurchmesser unter 50 mμ enthalten nur einige oder keinen der KW-stoffe (z. B. Channelkohlen: 10—30 mμ). Besprechung der aus der Literatur bekannten Tatsache der Cancerogenität von Ruß. (Cancer Res. **12.** 30—39. Jan. 1952. Chicago, Ill., Univ., Dep. of Pathol.) REISS. 4160

Hans L. Falk und **Paul E. Steiner,** *Die Adsorption von 3.4-Benzpyren und Pyren an Ruß.* (Vgl. vorst. Ref.) Die Stärke der Adsorption von *3.4-Benzpyren* u. *Pyren* an Ruß ist umgekehrt proportional der Teilchengröße. Die Eluierung dieser KW-stoffe ist abhängig von der Art der Kohle, der Art des Lösungsm. u. der Temperatur. Der Unterschied im Geh. an KW-stoffen zwischen Channel- u. Heizkohlen (vgl. vorst. Ref.) beruht auf der geringeren Teilchengröße der ersteren, wodurch die Adsorption stärker u. die Eluierung schlechter wird. (Cancer Res. **12.** 40—43. Jan. 1952. Chicago, Ill., Univ., Dep. of Pathol.) REISS. 4160

X. Vilanova und **F. Comas,** *Das Podophyllharz und das Podophyllotoxin in der Behandlung des Hautepithelioms.* Das Harz von Podophyllum peltatum wurde als

25%ig. Salbe, *Podophyllotoxin* als 10%ig. Salbe auf Epitheliome aufgetragen. Von 13 basocellulären Carcinomen wurden 8 geheilt. (Nachbeobachtung 2—10 Monate). Kein Erfolg war bei spinocellulärem Carcinom u. bei Molluscum contagiosum zu verzeichnen. (Med. clín. [Barcelona] **18** **(10)**. 352—61. Mai 1952. Barcelona, Univ., Clín. de Dermatol.) GERBER. 4160

S. Rocchietta, *Antineoplastische Wirkung des Podophyllins.* Kurze Literaturübersicht über die Bestandteile des *Podophyllins* (*Podophyllotoxin, Podophylloquercetin, Methylquercetin, α- u. β-Peltatin, Podophyllharz, Pikropodophyllin* u. *Podophyllsäure*), ihre anticancerogene Wrkg. u. therapeut. Anwendung bei oberflächlichen Tumoren. — 8 Literaturangaben. (Boll. chim. farmac. **91.** 187—89. Mai 1952.) IPPEN. 4160

Rodolfo Margaria, Principii di chimica e fisiochimica fisiologica. 7a edizione. Milano: Cea, Casa ed ambrosiana. 1952. (XVI + 671 S. m. Abb.) 8°.

E_2. Enzymologie. Gärung.

Max Milner, *Titrationsmethode zur Bestimmung der Brenzcatechinoxydaseaktivität in trockenem Pflanzengewebe.* Fein gemahlene Weizenkleie wurde mit Brenzcatechin u. C-Vitamin angereichert u. die Mischung in Ggw. von Citrat- bzw. Phosphatpuffer (p_H 5,2) unter Durchleiten von O_2 u. ständigem Schütteln im Brutschrank gehalten. Nach gewisser Zeit wurde der C-Vitamingeh. nach der 2.6-Dichlorphenolindophenolmeth. titriert. Die Weizenkleie dient hierbei als Oxydasequelle. Der Oxydasegeh. läßt sich an Kurvenbildern gut ableiten. Ähnlich wie Weizenkleie wirken auch Samenmehle. Sterilisieren der Kleie bzw. der Mehle töten das Oxydaseferment ab, ebenso auch der Zusatz von Proteinfällungsmitteln, z. B. Metaphosphorsäure. (Cereal Chem. **28.** 435—48. Nov. 1951. Manhattan, Kans.) GRIMME. 4210

Max Milner und **M. R. Gould,** *Quantitative Bestimmung der Phenoloxydaseaktivität in Weizenarten.* (Vgl. vorst. Ref.) Die Verss. wurden fortgesetzt mit Vgll. über die Wrkg. von *Brenzcatechin, Pyrogallol* u. *p-Kresol.* Es ergaben sich bei den verschied. Phenolen gewisse Unterschiede, welche durch die Stellung u. Anzahl der OH-Gruppen in dem verwendeten Phenol bedingt sind. (Cereal Chem. **28.** 473—78. Nov. 1951. Manhattan, Kans.) GRIMME. 4210

Giovanni Favilli, *Probleme der Mucopolysaccharide des Bindegewebes, der Schleimsubstanzen und ihre spezifischen Enzyme.* Übersichtsbericht über die wichtigsten Forschungsergebnisse (Vortrag). — 90 Literaturangaben. (Wiener klin. Wschr. ([N. F.] 7.) **64.** 405—11. 6/6. 1952. Bologna, Univ., Inst. für allg. Pathol.) NECKEL. 4210

F. Niendorf, *Der heutige Stand der Forschung über die Bedeutung des Cervicalcyclus und der Hyaluronidase für das Problem der Fortpflanzung.* Überblick unter besonderer Berücksichtigung des *Hyaluronidase* (I)–*Hyaluronsäure*-Syst., wobei auf einen möglichen kausalen Zusammenhang zwischen männlichem I-Mangel u. Neigung zu Spontanaborten hingewiesen wird. (Münchener med. Wschr. **95.** 366—69. 27/3. 1953. Würzburg, Univ., Frauenklinik.) GIBIAN. 4210

William Karppola und **Teppo Vartio,** *Cocarboxylasegehalt des menschlichen Blutes.* Vff. untersuchten den Geh. an Blutcocarboxylase bei n. u. patholog. Fällen. Bei Nervenschwäche u. Thyreotoxikose erhielten Vff. im Vgl. zum Normalen tiefere, bei Fettsucht erhöhte Werte. (Ann. Med. exp. Biol. fenn. **31.** 111—16. 1953. Helsinki, Univ., First Med. Clin.) BRATFISCH. 4210

B. S. Lulla, *Einfluß von Aminosäuren als N-Quellen auf die Bildung von Bakterienamylase.* Für die Bldg. von *Amylase* (I) durch Bacillus subtilis N. C. T. C. 2027 N erweist sich *Glutaminsäure* als beste N-Quelle, wenn 0,9 mg N in 10 cm^3 Nährlsg. (enthaltend 2,5 cm^3 2%ig. Stärkelsg.) bei p_H 7,0 vorhanden waren. Wurde die N-Menge auf 2,0 mg erhöht, so waren *Arginin, Histidin* u. *Alanin* die besten N-Quellen. Glutaminsäure hemmte in dieser Konz. das Wachstum vollständig; ebenso wirkten *Glykokoll, Phenylalanin, Lysin* u. *Oxyprolin. Arginin* führt zwar zu gutem Wachstum, aber die Bldg. von I ist ganz geringfügig; dies beruht auf einer Verschiebung des p_H nach der alkal. Seite (8,5), wodurch die gebildete I wieder inaktiviert wird. (Sci. and Cult. **17.** 385—86. März 1952. Bangalore, Indian Inst. of Sci., Dep. of Biochem.) HESSE. 4210

N. M. Ssissakjan und **A. M. Kobjakowa,** *Über die Bindungsarten der Fermente mit dem Proteidkomplex der Plastiden.* Aus der Unters. des Einfl. von 40%ig. Aceton, Phosphatpuffer u. Dioxan als Lösungsm. auf die Fermentausbeute aus den Plastiden von Zuckerrübe geht hervor, daß zwischen *Invertase* u. Proteidkomplex der Plastiden zwei Bindungsarten bestehen: labile u. stabile Bindung. Durch Einw. von außen u. während der Entw. der Pflanze wird die Bindungsart verändert. Photosynth. fördert die Bldg. stabiler Bindungen, Einfrieren, Etiolierung u. Störung der Ruheperiode des Wurzelsyst. begünstigen die Bldg. labiler Bindungen. (Биохимия [Biochemie] **17.** 368. Mai/Juni 1952. Moskau, Bach-Inst. für Biochem. der Akad. der Wiss. der UdSSR.) LEBTAG. 4210

N. I. Prosskurjakow und **M. K. Weinowa,** *Reduktion und Oxydation von Klebereiweißstoffen im Zusammenhang mit ihrer fermentativen Angreifbarkeit.* Zu den Verss. wurde gereinigter *Winterweizenkleber* in Essigsäure (p_H 4,0) verwandt, als Ferment *Papain* (I). Der Kleber wurde mit Reduktionsmitteln (H_2S, $Na_2S_2O_4$, Cystein u. Ascorbinsäure), mit Oxydationsmitteln (H_2O_2, KJO_3, J_2, Cu_2O, Dehydroascorbinsäure) behandelt, sorgfältig gewaschen u. dann der Fermentation unterworfen. Die mit Reduktionsmitteln behandelten Proben wurden von I stärker, die oxydierten Proben schwächer angegriffen als der nichtbehandelte Kleber. Hieraus wird geschlossen, daß in der lebenden Zelle sowohl die fermentativ akt. als auch inakt. Eiweißstoffe einer Redoxumwandlung unterworfen sind. (Доклады Академии Наук СССР [Ber. Akad. Wiss. UdSSR] [N. S.] **87.** 1039—42. 21/12. 1952. Moskau, Lomonossow-Univ.) V. SCHROEDER. 4210

M. Bier, L. Terminiello und **F. F. Nord,** *Die Wirkung von p_H, Calcium und Temperatur auf die Sedimentation des Trypsins.* Maximale Stabilität von krist. Trypsin (I) liegt bei p_H 2,3 mit der Sedimentationskonstante (S) s_{20} = 2,4 S, die unabhängig von der Proteinkonz. unter 1% ist. Im Gebiet der optimalen proteolyt. Aktivität, p_H 8, s_{20} = 2,5 S ist I unstabil. Durch Selbstverdauung entstehen langsamer sedimentierende Prodd., die aber S des nicht angegriffenen I nicht beeinflussen. In stärker sauren Lsgg. erfolgt Denaturierung unter Aggregation von I. Optimales p_H für I-Aggregation liegt jedoch bei p_H 5,0, s_{20} = 2,4—3 S (temperaturabhängig). Es besteht ein Gleichgewicht zwischen monomerer u. polymerer Form von I. Ca^{2+} (0,05 mol.) verhindert Aggregation von I u. verändert das Gleichgewicht zugunsten der akt. Form (p_H 6,0). Ca reagiert mit I im p_H-Bereich von 3—6. (Arch. Biochem. Biophysics **41.** 238—39. Nov. 1952. New York, N. Y., Fordham Univ., Dep. of Organic Chem. and Enzymol.) BRATFISCH. 4210

Kurt Iversen, *Der Lipidgehalt des Prostatasekretes bei Jugendlichen und alten Erwachsenen und sein Verhältnis zur Aktivität der sauren Phosphatase.* Bei 16 Jugendlichen von 13,3—16,3 Jahren wurden durchschnittlich 1,85 mg/ml (0,5—4,2) *Lipide* u. 9200 E. (400—20400) *saure Phosphatase* im Prostatasekret gefunden. Bei 26 Männern von 51—84 Jahren waren die entsprechenden Werte 4,6 mg/ml (0,6—11,8) u. 6100 E. (100—17300). Ein bestimmtes Verhältnis zwischen dem Geh. an Lipiden u. an saurer Phosphatase konnte nicht gefunden werden. (Acta med. scand. **145.** 34—39. 28/3. 1953. St. Louis, Mo., Washington Univ., School of Med., Div. of Gerontol.) KRUSEN. 4210

J. N. Williams jr., *Eine Untersuchung der Rolle des energiereichen Phosphats bei der Cholinoxydase der Mitochondrien.* (Vgl. C. **1953.** 3738.) Es wurde festgestellt, daß am *Cholinoxydase* (I)-Syst. der Rattenlebermitochondrien *Adenosintriphosphat* (II) u. *Mg^{2+}*-Ionen beteiligt sind. In Ggw. von *Mg^{2+}* ist die Aktivität deutlich größer als ohne diese. Die stimulierende Wrkg. von II auf I ist nur nachweisbar, wenn die Struktur der Mitochondrien, z. B. durch Einfrieren u. Auftauen, zerstört worden ist. Verss. zur Steigerung der Aktivität von Mitochondrien-I durch Zusatz von Phosphatacceptoren, wie *Adenosindiphosphat* u. *Adenylsäure* (III), verliefen negativ. Eine Hemmung des Enzymsyst. gefrorener u. aufgetauter Mitochondrien durch III ist mittels II umkehrbar. *2.4-Dinitrophenol* (IV), das die Oxydation zahlreicher Substrate durch Mitochondrienenzyme stimuliert, scheint auf Oxydation von *Cholin* durch gefrorene u. aufgetaute Mitochondrien ohne Wrkg. zu sein. Die Aktivität frischer, unbehandelter Mitochondrien wird durch IV etwas, durch II + IV additiv gehemmt. I gehorcht nicht den gleichen enzymat. Schemata, wie sie für andere Oxydationsenzyme der Mitochondrien charakterist. sind. (J. biol. Chemistry **198.** 579—85. Okt. 1952. Madison, Wis., Univ. of Wisconsin, Coll. of Agric., Dep. of Biochem.) K. MAIER. 4210

L. B. Jaques und **Eve Keeri-Szanto,** *Heparinase.* 2. Mitt. *Verteilung des Enzyms in verschiedenen Geweben und seine Wirkung auf natürliche Heparine und gewisse synthetische Antikoagulantien.* (1. vgl. J. biol. Chemistry **133.** [1940.] 445.) Vff. beschreiben eine Meth. zur Herst. von *Heparinase* (I) aus Kaninchenleber durch Extraktion mit Glycerin u. Präcipitation mit halbgesätt. $(NH_4)_2SO_4$. p_H-Optimum von I: 6,0—6,5. Extrakte von Kaninchenniere, -lunge, -herz, -aorta, -muskel, -darm, -milz, -testes, -hirn, -blut u. Rinderleber, -lunge, -blut waren I-unwirksam. Durch I-Wrkg. erfolgt Abnahme der antikoagulierenden u. metachromat. Wirksamkeit des Heparins. I wirkt auch auf Schafheparin u. *Treburon.* (Canad. J. med. Sci. **30.** 353—59. Aug. 1952. Saskatschewan, Saskatoon, Univ., Dep. of Physiol., u. New York, N. Y., Life Insurance Med. Res. Fund.) BRATFISCH. 4210

Alan W. Bernheimer und **Norma K. Ruffier**, *Die Bildung von Desoxyribonuclease durch im Ruhestadium befindliche Streptokokken und Hemmung des Enzyms durch eine aus den Kokken extrahierbare Substanz.* Von 34 auf Fähigkeit zur Bldg. von *Desoxyribonuclease* (I) in Bouillonkultur untersuchte *Streptococcus pyogenes*-Stämme bildeten die zur LANCEFIELD-Gruppe *A* gehörenden u. einige der Gruppen *C* u. *D* das meiste Enzym. Viele, bes. solche anderer Gruppen produzieren wenig oder keine I. Gewaschene Kokken bestimmter Stämme bildeten I extracellulär, wenn sie in einer Lsg., die eine Energiequelle, Phosphat u. Mg-Ionen enthielt, suspendiert wurden. Beim Fehlen eines dieser Faktoren fand keine I-Produktion statt. Die Bldg. extracellulärer I wurde durch eine Reihe von Enzymgiften (z. B. *Dinitrophenol, Selenit, Arsenat, Fluorid, Cyanid, Arsenit*) gehemmt, wobei Sulfhydrylinhibitoren, wie $HgCl_2$ u. *Jodacetat* ($4 \cdot 10^{-5}$ u. 2,5 10^{-5} mol.) bes. wirksam waren. Keiner der Hemmstoffe hemmte in den geprüften Konzz. vorgebildete I. Die Befunde sprechen für eine I-Synth. in den ruhenden Zellen. Streptokokken enthalten eine Substanz, die teilweise die durch Gruppe *A*-Stämme gebildete I hemmt u. als *Ribonucleinsäure* (II) identifiziert werden konnte. Streptokokken-I von Stämmen der Gruppen *B* u. *C* oder I aus Hefe, Gerste u. Pankreas wurde durch II, mit wenigen Ausnahmen, nicht gehemmt. II fand sich in durch Ultraschalleinw. erhaltenen Extrakten aus Streptokokken der Gruppen *A, B, C* u. *D.* II-Präpp. aus Hefe hemmten im Gegensatz zu *Streptokokken*-I [illegible] Gruppe *A*-I nicht. (J. exp. Medicine **93.** 399—413. 1/4. 1951. New York, N. Y., Coll. of Med., Dep. of Microbiol., u. Coll. of Dent.) K. MAIER. 4210

R. W. von Korff, *Eine spektrophotometrische Schnellbestimmung von Coenzym A.* Beschreibung einer spektrophotometr. Schnellmeth. zur Best. von *Coenzym A* (I), die auf der Messung der Red. von *Diphosphopyridinnucleotid* (*DPN*) durch *α-Ketoglutarat,* katalysiert durch eine lösl. *α-Ketoglutarsäureoxydase* u. I, beruht. I wird kontinuierlich aus dem bei der Rk. gebildeten *Succinyl*-I mittels einer *Succinyl–I-Deacylase* regeneriert. 1. α-Ketoglutarat + I + *DPN* $\xrightarrow{\text{Oxydase}}$ Succinyl–I + DPNH + CO_2 + H^+; 2. Succinyl-I $\xrightarrow[H_2O]{\text{Deacylase}}$ Succinat + I. (J. biol. Chemistry **200.** 401—05. Jan. 1953. Madison, Wis., Univ. of Wisconsin, Inst. for Enzyme Res.) K. MAIER. 4210

R. B. Williams und **R. M. C. Dawson**, *Die Biosynthese von mit radioaktivem Schwefel (^{35}S) markiertem L-Cystin und L-Methionin.* Zur Biosynth. ^{35}S-markierten *L-Cystins* (I) u. *L-Methionins* (II) wurde Bäckerhefe, *Saccharomyces cerevisiae,* in einem synthet., markierte SO_4-Ionen (1 mC/Liter) enthaltenden Medium gezüchtet (40 Std., 30°), das Zellenmaterial entwässert (A.) u. entfettet (PAe.), mit heißer 5%ig. Trichloressigsäure zur Entfernung der bei der Hydrolyse störenden Nucleinsäuren extrahiert u. schließlich mit 5n HCl hydrolysiert. Die unter Zusatz von inakt. L-I u. L-II isolierten *Aminosäuren* besaßen hohe spezif. Aktivitäten u. waren frei von inakt. oder akt. Verunreinigungen. Die Radioaktivität in der Kulturlsg. konnte auf das 25fache gesteigert werden, ohne daß die β-Strahlung das Hefewachstum nachteilig beeinflußte. (Biochem. J. **52.** 314—17. Okt. 1952. Cardiff, Whitchurch Hosp., Neuropsych. Res. Centre.) K. MAIER. 4270

Ss. A. Konowalow, *Die Bestimmung der Stickstoffgaben für die Hefeernährung.* Durch Verss. mit Saccharomyces cerevisiae auf Bierwürze, Melasse, Asparagin, Asparagin + Glykokoll + Ammoniumsulfat, Pepton oder Hefewasser wird gezeigt, daß auf natürlichem Nährboden von der Hefe hauptsächlich *Amino-N,* kaum jedoch *Amid-N,* aufgenommen wird. Die Melassemaische mit 0,03% Amino-N sichert das Hefewachstum ohne Zugabe von N. Der Hefebedarf an N beträgt bei Belüftung 28—34, ohne Belüftung 20—26 mg/100 ml. Bei optimalen Bedingungen nehmen 10 Milliarden Hefezellen 20 bis 24 mg N auf. Nur wenn die N-Konz. im Nährboden geringer ist u. wenn auf Hefewasser ein sehr intensives Hefewachstum stattfindet, werden nur 13,0—16,0 mg N aufgenommen. (Микробиология [Mikrobiologie] **21.** 273—79. Mai/Juni 1952. Moskau, Allunions Wiss. Forschungsinst. für Spiritusind.) LEBTAG. 4270

E_3. Mikrobiologie. Bakteriologie. Immunologie.

A. Schmager, *Über den Wert des T-Vitamin-Goetsch als Zusatz zu Fleischwasserbouillonagar für die Züchtung anspruchsvollerer Bakterienarten.* Im Vgl. zu Hefeautolysat (untergärige Bierhefe) u. Blut zeigte das aus der Hefe *Torula utilis* gewonnene *Vitamin T* GOETSCH bei verschied. anspruchsvollen Bakterienarten nur geringe wachstumsfördernde Wrkg., so daß eine prakt. Verwendung für bakteriol. Zwecke nicht in Betracht kommt. 5—10% Bierhefeautolysat eignen sich für die Züchtung empfindlicher Bakterien, bes. von Diphtheriebakterien. (Z. Hyg. Infektionskrankh. **133.** 185—92. 1951. Berlin, Freie Univ., Hyg. Inst.) K. MAIER. 4310

A. Schmager, *Zum Thema: Über die Beeinflussung von Bakterienwachstum durch den Wirkstoffkomplex „Vitamin T Goetsch".* Nach Verss. des Vf. besitzt *Vitamin T*

GOETSCH (I) zwar eine geringe wachstumsfördernde Wrkg. bei verschied. Bakterien, ist jedoch für die prakt. Verwertung als Zusatz zu Nährböden für die Kultur anspruchsvollerer Bakterienarten ohne größeren Wert, da weit stärker wachstumsfördernde Zusätze, z. B. Blut oder Bierhefeautolysat, zur Verfügung stehen. Die von LOHDING mitgeteilten Beobachtungen über eine verstärkte Hämolyse durch *St. aureus* auf Blutagar bei I-Zusatz konnte nicht bestätigt werden. (Aerztl. Wschr. 6. 644. 6/7. 1951. Berlin, Freie Univ., Hyg. Inst.) K. MAIER. 4310

Meinhard Lohding, *Schlußwort zum Thema: „Vitamin T Goetsch“.* Es wird kurz auf die Einwände von SCHMAGER (vorst. Ref.) eingegangen. Vf. sieht in *Vitamin T* nach wie vor einen für bakteriolog. Zwecke interessanten wachstumsfördernden Stoff. (Aerztl. Wschr. **6.** 644—45. 6/7. 1951. Berlin-Spandau, Städt. Krankenhaus, Dermatol. Abt.) K. MAIER. 4310

Gerhart W. Fischer, *Danagar, ein vollwertiger Nährbodengrundstoff.* Die vollwertige Verwendbarkeit des Agarersatzprod. *Danagar* (I; LITEX KEMISK INDUSTRI) an Stelle von Agar-Agar wird bestätigt. Die Herst. von einwandfreien Blutplatten gelingt durch Erwärmen des Blutes vor dem Guß auf 56°. Die Eigg. des Bluts erfahren durch die Erwärmung keine nachteiligen Veränderungen. Die Pigmentbldg. ist auf der I-Blutplatte etwas verzögert. (Zbl. Bakteriol., Parasitenkunde, Infektionskrankh. Hyg., I. Abt., Orig. **156.** 454—57. 30/3. 1951. Münster, Westfäl. Landesuniv., Hyg. Inst.) K. MAIER. 4310

F. Rudolph, *Ein Verfahren zur Herstellung von festen Nährböden mit Blutzusatz mittels eines dänischen Austauschstoffes für Agar-Agar mit hohem Erstarrungspunkt.* Ein dän. Agaraustauschstoff (*Oliemollens Blix-Agar Vegetabilsk Gelatine*) eignet sich für alle Nährböden wie japan. Agar, wobei zur Herst. von solchen mit Blutzusatz infolge des hohen E. des Materials (ca. 70°) ein besonderes Verf., das angegeben wird, erforderlich ist. Ein weiterer Agarersatz *Typ T* (*A/S LJHO* KEMISK FABRIK GREJSDAL) ist in gleicher Weise für Blutnährböden verwendbar. Serum- bzw. Asciteszusätze sind ebenfalls möglich. (Dtsch. Gesundheitswes. **6.** 455—56. 19/4. 1951. Mühlhausen/Thür., Zentralstelle für Hyg.) K. MAIER. 4310

H. W. Seeley und **P. J. Vandemark,** *Eine adaptive Peroxydation durch Streptococcus faecalis.* In aeroben Flachkulturen von *Str. faecalis B 33 A* werden ca. 30% mehr Zellen, bezogen auf verbrauchte *Glucose* (I), gebildet als in Tiefkulturen. Die Zellen aus ersteren oxydieren I u. *Glycerin* mit konstanter Geschwindigkeit u. ohne Peroxyd akkumulierung. Tiefkulturzellen (**A**) häufen unter gleichen Bedingungen *Peroxyd* (II) bis zum Erliegen der Oxydation an. Flachkulturzellen (**B**) verbrauchen in kleinen Mengen zugesetztes II in Ggw. oxydabler Substrate rasch. Bei freiem O_2-Zutritt werden ca. 1,3 μ-Mol I je μ-Mol verbrauchten O_2 von **B** abgebaut, während **A** 0,8 μ-Mol I je μ-Mol aufgenommenen O_2 benötigen. Anscheinend handelt es sich bei dem fakultativen, katalasefreien anaeroben Organismus in Ggw. von O_2 um adaptive Erwerbung eines Mechanismus vom *Peroxydase*-Typus, der andere Oxydationsabläufe der Zelle ergänzt u. diese vor II schützt. Werden Zellen in Abwesenheit von O_2 gezüchtet u. unter aeroben Bedingungen auf ein oxydierbares Substrat gebracht, so bringt eine Anhäufung von H_2O_2 die Rk. bald zum Stillstand. (J. Bacteriol. **61.** 27—35. Jan. 1951. Ithaca, N. Y., Cornell Univ., Coll. of Agricult., Labor. of Bacteriol.) K. MAIER. 4320

Edward A. Adelberg, *Untersuchungen über die Isoleucinvorstufe α.β-Dioxy-β-äthylbuttersäure. α.β-Dioxy-β-äthylbuttersäure* (I) wurde durch a) turbidimetr. Messung des Wachstums der *Isoleucin* (II) benötigenden *E. coli*-Mutante *58–336* in Ggw. von I, b) eine Platten–Zylinder-Meth. (Minimalagar, *E. coli 58–336*) u. c) Impfung des Wildtyps *E. coli K–12* auf Minimalagar mit 1,0 γ DL-*Valin*/cm³, das das Wachstum hemmt, während bei gleichzeitiger Ggw. von I (Platten–Zylinder-Meth.) Entw. stattfindet, bestimmt. Die *Neurospora crassa*-Mutante *16117*, die zur Entw. II u. *Valin* (III) benötigt, bildet I (ca. 500 mg/Liter; belüftete Kulturen, p_H 5,5, 25°, 6 Tage, 7,2 γ DL-III u. 9,6 γ DL-II/cm³). Die Best. der biol. Aktivität von I für den II benötigenden *E. coli*-Stamm ergab, daß I nach einer Latenzzeit, die der I-Konz. umgekehrt proportional ist, nicht adaptiv mit der gleichen Geschwindigkeit wie II verwertet wird. In der logarithm. Wachstumsphase war die zur Erreichung eines bestimmten Wachstums erforderliche Zeit der I-Konz. umgekehrt proportional. Die Wachstumsgeschwindigkeit während der logarithm. Phase war für die Mutante mit I bzw. DL-II als Substrat u. für einen prototrophen, auf Minimalmedium wachsenden Stamm identisch. In Bezug auf das Gesamtwachstum war I ca. 5mal wirksamer als DL-II. Die vorliegenden Befunde, zusammen mit Unterss. anderer Autoren, sprechen dafür, daß I eine n. Zwischenstufe der Biosynth. von II darstellt. (J. Bacteriol. **61.** 365—73. März 1951. New Haven, Conn., Yale Univ., Osborn Bot. Labor.) K. MAIER. 4320

M. R. Pollock und **C. J. Perret**, *Die Beziehung zwischen Fixierung von Penicillinschwefel und Penicillinaseadaption in B. cereus.* Suspensionen von *Bacillus cereus NRRL 569* werden 1 Std. bei 0° mit verschied. Konzz. von *Benzylpenicillin* (I), das mit ^{35}S gek. ist, behandelt u. anschließend gewaschen. Es zeigt sich, daß der Anteil an fixiertem Penicillinschwefel gering ist u. mit steigender I-Konz. abnimmt. Bei Anwesenheit von 0,04 E./cm³ werden 0,50% u. bei 14 E./cm³ nur 0,063% aufgenommen. Die S-Aufnahme erfolgt 1. durch unspezif. Fixierung, die der Konz. an I direkt proportional u. von der gleichen Größenordnung ist wie die Gesamt-S-Aufnahme von Benzylpenicillosäure an *B. cereus* u. 2. durch spezif. Fixierung. Zwischen dieser spezif. Fixierung u. der Stimulierung der Bildungsgeschwindigkeit von Penicillinase scheint eine Beziehung zu bestehen, da beide Effekte ein Maximum bei der I-Konz. von 1,0 E./cm³ haben. (Brit. J. exp. Pathol. **32.** 387—96. Okt. 1951. Mill Hill, London, Nat. Inst. for Med. Res.) RUTKOWSKI. 4320

John O. Harris und **T. M. McCalla**, *Das Säure- und Alkalibindungsvermögen konzentrierter Bakteriensuspensionen.* Das Säure-Alkalibindungsvermögen dichter, gewaschener Zellsuspensionen (1—30·10⁹ Zellen/cm³) von 13 Bakterienspezies (*A. aerogenes, B. megatherium, B. subtilis, Chr. violaceum, Cl. sporogenes, E. coli, L. casei, L. mesenteroides, P. vulgaris, Ps. aeruginosa, Ph. meliloti, Sp. rubrum, Str. faecalis*) wurde ermittelt, wobei sich zwischen den einzelnen Arten einige quantitative Unterschiede ergeben. Während die Adsorption u. Desorption von H-Ionen nachgewiesen werden konnte, gelang es nicht, das aufgenommene Alkali wieder zu entfernen. Vff. nehmen an, daß dieses mit den Zellen unter hydrolyt. Spaltung von Nucleinsäure- u. Eiweißkomponenten der äußeren Zellschichten reagieren kann. (J. Bacteriol. **61.** 57—62. Jan. 1951. Manhattan, Kans., Kansas Agric. Exp. Stat., Dep. of Bacteriol.) K. MAIER. 4320

Georg Lockemann und **Ernst Gelinsky**, *Alkohol-Säure-Gemische und ihre keimtötende Wirkung.* 2. Mitt. *Wirkung auf Erdsporen von besonders hoher Widerstandsfähigkeit.* (1. vgl. Hyg. Z. **114.** [1932.] 584.) Die sporentötende Wrkg. der Salzsäure (I) wird bekanntlich durch A. verstärkt u. konnte durch Verss. mit Erdsporen in Komposterde von hoher Widerstandsfähigkeit (60—72 Std. Sterilisationsdauer gegenüber strömendem Wasserdampf) bestätigt werden, wobei 60 u. 70 Vol.-% A. am günstigsten wirkten. Die I-Wrkg. war in Verb. mit A. dieser Konzz. bei den Einwirkungszeiten von 24 bis 3mal 24 Std. 5mal stärker als in rein wss. Lsg.; mit 50 u. 75 Vol.-% A. war die Steigerung der I-Wrkg. geringer. Bei sehr langen Einwirkungszeiten gleichen sich die sporentötenden Wirkungen der verschied. I-Lsgg. allmählich aus. Nach 7mal 24 Std. wirken die alkoh. I-Lsgg. mit 50—75% A. alle gleich; nach 28mal 24 Std. zeigt auch A.-freie I (0,5n, 1,80%) die gleiche Wirkung. Es wurden I-Konzz. zwischen 0,25 (0,88) u. 10,0 n (30,64%) geprüft, wobei bei 50, 60, 70 u. 75 Vol.-% A. nur eine maximale Normalität von 5,5, 3,6 u. 3,1 n möglich war. (Zbl. Bakteriol., Parasitenkunde, Infektionskrankh. Hyg., I. Abt., Orig. **156.** 457—61. 30/3. 1951. Inst. Robert Koch, Chem. Abt.) K. MAIER. 4330

Harry Eagle und **George O. Doak**, *Die biologische Aktivität von Arylarsenoxyden in Beziehung zu ihrer Konstitution.* Übersichtsbericht. Von den 3 Typen bei der Behandlung von Spirochäten- u. Protozoeninfektionen verwendeten *As-Verbb.*, *Arsinsäuren* ($RAs\cdot O_3H_2$), *Arseno*-Verbb. ($R\cdot As = As\cdot R'$) u. *Arsenoxyden* (I; RAsO), zeigen nur die letzteren eine direkte Wrkg., die übrigen erst nach Umwandlung in I. Die Zusammenhänge zwischen I u. Konst. werden diskutiert. I treten möglicherweise in reversible Bindung mit SH-Gruppen essentieller Enzymproteine, wobei der cytotox. Effekt dann auf dieser Kombination beruht. Die ausgeprägt selektive Wrkg. von I auf bestimmte Zellen erklärt sich vielleicht durch Unterschiede der Permeabilität dieser Zellen gegenüber den einzelnen I. — 130 Literaturzitate. (Pharmacol. Rev. **3.** 107—43. Juni 1951. Betheda, Md., Nat. Inst. of Health, Microbiol. Inst., Sect. on Exp. Therapeut., u. Chapel Hill, N. C., Univ. of North Carolina, V. D. Res. Labor.) K. MAIER. 4330

R. O. Mirsabekjan, *Mikrobenantagonisten und ihre antibiotischen Stoffe bei der Bekämpfung phytopathogener Mikroben.* (Vgl. C. **1953.** 1351.) Viele der im Boden enthaltenen Mikrobenantagonisten scheiden unter Laboratoriumsbedingungen akt. Stoffe aus. Man kann aus diesen Kulturen akt. Antibiotica für Mikroben abscheiden, die für die Bekämpfung von Erkrankungen höherer Pflanzen Verwendung finden können. Aus den Actinomyceten wurden 3 Stämme von Antagonisten ausgeschieden, deren antibiot. Stoffe unter Laboratoriumsbedingungen die folgenden Erkrankungen bekämpfen: Welkekrankheit der Baumwolle durch Bacterium armeniacum, Gommose der Baumwolle durch Pseud. malvacearum u. Nekrose der Citrusfrüchte durch Pseud. citriputeale. (Известия Академии Наук СССР, Серия Биологическая [Nachr. Akad. Wiss. UdSSR, biol. Ser.] **1953.** Nr. 2. 67—88. März/April. Mikrobiol. Sektor der Akad. der Wiss. der ArmSSR.) A. JACOB. 4340

N. A. Krassilnikow, *Mikrobenantagonisten und antibiotische Stoffe im Pflanzenbau.* (Vgl. vorst. Ref.) Mikrobenantagonismus, der mit Hilfe von antibiot. Stoffen hervorgerufen werden kann, tritt nur zwischen einander fremden Arten auf; innerhalb einer Art wird Antagonismus bei den Mikroorganismen nicht beobachtet. Die Wrkg. der Mikrobenantagonisten (I) ist streng spezifisch. Bakterien, Actinomyceten, Pilze usw. unterdrücken durch ihre antimikrobielle Wrkg. bestimmte Arten u. können sie vollkommen aus einem Boden entfernen. Als Ergebnis der antagonist. Wechselwrkg. entwickeln sich dann gewisse Arten verstärkt. In der landwirtschaftlichen Praxis können I Verwendung finden, um einen Boden von phytopathogenen Mikroorganismen (Bakterien u. Pilzen) zu befreien u. auf diese Weise die Pflanzen vor Infektion zu bewahren oder den Grad der Erkrankung abzuschwächen. Die antibiot. Stoffe, die von I gebildet werden, dringen in die Pflanzen durch die Wurzeln, Stämme u. Blätter ein, verbreiten sich über alle Gewebe, bleiben dort lange erhalten u. üben eine Schutzwrkg. gegen Mikroben aus. Man kann Antibiotica auch zur Heilung von angesteckten Pflanzen verwenden; es wurden günstige Resultate bei Anwendung von antibiot. Stoffen zur Bekämpfung von Bakterien- u. Pilzerkrankungen baum- u. krautartiger Pflanzen erzielt. (Известия Академии Наук СССР, Серия Биологическая [Nachr. Akad. Wiss. UdSSR, biol. Ser.] **1953.** Nr. 2. 49—66. März/April. Mikrobiol. Inst. der Akad. der Wiss. der UdSSR.) A. JACOB. 4340

P. Benigno und **T. Berti,** *Änderungen der Wachstumskurve von Escherichia coli nach kurzem Kontakt mit Antibioticis.* Keime von Escherichia coli in der stationären (24 Std.) u. der logarithm. Phase (4 Std.) des Wachstums wurden 10 Min. Antibioticis ausgesetzt u. dann ihre Wachstumskurve bestimmt. Veränderungen in Zeitpunkt u. Steilheit des logarithm. Anstiegs wurden gefunden. (Arch. int. Pharmacodynam. Thérap. **93.** 55—64. 1/2. 1953.) GERBER. 4340

Thomas F. Paine jr., *Ähnlichkeit der Wirkung von Bacitracin und Penicillin auf Staphylococcus.* Die Wrkg. von *Bacitracin* (I) auf die Aufnahme von *Glutaminsäure* (II) u. das Wachstum verschied. Staphylokokkenstämme wurde unter Verwendung des *Penicillin* (III)-empfindlichen *St. aureus*-Stammes („*Duncan*“; teilweise Hemmung durch 50 γ I/cm³, vollständige durch 100 γ/cm³) mit der GALEschen Meth. untersucht. Bei ruhenden Suspensionen unter II-Mangel gewachsener Staphylokokken hatte I (5000 γ/cm³) auf die II-Aufnahme keinen Einfl., hemmte diese jedoch sehr deutlich, wenn die Zellen sich zuerst kurze Zeit in Ggw. von I (100 γ/cm³) entwickelt hatten. In Ggw. von I gewachsene Zellen zeigten keine Verschlechterung ihres fermentativen u. respirator. Verh., d. h. I hat eine ähnliche Wrkg. wie III. III-empfindliche Stämme werden durch niedrige I-Konzz. in der Entw. gehemmt, u. die III-resistenten Varianten sind auch I-resistent. Eine mittlere III-Resistenz (Stamm *6773*) ist auch von einer mittleren I-Resistenz begleitet. I u. III scheinen gegenüber Staphylokokken eine ähnliche antibakterielle Wrkg., die möglicherweise mit dem Aminosäurestoffwechsel verknüpft ist, auszuüben. (J. Bacteriol. **61.** 259—60. März 1951. Cambridge, England, School of Biochem., Med. Res. Council Unit for Chem. Microbiol.) K. MAIER. 4340

Robert A. Altenbern, *Die Wirkung von Aureomycin auf das T 3-Bakteriophagensystem von Escherichia coli.* Freilebende T 3-Bakteriophagen werden durch eine *Aureomycin*-Konz. von 3—20 mg/ml nicht gehemmt. Durch Behandlung von Escherichia coli-Wirtszellen für Bakteriophagen mit Aureomycin vor einer Infektion durch die Bakteriophagen, konnte die Infektionsbereitschaft des Wirtes durch Verringerung der Adsorption der Bakteriophagen sehr stark vermindert werden. Die Wrkg. einer Aureomycinbehandlung auf den Zellverfall nach der Infektion ist umgekehrt proportional der Zeitdauer zwischen Infektion u. Zugabe des Antibioticums. Infizierte Bakterienzellen starben im Gegensatz zu nichtinfizierten nach 50 Min. nach der Aureomycinbehandlung ab. Positiv geladene Sorptivteilchen fördern die Zerstörung der mit den Phagen infizierten Wirtszellen durch Aureomycin. (J. Bacteriol. **65.** 288—92. März 1953. Frederick, Md., Camp Detrick.) LENHARD. 4331

Arthur R. English und **Elizabeth McCoy,** *Untersuchung der Streptomycinresistenz bei Micrococcus pyogenes var. aureus.* Aus einer Einzellkultur eines *Streptomycin* (I)-empfindlichen *M. pyogenes* var. aureus-Stammes (*209 P*) wurden bei Züchtung (24 Std., 37°) in Ggw. von 200 E. I/cm³ Nährlsg. (100fache minimale Hemmkonz.) Mutanten erhalten, die gegen mindestens 1000 E. I/cm³ resistent waren. Bei Züchtung I-empfindlicher Zellen in Ggw. von I unter Bedingungen, die Selektion ausschlossen, jedoch die Möglichkeit einer Adaption bestehen ließen, entwickelte sich keine I-Resistenz. Unter Bedingungen, wo eine Selektion wirksam werden konnte, bildete sich dagegen leicht Resistenz aus. I-resistente Mutanten zeigten in einem halbsynthet. Medium gegenüber dem I-empfindlichen Ausgangsstamm viel besseres Wachstum. Diese Fähigkeit zu gesteigerter Entw. steht mit der *Biotin*-Synth. in Zusammenhang. Durch Reihenübertragungen in einer halbsynthet. Nährlsg. gelang in Abwesenheit von I die Auslese einer Mutante, die mindestens gegenüber 1000 E. I/cm³ resistent war. Die aufgeführten Befunde sprechen zugunsten einer zufälligen Mutation u. biol. Selektion als Ursache I-resistenter Mikroorganismen innerhalb einer Population empfindlicher Zellen. (J. Bacteriol. **61.** 51–56. Jan. 1951. Madison, Wis., Univ. of Wisconsin, Agricult. Bacteriol. Dep.) K. MAIER 4340

Karl Unholtz, *Routinemäßige Resistenzbestimmungen an Tuberkelbacillen.* Angabe einer relativ einfachen Meth. zur Best. der Resistenz von Tuberkelbakterien gegen *Streptomycin, PAS* u. *Conteben* unter Verwendung eines modifizierten Nährmediums nach KIRCHNER. Die optimalen Entwicklungsbedingungen in diesem Medium erlauben eine Best. innerhalb 2–3 Wochen. (Beitr. Klin. Tuberkul. **106.** 44–52. 1951. Heidelberg-Rohrbach, Tuberkulosekrankenhaus.) K. MAIER. 4340

Rudolf Bönicke, *Über die mikrobiologischen Methoden zur Wertbestimmung von antibiotischen und chemotherapeutischen Substanzen.* Die antimikrobielle Aktivität stellt eine außerordentlich variable Größe dar, die in Abhängigkeit von verschied. Faktoren recht unterschiedliche Werte annehmen kann. Bei Aktivitätsangaben ist diesem Umstand unbedingt Rechnung zu tragen. An einigen Beispielen wird die Abhängigkeit der Aktivität von Verbb. von der **Impfmenge, Kultivierungsdauer, p_H-Wert, Temp., Nährsubstratzus.,** Anwesenheit von *Enzymen,* gezeigt. (Zbl. Bakteriol. Parasitenkunde, Infektionskrankh. Hyg., I. Abt., Orig. **157.** 158–61. 8/8. 1951. Borstel, Bad Oldesloe, Tbc-Forschungsinst.) K. MAIER. 4340

E. Freerksen, *Antibakterielle Wirkstoffe aus Pflanzen.* Von ca. 550 gegen jeweils 13 verschied. Bakterienstämme untersuchte Pflanzenspecies, darunter 180 Moose, zeigten ca. 60% in verschied. Aufbereitungsformen antibakterielle Aktivität. Bes. empfindlich waren *Microc. aureus, Bac. subtilis, Bact. bang, Paratyphi A* u. *Flexner.* Die Wirkungsbreite war teilweise groß, teilweise sehr spezifisch. Das wirksame Prinzip fand sich in der ganzen Pflanze oder nur in bestimmten Teilen, wobei einzelne Pflanzenorgane unterschiedliche Aktivität gegen bestimmte Keime zeigen konnten. Das antibakterielle Prinzip ist meist thermolabil; thermostabile Wirkstoffe finden sich z. B. in Spitzwegerich, Eichel u. Königsfarn. Neben bakteriostat. kommen auch baktericide Inhaltsstoffe vor. (Zbl. Bakteriol. Parasitenkunde, Infektionskrankh. Hyg., I. Abt., Orig. **157.** 157—58. 8/8. 1951. Borstel, Bas Oldesloe.) K. MAIER. 4340

Ekkehard E. Schmid, T. E. D. Chapman und **T. Velaudapillai,** *Ein neues Medium für die Darmbakteriologie (Kligler-Christensen kombiniert).* Es wird ein neues kombiniertes Medium (Zucker–Eisen-Agar mit Harnstoff) beschrieben, bei dem die Harnstoffzers. durch Farbumschlag von gelb nach purpur klar erkennbar ist. Das Medium erlaubt rasche Erkennung sämtlicher *Proteus*-Stämme. (Z. Hyg. Infektionskrankh. **136.** 115–18. 1953. Colombo, Ceylon, Univ. u. Med. Res. Inst.) GOEBEL. 4350

J. D. Smith und **M. G. P. Stoker,** *Die Nucleinsäuren von Rickettsia burneti.* Die Zus. der Nucleinsäuren von Rickettsia burneti (R.b.) wurde quantitativ papierchromatograph. u. spektrophotometr. bestimmt. R.b. enthält 9,7% (auf Trockengewicht R.b. berechnet) *Desoxypentosenucleinsäure* (I) u. ca. 4,3% *Ribonucleinsäure* (II). Die Mengen an II differieren bei den verschied. Bestimmungen, während der Geh. an I konstant bleibt. Der *Phosphor*-Geh. in R.b. ist größer, als die anwesenden Nucleinsäuren rechtfertigen. Der Geh. der I aus R.b. an *Thymin, Adenin, Guanin* u. *Cytosin* wurde ermittelt. *5-Methylcytosin* (III) war nicht nachzuweisen. I, die nicht aus R.b., sondern aus n. Hühnerembryonen gewonnen wird, unterscheidet sich von Rickettsien-I nur durch die Anwesenheit von III. Die in R.b. vorhandenen *Aminosäuren* wurden chromatograph. identifiziert. (Brit. J. exp. Pathol. **32.** 433–41. Okt. 1951. Cambridge, Univ., Dep. of Pathol., u. Molteno Inst., Agricult. Res. Council Plant Virus Res. Unit.) RUTKOWSKI. 4350

W. L. Ryshkow, *Über einige Probleme der Virusforschung.* Hinweise auf die besonderen Arbeitsmethoden der Virusforschung, ihre Berührungspunkte mit den Fragen der Lebensprozesse u. ihre zukünftigen Aufgaben. (Вестник Академии Наук СССР [Nachr. Akad. Wiss. UdSSR] **23.** Nr. 1. 42–46. Jan. 1953.) ULMANN. 4374

J. G. Feinberg und **W. T. J. Morgan,** *Die Isolierung einer spezifischen Substanz und eines glykogenähnlichen Polysaccharids aus Trichomonas foetus (var. Manley).* Vff. beschreiben eine Meth. zur Isolierung u. Reinigung einer serolog. spezif. Substanz (I) mit 3,2% N, 1,8% P u. $[\alpha]_{5461}$ -62^0 aus dem Protozoon Trichomonas foetus (Var. MANLEY). I enthält ein Polysaccharid mit den Komponenten *Rhamnose, Fucose, Xylose* u. *Glucosamin,* ferner ein *Protein,* in dem nach Hydrolyse *Lysin, Arginin, Asparaginsäure, Glutaminsäure, Glycin, Serin, Alanin, Threonin, Valin* u. *Leucin* (*Iso-*

leucin) chromatograph. nachgewiesen werden konnten. (Brit. J. exp. Pathol. **34.** 104—18. Febr. 1953. London, Lister Inst. of Preventive Med.) BRATFISCH. 4380

W. Le Roy Mallman and Edward D. Devereux, A laboratory guide for beginning bacteriology. St. Louis: C. V. Mosby. (144 S.) $ 3,—.

E_4. Pflanzenchemie. Pflanzenphysiologie. Pflanzenpathologie.

Helmut Kinzel, *Untersuchungen über die Chemie und Physikochemie der Gallertbildungen von Süßwasseralgen.* In einer sehr ausführlichen Arbeit zeigt Vf. zunächst, daß der Quellungszustand der Gallerten von Süßwasseralgen gut durch den Wasserentzug mittels A. bestimmt werden kann. Für einige Algenarten konnten unterschiedliche Entquellungskurven gefunden werden. Der Trockensubstanzgeh. der Gallerte von Anabaena sp. wurde zu ca. 0,5% festgestellt. In zahlreichen Verss. wurde die Möglichkeit untersucht, mittels Färbungs-Rkk. etwas über die chem. Zus. der Gallerten aussagen zu können. Es zeigte sich, daß die Gallerten gut mit bas. Farbstoffen anorgan. u. organ. Natur gefärbt werden können. Ob es sich dabei um sogenannte elektroadsorptive oder um rein chem. Färbungen handelt, läßt sich nicht entscheiden. Vermutlich treten meist gleitende Übergänge auf. Der vom Vf. eingeführte „Färbungspunkt", der für die einzelnen Algenarten verschieden ist, wird ermittelt, indem man auf die Gallerten einen bas. Farbstoff in konstanter Konz. unter Zusatz von abnehmenden Mengen anorgan. Salze, meist $CaCl_2$, einwirken läßt u. den Punkt beginnender Färbung festhält. Da die Anwesenheit von $CaCl_2$ infolge Verdrängung die Färbung verhindert, ist die Lage des Färbungspunktes, d. h. der $CaCl_2$-Konz., die gerade noch eine Anfärbung gestattet, von der Konz. der farbstoffbindenden Substanz in der Gallerte abhängig. Auch aus diesen Unterss. läßt sich nichts Genaues über die chem. Zus. der Gallerten aussagen; vermutlich handelt es sich hauptsächlich um Verbb. in der Art von Agar, Alginsäure oder Pektinsäure. — 81 Literaturangaben. (Österr. bot. Z. **100.** 25—79. 1953. Wien, Univ., Pflanzenphysiol. Inst.) KRUSEN. 4420

G. I. Goletiani, *Über die Rolle alter Blätter bei den Ernährungsverhältnissen des Teestrauches im Zusammenhang mit der Anwendung von Düngemitteln.* Die Lebensdauer der Teeblätter beträgt ungefähr ein volles Jahr. Das Abfallen der alten Blätter beginnt im Augenblick des Vegetationsbeginnes des Teestrauches, erreicht sein Maximum im Mai u. ist im wesentlichen Anfang August beendet. Die Prodd. der hydrolyt. Zers. der alten Blätter werden durch die Teepflanze im Frühjahr des folgenden Jahres wiederverwertet, was von wesentlichem Einfl. auf den Ertrag der Pflanze in der ersten Vegetationsperiode ist. Diese günstige Wrkg. der alten Blätter als Nahrungsquelle der Teepflanze läßt es angezeigt erscheinen, schwache u. nicht genügend entwickelte Sträucher nicht zu beschneiden. (Советская Агрономия [Sowjet. Landwirtschaftskunde] **11.** Nr. 3. 60—67. März 1953.) A. JACOB. 4450

A. M. Kusin und **W. I. Merenowa,** *Die Biosynthese des mit ^{14}C markierten Nicotins und die Prozesse der Ummethylierung in Tabakblättern.* Die Photosynth. in isolierten Blättern von Nicotiana in einer Atmosphäre von $^{14}CO_2$ ergab markiertes *Nicotin*(I) mit ^{14}C in der N-Methylgruppe des Pyrrolidinringes. Die Anwesenheit von ^{14}C in der Methylgruppe des *Nicotinpyrrolidins* wurde durch Oxydation mit Selendioxyd nachgewiesen (4 Std. bei einer Temp. von 150° des Außenbades); unter diesen Bedingungen geht I in *Nornicotin* über. Beim Oxydationsprozeß resultierte radioakt. CO_2, womit die Ggw. von ^{14}C in der Methylgruppe erwiesen war. Damit war in den Blättern von Nicotiana eine Ummethylierung unter Mitwrkg. des I festgestellt. (Доклады Академии Наук СССР [Ber. Akad. Wiss. UdSSR] [N. S.] **85.** 393—95. 11/7. 1952. Abt. biol. Wiss. der Akad. der Wiss. der UdSSR, Labor. für Biophys., Isotope u. Strahlungen.) G. REICHARDT. 4460

A. F. Tjulin, Ss. W. Kuschnirenko und **K. G. Schtscherbina,** *Die Mineralernährung der Eiche und der sie begleitenden Vegetation auf dunkelgrauen Waldböden.* Auf einem reichen Boden eines jungen Eichenbestandes wurde eine starke Abnahme des Geh. an C, N u. P im Mai u. Juni beobachtet. Diese starke Abnahme wurde in der 2. Hälfte der Vegetationsperiode fast vollständig wieder aufgeholt; sie war also nur vorübergehend. Die starke Abnahme an Nährstoffen wird darauf zurückgeführt, daß sie von dem stark entwickelten Wurzelsyst. aufgenommen u. in den oberird. Teil der Pflanzen verbracht wurden. Was den Mechanismus der Wiederauffüllung des Nährstoffgeh. in der 2. Hälfte der Vegetationsperiode betrifft, so wird die Hypothese aufgestellt, daß Nährstoffe aus den Wurzeln wieder in den Boden übertreten. Die Menge des Nährstoffentzugs wird also nicht durch die Menge der tatsächlich durch das Laub hindurchgehenden Nährstoffe bestimmt, sondern diese zeigt nur, wieviel Nährstoffe im Ergebnis des Jahreskreislaufs in den Pflanzen festgelegt werden. (Почвоведение [Bodenkunde] **1953.** Nr. 3. 19—28. März. Moskau, Forst-Inst. der Akad. der Wiss. der UdSSR.) A. Jacob. 4470

M. F. Ternowski, *Die Resistenz gegenüber Mehltau bei vegetativen Tabakhybriden.* (Доклады Академии Наук СССР [Ber. Akad. Wiss. UdSSR] [N. S.] **80.** 437—40. 21/9. 1951. Krasnodar, Allunions Wiss. Mikojan-Forschungsinst. für Tabak u. Machorka.) K. Maier. 4490

N. I. Wolodarski, *Durch Stickstoffmangel hervorgerufene Gipfelchlorose von Tabak.* Es wurden Tabakdüngungsverss. mit Flußsand u. seinem Gemisch mit Schwarzerde durchgeführt. Als Grunddüngung wurden P u. K gegeben. In reinem Flußsand wuchsen die Pflanzen langsam, entwickelten keine Blütenknospen u. zeigten an den Gipfelblättern keine Chlorosemerkmale, die sonst bei N-Mangel eintreten. Die Pflanzen hatten in Anpassung an die Umwelt ihren knappen Vorrat vorsorglich auf den ganzen Habitus verteilt. Im N-reicheren Schwarzerde- + Flußsandboden dagegen trat bei den Wipfelblättern die Chlorose auf, weil die Pflanzen bei anfänglich kräftigem Wachstum den N-Vorrat für üppige Blattentw. vorzeitig verbraucht hatten. Wurde zu Beginn der Krankheit N in Salpeter- oder Ammoniakform als Kopfdüngung gegeben, verschwand die Chlorose bald. Bei stark fortgeschrittener Krankheit blieb die N-Zufuhr erfolglos, die Spitzen starben ab, die Pflanzen verzweigten sich, die Seitentriebe nutzten den N aus u. behielten n. Färbung. (Доклады Академии Наук СССР [Ber. Akad. Wiss. UdSSR] [N. S.] **80.** 833—36. 11/10. 1951. Krasnodar, Kubaner Landw. Inst.) Linter. 4490

Ju. W. Rakitin und **L. M. Kritskaja,** *Schutz der Obstbäume gegen Frühjahrsfrostschäden.* Zur Verhütung von Frostschäden wurden Spritzungen 18jähriger Aprikosen-, 13jähriger Pfirsich- u. 10jähriger Apfelbäume mit wss. Kalisalzlsgg. von *α-Naphthylessigsäure* (**I**) vorgenommen, wobei entweder die ganzen Bäume (2mal, Juni—Juli) oder nur die fruchttragenden Zweige (5mal, Juni—August) behandelt wurden. 0,025 bis 0,05%ig. **I**-Lsgg. verzögerten die Öffnung der Knospen bei Aprikose um 4—10, Pfirsich 6—14 u. Apfel 5—14 Tage. In den Behandlungsjahren war der vorzeitige Obstfall um 20—30, zuweilen 50% verringert, die Reifung um 7—10 Tage beschleunigt. Irgendwelche Schädigungen infolge der **I**-Einw. waren nicht feststellbar. Vor Beginn der Vegetationsperiode (März) durchgeführte Analysen zeigten in Knospen u. Trieben behandelter Pflanzen einen beträchtlich höheren Geh. an gelöstem ***Zucker*** u. ***Stärke*** als in denen unbehandelter. Zur gleichen Zeit standen Atmungsintensität sowie Aktivität der ***Katalase*** u. ***Peroxydase*** behandelter Bäume denen nichtbehandelter beträchtlich nach. (Доклады Академии Наук СССР [Ber. Akad. Wiss. UdSSR] [N. S.] **80.** 453—55. 21/9. 1951. Timirjasew-Inst. für Pflanzenphysiol. der Akad. der Wiss. der UdSSR.) K. Maier. 4490

E. W. Simon, *Relative Toxizität von Nitrophenolen auf verschiedene Organismen.* Vf. prüfte die Toxizität von *Phenol* (**I**), *o-* (**II**) u. *p-Nitrophenol* (**III**) u. *2.4-Dinitrophenol* (**IV**) an Trichoderma viride, Lemna minor, Brassica alba u. Hefe unter Beobachtung des Wachstums u. der Respiration. Toxizitätsvergleiche bei p_H-Werten, bei denen geringe Dissoziation bestand, zeigten, daß die Toxizität in weitem Maße unabhängig von dem Testorganismus ist. **I** ist bei jedem Test am wenigsten tox., **III** war ca. 40mal u. **IV** 3200mal toxischer. 2.4.6-Trinitrophenol war im Hefetest weniger tox. als **IV**. **II** war übereinstimmend weniger tox. als das p-Isomere, in den Sprühexperimenten wurde mit der o-Verb. überall keine Toxizität erhalten. Vielleicht beruht diese Differenz darauf, daß **II** flüchtiger u. weniger lösl. ist als **III**. Bei weiteren Nitroverbb. wurde ebenfalls mit steigender Zahl der Nitrogruppen anwachsende Toxizität gefunden. Die chem. Spezifität der Nitrogruppen wird in ihrer Einw. auf die Phosphorylierung gesucht. (Ann. appl. Biol. **39.** 416—17. Sept. 1952. London, King's Coll.) K. Böhm. 4495

E. B. Scragg, *Die Wirkungen von „Hormon"-Unkrautvertilungsmitteln auf Getreideähren.* Vf. untersuchte die Wirkungen von *Methoxone = Na-Salz der 2-Methyl-4-chlorphenoxyessigsäure* (**I**), *Na-Salz* der *2.4-Dichlorphenoxyessigsäure* (**II**), deren *Aminsalz* (**III**) u. *n-Butylester* (**IV**). Größere Konz. als 1 lb pro Acre sollten nicht gebraucht werden. **I** ist weniger schädlich als **III** u. **IV**. **II** scheint relativ harmlos zu sein, besitzt aber geringe Löslichkeit u. ist nicht geeignet für kleine Sprayvolumen. Ertrag u. Qualität des Getreides erleiden keine Minderungen. (Ann. appl. Biol. **39.** 423—28. Sept. 1952. North of Scotland Coll. of Agric., Agric. Botany Dep.) K. Böhm. 4495

J. M. Lowson, Textbook of botany. 10th edn. rev. London: University Tut. Pr. 1953. (VIII + 590 S. m. Abb.) s. 17 d. 6)

E5. Tierchemie. Tierphysiologie. Tierpathologie.

V. R. Wheatley, *Weitere Untersuchungen über die Zusammensetzung von Hauttalg. Talgähnliche Stoffe menschlicher Herkunft und der Talg gewisser Tiere.* Unter Hinweis auf frühere Unterss. wird in einem Kurzbericht mitgeteilt, daß Ohrenschmalz u. Vernix caseosa dem menschlichen Hauttalg in der Zus. ähneln; beide enthalten aber wesentlich mehr Cholesterin als dieser; hinsichtlich des Geh. an freier Säure steht an der Spitze das Ohrenschmalz, dann folgen abfallend Talg u. Vernix caseosa. Ovariale Dermoidcysten enthalten ein Lipoid, das prakt. frei von freier Säure ist u. wesentlich mehr „*Eikosylester*" enthält als der Talg. *Squalen* findet sich in den 3 genannten Lipoiden, nicht aber im Lipoid von Epidermiscysten. Analoge Verss. mit den Hautlipoiden (Acetonextrakte) von Ratte, Kaninchen u. Meerschweinchen lehren, daß geringe Mengen an freier Säure vorhanden sind; beim Rattenlipoid enthält das Unverseifbare aliphat. Alkohole, Cholesterin u. andere sterinähnliche Substanzen sowie „Isocholesterin". (Biochem. J. **53.** XXI. Febr. 1953. London, St. Bartholomews Hosp., Med. Coll., Dep. of Biochem. and Dermatol.) TÄUFEL. 4520

M. Dubuisson, *Über die Extrahierbarkeit der Proteine der Muskelstruktur der Schildkröte und ihre Veränderungen im Verlauf der Kontraktionen.* Muskelgewebe wurde im elektr. gereizten oder entspannten Zustand mittels tiefgekühlten Isopentans eingefroren u. mit einem Mikrotom zerschnitten. Daraus hergestellter Brei wurde mit Lsgg. verschied. Ionenstärke extrahiert u. die gelösten Gerüstproteine untersucht. *Myosin* u. *Actomyosin,* die aus dem Muskel der Schildkröte gewonnen wurden, zeigen die gleichen elektrokinet. Eigg. wie die der Fische, Batrachier u. Säugetiere. Im Kontraktionszustand sind die Bindungskräfte dieser Proteine erhöht. Kaninchen-, Frosch- u. Karpfenmuskel enthalten ein nur bei hoher Ionenstärke extrahierbares *Protein Y,* der Schildkrötenmuskel enthält *Protein Z. Kontraktin* war nur bei den Säugetieren vorhanden. (Bull. Cl. Sci., Acad. roy. Belgique [5] **39.** 35—41. 1953. Liège, Univ., Fac. des Sci., Labor. de Biol. générale.) ITZEROTT. 4520

A. Dubuisson-Brouha, *Untersuchungen über die Muskelproteine des Hummers.* Über die chem. Beschaffenheit der Proteine im Muskel der Arthropoden ist bislang wenig bekannt. Nur das WEBER-ESDALL-Myosin wurde von BAILEY untersucht u. ihm eine analoge chem. Zus. zuerkannt wie dem aus Vertebratenmuskel isolierten Myosin. Es werden deshalb Unterss. auf elektrophoret. Wege über die Zus. der Eiweißkomponenten der Muskeln vom Abdomen des Hummers durchgeführt u. diese mit den bei anderen Tieren bekannten verglichen. *Actomyosin* u. *Myosin* zeigen die gleichen elektrokinet. Eigg. beim Hummer wie bei Kaninchen, Schildkröte, Frosch u. Karpfen. Unterschiede in der Tierreihe finden sich nur hinsichtlich ihrer mehr oder minder leichten Extrahierbarkeit. (Bull. Cl. Sci., Acad. roy. Belgique [5] **39.** 121—29. 1953. Liège, Univ., Fac. des Sci., Labor. de Biol. générale.) ITZEROTT. 4520

Guido Giacomo Tedeschi und **Vera Canali,** *Die Permeabilität der Darmschleimhaut für die Phosphorsäureester des Lactoflavins, Thiamins, Serins und Kreatins.* Mittels einer Operationstechnik, die es gestattet, das venöse Blut aus einer Darmschlinge in situ abzuzapfen, in deren Lumen man eine zu untersuchende Substanz eingetragen hatte, konnte beim Kaninchen durch Chromatographieren des enteiweißten Blutes gezeigt werden, daß die Phosphorsäureester des Lactoflavins, Thiamins (I), Serins u. Kreatins unverändert im mesenterialen, venösen Blut erscheinen, in Begleitung eines kleineren Teiles ihrer Hydrolysenprodd., nämlich der phosphorsäurefreien Verbb. mit Ausnahme des **I**, das zu 30% als Monophosphorsäureester auftritt. (Ricerca sci. **23.** 851—56. Mai 1953. Rom, Univ., Ist. Fisiol. gener.) METZENER. 4550

James D. Baxter und **Bram Rose,** *Der Histamingehalt von allergischer und nichtallergischer menschlicher Nasenschleimhaut mit gleichzeitigen Beobachtungen über die Eosinophilen.* In einer ausführlichen Unters. an Nasenschleimhäuten von gesunden u. allerg. Personen verschied. Alters u. verschied. Geschlechtes ermittelten Vff. *Histamin* (**I**)-Gehh. von 5—50 γ/g Frischsubstanz. Bei männlichen Kindern lagen die durchschnittlichen **I**-Werte höher als bei weiblichen, bei Erwachsenen waren die Verhältnisse umgekehrt. In den Schleimhäuten von Personen mit Nasenallergie sowie in Nasenpolypen wurden keine bes. abweichenden Werte gefunden. Das Vorhandensein von Eosinophilen in Nasenausstrichen u. -gewebe ist ein guter Beweis, jedoch kein definiertes diagnost. Kriterium für Nasenallergie. Es bestehen keine Korrelationen zwischen dem Geh. an Eosinophilen in Blut, Nasenabstrichen u. -gewebe bei Nasenallergie. — 28 Literaturangaben. (J. Allergy **24.** 18—34. Jan. 1953. Montreal, McGil Univ. Clin., Royal Victoria Hosp.) KRUSEN. 4551

Ben Z. Rappaport, Max Samter, Hubert R. Catchpole und **Filmore Schiller,** *Die Mucoproteine der Nasenschleimhaut von allergischen Personen vor oder nach Corticotropinbehandlung.* Histolog. Unterss. der Nasenschleimhäute von pollenempfindlichen Personen ergaben in der Bindegewebsmatrix u. in Bindegewebszellen gegenüber n. Personen veränderte Bilder der Mucopolysaccharid- u. Glucoproteinanfärbungen, bes. eine Abnahme der Glucoproteinfärbung in Bindegewebszellen u. anderen Gewebsbestandteilen. *Corticotropin*-Behandlung normalisiert diese Erscheinungen. (J. Allergy **24.** 35—51. Jan. 1953. Chicago, Ill., Univ. of Illinois, Coll. of Med., Dep. of Med., Pathol., Otolaryng. and the Allergy Unit.) KRUSEN. 4551

Leonard H. Schuyler, Kitridge Anderson, Samuel Saslaw und **Cyrus C. Erickson,** *Eine serologische Untersuchung von Choriongonadotropin.* 17 Kaninchen mit 2,5—3,5 kg Gewicht wurden chron. mit *Choriongonadotropin* (I) behandelt; von einem Präp., das Extrakte aus menschlichem Placentagewebe u. Schwangerenurin kombiniert enthielt, wurden bis zu 2000 I.E./Woche injiziert. 5—6 Tage nach der letzten Injektion wurden die Blutsera nach der Präcipitinmeth. geprüft; bei 7 Tieren (darunter 6 ♀) ließen sich Antikörper nachweisen. 285 zur Schwangerschafts-Rk. bestimmte Urinproben wurden mittels der Sera dieser Tiere auf I geprüft. Hierbei ergaben sich gegenüber den biol. Schwangerschafts-Rkk. zahlreiche falsche Resultate. — Es wird zwar als möglich angesehen, die beschriebene serolog. Meth. zum Nachw. der Gravidität zu verwenden, jedoch glauben Vff. selbst, daß die Bereitung eines spezifischer wirkenden Antiserums vorteilhaft sein würde. (Proc. Soc. exp. Biol. Med. **75.** 552—55. Nov. 1950. Duke Univ., Med. School, Dep. of Pathol., Army Med. Dep. Res., Dep. of Bacteriol. u. Graduate School.) VINCKE. 4559

Bernard Zondeck und **Shlomo Burstein,** *Die Beziehungen der Corticoidausscheidung zu den Ovarialhormonen beim Meerschweinchen.* Die Exkretion der Corticoidhormone im Harn beim Meerschweinchen wurde nach der Phosphormolybdänsäuremeth. (HEARD u. SOBEL, J. biol. Chemistry **165.** [1946.] 687) u. der Formaldehydmeth. (DAUGHADAY u. Mitarbeiter, J. clin. Endocrinol. **8.** [1949.] 166) kontinuierlich bestimmt. Während bei Weibchen die Tageswerte ziemlich schwankten, waren im Zeitpunkt des Östrus signifikante Maxima der Corticoidausscheidung (C.-A.) zu verzeichnen. Bei ovariektomierten, also anöstr. Weibchen war die C.-A. gegenüber den Tageswerten n. Weibchen im Durchschnitt etwas geringer, u. es waren keinerlei Maxima zu verzeichnen. Subcutane Injektion von 7 γ (das ist die Proöstrus auslösende Dosis) *Östron* verursachten bei solchen Kastraten einen Anstieg der C.-A. um 50—75%. 100—200 γ (volle Keratinisation der Vagina) hatten etwa den gleichen (!) Effekt auf die C.-A. Ganz analoge Ergebnisse wurden mit *p.p'-Dioxy-α.β-diäthylstilben* erhalten, wobei sogar 500 γ gegeben wurden. Diese Tatsache, daß bei einem Dosenverhältnis von 1:30 u. mehr quantitativ etwa der gleiche Effekt auf die C.-A. resultierte, deutet nach Ansicht der Vff. darauf hin, daß die Östrogene entweder nur so viel *adrenocorticotropes Hormon* (*ACTH*) ausschütten, als in der Hypophyse vorhanden ist, oder, daß die Östrogene wohl in kleinen Dosen ACTH mobilisieren, in größeren Dosen dagegen ACTH hemmen. Der Wirkungsmechanismus der Corticoidproduktion durch Östrogene würde demnach jedenfalls über die Hypophyse gehen. Nach Applikation von 10 mg *Progesteron* war keine Vermehrung der C.-A. nachzuweisen. Die durch ACTH erzielte C.-A. zeigte (im Gegensatz zu den Östrogenen!) klare Dosis-Wirkungs-Beziehungen. Beim Männchen zeigte die C.-A das gleiche Bild wie bei weiblichen Kastraten, nämlich ein horizontal verlaufendes Niveau. (Endocrinology **50.** 419—28. 1952. Jerusalem, Hebrew Univ.,Hadassah Med. School, Hormone Res. Labor.) DANNEBERG. 4559

Alfred M. Bongiovanni, *Die Bestimmung von Pregnandiol und Pregnantriol im Urin von Patienten mit Nebennierenhyperplasie. Verminderung unter Cortison.* Spektrophotometr. Trennung u. Best. von *Pregnandiol* (I) u. *Pregnantriol* (II) im Urin. Beide sind, wie auch die 17-Ketosteroide, bei adrenogenitalem Syndrom (Nebennierenhyperplasie) vermehrt. Bei der gewöhnlichen Best. von I nach MARRIAN u. SOMMERVILLE (Lancet **2.** [1948.] 89) werden auch Mengen von II mitbestimmt. Unter Cortison wird die Ausscheidung von I vermindert u. die von II aufgehoben. (Bull. Johns Hopkins Hosp. **92.** 244—51. März 1953. Baltimore, Md., Johns Hopkins Univ., Dep. of Pediatrics.) P. G. SCHEURLEN. 4559

Carroll A. Pfeiffer, *Wirkungen des Progesterons auf die Ovulation beim Rhesusaffen.* In 2 Versuchsreihen wurden 7 erwachsene ♀ Rhesusaffen während der sommerlichen Anovulationsperiode in 2 aufeinanderfolgenden Jahren in 11 Verss. 3—6 Tage lang mit 0,5 mg *Progesteron* (I)/Tag vom 10.—14. Tage des Menstrualcyclus behandelt. 1—3 Tage nach der letzten I-Injektion wurden die Tiere laparotomiert u. der Zustand der Ovarien geprüft. In 4 Verss. kam es zur Ovulation. 3—8 Tage nach Ende der I-Behandlung trat eine Menstruationsblutung — unabhängig vom eventuellen Vork. der Ovulation — auf. (Proc. Soc. exp. Biol. Med. **75.** 455—58. Nov. 1950. Yale Univ., School of Med., Dep. of Anat.) VINCKE. 4559

Herbert S. Kupperman und **Stanley J. Goodman,** *Wirkungsvolle Behandlung von Dysmenorrhoe und Menstruationsbeschwerden durch vor der Ovulation begonnene Verabreichung von Methyltestosteron oder Methylandrostendiol.* An 69 Frauen mit Menstruationsstörungen u. -beschwerden wurde 4–6 Tage vor dem errechneten Ovulationstermin 6–8 Tage lang 3mal täglich 10 mg *Methyltestosteron* (I) oder 2mal täglich 25 mg *Methylandrostendiol* (II) peroral verabreicht. Während meist frühere Behandlungen mit anderen Präpp. erfolglos waren, konnten mit I u. II in 61 Fällen gute Erfolge erzielt werden, wobei I u. II gleich wirksam waren. — 30 Literaturangaben. (Amer. J. Obstetr. Gynecol. **65.** 141–49. Jan. 1953. New York, N. Y., Univ., Bellevue Med. Center, Dep. of Therapeut.; Newark, N. J., Newark Clin. Group.) KRUSEN. 4559

Irving Rothchild und **Harry Keys,** *Der östrogene Effekt des Tris-[p-anisyl]-chloräthylens (TACE) bei der Frau nach der Menopause.* Vff. ermitteln die kleinsten wirksamen Dosen des *Tris-[p-anisyl]-chloräthylens* (I; *TACE,* W. M. S. MERRELL Co., Cincinnati, O.) an 19 Frauen nach der Menopause durch cytolog. Auswertung des Vaginalabstriches. Verabreichte Menge von I: 24 u. 48 mg auf 4 Tage verteilt. Längste Wirksamkeit 17 Tage bei 48 mg Dosen. I unterscheidet sich nicht wesentlich von anderen oralen, östrogenwirksamen Präparaten. (Proc. Soc. exp. Biol. Med. **81.** 539–40. Nov. 1952. Columbus, O., Ohio State Univ., Coll. of Med., Dep. of Gynecol.) V. KÉREKJARTO. 4559

Giorgio Pomerri, *Verhalten der Nebennierenwirksamkeit und der Östrogene bei Magen- und Duodenalulcus vor und nach dem chirurgischen Eingriff.* Vf. untersuchte bei 11 Patienten mit Gastroduodenalulcera vor u. nach dem chirurg. Eingriff das Verh. der 17-Ketosteroide u. der 11-Oxycorticoide im Urin. Beide waren gegenüber der Norm etwas vermindert u. zeigten mit der Besserung eine Normalisierung. Die Operation bedingte eine passagere, teils über die Norm hinausgehende Zunahme beider. Auch Östron- u. Pregnandiolausscheidung wurden durch den chirurg. Eingriff vorübergehend (für ca. 8–12 Tage) gesteigert. Die Werte für das Follikelhormon zeigten bei männlichen wie weiblichen Personen nur ganz geringe, kaum meßbare Schwankungen. (Minerva med. [Torino] **43.** II. 515–22. 1/10. 1952. Padova, Ospedale Civile.) P. G. SCHEURLEN. 4559

A. Lichtwitz, R. Parlier, G. Thiery und **M. Delaville,** *Der Mechanismus der Sexualhormonwirkung auf den Bindegewebsknorpel.* (Prensa méd. argent. **38.** 1409–14. 8/6. 1951. — C. **1951.** II. 1309.) SCHLOTTMANN. 4559

Franz Blumenthal, *Hormonale Einflüsse bei Akne vulgaris.* Da bei aknekranken Männern u. Frauen die Östrogenausscheidung vermindert, die Androgenausscheidung vermehrt ist, gab Vf. wöchentlich 1 mg *Neo-Amniotin* (SQUIBB; in H_2O suspendiertes *Östrogen*) als Injektion oder *Acnestrol* (1,75 mg *Diäthylstilböstrol* in 1 mg Zn-Schüttelmixtur) mit günstigem Erfolg. (Dermatol. Wschr. **127.** 411–14. 1953. Ann Arbor, Mich.) BROSEMANN. 4559

David H. Weintraub, Philip L. Calcagno, Mary K. Kelleher und **Mitchell I. Rubin,** *Der Mechanismus der renalen Glykosurie bei ACTH-behandelten frühgeborenen Kindern.* Die bei Frühgeburten durch Behandlung mit *ACTH* auftretende Glykosurie wird entweder durch ein erhöhtes glomeruläres Filtrationsverhältnis oder erniedrigte Reabsorption für Glucose bedingt. (Proc. Soc. exp. Biol. Med. **81.** 542–45. Nov. 1952. Buffalo, Children's Hosp., Statler Res. Labors., u. Univ. of Buffalo, School of Med., Dep. of Pediatr.) V. KEREKJARTO. 4560

H. Küchmeister, H. H. Schuhmacher, G. Herrnring und **U. v. Pentz,** *Die Wirkung des ACTH auf die Reaktionsweise der Leber nach Allylformiatvergiftung.* In 2 Verss. wurden 4 Gruppen von je 10 Ratten verwendet, u. zwar 1. Gruppe = Kontrolle, 2. Gruppe = 14 Tage lang jeden 2. Tag 6 mg/100 g *Allylformiat* (I) intraperitoneal, 3. Gruppe = 2mal täglich 0,1 mg *ACTH* (II) subcutan, 4. Gruppe = I u. II in den angegebenen Dosierungen. Die Ergebnisse beider Verss. waren sehr unterschiedlich. Im 1. Vers. wurden nur Unterschiede in den Serumelektrophoresediagrammen gefunden, u. zwar bei I-Gaben die Albuminfraktion anormal verändert, was durch gleichzeitige II-Gaben verhindert wurde. Diese Beobachtung wurde im 2. Vers. nicht gemacht, wo die Albuminveränderung nicht auftrat. Dagegen kam es hier unter I-Zufuhr zu deutlichen Leberparenchymschädigungen, die sich auch chem. in verminderten Glykogengehh. ausdrückten. II hemmt die Entw. der Leberschäden, ohne sie ganz verhindern zu können. — 20 Literaturangaben. (Z. ges. exp. Med. **120.** 215–20. Hamburg, Univ., II. Med. Klinik u. Patholog. Inst.) KRUSEN. 4560

Arden W. Moyer, George A. Jervis, Jack Black, Hilary Koprowski und **Herald R. Cox,** *Wirkung von Adrenocorticotropin (ACTH) bei experimenteller allergischer Encephalomyelitis des Meerschweinchens.* Bei 8 Gruppen von Meerschweinchen wurde durch Injektion von Kaninchenhirnemulsion mit Zusätzen in der von JERVIS u. KOPROWSKI (J. Neuropath. exper. Neurol. **7.** [1948.] 309) beschriebenen Weise eine allerg. Ence-

phalomyelitis erzeugt. Bei allen 10 Tieren, die vom Tage nach der Injektion ab 13 Tage lang mit je 5 mg *ACTH* (I)/Tag behandelt wurden, trat keine Erkrankung ein. Applikation kleinerer I-Dosen hatte ebenfalls eine hemmende Wrkg. auf Schwere der Erkrankung u. Entw. der histolog. feststellbaren Schädigungen. (Proc. Soc. exp. Biol. Med. **75.** 387—90. Nov. 1950. Pearl River, N. Y., Amer. Cyanamid Comp., Lederle Labors., u. Letchworth Village, N. Y., New York State Dep. of Mental Hyg.)
VINCKE. 4560

Max Michael jr., Martin M. Cummings und **Walter L. Bloom,** *Verlauf von experimenteller Tuberkulose bei der Albinoratte unter Cortisoneinfluß.* ♂ Albinoratten wurden in 2 Versuchsreihen mit virulenten Kulturen von Tuberkelbakterien infiziert u. zum Teil mit *Cortison* (I) behandelt. Die Verss. wurden nach 42 bzw. 52 Tagen beendet. Während die infizierten Tiere zu diesem Zeitpunkt noch alle lebten, war die Mehrzahl der zusätzlich mit I behandelten Tiere an Tuberkulose gestorben. Beschreibung der histolog. Befunde. Nach Vff. scheint I bei experimenteller Tuberkulose die natürliche Resistenz des Wirts zu erniedrigen. — Diskussion des Wirkungsmechanismus. (Proc. Soc. exp. Biol. Med. **75.** 613—16. Nov. 1950, Chamblee, Lawson VA Hosp., Med. Serv., u. Atlanta, Ga., Emory Univ., School of Med., Dep. of Med.) VINCKE. 4560

J. Kimball Scott, *Unterschiedliche Wirkung von Desoxycorticosteron und Natriumhormon auf die Eosinophilenzahl bei der Maus.* Als *Na-Hormon* (I) wird von Vf. eine aus Rindernebennieren nach dem Verf. von THATCHER u. HARTMAN (Arch. Biochemistry **10.** [1946.] 195) dargestellte Fraktion bezeichnet, die Na-Retention bewirkt. Es wurde gefunden, daß I bei adrenalektomierten Mäusen keine Eosinopenie bewirkt, während große Dosen *Desoxycorticosteron* (150—200 γ) diese Wrkg. hatten. (Proc. Soc. exp. Biol. Med. **75.** 502—03. Nov. 1950. Columbus, O., Ohio State Univ., Dep. of Physiol.)
VINCKE. 4560

Otto W. Sartorius, Dorothy Calhoon und **Robert F. Pitts,** *Die Ausscheidung von Wasserstoff- und Ammoniumionen bei adrenalektomierten Ratten.* Die Ausscheidung von H^+ u. NH_4^+ durch die Niere ist bei adrenalektomierten Ratten vermindert. Dies ist zweifellos auf eine Senkung der Bicarbonatreserven, die bei Adrenalinsuffizienz beobachtet wird, zurückzuführen. (Endocrinology **51.** 444—50. Nov. 1952. Syracuse, N. Y., State Univ. of New York, Med. Center, Dep. of Physiol.) GOEBEL. 4561

J. Grayson und **D. H. Johnson,** *Die Wirkung von Adrenalin und Noradrenalin auf den Blutfluß in der Leber.* Durch Messungen der Leitfähigkeit (vgl. GAYSON, J. Physiology **118.** [1952.] 54) wird die Blutversorgung der Leber nach intravenöser u./oder subcutaner Injektion von *Adrenalin* bei Ratten u. Kaninchen beobachtet. Die gesteigerte Durchblutung, die nur bei nichtanästhesierten Tieren festgestellt werden kann, ist eine Folge des nach der Injektion erhöhten Blutdruckes. *Noradrenalin* mindert die Durchblutung. Direkt in die Leber injiziertes Adrenalin oder Noradrenalin bewirkt eine Kontraktion der Blutgefäße. (J. Physiology **120.** 73—94. 28/4. 1953. Bristol, Univ., Dep. of Physiol. and Pathol.) BAUMANN. 4561

A. F. Cobbold und **C. C. N. Vass,** *Die Reaktion von Blutgefäßen der Muskeln auf intraarteriell oder intravenös verabreichtes Noradrenalin.* Es wird festgestellt, daß *Noradrenalin* auf muskuläre Blutgefäße verengend wirkt. Nach intraarterieller Injektion wird der Blutdurchfluß geringer, der periphere Widerstand der Gefäße wächst. Nach intravenöser Injektion steigt der Blutdurchfluß plötzlich an, um dann ebenfalls unter den Normalwert zu sinken. Der periphere Widerstand wird größer. Der momentane Anstieg des Blutdurchflusses (nur bei intravenöser Injektion) ist eine Folge des geänderten Blutdruckes u. kann durch Applikation eines Druckstabilisators in das arterielle Syst. umgangen werden. (J. Physiology **120.** 105—14. 28/4. 1953. London, St. Thomas Hosp., Sherrington School of Physiol.) BAUMANN. 4561

Robert I. Pfeffer, *Behandlung von postspinalen Kopfschmerzen durch perorale Verabreichung von Desoxycorticosteronacetattabletten.* Die nach postspinalen Injektionen (Sattelblockanästhesie) auftretenden Kopfschmerzen sind vermutlich die Folge eines Verlustes von Spinalflüssigkeit. In 33 von 35 Fällen derartiger Schmerzen konnte Besserung durch Medikation von 8stündlich 2 mg *Desoxycorticosteron* in Tablettenform erreicht werden. (Amer. J. Obstetr. Gynecol. **65.** 21—23. Jan. 1953. Clayton, Mo., St. Louis County Hosp.) KRUSEN. 4561

J. F. Goodwin, A. G. Macgregor, H. Miller und **E. J. Wayne,** *Die Verwendung von radioaktivem Jod zur Abschätzung der Schilddrüsenfunktion.* ^{131}J wurde zur Unters. bei verschied. Schilddrüsenerkrankungen verwendet. Der J-Stoffwechsel wurde durch Resorption in der Schilddrüse u. die Harnausscheidung bestimmt. Die Schilddrüsen-„Clearance" wurde gemessen. Der Spitzenwert der J-Aufnahme in der Schilddrüse betrug 21—54%, mittlerer Wert bei Gesunden 38%. Bei tox. Kröpfen lag der mittlere Wert bei 74%. Beim Myxödem wurden nur 4—23% J durch die Schilddrüse aufgenommen. Es wurde die Zeit bestimmt, in der die Schilddrüse die Hälfte des zugeführten J aufgenommen hatte. Werte bis 160 Min. wurden als n. gefunden, bei Hyperthyreosen lagen die Werte um 100 Minuten. Der n. Wert der Schilddrüsenclearance betrug 50 ml/Min., bei klin. Hyperthyreose über 80 ml/Minute. Bei J-Ausscheidung im Harn innerhalb von 24 Std. unter 20% der zugeführten Menge liegt eine tox. Struma vor, die n. Ausscheidung liegt über 35%. Unterss. über die Konz. des J zeigen ein Anwachsen mit zunehmender Toxizität. Die Schwere der Erkrankung war der J-Konz. in der Schilddrüse proportional. Unterss. über die Plasmakonz. des ^{131}J zeigten deutlich Unterschiede bei Kranken u. Gesunden: 0,4%/Liter wurden bei Thyreotoxikose gefunden, bei Gesunden lag der Wert unter 0,1%/Liter. Die Untersuchungsergebnisse werden durch Tabellen veranschaulicht. (Quart. J. Med. [N. S.] **20.** 353—87. Okt. 1951. Sheffield, Univ., Dep. of Pharmacol. and Therapeut., Sheffield Nat. Centre for Radiotherapy.) BALZER. 4562

J. Douglas Robertson, *Grundumsatz und Radiojodteste bei der Diagnose von Schilddrüsenerkrankungen.* Vf. formuliert noch einmal (vgl. auch C. **1952.** 6236) seine Feststellungen u. diskutiert die Einflüsse, die das Ergebnis der Grundumsatzbest. von n. u. kranken Personen verfälschen können. Bzgl. des ^{131}J-Testes führt er die Angaben von GOODWIN (vgl. vorst. Ref.) über die Aufnahme von radioakt. J durch die Schilddrüse innerhalb von 24 Std. bei a) Gesunden, b) prim. Toxikosen, c) tox. Adenomen an. Sie betragen in % der Dosis: a) 19—53, b) 54—87, c) 55—76. Die Werte von Gesunden u. Kranken überlappen sich nicht, darum ist es dem Vf. nicht verständlich, warum sich GOODWIN der Meinung von KEATING (J. clin. Endocrinol. **10.** [1950.] 1425) anschließt, der dem Radio-J-Test beim tox. Adenom nur einen begrenzten Wert beimißt. Dabei ist festzuhalten, daß die entsprechenden Werte bei KEATING in $^1/_2$—$^1/_3$ der Fälle in den Grenzen n. Personen liegen. (Lancet **262.** 768. 12/4. 1952. London, Clin.) DOSSMANN. 4562

Mary A. Root und **K. K. Chen,** *Mit 8-Oxychinolin erzeugter experimenteller Diabetes.* In Bestätigung der Ergebnisse von KADOTA (vgl. J. Lab. clin. Med. **35.** [1950.] 568) erwiesen sich bei Kaninchen *Diphenylthiocarbazon* u. *8-Oxychinolin* (I) (weniger *2-Oxychinolin*) als diabetogen, im Gegensatz zu *8-Oxychinolin-5-sulfonsäure, 8-Chlorchinolin* u. *8-Methoxychinolin.* Die vorhergehende intravenöse Gabe von Methylenblau u. gleichzeitige Gabe von Alloxan verstärkten die diabetogene Wrkg. von I. (J. Pharmacol. exp. Therapeut. **104.** 404—11. April 1952. Indianapolis, Ind.) SCHWEIGER. 4564

I. D. P. Wootton und **E. J. King,** *Normalwerte für Blutbestandteile. Unterschiede in einzelnen Laboratorien.* Eine gleichmäßige Blutprobe bzw. eine wss. Lsg. von synthet. Blutbestandteilen wurde von 21 bzw. 36 Krankenhauslaborr. untersucht. Die zum Teil erheblichen Unterschiede der Untersuchungsergebnisse werden diskutiert. (Lancet **264.** 470—71. 7/3. 1953. London, Univ.) MATTHIES. 4572

William D. Love und **George E. Burch,** *In vitro-Untersuchungen über den Metabolismus von Natrium in menschlichen Erythrocyten unter Verwendung von ^{22}Na.* Bei Unterss. über die Austauschgeschwindigkeit von Na-Ionen von Erythrocyten mit im Plasma enthaltenden Na-Ionen, die von Vff. radioakt. markiert wurden, wird festgestellt, daß bei 38° pro Std. 64% der leicht austauschbaren Na-Ionen ausgetauscht werden. Verminderung der Reaktionstemp. um 10° bewirkt Verminderung der Austauschgeschwindigkeit um 50%. Zusatz von *KCl, Lanatosid-C, Neostigmin, Epinephrin, Pitressin, Cortison, DOCA* oder Veränderung der Na-Ionenkonz. ergeben keine wesentliche Änderung der Austauschgeschwindigkeit. (J. Lab. clin. Med. **41.** 337—50. März 1953. Tulan Univ., School of Med., Dep. of Med., u. New Orleans, La., Charity Hosp.) FINDEISEN. 4573

William D. Love und **George E. Burch,** *Vergleich von Kalium 42, Rubidium 86 und Cäsium 134 als Spurenelemente für Kalium in der Untersuchung von Kationmetabolismus in menschlichen Erythrocyten in vitro.* Es wird der Austausch von K-Ionen zwischen Plasma u. Erythrocyten in vitro untersucht. Da ^{42}K (Halbwertszeit 12,4 Std.) nur sehr kurzlebig ist, wird die Verwendung von ^{86}Rb (Halbwertszeit 19,5 Tage) u. ^{134}Cs (Halbwertszeit 2,3 Jahre) als Ersatz für ^{42}K geprüft. Es wird festgestellt, daß ^{86}Rb etwa die gleiche Austauschgeschwindigkeit wie ^{42}K besitzt u. als Ersatz für dieses verwendet werden kann. Für die intercellulare Austauschgeschwindigkeit der K-Ionen zwischen Plasma u. Erythrocyten wird so ein Wert von 2,1%/Std. der leicht austauschbaren K-Ionen ermittelt. Das wegen der längeren Lebensdauer günstigere ^{134}Cs erreicht nur ca. $^1/_5$ des vorst. Wertes u. kann nicht als Ersatz für ^{42}K dienen. Die Austauschgeschwindigkeit ist stark temperaturabhängig. (J. Lab. clin. Med. **41.** 351—62. März 1953. New Orleans, La., Tulane Med. School, Dep. of Med., u. Charity Hosp.) FINDEISEN. 4573

E. Stransky und **C. Vicente,** *Über den Serumeisenspiegel bei verschiedenen Blutkrankheiten.* Best. an 108 Patienten. 30—40 γ-% sind n. bei Filipinokindern. Bei Eisenmangelanämie, bes. bei Hakenwurmanämie, nahe 0. Bei aplast. u. Infektanämien 196 bzw. 163 γ-%, bei hämolyt. Anämien 250 γ-%, bei akuter Leukämie 178 γ-%. (Ann. paediatrici [Basel] **180.** 163—71. März 1953. Univ. of Philippines, Coll. of Med.) MATTHIES. 4574

John B. Miale, *Beziehung des Koagulaseglobulins zu Prothrombin.* Vom Vf. war früher (J. Hematol. **4.** [1949.] 1039. 1317) gefunden worden, daß *Staphylokoagulase* mit einem Plasmaglobulin, dem sogenannten *Koagulaseglobulin* (**I**), einen thrombinähnlichen Stoff bildet. **I** selbst bringt Fibrinogenlsgg. nicht zur Gerinnung. In Unterss. an Plasmen verschied. Herstellungsweise wurde jetzt gefunden, daß menschliches Oxalatplasma zwar von *Prothrombin* (**II**) durch Adsorption an CaF_2 befreit bzw. der **II**-Geh. durch wiederholte Filtration durch SEITZ-Filter verringert werden kann, daß aber der **I**-Geh. dadurch nicht verändert wird. Es wird geschlossen, daß **I** u. **II** nicht miteinander ident. sind. (Proc. Soc. exp. Biol. Med. **75.** 432—34. Nov. 1950. Marshfield, Wis., Marshfield Clin. u. St. Joseph's Hosp.) VINCKE. 4574

John H. Olwin, *Menschliches Plasma als Prothrombinquelle bei der Ac-Globulinauswertung.* Menschliches Oxalatplasma wurde unter sterilen Bedingungen so lange (ca. 10—15 Tage bei 4°) aufbewahrt, bis der Geh. an *Ac-Globulin* (Faktor V von OWREN, **I**) bei Best. nach der Zweistufenmeth. von WARE u. SEEGERS (vgl. C. **1949. I.** 615) unmeßbar geworden oder bis die Prothrombinzeit nach der Einstufenmeth. von 11 bis 12 Sek. auf $>$100 Sek. angestiegen war. — Das Plasma wird dann in Proben von 0,5 cm^3 bei —35° aufbewahrt; es kann mehrere Monate als Prothrombinquelle für die erwähnte, genau beschriebene **I**-Bestimmungsmeth. benutzt werden. (Proc. Soc. exp. Biol. Med. **75.** 313—15. Nov. 1950. Chicago, Ill., Presbyterian Hosp., Dep. of Surg., u. Univ. of Illinois, Coll. of Med.) VINCKE. 4574

William G. Bannon, Charles A. Owen jr. und **Nelson W. Barker,** *Vergleichende Wirkungen von Menadion-Natriumbisulfit und Vitamin K_1 auf durch Dicumarol verursachte Hypoprothrombinämie.* Es wird festgestellt, daß 150 mg oral verabreichtes *Vitamin K_1* (**I**) genügen, um innerhalb von 24 Std. die Prothrombinzeit einer durch Verabreichung von Dicumarol (**II**) hervorgerufenen Hypoprothrombinämie (Hy.) zum Normalwert zurückzuführen. **I** erwies sich damit als wesentlich wirksamer als *Menadion-$NaHSO_3$* (*2-Methyl-1.4-naphthochinon-$NaHSO_3$*). Nach oraler Verabfolgung von 250 mg **I** konnte keine Unempfindlichkeit gegenüber einer erneuten, durch **II** verursachten Hy. festgestellt werden. (J. Lab. clin. Med. **41.** 393—404. März 1953. Rochester, Minn., Univ.) FINDEISEN. 4574

M. Sch. Mogilewski und **I. Ss. Kljutscharewa,** *Über Mucinaseeigenschaften des Blutserums des Menschen und weißer Ratten.* Lsgg. der *Hyaluronsäure* (**I**) haben die Eig., beim Vermischen mit Eiweiß (Eieralbumin oder Pferde-, Kaninchen-, Meerschweinchen-, Mäuse- oder Hühnerserum) in neutralem oder schwach saurem Medium **I**-Eiweißkomplexe zu bilden, während es beim p_H 4,5 zur Ausfällung mucinartiger Gerinnsel kommt. Benutzt man aber als Eiweißkomponente das Blutserum des Menschen oder der weißen Ratte, so kommt es zu dieser Mucinbldg. nicht, weil in diesen Seren mucinaseartige Fermente enthalten sind. Das Serum des Menschen u. der weißen Ratte ist aber nicht imstande, **I** zu depolymerisieren. Es enthält auch keine *Hydrolase.* (Доклады Академии Наук СССР [Ber. Akad. Wiss. UdSSR] [N. S.] **88.** 321—24. 11/1. 1953. Leningrad, Wiss. Forschungsinst. für Epidemiolog. u. Mikrobiol.) RENTZ. 4574

F. A. Efendijew, A. G. Faradsh-Sade und **F. A. Atakischijewa,** *Citrat als hämostatisches Mittel bei tuberkulöser Lungenblutung und Bluthusten.* 10 Kaninchen von 1500 bis 1800 g erhielten in die Ohrvene 10%ig. *Na-Citrat* (**I**) (1 cm^3/kg Körpergewicht). Bei 6 Tieren trat starke Beschleunigung der Blutgerinnung ein. 141 Lungentuberkulosen mit Bluthusten bzw. Lungenblutung wurden jeweils 20 cm^3 30%ig. **I**-Lsg. intravenös im Laufe von 10 Min. verabfolgt. Bei 50,4% erhielt man eine vollkommene Blutstillung, einen guten Erfolg bei 72,3%, keinen Erfolg bei 27,7%. Die Beschleunigung der Blutgerinnung trat 7—10 Min. nach der Injektion ein, stieg dann häufig noch innerhalb weiterer 30—40 Min. an u. ging in 6—12 Std. zur Norm zurück. Eine strenge Parallelität zwischen dem hämostat. Erfolg u. der Beschleunigung der Blutgerinnung wurde nicht beobachtet. (Проблемы Туберкулеза [Probleme Tuberkulose] **1952.** Nr. 5. 65—66. Sept./Okt. Aserbeidshan, Wiss. Tuberkul. Forsch.-Inst., Lungenchirurg. Abt.) DU MANS. 4574

John Bligh, *Die Rolle der Leber und Niere bei der Erhaltung des Cholinspiegels im Plasma.* (Vgl. C. **1953.** 4069.) Die Bedeutung des *Cholinoxydase*-Syst. der Leber u. der Niere für die Erhaltung des Cholinspiegels wird in Verss. an Hunden untersucht. Es wird festgestellt, daß nach Injektion von *Cholin* (**I**) auch bei Ausschaltung der Funktionen von Leber oder Niere sich der **I**-Spiegel des Plasmas nach kurzer Zeit normalisiert. Auch bei Ausschaltung beider Organe erreicht der **I**-Spiegel, wenn auch nach etwas längerer Zeit, n. Werte. Bei Patienten mit Leberschäden oder Nierenerkrankungen konnte kein höherer **I**-Wert im Plasma ermittelt werden. (J. Physiology **120.** 53—62. 28/4. 1953. London, Univ., Coll., Dep. of Physiol.) BAUMANN. 4574

Jiří Stárka, *Vitamine und Wuchsstoffe.* Allg. Übersicht. (Pivovarský Sladařský Časopis Kvas **78.** 91. 17/3. 1950.) FREYTAG. 4587

K. N. Soliman, *Untersuchungen über die Beziehung der Lungenwurminfektion beim Rindvieh und den Vitamin-A-Vorräten in der Leber.* Die *Vitamin-A*-Werte in der Leber zeigten bei 31 an parasitärer Bronchitis erkrankten Rindern einen Abfall gegenüber den Normalwerten gesunder Tiere. Ähnliche Ergebnisse fanden sich bei experimenteller Infektion von Meerschweinchen mit D. filaria u. D. viviparus im Vgl. zu nicht infizierten Kontrollen. (Brit. veterin. J. **109.** 148—54. April 1953. Reading, Veterin. Invest. Dep.) K. BÖHM. 4587

Ss. D. Balachowski, N. N. Drosdowa und **W. N. Fedorowa,** *Über den Einfluß von Carotin auf die Oxydation der Ascorbinsäure bei Gegenwart von Kupfer.* Es wird experimentell nachgewiesen, daß *Carotin* in wss. koll. Lsg. die Fähigkeit hat, die durch Cu katalysierte Oxydation der ***Ascorbinsäure*** zu hemmen. Auch auf das in organ. Verbb. (wie ***Ascorbinoxydase*** u. ***Polyphenoloxydase***) enthaltene Cu wirkt Carotin in gleicher Weise. (Биохимия [Biochemie] **18.** 112—19. Jan./Febr. 1953. Moskau, Biochem. Bach-Inst. der Akad. der Wiss. der UdSSR.) RENTZ. 4587

J. D. Turton, *Perosis bei jungen Enten, verbunden mit Riboflavinmangel.* Vf. beschreibt einen Zustand bei jungen Enten, der mit Beinveränderungen u. hoher Sterblichkeit im Alter von 4—5 Wochen einherging. Der Geh. an *Riboflavin* (**I**), *Cholin* u. *Mg* des Futters wird besprochen u. der Mangel an **I** als vermutliche Todesursache angesprochen. Es wird vorgeschlagen, 5% Trockenhefe u. Magnesiumsulfat dem Futter zuzusetzen. (Brit. veterin. J. **109.** 171—74. April 1953. Accra, Dep. of Animal Health, Coastal Veterin. Sect.) K. BÖHM. 4587

A. Giroud, J. Lefebvres und **H. Prost,** *Über Mikromelie und Syndaktylie bei Vitamin-B_2-Mangel.* Ernährung von tragenden Ratten mit einer *Vitamin-B_2*-Mangelkost führt bei den Föten zu Mikromelie u. Syndaktylie. (Arch. franç. Pédiatrie **10.** 292—95. 1953. Paris, Fac. de Méd., Labor. d'Embryol.; École des Hautes Études, Labor. de la physiol. de la nutr.) KRUSEN. 4587

Marian E. Swendseid, Ann Louise Swanson, Stanley Miller und **Frank H. Bethell,** *Die Verdrängung von Folsäure im Stoffwechsel durch Aminopterin. Untersuchungen bei Patienten mit Leukämie.* Als Beitrag zu der Frage, ob *Aminopterin* (**I**) gegenüber *Folsäure* (**II**) dadurch antagonist. wirkt, daß **II** durch **I** aus wenigstens einigen seiner Stoffwechsel- oder Speicherungskomplexe verdrängt wird, wurden Unterss. bei 9 Patienten durchgeführt, die 3 Tage lang 2 mg **I** täglich erhielten. Es wurde festgestellt, daß beträchtliche, aber schwankende Mengen von **I** im Körper gespeichert werden (Harnunterss.). Die stärkste Speicherung erfolgte bei einem Fall von chron. granulocyt. Leukämie. Nach Beendigung der **I**-Zufuhr dauerte die **I**-Ausscheidung noch mindestens 6 Tage an. Nach Beginn der **I**-Zufuhr trat eine Zunahme der **II**-Ausscheidung ein. Diese Befunde weisen auf das Bestehen eines Verdrängungsvorganges hin. (Blood **7.** 302—06. März 1952. Ann Arbor, Univ., Simpson Mem. Inst. for Med. Res.) SCHWAIBOLD. 4587

Marian S. Swendseid, Ann Louise Swanson, Muriel C. Meyers und **Frank H. Bethell,** *Der Ernährungsstatus von Folsäure bei Personen mit Leukämie und seine mögliche Beziehung zu den Wirkungen der Aminopterintherapie.* (Vgl. vorst. Ref.) Auf Grund des verschied. Verh. von akuter (positiv) u. chron. (negativ) Leukämie gegenüber Behandlung mit *Aminopterin* (**I**) wird angenommen, daß bei diesen verschied. Krankheitstypen ein Unterschied bzgl. eines Faktors von allg. systemat. Natur vorliegt, z. B. eine unterschiedliche Verwertbarkeit von *Folsäure* (**II**) im Stoffwechsel. Die Unters. des **II**-Status bei 31 Fällen hat nun ergeben, daß die Höhe der **II**-Ausscheidung zwar stark wechselt, diese aber im Mittel bei chron. u. akuter Leukämie deutlich niedriger ist als bei n. Personen. Dieser Hinweis auf eine Verarmung der Körperspeicher an **II** trat jedoch häufiger u. stärker in Fällen mit chron. Leukämie, bes. solchen mit lymphocyt. Störungen, auf. Es wird angenommen, daß das Ausmaß der **II**-Verarmung in Beziehung zu den verschied. klin. Ergebnissen bei der **I**-Therapie bei chron. u. akuter Leukämie steht. (Blood **7.** 307—10. März 1952.) SCHWAIBOLD. 4587

H. M. Rauen, H. Waldmann und **M. Buchka,** *Über den fermentativen Abbau der Pteroylglutaminsäure.* Nach Incubation von *Pteroylglutaminsäure* (I) mit Schweinelebersuspension (p_H 7,3, 38°, 2 Std.) entsteht eine blau fluorescierende Verb., bei Verwendung einer N_2-Atmosphäre weniger als bei O_2. Ihr Entstehen kann durch 0,01 nHCN verhindert werden. Das Maximum dieser Verb. bei der Gegenstromverteilung liegt deutlich an anderer Stelle als die Maxima der beim photolyt. Abbau von I entstehenden Spaltprodd.: Pteridoxamin, Xanthopterin, Isoxanthopterin, Pteridoxamincarbonsäure-(8) oder Pteridoxaminaldehyd-(8). Da auch das Entstehen von 9-Oxypteridoxaminaldehyd-(8), 9-Oxypteridoxamincarbonsäure-(8) oder 9-Oxypteridoxamin erwartet werden konnte, wurde die Beeinflussung der Fluorescenzintensität der genannten Verbb. durch steigende Konzz. eines Phosphatpuffers vom p_H 6,62 (vgl. LOWRY, BESSEY u. CRAWFORD J. biol. Chemistry **180.** [1949.] 389) untersucht. Die Identität des fermentativen Spaltprod. mit einer der untersuchten Verbb. konnte nicht bestätigt werden. (Hoppe-Seyler's Z. physiol. Chem. **288.** 10—19. Juli 1951. Frankfurt/M., Univ., Inst. für vegetative Physiol.) LOCH. 4587

S. N. Basu und **R. G. Bose,** *Vorkommen von Biotin in Seitz-Filterlagen.* Nach dem Filtrieren einer Nährlsg. durch einen SEITZ-Filter (Fords „Sterimats" SB 6 cm) wurde Wachstum des biotinbedürftigen Pilzes *Memnoniella echinata* beobachtet, was nicht nach Hitzesterilisation der Nährlsg. der Fall war. Weitere Unterss., bes. nach Inaktivierung mit *Avidin,* bewiesen das Vorhandensein von *Biotin* in den Filtern in Höhe von 0,004 γ je Lage. (Nature [London] **165.** 851. 27/5. 1950. Calcutta, Indian Jute Mills Assoc., Microb. Labor.) LOCH. 4587

K. Frank, *Untersuchungen über die Anämie bei Leinerscher Krankheit.* Bericht über erfolgreiche Therapie des Morbus LEINER (Eythrodermia desquamativa), dessen wichtigstes Symptom eine megalocytäre Anämie ist, mit *Vitamin* B_{12}. (Ann. paediatrici [Basel] **180.** 172—82. März 1953. Szombathely, Ungarn.) MATTHIES. 4587

Gustaf Östling, Wolmar Nyberg und **Ruben Gordin,** *Antianämische Aktivität von alkalibehandeltem Rohleberextrakt.* In 3 Fällen von perniciöser Anämie konnten Vff. gute therapeut. Wirkungen durch Verabreichung eines zur Zerstörung von *Vitamin* B_{12} (I) mit NaOH bei p_H 10 1 Std. lang bei 100° behandelten Extraktes roher Leber erzielen. Demnach besitzen die nach I-Ausschaltung im Leberextrakt mikrobiol. noch wirksamen Faktoren auch antianäm. Wirksamkeit. (Acta med. scand. **145.** 40—43. 28/3. 1953. Helsingfors, Maria Hosp.) KRUSEN. 4587

Max M. Marsh und **Norbert R. Kuzel,** *Abtrennung und Bestimmung von kristallinem Vitamin* B_{12} *in synthetischen Vitamingemischen.* Das in wss. Lsg. prakt. in nichtionogener Form vorliegende *Vitamin* B_{12} (I) wird aus Gemischen mit Thiamin, Riboflavin, Ascorbinsäure, Folsäure, Pyridoxin, Pantothenaten u. öllösl. Vitaminen (II) durch Filtrieren durch eine aus einem Gemisch von Anionen- u. Kationenaustauschharzen bestehende Säule abgetrennt. I wird nicht ausgetauscht oder adsorbiert u. die Konz. im Filtrat durch die Absorption bei 550 mμ ($E_{1\,cm}^{1\,\%}$ 66) spektrophotometr. bestimmt. Störende Zersetzungsprodd. der Begleitsubstanz u. von I selbst werden ebenfalls zurückgehalten. Da Verss. mit I u. II in Propylenglykol–W.-Gemischen (+ Dispergiermittel) keine befriedigende Trennung ergaben, wurden II durch ein Gemisch von Tetrahydrofuran–$CHCl_3$ (1 : 1) extrahiert. Die Eignung verschied. Austauschharze, deren Regeneration, der Einfl. von Säulenhöhe, I-Konz., Eluatvol. u. Durchflußgeschwindigkeit wurden untersucht. Die Meth. eignet sich zur I-Reihenbest. in Konzz. von 5 γ/cm³ u. mehr in synthet. Vitamingemischen. (Analytic. Chem. **23.** 1773—76. Dez. 1951. Indianapolis, Ind., Eli Lilly and Co.) K. MAIER. 4587

N. Sapeika, *Wirkung von Dicumarol auf den Ascorbinsäuregehalt der Leber und Nebenniere.* Durch Verabreichung von *Dicumarol* (I) (0,05 u. 0,01 %) zur Diät bei Ratten u. Meerschweinchen erfolgt Abnahme des *Ascorbinsäure* (II)-Geh. in der Leber u. Nebenniere. Die Ratten überlebten im Gegensatz zu Meerschweinchen mehrere Tage trotz sehr tiefen Vitamingeh.; II gibt keinen Schutz vor I-Hämorrhagien. (Brit. J. exp. Pathol. **34.** 88—93. Febr. 1953. Cape Town, Univ., Dep. of Physiol. and Pharmakol.) BRATFISCH. 4587

C. Doucas und **J. Kapetanakis,** *Ekzemartige Purpura.* Bericht über 129 Fälle einer in den Monaten März bis August der Jahre 1949—51 endem. aufgetretenen Krankheit mit dem Erscheinungsbild einer eruptiven, ekzematoiden Purpura. Häufig hinterblieb eine Hämosiderinpigmentierung der Unterschenkel. Blutveränderungen waren nicht nachweisbar, dagegen erhöhte Capillarfragilität. Erfolgreiche Therapie der ätiolog. ungeklärten Krankheit mit *Ascorbinsäure* u. *Rutin.* (Dermatol. Z. **106.** 86—95. 1953. Athen, Evanghelismos Hosp.) KRUSEN. 4587

R. Wasicky, *Einige Bemerkungen über die als „Vitamine P" bezeichneten Verbindungen.* Wegen der ausgedehnten Verbreitung von verschied. Flavonen u. Flavonglykosiden u. ihren Reduktionsprodd., den Anthocyanidinen u. Anthocyanen, im Pflanzenreich, die regelmäßig Bestandteile der menschlichen Nahrung darstellen, u. wegen ihres erheblichen Reduktions-Oxydations-Vermögens unter physiol. Bedingungen hält Vf. ihre Vitaminnatur für sehr wahrscheinlich. Der eindeutige Beweis der Vitaminnatur durch den Nachw. von Mangelerscheinungen beim Fehlen derartiger Verbb. in der Nahrung konnte bisher nicht erbracht werden. (Scientie pharmac. **18.** 4—5. 31/3. 1950. São Paulo, Brasilien, Univ., Fac. de Farm. e Odontol., Dep. de Farmacol. Exp.) NEUWALD. 4587

M. D. Milne, S. W. Stanbury und **A. E. Thomson,** *Beobachtungen zum Fanconi-Syndrom und zur renalen hyperchlorämischen Acidose beim Erwachsenen.* Es wird über 2 Patienten mit hyperchloräm. Acidose, wobei 1 Fall mit dem FANCONI-Syndrom kombiniert war, ausführlich berichtet. Anwendung von *Calciferol* u. Na- u. K-Citrat führte zu einer Besserung. Das FANCONI-Syndrom erlaubt jedoch keine günstige Prognose. (Quart. J. Med. [N. S.] **21.** 61—82. Jan. 1952. Manchester, Univ., Dep. of Med.) R. KÖNIG. 4587

H. H. Rietzschel, *Beobachtungen mit T-Vitamin-Goetsch bei Lungentuberkulose.* Bei 17 von 24 Patienten mit verschied. Formen der Lungentuberkulose wurde *T-Vitamin-*GOETSCH mit günstigem Erfolg zur Behebung der Appetitlosigkeit u. zur Steigerung des Körpergewichts angewandt. (Med. Klin. **48.** 562—68. 17/4. 1953. Gauting bei München, Tbc. Sanatorium.) P. G. SCHEURLEN. 4587

Pellervo Saarinen, *Aktuelle Fragen der Ernährung des Milchviehs.* Übersicht über neuere Ergebnisse auf dem Gebiet der Ernährung der Wiederkäuer. — Die Milchdrüse der Wiederkäuer unterscheidet sich im Nahrungsbedarf sehr wesentlich von derjenigen anderer Säugetiere. Sie vermag z. B. keine Glucose zur Fettbldg. zu verwerten, wohl aber Acetat. — Der überwiegende Teil der vom Wiederkäuer resorbierten Aminosäuren entstammt nicht den genuinen Proteinen der Futtermittel, sondern den Mikroorganismen des Pansens. — Fütterungsverss. ergaben, daß beim Wiederkäuer die Abhängigkeit des Acetat- u. Cholesteringeh. des Blutes von der Ernährung nicht immer parallelen Verlauf zeigen, wie MCCLYMONT angenommen hat. — Ein zu geringer Geh. der Futtermittel an Fett, bes. an Laurin-, Myristin- u. Palmitinsäure wirkt sich auf den Ertrag an Milchfett ungünstig aus. Durch Regulierung des Phosphatgeh. u. des Ca/P-Verhältnisses im Futter läßt sich der Ca- u. Phosphatspiegel des Blutes in weit höherem Grade beherrschen, als man bisher angenommen hat. — Ein für die Haltbarkeit des Milchfettes günstiges Redoxpotential läßt sich teilweise durch geeignete Ernährung erzielen. (Karjatalous **27.** 229—33. 11/5. 262—66. 25/5. 309—12. 8/6. 326—29. 22/6. 1951.) BECKMANN. 4589

Hans R. Rosenberg und **Edward L. Rohdenburg,** *Die Anreicherung von Brot mit Lysin.* 2. Mitt. *Der Nährwert von angereichertem Brot.* (1. vgl. C. **1952.** 5831.) Ratten erzielten bei Fütterung mit vollwertiger Grunddiät (25% Vollmilchpulver, 31% Mais, 20% Weizen, 4% Alfalfa, 14% Sojabohnen, 5% Fleisch), die einen *Lysin* (I)-Geh. von 1,10% aufweist, eine Gewichtszunahme, die fast 3mal höher war, u. eine doppelt so hohe Nahrungsausnutzung wie Tiere, die eine 90% Trockenbrot enthaltende Diät mit 0,29% I erhielten. Zulage von 0,5 dl-I-HCl, entsprechend 0,2% *l*-I, zur Brotkost bewirkte nach 5 Wochen eine Gewichtszunahme, die 75% derjenigen bei Grunddiät betrug, während nach 6 Monaten beide Gruppen gleiches Gewicht hatten. Zulage von 0,4% *l*-I bewirkte bereits nach 5 Wochen Gewichtsgleichheit; bei Zufütterung von 0,8% *l*-I zu Brotdiät zeigen die Tiere gleiche Entw. wie diejenigen mit Grunddiät. Demnach ist I die einzige essentielle Aminosäure, an der bei Ratten bei Brotnahrung Mangel besteht. (Arch. Biochem. Biophysics **37.** 461—68. Juni 1952. New Brunswick, N. J., E. I. du Pont de Nemours & Co., Inc.) KRUSEN. 4589

I. J. Stewart, *Antibiotica und „animal protein factor" für Geflügel.* Allg. Ausführungen. (J. Dep. Agric., Victoria **50.** 415—16. u. 419. Sept. 1952. Werribee, State Res. Farm.) NEHRING. 4589

F. Bachmann, *Die Bedeutung der Spurenelemente in der Tierernährung.* Zu den für das Tier notwendigen Spurenelementen gehören: *Fe, Cu, Co, Mn, F, J* u. *Zn* sowie noch *Se* u. *Mo.* Zu große Gaben dieser Elemente sind jedoch schädigend, z. B.: Cu-reiches Weidegras Australiens erzeugt gelbsuchtähnliche Erkrankung bei Schafen; Mn-reiches Gras von Waldweiden Nordskandinaviens zeitigt ödemartige Erkrankungen von Pferden, da Mn wohl Blockierung oder Zerstörung des Vitamins B_1 in dem Gras verursacht. Biol. Erscheinungen bei Mangel an Spurenelementen, bes. an J, Fe, Cu (auch bei etwaiger Blockierung durch zu viel Mo), Co (mittelbar bei Rind u. Schaf, für die Gras mit 1 Co : 10000000 jedoch genügt, um den Bedarf für die Pansenbakterien zu decken), Mn, Zn, Se, Mo u. F. (Mitt. Gebiete Lebensmittelunters. Hyg. **42.** 211—16. 1951. Oerlikon.) LIEBNER. 4589

O. G. Bentley und **P. H. Phillips,** *Die Wirkung von manganarmem Futter auf das Milchvieh.* Verss. an jungen HOLSTEIN-Färsen in ihren 1.—3. Lactationsperioden ergaben, daß eine zu geringe Mn-Zufuhr mit dem Futter (<1 mg-%) einige Mangelerscheinungen hervorrufen. Schon bei <2 mg-% sollte Mn zusätzlich gefüttert werden. Bei Mangel nehmen junge Färsen weniger gut auf u. besitzen schwächer ausgebildete Ovarien. Das Körperwachstum wird nicht beeinflußt, ebenfalls nicht der Geh. an *Vitamin A*, C_2 u. an *Carotin* im Blut. (J. Dairy Sci. **34.** 396—403. Mai 1951. Madison, Wis., Univ. of Wisconsin, Dep. of Biochem., Coll. of Agric.) HÜCKSTÄDT. 4589

O. G. Bentley, G. V. Quicke, J. Kastelic und **Paul H. Phillips,** *Einige Spurenelemente im Futter, in Organen und Gewebe von Zuchtkühen im nordöstlichen Wisconsin.* Die Spurenelemente Mn u. Co, mit dem Futter aufgenommen, haben entweder wenig oder keinen Einfl. auf die Rinderzucht. (J. Dairy Sci. **34.** 363—66. Mai 1951. Madison, Wis., Univ. of Wisconsin, Dep. of Biochem., Coll. of Agric.) HÜCKSTÄDT. 4589

G. J. van Esch und **P. C. Hart,** *Untersuchungen über den Molybdängehalt von Rinderlebern.* Die Best. des Mo-Geh. in Rinderlebern erfolgte nach der von DEYS modifizierten Meth. von PERRIN (New Zealand J. Sci. Technol., **27.** Sect. A [1946.] 396). — Mit dieser Meth. wurden in den Lebern von 62 Rindern, von denen die Hälfte während 5 Wochen mit *Vevoron* (**I**; ein *Methylthiouracil* enthaltendes Präp.) zur Unterstützung der Mast behandelt worden war, der Mo-Geh. bestimmt. Die Mo-Konz. n. Tiere betrug **4,98** γ/g Leber, bei den behandelten 4,24 γ/g. Im Gesamtgeh. der Lebern war kein Unterschied feststellbar. Auch zwischen „gesunden" u. „kranken" Tieren besteht kein signifikanter Unterschied im Mo-Geh. der Lebern. — 21 Literaturangaben. (Landbouwkund. Tijdschr. **65.** 195—202. April 1953. Utrecht, Inst. voor Veeteeltkundig Onderzoek T. N. O.) PATZSCH. 4589

J. Bekaert, *Einfluß einer natriumarmen Kost auf den neurogenen Hochdruck beim Hund.* Nach Erzeugung eines Hochdrucks durch Denervierung beider Carotissinus u. Durchtrennung der depressor. Nerven bei Hunden wurden diese 6 Wochen lang Na-arm (0,02 %) ernährt, während der K-Geh. der Nahrung bei 1 % lag. Der durch den Eingriff herabgesetzte Blut-K-Spiegel stieg während der Dauer der Na-armen Diät hoch an, um dann wieder abzusinken. Der Na-Spiegel u. der Blutdruck wurden jedoch nicht eindeutig verändert. (Arch. int. Physiol. **61.** 141—44. April 1953. Ghent, Univ., Labor. of Gen. Pathol. and Gen. Therap.) DAUTZENBERG. 4589

Alastair N. Worden und **J. Bunyan,** *Verabfolgung von Methylthiouracil (Obesil) an zu mästende Schweine.* Bericht über einen Fütterungsvers. an Schweinen, die täglich für 7 Tage je 2,0 *Methylthiouracil* (*Obesil*; **I**) u. dann für weitere 28 Tage bis zum Schlachten 0,5 **I** erhielten. Es fand sich eine Futtereinsparung von 7 %, höheres Lebendgewicht u. bessere Futterverwertung. Im ganzen war der Vers. zu lang. **I**-Gaben in der letzten Phase der Mästung bei Schweinen scheinen aber zweckmäßig zu sein. (Brit. veterin. J. **109.** 154—60. April 1953. Huntingdon, Cromwell House.) K. BÖHM. 4589

Günther Vogel, *Quantitative Angaben zur intestinalen Glucoseresorption des Kaltblüters unter verschiedenen Bedingungen.* Die Resorptionsleistung für Glucose der in situ belassenen blutdurchströmten u. der isolierten Darmschlinge im O_2-gesätt. RINGER-Bad (für Rana temp.) ist etwa gleich groß. Glucoseresorption findet auch bei bestehenden osmot. Druckdifferenzen statt; allerdings ist sie unmöglich bei osmot. Drucken von über 18 kg/cm², wahrscheinlich wegen Zellschädigung. Die Resorptionsgeschwindigkeit ist temperaturabhängig u. folgt im Bereich von 5—20° der RGT-Regel. Verminderung der Glucoseresorption erfolgt deutlich bei Adrenalektomie u. weniger ausgeprägt nach Hypophysektomie. Applikation großer Insulindosen (mit deutlichem hypoglykäm. Effekt) hat keinen sicheren Einfl. auf die Resorptionsgeschwindigkeit; Vitamin B_1 fördert sie nur in exzessiv hohen Dosen. (Pflügers Arch. ges. Physiol. Menschen Tiere **256.** 457—69. 1953. Berlin, Humboldt-Univ., Physiol. Inst.) HEYNS. 4594

N. I. Lomowa, *Cellulosemikroorganismen des Magen-Darmkanals des Großviehes.* Anaerobe Cellulosemikroorganismen fanden sich in allen 10 Abteilungen des Magen-Darmkanals geschlachteter Kühe, am zahlreichsten im Blätter- u. Labmagen sowie im Blind-, Grimm- u. Mastdarm. Am aktivsten gegenüber Filtrierpapier sind Mikroorganismen aus dem Krumm-, Blind- u. Grimmdarm u. aus dem Blättermagen. Sporocytophaga myxococcoides kommt fast nur in den Magenabteilen vor. Micromonospora chalceae findet sich überall, am meisten im Dickdarm. Thermomyces ist nicht immer vertreten. Ergänzt u. bestätigt wurden diese Befunde bei 1 jährigen Bullen mit Hilfe angelegter Fisteln. (Микробиология [Mikrobiologie] **22.** 155–63. März/April 1953. Moskau, Chem.-Technol. Inst. der Fleischind.) ULMANN. 4594

Eberhard Koch, *Die Utilisation der Zucker.* 1. Mitt. *Das Verhalten des Blutzuckers bei intravenöser Dauerinfusion von Glucose, Fructose und Invertzucker.* Die am Hund verfolgte Verwertung von Glucose, Fructose u. Invertzucker entspricht auch bei einer mit einer besonderen App. vorgenommenen Dauerinfusion von 4 mg pro Min. u. kg Körpergewicht den bisherigen Erfahrungen. Im Gegensatz dazu kommt es bei Infusion von Coniglsgg. gleicher Konz. zu baldiger Herabsetzung des Blutzuckerspiegels, der erst längere Zeit nach Beendigung der Infusion wieder n. Höhe erreicht. Dieser vom Vf. als „spezif. Glykutilwrkg. des Honigs" bezeichnete insulinähnliche Effekt wird auf einen im Honig enthaltenen cholinerg. Faktor zurückgeführt. (Aerztl. Forsch. **4.** I/157–60. 25/3. 1950.) KRUSEN. 4596

Fritz Baumgarten und **Eberhard Koch,** *Die Utilisation der Zucker.* 2. Mitt. *Die spezifische Wirkung des Honigs auf die Zucker-Utilisation.* (1. vgl. vorst. Ref.) Vff. vergleichen die Wrkg. von Zuckergaben mit der des Honigpräp. M 2 WOELM (I) auf den Blutzuckergeh. an Hunden. Hierbei steigt der Blutzucker nach intravenöser Verabreichung von Glucose am stärksten an, weniger wirksam ist Invertzucker, sehr gering Fructose; I hingegen zeigt Blutzuckersenkung, die nach Eliminierung des Invertzuckeranteils von I ein deutliches Minimum nach Aufhören der Zugabe aufweist. Wie Verss. gezeigt haben, läßt sich die blutzuckersenkende Wrkg. von I durch Zugabe von *Atropin* aufheben. I muß demnach einen cholinerg. Faktor enthalten, der nicht insulinartig sein kann, da die Insulinwrkg. durch Atropin nicht aufgehoben wird. Bei Best. der Reduktionswerte im arteriellen u. venösen Blut nach HAGEDORN-JENSEN nach Zugabe von I bzw. *Fructose* verhält sich, wie vorläufige Verss. zeigten, I so, als ob *Insulin,* Fructose derart, als ob *Adrenalin* gegeben wäre. (Aerztl. Forsch. **4.** I/413–15. 10/8. 1950. Eschwege, M. Woelm, Forsch.-Labor.) GRAU. 4596

Fritz Baumgarten, *Die Utilisation der Zucker.* 3. Mitt. (2. vgl. vorst. Ref.) Der im Honig (*M 2*-WOELM) vorhandene spezif. blutzuckersenkende Faktor ermöglicht es, Diabetikern verwertbare Kohlenhydrate ohne Steigerung des Blutzuckers zuzuführen, wie klin. Verss. zeigen konnten, die auf Grund von günstigen Ergebnissen an Hunden durchgeführt wurden. Eine vermehrte Ausscheidung von Zucker im Harn findet nicht statt. Honig ohne diesen Faktor zeigt die gleiche blutzuckersteigernde Wrkg. bei Dauerinfusion wie Invertzucker. *Lävulose* des Honigs ist dafür nicht verantwortlich. Der Faktor wird durch *Atropin* in seiner Wrkg. vernichtet. Die Blutzuckersenkung ist bei Diabetes stärker als im n. Organismus u. steigt mit der Schwere des Diabetes. Die Wrkg. des Faktors ist also der des Insulins gleichgerichtet. (Aerztl. Forsch. **4.** I/528–31. 10/10. 1950.) GRAU. 4596

M. A. Krechowa, *Der Einfluß von Carnosin auf einzelne Reaktionen des anaeroben Kohlenhydratumsatzes im Muskelgewebe.* Die Reaktionsgeschwindigkeit der Umwandlung der *Phosphoglycerinsäure* (I) in *Phosphobrenztraubensäure* (II) im Froschmuskelbrei (Optimum p_H 7,2–7,5) wird durch *Carnosin* (III) ebensowenig beeinflußt wie die Dephosphorylierung von II (Optimum p_H 7,3–7,6). Zusatz von III führt zu einer stärkeren Bldg. von I im Reaktionsgemisch im Vgl. zu Kontrollproben. Eine Zunahme der Adenosintriphosphorsäure wird dabei nicht beobachtet. (Биохимия [Biochemie] **18.** 124–28. Jan./Febr. 1953. Moskau, Med. Inst. der RSFSR, Labor. für med. Chem., u. Univ., Labor. für Biochem. der Tiere.) RENTZ. 4596

N. I. Berlin, B. M. Tolbert und **J. H. Lawrence,** *Untersuchungen des* $^{14}C_{(2)}$*-Glykokoll-Stoffwechsels beim Menschen.* 1. Mitt. *Die Ausscheidung vom* $^{14}CO_2$ *durch die Lungen.* 4 Patienten erhielten ca. 8 mg $^{14}C_{(2)}$*-Glykokoll,* intravenös. In 55 Tagen wurden 83 bis 92% des radioakt. C durch die Lungen wieder ausgeschieden, 5% durch den Harn u. 2% verblieben in den Erythrocyten, bis diese zugrunde gingen. Die Ausscheidung war bereits 10 Min. nach der Injektion meßbar. Es existieren mindestens 3 Substanzen mit verschied. Halbwertszeit, aus deren Verbrennung $^{14}CO_2$ stammt. (J. clin. Invest. **30.** 73–76. Jan. 1951. Berkeley, Calif., Univ., Donner Labor. of Med. Phys.) W. BRANDT. 4596

E. Burghardt, *Idiopathische, nichtarteriosklerotische, intracerebrale Gefäßverkalkung und hypoparathyreogene Kalkstoffwechselstörung.* An Hand von 2 autopt. sichergestellten Fällen dieser Gefäßverkalkung wird die Rolle einer hypoparathyreogenen Ca-Stoffwechselstörung bei der Entstehung der Hirnveränderung besprochen. Beide waren von Jugend an schwachsinnig u. entwickelten nach Strumektomie das klin. Bild der klass. Nebenschilddrüseninsuffizienz. Es wird auf Grund bisher vorliegender Ergebnisse geschlossen, daß die Ca-Stoffwechselstörung keinesfalls die einheitliche Ursache für das Zustandekommen des Krankheitsbildes sein kann, sondern daß eine mit Begleiterscheinungen einhergehende lokale cerebrale Stoffwechselstörung die Grundlage für die Ausbldg. der Hirnveränderungen darstellt. Auf die Möglichkeit einer hinzutretenden allg. Ca-Stoffwechselstörung, die die Ca-Ablagerung im Hirn fördert, wird hingewiesen. (Wiener Z. inn. Med. Grenzgebiete **34.** 53—64. Febr. 1953. Graz, Univ., Pathol.-Anatom. Inst.) SCHWAIBOLD. 4596

E. M. Widdowson und **R. A. McCance,** *Die Wirkung der Zufuhr auf die sexuellen Unterschiede im Eisenstoffwechsel von Ratten.* Da festgestellt wurde, daß Fe sowie auch *Vitamin A* (I) bei weiblichen Tieren in wesentlich stärkerem Maße gespeichert wird (Leber) als bei männlichen, der Unterschied bei I aber nach höheren Gaben verschwindet, wurde bei Ratten der Einfl. von Fe-Zulagen auf diese Verhältnisse untersucht. Die Tiere nahmen mit fortschreitendem Alter abnehmend täglich 3—0,5 mg Fe/100 g Körpergewicht mit der Nahrung auf. Die Versuchstiere erhielten in verschied. Altersgruppen Zulagen von 3 mg Fe als $FeSO_4 \cdot 7\,H_2O$-Lsg. täglich. Bei den Vergleichstieren waren die Gehh. an anorgan. Fe in Leber, Milz u. Niere von weiblichen Tieren wesentlich höher als in den Organen von männlichen. Bei den Versuchstieren waren die Fe-Konzz. in diesen Organen 2—6 mal höher, die Unterschiede zwischen männlichen u. weiblichen Tieren blieben aber erhalten. (Biochem. J. **53.** 173—76. Jan. 1953. Cambridge, Univ., Med. Res. Counc., Dep. of Exp. Med.) SCHWAIBOLD. 4596

R. Cattan, O. Gaudin und **J. Bataille,** *Kontrolle über die Gallenfunktion durch Unterschiede des Stercobilins.* Der *Stercobilin* (I)-Geh. der Faeces wurde quantitativ nach WATSON (Amer. J. clin. Pathol. **6.** [1936.] 438) bei Lebergesunden-u. -kranken vor u. nach Gabe eines Choleretícums (*Trithioparamethoxyphenylpropen*) untersucht. Die Steigerung der Galleproduktion u. damit der I-Ausscheidung war beim Lebergesunden gering, bei Leberkranken bedeutend höher u. betrug im Mittel fast das 20fache der Normalwerte. Die Meth. erlaubt, auf relativ einfache Weise klin. Aussagen über die Art der Leberstörung zu machen, sowie die Wirksamkeit eines Choleretícums zu prüfen. (Presse méd. **61.** 521—22. 11/4. 1953. Paris.) WOLFGANG ALBRECHT. 4597

Ullrich Trendelenburg, *Über den Mechanismus der kontraktionshemmenden Wirkung des Acetylcholins am Herzstreifenpräparat des Frosches.* Durch einen punktförmigen Schwellenreiz u. durch einen stark überschwelligen (10facher Schwellenwert) Flächenreiz wurde ein Streifenpräp. des Froschherzens unter gleichzeitiger Berieselung mit O_2-angereicherter RINGER-Lsg. abwechselnd zur Kontraktion gebracht, wobei unter Einw. verschied. *Acetylcholin* (I)-Konzz. (10^{-7} bis 10^{-5}) alle Kontraktionen gleichmäßig gehemmt waren. Dieser Befund spricht gegen die Möglichkeit, daß die negativ inotrope Wrkg. von I durch Ausfall eines Teils der Zelleinheiten bedingt ist. (Acta physiol. scand. **25.** 164—67. 6/6. 1952. Uppsala, Univ., Pharmakol. Inst.) K. MAIER. 4598

F. Coste, J. Cayla et **F. Delbarre,** Cortisone et corticostimuline (A. C. T. H.) en rhumalogie. Paris: Masson et Cie. (414 S. m. Graph.) fr. 2800,—.

E₆. Pharmakologie. Therapie. Toxikologie. Hygiene.

D. D. Ogilvie, *Moderne Richtung in der Arzneimitteltherapie.* Allg. Ausführungen über neuere Anschauungen über die Therapie mit Antiepilepticis (z. B. Mysoline), selektiven Sulfonamiden, Antibioticis, radioakt. Isotopen, Desodorantien (Chlorophyll), blutdrucksenkenden Arzneimitteln, Hyaluronidase u. Cortison. (Veterin. Rec. **65.** 25—29. 10/1. 1953. Wilmslow, Cheshire.) LOCH. 4600

E. Freerksen und **J. Meissner,** *Tierversuche über Aufnahme und Verteilung von radioaktivem Phosphat.* In Unterss. mit trägerfreien $Na_2H^{32}PO_4$ an gesunden Kaninchen wurde festgestellt, daß die Aktivitätskonz. (AK = Teilchen/Min./mg Frischgewicht) des Blutes nach intravenösen Injektionen individuell beträchtlich schwankt. In den ersten 10 Tagen nach der Injektion erfolgt der Abfall der AK annähernd exponentiell. Die AK des Blutes wird von Ernährung u. atmosphär. Einflüssen uncharakterist. beeinflußt. Ihr Verlauf ist bei intravenöser, intrapleuraler u. subcutaner $Na_2H^{32}PO_4$-Applikation etwa gleich, dagegen wird nach peroraler Verabreichung die maximale AK des Blutes erst nach 2—3 Tagen erreicht. Nach intraperitonealer Injektion liegen die Verhältnisse teils wie nach peroraler, teils wie nach intraperitonealer Zufuhr. Hierbei wird bes. auf die hohe Affinität des Dünndarms (Wand, wie auch Inhalt) zu Phosphat hingewiesen. Bis 1 Std. nach Injektion lassen sich in verschied. Gefäßabschnitten Unterschiede der AK des Blutes feststellen, die in unterschiedlicher Adsorption an den Zellwänden begründet sind. In weiteren Verss. wurden Werte ermittelt, die die Bedeutung der Blutfüllung von Organen bei der Best. derer AK aufzeigen. Während bei Phosphat die Durchspülung einer Reihe von Organen nur zu geringer AK-Abnahme führte, hatte sie bei $Na_2^{35}SO_4$ u. $Na^{131}J$ eine weitgehende, zum Teil vollständige Entfernung der Radioaktivität zur Folge. Vff. fordern deshalb, bei Tierverss. den Isotopengeh. des Blutes in den betreffenden Organen zu berücksichtigen. Unterss. des Gesamtgeh. an

^{32}P einiger Organe ergaben die höchsten Werte in der Leber, nämlich bis zu 6,5% der applizierten Menge. Abschließend werden tabellar. die Quotienten von Blut- u. Organ-AK zusammengestellt, wobei sich eine Unabhängigkeit dieser Quotienten von Applikationsart, Dosis u. Ausscheidungsrate zeigte. (Z. ges. exp. Med. **120**. 190—214. 1953. Borstel, Tuberkulose-Forschungsinst.) KRUSEN. 4601

L. A. Kaschtschenko und **A. D. Puschnitzyna,** *Zur Frage nach dem Einfluß der Hormone auf bestrahlte Organe.* Aus Verss. an Fröschen nach Röntgenbestrahlung u. Behandlung mit einer Hypophysenvorderlappensuspension wird geschlossen, daß die Bestrahlung zu einer allmählich einsetzenden reversiblen Herabsetzung der Reaktivität der untersuchten Keimdrüsen gegenüber dem verabreichten gonadotropen Hormon führt. Der Mechanismus der Wrkg. bleibt ungeklärt. (Доклады Академии Наук СССР [Ber. Akad. Wiss. UdSSR] [N. S.] **88**. 575—77. 21/1. 1953.) RENTZ. 4601

Leonora Mirone, *Die Wirkung des Äthylalkohols auf Wachstum, Fruchtbarkeit und freiwilliger Alkoholaufnahme bei Mäusen.* Durch Verabreichung von verd. A. an Stelle von W. bei Mäusen lassen sich Störungen im genet. App. erzeugen, als deren Folge ein experimenteller Alkoholismus bei Mäusen auftritt. Wachstum, Fruchtbarkeit u. freiwilliger Alkoholaufnahme der mit W. bzw. mit verd. A. aufgezogenen Mäuse werden gegenübergestellt. (Quart. J. Stud. Alcohol **13**. 365—69. Sept. 1952. Athens, Ga., Univ. of Georgia, School of Home Econ.) ZELLER. 4607

W. A. Hiestand, F. W. Stemler und **J. E. Wiebers,** *Der Einfluß verschiedener Äthylalkoholverdünnungen auf die intraperitoneale Toxizität der Maus.* Wurde A. in verschied. Verdünnungen Mäusen intraperitoneal verabreicht, wobei jede Verdünnung dieselbe Menge an A. enthält, so war die Toxizität bis zu Konzz. von 60% der Verdünnung proportional. Die Toxizität ist nach diesen Unterss. anscheinend proportional der Menge des resorbierten A., die das Peritoneum durchwandert. Eine Gewöhnung der Mäuse durch Verabreichung von 9,5%ig. A. während 19 Tagen im Trinkwasser setzte die Toxizität um 58% herab. (Quart. J. Stud. Alcohol **13**. 361—64. Sept. 1952. Pittsburgh, Pa., Univ. of Pittsburgh, Graduate School of Public Health, Res. Assoc.) ZELLER. 4607

Pamela Holton, *Antidromische Gefäßerweiterung und Cholinesteraseinhibitoren.* Drei Cholinesteraseinhibitoren: *Eserin, Prostigmin* u. *Diisopropylfluorphosphonat* hemmen die antidrom. Gefäßerweiterung am elektr. gereizten Kaninchenohr. Auch die Gefäßerweiterung nach Gabe von Radix spinalis-Extrakten wurde in gleicher Weise beeinflußt. Aus den Verss. geht hervor, daß die Wrkg. nicht auf eine Hemmung des Acetylcholinabbaus zurückgeführt werden kann. (J. Physiology **120**. 95—104. 28/4. 1953. Cambridge, Univ., Physiol. Labor.) BAUMANN. 4607

A. W. Wassin, *Neue Methode der Anwendung von Trypanblau und Trypanflavin zur Bekämpfung der Hämosporidiosen der Haustiere. Trypanblau* (**I**) u. *Trypaflavin* (**II**) können bei der üblichen intravenösen Zuführung schwere Entzündungen u. Nekrosen hervorrufen. Nach Verss. an Kaninchen, Schafen u. Pferden kann 1%ig. Lsg. von **I** mit einem Zusatz von 5% Na-Citrat ohne nennenswerte Nebenerscheinungen auch subcutan eingespritzt werden. Die baktericide Wrkg. von **I** wurde dadurch nicht gemindert. Piroplasmosekranke Pferde genasen, die im Incubationsstadium befindlichen blieben gesund, die Träger verloren ihre Infektiosität für Zecken. **I** blieb bei subcutaner Injektion ca. 1 Tag länger als bei intravenöser Injektion im Blute des behandelten Tieres nachweisbar. Vorbeugung der Infektion durch infizierte Zecken konnte nicht erzielt werden. Die gleichen Erfahrungen wurden mit **II** bei Behandlung der Schafe gegen Babesiose gemacht (60000 Tiere). Vf. empfiehlt, die Behandlung 2mal im Jahr (frühes Frühjahr u. Herbst) durchzuführen. (Ветеринария [Tierheilkunde] **29**. Nr. 3. 22—24. März 1952. Saratow, Wiss. Veter. Forsch.- u. Vers.-Stat.) DU MANS. 4610

A. A. Lewaschow, N. W. Jermakow, Ss. W. Drjagin und **B. W. Ssidorenko** (unter Mitarbeit von **N. M. Strelkow, R. F. Ssosow** und **G. I. Roshkow**), *Ein Versuch zur Anwendung der Vaccine WIEW gegen die Infektionsanämie der Pferde.* Verss. zur Prophylaxe u. Therapie mit der *Vaccine WIEW* (*Boschjan-Vaccine*, näheres nicht angegeben) ergaben, das diese nicht als ein spezif. Mittel zur Behandlung von Pferden mit infektiöser Anämie anzusehen ist. (Ветеринария [Tierheilkunde] **30**. Nr. 3. 20—24. März 1953.) RENTZ. 4610

L. P. Walls, *Trypanoside: eine Übersicht.* Zusammenfassender Überblick über die trypanicid wirksamen Verbb.: *As*-Verbb., *Suramin, Amidine, Phenanthridine*; Trypanosomeninfektionen bei Tieren, *T. cruzi*-Infektionen. — 30 Literaturangaben. (Chem. and Ind. **1951**. 606—10. 14/7.) K. MAIER. 4610

H. Schlossberger und **H. Brandis,** *Über die chemotherapeutische Wirksamkeit einiger öllöslicher organischer Hg-Verbindungen, sowie von Ebesal und Spirotrypan auf die* *experimentelle Kaninchensyphilis.* Folgende öllösl. Hg-Verbb. der CASELLA-FARBWERKE, Frankfurt/M.-Mainkur, wurden bei der Kaninchensyphilis geprüft: *Phthalsäure-β-acetoxymercuri-γ-methoxypropyloctylester, -β-äthylhexylester, -butylester* u. *-allylester.* Dosis tolerata der 5%ig. Lsg. 1 cm^3/kg Körpergewicht, keine Wirksamkeit. Ferner *1.2.2-Trimethylcyclopentan-1.3-dicarbonsäureoctylester, -butylester,* u. *-β-äthylhexylester* (Dosis tolerata 2 cm^3/kg) mit mäßiger Wirksamkeit u. Nekrosen an der Injektionsstelle. Auch *Ebesal* (FARBWERKE HOECHST; *Cu-Allylthioharnstoffbenzoesäure*) war intravenös bei einer Dosis bis insgesamt 90 mg/kg unwirksam. *Spirotrypan* (FARBWERKE HOECHST) zeigte bei einmaliger Gabe von 17 mg/kg intravenös gute Wirkung. (Dermatol. Wschr. **127.** 427—30. 1953. Frankfurt/M., Hyg. Inst. der Stadt, u. Univ.) BROSEMANN. 4610

H. Walther, *Therapie der Geschlechtskrankheiten.* Schrifttumsübersicht 1952. (Dtsch. med. J. **4.** 87. 15/2. 1953.) LOCH. 4610

Anders Kristenson, *Einige Untersuchungen über das Auftreten von Blutungsneigung im Zusammenhang mit p-Aminosalicylsäurebehandlung.* Kurze zusammenfassende Mitt. eigener Erfahrungen u. Literaturberichte über tox. Nebenwirkungen von *PAS,* bes. über die manchmal durch *PAS* entstehende Neigung zu Hämorrhagien. (Acta med. scand. **145.** 52—55. 28/3. 1953. Stockholm, Seraphim Hosp.) KRUSEN. 4610

David C. Mountain und **Frederick P. Krumenacher,** *Orale Undecylensäure zum Vorbeugen des sogenannten sekundären Soors bei Anwendung von Aureomycin, Chloramphenicol und Terramycin.* Verss. an 20 Fällen bei gleichzeitiger oraler Verabreichung von *Undecylensäure* (I) in Kapseln von 0,44 g I zu je 250 mg eines *Antibioticums,* totale I-Dosis 2,64—91,8 g, erbrachten den Nachw., daß mit I Glossitis, Pharyngitis, Pruritus, Vaginitis oder Proctitis nicht auftreten. Bei 42 Patienten, die I 3 Tage nach Beginn antibiot. Therapie erhielten, trat in 2 Fällen Pruritus auf, bei 45 Kontrollen ohne I in 12 Fällen. Keine Nebenwirkungen u. Beeinflussung der antibiot. Therapie durch I. Nach Vff. ist I kein fungicides Mittel, aber I scheint einen Angriff von *Monilia albicans* auf das Gewebe zu vereiteln. (Amer. J. med. Sci. **225.** 274—80. März 1953. Milwaukee, Wis., Marquette Univ., School of Med., Dep. of Internal Med., u. Columbia Hosp.) DOSSMANN. 4610

Jacob B. Shapiro und **William Weiss,** *Tuberkulöse Pericarditis mit Erguß: die Einführung antibakterieller Therapie.* Bericht über 34 Fälle mit tuberkulöser Pericarditis mit Ergüssen. In 22 Fällen konnten Tuberkel in der pericardialen Fl. nachgewiesen werden. 14 Fälle wurden mit *Streptomycin* behandelt, 8 erhielten zusätzlich *PAS,* 2 *Isoniazid.* Art der Verabreichung war unterschiedlich. Therapiedauer in 10 Fällen über 50 Tage. Verglichen mit den nicht antibiot. behandelten Fällen sank die Mortalität von 90 auf 43%. Irgendwelche Schlüsse bzgl. einer optimalen Therapie lassen sich nicht ziehen. (Amer. J. med. Sci. **225.** 229—40. März 1953. Philadelphia, Pa., Philadelphia Gen. Hosp.) DOSSMANN. 4611

John D. Adcock, W. F. Fidler, Walter A. Meier und **Cora R. Owen,** *Streptomycin-p-aminosalicylat und streptomycinresistente Tuberkelbakterien.* 12 Patienten mit weit fortgeschrittener Lungentuberkulose erhielten *Streptomycin-p-aminosalicylat* (I). Häufigkeit u. Geschwindigkeit des Auftretens streptomycinresistenter Tuberkelbakterienstämme ließen keine verzögernde Wrkg. von I auf deren Bldg. erkennen. (Amer. J. med. Sci. **221.** 149—51. Febr. 1951. Ann Arbor, Mich., Univ., Hosp., Dep. of Internal Med., u. Howell, Mich., Michigan State Sanatorium.) K. MAIER. 4611

Frances H. Prissick, *Antibiotica-resistente Staphylokokken- und verwandte Infektionen.* Übersichtsref. über Arbeiten der einschlägigen Literatur, die das Problem der *Antibiotica*-resistenten Staphylokokkeninfektionen betreffen, wobei die *Penicillin*-Resistenz von *Micrococcus pyogenes* bes. herausgestellt wird, wenngleich Staphylokokkenstämme in geringerem Maß auch Resistenz gegenüber anderen Antibioticis zeigen. Vf. skizziert unter Heranziehung eigener Beobachtungen an Kleinkindern den Einfl. der Verabreichung der Antibiotica auf den Charakter einer Staphylokokkeninfektion u. der damit in Zusammenhang stehenden bakteriolog. u. klin. Probleme. — 112 Literaturangaben. (Amer. J. med. Sci. **225.** 299—319. März 1953. Montreal, Can., Children's Mem. Hosp.) DOSSMANN. 4611

Horace M. Gezon, John S. Cook jr., Robert L. Magoffin und **Charles H. Miller,** *Die Verwendung von Penicillin und Sulfadiazin als Prophylaktica gegen streptokokkenbedingte und unspezifische Infektionen der Atmungsorgane bei Rekruten eines Marineübungslagers.* Bei einer größeren Epidemie akuter Erkrankungen der Atmungsorgane wurden *Sulfadiazin* (I) u. *Penicillin* (II) auf ihre prophylakt. u. therapeut. Wirksamkeit geprüft. I u. II waren gleich wirksam gegen streptokokkenbedingte Erkrankungen. I war wirksamer bei unspezif. Infektionen. (Amer. J. Hyg. **57.** 71—100. Jan. 1953. Bethesda, Md., Naval Med. School, Dep. of Epidemol.) GERBER. 4611

A. Murray Fisher und **Victor A. McKusick**, *Bacterioideninfektionen. Klinische, bakteriologische und therapeutische Merkmale bei 14 Fällen.* Der Nachw. der nicht sporenbildenden Bacterioiden, die ausgesprochene Anaerobier sind, ist schwierig; sie treten zahlreich in der n. Flora des Mundes, des weiblichen Genitaltraktes u. des Intestinums auf, wo sie an Zahl E. coli übertreffen. 2 Arten: *B. funduliformis* u. *B. fragilis*. 14 Fälle mit verschied. Bacterioideninfektionen werden einzeln besprochen. Behandlung mit *Penicillin* (I), *Sulfamerazin*, *Streptomycin* (II), *Aureomycin* (III), *Gantrisin*. Klin. scheint II am wenigsten wirksam zu sein, I-Wrkg. ist unterschiedlich. Nach in vitro-Verss., die klin. zum Teil bestätigt werden konnten, waren III u. *Terramycin* am wirksamsten. In 12 Fällen Heilung bzw. Kontrolle der Infektion. Ein spezif. wirksames Chemotherapeuticum wurde bisher nicht gefunden. (Amer. J. med. Sci. **225.** 253—73. März 1953. Baltimore, Md., Johns Hopkins Hosp., u. Univ., Dep. of Med.) DOSSMANN. 4611

W. Robert Penman, Richard K. Kleppinger, William L. Gaby und **Edith M. Heller**, *Vergleichende Untersuchung der bakteriologischen und klinischen Ergebnisse in der Behandlung von häufigen Infektionen der Beckenorgane mit einem neuen oralen Penicillin-Sulfonamid-Präparat.* In 17 von 27 Fällen verschied. Infektionen von Beckenorganen wurde durch Behandlung mit *Penicombisul* (je Tablette 100000 E. *Penicillin G-Kalium*, je 0,166 g *Sulfacetimid*, *Sulfadiazin* u. *Sulfamerazin*; SCHERING CORP.) klin. Heilung erzielt, während nur bei 6 Patienten nach der Behandlung sterile Kulturen erhalten wurden. Vff. weisen darauf hin, daß chirurg. Eingriffe durch Chemotherapeutica in solchen Fällen nicht vollständig ersetzt werden können. (Amer. J. Obstetr. Gynecol. **65.** 175—79. Jan. 1953. Philadelphia, Pa., Hahnemann Med. Coll. and Hosp.) KRUSEN. 4611

Nathan Schnall, *Die Morbidität nach abdomineller Hysterektomie mit und ohne Penicillin-Streptomycin-Vaginalsuppositorien.* Die Applikation von *Streptomycin-Penicillin*-Vaginalsuppositorien nach totaler abdomineller Hysterektomie führt ohne Nebenerscheinungen zu verringerter Morbidität. (Amer. J. Obstetr. Gynecol. **65.** 73—76. Jan. 1953. Philadelphia, Pa., Mt. Sinai Hosp.) KRUSEN. 4611

Sheppard Siegal, Roger W. Steinhardt und **Robert Gerber**, *Fatale und fast fatale Penicillinanaphylaxie.* Bericht über 3 Fälle von *Penicillin* (I)-Anaphylaxie, davon einer mit letalem Ausgang bei Bronchialasthma. 2 Patienten erhielten schon früher mehrmals I ohne Nebenerscheinungen. Es werden Vorsichtsmaßregeln, bes. ein I-Hauttest, beschrieben. — 20 Literaturangaben. (J. Allergy **24.** 1—10. Jan. 1953. New York, N. Y., Mt. Sinai Hosp.) KRUSEN. 4611

R. W. Sarber und **Margaret J. Hemans**, *In vitro- und chemotherapeutische Untersuchungen mit Chloramphenicol (Chloromycetin) bei Hämophilus pertussis. Chloramphenicol* (I) hemmt in vitro das Wachstum von *H. pertussis* (Phase I) mit 0,2—0,3 γ/cm^3 (gegenüber 2,6 γ *Streptomycin*-Base) bei Best. nach der Blutagarplattenverdünnungsmethode. Nach intranasaler Infektion (10—50 DL_{50}-Dosen) von Mäusen gibt I bei 2mal täglicher Verabreichung (1 oder mehrere Tage) in Dosen von 1,75—3,5 mg. 100%ig., von 0,875 mg 42%ig. Schutz (5 u. 10 mg *Sulfadiazin* 59 u. 70%). Bei intracerebraler Infektion war I viel weniger wirksam. I wirkt auf Pertussis-Erreger, die bei Mäusen Lungeninfektionen hervorrufen, abtötend. (J. infect. Diseases **88.** 50—53. Jan./Febr. 1951. Detroit, Mich., Parke, Davis & Comp., Res. Labors.) K. MAIER. 4611

Otto Walther, *Unsere Erfahrungen mit dem neuen Narkoticum Isopropylchlorid.* Bei 100 mit *Isopropylchlorid* (I, PHARMA-RHEINPREUSSEN) durchgeführten Kurznarkosen bei gynäkolog. Eingriffen trat 3mal eine zentrale Atmungslähmung auf. Wegen der geringen therapeut. Breite sollte daher I nur zur Narkoseeinleitung bzw. zu sehr kurzen Rauschnarkosen verwendet werden. In seiner Wrkg. ist es dem *Chloräthyl* sehr ähnlich. (Zbl. Gynäkol. **75.** 259—64. 1953. Mainz, Univ., Frauenklinik.) DAUTZENBERG. 4621

Rud. Hellmann, *Über erste Versuche in der Gynäkologie mit dem neuen intravenösen Narkosemittel „Inactin".* Es wird über 150 intravenöse Kurznarkosen mit *Inactin* PROMONTA (Natriumsalz der *5-Äthyl-5-methylpropyl-2-thiobarbitursäure*) berichtet. Bes. vorteilhaft ist das Fehlen jeder Excitation. Nebenwirkungen auf den Kreislauf wurden nicht beobachtet; bei rascher Injektion tritt Atemstillstand ein, der aber spontan schnell überwunden wird. Als Standarddosis werden 20 ml der 5%ig. Lsg. (jeweils frisch hergestellt) empfohlen, wodurch Narkosen von 10—30 Min. erzielt werden. (Zbl. Gynäkol. **75.** 255—59. 1953. Hamburg.) DAUTZENBERG. 4621

G. B. Singh und **M. M. Rao**, *Vergleichende Untersuchung über intravenöse Anästhesie beim Hund im tropischen Gebiet.* Vff. berichten über intravenöse Anwendung von *Kemithal-Na* (I), *Pentothal-Na* (II), *Intraval-Na* (III) u. *Nembutal-Na* (IV) beim Hund.

I ist ungefähr halb so wirksam wie II oder III u. ungefähr gleich wirksam wie IV, hat aber größere therapeut. Breite. Die Anästhesie beträgt bei gleich wirksamen Dosen für I u. II je 23 Min., für III 16 Min. u. für IV 2 Stunden. I beeinträchtigt weniger das Atmungszentrum als II, III oder IV, das Erwachen ist vollständiger u. schneller nach II, III oder IV. Die Zeiten vom Wiedererscheinen des Fußreflexes bis zum Aufstehen betragen für I 37 Min., für II 4½ Std., für III 3¾ Std. u. für IV 16¼ Stunden. (Brit. veterin. J. **109.** 168—71. April 1953. Orissa, India.) K. BÖHM. 4621

M. Fabinyi-Szebehely und **J. Szebehely,** *Der Einfluß von Antihistaminicis auf die Wirkung von Histamin auf Körpertemperatur und Sauerstoffverbrauch bei Mäusen und Ratten.* Die Herabsetzung der Körpertemp. durch *Histamin* bei niedriger Umgebungstemp. (20°), sowie die Steigerung der Körpertemp. u. des O_2-Verbrauchs bei hoher Umgebungstemp. (30—33°) durch Histamin bei Ratten u. Mäusen wird durch *Diphenhydramin* (*Benadryl* = *β-Dimethylaminoäthylbenzhydryläther hydrochlorid*) u. *Tripelenamin* (*Pyribenzamin* = *N-α-Pyridyl-N-benzyl-N'.N'-dimethyläthylendiaminhydrochlorid*) verhindert. (Acta physiol. scand. **27.** 1—9. 20/12. 1952. Lund, Univ., Dep. of Pharmacol.; Malmö, Ferrosan Ltd.) DAUTZENBERG. 4625

Elveno Cerretelli, *Über die Behandlung des Heufiebers mit Poly-Allerg. Poly-Allerg* ist ein *Polysaccharid–Aminosäure*-Komplex mit struktureller Angleichung an natürliche Heufieberallergene, der die *Histamin*-Bldg. hemmt. 11 Kranke mit Heufieber erhielten jeden 2. Tag bis zu 12 Injektionen intramuskulär. 6 wurden geheilt, 3 wesentlich gebessert, u. 2 nicht beeinflußt. Spätere Nachkontrollen sind noch erforderlich. (Praxis [Bern] **42.** 431—33. 21/5. 1953. Florenz, Univ., Oto-rhino-laryngolog. Klinik.) BROSEMANN. 4625

Leon S. Kind, *Verhinderung des Histamintodes bei Pertussis-infizierten Mäusen durch Cortison und Neoantergan.* Mäuse wurden an 3 aufeinanderfolgenden Tagen mit je 0,2 ml Hämophilus pertussis-Vaccine (HPV) geimpft u. erhielten nach 6 Tagen 25 mg/kg *Histamin* (I) injiziert. Von Tieren, die 18 Std. vor der I-Zufuhr 3 mg *Cortison* (II) intramuskulär erhielten, starben 13%, von unbehandelten 58%. Wurden HPV-sensibilisierte Mäuse nach 6 Tagen erneut mit HPV geimpft, so starben 74%, während nach vorheriger Injektion von 1 mg II 43%, von 3 mg 4% starben. Nach einmaliger Applikation von 1 ml HPV starben 62%, wurde zuvor II gegeben, nur 7%. Gleichfalls wurde der I-Tod bei HPV-sensibilisierten Tieren durch mindestens 10 mg/kg *Neoantergen* verhindert, welches jedoch bei Reinjektion von HPV sowie bei einmaligen letalen Dosen von HPV unwirksam war. — 19 Literaturangaben. (J. Allergy **24.** 52—59. Jan. 1953. Charleston, S. C., Med. Coll. of South Carolina, Dep. of Bacteriol.) KRUSEN. 4625

M. Jean Cheymol, *Synthetische Carbaminoylcholinderivate mit curaresierender Wirkung.* Es wurden *Carbaminsäurecholinesterjodid* (I), *Hydrazodicarbonsäuredicholinesterdijodid* (II), sowie *Methylen* (III)-, *Äthylen* (IV)-, *Tetramethylen* (V)-, *Pentamethylen* (VI)-, *Hexamethylen* (VII)-, *Dekamethylen* (VIII)-, *Äthyliden* (IX)-, *Propyliden* (X)-, *1.2-Propylen* (XI)- u. *Benzyliden-bis-[carbaminsäurecholinesterjodid]* (XII) pharmakol. geprüft. Die DL_{50} (intravenös) bei der Maus beträgt bei I 0,28, II 30,0, III 1,15, IV 1,45, V 0,5, VI 0,27, VII 0,13, VIII 0,5, IX 10,0, X 60,0, XI 7,5 u. bei XII 4,0 mg/kg. Miot. Wrkg. am Kaninchenauge in 1%ig. Lsg. haben I, X, XII. Auf den Blutdruck (Hund in Chloralose-Narkose) wirken senkend (durch *Atropin* hemmbar): I, XII, XI, X, IV, III, II (Reihenfolge abnehmender Wirkungsstärke). Blutdrucksteigernd (durch *Yohimbin* bzw. *Adrenalektomie* hemmbar) wirken VII, VI, V, XI, VIII. Sekretionssteigernd (Speicheldrüsen, Bronchialdrüsen) wirken I, X, II, IX, XII, V. Die curaresierende Wrkg. ist gering bei den Verbb. mit verzweigter Kette IX, X, XI, XII, u. bei III. Am wirksamsten ist VII, daran schließen sich an VIII, VI, V, III, IV, II. VII ist dabei ca. 5—6 mal wirksamer als *d-Tubocurarin* u. *Succinylcholin* (am Kaninchen). Am Vogel führt es zur Kontraktur, desgleichen am Froschrectus. Es gehört damit zur Gruppe der Leptocurarestoffe. (Bull. Acad. nat. Méd. **137.** ([3] 117). 83—87. 3 u. 10./2. 1953. Paris, Fac. de Méd., Labor. de Pharmacol.) DAUTZENBERG. 4628

R. B. Barlow, T. D. M. Roberts und **D. A. Reid,** *Die neuromuskulär blockierende Wirksamkeit von Äthylanalogen des Dekamethoniums.* Mit *Dekamethonium* (I) wurden verglichen: *Dekamethylen-bis-[äthyldimethyl-* (II), *-[methyldiäthyl-* (III) u. *-[triäthylammoniumjodid]* (IV). Darst. der Verbb.: *Dekamethylendibromid*, gelöst in A., wird 5 Std. mit einem Überschuß von *Dimethylamin* bzw. *Diäthylamin* behandelt, das Gemisch eingedampft, der Rückstand stark mit KOH alkalisiert u. mit Ae. extrahiert, die Extrakte getrocknet u. destilliert. Dabei entsteht *1.10-Bis-[dimethylamino]-decan*, Kp. 115—120°/5 mm, Ausbeute 60%; bzw. *1.10-Bis-[diäthylamino]-decan*, Kp. 186 bis 188°/16 mm, n_D^{16} 1,4537, Ausbeute 70%. Die in A. gelösten Basen werden mit *Methyl-* bzw. *Äthyljodid* behandelt u. die fast in theoret. Ausbeute erhaltenen rohen quartären Salze aus A. auskrist.: **II**, F. 251—252°; **III**, F. 236—237°; **IV**, F. 213—214°. — Bzgl. der neuromuskulär blockierenden Wrkg. verhalten sich die äquivalenten Dosen von **I** : **II** : **III** : **IV** am isolierten Rattenzwerchfell wie 1 : 8 : 8 : 7 u. am Musculus quadriceps des decerebrierten Kaninchens wie 1 : 15 : 10 : 4. (J. Pharmacy Pharmacol. **5.** 35—38. Jan. 1953. Glasgow, Univ., Dep. of Chem. and Physiol.) DAUTZENBERG. 4628

Robert D. Dripps, *Anomales Verhalten der Atmung nach verschiedenen „Curare"-Mitteln bei der chirurgischen Narkose: Häufigkeit, Ursachen und Behandlung.* Bei insgesamt 2800 Anwendungen verschied. Relaxantien trat 6 mal verlängerte Apnoe, 7 mal verlängerte Atmungsdepression ein. Ursachen u. Behandlung werden diskutiert. Ein Zusammenhang mit Alter, Geschlecht oder Art des Anästheticums oder Relaxans konnte nicht gefunden werden. Bei schlechtem Allgemeinzustand trat eine Apnoe öfter auf. (Ann. Surgery **137.** 145—55. Febr. 1953. Philadelphia, Pa., Hosp. of the Univ. of Pennsylvania; Univ. of Pennsylvania, School of Med., Harrison Dep. of Surg. Res.) DAUTZENBERG. 4628

James B. Preston und **E. F. Van Maanen,** *Wirkungen der Reizfrequenz auf die lähmende Dosis neuromuskulär blockierender Substanzen.* Am Nerv–Muskel-Präp. von narkotisierten Ratten nimmt die mittlere lähmende Dosis (PD_{50}) von *d-Tubocurarin, Flaxedil, Dekamethonium, Neostigmin* u. *Tensilon* mit steigender Reizfrequenz (0,067 bis 5 Impulse/Sek.) ab, während gleichzeitig die Zeit von der Injektion bis zum Wirkungsmaximum kürzer wird. Die Erholung von der Lähmung wird von der Reizfrequenz nicht beeinflußt. Die Steigungen der Dosis–Wirkungs-Kurven weisen weder bei den verschied. Verbb. noch bei den verschied. Reizfrequenzen signifikante Unterschiede auf. (J. Pharmacol. exp. Therapeut. **107.** 165—71. Febr. 1953. Cincinnati, O., Univ. of Cincinnati, Coll. of Med., Dep. of Pharmacol.) DAUTZENBERG. 4628

Kl. Gollwitzer-Meier und **E. Witzleb,** *Zur Wirkung bis-quaternärer Ammoniumsalze auf das Glomus caroticum der Katze.* Am Glomus caroticum der spontan atmenden Katze wurde die Wrkg. von *Dekamethonium* (**I**), *Hexamethonium* (**II**) u. *Pentamethonium* (**III**) durch Registrierung des Aktionsstromes des Sinusnerven untersucht. **I** hat nur sek. Einfl. durch Lähmung der Atmungsmuskulatur. **II** u. **III** blockieren die Synapse zwischen Rezeptoren u. afferenten Nerven, so daß bei Frischluft- u. O_2-Mangelatmung die Impulsfrequenz im Sinusnerven herabgesetzt u. die Wrkg. von *Lobelin* u. *Acetylcholin* aufgehoben wird. Der Synapsenlähmung geht bei **III** eine sehr kurze Erregung voraus. (Pflügers Arch. ges. Physiol. Menschen Tiere **256.** 381—90. 1953. Hamburg, Univ., Inst. für exp. Pathol. u. Balneol.) DAUTZENBERG. 4628

Rosemarie Scheibe, Günther Vogel und **Wolfgang Westphal,** *Die Muskelwirkung des Veratrins bei verschiedenen Funktionszuständen der motorischen Nervenendplatte.* Am Gastrocnemius von Rana temporaria wurde festgestellt, daß die *Veratrin*-Zuckung durch *Curare* bei direkter Reizung nicht beeinflußt wird, während bei indirekter Reizung je nach dem Grad der Curaresierung eine teilweise bis völlige Hemmung der *Veratrin*-Wrkg. erfolgt. *Eserin* wirkt hier antagonistisch. Die Muskelerregbarkeit wird nach Denervierung durch *Veratrin* zunächst erhöht, nach Verschwinden der indirekten Erregbarkeit (etwa am 8.—10. Tag) vermindert. (Pflügers Arch. ges. Physiol. Menschen Tiere **256.** 359—70. 1953. Berlin, Humboldt-Univ., Physiol. Inst.) DAUTZENBERG. 4628

Clara Torda, *Gehalt an Ammoniumionen und elektrische Aktivität des Gehirns vor und während mit verschiedenen Mitteln erzeugter Krämpfe.* Als Krampfmittel wurden *Pentylentetrazol* (**I**), *Physostigminsalicylat* (**II**) u. *NH_4Cl* (**III**) bei Ratten benutzt. Der **III**-Geh. des Gehirns ist im präkonvulsiven Stadium bei **I** u. **II** in n. Grenzen u. steigt im Krampf an. Bei **III** steigt der **III**-Geh. des Gehirnes entsprechend der Injektion schon vor dem Krampf bis auf 900% des Normalwertes, Krampf tritt erst bei Erreichen der 10 fachen Konz. des Ausgangswertes ein. Die elektr. Krampfpotentiale traten unabhängig vom **III**-Geh. des Gehirns entsprechend den tatsächlichen Krampferscheinungen auf. Vf. schließt daraus, daß eine **III**-Anhäufung im Gehirn nicht Ursache der Krämpfe, sondern Folge einer erhöhten Hirnaktivität ist. (J. Pharmacol. exp. Therapeut. **107.** 197—203. Febr. 1953. New York, New York Hosp., Cornell Med. Cent., Dep. of Med. [Neurology] and Psychiatry.) DAUTZENBERG. 4628

Hyman L. Naterman, *In thioglykolhaltigem Wasser suspendierte Epinephrinbase.* Beschreibung der Herst. einer 0,5% *Epinephrin*, 0,5% Thioglykolat, 25% Glycerin u. 0,44% Phenol enthaltenden wss. Suspension mit protrahierter Wrkg. u. Bericht über 2 damit erfolgreich behandelte Fälle von Asthma. Die Suspension soll je nach Stärke der Anfälle u. individueller Verträglichkeit 1—4 mal täglich in Mengen von 0,1—0,5 ml verabreicht werden. Nebenerscheinungen schwererer Art sind sehr selten. (J. Allergy **24.** 60—63. Jan. 1953. Boston, Mass., Beth Israel Hosp.) KRUSEN. 4628

Vincenzo Grigolato, *Beobachtungen über die Verwendung von Heparin bei der Behandlung der Angina pectoris. Heparin* vermag, intravenös injiziert, eine vorübergehende schnelle Rückbldg. des Syndroms der Angina pectoris zu veranlassen. (Minerva Med. [Torino] **44** I. 710—13. 17/3. 1953. Milano, Ospedale Maggiore, Div. Med. „Rizzi".) LUDOLPHY. 4630

Giuseppe Toja, *Die Novocaininfiltration des Aortenplexus in der Behandlung der Angina pectoris.* Injektion von 20 cm³ 0,5%ig. Novocainlsg. in die Nähe des Arcus aortae (Beschreibung der Technik) mit gutem therapeut. Erfolg. (Minerva Med. [Torino] **44.** I. 955—56. 11/4. 1953. Torino, Ospedale Mauriziano.) BARTH. 4630

George Entwisle und **Clement A. Stone,** *Wirkung der prolongierten Zufuhr einer die Nebennierenfunktion blockierenden Droge auf den Blutdruck von Hunden mit Hypertension.* Bei Hunden mit auf die Nebennieren zurückgehender Hypertension bewirkte *N-Äthyl-N-[2-chloräthyl]-9-fluorenaminhydrochlorid* (*SY-21* bzw. *SKF-501,9*; **I**; 5 mg/kg 2mal täglich oral) mäßiges Absinken des mittleren arteriellen Druckes während 2—4 Wochen. Die Wrkg. von **I** konnte erst 6—8 Tage nach Absetzen von **I** durch Epinephrin aufgehoben werden, so daß **I** nicht die Nebennierennerven blockieren, sondern die Funktion der Nebennierenrinde ändern dürfte. Während der Verabreichung von **I** bestand Appetitlosigkeit. Zur Kontrolle wurde das ebenfalls Appetitlosigkeit hervorrufende, doch oral nur wenig blutdrucksenkende *N-Äthyl-N-[2-bromäthyl]-1-naphthalinmethylaminhydrobromid* (*SY-28*; **II**) gegeben. Mit **II** behandelte Hunde waren gegen Epinephrin nicht unempfindlich, u. nur teilweise Blockade wurde beobachtet. Bei Hunden mit n. Blutdruck wirkte **I** nicht blutdrucksenkend. (Amer. J. Physiol. **172.** 245—50. Jan. 1953. Boston, Mass., Univ., School of Med., Dep. of Physiol.) WILLENBERG. 4630

A. Schmid, *Günstige Beeinflussung arterieller Zirkulationsstörungen durch Hydrazinophthalazin (Apresolin).* Vf. behandelte 4 Fälle schwerer, organ. bedingter Durchblutungsstörungen in den Extremitäten (2mal Endarteriitis obliterans, 2mal Arteriosklerose) mit intravenösen Injektionen von 12—18 mg *Hydrazinophthalazin* (*Apresolin*, **I**), wobei es zu einer meist deutlichen Steigerung der Hauttemp. in den befallenen Gebieten kam. **I** senkt den Blutdruck, mindert den peripheren Widerstand u. den arteriellen Mitteldruck u. steigert das Herzminutenvol., ist mithin nicht nur ein einfaches Sympathicolyticum. Die Wrkg. anderer Pharmaca mit ähnlicher Indikation (*Histamin, Priscol, Hexamethonium*) wird kurz erörtert. (Schweiz. med. Wschr. **83.** 429—31. 2/5. 1953. Bern, Univ., Med. Klinik.) K. BÖHM. 4630

Hans Seliger, *Neue Erkenntnisse über die physiologischen Beziehungen zwischen dem Leberstoffwechsel und Hypertonie, sowie deren günstige Beeinflussung durch Fel-tauri-Mischung.* Abnahme der Hypertensiogenproduktion u. Zunahme der Bldg. des depressor. wirkenden Leberstoffes durch *Fel tauri*, dadurch Red. der Leberdurchblutung. Anwendung von Fel-tauri-Mischung (*Dorital*, BOEHRINGER) bewährt bei essentieller, arteriosklerot., klimakter. u. nephrogener Hypertonie. (Hippokrates **23.** 679—80. 15/12. 1952. Schmiedefeld/Rennsteig.) KERSTEIN. 4630

Willi Schmitz, *Zur Behandlung des Ischias unter besonderer Berücksichtigung der Durchblutungsstörungen.* Ausgehend von der Beobachtung, daß für das Entstehen ischialg. Beschwerden Durchblutungsstörungen verantwortlich zu machen sind, schlägt Vf. eine Kombinationsbehandlung von *Aneuxol* u. *Embran* vor. (Med. Klin. **48.** 525—26. 10/4. 1953. Ückermünde, Landesheil- u. Pflegeanstalt.) P. G. SCHEURLEN. 4630

B. Erba, G. C. Guarnerio und **G. Bertoni,** *Klinische und experimentelle Untersuchungen über die Wirkung des Emetins bei Lungenblutungen.* Vff. untersuchten bei einer größeren Zahl von verschied. Lungentuberkulosen die Wrkg. des *Emetin* (**I**) auf die Lungenblutungen. **I** wurde täglich intravenös, u. zwar zu 40 mg, kombiniert mit Digitoxin, Vitamin C u. in Dextroselsg., gegeben. Durchschnittlich nach 1—2 Wochen war in den meisten Fällen kein blutiges Sputum mehr zu finden. Neben einer Abnahme der Blutungs- u. Gerinnungszeit konnte capillarmkr. beobachtet werden, daß die Capillarpermeabilität u. -fragilität unter **I** red. wurden. (Notiziario Ist. Vaccinogeno Antitubercolare **3.** 16—44. Jan./März 1953. Milano, Univ., Ist. di Tisiologia.) P. G. SCHEURLEN. 4633

Gernot Riedel und **Richard Wiehl,** *Die sogenannten unspezifischen Entzündungen im Bereich des männlichen Genitale und neue Wege ihrer Behandlung.* Im Anschluß an Streptomycinbehandlung bewährte sich *Venostasin* (**I**) bei Gefäßwandschäden mit tonisierender u. capillarabdichtender Wirkung. Dosierung: 3mal/Tag 1 Ampulle **I** bis zur objektiven Besserung, danach 1—2 Ampullen/Tag für 8—10 Tage, dann 3mal 20 Tropfen/Tag für 2—3 Wochen. (Dermatol. Wschr. **127.** 361—72. 1953. Tübingen, Univ., Hautklinik.) BROSEMANN. 4633

William H. Harris jr., *Mercuhydrinempfindlichkeit, Bericht über einen Fall.* Im Verlauf einer *Mercuhydrin* (I; Kombination aus *Na-Salz des Methoxyhydroxymercuriisopropylsuccinylharnstoff* u. *Theophyllin*)-Behandlung traten nach der 5., 6. u. 7. Injektion kurzfristige heftige Temperatursteigerungen bis auf 103—104° F, sowie vorübergehende Herz-, Atmungs- u. geistige Störungen auf. (J. Allergy **24.** 73—77. Jan. 1953. Richmond, Va., St. Luke's Hosp.) KRUSEN. 4634

T. Ss. Busko, *Zur Frage der Behandlung von Magen- und Zwölffingerdarmgeschwüren.* Die Erprobung verschied. neuer Methoden zur Ulcusbehandlung (Bluttransfusionen, antireticuläres cytotox. Serum nach BOGOMOLETZ, Schlaftherapie u. a.) an 337 Ulcuspatienten ließ keine spezif. Wrkg. derselben erkennen. Relativ am günstigsten wirkte die Schlafbehandlung (Chloralhydrat, Luminal). (Советская Медицина [Sowjet-Med.] **16.** Nr. 4. 23—24. April 1952.) K. MAIER. 4645

G. Schaper, *Über klinische Erfahrungen mit Vermizym.* (*Zur Arbeit von S. Hannak.*) An 16 Kindern wurde das Wurmmittel *Vermizym* (I) in 1, 2 u. 3 Tageskuren erprobt. Zur Beurteilung des Ausfalls wurden Stuhlproben vorgenommen; es ergab sich, daß nur 7 Kinder nach Kurbeendigung bzgl. Wurmeiern im Stuhl negativ waren. Bei den anderen 9 Kindern wurden weiter Wurmeier gefunden, in einigen Fällen gingen sogar noch lebende, nicht angedaute Ascariden ab, so daß Vf. die äußerst günstigen Ergebnisse mit I von WEISE (C. **1951.** II. 567) u. HANNAK (C. **1951.** II. 3347) nicht bestätigen kann. (Münchener med. Wschr. **93.** 2309—11. 16/11. 1951. Münster/Westf., Univ., Kinderklinik.) DOSSMANN. 4649

S. Hannak, *Erwiderung zur Arbeit über klinische Erfahrungen mit „Vermizym" von G. Schaper.* Vf. versucht, die Unterschiede im Erfolg mit *Vermizym* (I) bei seinen Verss. u. denen von SCHAPER (vgl. vorst. Ref.) zu erklären. Das enzymat. wirkende I kann unter Umständen durch andere verabfolgte Medikamente zerstört worden sein, ferner wurde von der Herstellerfirma, SCHWAB, München, vorübergehend ein schwächer wirkendes afrikan. *Papain* verwandt. Der Abgang lebender Ascariden ist so zu erklären, daß die Parasiten in tiefere Darmabschnitte flüchten u. ausgeschieden werden, ehe sie von der I-Wrkg. erfaßt werden. Außerdem dürfte die optimale I-Dosierung nach dem vorhandenen geringen Beobachtungsmaterial noch nicht endgültig festliegen. (Münchener Med. Wschr. **94.** 320. 15/2. 1952. München.) DOSSMANN. 4649

William F. Dowdell, Harold P. Roth und **Norman P. Shumway**, *Weiterverfolgung klinischer Ergebnisse nach Anti-Amöbentherapie.* Unters. bezieht sich auf 54 Patienten der Jahre 1947—1951, bei denen Amöben im Stuhl nachgewiesen wurden. Therapie: *Diodoquine* (I), 1 g 3mal täglich 10 Tage lang, dann *Carbazon* (II), 0,25 g 3mal täglich 10 Tage, u. anschließend wieder I in gleicher Dosierung. Einige Patienten erhielten zusätzlich *Emetinhydrochlorid*, 0,06 g täglich, 8—10 Tage, spätere Fälle *Chloroquine*, 1 g 2 Tage, dann 0,5 g 18 Tage. Rückfälle wurden außerdem mit *Aureomycin, Bacitracin, Penicillin* oder mit Einläufen von II oder *Chinioform* behandelt. Nachunters. bis zu 36 Monaten. Diskussion der Ergebnisse nach den beobachteten Symptomen, in allen Fällen gingen diese nach der Behandlung zum mindesten teilweise zurück, ca. 50% Rückfälle bei den Nachuntersuchungen. (Amer. J. med. Sci. **225.** 245—52. März 1953. Cleveland, O., Veterans Administrat. Hosp., u. Western Reserve Univ., School of Med.) DOSSMANN. 4649

H. Walther, *Therapie der Hautkrankheiten.* Schrifttumsübersicht 1952. (Dtsch. med. J. **4.** 84—87. 15/2. 1953. Pforzheim.) LOCH. 4661

W. Burckhardt, *Ekzem.* Übersicht, betreffend Ätiologie u. Therapie mit 92 Literaturangaben. (Dermatol. Z. **106.** 110—19. 1953. Zürich.) KRUSEN. 4661

W. Burckhardt, *Urticaria, Erytheme, Purpura.* Ursachen u. therapeut. Hinweise. Übersicht mit 28 Literaturangaben. (Dermatologica [Basel] **106.** 119—22. 1953. Zürich.) KRUSEN. 4661

Arthur C. Curtis und **E. Richard Harrell jr.**, *Verwendung zweier Stilbenderivate (Diäthylstilböstrol und Stilbamidin) zur Behandlung der Blastomykose.* Bei 2 Patienten mit Hautblastomykose (*Blastomyces dermatitidis*), die täglich mit 3 mg *Diäthylstilböstrol* (I) behandelt wurden, verschwanden in 3—4 Monaten die Krankheitserscheinungen vollständig. Bei 2 Patienten mit system. Blastomykose trat nach 3,0 bzw. 7,2 g *Stilbamidin* (II) rasche Besserung ein. Der eine der beiden, mit Lungen-, Lymphknoten- u. Hautschädigungen, befand sich 4 Monate nach der Behandlung in guter Verfassung (Kultur negativ), beim anderen, mit Lungen-, Lymphknoten- u. Knochenschädigungen, traten 2 leichte Rückfälle der Hauterscheinungen ein (Kultur negativ). II wirkt in vitro auf *B. dermatitidis* (SABOURAUD-Agar bei Raumtemp., Nähragar bei 37°) in einer Konz. von 0,01 mg/cm³ deutlich fungistat.; ebenso zeigt I Hemmwrkg., ferner *Methyltestosteron.* (A. M. A. Arch. Dermatol. Syphilol. **66.** 676—90. Dez. 1952. Ann Arbor, Univ. of Michigan, Med. School, Dep. of Dermatol. and Syphilol.) K. MAIER. 4661

Walter J. Reich, Mitchell J. Nechtow, Alvin M. Kurzon, Nathan Subotnik und **Jerome B. Reich,** *Die Behandlung von Moniliavaginitis mit Caprylsäure.* Es wurden 93 Fälle (davon 17 gravide) von durch Kultur gesicherter Moniliavaginitis mit *Na-* u. *Zn-Caprylat* in einem genau beschriebenen Verf. behandelt. 86% der Patienten wurden klin. u. bakteriolog. geheilt. Der Erfolg dieser Therapie wird in Fällen vorheriger Antibioticamedikation zum Teil wesentlich verzögert. (Amer. J. Obstetr. Gynecol. **65.** 180—85. Jan. 1953. Chicago, Ill., Cook County Hosp.; Grant Hosp.; Cook County Graduate School; Chicago Med. School.) KRUSEN. 4661

K. Lühr und **U. Finkenstein,** *Wirkungsmechanismen der Aubiolbehandlung bei primär- und sekundär-chronischem Rheumatismus.* Die Rkk. auf die Behandlung mit dem Au-Präp. *Aubiol* sind zunächst durch eine Abnahme der Serumeiweißstabilität ausgezeichnet, die sich mit Fortsetzen der Injektionen wieder ausgleicht u. durch passagere Blutsenkungsbeschleunigung u. positive Cd-Rk. festgestellt werden kann. Die Lymphocyten nehmen zunächst ab, später zu, umgekehrt verhalten sich die Eosinophilen. Auch das Hämoglobin sinkt vorübergehend ab; es kann zu schweren tox. Schädigungen der Erythropoese kommen. (Med. Klin. **48.** 568—70. 17/4. 1953. Bad Elster, Staatl. Rheumaforschungsanstalt.) P. G. SCHEURLEN. 4670

H. Braunsteiner und **O. Kraupp,** *Klinische Erprobung von „Cambil", einem neuen Kationenaustauscherpräparat.* Die theoret. Grundlagen u. prakt. therapeut. Anwendungsmöglichkeiten von Kationenaustauschern werden besprochen. Durch Unterss. bei 20 Patienten (Na-Ausscheidung, Flüssigkeitsbilanz, K-Blutspiegel, Blut- u. Harnbefund) wurde festgestellt, daß *Cambil* (MONTAVIT, Hall in Tirol) in etwa der halben bisher üblichen Dosierung wirksam u. in Gaben von 15—25 g täglich bei einfacher Kontrolle als für den Organismus unschädlich anzusehen ist. (Wiener Z. inn. Med. Grenzgebiete **34.** 45—51. Febr. 1953. Wien, Univ., II. Med. Klinik u. Pharmakol. Inst.) SCHWAIBOLD. 4670

Bruce H. Carney, *Vaginalschäden durch Kaliumpermanganat.* Die häufig zu Abtreibungszwecken vorgenommene vaginale Applikation von $KMnO_4$-Tabletten kann zu schweren Vaginalschäden u. gefährlichen Blutungen führen. Bericht über einen Fall. (Amer. J. Obstetr. Gynecol. **65.** 127—30. Jan. 1953. New York, Univ., Coll. of Med., Dep. of Obstetr. and Gynecol.) KRUSEN. 4675

D. McQueen, *Arsenvergiftung beim Vieh.* Als Gegengift eignet sich Na-Thiosulfat. Als Palliativa werden z. B. Eiweiß u. Milch (bei gleichzeitiger Verabreichung von stark gesüßtem Kaffee als Stimulans) empfohlen. Abführmittel sollen nicht gegeben werden. (J. Dep. Agric., Victoria **50.** 160. April 1952.) WINIKER. 4675

Robert V. Martin und **Allen David Shapiro,** *Bleivergiftung als eine Ursache der athetoiden Type von cerebraler Lähmung.* Bei einem Kind mit athetoider cerebraler Lähmung wurden Symptome der *Pb*-Intoxikation festgestellt. Behandlung mit *Vitamin D, Ca-Lactat* u. *Artane* mit dem Erfolg teilweiser Besserung. (Arch. Pediatrics **70.** 20—22. Jan. 1953. Goshen, N. Y., Orange County Cerebral Palsy Diagn. and Treatm. Center.) KRUSEN. 4675

Richard Standfuss, *Hyperkeratose (X-Krankheit), eine neue Massenkrankheit ungeklärter Ätiologie bei Rindern in Amerika und Deutschland und ihre Beziehung zu Kontaktgiften bei der Insektenbekämpfung.* Besprochen wird das Auftreten einer neuen Krankheit bei Rindern in Amerika, deren Ätiologie bisher nicht zu klären war; sie wird wenig überzeugend mit *DDT*-Anwendung in Verbindung gebracht. Vf. zitiert Arbeit von WAGENER (vgl. Dtsch. tierärztl. Wschr. **1952.** 1), der über analoge Erkrankungen in Deutschland berichtet u. Verss. angibt, die den Schluß nahelegen, daß das Auftreten der Krankheit von einem Holzschutzmittel herrührt, mit dem das Holz in den Ställen der erkrankten Tiere angestrichen wurde. (Münchener med. Wschr. **94.** 2105—07. 10/10. 1952. Gießen.) DOSSMANN. 4675

W. M. Petnew und **A. P. Iwoilow,** *Ein Fall von Gewebeerkrankung beim Mahlen von Hexachlorcyclohexan.* Beim offenen Zerkleinern von *Hexachlorcyclohexan* (**I**) mit sehr starker Staubentw. trat nach 3 Std. Brennen u. Tränen der Augen auf, das nach Abwaschen des Gesichtes mit W. schon nach einigen Min. unerträglich wurde. Die ärztliche Unters. ergab chem. Verbrennung 1. Grades an Bindehaut u. Gesichtshaut. Die schädigende Wrkg. wird mit der kombinierten Einw. von W. u. **I**-Staub erklärt. Heilung erfolgte nach 1 Monat ambulanter Behandlung. Vor Abwaschen des Gesichtes wird zweckmäßig der Staub trocken abgerieben. (Гигиена и Санитария [Hyg. u. Sanitätswes.] **1953.** Nr. 1. 48—49. Jan. Leningrad, Kirow-Inst. für Ärztefortbldg. u. Sanitär-Epidemiolog. Stat.) R. K. MÜLLER. 4681

I. G. Ljachowetzki, *Zur Frage der Prophylaxe der Intoxikationen durch äthylierte Benzine.* Bei Personen, die mit *Bzn.* mit Zusatz von $Pb(C_2H_5)_4$ in Berührung kommen, wird als erstes Anzeichen einer Vergiftung das Auftreten von Pb im Urin beobachtet. Es wird eine Urinunters. in halbjährlichen Abständen vorgeschlagen. (Гигиена и Санитария [Hyg. u. Sanitätswes.] **1953**. Nr. 1. 24. Jan.) R. K. MÜLLER. 4681

Karl-David Lundgren und **Ake Swensson,** *Experimentelle Untersuchungen mit der Methode von Miller und Sayers über die Wirkung von zementiertem Wolframcarbid und der als Rohmaterial verwendeten Pulver auf Tiere.* Mit der Meth. nach MILLER u. SAYERS (Publ. Health Rep. **49.** [1934.] 77) an Meerschweinchen durchgeführte Verss. ergaben, daß durch Injektionen von metall. *Co, Wolframcarbid, Titancarbid,* TiO_2 u. Gemischen verschied. Metalle, Metalloxyde u. -carbide, wie sie bei der Herst. von zementiertem *Wolframcarbid* verwendet werden, in keinem Fall Fibrosisentw. hervorgerufen wurde. — 19 Literaturangaben u. 22 Abbildungen von histolog. Aufnahmen. (Acta med. scand. **145.** 20—27. 28/3. 1953. Stockholm, Caroline Hosp.; King Gustaf V's Res. Inst.) KRUSEN. 4681

Ettore Guidetti, Farmacognosia e farmacologia. 4a ed. riveduta ed ampliata. Torino: V. Giorgio. 1952. (527 S. m. Abb.) L. 3000,—.

F. Pharmazie. Desinfektion.

Metello Savino, *Herstellung pharmazeutischer Tabletten.* Vorschläge für die Herst. von Tabletten mit Pyramidon, p-Aminosalicylsäure, Vitamin B_1, Vitamin PP, Sulfaguanidin, K-Guajacolsulfonat + Codein, Antispasticis u. Acetylsalicylsäure. (Boll. chim. farmac. **90.** 154—57. April 1951.) R. K. MÜLLER. 4766

Folke Ernerfeldt und **Erik Sandell,** *Pillenherstellung nach der Tropfmethode.* (Farmac. Revy **49.** 41—44. 28/1. 1950. Collect. pharmac. suecica **5.** 4 Seiten. 1950. — C. **1951.** II. 2774.) GEITZ. 4766

Josef Klosa, *Über magenunlösliche Medikamentenüberzüge.* Übersicht über Substanzen, die sich zur Herst. von magensaftunlösl. Arzneimittelüberzügen (I) eignen. Hierbei wird u. a. auf Phenolkondensate mit Zusätzen von Chloressigsäure hingewiesen. Die Methoden zur Unters. über die Brauchbarkeit von derartigen I werden angegeben. (Apotheker-Ztg. **2.** 235—36. Okt. 1950. Berlin.) RANGNICK. 4766

Franz Gräser, *Der Weißdorn.* Übersicht über die botan. Merkmale der Pflanze sowie ihre Verwendung in der modernen Therapie. — 10 Literaturhinweise. (Apotheker-Ztg. **2.** 236—37. Okt. 1950. Fulda, Hofapotheke zum Schwan.) RANGNICK. 4782

D. G. Pogudina, P. M. Loschkarew und **A. I. Bankowski,** *Der Glykosidgehalt von Erysimum canescens Roth. im Verlauf der Vegetationsperiode.* Das aus der Pflanze *Erysimum canescens Roth.* gewonnene krist. Glykosid *Erysimin* wirkt ähnlich dem Strophanthin, aber noch stärker als dieses auf das Herz. Das in den Blättern sich bildende Glykosid reichert sich während der Entw. der Pflanze bes. in den Fortpflanzungsorganen, vor allem in den Samen, an, welche bis zu 6% des hochakt. Stoffes enthalten, gegenüber nur 2—3% in den Blättern u. Stengeln. (Аптечное Дело [Apotheken] **2.** Nr. 1. 26—30. Jan./Febr. 1953. Allunions Wiss. Forschungsinst. für Arznei- u. Riechpflanzen des Gesundheitsminist. der UdSSR, Chem. Abt.) RENTZ. 4782

M. Wellendorf, *Geschichte und Konstitution der Secalealkaloide.* Überblick über die Entw. u. den heutigen Stand der Konstitutionsforschung. — 19 Literaturangaben. (Dansk Tidsskr. Farmaci **27.** 43—52. Febr. 1953.) R. K. MÜLLER. 4782

R. Hegnauer, *Über den Einfluß von äußeren Faktoren auf den Gehalt von Arzneipflanzen an wirksamen Bestandteilen.* 1. Mitt. *Einleitung.* Der Geh. von Arzneipflanzen an wirksamen Bestandteilen wird beeinflußt von physiol. u. genet. Faktoren u. stellt keine zuverlässige Basis für physiol. Schlüsse bzgl. der Synth. der wirksamen Stoffe dar. (Pharmac. Weekbl. **88.** 1—3. 3/1. 1953. Leiden, Rijksuniv., Pharmaceut. Labor.) WESLY. 4782

R. Hegnauer, *Über den Einfluß von äußeren Faktoren auf den Gehalt von Arzneipflanzen an wirksamen Bestandteilen.* 2. Mitt. *Der Einfluß des Klimas auf den Alkaloidgehalt der Wurzelknollen von Aconitum napellus.* (1. vgl. vorst. Ref.) Aus dem sich widersprechenden Schrifttum wird gefolgert, daß der *Alkaloid* (I)-Geh. junger Wurzelknollen von *Aconitum napellus* u. *Cinchonarinde* von klimat. Faktoren nicht beeinflußt wird. Andererseits ist der I-Geh. von Pflanzen mit intensiver cuticularer I-Exkretion von klimat. Bedingungen bei Ndd. abhängig. Der I-Geh. der Blätter von Nachtschattengewächsen kann durch Perioden heftiger Ndd. stark vermindert werden. (Pharmac. Weekbl. **88.** 37—45. 17/1. 1953.) WESLY. 4782

R. Hegnauer, *Über den Einfluß von äußeren Faktoren auf den Gehalt von Arzneipflanzen an wirksamen Bestandteilen.* 3. Mitt. *Über Tagesschwankungen des Gehaltes* *an Blattglykosiden, insbesondere von Digitalis.* (2. vgl. vorst. Ref.) Die Frage der Tagesschwankungen des Glykosid (**I**)-Geh. von Blättern, bes. von *Digitalis* (**II**), wird erörtert. Aus den im Schrifttum beschriebenen Verss. darf man keine Schlüsse bzgl. Stoffwechsel u. Verlagerung des **I** in **II**-Blättern ziehen; jedoch ist für die **I**-Anhäufung der Mittag günstiger als die Morgenstunden. (Pharmac. Weeklb. **88.** 69–80. 31/1. 1953.) WESLY. 4782

R. Hegnauer, *Über den Einfluß von äußeren Faktoren auf den Gehalt von Arzneipflanzen an wirksamen Bestandteilen. 4. Mitt. Über Tagesschwankungen des Alkaloidgehaltes von Atropa-, Datura- und Hyoscyamusblättern.* (3. vgl. vorst. Ref.) Die Frage der Tagesschwankungen des *Alkaloid* (**I**)-Geh. der Blätter von mydriat. Nachtschattengewächsen wird erörtert. Die Versuchsergebnisse mehrerer Forscher widersprechen einander. Die Forderung, das Laub morgens zu sammeln, ist durchaus gerechtfertigt. Die neueren Erkenntnisse der Biologie der mydriat. **I** erleichtern die Deutung der Versuchsergebnisse früherer Forscher; jedoch gestatten die bis heute mit Nachtschattengewächsen ausgeführten Verss. keine unwiderlegbaren Schlußfolgerungen auf ein Schema der Tagesanhäufung von **I** in den Blättern. (Pharmac. Weekbl. **88.** 106–12. 14/2. 1953.) WESLY. 4782

P. Duquénois, *Vergleich der biologischen Wirkung der Blätter wildwachsender Digitalis purpurea mit denen von im größeren Maßstab in Gärten kultivierten Digitalisarten.* Vff. bestimmen Herzwirksamkeit nach dem französ. Arzneibuch (internationale Meth. 1936 = 100%). Beschreibung der Kulturen, der Probenahme, der Kontrollunters. u. der Stabilisierung der Wirksamkeit in der Wärme. — *Digitalis purpurea L.* (**I**): Kultur auf Kalkböden möglich, der Wirkungswert der Blätter ist gegenüber den der wildwachsenden schwankend (wildwachsende: 1948 = 88%, 1950 = 79%; kultivierte: 1948 = 90%, 1950 = 73%). Ertrag ein wenig höher als bei wildwachsenden Pflanzen. Düngung nur etwas ertragssteigernd. — *Digitalis ambigua* u. *Digitalis lutea L.* (**II**): ähnelt **I** in Ergebnissen. — *Digitalis lanata Ehrh.*: Kultur schwieriger als bei **I** u. **II**, Wirkungswert 1948 = 125% (Ernte Oktober), 1950 = 186%, das 2,5fache von **I**. Unters. ergab, daß Kultur auf Kalkböden möglich ist. (Ann. pharmac. franç. **10.** 177–81. März 1952. Straßburg, Fac. Pharm.) BORSUTZKI. 4782

J. Schmidt-Jørgensen, *Über die Stabilität von Gelatinelösungen.* Mit 2 Handelsgelatinen wird gezeigt, daß die üblichen Sterilisierungsmaßnahmen Viscosität u. p_H der Lsgg. nicht beeinflussen. Auch wiederholtes Erhitzen wss. oder alkoh. Lsgg. ist ohne Wirkung. Das Maximum der Viscosität von 4%ig. Lsgg. wird bei p_H 4 gefunden. Beim Lagern stark saurer oder schwach alkal. Gelatinelsgg. nimmt die Viscosität stetig ab. (Dansk Tidsskr. Farmaci **27.** 37–42. Febr. 1953.) R. K. MÜLLER. 4786

Samuel W. Goldstein, *Cellulosederivate als Hilfsmittel für die Rezeptur ex tempore.* Besprochen werden *Methylcellulose* u. *Na-Carboxymethylcellulose,* ihre Viscositätstypen, Stabilität u. Verträglichkeiten sowie Anwendungen auf die Rezeptur. (J. Amer. pharmac. Assoc., pract. Pharmacy Edit. **14.** 111–14. 116. 118. Febr. 1953.) BOYE. 4786

F. J. Bandelin und **J. V. Tuschhoff,** *Pharmazeutische und kosmetische Verwendung von Eieröl.* Das Eieröl (I) wird erhalten durch Behandeln von Eiern mit Überschuß von Äthylendichlorid. Nach dessen Abtrennung mit dem W. verbleibt **I** als braune Fl., enthaltend ca. 62,3% Fette, 32,8% Phospholipoide, 4,9% Sterine u. Spuren Cerebralsubstanzen. **I** erleidet keine Zers., u. bei Einarbeitung in Salbengrundlagen überträgt es seine hydrophilen Eigg. auf die Grundlage, die Verwendung finden kann als Absorptionsgrundlage zur Herst. von W.-in-Öl-Emulsionen. Mit den üblichen dermatolog. Agentien ist die Verträglichkeit ausreichend. Die mit **I** hergestellten Lotions, Cremes u. Shampoos erhalten in vieler Hinsicht interessante Eigenschaften. (J. Amer. pharmac. Assoc., pract. Pharmacy Edit. **14.** 106–07. 120. Febr. 1953.) BOYE. 4786

Mogens Andersen und **V. Würtzen,** *Eine therapeutisch indifferente, resorbierbare Grundsubstanz für Puder.* Eine günstige Pudergrundlage wird erhalten, wenn man 100 g Maisstärke im Mörser mit einer Lsg. von 5 g KOH in 20 absol. A. gut durchknetet, 5 g Epichlorhydrin in 10 g absol. A. zusetzt, nochmals durchknetet u. bei 40° ca. 2 Std. trocknet. Das mit 2% MgO versetzte Präp. kann ohne Quellung 20 Min. mit W. gekocht u. ohne Schädigung der Streubarkeit mit Wasserdampf sterilisiert werden u. zeigt im Vgl. mit Talkpuder keine Fremdkörper-Rkk. oder peritoneale Schädigungen. (Dansk Tidsskr. Farmaci **27.** 25–37. Febr. 1953. Kopenhagen, Univ., Inst. für Patologi, u. Apot. Rosen.) R. K. MÜLLER. 4786

Egon Hannig, *Ein Beitrag zur Verwendungsmöglichkeit pflanzlicher Phosphatide.* Die Verwendungsmöglichkeit des Lecithins als Emulgator für Salben wurde untersucht. Die Wasserzahlen sind im Vgl. mit anderen Emulgatoren nur gering. (Apotheker-Ztg. **2.** 250–53. Nov. 1950. Halle/Saale, Univ., Pharmakol. Inst.) SCHMERSAHL. 4792

Shirley Foster, D. E. Wurster, T. Higuchi und **L. W. Busse**, *Pharmazeutische Untersuchung der Salbengrundlage Jelene. Jelene* (I) ist eine weiche, zarte, homogene, neutrale u. reizlose Kombination von Mineralölen u. schweren KW-stoffwachsen, Mol.-Gew. ca. 1300. I besitzt über einen Bereich von -15^0 bis $+60^0$ wünschenswerte Viscosität. Untersucht wurde die Viscosität zwischen -10 u. $+60^0$ im Vgl. mit *Petrolatum* (II). Weitere Unterss. wurden durchgeführt mit I (u. zum Vgl. mit 5 weiteren Salbengrundlagen) bei Zusätzen von 2% Teer, 7% J, 2% Phenol, 5% Sulfathiazol, 20% ZnO. Weiter wurde untersucht das Eindringvermögen von I u. II in die Haut, in Abhängigkeit von der Temp. (-10 bis $+60^0$). Bakteriolog. Unterss. wurden mit I sowie mit verschied. Salbenarten u. Zusätzen (H_3BO_3, Chlorthymol, HgCl, $HgCl_2$, HgO, Phenol, Penicillin, Sulfathiazol, NH_3-Hg-Verb.) gegenüber Staphylococcus aureus ausgeführt. Schließlich wurden noch Verss. durchgeführt im Hinblick auf die Herauslsg. von Salicylsäure (5%), Sulfanilamid (5%) u. Sulfathiazol (5%) aus I u. II, wobei II wesentlich stärker zurückhält. (J. Amer. pharmac. Assoc., pract. Pharmacy Edit. **40.** 123—25. März 1951.) BOYE. 4792

Rudolf Waechter, *Untersuchungen über das Wurzelfüllmittel Diaket.* Das erhärtende Wurzelfüllungsmaterial *Diaket* (I; ESPE G. M. B. H., Seefeld/Obb.; Pulver u. Fl.) ist eine metallhaltige Komplexverb. auf der Basis von Polyketonen (vgl. SCHMITT, C. **1952.** 103). Prüfungen in vitro bzgl. Haftfähigkeit, Schrumpffestigkeit, Porenbldg. usw. ergaben sehr gute Resultate. Das Präp. ist gegen Säure (Trichloressigsäure u. H_2SO_4) nicht widerstandsfähig, dagegen unempfindlich gegen NaOH u. physiol. Kochsalzlösung; es ist lösl. in *Dialyt* (II), mit dem der Wurzelkanal vor der Einbringung von I benetzt werden soll. II ist bakteriostat. wirksam (geprüft gegen Bac. coli u. Staphylokokken), I selbst wirkt nicht bakteriostatisch. Es ist undurchlässig für Röntgenstrahlen. Leichte Verarbeitbarkeit. (Zahnärztl. Welt **8.** 281—84. 25/6. 1953. Graz, Univ., Zahnklinik u. Landeskrankenhaus.) KLESSE. 4798

—, *Neue Arzneimittel. Viscophyll* (GEHÉ & CO. AG., München): Tropfen aus Viscum album, Chlorophyll u. Fucus vesiculosus, bei Hochdruck u. Arteriosklerose. — *Padutin*-Trockenampullen (FARBENFABRIKEN BAYER, Leverkusen): zu 10 u. 40 biol. Einheiten Kallikrein. Durchblutungsstörungen. — *Eucard* (SÜDMEDICA GMBH., München): Physostigmin, Atropin, Phenyläthylbarbitursäure, Theobromin, Chinidin. Herzmittel. — *Placentan* (DR. MADAUS & CO., Köln): Salbe aus den Lipoiden der menschlichen Placenta, Durchblutungsstörungen. — *Sulfosellan vaginale* (DR. G. MANN, Berlin): 1. Vaginaltabletten mit Sulfanilamid, p-Aminobenzolsulfonacetamid, p-Aminomethylbenzolsulfonamid, Vitamin C, Borsäure, Harnstoff in einer schäumenden Grundlage. 2. Vaginalpaste mit Östrogen, Milchzucker, Vitamin C, Glycerin. Anwendung nacheinander. — *Sulfosellan*-Schüttelmixtur (Hersteller wie vorst.): Enthält die gleichen Sulfonamide wie das vorst. Präparat. — *Calcipot F* (TROPON-WERKE, Köln): 28% Ca-Citrat, 2% Ca-Phosphat u. 0,16 mg F als NaF. Cariesprophylaxe. — *Dilatol-Chinin* (Hersteller wie vorst.): Dragées mit 1,5 mg Dilatol, 25 mg Chininsulfat u. 43,5mg Aminopyrin. Grippemittel. — *Statocillin* (DR. MADAUS & CO., Köln): 300000 I.E. Procain–Penicillin G u. 100000 I.E. Kalium–Penicillin G in Trockenampullen. (Apotheker-Ztg. **4.** 36—38. Febr. 1952.) HOTZEL. 4800

Je. Ju. Schass, *Neue Heilmittel. Albomycin* (Antibioticum). — *Bactericides Papier* (mit adsorbiertem $AgNO_3$ u. AgCl). — *Dimedrol* (Antihistaminicum). — *Diphenin* (Dilantin, 5.5-Diphenylhydantoin-Na, Antiepilepticum). — *Kendossid* (strophanthinähnliches Glykosid). — *Neriolin* (reines Oleanderglykosid). — *Theophedrin* (Kombination von Theophyllin, Theobromin, Pyramidon, Phenacetin, Coffein, Ephedrin, Luminal u. Lobelin oder Cytisin; gegen Bronchialasthma). — *Trimethin* (Tridion, synthet. Antiepilepticum). (Аптечное Дело [Apoteken] **2.** Nr. 1. 64—67. Jan./Febr. 1953.) RENTZ. 4800

Alfred Schmitt, *Zur Gehaltsdeklaration von p-Aminosalicylsäurepräparaten (PAS).* Die Präpp. enthalten meistens Salze der PAS, die jedoch wechselnde Mengen Kristallwasser enthalten. Eine Deklaration des Geh. von PAS ist daher wünschenswert. (Dtsch. med. Wschr. **75.** 1154. 1/9. 1950.) HOTZEL. 4806

George M. Krause und **John M. Cross**, *Löslichkeit von Phenobarbital in Alkohol-Glycerin–Wasser-Systemen. Phenobarbital* (I) ist ziemlich unlösl. in wss. oder schwach alkoh. Lösungen. Na-I ist lösl. in W. u. A., wobei in wss. Lsg. das Salz zers. wird in Phenyläthylacetylharnstoff. Untersucht werden die Löslichkeiten von I bei 25^0 in A., W., Glycerin (II) sowie in verschied. konz. Lsgg. von A. u. W., II u. W., A., W. u. II. Das Löslichkeitsmaximum von I in A.–W.-Gemischen liegt bei 90% A., II u. II–W.-Gemische zeigen geringe Löslichkeit. Durch Zugabe von II wird die Löslichkeit in A. erhöht. Das Maximum der Löslichkeit in A.–II-Gemischen wird bei 80% A. erreicht. (J. Amer. pharmac. Assoc., pract. Pharmacy Edit. **40.** 137—39. März 1951.) BOYE. 4806

B. M. Protzerow, *Zur Frage der Herstellung und Aufbewahrung von Carotinkonzentraten.* Aus bei 60—100° in CO_2-Atmosphäre getrockneten Rübenblättern läßt sich ein Präp. mit 70—100 mg-% *Vitamin A* gewinnen, das in 6 Monaten nur 25% seiner Aktivität verliert. Bei frischen Blättern wird, wenn sie eiweißarm sind, Zusatz von Koagulantien, z. B. $Al_2(SO_4)_3$, empfohlen; hier läßt aber die Aktivität rasch nach. (Гигиена и Санитария [Hyg. u. Sanitätswes.] **1953.** Nr. 1. 41—42. Jan.) R. K. Müller. 4808

Marvin J. Johnson, *Neue Fortschritte in der Penicillinfermentation.* Aus der seit 1946 benutzten Ausgangskultur von *Penicillium chrysogenium Q 176* sind in Industrie- u. Laboratoriumsentwicklungen neue Kulturen dargestellt worden. Als Umwandlungsagentien haben sich UV-Licht, Röntgenstrahlen u. Stickstofflost bewährt. Als einzige, prakt. mögliche Testmeth. hat sich die Durchführung der Fermentation in der Schüttelflasche erwiesen. Fortschritte wurden erzielt in der Erkenntnis der Beziehung zwischen Belüftung u. Verarbeitung zu Wachstum u. Ausbeute bei der Fermentation. Die notwendigen Bestandteile in einem Penicillinmedium sind genügendes Vorhandensein von bestimmten Elementen (P, S, K, Mg, Zn u. a.), eine N-Quelle in Form von NH_4-Salzen, eine schnell verarbeitbare C-Quelle zur Lieferung von Material u. Energie für das Mycelwachstum, weiter eine langsam verarbeitbare C-Quelle, wie Lactose, u. eine Vorsorge zur p_H-Kontrolle. (Bull. Organisat. mond. Santé **6.** 99—121. 1952. Madison, Wis., Univ. of Wisconsin, Coll. of Agric.) Boye. 4810

D. I. Kantor, *Über die Dynamik der Verringerung der Mikroorganismenzahl in der Luft geschlossener Räume unter dem Einfluß natürlicher Faktoren.* Es wurde die Abnahme der Keimzahl mit Staphylococcus albus infizierter Luft in geschlossenen Räumen in Abhängigkeit von der Zeit u. der Durchmischung mittels eines Ventilators untersucht u. hieraus Folgerungen für die Praxis, speziell für Räume in Kinderkliniken usw. gezogen. In den ersten 30 Min. nach Infizierung nahm der Keimgeh. bewegter Luft um $>$ 75%, nach 75 Min. um 96—99% ab. (Гигиена и Санитария [Hyg. u. Sanitätswes.] **1951.** Nr. 8. 11—15. Aug. Leningrad, Pädiatr. Inst. des Gesundheitsminist. der RSFSR, Abt. für Kinderhygiene.) K. Maier. 4832

F. Tschisstjakow, *Aus der Praxis der Bekämpfung der Infektionsanämie der Pferde.* Als Hauptüberträger der infektiösen Anämie der Pferde werden die blutsaugenden Insekten angesehen. Maßnahmen gegen die Erkrankung: Verdunkelung der Ställe (blaue Fenster), Desinfektion der Ställe mit 2—4%ig. NaOH, Besprühen der Tiere mit 2,5%ig. *Kreolin*-Emulsion bei Weidegang, 2—3malige Wiederholung der Prozedur tagsüber. (Ветеринария [Tierheilkunde] **30.** Nr. 3. 25—27. März 1953.) Rentz. 4832

C. G. van Arkel, *Vergleichende Untersuchung über die Bestimmung des Gesamtalkaloidgehaltes in Tubera und Tinctura aconiti.* Die im Niederländ. Arzneibuch V aufgeführten Verff. zur Best. des Gesamtalkaloid (I)-Geh. in *Tubera aconiti* (II) u. *Tinctura aconiti* (III) werden krit. geprüft. Folgende verbesserte Arbeitsverff. werden empfohlen: Best. von **I** in **II**: Man schüttelt 12 g **II** B_{40} mit 120 g Ae., versetzt mit 5 cm^3 10%ig. NH_3-Lsg., schüttelt 1 Std., versetzt mit 5 cm^3 W., schüttelt wieder kräftig, filtriert die äther. Lsg. ab (10 g Filtrat entsprechen 1 g **II**), dest. den Ae. auf wenige cm^3 ab, entfernt den restlichen Ae. durch gelindes Erwärmen u. Einleiten eines Luftstromes, nimmt den Rest in 5 cm^3 Ae. auf, beseitigt diesen in derselben Weise, wiederholt dies noch einmal, löst den Rückstand in 5 cm^3 konz. A. unter Erwärmen auf einem Wasserbad, versetzt mit 30 cm^3 W. u. 10 Tropfen Mischindicator (8 Tropfen Methylrot u. 2 Tropfen Methylenblau 1:1000) u. titriert mit 0,05nHCl bis zur Violettfärbung. 1 cm^3 nHCl entspricht 0,645 g **I. II** muß mindestens 0,75% **I** enthalten. —Best. von **I** in **III**: Man dampft 60 g **III** in einem Weithalskolben auf 10 g ein, versetzt nach dem Abkühlen mit 60 g Ae. u. 2 cm^3 10%ig. NH_3-Lsg., schüttelt 1 Min., versetzt mit 3 g Traganth, schüttelt kräftig, filtriert (1 g Filtrat entspricht 1 g **III**) u. arbeitet weiter wie bei der Best. von **II. III** muß zwischen 0,07 u. 0,08% **I** enthalten. (Pharmac. Weekbl. **88.** 46—54. 17/1. 1953. Amsterdam, Univ., Labor. voor Artsenijbereidkunde.) Wesly. 4880

A. L. Tarnoky und **V. Anne Brews,** *Nichtidentität von Azofarbstoffen aus p-Aminosalicylsäure und m-Aminophenol. p-Aminosalicylsäure* (I) wird mit H_2SO_4 gekocht, diazotiert u. mit N^1-Naphthyläthylendiamin gekuppelt. In entsprechender Weise werden wss. Lsgg. von *m-Aminophenol* (II) u. decarboxyliertem u. unverändertem **I** behandelt. Die entstehenden Farbstoffe erreichen nach 3 Std. die gleiche Farbstärke. Nichterhitztes **II** erreicht nach 6 (40) Min. 17 (74)%, erhitzte **I** nach 6 (40) Min. 28 (74)%, nichterhitzte **I** nach 6 (40) Min. 43 (60)% der Endfarbstärke. Die Absorptionsspektren von nichterhitztem **II** u. erhitztem **I** sind prakt. ident. in Wellenlänge u. Extinktion u. weisen einen Absorptionshöchstwert zwischen 540 u. 550 mμ u. eine 2. Absorption bei 350 mμ auf. Nichterhitzte **I** zeigt einen Höchstwert zwischen 520 u. 530 mμ u. eine

Absorption bei 375 mμ. Der aus nichterhitztem I entstehende Farbstoff ist unbeständig u. zeigt reversible Flockung; die aus II oder erhitztem I gewonnenen Farbstoffe geben beständige Lösungen. — Die Beziehungen zwischen den Azofarbstoffen aus I u. II sind für die Best. von II in I von Bedeutung. (Pharmac. Weekbl. **88.** 7—8. 3/1. 1953. Reading, Royal Berkshire Hosp.; Kent, Farnborough Hosp.) Wesly. 4880

R. A. Morton, *Chromatographische Prüfung von Lebertran.* Kurzbericht. Es wird vorgeschlagen, zur Prüfung der Gültigkeit der bei der spektrometr. Vitamin A-Best. erforderlichen Korrektur (fremde Absorption) eine UV-Unters. jener Fraktionen des Substrats vorzunehmen, die man nach der Chromatographie an leicht abgeschwächter Tonerde erhält, wobei PAe. zur Entw. herangezogen wird. Die ersten Fraktionen zeigen minimale abwegige Absorption zwischen 260 u. 290 mμ; sie nimmt aber bei fortgesetzter Elution zu. Die Absorptionskurve zwischen 340 u. 410 mμ ändert sich dabei der Form nach nicht, ist aber zwischen 340 u. 410 mμ stärker, als dem reinen „Trans-vitamin-A-Acetat“ (I) entspricht. Spätere Fraktionen, die frei von Vitamin A sind, zeigen die Absorptionsmaxima für konjugierte Diene (230—240 mμ), Triene (270 mμ) u. Tetraene (305 u. 320 mμ) in Glyceridbindung; diese Fraktionen werden von der Tonerde sehr fest zurückgehalten, sind aber mit Ae./PAe. bzw. Ae. gut eluierbar. Die Absorptionskurve des Unverseifbaren hat die gleiche Form wie die der Vitamin-A-Esterfraktion nach der Chromatographie. Die Unterschiede zwischen den Kurven u. derjenigen von I gehen auf die Ggw. von Vitamin A_2 u. isomerem Vitamin A (Neovitamin A) zurück; Anhydrovitamin A ist kein n. Begleiter. Der $SbCl_3$-Test im Unverseifbaren liefert Resultate, die, in I ausgedrückt, niedriger sind als die nach der Absorptionsmethode. Möglicherweise rufen Extrakte des Unverseifbaren zwischen 310 u. 340 mμ eine fremde lineare Absorption hervor. Fischleberöle niedriger Wrkg. (1500 I.E./g) zeigen spezielle Fragestellungen, die bei der Prüfung von Konzentraten u. wirkungsstarken Ölen nicht auftreten; es dürfte sich dabei um Einfl. von seiten der Glyceride u. der stärkeren Absorption auf der Seite der langwelligen Absorption der Kurve handeln. (Biochem. J. **51.** XXXVII. Juli 1952. Liverpool, Univ., Dep. of of Biochem.) Täufel. 4880

E. Merck (Erfinder: **Otto Zima** und **Ernst Jacobi**), Darmstadt, *Lösungsvermittler für Steroide oder D-Vitamine* zur Herst. echter oder koll. Lösungen. Es werden die in W. lösl. Salze der Schwefelsäuremonoester oxygruppenhaltiger Steroide mit organ. oder anorgan. Basen verwendet. — Z. B. werden 2,8 (g) Vitamin D_2-Schwefelsäureester–Na-Salz u. 1,8 Vitamin D_2 (I) (oder D_3) in 25 A. gelöst u. auf 250 W. aufgefüllt, oder 100 (mg) I u. 250 Cholesterinschwefelsäureestercolaminsalz in 1,5 (cm^3) A. gelöst u. mit W. auf 10 cm^3 gebracht. Injizierbare Lösungen. (**D. B. P. 858 294** Kl. 30h vom 2/2. 1951, ausg. 4/12. 1952.) K. Heinze. 4787

Vereinigte Flußspatgruben G. m. b. H., Stulln (Erfinder: **Jon Seemann,** Nabburg), *Herstellung von wässerigen Drogenextrakten* durch staubfeines Vermahlen der Trockendrogen oder Zerstören des Zellverbandes bei Frischpflanzen u. Behandeln mit W. in Ggw. von Saponinen oder Netz- bzw. Emulgierungsmitteln, wie Alkylnaphthalinsulfosäure oder ligninsulfosaurem Ca bei 40—70°. Die filtrierten Extrakte können mit Spurenelementen u. Konservierungsmitteln versetzt werden. (**D. B. P. 876 305** Kl. 30h vom 13/11. 1951, ausg. 11/5. 1953.) K. Heinze. 4791

Farbenfabriken Bayer, Leverkusen, *Masse zur Herstellung von Gebißabdrücken.* Man vermischt z. B. 5 (Teile) Acrylamid u. 0,15 Triacrylformal mit 20 Silicagel, 0,5 ZnO, 3 Zucker u. 1,2 Triäthanolamin u. knetet das Gemisch mit 50 W., wobei eine Paste erhalten wird, die mit 0,25 $K_2S_2O_8$ innerhalb weniger Min. zu einem elast. Gel polymerisiert. Die Polymerisation erfolgt während der Abnahme des Abdruckes. (**E. P. 692 586** vom 16/11. 1950, ausg. 10/6. 1953. Schwz. Prior. 16/11. 1949.) Brösamle. 4799

Upjohn Co. (Erfinder: **David J. Weisblat, Barney J. Mayerlein** und **Donald R. Myers**), Kalamazoo, Mich., V. St. A., *Abspaltung eines Sulfonylrestes aus Arylsulfonamiden* durch Behandeln des Arylsulfonamides mit HBr in einem sauren aliphat. Medium, vorzugsweise Essigsäure, in Ggw. eines Bromacceptors, vorzugsweise Phenol. — p-Toluolsulfonanilid liefert mit HBr in Eisessig in Ggw. von Phenol *Anilin.* — Analog verlaufen die Umsetzungen: N-(p-Toluolsulfonyl)-p-aminobenzoesäureäthylester → *p-Aminobenzoesäureäthylester.* — N-Methyl-p-toluolsulfonanilid → *N-Methylanilin.* — m-Nitrobenzolsulfonanilid → *Anilin.* — β-Naphthalinsulfonanilid → *Anilin.* — Methansulfonanilid → *Anilin.* — p-Nitrobenzolsulfonanilid → *Anilin.* — *N-(3-Chlor-2-oxypropyl)-p-toluolsulfonyl-p-aminobenzoesäureäthylester.* Bldg. beim Erhitzen von p-Toluolsulfonyl-p-aminobenzoesäureäthylester mit Epichlorhydrin u. Pyridin auf 135°. Öl. Liefert mit $Na_2Cr_2O_7$ in Essigsäure + H_2SO_4 bei 5° *N-(3-Chlor-2-ketopropyl)-p-toluolsulfonyl-*

p-aminobenzoesäureäthylester, F. 106—113°. Bei der Spaltung mit HBr entsteht *N-(3-Chlor-2-ketopropyl)-p-aminobenzoesäureäthylester*, der bei Rk. mit *2.4.5-Triamino-6-oxypyrimidin* eine Substanz liefert, die eine beträchtliche Wrkg. *gegen Streptococcus faecalis K.* aufweist. — p-Toluolsulfonyl-p-aminobenzoylchlorid (F. 141—142°) + *l*-(+)-Glutaminsäurediäthylesterhydrochlorid gibt *N'-(p-Toluolsulfonyl-p-aminobenzoyl)-l-glutaminsäurediäthylester* (F. 125—126°; $[\alpha]_D^{25}$ —13,2° in Methanol + A.); liefert bei Spaltung mit HBr *N'-(p-Aminobenzoyl)-glutaminsäurediäthylester* (F. 142 bis 143°). — Analog werden erhalten: *N'-[N-(3-Chlor-2-oxypropyl)-p-toluolsulfonyl-p-aminobenzoyl]-glutaminsäurediäthylester*. — *N'-[N-(3-Brom-2-oxypropyl)-p-toluolsulfonyl-p-aminobenzoyl]-glutaminsäurediäthylester*. — *N'-[N-(3-Chlor-2-ketopropyl)-p-toluolsulfonyl-p-aminobenzoyl]-glutaminsäurediäthylester*, gelbliches Öl. — *N'-{N-[(2-Amino-4-oxy-6-pteridyl)-methyl]-p-toluolsulfonyl-p-aminobenzoyl}-l-glutaminsäurediäthylester*. Gibt mit HBr bei nachfolgender Verseifung *N'-{N-[(2-Amino-4-oxy-6-pteridyl)-methyl]-p-aminobenzoyl}-glutaminsäure* mit antibiot. Wirkung. — N-[(2-Amino-4-oxy-6-pteridyl)-methyl]-p-toluolsulfonyl-p-aminobenzoesäureäthylester → *N-[(2-Amino-4-oxy-6-pteridyl)-methyl]-p-aminobenzoesäure*, zeigt antibiot. Wirkung. — N-[(2-Amino-4-oxy-6-pteridyl)-methyl]-p-toluolsulfonyl-p-aminobenzoesäure → *N-[(2-Amino-4-oxy-6-pteridyl)-methyl]-p-aminobenzoesäure*; antibiot. Wirkung. — N-(2.3-Diacetoxypropyl)-p-toluolsulfonyl-p-aminobenzoesäure → *N-(2.3-Diacetoxypropyl)-p-aminobenzoesäurehydrobromid*, gelbe Nadeln, F. 97—106°. (**D. B. P. 830 791** Kl. 12q vom 6/5. 1950, ausg. 7/2. 1952. A. Prior. 31/7. 1948.) Langer. 4807

Chemische Fabrik Tempelhof Preuß & Temmler, Berlin (Erfinder: **Friedrich Luther,** Erfurt), *Basisch substituierte Phenylacetamide* der Formel I, worin R Aryl u. R_1 Dialkylaminoäthyl oder den Piperidinrest bedeuten, wirken *spasmolytisch*. — *Phenylcyclohexyldiäthylaminoäthylacetamid*. Man erwärmt Phenylcyclohexyldiäthylaminoäthylacetonitril mit 96%ig. H_2SO_4 auf 80°. F. 110—112°. (**D. B. P. 878 204** Kl. 12q vom 7/6. 1940, ausg. 1/6. 1953. **Zusatz zu D. R. P. 767146; C. 1952. 5301.**) Langer. 4807

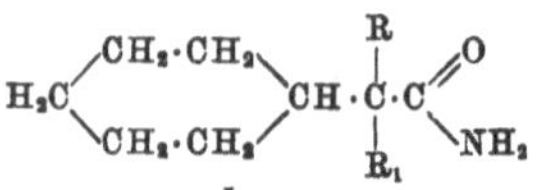

I

Miles Laboratories Inc., Elkhart, Ind., V. St. A., *Dibenzofuranderivate* der Formel I, worin R = Alkyl, R' = H u. R'' = Oxyalkyl oder $-N\langle^{R'}_{R''}$ einen heterocycl, Ring bildet. Die Herst. erfolgt z. B. durch reduzierende Aminalkylierung aus 2-Acetyldibenzofuran u. $NH_2 \cdot C_2H_4 \cdot OH$. Hergestellt werden: *2-(1'-β-Oxäthylamino)-* u. *2-(1'-Piperidinyl)-äthyldibenzofuranhydrochlorid* mit den FF. 168—170° bzw. 160—163°. — *Therapeutica mit antispasmod. u. analget. Wirkung.* (**E. P. 687 892** vom 21/12. 1950, ausg. 25/2. 1953. A. Prior. 24/1. 1950.) Fabel. 4807

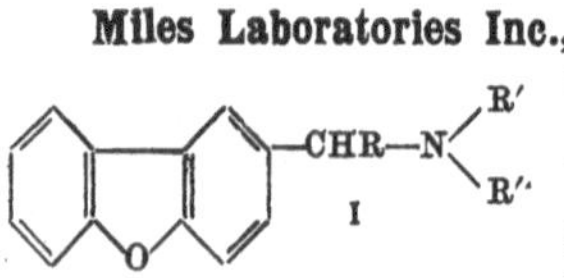

I

Michael Erlenbach und **Adolf Sieglitz,** Frankfurt/M.-Höchst, *Basische Verbindungen* der allg. Formel $C_6H_5(R_1)CH_2CH_2CH_2-R_2$, worin R_1 für Thiazolyl-(2')-, Pyridyl-(2')-; u. R_2 für N-Dimethylamino-, N-Piperidino-, N-Pyrrolidinorest stehen, erhält man durch Rk. der entsprechenden, mit einem cycl. Amin substituierten Phenylfettsäurenitrile mit Halogenaminen in Ggw. halogenwasserstoffabspaltender Mittel u. Austausch der CN-Gruppe in den entstandenen Nitrilen gegen H durch Einw. von Grignard-Reagens u. Hydrolyse. — *1-Phenyl-1-thiazolyl-(2')-3-dimethylaminopropan* (**I**) (Öl, $Kp._{0,5}$ 128—132°; *Phosphat-Dihydrat*: F. 78—80°) aus 49 (Teilen) Phenylthiazolyl-(2)-acetonitril, F. 42—44°, in 250 Bzl. mit 10,5 $NaNH_2$ u. 26 β-Chloräthyldimethylamin, Grignardisierung u. Hydrolyse des entstandenen *α-Phenyl-α-thiazolyl-(2)-γ-dimethylaminobuttersäurenitril*, $Kp._{0,3}$ 152—155°. — *1-Phenyl-1-pyridyl-(2')-3-dimethylaminopropan*, $Kp._{0,3}$ 130—133°, aus 94 α-Phenyldimethylaminobuttersäurenitril in 150 Toluol mit 21 $NaNH_2$ u. 57 2-Chlorpyridin, Grignardierung u. Hydrolyse des entstandenen *α-Phenyl-α-pyridyl-(2)-γ-dimethylaminobuttersäurenitrils*, $Kp._{0,3}$ 150—152°. — *1-Phenyl-1-pyridyl-(2')-3-piperidinopropan*, schwach gefärbtes, viscoses Öl, $Kp._{0,2}$ 160—164° (aus 58,3 Phenylpyridyl-(2)-acetonitril in 200 Bzl. mit 13 $NaNH_2$ u. 48,5 Piperidinoäthylchlorid, $Kp._{12}$ 68—70°), Grignardierung u. Hydrolyse des *α-Phenyl-α-pyridyl-(2)-γ-piperidinobuttersäurenitril*, $Kp._{0,4}$ 185—190°. — *1-Phenyl-1-thiazolyl-(2')-3-N-pyrrolidinopropan*, $Kp._{0,1}$ 136—139°: 48 α-Phenyl-γ-N-pyrrolidinobuttersäurenitril, $Kp._{0,1-0,2}$ 130—134°, in 200 Toluol mit 9,3 $NaNH_2$ + 27 2-Chlorthiazol → *α-Phenyl-α-thiazolyl-(2)-γ-N-pyrrolidinobuttersäurenitril*, $Kp._{0,15}$ 165—168°, F. 83—85° usw. — *1-Phenyl-1-pyridyl-(2')-3-N-pyrrolidinopropan*, $Kp._{0,25}$ 152—155°: 85,6 α-Phenyl-γ-N-pyrrolidinobuttersäurenitril in 200 Toluol mit 16,5 $NaHN_2$ u. 63,5 α-Brompyridin → *α-Phenyl-α-pyridyl-(2)-γ-N-pyrrolidinobuttersäurenitril*, $Kp._{0,2}$ 170—175°, F. 82—84° (aus PAe.—

Cyclohexan usw.). — *Heilmittel.* (**Schwz. PP. 285 385, 285 386, 285 387, 285 388** u. **285 389** vom 13/4. 1949, ausg. 16/1. 1953. D. Priorr. 9/11., 2/12. u. 24/12. 1948. **Zusätze zu Schwz. P. 278 777; C. 1953. 2327.**) LIPPOLD. 4807

Soc. des Usines Chimiques Rhône-Poulenc, Paris, Frankreich, *Thiaxanthone.* Durch Rk. von 1-Amino-4-methylthiaxanthon mit 2-Dibutylamino-1-chlorpropan in Xylol bei Ggw. von $NaNH_2$ erhält man *1-(2'-Dibutylamino-2'-methyläthyl)-amino-4-methylthiaxanthon*; *Hydrochlorid*, F. 189°. 1-Chlor-4-methylthiaxanthon (I) liefert beim Erhitzen mit 1-Dibutylamino-2-aminoäthan in Chinolin unter Rückfluß *1-(2'-Dibutylaminoäthyl)-amino-4-methylthiaxanthon*; *Hydrochlorid*, F. 160°. Bei der Rk. von I mit 1-Äthyl-4-(β-aminoäthyl)-piperazin in Phenol (180°) erhält man *1-Äthyl-4-β-(4'-methylthiaxanthon-1'-amino)-äthylpiperazin*; *Hydrochlorid*, F. 220—230°. — *1-Äthyl-4-γ (4'-methylthiaxanthon-1'-amino)-propylpiperazin*; *Hydrochlorid*, F. ca. 200°. — Mittel zur Behandlung der *Schistosomiasis.* (**E. PP. 690 465** u. **690 466,** beide vom 26/9. 1951, ausg. 22/4. 1953. F. Prior. 15/11. 1950.) BRÖSAMLE. 4807

Byk-Gulden, Lomberg, Chemische Fabrik G. m. b. H., Konstanz (Erfinder: **Kurt Fritz Hauschild,** Leipzig), *Herstellung wässeriger Lösungen von Methylxanthinen,* dad. gek., daß Einwirkungsprodd. der N-Oxyalkylderivv. oder der N.N'-Oxyalkylderivv. des Äthylendiamins, z. B. Oxyäthyläthylendiamin oder N.N'-Dioxyäthyläthylendiamin, auf die Methylxanthine, wie Coffein oder Theophyllin, in W. gelöst werden. — *Herzmittel.* (**D. B. P. 873 118** Kl. 30h vom 29/10. 1942, ausg. 9/4. 1953.) K. HEINZE. 4807

Imperial Chemical Industries Ltd., London (Erfinder: **Albert Frederick Crowther,** Manchester), England, *Neue Triazinderivate,* die *gegen Malaria* wirksam sind, erhält man durch Rk. von Biguaniden mit einem Aldehyd oder Keton, bes. in Ggw. von mindestens einer mol. Menge einer Säure, z. B. *2.4-Diamino-1-(p-chlorphenyl)-6.6-dimethyl-1.6-dihydro-1.3.5-triazin,* F. 143°, durch Rk. von *N^1-(p-Chlorphenyl)-biguanid* (I) mit Aceton, oder *2.4-Diamino-1-(3'.4'-dichlorphenyl)-6.6-dimethyl-1.6-dihydro-1.3.5-triazin,* F. 140°, aus N^1-(3.4-Dichlorphenyl)-biguanid u. Aceton. Ferner werden z. B. dargestellt: *2.4-Diamino-1-(p-bromphenyl)-6.6-dimethyl-1.6-dihydro-1.3.5-triazinhydrochlorid,* F. 200°; *2.4-Diamino-1-(p-äthoxyphenyl)-6.6-dimethyl-1.6-dihydro-1.3.5-triazinhydrochlorid,* F. 213°; *2.4-Diamino-1-(3'.5'-dichlorphenyl)-6.6-dimethyl-1.6-diyhdro-1.3.5-triazinhydrochlorid,* F. 187°; *2.4-Diamino-1-(3'.4'-dichlorphenyl)-6-isoproypl-1.6-dihydro-1.3.5-triazinhydrochlorid,* F. 237°; *2.4-Diamino-1-(p-chlorphenyl)-6-methyl-1.6-dihydro-1.3.5-triazin,* F. 174°; *2-Amino-1-(p-chlorphenyl)-6.6-dimethyl-4-methylamino-1.6-dihydro-1.3.5-triazinhydrochlorid,* F. 173°, aus Aceton u. N^1-(p-Chlorphenyl)-N^5-methylbiguanid; *2.4-Diamino-1-(p-chlorphenyl)-6-phenyl-1.6-dihydro-1.3.5-triazinhydrochlorid,* F. 241°; *2.4-Diamino-1-(p-chlorphenyl)-6-(p-dimethylaminophenyl)-1.6-dihydro-1.3.5-triazinhydrochlorid,* F. 217°, aus I u. p-Dimethylaminobenzaldehyd. (**D. B. P. 879 696** Kl. 12o vom 12/9. 1951, ausg. 15/6. 1953. E. Prior. 12/9. 1950.) BRÖSAMLE. 4807

C. F. Boehringer & Soehne G. m. b. H. (Erfinder: **Josef Kraus** und **Helmut Stein**), Mannheim, *Gewinnung von Strophanthusmonoglykosiden* durch gleichzeitigen enzymat. Abbau von gegebenenfalls entfetteten Strophanthussamen u. Einw. von W. u. Halogen-KW-stoffen, wie Chlf. oder Äthylenchlorid. Aufarbeitung der letzteren zum Monoglykosid. Ausgangsmaterial Strophanthus-Kombé. (**D. B. P. 880 195** Kl. 30h vom 2/12. 1951, ausg. 18/6. 1953.) K. HEINZE. 4807

Deutsche Hoffmann-La Roche Akt.-Ges., Grenzach, *β-Carotin* (I). Ein ungesätt. 2.6-Dimethyl-8-[2'.6'.6'-trimethylcyclohexen-(1')-yl]-octanal-(1), das in der Octankette 3 konjugierte Doppelbindungen mit höchstens einer Dreifachbindung in 3-Stellung enthält, wird mit Acetylendimagnesiumbromid (II) oder Li-Acetylid kondensiert u. die entstandene Dioxyverb. mit 40 C-Atomen in beliebiger Reihenfolge dehydratisiert u. an den Dreifachbindungen mit 1 Mol. H_2 hydriert. — 2.6-Dimethyl-8-[2'.6'.6'-trimethylcyclohexen-(1')-yl]-octatrien-(2.4.6)-al-(1), Phenylsemicarbazon, F. 218—219°, gibt mit II das C_{40}-Acetylendiol, das durch Wasserabspaltung in Toluol mit Toluolsulfonsäure u. Chromatographieren β-Carotinin, rote Nadeln, F. 147°, $\lambda = 436$ mμ, liefert. Durch Hydrieren nach Zusatz von Chinolin u. in Ggw. von mit Pb inaktiviertem Pd-$CaCO_3$-Katalysator erhält man nach anschließender Isomerisierung von cis-Formen mit J_2 u. Chromatographieren I, F. 178—179°. Als Nebenprod. bildet sich wahrscheinlich *Neo-β-Carotin U,* F. 115°. — Reaktionsschema. (**D. B. P. 855 399** Kl. 12o vom 26/5. 1950, ausg. 13/11. 1952.) KRAUSS. 4809

Paul Lappe, Chemisch-Pharmazeutische Fabrik, Bensberg bei Köln, *Herstellung von Folsäure,* dad. gek., daß man z. B. 5-Brom-2.4-diamino-6-oxypyrimidin, mit einem Propylenabkömmling mit einer Aldehyd- u. einer Aminogruppe, z. B. p-[β-Amino-γ-oxopropenyl]-aminobenzoylglutaminsäure, unter Ringschluß umsetzt. — Die Lsg. der

Folsäure zeigt eine hohe Aktivität gegen *Streptococcus faecalis R.* (**Oe. P. 172 359** vom 24/11. 1950, ausg. 10/9. 1952.) M. F. MÜLLER. 4809

I. G. Farbenindustrie Akt.-Ges., Frankfurt/M., und **E. Merck**, Darmstadt (Erfinder. **Adolf Windaus**, Göttingen, und **Friedrich Schenck**, Wuppertal), *Antirachitisch wirksame Sterinumwandlungsprodukte* erhält man durch UV-Lichtbestrahlung von anderen 7-Dehydrosterinen als Ergosterin u. 22-Dihydroergosterin, die z. B. in 7.8-Stellung eine Doppelbindung enthalten u. die durch Red. $\alpha.\beta$-ungesätt. 7-Ketosterine, gegebenenfalls in Form von Derivv., zu den entsprechenden Oxyverbb. u. anschließender Wasserabspaltung oder in Form von Säure, gegebenenfalls nach vorheriger Veresterung, hergestellt werden. — 7-Dehydrocholesterin wird in Bzl. 4 Std. mit einem Mg-Funken bestrahlt, wodurch man ein *antirachit. wirksames*, schwach *gelbes Harz* erhält. Ein ähnliches Prod. bildet sich aus 7-Dehydrositosterin. (**D. R. P. 763 984** Kl. 12o vom 21/3. 1935, ausg. 22/12. 1952.) KRAUSS. 4809

M. Erlenbach und **A. Sieglitz**, Frankfurt/M.-Höchst (Erfinder: **H. Ruschig**), *Herstellung von 21-Jodpregnen-(5)-ol-(3)-on-(20)*. Man spaltet 21-Jodpregnen-(5)-ol-(3)-on-(20)-oxalsäureester-(21) in einer Lsg. von Metallalkoholat, bes. von Alkalimethylaten. — Bessere Ausbeute als nach Hauptpatent. (**Schwed. P. 135 913** vom 21/2. 1951, ausg. 3/6. 1952. D. Prior. 2/3. 1950. **Zusatz zu Schwed. P. 133 409; C. 1953. 1531.**) JÜRGEN SCHMIDT. 4809

Farbwerke Hoechst, vormals Meister Lucius & Brüning, Frankfurt/M.-Höchst, *Herstellung von 21-Acyloxypregnen-(5)-ol-(3)-on-(20)* durch Rk. von Verbb. der Pregnen-(5)-ol-(3)-on-(20)-oxalsäure-(21) mit Jod u. durch Behandlung der entstandenen Jodverb. mit Salzen organ. Carbonsäuren, dad. gek., daß man Pregnen-(5)-ol-(3)-on-(20)-oxalsäurealkylester in Form des Alkali-Enolats mit Jod in einem mit W. mischbaren organ. Lösungsm. bei —30 bis 0° zu 21-Jodpregnen-(5)-ol-(3)-on-(20)-oxalsäurealkylester umsetzt, daraus durch Säurespaltung in alkal. Medium 21-Jodpregnen-(5)-ol-(3)-on-(20) (**I**) gewinnt u. diese Verb. mit Salzen organ. Carbonsäuren in einem mit W. mischbaren organ. Lösungsm. bei neutraler bis schwach saurer Rk. acyliert. — Eine Mischung von I in Aceton mit K-Acetat u. W. wird mit Eisessig gekocht. Dabei entsteht *21-Acetoxypregnen-(5)-ol-(3)-on-(20)*, F. 179°. (**Oe. P. 173 531** vom 21/4. 1949, ausg. 27/12. 1952. D. Prior. 18/3. 1949.) M. F. MÜLLER. 4809

Roche Products Ltd. (Erfinder: **Alexander Lang Morrison, Frank Ratcliffe Atherton** und **Kenneth John Maynard Andrews**), Welwyn Garden City, England, *Herstellung von Chinolyldialkylphosphaten und ihren Salzen.* Man erhält die als Anticholinesterase verwendbaren Verbb., wie z. B. *Chinolyl-3-dimethylphosphat, Chinolyl-3-diäthylphosphat* u. *Chinolyl-3-dipropylphosphat*, indem man Alkalisalze von 3-Oxychinolin unter Ausschluß von W. mit Dimethyl-, Diäthyl- bzw. Dipropylchlorphosphat durch Kochen unter Rückfluß umsetzt. Nach Abtrennen der Phosphate durch Dest. im Vakuum werden diese durch Zugabe von HCl, HBr oder Alkylestern von Mineralsäuren, z. B. Dimethylsulfat, in die entsprechenden Salze übergeführt. (**E. P. 684 045** vom 2/6. 1950, ausg. 10/12. 1952.) LÜTTGEN. 4809

C. F. Boehringer & Soehne G. m. b. H., Mannheim (Erfinder: **Hermann Druckrey**, Freiburg/Br.), *Stabilisieren von Thrombokinase* für diagnost. Zwecke durch Verwendung geringer Mengen von Chinhydronen unter Ausschaltung von Licht- u. Luftzutritt sowie von Feuchtigkeit. (**D. B. P. 876 307** Kl. 30h vom 18/7. 1951, ausg. 11/5. 1953.) K. HEINZE. 4809

Parke, Davis & Co., Detroit, Mich., V. St. A., *Herstellung von Δ^2-Oxazolinverbindungen* der allg. Formel **I**, dad. gek., daß eine Aminodiolverb. **II** mit einem Iminoäther der Formel $R-\underset{\displaystyle \overset{\|}{NH}}{C}-OR'$ oder mit dem mineralsauren Salz des Iminoäthers unterhalb 50° in einer wss. Lsg. oder gelöst in einem wasserfreien oder wss. organ. Lösungsm. behandelt wird. R ist ein niedermol. Alkyl, ein halogeniertes niedermol. Alkyl, Phenyl, Phenylalkyl, alkyliertes Phenyl, Alkoxyphenyl,

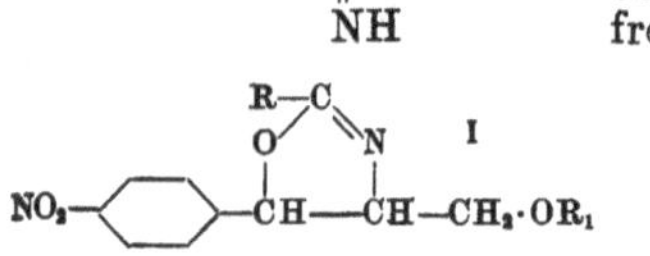
I

II

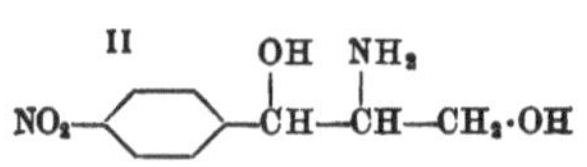

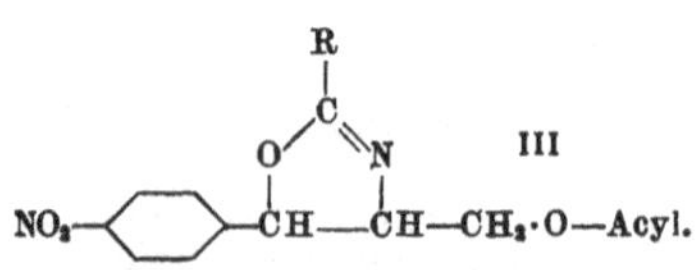
III

V

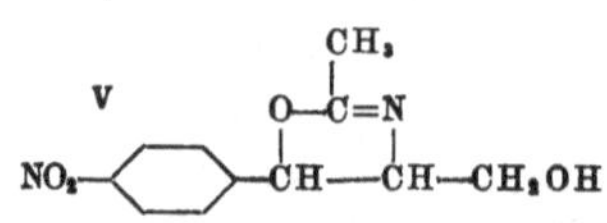

nitriertes Phenyl; $R_1 = H$ oder ein Acylrest. Die erhaltene Δ^2-Oxazolinverb. wird mit sauren Halogeniden oder Anhydriden in einem wss. oder wasserfreien Medium,

bes. in Ggw. eines Katalysators, acyliert. — Als Iminoäther wird ein Haloacetiminoalkyläther verwendet. Als bas. Acylierungskatalysator dient Pyridin, N.N-Dimethylanilin, N-Äthylpiperidin oder Triäthylamin. Im wss. Medium dienen als bas. Acylierungskatalysatoren Alkalihydroxyde oder -carbonate. — d-ψ-1-p-Nitrophenyl-2-aminopropan-1.3-diol (**IV**) u. Benziminoäthylätherhydrochlorid bilden d-ψ-2-Phenyl-4-oxymethyl-5-p-nitrophenyl-Δ^2-oxazolin, F. 226—227°. Dieses wird in Pyridinlsg. mit Essigsäureanhydrid acetyliert unter Bldg. von **III**, F. 80°. R ist wie oben angegeben. — Bei der Acylierung mit Benzoylchlorid entsteht die entsprechende Benzoyloxymethylverb., F. 154°. — Aus **IV** u. Acetiminoäthylätherhydrochlorid entsteht das Oxazolin **V**, F. 147°. — Zur Herst. von *Antibiotica*, wie Chloramphenicol. (**Oe. P. 173 457** vom 26/4. 1951, ausg. 27/12. 1952. A. Prior. 29/4. 1950.)
M. F. MÜLLER. 4811

Parke, Davis & Co., Detroit, Mich., V. St. A., *dl-ψ-1-Phenyl-2-aminopropan-1.3-diol* entsteht beim Kochen von dl-ψ-1-Phenyl-2-acetamido-3-acetoxypropanol-(1) mit HCl, F. 86—87°. — Verwendung zur Herst. von *antibiot.* wirksamen Stoffen. (**Schwz. P. 283 757** vom 15/12. 1948, ausg. 16/10. 1952. A. Prior. 16/3. 1948.)
LANGER. 4811

Parke, Davis & Co., Detroit, Mich., V. St. A., *dl-ψ-1-Phenyl-2-acetamidopropandiol-(1.3)* entsteht beim Erwärmen von dl-ψ-1-Phenyl-2-aminopropan-1.3-diol mit Acetanhydrid auf 60°. 2 Formen: F. 136—137° u. 144—145°. — Verwendung zur Herst. von *antibiot.* wirksamen Stoffen. (**Schwz. P. 283 749** vom 15/12. 1948, ausg. 1/11. 1952. A. Prior. 16/3. 1948.)
LANGER. 4811

M. J. van Es, Enige toepassingen van de verstuivingsdroger in de galenische pharmacie. Assen: Van Gorcum & Comp. (85 S.) (Van Gorcum's pharmaceutische reeks; no 4) fl. 6,50.

G. Analyse. Laboratorium.

Leonard Teitell und **Sigmund Berk**, *Verhinderung des Schimmelwachstums in optischen Instrumenten, die dem Einfluß der Panamakanalzone ausgesetzt waren.* Einige zur Verhinderung des Schimmelwachstums empfohlene Verff. wurden in der Panamakanalzone geprüft. *Cresatin* (m-Kresylacetat) -Dämpfe oder die seiner Hydrolysenprodd. verhindern die Schimmelbldg. auf Linsen u. Fadenkreuz von Feldstechern völlig. *Na-Äthylmercurithiosalicylat* läßt in vielen Fällen die Vermehrung des Schimmels zu, während in den Instrumenten angebrachte Behälter mit *Silicagel* die Feuchtigkeit für eine zu kurze Zeit genügend erniedrigen, um einen prakt. Schutz zu bieten. Ein Überzug mit *Thanite* (Fenchylthiocyanacetat) ebenso wie MgF_2 waren unwirksam. *UV-Bestrahlung* des Innern von opt. Instrumenten trifft nicht alle zu schützenden Oberflächen. Bei aus vielen Linsen u. Prismen aufgebauten Instrumenten erfordert ein wirksamer Schutz durch Einfassung mit *Ra*-haltiger Goldfolie (15 γ Ra/sq.in.) insgesamt eine solche Ra-Menge, daß Störungen u. Gefahr unvermeidlich sind. (Ind. Engng. Chem. **44.** 1088—95. Mai 1952. Philadelphia, Pa., Frankford Arsenal, Pitman-Dunn Labors.)
METZENER. 5006

Ss. F. Wassiljew und **W. Je. Gluschnew**, *Fette für Schleifenoscillographen.* Es wurden neue Öle mit kinemat. Zähigkeiten zwischen 10 u. 250 Centistokes bei 20° entwickelt, die sich für Schleifenoscillographen eignen. Bei ihnen ist sowohl die dynam. als auch die kinemat. Zähigkeit nur wenig temperaturabhängig. Sie sind haltbar, unempfindlich gegen Sauerstoff, absol. neutral, farblos u. greifen Metalle nicht an. Die Eigg. sind tabelliert. (Заводская Лаборатория [Betriebs-Lab.] **16.** 1270—72. Okt. 1950. Erdöl-Inst. der Akad. der Wiss. der UdSSR.) WIEDEMANN. 5010

Paul W. Mullen, *Einfache explosionssichere Lichtquelle für „Mettler Gram-atic-Waagen".* Um die Entzündung flüchtiger Dämpfe durch die Waagenlampe zu vermeiden, ersetzt Vf. die n. Lampe durch eine Fokussierungslinse in Verbindung mit einem justierbaren Konkavreflektor, der das Licht einer Sicherheitslampe auf der Linse fokussiert. (Analytic. Chem. **23.** 1894. Dez. 1951. Cambden, S. C., E. I. du Pont de Nemours & Co., Inc., Orlon Acrylic Fiber Process Control Labor.)
WEITBRECHT. 5022

Stanley R. Rich und **Wilfred Roth**, *Automatische Viscositätsmessung mit Ultraschall.* Ein automat. anzeigendes Viscosimeter wird benutzt, um unter Verwendung longitudinaler Ultraschallwellen zeitlich veränderliche Viscositäten zu messen. (Physic. Rev. [2] **87.** 235. 1/7. 1952.) FALKENHAGEN. 5040

Guy B. Taylor und **Maurice B. Hall**, *Messung des Molekulargewichtes in organischen Lösungsmitteln. Thermoelektrische Methode.* Eine von BALDES u. JOHNSON (Biodynamica [USA] **47.** [1939.]) entwickelte thermoelektr. Meth. zur Best. von Mol.-Geww. in wss. Lsgg. auf Grund des durch verschied. Dampfdruck verursachten Temperaturunterschiedes zwischen Lösungsm. u. Lsg. wurde von Vff. für Mol.-Gew.-Bestimmungen in organ. Lösungsmitteln abgeändert. Es wird die gleiche Meßgenauigkeit wie bei der ebullioskop. Meth. erreicht mit dem Vorteil, daß bei einer Temp. nahe Raumtemp. gemessen werden kann u. so die Meth. auf Substanzen, die beim Kp. des Lösungsm. unbeständig sind, u. auf Lösungsmittel, die keinen festen Kp. haben, ausgedehnt werden kann. Die Messung wird mit höchstens 5 mg Substanz u. Lösungsmittel ohne bes. hohen Reinheitsgrad durchgeführt. (Analytic. Chem. **23.** 947—49. Juli 1951. Wilmington, Del., E. I. du Pont de Nemours & Co., Exp. Stat., Chem. Dep.) Faass. 5044

Geoffrey Broughton und **Leonard I. Gilman,** *Ein vielseitiger Laboratoriums-Infrarottrockner.* An Stelle von Infrarotlampen mit Tempp. über 1400° werden Cr–Ni-Drähte zwischen Glasfasern mit Tempp. höchstens bis 370° benutzt. Der Trockner kann mit oder ohne Gebläse betrieben werden. Der Erfolg der Trocknung läßt sich auf einer von oben hineinhängenden Waagschale messend verfolgen. (J. chem. Educat. **29.** 34—35. Jan. 1952. Lowell, Mass., Lowell Textile Inst.) Pauli. 5048

B. W. Derjagin, *Neue Methode zur Messung der spezifischen Oberfläche poröser Körper und Pulver.* Das vorgeschlagene Verf. zur Best. der spezif. Oberfläche von porösen Körpern u. Pulvern beruht auf der Best. des Filtrationskoeff. von so stark verd. Gasen durch eine poröse Zwischenwand, da im Gas eine Knudsen-Bewegung der Moll. vorliegt, wodurch die Filtration des Gases der Diffusion u. Brownschen Bewegung in verd. Lsgg. ähnlich wird. Die spezif. Oberfläche der porösen Zwischenwand ergibt sich aus dem Filtrationskoeff. nach der früher vom Vf. (Доклады Академии Наук СССР [Ber. Akad. Wiss. UdSSR] [N. S.] **53.** [1946.] 627) abgeleiteten Formel. Tabellen unterrichten über die spezif. Oberflächen von *Korund, Apatit, Zement, Silicagel,* $BaSO_4$, *ZnO* u. *Podsolboden* nach verschied. Verfahren. (Академия Наук СССР. Труды Института Физической Химии [Akad. Wiss. UdSSR. Arb. Inst. physik. Chem.] **1950.** Nr. 1. 150—54.) Lebtag. 5048

Roberta S. Hartman, J. B. Bateman und **Max A. Lauffer,** *Mikroskopisches Elektrophoreseverfahren: eine einfache Versuchsanordnung.* Das mit 2 getrennten Zellen arbeitende Abramson-Moyer-Verf. wird durch Konstruktion einer Elektrodeneinheit vereinfacht, die mit einer Northrop-Kunitz-Zelle kombiniert wird. (Arch. Biochem. Biophysics **39.** 56—64. Juli 1952. Frederick, Md., Camp Detrick.) Fresenius. 5062

R. L. Warren und **P. A. Charlwood,** *Photoelektrische Kontrolle des Kompensators bei der Elektrophorese.* Für die meisten elektrophoret. Messungen genügt eine manuelle Bedienung des Kompensators, bei bestimmten analyt. u. präparativen Problemen ist jedoch eine automat. Kontrolle erforderlich. In einer kurzen Mitt. beschreiben Vff. die Versuchsanordnung zur Durchführung einer solchen Kontrolle, die im wesentlichen aus zwei Photozellen eines bestimmten, von Schwarz (vgl. C. **1951.** I. 1115) beschriebenen Typs besteht. (Nature [London] **171.** 353—54. 21/2. 1953. London, Middlesex Hosp., Med. School, Courtauld Inst. of Biochem.) G. Heinrich. 5062

A. L. Latner, F. Braithwaite und **R. A. Nunn,** *Vorrichtung zur photoelektrischen Auswertung von Protein-Papierelektropherogrammen.* Es wird die Schaltung einer App. zur photoelektr. Auswertung von Papierelektropherogrammen, bestehend aus einer konstanten gefilterten Lichtquelle, 1 Se-Zelle, 1 festem Widerstand, 2 Potentiometern, 1 Spiegelgalvanometer, 1 Stromteiler u. einer 2 V-Batterie, kurz beschrieben. (Biochem. J. **51.** X. April 1952. Newcastle-upon-Tyne, Med. School, Dep. of Pathol. and Surg.) Nehring. 5062

G. B. Marini-Bettolo, *Methoden und neue Wege der Chromatographie.* Rückblick über Ursprung u. zusammenfassende Darst. der Entw. u. Technik der Adsorptions-, Verteilungs-, Austauscher- u. Papierchromatographie, ihrer Anwendung bei biol. Methoden, in der Radiographie u. bei der Trennung von Stereoisomeren. (Chim. e Ind. [Milano] **34.** 269—81. Mai 1952. Rom, Ist. Superiore di Sanità.) Endrass. 5062

A. W. Airan, *Anwendung der Rundfilterchromatographie in der anorganischen Analyse.* Nach einer von Giri u. Rao (vgl. C. **1953.** 2171) modifizierten Rundfiltertechnik wird ein Gemisch von $CuCl_2$, $NiCl_2$ u. $CoCl_2$ besser aufgetrennt als mit Streifen. Während Cu, in größerer Distanz vom Mittelpunkt als Co u. Ni, olivgrüne Bogen bildet, liegen die von Co u. Ni auf dem gleichen Kreis, sind jedoch verschieden gefärbt. Co zeigt einen bräunlich-gelben Ton, Ni einen blauen. Als Lauf-Fl. diente n-Butanol–Eisessig–W., als Sprühreagens 0,1%ig. Rubeanwasserstoffsäure in 75%ig. Alkohol. (Sci. and Cult. **18.** 89—90. Aug. 1952. Bombay, Wilson Coll.) Endrass. 5062

Ekkehard Preuss, *Prismenspektroskope und -spektrographen.* 1. Mitt. *Allgemeines.* Zusammenfassende Darst. von Leistung, Aufbau u. Justierung von Prismenspektrographen. (Arch. techn. Messen **1953.** 45—48. Febr. München, C. A. Steinheil-Söhne.) Eichhoff. 5063

C. G. Cannon und **I. S. C. Butterworth,** *Beersches Gesetz und spektrophotometrische Linearität.* Vff. zeigen, daß defekte Photozellen eine bisher nicht beachtete Fehlerquelle bei spektrophotometr. Messungen sind. — Beispiele. (Analytic. Chem. **25.** 168—70. Jan. 1953. Pontypool, England, Brit. Nylon-Spinners.) Braasch. 5063

J. A. Radley, *Fluorescenzprüfung in der Industrie.* (Vgl. C. **1952.** 5337.) Zusammenfassende Darst. der Fortschritte auf dem Gebiet der Fluorescenzprüfung mit kurz- u. langwelligem UV in der Fluorimetrie, bei der acidimetr. Titration mit Fluorescenzindicatoren, der Unters. der spektralen Verteilung der Fluorescenz u. im Zusammenhang mit chromatograph. Methoden. Besprechung von Anwendungen in der Landwirtschaft, der Nahrungsmittelunters., der Textil-, Gerberei-, Leder-, Papier-, Farben- u. Gummi-Industrie, sowie in der Medizin, der Lagerstättensuche u. Prüfung von Werkstoffen u. metall. Fertigfabrikaten. (Research **5.** 561—66. Dez. 1952. Reading, Ind. Res. and Developm. Labors.) Eichhoff. 5063

G. Hansen, *Abbildung von Volumenstrahlern in Spektrographen.* Das Problem der Abb. von Volumenstrahlern, z. B. Raman- oder Geissler-Rohren, in den Kollimator eines Spektrographen wird durch Einführung des Lichtleitwertes Λ zwischen zwei Blenden auf einfache Weise gelöst. $\Lambda = f_1 \cdot f_2/a^2$, f_1, f_2 Blendenflächen, a Abstand der Blenden voneinander, wenn der Blendendurchmesser klein gegen den Abstand ist, $\Lambda = \int\int \cdot \cos \varepsilon \, d\, f\, d\, \omega$, für den Fall, daß eine ebene Fläche unter dem Winkel ε in den Raumwinkel ω strahlt. Bei der Abb. des Volumenstrahlers muß Λ des zylindr. Rohres gleich dem des Spektrographen sein, wobei am Spalt eine kreisförmige Blende vom Durchmesser der Spaltlänge u. eine kreisförmige Objektivöffnung anzunehmen sind. Bei gegebenem Λ u. gegebener Schichtlänge benötigt das zylindr. gegenüber dem kegelstumpfförmigen Rohr die kleinste Flüssigkeitsmenge. (Optik **6.** 337—47. Juni 1950. Oberkochen, Zeiß-Opton.) Lindberg. 5063

H. K. Paetzold, *Eine Bemerkung zur Eichung und Durchlässigkeit von Platinfiltern.* Die Absorption von Pt-Filtern (Keil- u. Stufenfilter für die photograph. u. spektrale Photometrie) hängt in nicht zu vernachlässigender Weise von der Wellenlänge ab. Diese Selektivität variiert z. B. nach Dicke u. Herst. der Schicht u. Art des Trägers. Zur Eichung von Pt-Filtern wurde eine einfache Meth. zur Herst. von photograph. Intensitätsmarken benutzt. Die von einem mit parallelem, monochromat. Licht beleuchteten Spalt (0,05—0,1 mm) erzeugte Beugungsfigur wird aufgenommen u. ihre theoret. bekannte Intensitätsverteilung als Intensitätsskala der Schwärzungskurve benutzt. Das Filter, das zur Hälfte mit einer 60% durchlässigen Pt-Schicht belegt war, wurde dicht vor die Platte gesetzt, die Schicht dem Licht zugekehrt. Die von den beiden Filterhälften gelieferten Schwärzungskurven müssen parallel in einem Abstand verlaufen, der gleich dem Logarithmus der Opazität der Schicht ist. Streuung der Einzelwerte nur 2%. Durchlässigkeitsverlauf der Filter Pt auf UV-Glas bzw. auf Quarz nach Kienle (Z. Physik **58.** [1929.] 726) u. Vf. wird angegeben. (Optik **6.** 327—31. Juni 1950. Weißenau, Forschungsstelle für Phys. der Stratosphäre.) Lindberg. 5064

R. W. Woitzechowski, *Kryoskopische Methode zur Bestimmung des gebundenen Wassers.* Es werden 2 Varianten zur Best. des gebundenen W. u. zur Unters. der hydrophilen Eigg. von Mehl u. anderen Stoffen angeführt. Die Methoden geben im Gegensatz zu der von Gortner ausreichend genaue Resultate, die Zahlen stimmen mit der Meth. von Dumanski überein. — Nach der 1. Variante werden in einem Kryoskopiergläschen 6 g Mehl bei 0° mit 15—20 g mol. Zuckerlsg. übergossen u. die Gefrierpunktserniedrigung bestimmt. Vorher wird gewichtsanalyt. die Feuchtigkeit der Probe ermittelt, desgleichen die Gefrierpunktserniedrigung der verwendeten Zuckerlösung. Für die Berechnung wird eine Formel gegeben. Nach der 2. Variante werden 6—8 g (P) Mehl mit einer Zuckerlsg., bestehend aus 3—4 g (A) Zucker u. 3—10 g (W') W. übergossen. Man bestimmt die Gefrierpunktserniedrigung Δ_2'' der Lsg. u. anschließend nach Zugabe von 1—2 g (W'') W. erneut die Gefrierpunktserniedrigung der Lsg. Δ_2''. Die Menge des gebundenen W. in %, bezogen auf die Trockensubstanz, errechnet sich aus der Gleichung: $x = [a + 100\, W'/P - 31{,}6 \cdot A/P - 100\, W''\, \Delta_2''/P\, (\Delta_2' - \Delta_2'')]\, 100/(100 - a)$ wobei a = Feuchtigkeit der Probe in Gew.-%. (Украинский Химический Журнал [Ukrain. chem. J.] **16.** Nr. 1. 99—106. 1950. Inst. für allg. u. anorgan. Chem. der Akad. der Wiss. der UkrSSR.) Trofimow. 5074

Stanley R. Hall, *Bestimmung von Teilchenkonzentrationen mit einem Sammelapparat. Prüfung der Luftverschmutzungshöhe in Los Angeles County.* Um die Verschmutzung der Luft durch Staubteilchen objektiv über größere Zeiträume kontinuierlich messen zu können, entwickelte Vf. einen automat. Probensammler, der stündlich sowohl 25 Kubikfuß Luft durch ein Papierfilter als auch insgesamt 170 Kubikfuß Luft täglich durch einen Filtertiegel saugt. Die Schwärzung der Filterpapiere wird durch Messung der Reflexion bei 400 mμ bestimmt u. bildet das Maß für die Verschmutzung, der Tiegelinhalt wird mit saurer Bichromatlsg. zur Best. von C u. anderen oxydierbaren Substanzen behandelt. Mikrochem. oder spektrograph. können Metall- u. nichtmetall. Bestandteile, wie *Al, Ca, Cu, Fe, Mg, Pb* u. *Si*, bestimmt werden. Die Ergebnisse werden tabellar. u. graph. mitgeteilt. Der Einfl. der Hauptfaktoren auf die Konz. der Staubteilchen, wie Entstehungsgeschwindigkeit, Windgeschwindigkeit u. -richtung, Absinkgrad, Temp. u. Feuchtigkeit werden in Zusammenhang mit der Sichtweite diskutiert. (Analytic. Chem. **24.** 996—1000. Juni 1952. Glendale, Calif., Albert Chaney Chem. Labor.) Weitbrecht. 5088

Fred Stitt und **Yoshio Tomimatsu,** *Sensibilisiertes Papier zur Bestimmung von Quecksilberdampf.* Zur Best. kleiner Äthylenmengen in Luft wird ein Indicatorpapier (IP) benötigt, welches kleine Hg-Mengen durch Rk. mit Se anzeigt. Zur Herst. eines haltbaren IP, dessen Ansprechen temperaturunabhängig ist u. auf $\pm 5\%$ genaue Resultate ergibt, wird geeignetes Filtrierpapier in KCNSe-Lsg. getränkt u. nach dem Abtropfen der Einw. von gasförmigem HCl unterworfen. (Analytic. Chem. **23.** 1098 bis 1101. Aug. 1951. Albany, Calif., Western Reg. Res. Labor.) Eichhoff. 5088

a) Elemente und anorganische Verbindungen.

Carl Berger und **Lyle R. Dawson,** *Bestimmung von Chlorid-Ion in Formamidlösungen.* Vff. überprüfen die Verff. zur Best. von Cl^- nach Mohr (A), nach Fajans mit *Dichlorfluorescein* als Adsorptionsindicator (B) u. die elektrometr. Titration (C) in Ggw. von Formamid (**I**). Wie die tabellar. mitgeteilten Ergebnisse zeigen, gibt A infolge größerer Löslichkeit von Ag_2CrO_4 in **I** als in W. keine brauchbaren Resultate, der Endpunkt ist unscharf u. der Leerverbrauch groß, dagegen ist die Analyse nach B recht genau. Verwendet man bei Meth. C das Elektrodenpaar HgCl–Ag, so nimmt mit steigendem Geh. an **I** die Genauigkeit infolge unregelmäßiger Schwankungen der EMK. ab. Ähnliche Fehlerquellen ergeben sich bei dem Elektrodenpaar Ag–Ag/AgCl, wenn die AgCl-Elektrode in gesätt. wss. K_2SO_4-Lsg. eintaucht. Brauchbare Resultate erhält man damit in $>80\%$ ig. **I** bei genügend langem Warten oder, wenn man die wss. K_2SO_4-Lsg. durch eine gesätt. Lsg. von K_2SO_4 in **I** ersetzt. Die Fehlerquellen des Verf. werden diskutiert. (Analytic. Chem. **24.** 994—96. Juni 1952. Lexington, Ky., Univ. of Kentucky.) Weitbrecht. G 247

C. L. Luke, *Photometrische Bestimmung von Silicium in Eisen-, ferromagnetischen Nickel- und Kupferlegierungen. Eine Molybdänblaumethode.* Eine ca. 0,5 mg Si enthaltende Einwaage des säurelösl. Stahles bzw. der Legierung mit 0,01—2% Si wird in 10 ml einer Lsg. von 40 ml HCl, 40 ml W. u. 20 ml HNO_3 gelöst. Durch Kochen mit 3—4 ml Ameisensäure wird die überschüssige HNO_3 zerstört, dann filtriert u. mit W. auf 100 ml aufgefüllt. 5 (bzw. 10; 25) ml der Lsg. werden mit 1 (bzw. 0,5) ml H_2SO_4 1 : 3 u. 35 (bzw. 25; 0) ml W., dann mit 5 (bzw. 10; 25) ml einer Lsg. von 5 g Na-Diäthyldithiocarbamat in 100 ml W. versetzt. Durch mehrmaliges Schütteln mit $CHCl_3$ werden die gebildeten Thiocarbamate der störenden Metalle entfernt. Die wss. Lsg. wird nach der Extraktion mit 10 ml 5%ig. NH_4-Molybdatlsg., nach 5 Min. mit 30 ml H_2SO_4 1 : 3 u. dann mit 1 ml einer Lsg. von 1 g $SnCl_2$ u. 2 ml HCl in 100 ml W. versetzt. Nach Auffüllen auf 100 ml wird bei 765 mμ photometriert. Eine Eichkurve wird durch analoge Behandlung alkal. SiO_2-Lsgg. bekannter Konz. erhalten. Eine Variante für Legierungen mit $<0,01\%$ Si wird gleichfalls beschrieben. (Analytic. Chem. **25.** 148—51. Jan. 1953. Murray Hill, N. J., Bell Telephone Labors., Inc.) Moisar. G 261

Ch.-M. Dozinel und **J.-P. Vande Briel,** *Direkte Bestimmung kleiner Arsenmengen in Kupfer und seinen Legierungen. Vereinfachte Trübungsmethode.* Vff. beschreiben eine modifizierte Meth. zur Best. kleiner Al-Mengen in Cu nach Case (C. **1949.** II. 1219), indem sie As in Ggw. von Cu mit $NaH_2PO_2 \cdot H_2O$ reduzieren u. die Trübung unmittelbar mit einem Spektrophotometer bei 420 mμ messen. 1 g Probe wird in 30 ml verd. HCl + 10 ml 30%ig. H_2O_2 aufgelöst u. der Überschuß an H_2O_2 durch Kochen zersetzt. Nach dem Abkühlen gibt man 10 ml einer 40%ig. wss. Lsg. von $NaH_2PO_2 \cdot H_2O$ zu, red. in sd. W., kühlt u. bestimmt die Trübung. Der As-Geh. ergibt sich aus einer analog hergestellten Eichkurve, die bis 0,02% Al geradlinig verläuft. Störungen durch Pb, Sn, Fe, Mn, Ni, Sb u. Zn treten nicht auf, wohl aber durch Se u. Te. Das Verf. ist einfach, zeitsparend u. für Serienanalysen geeignet. (Ing. Chimiste [Bruxelles] **34.** 73—77. Juni 1952. Bruxelles-Haren, Visseries et Tréfileries Réunies, Labor.) Weitbrecht. G 265

Hidehiro Gotô und **Yachiyo Kakita,** *Neue colorimetrische Bestimmung von Antimon mit Methylviolett.* Sb^{3+} bildet in HCl-Lsg. mit *Methylviolett* (I) einen Nd., der mit Amylacetat (II) ausgeschüttelt u. in dieser Lsg. colorimetriert wird. Die *Sb*-Lsg. (End-vol. 25 cm^3) soll an HCl u. NaCl 0,12—0,3n, an Na-Citrat 0,09—0,29n sein, zur Fällung wird zugegeben 0,5—1,5 cm^3 0,2%ig. I-Lösung. Großen Einfl. hat Cu, keinen haben Al, Bi, Ca, Cd, Co, Mg, Ni u. Zn. 0,1 γ Sb/cm^3 II-Auszug sind noch bestimmbar. (J. chem. Soc. Japan, pure Chem. Sect. [Nippon Kagaku Zassi] **73.** 339—42. Mai 1952. Sendai, Tohoku Univ. [Orig.: japan.]) Schuler. G 266

H. Flaschka, *Die mikrogravimetrische Bestimmung des Kaliums als Tetraphenylborkalium.* Die von Raff u. Brotz (C. **1952.** 1708) ausgearbeitete Meth. zur Makrobest. des K als *Tetraphenylborkalium* (I) wurde vom Vf. für Mikrobest. modifiziert. 39—965 μg K konnten mit einem Fehler unter 1% bestimmt werden. Die schwach essigsaure Probelsg. wird in einem Filterbecher nach Emich-Schwarz-Bergkampf auf 70° erwärmt u. mit einer 3%ig. wss. *Tetraphenylbornatrium*-Lsg. tropfenweise im Überschuß versetzt. Die abgekühlte Lsg. wird abgesaugt, mit gesätt. I-Lsg. u. W. gewaschen u. bei 120° getrocknet. (Z. analyt. Chem. **136.** 99—102. 1952. Graz.) Moslé. G 275

Otokar Quadrat und **Zdeněk Švejda,** *Untersuchung über die Analyse von Beryll.* Es wurde ein Verf. zur Best. von *Be* in Beryll ausgearbeitet. Unter den verschied. Möglichkeiten wurde die Fällung durch NH_4NO_2 am geeignetsten gefunden, es folgt die Best. mit H_2SeO_3 u. mit *Hydrazincarbonat.* Bei Fällung durch NH_3 bildet sich $Be(OH)_2$ mit am schwächsten ausgeprägten bas. Eigg., doch ist dieses besser filtrierbar als $Al(OH)_3$. Die Trennung des Be von Al ist durch Na_2CO_3, *Äthylamin, Oxychinolin* sowie durch *Guanidincarbonat* möglich. Letzteres Verf. erwies sich als das vorteilhafteste. Für analyt. Zwecke wurde Be von Al über die Komplexverb. mit Weinsäure getrennt. Die Komplexverb. von $Be(OH)_2$ mit Alkalitartraten erwies sich als instabil. Sie fällt beim Kochen mit Alkalicarbonatlsg. als bas. Be-Carbonat aus, während die Komplexverb. des $Al(OH)_3$ mit Weinsäure stabil ist. Das bas. Be-Carbonat wurde durch Filtrieren von der komplexen Al-Salzlsg. abgetrennt, in HCl aufgelöst u. mittels NH_4OH als $Be(OH)_2$ gefällt. Das Verf. eignet sich vor allem für techn. Zwecke u. kann bis zu einem Verhältnis Be : Al = 1 : 2 benutzt werden. (Chem. Obzor **25.** 85—87. 30/6. 1950. Prag, TH, Metallurg. Inst.) Stahl. G 281

J. R. A. Anderson, *Identifizierung und Bestimmung von Thallium.* Zusammenfassende Übersicht über die analyt. Verff. zum Nachw. u. zur Best. von Thallium. — 61 Literaturangaben. (Analytic. Chem. **25.** 108—12. Jan. 1953. Sydney, New South Wales Univ. of Technol.) Moisar. G 297

Satori Utsumi, *Volumetrische Bestimmung von Wismut.* 1. u. 2. Mitt. Die Meth. beruht auf der Fällung des Bi mit $K_2Cr_2O_7$ (I) als krist. $Bi_2O_3 \cdot 2\,CrO_3 \cdot H_2O$ (II) u. jodometr. Titration der Lsg. von II in HCl. Die HNO_3-saure Bi-Lsg. wird mit NaOH neutralisiert (Methylorange) u. dann so viel HNO_3 bekannter Konz. zugegeben, daß die Lsg. daran 0,3n ist. Nach Zugabe von 0,5—1,5 g I zum Gesamtvol. von 50—100 cm^3 wird der amorphe gelbe Nd. durch Erhitzen der Lsg. orange u. kristallin. Nach ca. 1,5 Std. wird kalt durch Sinterglasnutsche abfiltriert, der Nd. mit kaltem W. gewaschen, in 20 cm^3 3nHCl gelöst u. jodometr. titriert. Ag^+, Hg^+, Pb^{2+} u. Cl^- stören. Fehler 0,1—0,5%. (J. chem. Soc. Japan, pure Chem. Sect. [Nippon Kagaku Zassi] **73.** 342—47. Mai 1952. Tokyo, TH. [Orig.: japan.]) Schuler. G 334

E. L. Bickerdike und **H. H. Willard,** *Dimethylglyoxim für die Bestimmung von großen Mengen Nickel.* Zur Best. bis 100 mg Ni mit *Dimethylglyoxim* (I) eignet sich nach Unterss. der Vff. die Fällung aus homogener Lösung. Man verd. die Ni-Lsg. auf 200 ml, stellt mit HCl ein p_H 2—3 ein, gibt 20 g Harnstoff u. 50 ml einer heißen 1%ig. Lsg. von I in *1-Propanol* zu u. erhitzt 1 Std. auf dem Wasserbad. Der grobkrist. u. dichte Nd. wird nach dem Erkalten filtriert. Testverss. zeigen die Genauigkeit der Methode. (Analytic. Chem. **24.** 1026. Juni 1952. Santa Barbara, Calif., Univ. of California, Santa Barbara Coll.; Ann Arbor, Mich., Univ. of Michigan.) Weitbrecht. G 356

T. J. Phillips, *Schnellanalyse von dolomitischem Kalkstein.* 0,2 g *Dolomit* wurden zur CO_2-, MgO- u. CaO-Best. angefeuchtet, mit 25 ml 0,2nHCl am Rückfluß gekocht u. mit 0,2nNaOH zurücktitriert. Die neutrale Lsg. wurde mit 1—2 Tropfen 3%ig. H_2O_2 versetzt, ammoniakal. gemacht u. mit NH_4-Oxalat das Ca gefällt u. manganometr. bestimmt. Der MgO-Geh. kann dann aus der Differenz berechnet werden. (Proc. Indiana Acad. Sci. **59.** 149. 1950. Evansville, Ind., Evansville Coll.) Moslé. 5292

b) Organische Verbindungen.

R. Christian Anderson, Yvette Delabarre und **Aksel A. Bothner-By,** *Chemische Analyse und Isotopennachweis in organischen Verbindungen.* Eine App. u. ein Verf., das auf der Verbrennungsmeth. von NAUGHTON u. FRODYMA (C. **1951.** I. 906) beruht, zur chem. Analyse u. zum Isotopennachw. in Mikroproben markierter organ. Verbb. wird eingehend beschrieben. Zum Nachw. von ^{13}C dient CO_2, von ^{14}C CO_2 oder $BaCO_3$ u. von D oder T Wasser. Die Genauigkeit der chem. Analyse ist ebenso groß wie die der Standardmeth. nach PREGL, während der Nachw. der Markierungsstoffe so genau wie nach den üblichen Methoden ist. (Analytic. Chem. **24.** 1298—1303. Aug. 1952. Upton, Long Island, N. Y., Brookhaven Nat. Labor., Chem. Dep.) SCHLEGEL. 5350

A. T. James und **A. J. P. Martin,** *Gas–Flüssigkeit-Verteilungschromatographie: Trennung und Mikrobestimmung flüchtiger Fettsäuren von Ameisensäure bis Laurinsäure.* Wasserfreie Gemische flüchtiger Fettsäuren werden an einer Säule in einem Gemisch von DC 550–Silicone mit bes. gereinigtem Kieselgur u. mit 10% Stearinsäurezusatz in einem N_2-Strom verteilt. N_2 wird durch wss. Phenolrotlsg. geleitet u. diese mittels einer photoelektr. gesteuerten automat. Bürette mit 0,038n NaOH titriert. Die Säule kann je nach Art der Fettsäuren mit Wasserdampf (Fettsäuren C_1—C_5) oder mit Dampf von Äthylenglykolmonoäthyläther (Fettsäuren C_6—C_{12}) beheizt werden. Die Verteilungschromatographie Gas–Fl. wird theoret. behandelt. Beschreibung der Apparatur. Titrationskurven für Trennung bestimmter Fettsäuregemische nach μg-Äquivalenten in Abhängigkeit von der Zeit werden mitgeteilt. Beschreibung der Gewinnung wasserfreier Fettsäuren aus den Na-Salzen, wie sie in biol. Verss. erhalten werden. (Biochem. J. **50.** 679—90. März 1952. London, Mill Hill, Nat. Inst. for Med. Res.) FRESENIUS. G 810

Fred Brown und **James Graham,** *Mikronephelometrie zur Bestimmung von Cyanwasserstoff.* Zur Best. von HCN wird die Meth. von FOX in ihrer Technik verbessert u. so verfeinert, daß auch sehr kleine Mengen, z. B. in biol. Material, bestimmt werden können. Zu einer Lsg. von 25 ml konz. H_2SO_4 in 250 ml W. wird die zu untersuchende Substanz gegeben. Unter Verwendung eines Rückflußkühlers erhitzt man zum Kochen u. treibt HCN mittels eines Luftstromes in eine Vorlage, die 1 ml 5%ig. KOH-, 1 Tropfen 5%ig. KJ- u. 1 Tropfen einer 0,001 mol. $AgNO_3$-Lsg. enthält. Zur Steigerung der Empfindlichkeit kann man auch 1 Tropfen einer 0,00025 mol. $AgNO_3$-Lsg. verwenden. Die Vorlage, die aus einem einfachen Blasenzähler aus Glas von so kleinen Abmessungen besteht, daß 1 ml der zu untersuchenden Lsg. das Gefäß bis zur Höhe von 2 cm füllt, wird mit einem kleinen Lichtstrahlenbündel von ca. 2 mm Durchmesser bestrahlt u. gegen einen dunklen Hintergrund im verdunkelten Raum betrachtet. Die Trübung der Lsg. erscheint deutlich als leuchtender TYNDALL-Kegel, u. ihre Aufhellung ist klar zu erkennen. Bei Anwendung von 1 Tropfen 0,001 mol. $AgNO_3$-Lsg. kann 0,1 mg HCN bestimmt werden. Mit 0,00025 mol. Lsg. u. n. Beleuchtung ist die Best. ungewiß, bei Anwendung des TYNDALL-Effektes dagegen könnte leicht noch 0,01 mg HCN in 250 ml W. bestimmt werden. (Analytic. Chem. **24.** 1032. Juni 1952. Bangor, North Wales, Univ. Coll. of North Wales.) SCHLEGEL. G 890

F. Pulido-Cuchi und **F. Hernández-Gutiérrez,** *Über die Bestimmung der p-Aminosalicylsäure durch Jodometrie.* Jod wird bei Zugabe von *p-Aminosalicylsäure* (I) in bas. Medium gebunden, wahrscheinlich unter gleichzeitiger Decarboxylierung beim Ansäuern; wenn dieses sofort erfolgt, wird ein Prod. mit 3 Atomen Jod erhalten; nach 25 Min. enthält das Prod. 4 Atome Jod. Es wird ferner die Best. von I durch N-Best. nach WINKLER [1913] mit Bromkresolgrün–Methylrot als Indicator beschrieben. Zur jodometr. Best. werden 20 cm^3 einer ca. 1%ig. I-Lsg. mit 6,25 cm^3 NaOH versetzt u. auf 50 cm^3 aufgefüllt. Zu 5 cm^3 dieser Lsg., die mit 0,5 g wasserfreier Soda u. 50 cm^3 W. versetzt ist, gibt man 20 cm^3 n/10 Jodlsg., worauf die Best. in üblicher Weise durchgeführt wird. 1 cm^3 n/10 Jodlsg. entspricht 0,00255 g I bzw. 0,00291 g I-Na-Salz oder 0,00351 g Na-Salzhydrat. Die Fehler halten sich in den zulässigen Grenzen. (An. Real Soc. españ. Física Quím., Ser. B **46.** 313—18. Mai 1950. Barcelona, Fac. de Farmacía, Labor. de Quím. Anal. Farm., u. Inst. „Alonso Barba“, Secc. Quím. Orgán.) FÖRSTER. G 1350

Louise Lang Phillips und **M. L. Caldwell,** *Bestimmung von Glucose in Gegenwart von Maltose. Schnelle und bequeme Halbmikromethode.* Vff. modifizieren die Meth. von ZERBAN u. SATTLER (Ind. Engng. Chem., analyt. Edit. **10.** [1938.] 699) dahin, daß erheblich kleinere Mengen Glucose in kleinen Mengen Zuckerlsgg. oder Stärkehydrolysaten in Ggw. von Maltose u. anderen Substanzen mit Amylaseaktivität (2—6 mg/2 ml) bestimmt werden können. Das aus FEHLINGscher Lsg. freigesetzte Cu_2O (p_H 8,7—8,8, Acetatpuffer) reagiert mit einer KJ–KJO_3-Lsg., deren Verbrauch mit $Na_2S_2O_3$-Lsg.

titriert wird: $KJO_3 + 5 KJ + 3 H_2SO_4 \rightarrow 3 K_2SO_4 + 3 J_2 + 3 H_2O$ u. $KJO_3 + 5 KJ + 9. H_2SO_4 + 3 Cu_2O \rightarrow 6 CuSO_4 + 3 K_2SO_4 + 6 HJ + 6 H_2O$. Die Differenz zwischen dem n. Thiosulfatverbrauch u. dem der unbekannten Lsg. ist ein Maß für den Glucosegehalt. Da auch Maltose in kleinem Maßstabe Cu_2O aus FEHLINGscher Lsg. abscheidet, ist die Aufstellung von Glucose–Maltose-Eichkurven bekannter Gehh. vor Durchführung der Analyse erforderlich. Der mittlere Fehler steigt mit zunehmendem Maltosegeh. u. beträgt z. B. bei 16 mg Maltosehydrat/2 ml 2,7% an Glucose. — Ein Vgl. dieser Meth. mit einer selektiven Fermentation mit Hefe von Glucose–Maltose-Lsgg. u. Stärkehydrolysaten zeigt die Brauchbarkeit der chem. Methode. (Analytic. Chem. **23.** 1172—74. Aug. 1951. New York, N. Y., Columbia Univ.) SCHLEGEL. G 3400

Raymond L. Smith und **F. Schlenk,** *Bestimmung von Adeninthiomethylribosid und 5-Thiomethylribose und deren Differenzierung von Methionin.* Die Abtrennung von *Adeninthiomethylribosid* (**I**) von *5-Thiomethylribose* (**II**) u. *Methionin* (**III**) erfolgt durch 10%ig. Phosphorwolframsäure. Mit der Nitroprussid-Rk. nach CSONKA u. DENTON (J. biol. Chemistry **163.** [1946.] 329) werden **I** im Nd. der vorigen Rk., **II** + **III** in der überstehenden Fl. bestimmt. **III** kann in Ggw. von **I** u. **II** mit der jodometr. Meth. nach LAVINE (J. biol. Chemistry **151.** [1943.] 635) bestimmt werden, da nur **III** bei p_H 7 ein stabiles Perjodid liefert. (Arch. Biochem. Biophysics **38.** 159—65. Juli 1952. Ames, Iowa, Iowa State Coll., Dep. of Bact.) KRUSEN. G 3450

Arthur Poulos, *Die Titration von Theobromin in nichtwässerigen Lösungen.* 0,3 g *Theobromin* (**I**) in 30 cm^3 Eisessig lösen, 30 cm^3 CCl_4 zugeben, mit 0,1 n Perchlorsäure (8,5 cm^3 72%ig. $HClO_4$ mit Eisessig ad 1000; gegen saures K-Phthalat einstellen) u. α-Naphtholbenzein (1%ig. essigsaure Lsg.) als Indicator titrieren (gelb → grün). **I** verbraucht infolge des bas. N in 9-Stellung 1 Äquivalent $HClO_4 \cdot CCl_4$ begünstigt die Ausfällung des **I**-Perchlorats u. dadurch die Erkennung des Endpunktes. Die Best. wird durch andere Basen u. W. gestört. (Analytic. Chem. **24.** 1858—59. Nov. 1952. Rensselaer, N. Y., Winthrop-Stearns, Inc., Control Labors.) K. MAIER. G 3500

S. García Fernández und **E. Otero Aenlle,** *Photoelektrische Colorimetrie der Gallensäuren.* In der Überprüfung der von CHABROL (C. R. Séances Soc. Biol. Filiales Associees **115.** [1934.] 834) u. SCOTT (J. Lab. clin. Med. **19.** [1934.] 523) vorgeschlagenen Methoden für die Best. der Gallensäuren durch photoelektr. Colorimetrie wurden die spezif. Auslöschungskoeffizienten der *Cholsäure* (**I**), *Glykocholsäure* (**II**), der *Taurocholsäure* (**III**) u. der *Desoxycholsäure* (**IV**) bestimmt. Die letzte gibt nicht die SCOTTsche Reaktion. Die Verss. zeigten die Richtigkeit der errechneten Koeffizienten. Des weiteren wurden die Konzz. ermittelt, bei denen die besten Ergebnisse erhalten werden. Der spezif. Auslöschungskoeff. einer Mischung von Glykocholat, Taurocholat u. Na-Desoxycholat in dem in der menschlichen Galle vorliegenden Verhältnis wurde bestimmt.

Versuche: Bei der Phosphovanillin-Rk. (A, CHABROL) u. der SCOTT-Rk. (B) wurden folgende Konzz. als notwendig ermittelt: für **I**: 0,156—0,700 mg bei A, 0,180 bis 0,700 mg bei B; für **II**: 0,150—0,240 (Koeff. 0,2286) u. 0,150—1,540 (Koeff. 0,356) bei A, 0,400—2,1 bei B; für **III**: 0,120—0,900 mg bei A, 0,200—0,900 mg bei B; für **IV**: 0,370—1,8 mg bei A. (An. Real Soc. españ. Física Quím., Ser. B **46.** 363—74. Juni 1950. Santiago de Compostela, Physikal.-chem. Inst. „A. de Gregorio Rocasolano", Abt. für physikal.-chem. Biol. u. chem.-physikal. Labor. der pharmazeut. Fakultät, Patronat „Juan de la Cierrva".) FÖRSTER. G 3700

d) Medizinische und toxikologische Analyse.

H. T. Ringrose, S. Thompson Rowling und **R. P. Harbord,** *Ein einfaches Hilfsmittel zur Bestimmung der CO_2-Konzentration in anästhetisch wirkenden und anderen Gasen.* Beschreibung eines App. („R.R.H. CO_2-Indicator") zur Best. der CO_2-Konz. in Ggw. eines beliebigen Gemisches anästhet. wirkender u. anderer Gase (Chlf., Ae., Cyclopropan, Trichloräthylen, N_2O, O_2). Der App. kann während der Narkose sowohl ohne als auch mit Unterbrechung verwendet werden; er zeigt CO_2-Schwankungen sofort an. Er gestattet eine CO_2-Best. innerhalb von 0—10% CO_2 mit einer Genauigkeit von 0,1%. Die CO_2-Best. in Luft ergab prakt. die gleichen Werte wie der Gasanalyseapp. nach HALDANE. Der App. besteht im Prinzip aus 2 gleichen porösen Zylindern aus unglasiertem Porzellan, von denen der eine mit Natronkalk, der andere mit dem gleichen Vol. eines CO_2 nicht absorbierenden Stoffes gefüllt ist. Die beiden Porzellanzellen sind durch U-förmige Rohre verbunden, die zu einem Differentialmanometer ausgebildet sind. (Brit. J. Anaesthesia **22.** 25—33. Jan. 1950. London.) K. F. MÜLLER. 5725

J. Homolka, *Polarographische Prüfung von Blutproteinen in Verbindung mit Elektrophorese.* Vf. berichtet über polarograph. Ergebnisse an Blutseren von an *Lipoid-*

nephrosis bzw. *Hepatitis* erkrankten Menschen im Vgl. zum n. Serum. Dazu werden die Seren auf Filterpapier mikroelektrophoret. zerlegt u. auf einem Probestreifen die Abgrenzung der Proteine von *Albumin* (**I**) bis *γ-Globulin* (**IV**) durch Anfärben bestimmt. Der die Proteine enthaltende Teil des ungefärbten Streifens wird in 17—19 gleiche Abschnitte zerteilt, mit NaCl-Lsg. extrahiert, mit einer Lsg. nach BRDICKA [10^{-3} mol. $Co(NH_3)_6Cl_3$, n/10 NH_4Cl, n/1 NH_3] versetzt u. zwischen 1,5 u. 1,7 V polarographiert. Man erhält so 17—19 Polarogramme, die bei 1,6 V miteinander verbunden, ein für jedes Serum charakterist. Diagramm ergeben, aus dem der Geh. an **I** mit ±2,65%, an *α-Globulin* (**II**) mit ±1,61%, an *β-Globulin* (**III**) mit ±1,90% u. an **IV** mit 1,23% genau bestimmt werden kann. Die Normalgehh. betragen 70,5% **I**, 8,3% **II**, 13,7% **III** u. 7,5% **IV**. (Radiometer Polarographics **1.** 110—13. Juni 1952. Prag, 1. Children Clinic.) WEITBRECHT. 5727

Henry Tauber und **Edward L. Petit,** *Zweidimensionale Papierchromatographie von Proteinen.* 2. Mitt. *Anwendung auf Blutplasmafraktionen.* (Vgl. C. **1953. 6321.**) Albumine u. γ-Globuline des Blutplasmas lassen sich mit dieser Meth. zwar nicht vollständig trennen, jedoch hat die Meth. Wert für klin. Untersuchungen. (Proc. Soc. exp. Biol. Med. **80.** 143—44. Mai 1952. Chapel Hill, N. C., Univ., School of Public Health.) HESSE. 5728

P. Pesez et P. Poirier et collaborat., Méthodes et réactions de l'analyse organique. Vol. II. Méthodes de caractérisation. Paris: Masson et Cie. (287 S., 7 Pläne, zahlr. Taf.) fr. 2700,—.

H. Angewandte Chemie.

I. Allgemeine chemische Technologie.

David R. Keck, *Korrosionsprobleme in chemischen Anlagen.* Rostfreier Stahl 316, mit nur 1,76(%) Mo hat sich nicht bewährt. Mehr Erfolg wird von einem Stahl der folgenden Zus. erwartet: C 0,07, Mo 2,25, Cr 17,00, Ni 11—14,00. An Rohren wird oft sehr schwere interkristalline Korrosion festgestellt. Als Ursache der auftretenden Spannungskorrosion wird der hohe Cl-Geh. des W. angesehen. Ausschaltung der Korrosion durch Verwendung von Admiralty-Messing oder Duplexrohre. Andere Korrosionsprobleme sind der Angriff an Rissen, Einfl. von Dichtungsmaterialien u. die Korrosion im Erdboden. (Canad. Textile J. **70.** Nr. 4. 65—66. 13/2. 1953. Edmonton, Alta, Canadian Chemical Co., Ltd.) J. FISCHER. 5806

J. Wm. Anderson, *Technik beim Ionenaustausch.* 2. Mitt. (1. vgl. **1953.** 4097.) Übersicht über die prakt. Anwendung des Ionenaustausches in der Technik, bes. die Wahl der Ionenaustauscher im Hinblick auf die geforderte Menge u. Beschaffenheit des W. u. die Überwachung des Austausches. (Chem. in Canada **4.** Nr. 10. 41—44. Okt. 1952. Hamilton, Can., W. J. Westaway Co. Ltd.) WESLY. 5826

J. Kistemaker, *Fortschritte in der Hochvakuumtechnik.* Übersicht über die in den letzten Jahren in der Hochvakuumtechnik (Pumpen, Konstruktionstechnik, Flanschen, Ventile, Kühlvorr., Manometer) erzielten Fortschritte. — 6 Literaturangaben. (Nederl. Tijdschr. Natuurkunde **18.** 259—63. Okt. 1952. Amsterdam, Labor. voor Massaspectrografie.) WESLY. 5842

G. Noetzlin, *Betriebserfahrungen an Lurgi-Rauchgas-Elektrofilteranlagen der Chemischen Werke Hüls.* Die Elektrofilteranlage wird beschrieben. Sie ist durchaus betriebstüchtig, bedarf aber sorgfältiger Wartung. Ein gewisser Verschleiß der mechan. Einrichtungen ist unvermeidbar. (Mitt. Vereinig. Großkesselbesitzer **1953.** 384—91. März.) WESLY. 5850

S. C. Collins, *Ein Heliumverflüssiger.* Vf. beschreibt eine Anlage zur Verflüssigung von He, mit der 25—32 Liter fl. He/Std. hergestellt werden können. (Science [Washington] **116.** 289—94. 19/9. 1952. Cambridge, Mass., Inst. of Technol., Dep. of Mechan. Engng.) MOSLÉ. 5856

A. V. Brancker, *Lösungsmittelextraktion: graphische Berechnung von quartären Gleichgewichtsdaten.* Wenn man ein quartäres Gleichgewicht als Fläche in einem regulären Tetraeder darstellen will, kann man nach Vf. aus den in gleichseitigen Dreiecken eingezeichneten Gleichgewichtslinien von 2 dem quarternären Syst. entsprechenden tern. Systemen jene Gleichgewichtsfläche berechnen. Die dem gleichen Zweck dienende geometr. Meth. von HUNTER (Ind. Engng. Chem. **34.** [1942.] 963) wurde von PRATT u. GLOVER am Syst. *Vinylacetat* (I)–*W.–Aceton–Acetaldehyd* experimentell nachgeprüft, wobei sich Abweichungen zeigten. Deshalb wird das eigene geometr.-rechner. Verf. nochmals beschrieben u. auf dieses Syst. angewandt, wobei sich für das bei 20° untersuchte Gebiet gute Übereinstimmung der berechneten u. beobachteten Werte der Fläche ergab, welche das einphasige Gebiet von dem aus einer wasserreichen

u. einer I-reichen Phase gebildeten Gebiet trennt. Die Voraussetzung für die Möglichkeit der angegebenen Konstruktion liegt darin, daß es zu jedem Punkt der tern. Gleichgewichtskurve je einen anderen Punkt auf der anderen tern. Kurve gibt, deren Verbindung gerade der Gleichgewichtsfläche des quarternären Syst. angehört. (Ind. Chemist **27**. 243—48. Juni 1951.) METZENER. 5862

Wladyslaw Halas, Alpes-Maritimes, Frankreich, *Dichtungsmasse*. Man vermischt auf ca. 160° erhitzten Holzteer (z. B. aus der Dest. von harzhaltigem Holz) mit mindestens 30% gelöschtem Kalk in Pulverform mit einem Feuchtigkeitsgeh. von 6%; das ca. 160° heiße Gemisch versetzt man darauf mit mindestens 50% Steinkohlenteer oder Erdölbitumen; das so erhaltene Gemisch vermischt man bei 160° alsdann mit 60 Gew.-% (bei Normaltemp. mit ca. 100%) W. enthaltendem Ton, verd. nunmehr das Ganze mit W. u. vermischt es gegebenenfalls noch mit Kies, Sand, Kork, Sägespänen oder dergleichen. Die so erhaltene Dichtungsmasse kann kalt u. an feuchten Stellen verwendet werden u. widersteht strömendem Regen; sie eignet sich zum Abdichten von Betonverkleidungen, Terrassen oder Glasscheiben, zum Verkitten von Glas, Marmor, Blech oder Holz, zum Anstreichen von Holz gegen Fäulnis, zum Dichten von Wänden oder als Rostschutzmittel für Metalle sowie ferner für die Herst. von Asphaltbetonstraßen oder Isolierplatten. (**F. P. 988 396** vom 14/5. 1949, ausg. 27/8. 1951.) RAETZ. 5813

M. Erlenbach und **A. Sieglitz**, Frankfurt/M.-Höchst (Erfinder: **K. Dietz**), *Herstellung von Phenol-CH_2O-Kittmassen*. Zur Herst. von Kittmassen mit Füllmitteln ($BaSO_4$, Graphitmehl) u. Härtungsmitteln, z. B. p-Toluolsulfochlorid, verwendet man ein fl. Kondensationsprod. aus Phenol u. CH_2O im Verhältnis 1:1 bis 1,8:1. Außerdem soll die M. Furfurol enthalten u. gegebenenfalls aliphat. Ester von organ. Säuren, chlorierte aliphat. Alkohole, Aldehyde, Phenoxyverbindungen. (**Schwed. P. 135 787** vom 5/10. 1950, ausg. 20/5. 1952. D. Prior. 17/10. 1949.) JÜRGEN SCHMIDT. 5813

M. Erlenbach und **A. Sieglitz**, Frankfurt/M.-Höchst (Erfinder: **K. Dietz**), *Herstellung von in der Kälte schnell härtenden Kittmassen*. Die Massen enthalten neben Kittmehl, Härtungsmittel u. Füllstoffen fl. Aryloxyverbb. aus einem einwertigen Phenol u. chlorierten aliphat. Alkoholen, u. ein noch fl. Kondensationsprod. aus einwertigen Phenolen u. CH_2O, alkal. hergestellt aus einem Komponentengemisch im Verhältnis 1:1 bis 1:1,8. Als Aryloxyverbb. dienen fl. Prodd. aus Kresolen, Xylenolen, Naphtholen mit z. B. 1.3-Dichlorpropanol, Epichlorhydrin, tert.-Dichlorisobutylalkohol, gewonnen im alkal. Medium. Die Menge der Aryloxyverbb. soll ca. 15—35% der Phenol-CH_2O-Harze betragen. (**Schwed. P. 135 788** vom 5/10. 1950, ausg. 20/5. 1952. D. Prior. 25/10. 1949.) JÜRGEN SCHMIDT. 5813

Babcock & Wilcox Co., New York, N. Y., V. St. A. (Erfinder: **C. L. Norton jr.**), *Aufheizen von Brennstoffgasen oder Luft*. Man leitet inerte Wärmeträger, z. B. Kaolinkugeln, im Kreislauf durch 2 übereinanderliegende Zonen, wobei die Kugeln in der unteren Zone überschüssige Wärme an die anzuwärmenden Gase abgeben, diese werden am oberen Ende dieser Zone durch eine Ringleitung abgezogen u. dann als Heizmittel nach Zusatz der anderen Brennkomponente (Luft bzw. Brennstoff) in der oberen Zone verwendet. Man erzielt so sehr hohe u. gleichmäßige Gastemperaturen. — Vorr., Zeichnungen. (**Schwed. P. 131 822** vom 4/7. 1945, ausg. 29/5. 1951. A. Prior. 4/7. 1944.) JÜRGEN SCHMIDT. 5815

I. Juhász, Toronto, Can., *Verhinderung der Wasserabscheidung aus Rauchgasen*. Bei Wärmeausnutzung von Rauchgasen in *Wärmeaustauschern* vermeidet man eine Wasserkondensation aus den Rauchgasen, wenn man das kalte Medium (Luft) im 1. Teil (Stromrichtung des Rauchgases) im Gegenstrom, im 2. Teil im Gleichstrom zum Rauchgas führt. (**Schwed. P. 135 855** vom 21/2. 1951, ausg. 27/5. 1952.) JÜRGEN SCHMIDT. 5815

Allied Chemical & Dye Corp., übert. von: **Augustus S. Haughton**, New York, N. Y., V. St. A., *Organisches Lösungsmittelgemisch* mit den Lösungseigg. des Cyclohexanols, bestehend aus 85—99(%) Cyclohexanol u. 1—15 hydriertem Kresol (Methylcyclohexanol). Gegebenenfalls wird noch eine geringe Menge Menthol zugegeben. (**Can. P. 478 273** vom 13/6. 1941, ausg. 6/11. 1951. A. Prior. 18/9. 1940.) M. F. MÜLLER. 5819

Deutsches Hydrierwerk Rodleben VEB (Erfinder: **Kurt Stickdorn** und **Franz Giloy**), Rodleben bei Roßlau/Elbe, *Herstellung von Wasser-in-Öl-Emulsionen* nach Patent D. R. P. 753 719 aus höhermol. KW-stoffen, wie Vaseline, Paraffinöl, paraffinhaltigen KW-stoffen, Naphthen-KW-stoffen, Ozokerit, durch Vermischen mit höhermol., künstlich hergestellten Wachsalkoholen, zweckmäßig unter Zusatz von höhermol. festen Fettalkoholen, Wachsen oder dgl. bzw. in Mischung mit diesen Stoffen. — Die erhaltenen cremeartigen Emulsionen dienen für *techn.*, *kosmet.* u. *pharmazeut.* Zwecke, z. B. als Gleitmittel (I) oder Abschminkmittel (II). — Für I werden verwendet: Heptakosanol, Cetylalkohol, Vaseline, Paraffinöl u. Wasser. — Für II Pentatriakontanol-18, Cetylalkohol, Lanolin, Paraffinöl u. Wasser. (**D. P.** [**DDR**] **584** Kl. 30h vom 2/3 1941, ausg. 19/4. 1952 [Wirtschaftspatent].) M. F. Müller. 5825

American Cyanamid Co., übert. von: **William E. Sanborn**, New York, N. Y., V. St. A., *Anionenaustauschharze.* Um eine Zerbröckelung der Teilchen der Anionenaustauschharze zu verringern, werden diese durch Anfeuchten mit W. vorgequollen u. dann mit einer Lsg. von 1—15 g, zweckmäßig 8 g, NaCl pro Liter behandelt. (**Can. P. 485 847** vom 9/10. 1947, ausg. 19/8. 1952. A. Prior. 29/7. 1947.) Wittholz. 5827

Kodak Pathé, Frankreich, *Fraktionierte Trennung von flüssigen Stoffen* in einer senkrechten Schaumkolonne, worin sich das in Schaum verwandelte Gut unter der Wrkg. eines mit der Schaumkolonne koaxialen Rührers in vertikaler Aufwärtsbewegung befindet. Die Geschwindigkeit des Rührers ist so bemessen, daß jede Turbulenz der Schaumteilchen vermieden wird. — Zeichnung. (**F. P. 972 416** vom 7/3. 1941, ausg. 30/1. 1951.) M. F. Müller. 5829

Böhme Fettchemie G. m. b. H., Hamburg (Erfinder: **Kurt Burgsdorf**, Offenbach, und **Wilhelm Petersen**, Aachen), *Schwimmaufbereitung polarer Nichterze.* Beim Hauptpatent werden zur Schwimmaufbereitung die Vorlaufsäuren der Paraffinoxydation verwendet, die ein Gemisch gesätt. aliphat. Monocarbonsäuren mit ca. 4—9 C-Atomen darstellen. Es wurde nun gefunden, daß man daneben noch Fettalkoholsulfonate u. gegebenenfalls Schäumer, wie Fichten- oder Kiefernöl, mit verwenden kann. Hierdurch wird das Mengenausbringen stark erhöht. (**D. B. P. 850 431** Kl. 1c vom 17/12. 1942, ausg. 25/9. 1952. **Zusatz zu D. R. P. 745 363.**) W. Hauswald. 5829

Aluminium-Industrie Akt.-Ges., Chippis, Schweiz, *Abscheidung und Weiterbehandlung von flüchtigen Halogenverbindungen der Metalle aus Gasen.* Die Halogenverbb. enthaltenden Gase werden mit einem festen oder fl. Absorptionsmittel, das die flüchtigen Halogenverbb. absorbiert, löst oder chem. bindet, in Berührung gebracht, worauf diese Mischung mit einem weiteren bei geeigneter Temp. die Ausbldg. von zwei Phasen bewirkenden Stoff oder Stoffgemisch versetzt wird u. schließlich die beiden Phasen voneinander getrennt werden. (**Oe. P. 173 252** vom 4/9. 1951, ausg. 10/12. 1952. D. Prior. 19/11. 1948.) Wittholz. 5849

A. Lemaire, Le broyage, le perçage, le moulage et le fraisage des corps très durs facilités par la présence d'un liquide. Bruxelles: L'Industrie Chimique et le Phosphate Réunis. 1951. (78 S.)

III. Elektrotechnik.

E. M. Lund, Hammarbyhöjden, Schweden, *Aufbringen von elektrisch leitenden Schichten auf isolierende Materialien.* Um Isolierstoffe, z. B. plast. Stoffe oder Glas, mit einer leitenden Schicht aus Metallen oder Graphit zu überziehen, bringt man auf die Isolierstoffe Metall oder Graphit in Pulverform auf, z. B. mit Hilfe eines Bindemittels, u. behandelt dann die Schicht mit einem hochfrequenten Wechselstrom, indem man eine Elektrode, mit gleicher Oberflächenform darüber anbringt bzw. die eine Fläche gegen die andere rotieren läßt u. zwischen beiden einen Luftstrom hindurchleitet, wobei die Spannung so hoch gewählt sein muß, daß eine Funkenentladung auftritt u. die Trennschicht zwischen den einzelnen Teilchen durchbrochen wird. Bes. eignen sich Tesla-Ströme für die Behandlung. (**Schwed. P. 135 918** vom 28/2. 1950, ausg. 3/6. 1952.) Jürgen Schmidt. 5953

Vereinigte Aluminium-Werke Akt.-Ges., Bonn (Erfinder: **Georg Lahr**, Grevenbroich), *Hochreine Ausgangsstoffe für die Herstellung von Kunstkohlekörpern*, die aus Pechkoks unter etwaigem Zusatz von Bindemitteln geformt werden können. Die Rohausgangsstoffe, z. B. Rohpech, werden mit organ. Lösungsmitteln, bes. mit Bzl. u. seinen Homologen, extrahiert u. der Extrakt entweder verkokt u./oder im unverkokten oder nur teilweise verkokten Zustand als Bindemittel verwendet. Man gewinnt so Kohlekörper, die als *Elektrodenkohle* für metallurg. Zwecke, bes. für die Schmelzflußelektrolyse von reinem Al dienen. (**D. B. P. 866 645** Kl. 10b vom 7/2. 1951, ausg. 12/2. 1953.) W. Hauswald. 5953

C. D. Patents Ltd., London, England, *Herstellung von Kohlenstoffbürsten für Elektrodynamos.* Um die Verschleißfestigkeit zu erhöhen, soll man der Kohlenstoffmasse ca. 5% $FeCl_2$ zufügen. (**N. P. 79 697** vom 9/10. 1948, ausg. 11/2. 1952. E. Prior. 13/10. 1947.) Jürgen Schmidt. 5953

Comp. Générale de Télégraphie sans Fil, Frankreich, *Gedruckte Widerstände.* Ein feinpulveriges Gemisch aus einem Halbleiter, einem mineral. Isolierstoff, einem thermoplast. Kunstharz u. einem Plastifizierungsmittel wird bei ca. 75° zu einer Folie vergossen. Diese wird nach dem Erkalten in passende Stücke geschnitten, die bei ca. 120° auf die isolierende Trägerfläche geklebt u. mit dieser zusammen bei ca. 750° gebrannt werden. Als Halbleiter dienen z. B. 25(%) Graphit u. 3 Ruß, als mineral. Isolierstoff 22 Glas mit E. 750—800°, als Plastifizierungsmittel 40 Guttapercha u. 10 Bienenwachs. (**F. P. 997 519** vom 19/9. 1949, ausg. 7/1. 1952.) KESSEL. 5955

Soc. An. des Manufactures des Glaces et Produits Chimiques de Saint-Gobain, Chauny & Cirey, Frankreich, *Isolierkörper* aus mineral. Faserstoff, bes. aus Glasfaser oder Schlackenwolle, erhalten oberflächliche Überzüge aus einem wss. Gemisch, das 5,35—5,70 (Gew.-%) Casein, 35—59 Kalkgrieß, 0,40—0,45 NH_3 u. 1,90—3,75 Phenol- oder Harnstoff–CH_2O-Kunstharz enthält u. heiß aufgetrocknet wird. Als Bindemittel kann $ZnSO_4$ dienen. (**F. P. 974 624** vom 11/10. 1946, ausg. 23/2. 1951.) KESSEL. 5957

Sandoz Akt.-Ges., übert. von: **Alfred Rheiner** und **Werner Hagenbusch,** Basel, Schweiz, *Isoliermaterial,* besteht aus einem heiß gepreßten mehrschichtigen Stapel von acetyliertem Papier, dessen Faserstruktur erhalten geblieben ist. Als Bindemittel dient bes. Phenol- oder Kresol–CH_2O-Harz. (**A. P. 2 577 715** vom 27/12. 1949, ausg. 4/12. 1951. Schwz. Prior. 5/1. 1949.) KESSEL. 5957

Licentia Patent-Verwaltungs-G. m. b. H., Hamburg (Erfinder: **Klaus Sixtus,** Backnang), *Magnetischer Sinterkörper.* Der Sinterkörper besitzt eine Oberflächenschicht, die bei der Sintertemp. einen dichten Überzug bildet u. mit diesem Überzug während des Abkühlens den magnet. Ferritkörper gegen Aufnahme von Bestandteilen aus der umgebenden Atmosphäre schützt. Zur Herst. der Überzugsschicht wird der durch Pressen geformte Körper in eine Aufschlämmung von Salzen, wie SrF_2, Silicaten oder Gemischen derselben, getaucht u. nach dem Trocknen gesintert. Dabei bildet sich gleichzeitig mit dem Ferrit eine glasurartige dichte Schicht, welche die Einw. der Atmosphäre verhindert. (**D. B. P. 868 421** Kl. 80b vom 4/4. 1951, ausg. 26/2. 1953.) REINHART. 5959

Communication Engineering Pty. Ltd., Canberra, Australien, *Magnetische Massekerne.* Ein feinverteiltes trockenes Gemisch aus Fe-Pulver (**I**) u. einem Alkali-, bes. Na-Perboratpulver (**II**), wird mit W. versetzt u. bei erhöhter Temp. (z. B. gegen 100°) getrocknet, wobei sich **II** zum Teil löst u. zu Metaborat (**III**) red. wird. Dabei werden zusammenhängende **I**-Aggregate durch O_2-Entw. aufgebrochen u. mit einer isolierenden **III**-Schicht umkleidet. Die trockene M. wird mit einem Bindemittel bei 100—170° gepreßt. (**E. P. 650 583** vom 6/3. 1948, ausg. 28/2. 1951. Aust. Prior. 10/3. 1947.) KESSEL. 5959

Ministry of Supply, William Francis Kenrick Wynne-Jones, William Henry Beck und **R. J. Doran,** London, England, *Herstellung von dünnen Akkumulatorenplatten aus Blei–Zinn-Legierungen* mit langer Lagerfähigkeit u. schneller Aktivierung beim Eintauchen in eine Säure. Eine Pb-Schicht wird elektrolyt. auf eine Sn-Schicht, die sich gegebenenfalls auf einer Unterlage befindet, aufgebracht. Die entstandene Platte soll weniger als 1% Sn enthalten u. dient als Träger für das PbO_2, welches nach dem PLANTÉ-Verf. erzeugt wird. Sie kann auch als Duplexplatte hergestellt werden, bei der die eine Seite als positive PbO_2-Elektrode u. die andere Seite als negative Pb-Elektrode wirkt. — Um ein Durchbiegen der Platten zu vermeiden, kann man den Sn-Geh. bis zu 5% erhöhen. Die Legierung wird dann durch Diffusion von Sn in eine chem. reine Pb-Platte durch Erhitzen derselben im Kontakt mit einer Sn-Platte hergestellt. (**E. PP. 651 614** u. **651 615** vom 29/9. 1948, ausg. 4/4. 1951.) LAASS. 5971

National Battery Co., St. Paul, Minn., V. St. A., *Herstellung eines zylindrischen Akkumulators.* Das zylindr. Batteriegefäß, z. B. aus Kunststoffen, besitzt in der Mitte ein Rohr, in welchem ein Bolzen mit Flügelmutter sich befindet, mit dessen Hilfe der runde Batteriedeckel auf dem Gefäß befestigt wird, u. zylindr. Trennwände für die Zellen, die gleiches Vol. aufweisen. Der Deckel besitzt Säurestandsanzeiger aus kurzen Glasstäben mit Spitzen. Die Nickelelektroden bestehen aus perforierten Pb-Bändern oder -Gewebe mit akt. Material. Als Separatoren dienen Glasgewebe u. Holz. (**E. P. 661 642** vom 8/11. 1949, ausg. 21/11. 1951.) LAASS. 5971

Hartford National Bank & Trust Co., Hartford, Conn., V. St. A., übert. von: **Hendrik Anne Klasens** und **Antonius Wilhelmus Vingerhoets,** Eindhoven, Holland, *Leuchtschirm.* Die Leuchtmasse besteht aus stäbchenförmigen Kristallen, vorzugsweise aus $MgWO_4$ von 0,3 mm Länge u. 0,01—0,1 mm Durchmesser, die mit ihrer Längsachse senkrecht oder möglichst senkrecht auf der Trägerfläche stehen. (**A. P. 2 616 817** vom 14/2. 1947, ausg. 4/11. 1952. Holl. Prior. 11/1. 1944.) KALIX. 5975

Aktiebolaget Standard Radiofabrik, Bromma, Schweden (Erfinder: **J. Marttien** und **M. Deshays**), *Herstellung von Selengleichrichtern.* Man bringt auf ein Trägerorgan eine Selenschicht auf, wandelt diese in graues, metall. Se um, behandelt dieses mit einem acycl. Aldehyd, bes. CH_2O oder Acetaldehyd, z. B. in wss. oder alkoh. Lsg., läßt erst SeO_2-Dämpfe einwirken u. bringt schließlich die Gegenelektrode auf. Man erhält dadurch Gleichrichter mit sehr gleichmäßiger Sperrwirkung. (**Schwed. P. 136 035** vom 22/12. 1947, ausg. 10/6. 1952.) JÜRGEN SCHMIDT. 5977

Fritz Raskop, Isolierlacke, deren Eigenschaften und Anwendung in der Elektrotechnik, insbesondere im Elektromaschinen- und Transformatorenbau. 3. verb. u. verm. Aufl. Berlin: Cram. 1952. (XVI + 258 S. m. 134 Abb.) 8°. DM 22,—.

V. Anorganische Industrie.

H. L. Thompson, Pierre Guillaumeron und **Norman C. Updegraff,** *Ammoniaksynthese bei 1000 Atmosphären.* Ausführliche Beschreibung des neuesten Standes auf dem Gebiet der NH_3-Synth. bei 1000 at nach dem CLAUDE-Verfahren. Das N_2–H_2-Gemisch wird hierbei nicht mehr durch Absorption von CO in Kupferlauge gereinigt, sondern das CO wird katalyt. zu Methan umgesetzt. Der entsprechende Wasserstoffverbrauch muß bei der Zus. der Synthesegase berücksichtigt werden. (Chem. Engng. Progr. **48.** 468–76. Sept. 1952. Yazoo City, Miss.; Paris, Frankreich, u. Louisville, Ky.) GERHARD GÜNTHER. H 243

J. M. Hildyard, *Die Instrumentierung in einer modernen Chlorerzeugungsanlage.* Vf. beschreibt die Kontroll- u. Regeleinrichtungen einer modernen Chlorfabrik. Der Prozeß besteht aus Erzeugen, Kühlen, Trocknen, Komprimieren u. Verflüssigen. Spezialinstrumente werden beschrieben zur Regelung des Betriebsdruckes, der Kühltempp., des Säurezusatzes (als Schmiermittel bzw. Trockenmittel), des Säurerücklaufes, zur Best. von H_2 in Cl_2 u. zur Messung der Tankstände in den Chlortanks. (J. electrochem. Soc. **97.** 367–76. Nov. 1950. Niagara Falls, N. Y., Hooker Electrochem. Co.) GERHARD GÜNTHER. H 247

Yamasa Yawata, *Wasserglas.* Übersicht über Herstellungsverff., Eigg., innere Struktur u. Verwendung. — 56 Literaturangaben. (Chem. and chem. Ind. [Kagaku to Kogyo] **5.** 288–95. Juni 1952 [Orig.: japan.].) SCHULER. H 261

J. de Villiers, *Die Extraktion von Natriumsalzen aus einer natürlichen Rohsole.* Vf. beschreibt eine Sodagewinnungsanlage der South African Alkali Ltd. bei Pretoria u. deren Verfahren. Die geolog. Voraussetzungen werden ausführlich geschildert. Die anfallende Rohsole enthält 4(%) Na_2CO_3 (teils als Bicarbonat) u. 8,4 NaCl. Mittels verschied. Konzentrierungs- u. Kristallisationsverff. werden ein „Industriesalz" (95 NaCl, 1 Na_2CO_3, Rest organ. u. anorgan. Verunreinigungen) sowie $Na_2CO_3 \cdot 10\,H_2O$, das später zu Na_2CO_3 calciniert wird (97–98 Na_2CO_3, 1–2 NaCl) gewonnen. (South African ind. Chemist **6.** 233–38. Sept. 1952.) GERHARD GÜNTHER. H 274

V. Přistoupil, *Direkte Herstellung von Kupfersulfat aus zementiertem Kupfer.* Um die Reinigung des Zementkupfers durch Umschmelzen in Granalien zu ersparen, wurde dieses (90% Cu, 1,2% Fe) zunächst einer Vorreinigung mit verd. H_2SO_4 unterworfen, wobei der Fe-Geh. auf 0,1–0,2% sank. Dieses Cu wurde in einer leistungsfähigen Versuchsapp. unter Rühren u. Einblasen eines durch eine poröse Platte feinverteilten Luftstromes bei 60–70° in H_2SO_4 von 19° Bé gelöst. Das durch Kristallisieren gewonnene $CuSO_4$ war sehr rein. Die Abfallaugen wurden durch Hydrolyse enteisent. (Chem. Průmysl **2** **(27)**. 115–22. April 1952.) STEINER. H 358

F. Polak und **J. Trądówna,** *Die Bleicherden.* 1. Mitt. Herst. u. Eigg. von Bleicherden, wie Fullererde, werden besprochen. — 72 Literaturstellen. (Prace Głównego Inst. Chem. przemysłowej **1.** 59–65. 1951, ausg. 1952.) FREYTAG. 6156

F. Polak und **J. Trądówna,** *Die Bleicherden.* 2. Mitt. (1. vgl. vorst. Ref.) Die Tonerde von Kielce wurde hinsichtlich der Bedingungen ihrer Aktivierung untersucht. Die besten Ergebnisse wurden mit 9–10%ig. HCl bei Anwendung von 45 cm^3 Fl. je 25 g Tonerde, 3 Std. Einwirkungszeit u. 105–110° erhalten. — Die Menge des in Lsg. gegangenen $Al_2O_3 + Fe_2O_3$ (1,9 u. 2,9 g/25 g Tonerde) ist für den Aktivierungserfolg maßgebend, ebenso das Verhältnis der HCl-Menge zur Menge des gelösten $Al_2O_3 + Fe_2O_3$. Der Vgl. der akt. Kielce-Tonerden mit Bleicherden amerikan. u. tschech. Herkunft bzgl. der Entfärbung von Turbinenölen, Rüböl, Cocosöl u. Tran ergab mehr oder weniger ähnliches Verhalten. (Prace Głównego Inst. Chem. przemysłowej **1.** 67–72. 1951, ausg. 1952.) FREYTAG. 6156

Imperial Chemical Industries Ltd., London, England, *Gewinnung eines nichtzusammenbackenden Ammoniumperchlorats.* Man setzt einer gesätt. NH_4ClO_4-Lsg. oder bereits fertigen Kristallen 0,5% eines sulfonierten aromat. Farbstoffes, z. B. trisulfoniertes p.p'.p''-Triaminotriphenylcarbinolanhydrid, oder ein ringsubstituiertes Alkalideriv. zu u. trocknet die Kristalle. (**E. P. 689 283** vom 2/3. 1951, ausg. 25/3. 1953.) NEBELSIEK. H 243

Jean-François-Marie Cléret de Langavant und **Comp. Minière du M'Zaita,** Frankreich, *Aufschließen von Tricalciumphosphat* durch Behandeln mit Wasserdampf u. SiO_2. Die Mischung von $Ca_3(PO_4)_2$ mit SiO_2 wird von oben in einen Schachtzementofen eingeführt, während von unten durch den Rost Luft mit Wasserdampf eingeblasen wird. Der Brennstoff, gasförmig oder fl., wird in das untere Drittel des Schachtofens eingeleitet. Bei Tempp. um 1000° wird Mono- u. Biphosphat gebildet. Zugleich wird CaF_2 zers. unter Bldg. von H_2F_2 u. CaO. (**F. P. 1 003 774** vom 24/2. 1947, ausg. 21/3. 1952.) SCHÖNAUER. H 264

Kali-Chemie Akt.-Ges., Hannover, *Pyrophosphatperhydrat.* 1 Mol neutrales, wasserfreies Pyrophosphat wird in mindestens 9 Molen H_2O_2 (35%ig. wss. Lsg.) gelöst u. diese Lsg. vorzugsweise im Vakuum bis kurz vor Ausscheidung der ersten festen Anteile eingedampft. Diese stark sirupöse Fl. wird durch Zumischen von soviel weiterem, wasserfreiem, neutralem Pyrophosphat, das zur Bindung des noch vorhandenen freien H_2O_2 notwendig ist, verfestigt u. gegebenenfalls getrocknet. (**Oe. P. 174 045** vom 15/6. 1951, ausg. 25/2. 1953. D. Prior. 13/6. 1950.) WITTHOLZ. H 264

Deutsche Gold- & Silberscheideanstalt vormals Roessler (Erfinder: **Walter Stephan**), Frankfurt/M., *Herstellung von Alkalicyanid* aus Alkali, C u. NH_3, wobei man so arbeitet, daß nach dem Zusammengeben der gesamten Menge Alkali u. C das NH_3 bei 600—800° eingeleitet wird. (**D. B. P. 851 056** Kl. 12k vom 1/6. 1943, ausg. 2/10. 1952.) NEBELSIEK. H 272

E. Merck, Darmstadt, *Elektrolyse wässeriger Alkalisulfatlösungen* nach dem Amalgamverf., dad. gek., daß der Elektrolyt in gestreckte, gegebenenfalls unterteilte Anodenschächte unten in geringem Abstand von der Kathode eintritt, in den Schächten hochsteigt u. über einen Überlauf in eine gemeinsame, vom Elektrolyten getrennte Sammelrinne abfließt. Gleichzeitig wird gegebenenfalls der anod. entwickelte O_2 gewonnen, wobei ein Druckausgleich zwischen den Gasräumen über der Kathode u. über der Anode herbeigeführt wird. — Zeichnung. (**Oe. P. 170 880** vom 7/12. 1950, ausg. 10/4. 1952. D. Prior. 25/2. 1950.) M. F. MÜLLER. H 272

Imperial Chemical Industries Ltd., London, England, *Extraktion von KCl* aus KCl- u. NaCl-haltigen Lagerstätten (**I**), z. B. Sylviniten. Man führt eine aus einer vorhergehenden KCl-Extraktion stammende Mutterlauge, die zuvor auf ca. 40—70° erwärmt wird, in die **I** ein, wobei sich mehr KCl als NaCl löst, läßt sie eine bestimmte Zeit einwirken u. pumpt sie dann wieder herauf. Durch Kühlen gewinnt man die KCl-Kristalle. (**E. P. 686 932** vom 16/11. 1950, ausg. 4/2. 1953.) NEBELSIEK. H 275

National Research Development Corp., London, England, *Gewinnung von wasserfreiem Aluminiumchlorid.* Man läßt Cl_2 auf erhitztes, festes, großoberflächiges, reines Al einwirken u. läßt das entstandene $AlCl_3$ in eine gekühlte Kammer sublimieren, in der es sich am Boden kondensiert u. als feines Pulver abgezogen wird. (**E. P. 678 563** vom 21/7. 1949, ausg. 3/9. 1952.) NEBELSIEK. H 294

Badische Anilin- & Soda-Fabrik, Ludwigshafen/Rh., *Herstellung von Aluminiumchlorid aus pulverförmiger Tonerde, Chlor und Kohlenoxyd.* Man führt die Rk. in Ggw. von Alkalialuminiumchloriden (**I**) durch u. hält im Reaktionsraum ein Verhältnis von **I** u. Tonerde von nicht mehr als 1:1 aufrecht. Als Tonerde wird bes. γ-Al_2O_3 verwendet. (**N. P. 80 169** vom 11/10. 1950, ausg. 5/5. 1952. D. Prior. 24/10. 1949.) JÜRGEN SCHMIDT. H 294

Titan Co., Inc., New York, N. Y. (Erfinder: **Lancelot Watson Rowe** und **Sandford Stoddard Cole,** Metuchen, N. J.), V. St. A., *Herstellung von $TiCl_4$.* Feinverteiltes TiO_2 enthaltendes Material wird bei 700—1000° chloriert, indem es zusammen mit Kohlenstoff mit Hilfe eines Chlorstromes durch eine verzögernd u. bremsend wirkende Schwebeschicht aus grobkörnigeren Teilchen geleitet wird, die eine geringere Reaktionsfähigkeit besitzen u. z. B. aus Silicaten, Korund, Sand, TiO_2 bestehen. Dem Cl_2 können N_2, CO_2 u. He zugemischt werden, wenn seine Menge nicht ausreicht, um die Schwebeschicht zu tragen. (**D. B. P. 859 002** Kl. 12i vom 31/10. 1950, ausg. 11/12. 1952. A. Prior. 2/11. 1949.) ZÜRN. H 321

I. G. Farbenindustrie Akt.-Ges., Frankfurt/M. (Erfinder: **Walter Noll,** Köln), *Gewinnung von $TiCl_4$.* An Stelle von Tonen behandelt man andere, Ti, Al, Fe u. Si enthaltende natürliche Rohstoffe oder Abfallprodd. der chem. oder metallurg. Industrie, z. B. sogenannten Si-Stoff, Hochofenschlacken oder Rotschlamm, nach bei $>450°$ vorgenommener Trocknung bei 300—450° bes. 350—400°, mit $COCl_2$ oder CO + Cl_2. (**D. R. P. 753 031** Kl. 12i vom 4/4. 1941, ausg. 22/12. 1952. **Zusatz zu D. R. P. 726 429; C. 1943. I. 435.**) ZÜRN. H 321

Säurefabrik Schweizerhall, Schweizerhall, Schweiz, *Kondensation der durch Chlorieren von Titanerzen gewonnenen Chloride.* Verstopfungen werden vermieden, wenn man beim Abkühlen die Dissoziation des leicht flüchtigen $FeCl_3$ in das schwerflüchtige $FeCl_2$ verhindert. Dies kann geschehen durch Zusatz von Cl_2 oder durch sehr schnelles Abkühlen von ca. 800° auf die Temp., bei der sich $FeCl_3$ abscheidet (200—300°), indem man z. B. fl. $TiCl_4$ oder ein kaltes Gas, z. B. die gekühlten, nach Abscheidung des $TiCl_4$ anfallenden Abgase, einführt. (**E. P. 673 427** vom 27/3. 1950, ausg. 4/6. 1952. Schwz. Prior. 1/4. 1949.) ZÜRN. H 321

Spolek pro Chemickou a Hutní Výrobu, Národní Podnik, Prag, Tschechoslowakei, *Eisenarme bzw. eisenfreie Titanverbindungen.* Wss. Fe-haltige Ti-Salzlsgg. werden bei niedrigen Tempp., ca. —10°, mit gasförmigem HCl behandelt, das ausgeschiedene $FeCl_2$ abgetrennt u. die Mutterlauge mit Alkalichloriden versetzt, HCl weiter eingeleitet u. dann das Ti-Alkalikomplexsalz abgeschieden u. weiterverarbeitet. (**Oe. P. 172 322** vom 8/6. 1942, ausg. 25/8. 1952.) WITTHOLZ. H 321

Werner Fischer (Erfinder: **Werner Fischer** und **Wilhelm Harre**), Hannover, *Gewinnung von reinen Germaniumverbindungen.* Das zu reinigende GeO_2 erhitzt man mit so viel starker HCl im geschlossenen Gefäß auf 80—110°, daß die HCl-Konz. nach vollendeter Rk. nicht unter 6 n. sinkt u. schüttelt dann die entstandene Mischung mit einem damit nicht mischbaren organ. Lösungsm., z. B. CCl_4, $CHCl_3$ u. a. aus. (**D. B. P. 855 702** Kl. 12n vom 5/4. 1951, ausg. 17/11. 1952.) NEBELSIEK. H 326

Metal & Thermit Corp., New York, N. Y., übert. von: **Hartmut W. Richter,** Rahway, N. J., V. St. A., *Gewinnung von SiO_2-haltigem Zinndioxyd.* Man erhitzt eine wss. Lsg. aus Na-Stannat u. Na-Silicat auf ca. 150—370°, bes. 200—240°, bei einem solchen Druck, daß ständig eine fl. Phase aufrechterhalten wird. Dabei fällt ein Gemisch aus SnO_2 u. SiO_2 aus, das man abtrennt. (**A. P. 2 600 689** vom 28/5. 1947, ausg. 17/6. 1952.) NEBELSIEK. H 327

Rhenania Chemische Fabrik, Inh. Otto Kroniger (Erfinder: **Otto Kroniger, Robert Wasser** und **Paul Gajewski**), Schwalm/Westf., *Herstellung von Zinnoxyd* durch Zerstäubung (I) von geschmolzenem Sn mittels Preßluft. I, Vernebelung u. Durchmischung des Sn erfolgt in einem durch Druckbrenner beheizten Oxydationsschacht unter Mitwrkg. der gleichzeitig die optimale Oxydationstemp. erzeugenden Brenngase. — Zeichnungen. (**D. B. P. 880 747** Kl. 12n vom 7/8. 1951, ausg. 25/6. 1953.) NEBELSIEK. H 327

Natural Products Refining Co., Jersey City, N. J., übert. von: **Mario J. Portanova,** Brooklyn, N. Y., und **Arthur Rosinger,** Belleville, N. J., V. St. A., *Elektrolytische Herstellung von V_2O_5.* Man elektrolysiert Alkalivanadatlsgg. (I) unter Verwendung von Stahlanoden bei 60—90° mit einer Spannung von 6—8 V u. einer Stromdichte von 25—35 A/Quadratfuß. Die Konz. entspricht der I 0,078 g $NaVO_3/cm^3$, ihr p_H-Wert ist 7,0. Als Katholyt dient eine schwache Lsg. von NaOH. Das V_2O_5 wird abfiltriert u. kann durch wenigstens $^3/_4$std. Behandlung mit W. bei 90—100° gereinigt werden. — 2 Abbildungen. (**A. P. 2 606 148** vom 2/11. 1948, ausg. 5/8. 1952.) ZÜRN. H 330

Edward Francis Matthews, London, England, und **George Howard Beers,** Fair Oaks, Calif., V. St. A., *Behandlung von Chromerzen.* Zwecks Beseitigung der Eisenverunreinigungen läßt man pulverisiertes Chromerz bei 320—750° mit Cl_2 oder einem Gemisch aus Cl_2 u. Propangas reagieren, wobei man gleichzeitig UV-Strahlen einwirken läßt, u. zieht das gebildete $FeCl_3$ ab. — Vorrichtung. (**E. P. 674 465** vom 19/5. 1950, ausg. 25/6. 1952.) NEBELSIEK. H 335

Wisconsin Alumni Research Foundation, Madison, Wis., übert. von: **Matthew L. Holt,** Madison, Wis., und **Henry J. Saim,** Reno, Nev., V. St. A., *Elektrolytische Abscheidung von Molybdänverbindungen.* Man verwendet als Elektrolyten eine wss. Lsg. mit 60 (g/Liter) Co-, Ni- oder Fe-Sulfat, 66 Citronensäure, 4 Na-Molybdat u. so viel NH_4OH, daß sich ein p_H von 4—8 einstellt. (**A. P. 2 599 178** vom 10/3. 1950, ausg. 3/6. 1952.) NEBELSIEK. H 336

British Thomson-Houston Co. Ltd., London, England, *Verbesserungen bei der Gewinnung von Wolfram- und Molybdäncarbonylen.* Man läßt CO auf ein Chlorid des W oder Mo in Ggw. eines feinpulverisierten, reduzierenden Mittels, z. B. Al oder einer Legierung aus Al, Cu u. Zn, einwirken. (**E. P. 678 712** vom 22/5. 1951, ausg. 10/9. 1952. A. Prior. 6/6. 1950.) NEBELSIEK. H 337

British Thomson-Houston Co. Ltd., London, England, *Verbesserungen bei der Gewinnung von Wolfram- und Molybdäncarbonylen.* Man läßt CO auf ein Oxychlorid des W oder Mo in Ggw. von höchstens 2% eines Carbonyls des Fe, Ni oder Co einwirken. (**E. P. 678 897** vom 23/5. 1951, ausg. 10/9. 1952. A. Prior. 6/6. 1950.) NEBELSIEK. H 337

Reginald S. Dean, übert. von: **Abraham L. Fox,** Washington, D. C., V. St. A., *Elektrolytische Abscheidung von MnO_2.* Dabei verwendet man als Elektrolyten eine schwefelsaure, wss. $MnSO_4$-Lsg., als Kathode Pb u. als Anode Ti, das mit einem dünnen Graphitfilm überzogen ist, u. elektrolysiert bei Tempp. bis 100°. (**A. P. 2 608 531** vom 2/11. 1949, ausg. 26/8. 1952.) NEBELSIEK. H 350

David Jayet, Le Trayas, Var, Frankreich, *Herstellung von MnO_2 auf elektrolytischem Wege.* Nach dem Rösten des Mn-Erzes u. Behandeln mit H_2SO_4 werden die unlösl. Oxyde von neuem einer wiederholten Röstung u. Salzbldg. unterworfen, während die Restwärme des gerösteten Erzes zur Erwärmung der H_2SO_4 verwendet wird, um diese auf 95—100° zu erhitzen. Dann elektrolysiert man das erhaltene $MnSO_4$ u. benutzt die dabei anfallende H_2SO_4 wieder für die Salzbildung. (**D. B. P. 854 044** Kl.12n vom 1/10. 1950, ausg. 30/10. 1952. F. Prior. 29/11. 1943.) NEBELSIEK. H 350

Electric & Musical Industries Ltd., Hayes, Middlesex, England, *Gewinnung von γ-Fe_2O_3.* Man fällt zusammen die Oxalate des Fe u. Hg, erhitzt im Dampfstrom auf ca. 400°, bis alles Fe-Oxalat zers. u. in Fe_2O_3 übergeführt ist. Dann oxydiert man bei 400—450° u. erhält ein Hg-haltiges γ-Fe_2O_3. (**E. P. 688 769** vom 7/2. 1950, ausg. 11/3. 1953.) NEBELSIEK. H 354

Electric & Musical Industries Ltd., Hayes, Middlesex, England, *Gewinnung von magnetisierbarem Eisenoxyd.* Man fällt aus einer wss. Lsg. von $FeSO_4$, NH_4-Oxalat u. einem Sulfat des Pb, Zn oder Ba Ferrooxalat u. führt dieses durch Erhitzen im Dampfstrom auf mindestens 380° in Fe_3O_4 über. Erhitzt man dieses ca. 1 Std. im Luftstrom auf ca. 300° u. kühlt in Luft ab, so gewinnt man γ-Fe_2O_3. (**E. P. 688 903** vom 21/9. 1949, ausg. 18/3. 1953.) NEBELSIEK. H 354

Mond Nickel Co. Ltd., London, England, *Wiedergewinnung von Nickel* aus verd., wss. Lösungen. Man fügt diesen bei p_H 2—6,5, bes. 3,15, ein Oxim, z. B. Dimethylglyoxim, zu, trennt das ausgefällte Ni-Oxim ab u. löst es in H_2SO_4, wobei das Ni in Lsg. geht. Durch Zentrifugieren trennt man das unlösl. Oxim ab u. gewinnt aus der Lsg. eine Ni-Verb. oder reines Ni elektrolytisch. (**E. P. 686 221** vom 28/5. 1951, ausg. 21/1. 1953. A. Prior. 27/5. 1950.) NEBELSIEK. H 356

United States of America, übert. von: **John Benjamin Zadra,** Reno, Nev., V. St. A., *Regenerierung von mit Gold beladener Aktivkohle.* Das auf der Kohle adsorbierte Gold wird mit einer 1—5% Na_2S u. 2—8% NaOH enthaltenden Lsg. aufgelöst u. die Lsg. von der Kohle abgetrennt. Die Au enthaltende Lsg. wird zwischen einer nichtlösl. Anode u. Kathode aus z. B. 18% Cr u. 8% Ni enthaltender Stahlwolle bei einer Spannung von 2—5 V elektrolysiert. Die Stahlwolle wird dann mittels heißer H_2SO_4 vom Au abgetrennt. — Vorrichtung. (**A. P. 2 588 450** vom 25/3. 1950, ausg. 11/3. 1952.) STEIL. H 360

Victor Merz, Wylde Green, England, *Regenerieren von Bleicherde.* Durch Extraktion mit nichtaromat. KW-stoffen wird sie vom größten Teil des enthaltenden Fettes befreit u. nach Zugabe frischer KW-stoffe mit W. oder Dampf bis nahe zum Kp. derselben erhitzt. (**E. P. 681 006** vom 12/7. 1949, ausg. 15/10. 1952.) LÜTTGEN. 6157

Albert-Handbuch für Phosphate. Hrsg. Chem. Werke Albert. 1950ff. (Losebl.-Ausg.) Wiesbaden-Biebrich: Albert 1950ff. 8°. Nicht im Buchhandel.

VI. Silicatchemie. Baustoffe.

A. Ss. Bereshnoi, *Untersuchung des Systems $MgO—CaO—TiO_2—SiO_2$.* Nach Erörterung der Theorien über die Silicatverbb. in hochfeuerfesten Massen, wie $CaO—TiO_2—SiO_2$, $MgO—TiO_2—SiO_2$ u. $CaO—MgO—SiO_2$, wird ausführlich das Vierstoffsyst. $CaO—MgO—TiO_2—SiO_2$ besprochen. Eingehender untersucht wurden die hierbei auftretenden Verbb. *$MgTiO_3—CaTiSiO_5$* u. *$CaTiO_3—CaMg(SiO_3)_2$*. Die Eutektika der Schmelzen dieser Verbb. entsprechen 1305 bzw. 1265°. Einzelheiten über Zus. u. Eigg. einer Reihe von Varianten in bezug auf Sinterung, Schmelze u. Kristallbldg. werden durch Diagramme mit Erläuterungen wiedergegeben. (Огнеупоры [Feuerfeste Mater.] **15.** 446—53. Okt. 1950. Charkow, Inst. für feuerfeste Materialien.) v. MICKWITZ. 6218

I. Je. Dudawski und **Ss. D. Iosselson,** *Feste Lösungen im Cristobalit und ihre Bedeutung für die Technologie des Dinas.* Erörterungen über die kristallchem. Grundlagen zur Gewinnung von feuerfestem Dinasmaterial. Vff. sind der Ansicht, daß sich bei der Schmelze von Quarzmineralien innerhalb der Cristobalitkristallgitter feste Lsgg. aus nichtsilicat. Zusatz- bzw. Verunreinigungsstoffen bilden können, jedoch nur unter bestimmten Bedingungen. So ist eine feste Lsg. bei alleiniger Zufuhr von Al_2O_3 in SiO_2 nicht denkbar, wohl aber bei gleichzeitiger Zuführung von Kationen höherer Valenz, die ebenfalls Si^{4+} ersetzen, oder von Ionen niederer Valenz, die in das Kristallgitter eindringen, ohne Si^{4+} zu ersetzen (z. B. P^{5+} u. Na^+). (Огнеупоры [Feuerfeste Mater.] **15.** 453—58. Okt. 1950. Charkow, Inst. für feuerfeste Materialien.) v. MICKWITZ. 6218

A. C. Taller, *Gießen von Tonerdezement in Formen aus Diatomeenerde.* Zum Gießen u. Brennen dünnwandiger Gegenstände aus Tonerdezement werden Formen von Diatomeenerde vorgeschlagen. Die zu brennende M. besteht aus 2 Teilen Tonerdezement u. 1 Teil W., die durch kräftiges Mischen eine cremeartige Konsistenz annimmt. Die M. wird bis zu der gewünschten Wandstärke gleichmäßig in der Form verstrichen, an der Luft oder mit einem Gasbrenner getrocknet u. bei 1300° gebrannt. Die Brennzeit richtet sich nach der Wandstärke des Materials u. beträgt bei einer Stärke von 1—2 mm nur ca. 1 Minute. (Rev. sci. Instruments **23.** 380. Juli 1952. Ottawa, Nat. Res. Council, Div. of Phys.) GOTTFRIED. 6218

T. W. Parker und **R. W. Nurse,** *Über Methoden zur Bestimmung der Hydratationswärme von Zement.* Die Faktoren, welche die Reproduzierbarkeit der Versuchsergebnisse der Best. der Hydratationswärme von Zementen beeinflussen, werden untersucht u. experimentelle Daten der Schwankungen gegeben. Die engl. u. amerikan. Methoden werden miteinander verglichen u. es wurde festgestellt, daß wesentliche Unterschiede nicht bestehen. (Cement Lime Manufact. **26.** 1—8. Jan. 1953.) K. SEIDEL. 6222

W. W. Stolnikow, *Über die physikalisch-chemischen Grundlagen der Wirkung von lufteinführenden Zusätzen zum Beton.* Im Rahmen einer Versuchsarbeit wurde festgestellt, daß die Steigerung der mechan. Festigkeit eines Zementteiges in dem Abbinden desselben vorhergehenden Stadium bei einem Zusatz von Na-Abietinat durch einen koagulierenden Flotationseffekt hervorgerufen wird, der eine Flokkulation der Zementteilchen bedingt sowie die Bldg. von hydrophoben Teilchen, Luftbläschen u. zusätzlichen Verbb. zwischen diesen Aggregaten. Die physikal.-chem. Grundlage der Wrkg. von lufteinführenden Zusatzstoffen in Betonmischungen bilden Absorptionsprozesse, die in den Mischungen auftreten. (Доклады Академии Наук СССР [Ber. Akad. Wiss. UdSSR] [N. S.] **72.** 331—34. 11/5. 1950. Leningrad, Inst. für physikal. Chem. der Akad. der Wiss. der UdSSR, u. Allunions Wiss. Wedenejew-Forschungsinst. für Hydrotechnik.) v. MICKWITZ. 6224

G. Batta und **J. Baiverlin,** *Beitrag zum Studium der Zerstörung von Beton durch Meerwasser und sulfathaltige Wässer.* Es werden an Hand einer Reihe Zerstörungserscheinungen die durchgeführten Unterss. u. Ergebnisse der Betonanalysen mitgeteilt u. der Gang der Unters. beschrieben. (Silicates ind. **18.** 5—10. Jan. 60—63. Febr. 97—102. März 1953.) K. SEIDEL. 6224

—, *Forschungen und Fortschritte auf dem Gebiete des Kalkbrennens in den Vereinigten Staaten.* Sammelref. mit 27 Literaturangaben. (Tonind.-Ztg. keram. Rdsch. **77.** 15—19. Jan. 1953.) K. SEIDEL. 6226

Jiři Bárta, *Fungicider Zement.* Zur Vermeidung eines Schimmelpilzbefalls wird Zugabe von Fluoriden zum Mörtel oder Putz empfohlen. (Stavivo **30.** 74. 1952.) STEINER. 6226

Eugen von Szantho, *Elektrostatische Aufbereitung in der Industrie der Steine und Erden.* Beschreibung der Entw. u. Anwendungsmöglichkeit der elektrostat. Aufbereitung, der im elektr. Feld wirksamen Kräfte u. der hieraus entwickelten Trennverff., die im wesentlichen auf der unterschiedlichen Leitfähigkeit u. Dielektrizitätskonstanten der Stoffteilchen sowie auf dem pyroelektr. Effekt von Mineralien beruhen. Der Trennvorgang wird in den einzelnen Scheidertypen gezeigt u. auf geeignete Betriebsgeräte hingewiesen. (Tonind.-Ztg. keram. Rdsch. **77.** 83—88. März 1953.) K. SEIDEL. 6228

Alfred R. Decker, *Mitteilung betreffs der akustischen Bestimmung des Elastizitätsmoduls von Rundstäben.* Vf. stellt fest, daß bei der Ermittlung des Elastizitätsmoduls auf akust. Wege nach MASON für Vierkant-, nach POWERS für Rundstäbe bei gleichen Materialien unterschiedliche Werte (für POWERS bis 24% niedriger als für MASON) gefunden werden. Es erweist sich als falsch, das Verhältnis Durchmesser:Länge für Rundstäbe mit dem Faktor 1,07, wie POWERS angibt, zu multiplizieren, was in einer ergänzenden Stellungnahme durch POWERS bestätigt wird. (J. Amer. ceram. Soc. **33.** 192. 1/6. 1950. Detroit, Mich., Res. Labors., Champion Spark Plug Co., Ceramic Div.) ANIKA. 6248

Corning Glass Works, Corning, N. Y., V. St. A., *Härten von Glas.* Das Erwärmen u./oder Abschrecken der zu härtenden Glasgegenstände wird in Bädern aus anorgan. Salzen vorgenommen, denen ein pulverförmiger Stoff in gleichmäßiger Verteilung zugesetzt ist, welcher bei der Badtemp. nicht schm. u. das Bad chem. nicht angreift, z. B. Ton, Kaolin, MgO oder dergleichen. Auch können dem Bade saure Stoffe, wie $CaSO_4$, B_2O_3, zugesetzt werden, um die beim Erwärmen entstandene, durch Badzers. entstandene Alkalität zu neutralisieren. Ein Abkühlungsbad besteht z. B. aus $NaNO_3$,

KNO_3 u. $CaSO_4$. (**D. R. P. 752 981** Kl. 32a vom 2/7. 1936, ausg. 2/2. 1953. A. Priorr. 31/7. u. 24/9. 1935.) HANS HOFFMANN. 6181

W. C. Heraeus G. m. b. H., Hanau/M. (Erfinder: **Leopold Hiesinger**, Wachenbuchen, Kr. Hanau/M.), *Mattieren von Oberflächen fester Gegenstände.* Zur Herst. hochwertiger Mattscheiben aus Glas wird auf die mattierende Oberfläche mittels Kathodenzerstäubung eine visuell nicht oder kaum wahrnehmbare Metalloxydschicht, bes. aus Al_2O_3, Cr_2O_3, Ta_2O_5 oder ThO_2, aufgebracht, worauf die so vorbehandelte Fläche mit ätzenden Stoffen, wie HF-Dämpfen, behandelt wird. (**D. B. P. 865 645** Kl. 32b vom 3/5. 1951, ausg. 2/2. 1953.) HANS HOFFMANN. 6189

Süddeutsche Basaltwerke, Immendingen, Baden (Erfinder: **Hubert Wagner**, Singen/Hohentwiel), *Kristallin erstarrende Silicatschmelzen.* Es wird ein Gemenge niedergeschmolzen, das neben 20—50(%) fluorhaltigen, aus solchen Stoffen besteht, die mindestens zum Teil durch Rk. im festen Zustand gewonnen worden sind. Das Gemenge besteht z. B. aus 16,3 SiO_2, 47,4 $CaO \cdot SiO_2$, 29,3 CaF_2, 4,2 Na_3AlF_6 u. 2,8 AlF_3. Der Bestandteil $CaO \cdot SiO_2$ ist durch Rk. im festen Zustand gewonnen worden, indem $CaCO_3$ u. feingemahlener Quarzsand in mol. gleichen Mengen miteinander gemischt, u. 8 Std. auf 1100° erhitzt worden sind. (**D. B. P. 863 176** Kl. 80b vom 20/8. 1950, ausg. 15/1. 1953.) REINHART. 6201

Honorary Advisory Council for Scientific and Industrial Research, übert. von: **Donald F. Stedman**, Ottawa, Ontario, Can., *Mittel zum Klarhalten von Windschutzscheiben* u. ähnlichem. Um Fenster u. Scheiben wasser- u. regenabstoßend zu machen, werden sie mit in einem flüchtigen KW-stoff (I) gelösten substituierten Polysilanen (II) eingerieben, denen ein anorgan. Stoff zugesetzt wurde, der die Eig. hat, die in I gelösten II beim Einreiben in eine in I unlösl. Form umzuwandeln. II bestehen nur aus H, C u. Si u. haben wenigstens eine Si—Si-Bindung; jedes der beiden Si-Atome hat als Substituenten mindestens H, Alkyl- u. Arylradikale (**Can. P. 485 663** vom 7/3. 1945, ausg. 12/8. 1952.) HEYNE. 6201

Herbert Witzenmann, Pforzheim, *Glasherstellung.* Zur Herst. von Gläsern von hoher elektr. Isolierfähigkeit u. großer chem., mechan. u. therm. Festigkeit werden in alkali- u. borfreie Grundgläser MnO oder alkali- u. borfreie Mn-Verbb. in solcher Menge eingeführt, daß der MnO-Geh. im fertigen Glase oberhalb von 15% des Glasgewichtes liegt. Bei Wahrung des Mindestgeh. an MnO wird das MgO dieser Gläser ganz oder teilweise durch andere Mg-Verbb. ersetzt, wie $Mg(AlO_2)_2$, $MgNH_4AsO_4$, $MgBr_2$, $MgCO_3$, $MgCl_2$, MgF_2, $Mg(OH)_2$, $Mg(NO_3)_2$, $Mg_2P_2O_7$, Mg_2SiO_4, $MgSiO_3$ oder $MgSO_4$. In ähnlicher Weise kann Al_2O_3 u. CaO ganz oder teilweise durch Verbb., wie Al_4C_3, $AlCl_3$, AlF_3, AlN, $AlPO_4$, $Al_2(SO_4)_3$ u. Al_2S_3 bzw. $CaBr_2$, CaC_2, $CaCO_3$, $CaCl_2$, $CaCN_2$, CaF_2, CaJ_2, $Ca(MnO_4)_2$, $Ca(NO_3)_2$, $Ca(PO_3)_2$, $CaSiO_3$ u. $CaWO_4$ ersetzt werden. (**D. R. P. 747 351** Kl. 32b vom 23/9. 1939, ausg. 9/2. 1953.) HANS HOFFMANN. 6201

Corning Glass Works, übert. von: **James Franklin Hyde** und **Stanley Donald Stookey**, Corning, N. Y., V. St. A., *Zellglas.* Gepulvertes Alkalisilicatglas wird mit 1,2—4,8 Gew.-% einer feinverteilten Aminoverb., wie Harnstoff, Biuret, Thioharnstoff, Guanidin, vermischt u. bis zum Erweichen des Glases erhitzt, wobei sich die Aminoverb. unter Gasbldg. zers. u. die M. aufbläht. (**A. P. 2 564 978** vom 7/3. 1946, ausg. 21/8. 1951.) HANS HOFFMANN. 6201

Comp. des Lampes, Paris, Frankreich (Erfinder: **M. Descarsin**), *Zerschneiden von Glas.* Man trägt auf der Schnittlinie einen Stoff auf, der bei niedriger Temp. einen größeren Verlustkoeff. als das Glas aufweist u. setzt dann das Glas ohne äußeren Druck einem Hochfrequenzfeld aus. Wenn das Glas sein Aussehen nicht ändern soll, so bringt man für Kalk—Soda-Gläser Na- oder Ca-Salzlsgg. auf. Man kann aber auch durch Farbzusätze beim Schneiden gleichzeitig die Schnittkante färben. (**Schwed. P. 135 860** vom 13/2. 1948, ausg. 27/5. 1952. F. Prior. 19/5. 1947.) JÜRGEN SCHMIDT. 6201

Hermann Dorfner, Deutschland, *Behandlung von Tonsuspensionen durch Ultraschall,* um die nichttonigen Stoffe zu eliminieren u. so eine Verbesserung der Qualität des *Kaolins* zu erreichen. (**F. P. 1 010 117** vom 30/7. 1948, ausg. 9/6. 1952.) BEWERSDORF. 6209

Deutsche Gold- & Silberscheideanstalt vormals Roessler, Frankfurt/M. (Erfinder: **Walter Kerstan**, Frankfurt/M.-Praunheim), *Herstellung von buntgefärbten Emails, Glasemails, Glasuren und Auftragglasuren.* Zur Buntfärbung werden komplexe Polysulfide nach Art der Ultramarine verwendet. Man setzt ca. 1—5% zur Mühle zu. Die in die Emails eingeführten Fe-Verbb. müssen durch Zusatz von ZnO unschädlich gemacht werden. Die Emails dürfen keine die Polysulfide zers. Fluoride enthalten. Es können Einbrenntempp. bis 800 u. 850° angewendet werden. (**D. B. P. 867 484** Kl. 48c vom 8/10. 1941, ausg. 19/2. 1953.) MARKHOFF. 6213

United States of America, übert. von: **Eugene E. Bryant,** Bedford, O., V. St. A., *Säurebeständiges Email* besteht aus 40—65 (Gewichtsteilen) SiO_2, 2—12 TiO_2, 10 bis 18 Be_2O_3, 15—25 Na_2O, K_2O oder Li_2O auf 100 Fritte. Zur Mühle werden 1—10 Ton, 0,5—2 Si oder Ferrosilicium sowie W. zugesetzt. Das Email kann unmittelbar auf Fe aufgetragen werden. (**A. P. 2 604 410** vom 15/2. 1949, ausg. 22/7. 1952.) MARKHOFF. 6213

Reginald Percy Fraser, Kingston Hill, Surery, und **Alfred Luigi Cianchi,** London, England, *Trüben von Emailüberzügen auf Aluminium und seinen Legierungen.* Den aus PbO, SiO_2, B_2O_3, Al_2O_3 u. Alkalioxyden bestehenden Glasuren gemäß E. PP. 642 104 u. 665 903 wird als Trübungsmittel eine Mo-Verb., gegebenenfalls zusammen mit As-, Sb-, Zr-, Sn- oder Ti-Verbb., zugesetzt. (**E. P. 666 637** vom 1/6. 1948, ausg. 13/2. 1952.) MARKHOFF. 6213

Max-Planck-Institut für Silikatforschung, Ostheim, Rhön (Erfinder: **Otto-Ernst Radczewski** und **Fritz Seliger,** Berlin-Lichterfelde), *Wasserunempfindliche Filme aus kolloidalem, quellfähigem Ton, z. B. Bentonit.* Die Filme werden getrocknet u. mit einem wasserfreien unverd. organ. Amin, z. B. Anilin, bei erhöhter Temp., gegebenenfalls mit Druckanwendung, behandelt u. danach überschüssiges Amin etwa durch Verdampfen entfernt. Das Ausgangsgut kann vorher mit demselben Amin unterhalb seines Kp. mit oder ohne Druckanwendung behandelt oder vor der Aminbehandlung in einer Bleiionen enthaltenden Lsg., z. B. Bleiacetat, gebadet werden. (**D. B. P. 854 322** Kl. 80b vom 4/3. 1942, ausg. 4/11. 1952.) REINHART. 6217

Électro-Réfractaire Soc. An., Paris, Frankreich (Erfinder: **T. E. Field**), *Schwerschmelzbare feuerfeste Masse auf Basis Chromit.* Die M. besteht aus Cr_2O_3, FeO, Al_2O_3 u. MgO. Hierbei sollen Cr_2O_3 + Al_2O_3 80—120 Mol-%, bezogen auf FeO + MgO, betragen. Die M. soll ferner mindestens 8 (Gew.-%) FeO, 1,5 MgO, 11 Cr_2O_3 u. höchstens 50 Al_2O_3 aufweisen. Das Verhältnis MgO zu FeO liegt zwischen 0,1 u. 4. Die Formkörper aus diesen Massen werden durch Schmelzguß hergestellt. — Diagramme. (**Schwed. P. 132 562** vom 1/8. 1945, ausg. 31/7. 1951. A. Prior. 1/8. 1944.) JÜRGEN SCHMIDT. 6219

Artur Lösche, Krauschwitz/OL, *Masse für Dauerformen für Eisen- und Stahlguß.* Die M. besteht aus 40% Ton, 40 Schamotte, gemischt mit Sägespänen, 10 Koksstaub u. 10 Filterasche. Die eingeformte M. wird scharf gebrannt u. warm geschwärzt. (**D. P. [DDR] 1003** Kl. 31c vom 31/7. 1951, ausg. 12/7. 1952 [Wirtschaftspatent].) HOLM. 6219

Louis Bonnet, Ande, Frankreich, *Herstellung von keramischen Isolierkörpern für Elektrizität* mit hohem Al_2O_3-Gehalt. — Z. B. setzt man eine Mischung aus 750 (Teilen) reinem Al_2O_3, 50 MgO, 230 Zr, 200 Ton zusammen. Die Mischung wird zu Pulver vermahlen u. zu 25—30% mit einer 2—3%ig. Lsg. von $AlCl_3$ verdünnt. Nach Formung wird bei 1450° gebrannt. Solche Körper besitzen eine erhöhte elektr. Widerstandsfähigkeit bei hoher Temp. u. gute therm. Leitfähigkeit, sind sehr bruchfest u. halten starke Temperaturschwankungen aus. (**F. P. 1 005 594** vom 18/8. 1947, ausg. 11/4. 1952.) BEWERSDORF. 6221

United States of America, übert. von: **Omar J. Glantz** und **T. Oborn,** Denver, Colo., V. St. A., *Langsam abbindender Portlandzement.* Zur Abbindeverzögerung wird ein Zusatz von 0,01—0,5 Gew.-% Schleimsäure verwendet. Die Schleimsäure kann trocken dem Zementklinker vor dem Vermahlen oder dem fertig gemahlenem Zement zugesetzt werden; sie kann aber auch in Form einer wss. Suspension beim Verarbeiten des Zementes diesem beigemischt werden. (**A. P. 2 601 274** vom 26/8. 1949, ausg. 24/6. 1952.) HANS HOFFMANN. 6223

J. Brandt, Charlottenlund, Dänemark, *Herstellung von Schaummitteln für die Erzeugung von Leichtbeton.* Man vermischt Erdalkalihydroxyde in wss. Suspension mit wss. Casein, wobei der p_H-Wert zu keiner Zeit des Vermischens wesentlich über 7 liegen soll. Man setzt dann weitere Mengen Hydroxyd zu, bis die Lsg. klar wird. (**Schwed. P. 134 438** vom 6/5. 1949, ausg. 29/1. 1952.) JÜRGEN SCHMIDT. 6223

Joshua Chitwood Witt, Chicago, Ill., V. St. A., *Portlandzementherstellung.* Bei der Zementherst. wird im allg. nach dem sogenannten Naßverf. gearbeitet, bei welchem die Zementrohstoffe in Ggw. von W. gemahlen u. in einen Schlicker übergeführt werden, aus dem sie sich jedoch leicht absetzen. Zur Vermeidung dieses Nachteiles soll dieses Naßverf. mit Hilfe einer organ. Fl. unter Ausschluß von W. durchgeführt werden, welche chem. inert ist. Hierfür kommen in erster Linie Petroleumdestillate in Frage. (**A. P. 2 611 714** vom 14/4. 1948, ausg. 23/9. 1952.) HANS HOFFMANN. 6223

Ernst Schmid, Horn-Thurgau, Schweiz, *Herstellung von Beton,* Zum Abbinden von Beton verwendet man ein W., das auf 100 (Gewichtsteile) Zement 0,8—3,5, bes. 2 HCl enthält. HCl dient zum Inaktivieren der Eisenarmierung. (**N. P. 79 575** vom 22/9. 1949, ausg. 31/12. 1951. Oe. Prior. 25/9. 1948.) JÜRGEN SCHMIDT. 6225

Kaspar Winkler & Cie., Zürich-Altstetten, Schweiz, *Herstellung von frostbeständigem Mörtel oder Beton.* Die M. enthält ein hydraul. Bindemittel, Sand u. Kies, sowie Plastifizierungsmittel u. Mittel zur Bldg. von Gas- oder Luftporen. Man macht die M. mit höchstens **14%** W. an. Als plastifizierendes Mittel dienen Oxysäuren, Ligninsulfonsäuren oder Humussäuren oder deren Salze. Als Porenbildner setzt man natürliche Harze, deren Salze, Phenol- oder Kresolformaldehydharze, Fettalkoholsulfonate oder deren alkalilsöl. Salze in Mengen von 0,005—0,5%, bezogen auf hydraul. Bindemittel, zu. Es werden hierbei im Beton nur mkr. kleine Poren gebildet, so daß diese bei Frosteinw. nicht zur Zerstörung des Betons führen können. (**N. P. 79 525** vom 16/5. 1946, ausg. 17/12. 1951. Schwz. Prior. 29/12. 1945.) JÜRGEN SCHMIDT. 6225

Hans Kühl, Zement-Chemie. Bd. 3. Berlin: Verl. Technik. 1952. 3. Die Erhärtung und die Verarbeitung der hydraulischen Bindemittel. (XII + 522 S. m. Abb.) 8°. Mit Literaturverzeichnis (S. 499—504). DM 19,—.

VII. Agrikulturchemie. Schädlingsbekämpfung.

Reijo Heinonen, *Über die Struktur des Bodens. Eine Literaturübersicht.* An Hand der Literatur (59 Hinweise) behandelt Vf. die Bldg. der Böden unter besonderer Berücksichtigung der Böden Finnlands. (Maatalouskoelaitoksen Maatutkimusosasto, agrogeol. Julkaisuja **1951**. 1—32.) WINIKER. 6300

Miklós Dvoracsek, Andor Klimes-Szmik und **Sára B. Fejér**, *Der Einfluß der Bodenkonsistenz auf die Wasserfestigkeit der Krumen.* Vff. untersuchten den Zusammenhang zwischen Bodenkonsistenz u. -struktur. Beim Vgl. der Festigkeit künstlicher u. natürlicher Krumen wurde festgestellt, daß die zementierende Wrkg. organ. Kolloide auf deren irreversibler Koagulation beruht u. somit bei der Festigkeit künstlicher Krumen unberücksichtigt bleiben kann. Ferner, daß eine durch Mineralkolloide hervorgerufene Wasserfestigkeit der Krumen im Gegensatz zu unkultivierten nur bei kultivierten Böden in wechselnder Höhe zu finden ist, u. zwar unabhängig von der Bodenart. (Agrokémia és Talajtan [Agrochem. u. Bodenkunde] **2**. 17—26. 1953. Budapest, Agrokém. Kutato Int., Talajtani Oszt.) V. PILINSZKY. 6302

H. J. Atkinson, J. C. Woodward, P. O. Ripley, M. B. Davis und **N. A. MacRae**, *Dünger, Düngemittel und Bodenverbesserungsmittel. Ihre Beschaffenheit, Wirkung und Anwendung.* Allg. Ausführungen mit besonderer Berücksichtigung des Anbaus von Himbeeren, Erdbeeren, Obstbäumen u. Tabak. (Canada Dep. Agric., Publ. **1951**. Nr. 585. 7—84. Juli.) WINIKER. 6304

L. I. Kulikowa und **N. M. Maiboroda**, *Die gemeinsame Wirkung von granulierten Düngemitteln und Azotobakterin auf den Ernteertrag und die Qualität des Saatgutes beim Weizen.* Gaben von organ.-mineral. granuliertem *Superphosphat* bzw. reinem granuliertem Superphosphat, beide in Kombination mit *Azotobakterin* oder auch ohne dieses, bewirkten eine bedeutende Erhöhung der Ernteerträge u. des absol. Korngewichtes (Versuchsboden: mittlerer Tschernosem). (Советская Агрономия [Sowjet. Landwirtschaftskunde] **11**. Nr. 2. 27—30. Febr. 1953. Omsk, Landw. Kirow-Inst.) M. GORDIENKO. 6304

A. A. Lysin, *Der Einfluß von bei Bewässerung zugegebenem granuliertem Superphosphat und organisch-mineralischen Granulaten auf die Ernte.* Granuliertes *Superphosphat* (I) u. organ.-mineral. Granulate waren, auf bewässerten Böden zu Sommerweizen gegeben, wesentlich wirksamer als nichtgranuliertes **I**. Als geeignetste Korngröße erwies sich 2—3 mm. Bei breitwürfigem Ausstreuen war auch eine Mischung von feinkörnigem **I** mit organ. Düngemitteln gleich gut wirksam. Die höchste Wrkg. erreichten die granulierten Dünger beim Ausstreuen in die Reihen. (Советская Агрономия [Sowjet. Landwirtschaftskunde] **11**. Nr. 3. 83—85. März 1953. Besentschuk, Selektions-Versuchsstat.) A. JACOB. 6304

Imre Prettenhofer, *Verbesserung der Alkaliböden vom Übergangstyp mittels eines kombinierten Verfahrens.* Der Vgl. verschied. Methoden zur Verbesserung von Alkaliböden (p_H 8,0) ließ die Überlegenheit der kombinierten Anwendung von Gips (**I**) u. Kalkschlamm (**II**) (20—60 dz. bzw. 200 dz./0,575 ha) erkennen. **I** soll nur in dem Maßstab verwandt werden, als nötig ist, um zur Verbesserung der Löslichkeit des **II** die Alkalität des Bodens zu senken. Bei dieser Meth. soll die Nitratbldg. im Boden gegenüber anderen Verff. wesentlich stärker gefördert werden. (Agrokémia és Talajtan [Agrochem. u. Bodenkunde] **2**. 27—40. 1953. Szeged, Ungarn, Öntöz. és Talajjavit. Int., Talajavit. Oszt.) V. PILINSZKY. 6304

I. Ch. Teregulow, *Die Anwendung von Torfkompost.* Beobachtungen aus der Praxis in verschied. Kolchoswirtschaften mit Komposten aus Torf mit Stallmist, Jauche u. Fäkalien zu verschied. Gemüse- u. Feldkulturen. (Советская Агрономия [Sowjet. Landwirtschaftskunde] **11.** Nr. 2. 42—46. Febr. 1953.) M. GORDIENKO. 6304

P. Starow, *Die Vergeilung der Baumwollpflanze und ihre Bekämpfung.* Unter Vergeilung der Baumwollpflanze wird ein verstärktes vegetatives Wachstum u. eine Unterdrückung der Entw. der Frucht verstanden. Sie tritt bes. auf humusreichen Tschernosemböden u. in Gebieten mit starken Ndd. im Sommer auf. Zu ihrer Bekämpfung dienen Maßnahmen, die eine rasche Entw. der Pflanzen begünstigen, da die erhöhte Feuchtigkeit in der 2. Hälfte des Sommers eine der Ursachen für die Vergeilung ist. Auch eine Entfernung der Spitzen u. Seitentriebe dient zur Beschleunigung der Reife. Volldüngung begünstigt eine reichliche Fruchtbldg., während einseitige Düngung, vor allem ungenügende Versorgung mit P_2O_5, zu einem zu üppigen vegetativen Wachstum führt. (Хлопководство [Baumwoll-Wirtsch.] **1952.** Nr. 12. 22—29. Dez. Wiss. Forschungsinst. für neue Baumwollgebiete, Abt. für Bewässerung.) A. JACOB. 6304

R. E. Rose und **R. W. Bailey,** *Äthylenoxyd für die Bodensterilisation.* Äthylenoxyd hat sich als wirksam zur Sterilisation von Böden erwiesen. Die physikal. u. chem. Eigg. derselben wurden nur geringfügig verändert. (Nature [London] **169.** 716. 26/4. 1952. Hamilton, Neuseeland, Rucuhia Soil Res. Stat.) A. JACOB. 6312

J. R. Hansen und **K. P. Buchholtz,** *Absorption von 2.4-D durch Mais- und Erbsensamen.* Mais- u. Erbsensamen wurden in mit Phosphat- bzw. Citratpuffer versehenen Lsgg. des Na-Salzes von 2.4-D (I; 500 p.p.m.) gelegt u. nach 20 Std. die in der Lsg. noch vorhandene I-Konz. vermittels eines näher beschriebenen Keimungstestes bestimmt. Die von den Samen aufgenommene I-Menge hängt erheblich vom p_H der Lsg. (bei p_H 4 wurde viel mehr I absorbiert als bei p_H 7), nicht jedoch von der Natur des verwendeten Puffers ab. Die Höhe der I-Absorption wird von dem Vol. des von den Samen aufgenommenen W. beeinflußt. Die I-Absorption trat erst ein, nachdem die Samen eine bestimmte Wassermenge aufgenommen hatten. (Agronomy J. **44.** 493—96. Sept. 1952. Madison, Wis., Wisconsin Agric. Exp. Stat., Dep. of Agronomy.) RANG. 6312

William Plant, *Die Bekämpfung des Schachtelhalmes auf Weiden mit MCPA.* Bericht über günstige Erfahrungen mit *MCPA*-Sprays bei der Bekämpfung von Equisetum arvense. (Agriculture [London] **59.** 86—88. Mai 1952. Tickenham, Clevedon, Somerset.) WINIKER. 6312

W. G. Corns und **C. Frankton,** *Kressearten in Kanada unter besonderer Berücksichtigung ihrer Verbreitung und Bekämpfung in Alberta.* Folgende Kresse-Arten wurden untersucht: *Cardaria draba, Cardaria draba var. repens, Cardaria pubescens var. elongata.* Bekämpfung durch $NaClO_3$ nur für kleine Flächen geeignet, abwechselnden Hackfrucht- u. Getreidebau in Kombination mit selektiven Unkrautbekämpfungsmitteln (2.4-D) beim Getreide. Wiesenwirtschaft in Verbindung mit dem Gebrauch von 2.4-D hat sich am besten bewährt. (Sci. Agric. **32.** 484—95. Sept. 1952. Alberta, Univ., u. Ottawa, Can., Dep. of Agricult.) KNÖPKE. 6312

J. M. Richardson, *Safrandistel (Carthamus lanatus L.).* Bei der Bekämpfung bewährten sich Spritzungen mit *2.4-D* u. *MCPA.* (J. Dep. Agric. South Australia **56.** 189—91. Nov. 1952.) GRIMME. 6312

F. Beran, *Neue Wege in der Insektenbekämpfung mit chemischen Stoffen.* Überblick über die Fortschritte der Insekticidsynth. (bes. Gruppe des DDT, HCH u. der Phosphorsäureester), die neueren Erkenntnisse hinsichtlich der Wirkungsweise, die Möglichkeiten der Insektenbekämpfung mit innertherapeut. wirkenden Substanzen u. die Schwierigkeiten, welche die Steigerung der Resistenz der Insekten gegenüber Insekticiden bereitet. — 23 Literaturhinweise. (Österr. Chemiker-Ztg. **54.** 68—74. März 1953. Wien, Bundesanst. für Pflanzenschutz.) WINIKER. 6312

Eduardo Vitoria, *Das Insekticid DDT.* Überblick über Herst., Eigg., Toxizität u. Wirkungsweise. (Mem. Real Acad. Ci. Artes Barcelona **30.** 395—426. 1951.) WINIKER. 6312

Josef Klosa, *Über die Reindarstellung der γ-Isomeren.* Beschreibung der Anreicherung, Desodorisierung u. Reindarst. von *γ-Hexachlorcyclohexan.* (Pharmazie **7.** 653—55. Okt. 1952. Berlin-Altglienicke.) WINIKER. 6312

A. A. Dodge, *Anwendungen und Formulierungen einiger synthetischer organischer Insekticide.* Behandelt werden: *DDT, Chlordan, Aldrin, Dieldrin, BHC, Lindane* u. *Toxaphene.* — 12 Literaturhinweise. (Amer. J. Pharmacy Sci. support. publ. Health **124.** 251—63. Aug. 1952. Univ. of Mississippi.) WINIKER. 6312

—, *Mittel zur Bekämpfung tierischer Gesundheitsschädlinge. Verzeichnis der vom Robert-Koch-Institut für Hygiene und Infektionskrankheiten, Berlin-Dahlem, anerkannten Mittel und Geräte.* (Schädlingsbekämpfung **44.** 148—58. Sept. 1952. Berlin-Dahlem, Robert-Koch-Inst. für Hyg. u. Infektionskrankh.) WINIKER. 6312

G. A. Hunold, *Über die gesundheitliche Bedeutung und Verwendung organischer Lösungsmittel in der Schädlingsbekämpfung.* Behandelt werden: Aufnahme, Verteilung u. Ausscheidung von Lösungsmitteln durch den Organismus, Giftwrkg. der gebräuchlichsten Lösungsmittel, physikal. u. chem. Eigg. der für Sprühmittel verwendeten Lösungsmittelarten. (Schädlingsbekämpfung **44.** 141—47. Sept. 1952. Berlin.) WINIKER. 6312

Lemac Hopkins und **George G. Gyrisco,** *Beständigkeit von Insekticidrückständen auf Futterpflanzen.* Die Verss. wurden ausgeführt mit 1%ig. Stäuben von techn. u. reinem DDT, Parathion, Aldrin, Lindane u. HCH; als Versuchspflanze diente Luzerne. Konzz. 6 lbs./acre. Abgesehen von klimat. Einflüssen (Regen u. dgl.) waren die Insekticide auf den Blattoberflächen nur noch in zu vernachlässigenden Mengen nachweisbar, nur DDT (techn.) zeigte manchmal eine Beeinträchtigung des Geschmacks. (J. econ. Entomol. **45.** 213—18. April 1952. Ithaca, N. Y., Cornell Univ.) GRIMME. 6312

K. Göpp, *Vorratsschädlinge und ihre Bekämpfung.* Allg. Ausführungen. (Brauerei **6.** 253—54. 4/10. 1952. Bad Kreuznach.) WINIKER. 6312

H. Rauscher, *Gasverfahren zur Schädlingsbekämpfung.* Allg. Ausführungen. (Schädlingsbekämpfung **44.** 1—8. Jan. 1952. Frankfurt/M.) WINIKER. 6312

S. E. Lienk, P. J. Chapman und **Andre Myburgh,** *Erprobung von Acariciden an drei Arten von Obstmilben.* Bei der Bekämpfung von *Paratetranychus pilosus* (*C.* u. *F.*) u. *Tetranychus bimaculatus Harvey* bewährten sich: *Parathion* (I), *Äthyl-p-nitrophenylthionobenzolphosphonat, Trialkylthiophosphat, p-Chlorphenyl-p-chlorbenzol-sulfonat, 2.4-Dichlorphenylbenzolsulfonat, S-(1.2-dicarbäthoxiäthyl)-O.O-dimethyldithiophosphat.* Zur Bekämpfung von *Bryobia praetiosa Koch* eignete sich vor allem I. (J. econ. Entomol. **45.** 292—97. April 1952. Geneva, New York State Agricult. Exp. Stat.) GRIMME. 6312

—, *Acarina (red-legged earth mites).* Zur Bekämpfung werden Bestäubungen oder Spritzungen mit DDT-Präpp. empfohlen. (Agric. Gaz. New South Wales **63.** 490—91. Sept. 1952.) GRIMME. 6312

Albrecht Hase, *Zur Bekämpfung lästiger Ameisen im Freien. Toxol (Toxaphen-γ-Präp.* der Fa. F. SCHACHT K.-G., Braunschweig) erwies sich als wirksam zur Bekämpfung von Lasius flavus flavus, Tetramorium caespitum u. Serviforma fusca gagates. (Z. hyg. Zool. Schädlingsbekämpf. **40.** 248—53. Aug./Sept. 1952. Berlin-Dahlem.) WINIKER. 6312

H.-W. Nolte, *Untersuchungen zur Bekämpfung der Rapsschädlinge.* 1. Mitt. *Die Wirkung von Ester- und Hexamitteln auf die Larve des Rapserdflohs (Psylliodes chrysocephala L.).* Estermittel (I) töten infolge ihrer Tiefenwrkg. die Rapserdflohlarven in den Blattstielen der Pflanzen ab. Bes. empfindlich ist das erste Larvenstadium. Das zweite Larvenstadium ist noch weitgehend empfindlich, während das dritte sehr widerstandsfähig ist. Die Wrkg. der I ist temperaturabhängig. Bei Zimmertempp. wird 100%ig. Abtötung aller Stadien erzielt, bei n. winterlichen Freilandtempp. dagegen liegen die Abtötungswerte weit niedriger. Hexamittel haben ebenfalls eine Wrkg. auf die Larven, sind aber noch stärker temperaturabhängig als die I u. versagen daher im Freiland. (Nachrichtenbl. dtsch. Pflanzenschutzdienst [Berlin] [N. F.] **6 (32).** 222—27. Dez. 1952. Aschersleben, Inst. für Phytopathologie, Biol. Zentralanstalt für Land- u. Forstwirtschaft der Dtsch. Akademie der Landwirtschaftswissenschaften zu Berlin.) WINIKER. 6312

A. A. Muka, George G. Gyrisco, Lemac Hopkins und **D. S. Marshall,** *Weitere Fortschritte in der Bekämpfung von Brachyrhinus ligustici L.* In dreijährigen Verss. wurden *Dieldrin* (I), *Aldrin, Chlordan, Lindane, Parathion, Toxaphene* (II) u. *HCH* als Spritz- u. Stäubemittel gegen *Brachyrhinus ligustici L.* (alfalfa snout beetle) getestet. Hierbei übertraf I alle anderen, II fiel dagegen ab. Beste Dosis 1 lb./acre. (J. econ. Entomol. **45.** 298—302. April 1952. Ithaca, N. Y., Cornell Univ.) GRIMME. 6312

—, *Monolepta australis (yellow monolepta beetle).* Der vor allem Beerensträucher u. Obstbäume befallende Schädling kann mittels *DDT* (Spritzung) bekämpft werden. (Agric. Gaz. New South Wales **63.** 493. Sept. 1952.) GRIMME. 6312

J. C. Herron, *Bekämpfung des „sweet clover weevil" in Ohio. Sitona cylindricollis Fahr.* wurde durch 1 lb. *Aldrin* bzw. 3 lbs./acre *Heptachlor, Chlordan* u. *DDT* vernichtet. *BHC* wirkte erst bei 5 lbs./acre. Methoxychlor versagte ziemlich. (J. econ. Entomol. **45.** 316—19. April 1952.) GRIMME. 6312

—, *Citrusblattläuse* (*Toxoptera aurantii und Aphis citricidus*). Als Bekämpfungsmittel bewährten sich *Nicotinsulfat*-Spritzungen unter Zusatz von Schmierseife, Weißöl oder Caseinleim. (Agric. Gaz. New South Wales **63.** 491—92. Sept. 1952.) GRIMME. 6312

—, *Chortoicetes terminifera* (*Australian plague locust*). Neben den üblichen Arsenitködern bewährten sich sehr gut *BHC*-Köder u. Spritzungen. (Agric. Gaz. New South Wales **63.** 547—48. 557—59. Okt. 1952.) GRIMME. 6312

—, *Aulacaspis rosae* (*white rose scale*). Bei der Bekämpfung bewährten sich *Weißölemulsionen* als Spritzmittel. (Agric. Gaz. New South Wales **63.** 38—39. 1/1. 1952.) GRIMME. 6312

A. Mallis, A. C. Miller und **R. V. Sharpless,** *Wirksamkeit gegen Hausfliegen von 6 Pyrethrumwirkstoffen allein und in Verbindung mit Piperonylbutoxyd.* Bei allen Verss. wurde die Pyrethrinwrkg. durch Beigabe von Piperonylbutoxyd erheblich intensiviert. (J. econ. Entomol. **45.** 341—43. April 1952. Pittsburgh, Pa., Gulf Res. & Development Co.) GRIMME. 6312

W. G. Downs, E. Bordas und **M. Correa Colorado,** *Malariabekämpfung im Süden Niederkaliforniens.* Bericht über gute Erfahrungen mit *DDT*-Sprays bei der Bekämpfung von Anopheles pseudopunctipennis pseudopunctipennis. (Amer. J. trop. Med. **31.** 286—89. Mai 1951.) WINIKER. 6312

M. Reiff, *Über den gegenwärtigen Stand der Nagetierbekämpfung in der Schweiz.* Kurzer Überblick über die wichtigsten Bekämpfungsmittel. — 7 Literaturhinweise. (Prakt. Desinfektor **45.** 178—80. Febr./März 1953. Basel, Forschungslabor der J. R. Geigy Akt.-Ges.) WINIKER. 6312

Eckhart Meyer, *Die Hausratte und ihre Bekämpfung.* Bei der Bekämpfung bes. bewährt haben sich Präpp. auf der Basis blutgerinnungshemmender *Cumarinderivate.* (Prakt. Desinfektor **45.** 163—65. Febr./März 1953. Düsseldorf, Labor. für Schädlingsbekämpfung der Fa. Böhme Fettchemie G. m. b. H.) WINIKER. 6312

Hans-Joachim Heinz, *Unterschiede in der Giftwirkung gebräuchlicher Rattenbekämpfungsmittel auf Haus- und Wanderratten.* Behandelt werden: *Tl-Sulfat, Antu, Meerzwiebel-Gesamtextrakt* u. *Scillirosid, Zn-Phosphid, Promurit* (*Muritan*), *Cumarinverbindungen.* — 4 Literaturhinweise. (Prakt. Desinfektor **45.** 186—87. Febr./März 1953. Johannesburg, South African Inst. for Med. Res., Abt. für Parasitol.) WINIKER. 6312

Kurt Becker, *Untersuchungen zur Bestimmung der Gebrauchsdosis von Rattengiften.* Für Fraßköder wird eine Gebrauchsdosis von 0,75% *Zn-Phosphid* empfohlen. Als Gebrauchsdosis von *Tl-Sulfat* sind 0,2% Wirkstoff im Köder zur Bekämpfung von Wanderratten (für Hausratten 0,5%) ausreichend. — 25 Literaturhinweise. (Schädlingsbekämpfung **44.** 98—104. Juni 1952. Berlin-Dahlem, Robert-Koch-Inst. für Hyg. u. Infektionskrankh., Abt. für allg. Hyg.) WINIKER. 6312

Alfred Czyzewski, *Bestimmung von Hexachlorcyclohexan im Hexarauch.* Die Tatsache, daß sich beim Erhitzen γ-$C_6H_6Cl_6$ (**I**) in 3 HCl + $C_6H_3Cl_3$ zers., ermöglicht die Best. zers. u. nicht zers. **I**, indem die selbstschwelenden Tabletten in einem Verbrennungsrohr verbrannt bzw. Tabletten, die mittels Heizplatten u. dgl. verräuchert werden müssen, in einem Verdampfungsrohr erhitzt werden. HCl u. in den Rauch übergegangenes **I** werden unter Durchleiten eines Luftstromes in Vorlagen in CH_3OH aufgefangen u. in aliquoten Teilen die HCl sowie HCl + **I** nach der Verseifung des letzteren nach VOLHARD bestimmt. Aus der letzten Best. läßt sich nach dem Abzug des Wertes für HCl dann **I** errechnen (1 cm^3 n/10 $AgNO_3$ = 0,009696 g **I**). Das beim Räuchern zurückgebliebene **I** ist für die insekticide Wrkg. des Rauches verloren, läßt sich aber durch Auswaschen des Rückstandes mit CH_3OH, Verseifung u. Titration nach VOLHARD auch bestimmen. Falls die zu untersuchenden Präpp. noch andere $C_6H_6Cl_6$-Isomere enthalten, muß eine Best. von **I** selbst erfolgen. Die benötigten Apparate werden mit Abb. angegeben. (Schädlingsbekämpfung **43.** 180—82. Nov./Dez. 1951. Berlin-West, Hauptlabor. der Schering A.G.) LIEBNER. 6328

Farbwerke Hoechst, vormals Meister Lucius & Brüning (Erfinder: **Kaspar Pfaff, Michael Erlenbach, Otto Scherer** und **Walter Finkenbrink**), Frankfurt/M.-Höchst, *Mittel zur Bekämpfung schädlicher Insekten,* gek. durch einen Geh. an 1.1-Difluoraryl-2.2.2-trichloräthanen, gegebenenfalls mit einem Zusatz von Netz-, Haft- u. Dispergiermitteln, sowie von bekannten Fungiciden u. Insekticiden. — Beispiele: *1.1-Di-(p-fluorphenyl)-*, *1.1-Di-(p-fluor-o-chlorphenyl)-*, *1.1-Di-(p-fluor-m-chlorphenyl)-* u. *1.1-Di-(p-fluorphenyl)-1-chlor-2.2.2-trichloräthan.* Niedriger F., Konz. 1—5%. *Fliegen-, Schaben-, Mücken-, Kleiderläusebekämpfungsmittel* u. zur Vernichtung von Obst-, Wein-, Garten- u. Forstschädlingen. (**D. B. P. 871 977** Kl. 45l vom 3/11. 1942, ausg. 26/3. 1953.) KARST. 6313

Farbwerke Hoechst, vormals Meister Lucius & Brüning (Erfinder: **Kaspar Pfaff, Michael Erlenbach, Otto Scherer** und **Walter Finkenbrink**), Frankfurt/M.-Höchst, *Insektenbekämpfungsmittel*, bestehend aus Trichlormethylcarbinolen, die durch einen fluorierten aromat. Rest substituiert sind, ihren Estern oder Äthern, gegebenenfalls unter Zusatz von Netz-, Haft- u. Dispergiermitteln mit oder ohne Verwendung bekannter Fungicide oder Insekticide. — Beispiele: *Trichlormethylfluorphenylcarbinol* oder dessen Acetat. Konz. 1—3%. Herst. durch Rk. von Chloral auf Fluorbenzol oder Fluornaphthalin oder von $CHCl_3$ auf fluorierte aromat. Aldehyde. Geeignet zur *Imprägnierung von Kleidungsstücken*, Bekämpfung von *Fliegen, Erdflöhen, Raupen* u. *Forstschädlingen.* (**D. B. P. 871 978** Kl. 451 vom 1/11. 1942, ausg. 26/3. 1953.) KARST. 6313

Farbwerke Hoechst, vormals Meister Lucius & Brüning (Erfinder: **Kaspar Pfaff, Michael Erlenbach** und **Walter Finkenbrink**), Frankfurt/M.-Höchst, *Insektenvertilgungsmittel.* Das Mittel weist einen Geh. an Mischungen aus 1.1-Diaryl-2-halogenäthanen auf, gegebenenfalls unter Zusatz von Netz-, Haft- u. Dispergiermitteln mit oder ohne Verwendung bekannter Fungicide oder Insekticide. — Beispiele: Gemische aus *1.1-Di-(p-fluorphenyl)-2.2.2-trichloräthan* u. *1.1-Di-(p-fluorphenyl)-2.2-dichloräthan* oder *1-p-Chlorphenyl-1-p-methylphenyl-2.2-dichloräthan* u. *1-p-Chlorphenyl-1-p-methylphenyl-2.2.2-trichloräthan.* Zur Bekämpfung von *Fliegen, Läusen, Nonne, Heu-* u. *Sauerwurm, Kiefernspanner* oder dgl. bes. geeignet. (**D. B. P. 871 979** Kl. 451 vom 12/2. 1943, ausg. 26/3. 1953.) KARST. 6313

Deutsche Gesellschaft für Schädlingsbekämpfung m. b. H., Frankfurt/M. (Erfinder: **Gerhard Peters,** Friedberg/Hess., und **Hans Krzikalla,** Heidelberg), *Bekämpfung tierischer Schädlinge, insbesondere von Insekten, durch Begasung* unter Verwendung von leichtflüchtigen Nitrilen ungesätt., unsubstituierter Fettsäuren, deren Kpp. 180, bes. 150°, nicht überschreiten, bes. solcher mit endständiger mehrfacher Bindung, z. B. *Acrylsäure, Crotonsäure* oder *Propiolsäure* oder von leichtflüchtigen, *halogenierten, ungesätt. Fettsäurenitrilen,* einzeln oder zu mehreren, gegebenenfalls in Mischung mit anderen niedrigsd. Schädlingsbekämpfungsmitteln, wie *Methylbromid, Äthylenoxyd* oder Reizstoffen, wie *Trichloracetonitril,* als Begasungsmittel. Hohe Giftwrkg. u. nicht materialschädigend. (**D. B. P. 871 982** Kl. 451 vom 7/9. 1940, ausg. 26/3. 1953.) KARST. 6313

Farbenfabriken Bayer (Erfinder: **Heinz Jonas**), Leverkusen, *Schädlingsbekämpfung mit Hilfe eines als Träger wirkenden Nebels oder Rauches,* der aus NH_3 oder einem Amin u. einer damit, gegebenenfalls unter Mitwrkg. von Feuchtigkeit, den Nebel bildenden Komponente gebildet ist, wobei die Wirkstoffe in einer der zur Erzeugung des Rauches oder Nebels erforderlichen Komponenten gelöst u. die Komponenten zusammen oder die eine mit Hilfe der anderen verdüst werden. — Beispiele: NH_3 oder aliphat. aromat. u. heterocycl. prim., sek. u. tert. Amine einerseits u. HCl, HF, Chlorsulfonsäure, $SiCl_4$, PCl_3, Sulfurylchlorid oder dgl. andererseits. Geeignete Wirkstoffe: *p-Dichlorbenzol, Nicotinbase* oder *1.1-Di-p-chlorphenyl-2.2.2-trichloräthan.* Neutrale Nebel mit starker insekticider u. fungicider Wrkg. die nicht pflanzenschädigend sind. (**D. B. P. 871 981** Kl. 451 vom 29/10. 1944, ausg. 26/3. 1953.) KARST. 6313

Farbenfabriken Bayer, Leverkusen (Erfinder: **Hugo Schweitzer,** Weimar), *Insektenbekämpfung.* Zur Bekämpfung von Insekten aller Art sowie deren Entwicklungsstadien werden Di- u. Trihalogenessigsäureamide, in denen ein oder beide H-Atome der Amidgruppe substituiert sind, verwendet, allein oder im Gemisch mit anderen wirksamen oder/u. inerten Stoffen. — Beispiele: *Trichloressigsäure-γ-[3.4-dichlorphenyl]-propylamid, Trichloressigsäurebenzylamid, Trichloressigsäure-β-chloräthylamid, Trichloressigsäurebutyl-* oder *Trichloressigsäureisobutylamid.* Konz. ca. 1—5%. Herst. der Verbb. aus dem Halogenessigsäurechlorid u. dem Amin im wasserfreien Mittel oder aus dem Halogenessigsäuremethyl- oder -äthylester u. dem Amin in wss. Lsg. bzw. Suspension. Bes. geeignet zur Bekämpfung von *Fliegen, Kleiderläusen, Motten, Stechmücken, Wanzen, Ameisen.* (**D. B. P. 871 975** Kl. 451 vom 25/6. 1944, ausg. 26/3. 1953.) KARST. 6313

Farbwerke Hoechst, vormals Meister Lucius & Brüning (Erfinder: **Michael Erlenbach**), Frankfurt/M.-Höchst, *Mittel zur Bekämpfung vorratsschädigender Insekten,* gek., durch den Geh. an Carbazolverbb., die im Mol. neben 2 Nitrogruppen noch weitere Substituenten führen, gegebenenfalls unter Zusatz von Verdünnungs-, Netz-, Haft- u. Dispergiermitteln oder Köderstoffen. — Beispiele: *Tetranitrocarbazol, Dichlordinitro-, Chlordinitro-, Dibromdinitro-, Tetranitro-9-äthyl-, 1.8-Dichlor-3.6-dinitro-9-äthyl-, 9-Piperidinoäthyltetranitrocarbazol* u. *Nitriertes Carbazolylmethylcarbazol.* Konz. ca. 2—10%. Bes. geeignet zur Bekämpfung von *Fliegen, Kornkäfern, Reismehlkäfern* u. *Mehlmottenraupen.* (**D. B. P. 871 980** Kl. 451 vom 7/9. 1941, ausg. 26/3. 1953.) KARST. 6313

VIII. Metallurgie. Metallographie. Metallverarbeitung.

Paul Stein, *Die Anwendung der Elektronik im Berg- und Hüttenwesen.* Kurze Übersicht. (Mining J. [London] **236.** 222—23. 9/3. 1951.) RUMPF. 6350

Jas. E. Thomson, *Nichteisenmetallvorkommen in Ontario.* Vork. der Erze u. Mineralien zur Herst. von *Al, As, Bi, Cr, Co, Cu, Ni, Pt, Se, Te, Pb, Zn, Ca, Ba, Mn, Mo, Sn, W, U* u. *Ra.* (Canad. Mining J. **71.** 152—54. Nov. 1950.) PAHL. 6354

Jan Dzienisiewicz und **E. J. Pryor,** *Eine Untersuchung über die Wirkung der Luft bei der Schaumflotation.* Es wird über die Unters. von Oberflächenveränderungen an Mineralien durch Kontaktwinkelmessungen nach der „Haftblasenmeth." berichtet, u. zwar mit selbsthaftenden, rollenden u. steigenden Blasen. Dabei wurden auch die Belüftungsbedingungen bei der Flotation untersucht. Man erhält eine leichtere Adhäsion der Blasen, wenn man die vorbereitete Mineralfläche zuerst mit kleinen u. dann mit größeren Blasen beaufschlagt, als wenn man sofort größere Blasen verwendet. Rauhe u. glatte Oberflächen werden verglichen. Die selbsthaftenden Blasen haben die Gestalt eines hängenden Flüssigkeitstropfens. — Schrifttumsangaben. Diskussion. (Bull. Instn. Mining Metallurgy **1950.** Nr. 521. 1/22.4. Nr. 523. 23/6. Nr. 525. 29/31.8.) PAHL. 6362

Georg Müller, *Das Stückigmachen von Feinerz und Stäuben durch Sintern.* Überblick über Verff. u. Vorrichtungen unter besonderer Berücksichtigung der Saugblaseverff. u. der Verwendung des Rostbelages. Für die Sinterröstung von *Cu*-Erzen werden Rkk. u. physikal. Daten angegeben. (Metallurgie u. Giessereitechn. **2.** 263—68. Aug. 1952. Helbra.) PAHL. 6378

Wilhelm Dautzenberg, *Über die Raffination von Metallen durch intermetallische Reaktionen.* Die bei den Metalltrennungsverff. im fl., im fl.-festen u. im festen Gebiet möglichen Rkk. werden an Diagrammen erläutert, wobei bes. auf die Möglichkeit der Verschiebung der gegenseitigen Sättigungsgrenzen durch einen oder mehrere Zusätze fremder Metalle hingewiesen wird. Wichtig sind die intermetall. Rkk. bei der Raffination von unedlen Metallen, wie *Al.* Es wird gezeigt, daß die Löslichkeit von *Fe* im *Al* herabgesetzt wird durch Eingehen anderer Metalle, wie *Si* u. *Mn,* in die Verb. Al_2Fe. Aber auch durch Zulegieren anderer Metalle zum Al, die nicht oder nur wenig an der intermetall. Verb. teilnehmen, kann die Löslichkeit beträchtlich verändert werden. Solche Metalle müssen hinterher wieder entfernt werden, wofür sich *Zn* bes. eignet. Erörtert wird die Auskristallisation *Cu*-armer Al-Verbb. aus Cu-haltigen Sekundär-Al-Schmelzen. Diese Cu-armen, hoch Al-haltigen Verbb. sollen für aluminotherm. Prozesse verwendet werden. Solche Verbb. sind Al_3Ti, Al_3V, Al_3Mo, Al_6Mn, Al_7Cr u. Al_3Fe. Die Auskristallisation von *Al–V–Si*-Kristallen wird beschrieben. Sie ist von der Temp. abhängig. Es werden die techn. Möglichkeiten in den Temperaturbereichen bis zu 2000° besprochen. (Z. Erzbergbau Metallhüttenwes. **5.** 432—39. Nov. 1952. Hamburg.) HOCHSTEIN. 6380

Alfred Lange, *Möglichkeiten der Senkung der Metallverluste durch Anwendung moderner Verhüttungs- und Verarbeitungsmethoden.* (Metallurgie u. Giessereitechn. **2.** 382—92. Nov. 1952. Freiberg, Bergakad.) HOCHSTEIN. 6380

E. Schmid, *Gießen unter extremen Bedingungen.* Besprochen werden Erfahrungen beim Vakuumguß sowie beim Erstarren u. Gießen unter Druck, über die Kornausbldg. bei extrem langsamer u. rascher Erstarrung sowie über die Bedeutung von hochfrequenten mechan. Schwingungen während der Erstarrung auf die Kristallausbildung. — Schrifttumsangaben. (Metall **6.** 737—44. Dez. 1952. Wien.) HOCHSTEIN. 6382

Rudolf Boerger, *Über synthetischen Formsand.* Erörtert werden die Vorzüge für eine Umstellung von Grubenformsand auf synthet. Formsand in einer Gießerei für überhitzten, dünnwandigen, maschinengeformten Grünformgrauguß. Es wird gezeigt, daß die Grubenformsande folgende Mängel haben: hoher Al_2O_3-Geh. mit nur wenig quellbaren Bestandteilen, hoher Wassergeh., stark unterschiedliche Sandkorngrößenverteilung sowie stark schwankende Werte an Tongeh. an Sandkorngrößenverteilung. Bei synthet. Formsand fallen diese Mängel durch eine genau definierte Art u. Menge an Quarzsand u. Ton fort. (Metallurgie u. Giessereitechn. **2.** 347—50. Okt. 1952. Meißen.) HOCHSTEIN. 6382

H. Reininger und **F. Roser,** *Altsand-Weiterverwendung.* Bes. werden erörtert die Auffrischung der Korngrößenverteilung, wodurch auch der Wassergeh. beeinflußt wird, u. der plast. Eigg., wobei sich die Verwendung hochquellfähiger *Tone* vom *Bentonit*-Typ bewährt hat. (Giesserei **39.** 558—64. 16/10. 1952. Bad Schandau/Elbe, u. Stuttgart-Bad Cannstadt.) PAHL. 6382

Gustav Lieby, *Kleinstteile in Druckguß.* Überblick bes. über die Werkstoffe, Werkzeuge u. Verwendung von kleinsten Spritz- u. Preßgußteilen aus *Metallen* u. Spritzgußteilen aus *Kunststoffen.* (Feinwerktechnik **54.** 27—41. Febr. 1950. Stuttgart.) HABBEL. 6382

W. B. Wright und **J. W. Muir**, *Meßinstrumente bei der Eisen- und Stahlerzeugung mit besonderer Berücksichtigung der automatischen Kontrolle.* Bericht über die automat. Strömungs- u. Temperaturmessung sowie über automat. CO_2-Bestimmung. (J. West Scotland Iron Steel Inst. **57.** 125—66. 1949—1950.) RUMPF. 6390

L. C. Hill, *Die Verarbeitung kupferhaltiger Pyrite.* Überblick über Vork. Verarbeitungsverff. der verschied. Cu-haltigen Pyrite. (Vgl. auch C. **1953.** 6122.) (Mining J. [London] **234.** 574—78. 2/6. 1950.) GOY. 6390

F. E. Lathe, *Die Rolle der Tonerde in Schlacken.* Zustandsschaubilder der Systeme $FeO–SiO_2$, $CaO–SiO_2$, $FeO–Al_2O_3–SiO_2$, $CaO–Al_2O_3–SiO_2$, FF. der Oxyde, der bin., tern. u. quaternären Eutektica. Angaben über Hochofenschlacken, Einfl. der Al_2O_3 auf den F. u. Flüssigkeitsgrad, Entschwefelung. Besprochen werden außerdem komplexe Schlakken, wie SIEMENS-MARTIN-Ofenschlacken u. Cu- sowie Cu–Ni-Hochofenschlacken. — Schrifttum, Diskussion. (Canad. Mining metallurg. Bull. **44.** 165—74. März 1951.) K. STEIN. 6390

Ernst Diepschlag, *Über die Einführung von Feinstoffen in die Windformen des Hochofens.* An Hand von Literaturstellen wird der Einfl. einer CaO-Einführung in die Schmelzzone des Hochofens auf die Schlackenzus., die Entschwefelung des Roheisens, die Entlastung der Schachtbeschickung, Regelung des Ofenganges u. die therm. Beherrschung des Schmelzverlaufs erörtert. (Metallurgie u. Giessereitechn. **3.** 52—53. Febr. 1953. Freiberg/Sa.) HOCHSTEIN. 6400

W. W. Braidwood, *Fortschritt in der Herstellung von sphärolithischem Gußeisen.* Überblick über die in den letzten 3 Jahren erzielten Fortschritte. — 14 Schrifttumsangaben. (Foundry Trade J. **94.** 231—36. 26/2. 1953. Mond Nickel Co.) HOCHSTEIN. 6404

Rudolf Radtke, *Die Herstellung von Kugelgraphit–Eisen.* Zur Vermeidung der unerwünschten Einflüsse der Basismetalle Ni, Ferrosilicium usw. in Vorlegierungen ist es zweckmäßig, auf den Zusatz von Rein-Mg überzugehen. Zu diesem Zweck wird Mg kontinuierlich von außen unterhalb der Badoberfläche der Pfanne zugeführt. Die Eignung des Verf. wird nachgewiesen. (Metallurgie u. Giessereitechn. **2.** 280—83. Aug. 1952. Leipzig, Inst. für Gießereitechnik.) HOCHSTEIN. 6404

A. Wittmoser, *Die Kristallisation von Gußeisen mit kugelförmigem Graphit.* Nach Erörterung früherer Hypothesen über die Art u. Weise des Auftretens von kugelförmigem Graphit im Gußeisen wird der Einfl. von *Si* auf die Graphitisierungserscheinungen untersucht u. festgestellt, daß in dem mit *Mg* behandelten Gußeisen die Veränderung der Abkühlungskurve durch den Si-Geh. größere Bedeutung hat, u. zwar nicht als Wrkg. eines Zusatzelementes, sondern als grundlegende Änderung der Art u. Weise der Kristallisation. — 27 Schrifttumsangaben. (Foundry Trade J. **94.** 547—55. 14/5. 1953., Gelsenkirchen, Stahlwerke.) HOCHSTEIN. 6404

G. Marchand, *Der Einfluß von Mangan in fester Lösung auf die Rekristallisationstemperatur und Korngröße von Reinaluminiumblech.* Bei genügend schneller Abkühlung bleibt *Mn* bis zur untersuchten Grenze von *2,5%* in gegossenem α-*Al* in fester Lösung. Solches Mn beeinflußt im allg. die Rekristallisationstemperatur.Diese liegt z. B. bei um 83% kaltgewalztem Blech mit *0,15* (%), *0,35* u. *1,4* Mn nach halbstd. Anlassen im Salzbad bei 400, 350 u. 415°. Die Korngröße ist in einphasigen Legierungen geringer, je höher die Anlaßtemp. ist; mit zunehmendem Mn-Geh. verzögert sich die Kornvergröberung. Teilweise ausgeschiedenes Mn wirkt außerdem verfeinernd auf das Rekristallisationskorn; diese Wrkg. wird anscheinend durch schnelleres Erhitzen verstärkt. — Schrifttum. (Canad. J. Technol. **31.** 15—28. Jan. 1953. Kingston, Ontario, Can., Aluminium Labor. Ltd.) APEL. 6442

A. v. Zeerleder, *Temperaturmessung bei der Warmbehandlung von Aluminium.* Überblick. (Aluminium Suisse **2.** 200—02. Nov. 1952.) HOCHSTEIN. 6442

H. Hug, *Perunal. Eine hochfeste Aluminiumlegierung auf Al–Zn–Mg–Cu-Basis.* Die Legierung enthält ca. 90 (%) *Al*, 6 *Zn*, 2 *Mg*, 1,5 *Cu*, 0,3 *Mn* u. 0,2 *Cr.* Sie erhält hohe Festigkeitseigg. durch eine Lösungsglühung, Abschrecken im W. u. anschließendes Warmaushärten oder durch eine Raumauslagerung. Der Lösungsglühbereich liegt zwischen 450 u. 470°. Die Abschreckung soll so rasch wie möglich erfolgen. Ausgeprägte Vergütungseffekte traten schon durch Glühung wenig oberhalb 300° auf. Nach einer Glühung bei 400° mit anschließendem Abschrecken u. Warmhärten werden bereits 80—90% der maximalen Festigkeit erreicht. Die Vergütungsglühung kann in Salz- oder Luftbadöfen vorgenommen werden. Durch eine kombinierte Warmhärtung, zunächst bei n. (2 Std., 135°), anschließend bei höherer Temp. (2—4 Std., 160°) läßt sich die Warmhärtezeit um mehr als die Hälfte abkürzen. Durch eine Rekristallisationsglühung bei 400—440° mit langsamer Ofenabkühlung bis auf 250—260° kann die Legierung weichgeglüht werden. Es werden die erreichbaren Festigkeitseigg. sowie die Verwendungsgebiete erörtert. (Aluminium Suisse **2.** 203—09. Nov. 1952.)

HOCHSTEIN. 6442

A. H. F. Goederitz, *Gefahren beim Schmelzen und Gießen von Magnesium.* (Metallurgie u. Giessereitechn. **2.** 322. Sept. 1952. Eisleben.) HOCHSTEIN. 6444

R. G. Wilkinson und **F. A. Fox,** *Die Warmverarbeitung von Magnesium und seinen Legierungen.* Erörtert werden die augenblickliche Praxis des Walzens, Strangpressens u. Schmiedens von Mg-Legierungen u. die metallurg. Faktoren, welche die Eigg. der hergestellten Werkstücke beeinflussen. Die Bedeutung des direkten Abschreckgießens wird behandelt. *Zr*-haltige hochfeste Mg-Legierungen können in einem weiten Temperaturbereich warmverformt werden, wobei die Anfangstemp. bei 500—520° liegen soll, da hierbei starke Abnahmen ohne Fehlererscheinungen erzielt werden können. Angegeben werden die Zuss. u. Eigg. der wichtigsten Mg-Legierungen u. die Einflüsse von wechselnden Verarbeitungsbedingungen. — Schrifttumsangaben, Diskussion. (J. Inst. Metals **76.** 473—500. 752—64. Jan. 1950. Clifton Junction Magnesium Elektron Ltd.)

HOCHSTEIN. 6444

G. A. Mellor, *Der Aufbau von magnesiumreichen Magnesium–Zink-Legierungen.* Diskussion zu der C. **1950.** II. 1505 referierten Arbeit. (J. Inst. Metals **77.** 616—20. 1950.) HABBEL. 6444

Julius J. Harwood, *Pulvermetallurgisch hergestellte Gegenstände für Hochtemperaturverwendungsgebiete.* Überblick. (Materials and Methods **36.** Nr. 2. 87—91. Aug. 1952.)

HOCHSTEIN. 6474

E. C. Ellwood und **W. A. Weddle,** *Herstellung und Eigenschaften von aus Oxyd reduziertem Kupferpulver.* Untersucht werden die Bedingungen, unter denen Schrott-Cu-Draht oxydiert, bes. zu Cu_2O, u. anschließend zu Cu-Pulver red. werden kann. Die Einflüsse von Zeit u. Reduktionstemp. bei verschied. Gasen, vom Umrühren des Oxyds u. von der Gasfließgeschwindigkeit werden bestimmt, u. die Veränderung der Teilchengrößenverteilung wird während der Red. beobachtet. Als Reduktionsgas wird H_2 verwendet, der noch CO enthalten kann. Die auf diesem Wege hergestellten Pulver hatten die besten Festigkeitseigg. bei hohen Preßdrucken u. relativ niedrigen Sintertempp. von ca. 600°. Die Eigg. der so hergestellten Pulver wurden mit denen auf anderem Wege hergestellter Pulver verglichen. Die hohen Zugfestigkeitswerte von aus Oxyd red. Pulvern werden ohne Abnahme der Härte während der Sinterung erreicht, wodurch bewiesen ist, daß eine Sinterung bei Tempp. unterhalb der Rekristallisationstemp. möglich ist. — Schrifttumsangaben. (J. Inst. Metals **80.** 193—206. Jan. 1952. Durham, Univ.)

HOCHSTEIN. 6474

J. M. Butler jr. und **T. P. Hoar,** *Unabhängige gleichzeitige gegenseitige Diffusion und Sinterung in Kupfer–Nickel-Preßmassen.* Die Diffusion während der Wärmebehandlung von Pulverpreßmassen mit je 50 Vol.-% Cu u. Ni wurde metallograph. festgestellt, u. die Längenänderungen wurden dilatometr. verfolgt. Bei 500—700°, also unterhalb der beginnenden Sinterung, trat eine starke Ausdehnung auf, wodurch Risse hervorgerufen wurden, die durch ungleiche metall. gegenseitige Diffusion verursacht waren. Bei 700—800° beginnt die Sinterschrumpfung sehr ähnlich der, wie sie in reinen Cu-Preßmassen ermittelt wurde. Die isotherm. Sinterung bei 775° ist auch ähnlich der, wie sie mit reinem Cu gefunden wurde. Die Ergebnisse zeigen, daß trotz des gleichzeitigen Auftretens von gegenseitiger Diffusion u. Sinterung zwischen ihnen kein ursächlicher Zusammenhang besteht. — Schrifttumsangaben. (J. Inst. Metals **80.** 207—12. Jan. 1952. Cambridge, Univ.) HOCHSTEIN. 6474

M. J. Druyvesteyn und **M. A. Meyer,** *Die Härte von Metallen.* (Auszug aus der Dissertation des 2. Vf.; Delft 1951.) Übersicht über die Verff. zur Best. der Härte von Metallen (BRINELL-, VICKERS- u. ROCKWELL-Härte), die die Härte beeinflussenden Faktoren (Temp., Kaltverformung) u. die Härte verschied. Legierungen. (Metalen **7.** 203—06. 30/6. 219—22. 15/7. 1952. Delft, TH, Labor. voor Techn. Phys.)

WESLY. 6480

Augustus B. Kinzel, *Neue Instrumente und Verfahren in der Metallographie.* (Metal Progr. **63.** Nr. 1. 78—83. Jan. 1953. New York, N. Y., Electro Metallurgical Co.)

HOCHSTEIN. 6482

Willfried Förster, *Gießtechnische Fehler bei Stahlformguß im Röntgenbild.* (Metallurgie u. Giessereitechn. **2.** 269—72. Aug. 1952. Silbitz/Sa.) HOCHSTEIN. 6484

R. Berthold, *Schichtdickenmessungen mit Betastrahlen und Zählrohr.* Beim Auftreffen von Elektronen hoher Geschwindigkeit auf einen Körper entsteht eine Rückstrahlung, die sich aus Beta- u. Röntgenstrahlen zusammensetzt u. deren Intensität von der Ordnungszahl des Streukörpers abhängt. Mit dieser Erscheinung wurden die erreichbaren Grenzdicken der Systeme *Al-* u. *Cu*-Folien gegen *Luft, Cr* auf *Al, Au* u. *Ag* auf *Messing, Cu* auf *C, Gummi* auf *Eisen* als Kurven oder einzelne Meßwerte erhalten. (Z. Ver. dtsch. Ing. **95.** 207—10. 1/3. 1953. Wildbad.) HOCHSTEIN. 6484

R. J. Hart, *Gamma-Radiographie in der Gießerei.* Auswahl der *Isotopen (Iridium 192, Tantal 182* u. *Kobalt 60)* u. Angaben über die prakt. Durchführung der zerstörungsfreien Prüfung zur Ermittlung von Fehlern in Gußstücken, Auswertung der radiograph. Bilder u. Vorzüge des Verfahrens. (Foundry Trade J. **93.** 583—88. 20/11. 1952. Lake & Elliot Ltd.) HOCHSTEIN. 6484

Hans Spycher, *Schweißen und Löten von Graugußstücken.* An Beispielen werden Vorbereitung u. Durchführung von Reparaturschweißungen sowie Wahl des Schweißverf. besprochen. (Z. Schweißtechn. [Zürich] **42.** 7—12. Jan. 1952. Gerlafingen.) KÖHN. 6506

Karl August Krekeler, *Schweißversuche an Stahl mit einer durch submikroskopische Einlagerungen erhöhten Streckgrenze.* Zug- u. Biegeverss. an geschweißten Proben aus einem Baustahl mit ca. 0,20 (%) *C*, 0,45 *Si*, 1,00—1,20 *Mn*, 0,02—0,04 *P* u. 0,025 bis 0,03 *S* mit erhöhter Streckgrenze ergaben seine grunsätzliche Verschweißbarkeit mit dem n. Lichtbogen-, verdeckten Lichtbogen- u. dem ELIN-HAFERGUT-Verfahren. Die Ergebnisse an V- u. Kehlnähten sowie der Biegeverss. sind denen eines guten Stahles *St 52* mindestens gleichwertig. Auch läßt sich der Stahl mit den für den *St 52* geeigneten Schweißzusatzwerkstoffen verschweißen. In der Schweißhärtung sowie der Sprödbruchneigung bei tiefen Tempp. ist der Stahl mit erhöhter Streckgrenze dem n. Stahl *St 52* überlegen. Dauerschwingverss. an kerbbeeinflußten Proben ließen auf eine dem Stahl *St 52* überlegene Schwellfestigkeit schließen, die durch das verbesserte Streckgrenzenverhältnis bedingt ist. — Diskussion. (Stahl u. Eisen **72.** 1278—85. 9/10. 1952. Düsseldorf.) HOCHSTEIN. 6506

Lester F. Spencer, *Das Schweißen von Legierungen auf Kupferbasis.* Zweckmäßigste Verff. zur Schweißung von Cu u. seinen Legierungen, bes. mit Zn, Sn, Si, Mn, Ni, Al, Be, P. (Welding Engr. **37.** Nr. 3. 17—22. März 1952. New Britain, Conn., Landers Frary & Clark.) WERNER. 6506

Roger Brais, *Die Korrosion von Metallen.* Überblick über den Mechanismus der Korrosion u. über Schutzmaßnahmen. (Rev. trimestr. canad. **37.** 29—40. 1951.) J. FISCHER. 6538

Marcel Pourbaix, *Untersuchungen über die Korrosion in den USA.* Überblick. (Ossature métallique **15.** 524—29. Nov. 1950. Brüssel, Freie Univ.) J. FISCHER. 6538

Erik Olsen und **Waclaw Szybalski,** *Aerobe mikrobiologische Korrosion an Wasserrohren.* In Wasserrohren werden Knötchen gefunden, die hauptsächlich aus $Fe(OH)_3$ u. Fe-Bakterien bestehen. Es wird festgestellt, daß die Fe-Bakterien Zellen verschied. Belüftung herstellen, wodurch verschied. Potentiale entstehen. Es fließt also ein Strom zwischen der Bakterienkolonnie u. der diese umgebenden Fe-Zone. Infolge der filzartigen Struktur der Knötchen wird der Wasserfluß im Rohr gehemmt. Mit zunehmender Dicke wird das Innere der Knötchen immer weniger belüftet, wodurch die Potentialdifferenz zunimmt. Die Korrosion steigt dann auch ohne weitere Mithilfe der Bakterien weiter an. Durch eingehende Verss. wird diese Ansicht bestätigt. Eine Änderung der Zus. des W. kann auf den Knötchen einen Kalkbelag zur Folge haben, der eine weitere Korrosion verhindert. (Corrosion [Houston] **6.** 405—14. Dez. 1950.) J. FISCHER. 6538

Allied Chemical & Dye Corp., übert. von: **Harold O. C. Ingraham,** New York, N. Y., V. St. A., *Erzröstung nach dem Wirbelstromverfahren.* Feinverteilte Metallsulfide werden fortlaufend von unten in eine über die Zündtemp. erhitzte Verbrennungskammer, welche eine größere Höhe als Breite aufweist, durch einen oxydierenden Gasstrom eingetragen. Ein Teil der die Kammer verlassenden SO_2-haltigen Gase wird gekühlt u. von oben wieder in die Kammer eingeführt, so daß die Temp. in derselben ständig unter 2000° F (1093° C) gehalten wird. — Abbildungen. (**A. P. 2 522 576** vom 18/6. 1947, ausg. 19/9. 1950.) HANS HOFFMANN. 6379

Fritz Goebel, Schwarzau im Gebirge, Österreich, *Gewinnung von Metallen oder Legierungen.* Bei der Gewinnung von Metallen oder Legierungen, bes. von *V* oder *Ferrovanadin,* auf metallotherm. Wege, bes. durch Umsetzung mit Al, wird die Reduktionsmasse nach der Umsetzung durch Wärmezufuhr so lange im Schmelzfluß gehalten, bis sich auch der im red. Metall noch vorhandene Rest an Reduktionsmetall mit dem in der Schlacke verbliebenen Rest an Oxyd des herzustellenden Metalles umgesetzt hat. Gegebenenfalls kann während des Nacherhitzens noch Reduktionsmetall zugesetzt werden. (**D. B. P. 868 519** Kl. 40a vom 23/4. 1942, ausg. 26/2. 1953.) HANS HOFFMANN. 6381

Leo Henry Timmins, Montreal, Quebec, Can., *Herstellen von Metallen durch Reduktion.* Metallprodd. mit hohem C-Geh., wie *Carbide* des *Cr, Mn, Ti, Mo, W, V, Zr, Hf* oder hochkohlenstoffhaltige *Fe-Legierungen,* werden mit dem Oxyd eines Metalles mit niedrigerem Kp., z. B. mit *ZnO, PbO* oder *MgO,* so hoch erhitzt, daß C mit dem O_2 des Oxydes unter Bldg. von CO in Rk. tritt, u. das Metall mit niedrigerem Kp. verdampft, so daß prakt. C-freie Metalle gewonnen werden. (**D. B. P. 868 520** Kl. 40a vom 10/2. 1951, ausg. 26/2. 1953. A. Prior. 13/2. 1950.) HANS HOFFMANN. 6381

Vereinigte Aluminium-Werke Akt.-Ges., Berlin und Bonn (Erfinder: **Henrikus Henrichs,** Hannover), *Aufbereiten von Schlacken.* Zwecks Wiedergewinnung des Metalles aus Schlacken, bes. metallhaltigen Salzschlacken, werden diese durch Einleiten von Luft, N_2 oder dgl. Gasen während oder kurz vor ihrer beginnenden Erstarrung begast u. hierauf gemahlen, gesiebt u. gesichtet oder mit W. ausgelaugt. Zur Begasung können auch Stoffe von höherer D. als die zu behandelnde Schlacke verwendet werden, welche Dämpfe, wie Wasserdampf, oder Gase abgeben, z. B. Wasserdampf abspaltende Oxyde, Hydroxyde, Hydrate, Silicate, wie Ton oder Kaolin, gelöschter Kalk, Kieselgur, vorgetrockneter Rotschlamm oder organ. Stoffe, wie Braunkohlenstaub, Holzmehl, Sägespäne oder Papierabfälle. (**D. B. P. 866 096** Kl. 40a vom 10/6. 1944, ausg. 5/2. 1953.) HANS HOFFMANN. 6381

Metallgesellschaft Akt.-Ges. (Erfinder: **Friedrich Kaysser, Hellmut Ley, H. Kassner** und **Heinrichs Jahns**), Frankfurt/M., *Reduktion von Metalloxyden mit festen Reduktionsmitteln,* bes. Fe-Oxyden u. solche enthaltenden Fe-Pulvern durch Erhitzen mit festen Reduktionsmitteln, bes. Kohle, dad. gek., daß die Zeiten für das Aufheizen des Gutes u. das Herausbrennen des C denjenigen der oxydkeram. Brenntechnik angepaßt werden, wogegen die Abkühlung durch künstliche Kühlung beschleunigt wird. Man arbeitet in reduzierender Gasatmosphäre. — 12 Ansprüche. (**D. B. P. 851 058** Kl. 12n vom 19/5. 1944, ausg. 2/10. 1952.) NEBELSIEK. 6401

American Gas Furnace Co., Elizabeth, N. J., V. St. A., *Fortlaufendes Aufkohlen und Versticken von Werkstücken aus Eisen und Eisenlegierungen.* Das Härtegut wird in ununterbrochenem Arbeitsgang im Gegenstrom zu einem gleichzeitig kohlend u. nitrierend wirkenden Gasstrom durch eine Heizkammer geführt, in der das Gut zunächst auf die für die Aufkohlung (ca. 850°), dann auf die für die Verstickung (ca. 700°) geeignete Temp. erhitzt wird. Das Verf. dient als Ersatz für die bekannten Cyanidhärtung. (**D. R. P. 767 481** Kl. 18c vom 29/1. 1936, ausg. 28/8. 1952.) HOCHSTEIN. 6409

La Salle Steel Co., Chicago, Ill., V. St. A., *Verarbeitung von nichtaustenitischem Stahl.* Stangen aus Stahl mit 0,3—0,55 (%) *C,* 1—2,25 *Mn,* 0,175—0,4 *S,* Rest *Fe* mit den üblichen Verunreinigungen u. mit n. perlit. u. ferrit. Gefüge werden einem Kaltziehverf. mit anormal hohen Verformungsgraden von mindestens 13% Querschnittsverringerung unterworfen u. darauf auf eine Temp. erhitzt, die über dem Ausscheidungshärtungsgebiet, jedoch unterhalb der des Rekristallisationsbeginns liegt. Zweckmäßig liegt diese Temp. im Gebiete von 290—540° u. die Querschnittsabnahme beim Kaltziehen im Bereich von 20—45%. (**E. P. 644 598** vom 30/7. 1947, ausg. 11/10. 1950. A. Prior. 22/4. 1939.) HOCHSTEIN. 6409

Birlec Ltd., Birmingham, England, *Entkohlen von Gußstücken aus Eisen oder Eisenlegierungen.* Gußstücke aus C-haltigem Fe oder Fe-Legierungen werden zunächst in einem gasdichten Ofen oder in einer Muffel auf 850—1100° erhitzt, wobei die Muffel vorher mit Luft gefüllt wurde. Anschließend läßt man das Reaktionsgas zirkulieren, wobei außerhalb der Muffel Luft oder Wasserdampf zugegeben werden, um das vorhandene CO in CO_2 umzusetzen, während bei der Berührung des Kreislaufgases mit den Gußstücken sich eine Gasatmosphäre mit 33—20% CO u. nur 0,1—8% CO_2 einstellt, so daß also der C oxydiert wird, während die Gußstücke nicht angegriffen werden. (**N. P. 79 349** vom 30/9. 1946, ausg. 12/11. 1951. E. Prior. 22/11. 1943.) JÜRGEN SCHMIDT. 6409

N. V. Philips' Gloeilampenfabrieken (Erfinder: **Jan Jacobus Went**), Eindhoven, Holland, *Legierung für mit Glas zu verschmelzende Metallteile* soll außer *Fe, Ni* u. *Co* noch 0,25—5% *Cu* enthalten u. einen Ausdehnungskoeff. wenigstens in der metastabilen γ-Phase kleiner als $70 \cdot 10^{-7}$ besitzen. (**D. B. P. 868 750** Kl. 18d vom 5/11. 1948, ausg. 26/2. 1953. Holl. Prior. 7/9. 1946.) HABBEL. 6411

Soc. An. des Établissements Jacob Holtzer, Paris, Frankreich, *Verbesserung der Festigkeitseigenschaften von Gegenständen aus ferritischen nichtrostenden Chromstählen.* Zur Verringerung der Sprödigkeit nach einer Erhitzung auf Tempp. zwischen 400 u. 500° oder über 1000° sowie zur Erzielung einer guten Elastizität werden die ferrit. Chromstähle, vorzugsweise mit unter 1% C u. 13—30% Cr im Vakuum geschmolzen u. abgegossen. (**E. P. 647 447** vom 27/8. 1948, ausg. 13/12. 1950. F. Prior. 7/10. 1947.) HOCHSTEIN. 6411

Armco Steel Corp., übert. von: **Frederick Kenneth Bloom**, Baltimore, Md., V. St. A., *Behandlungsverfahren von nichtrostendem Stahl.* Zur Herst. von magnet. Lautsprecherstahlerzeugnissen wird ein Draht, Band u. dgl. von 0,5 mm aus einem Stahl mit 0,02 bis 0,2 (%) *C*, 16–20 *Cr*, 6–15 *Ni*, 0,2–2,5 *Mn* u. Rest *Fe* hergestellt. Beträgt bei der Stahllegierung %Cr·(%Ni + %Mn/2 + 20·%C) = 170–210, so muß der Stahl anschließend noch um 40–80% kaltverformt werden, während bei einem Betrag von 210–240 die Kaltverformung über 80% liegen muß. Der Stahl kann auch den 8–15 fachen Betrag des vorliegenden C-Geh. an Nb enthalten. In diesem Falle wird bei Werten von 170–210 aus der Formel: %Cr·(%Ni + %Mn/2 + 0,4) der Stahl um 40–80% u. bei Werten von 210–240 um über 80% kaltverformt. Nach dem Verf. werden nichtrostende magnet. Lautsprecherstahlerzeugnisse in Draht- u. Bandform erhalten. (**A. P. 2 590 074** vom 28/12. 1948, ausg. 25/3. 1952.) HOCHSTEIN. 6411

William Jessop & Sons Ltd. und **Dennis Hadfield**, Sheffield, England, *Behandlung eines Dauermagneten.* Eine Legierung oder eine gesinterte M. von der Zus. 13,5 (%) *Ni*, 8 *Al*, 24,5 *Co*, 3 *Cu*, 0,5–1, vorzugsweise 0,82, *Nb*, Rest *Fe* (E. P. 634 686) oder 13,5 Ni, 8 Al, 24,5 Co, 3 Cu, 1,0–3,25, vorzugsweise 2,7, Nb, Rest Fe (E. P. 634 700) wird während der Abkühlung von hoher Lösungstemp. (z. B. 1200–1300°) oder von niedriger Lösungstemp. (z. B. 850–950°) beim Durchlaufen des CURIE-Punktes der Wrkg. eines Magnetfeldes u. darauf einer zweifachen Alterung unterworfen. Die Abkühlungsgeschwindigkeit im Magnetfeld ist vorzugsweise 0,5–1,5°/Sekunde. Die erste Alterung wird zweckmäßig 1 Std. bei 650–700° mit anschließender 20–24std. Ofenabkühlung von einer Temp. zwischen 350 u. 450° durchgeführt, während die zweite 16std. Alterung bei einer Temp. zwischen 540 u. 580°, bes. 560°, erfolgt. (**E. PP. 634 686** u. **634 700** vom 12/8. 1947, ausg. 22/3. 1950.) HOCHSTEIN. 6411

John T. Ellsworth, Collinsville, Ill., V. St. A., *Reinigen von Zinkelektrolyten.* Aus $ZnSO_4$-Lsgg., die durch Auslaugen von Zn-haltigem Material erhalten wurden, werden vor der Elektrolyse Fe, Si u. Al_2O_3 durch Zusatz von CaO u. MgO ausgefällt. — Z. B. wird CaO der 20–50° warmen Lsg. zugesetzt u. mindestens 2 Std. zur Einw. gebracht. Die ausgefällten Verbb. lassen sich leicht abfiltrieren. — Verfahrensschaubild. (**A. P. 2 599 816** vom 22/9. 1948, ausg. 10/6. 1952.) MARKHOFF. 6427

H. J. Enthoven & Sons Ltd., London, übert. von: **Leonhard F. Taylor** und **Patrick W. Wright**, South Darley, England, *Bleiherstellung.* Zur Herst. eines chem. widerstandsfähigen Pb für die Rohrerzeugung oder zum Auskleiden von Kesseln wird ein solches verwendet, welches 0,01–0,06 (%) *Sb* sowie 0,01–0,03 *Ni* enthält. Weiterhin ist festgestellt worden, daß ein Zusatz bis zu 0,10% *Ni* die schädlichen Einflüsse von *Sn*, *As* oder *Cd* auf die chem. Beständigkeit von Pb herabzusetzen oder auszuschalten vermag. (**A. P. 2 615 805** vom 17/4. 1950, ausg. 28/10. 1952. E. Prior. 11/5. 1948. **E. P. 666 956** vom 18/1. 1950, ausg. 20/2. 1952.) HANS HOFFMANN. 6431

Soc. It. Acc. Semplice Marigo, Italien, *Lagermetallegierungen* entstehen aus 6 bis 8 (%) *Sn*, 13–15 *Sb*, je 0,7–1 *Cu*, *Cd*, *As*, 0,6 *Ni*, Rest *Pb*. Die Legierungen haben trotz des niedrigen Sn-Geh. bessere mechan. Eigg. als diejenigen mit höheren Sn-Gehalten. (**F. P. 991 960** vom 5/8. 1949, ausg. 12/10. 1951. It. Prior. 8/10. 1948.) GÖTZE. 6431

Robertson Co., Pittsburgh, Pa., V. St. A., *Verbesserungen bei der Herstellung von Cu-Pulver.* Um ein höchst reaktionsfähiges, aber gegen Luftoxydation stabiles Cu-Pulver zu gewinnen, unterwirft man rohes, bröckeliges Zementkupfer (**I**) einer Vortrocknung. Dabei wird der Wassergeh. auf $<$ 10% herabgedrückt. Dann mahlt man das vorgetrocknete **I** in einer Hammer- oder Kugelmühle u. leitet gleichzeitig Luft hindurch. Der Wassergeh. wird dadurch noch mehr heruntergedrückt, u. man erhält feinste Cu-Kerne, die mit einem dünnen Film von CuO_2 umgeben sind. — Vorrichtung. (**E. P. 634 399** vom 1/5. 1947, ausg. 22/3. 1950.) NEBELSIEK. 6433

Siemens & Halske Akt.-Ges., Berlin und München (Erfinder: **Carl Kesselring** und **Gustav Roespel**, Berlin-Siemensstadt), *Legierungspulver für Massekerne.* An Stelle von geschmolzenen Legierungen aus 40–85 (%) *Ni*, ca. 10 *Mo* u./oder *Cr*, Rest *Fe*, wird von den Pulvern der betreffenden Metalle oder von deren Oxyden, Carbonaten oder Hydroxyden ausgegangen. Die Metallpulver werden gut gemischt u. in einer im Falle der Verwendung von Metallverbb. zur Red. dienenden, im Falle der Verwendung von Metallpulvern eine Oxydation verhindernden Atmosphäre einer Glühbehandlung bei einer unterhalb der Schmelztemp. liegenden Temp. unterworfen. Die so erhaltene Legierung wird zu Pulver einer für Massekerne geeigneten Feinheit zermahlen. (**D. B. P. 871 519** Kl. 40b vom 22/4. 1951, ausg. 23/3. 1953.) GÖTZE. 6435

High Duty Alloys Ltd., England, *Nickel-Chrom-Kobalt-Legierungen* bestehen aus 10–72 (%) *Ni*, 15–40 *Cr*, 10–40 *Co* u. 2,7–5,7 *Al*. Als Härtner können außer Al noch *Si* u. *Ti* zugegen sein. In diesem Fall liegt das Verhältnis von Ni u. Co zu Al + Si + 2 $\sqrt{Ti}$ zwischen 5 u. 10,7. Die Legierungen können noch bis zu 10 *Mn* u./oder *Nb*, bis 7 *Mo, V, Ta, W* einzeln oder zu mehreren, weniger als 0,4 *C* u. weniger als 0,5 *Fe* enthalten. Sie besitzen hohe mechan. Widerstandsfähigkeit u. können für Gegenstände verwendet werden, die höheren Tempp. ausgesetzt sind. (**F. P. 988 415** vom 26/3. 1947, ausg. 27/8. 1951. E. Prior. 26/3. 1946.) GÖTZE. 6435

Aluminum Co. of America, Pittsburgh, Pa., V. St. A., *Aluminiumlegierungen* bestehen aus 4—9 (%) *Zn*, 0,2—1,02 *Mg*, 0,1—1,3 *Cu*, 0,8—1,5 *Fe*, als Verunreinigung bis 0,3 *Si*, Rest *Al*. Die Legierungen lassen sich in Kokillen vergießen, sie sind lötbar u. unempfindlich gegen Rißbldg. durch Spannungskorrosion. (**Schwz. P. 281 201** vom 20/2. 1948, ausg. 16/6. 1952. A. Prior. 24/2. 1947.) GÖTZE. 6443

Deutsche Gold- und Silberscheideanstalt vormals Roessler (Erfinder: **Friedrich Siegmann**), Frankfurt/M., *Herstellung von Metallpulvern* durch Red. entsprechender Metallverbb. (I) in schwebendem oder fallendem Zustand in einem Gasstrom bei erhöhter Temperatur. Dabei schlämmt man die I mit reduzierenden Fll., z. B. CH_3OH oder HCOOH, auf u. führt die Aufschlämmung mit Hilfe einer Düse in ein heißes, reduzierendes oder inertes Gas ein. — Beispiel: Herst. von *Co-*, *Cu-* u. *Fe-Pulver* aus Oxyden. (**D. R. P. 752 641** Kl. 12n vom 19/3. 1939, ausg. 16/3. 1953.) NEBELSIEK. 6475

George Randall Smith und **Homer Clyde Compton** (Erfinder: **George Randall Smith**), Los Angeles, Calif., V. St. A., *Herstellung von Metallpulver* aus pulverisierbarem, festem Metall (I) durch Schmelzen von I, Vermischen mit fein zerkleinertem Carbid (II), Erstarren lassen u. Behandeln mit Wasser. Dabei wird so viel II verwendet, daß durch die entstehende Gasentw. das I pulverisiert wird. (**D. B. P. 833 957** Kl. 12n vom 15/9. 1950, ausg. 13/3. 1952. A. Prior. 2/6. 1947.) NEBELSIEK. 6475

Erik Harry Eugen Johansson, Viggbyholm, und **Carl Magnus Truedsson,** Stockholm, Schweden, *Elektrolytische Erzeugung von Schwermetallpulver*. Die Elektrolyse wird in nichtoxydierender Atmosphäre in einer Schmelze von Alkali- oder Erdalkalisalzen bei einer unter dem F. des abzuscheidenden Metalles liegenden Temp. durchgeführt. Die Schmelze kann auch andere Metalle enthalten, die unedler als das abzuscheidende Metall sind, wie *Al* oder *Mg*. Die Anode besteht in jedem Fall aus dem abzuscheidenden Metall. Pulver aus *Fe, Ni, Cr, Cu* u. Legierungen dieser Metalle sind herstellbar. — Abbildung. (**E. P. 637 714** vom 14/12. 1945, ausg. 24/5. 1950.) MARKHOFF. 6475

Samuel James Everett (Erfinder: **Samuel James Everett**), Thornton Heath, Surrey, England, *Herstellung feiner Metallgeräte*. Bei der Verarbeitung der Metallgeräte von größerer Länge aus ziehfähigem Metall u. mit in Längsrichtung orientierter Faserstruktur wird vor u. nach mindestens einer Kaltverformungsstufe je eine Wärmebehandlung bei einer Temp., die wesentlich unter der sonst üblichen Glühtemp. des Werkstücks liegt, vorgenommen. Zweckmäßig beträgt diese Temp. nur ca. 60% der Schmelztemp. des Metalls nach der absol. Wärmeskala. Bei der Herst. von Gegenständen aus *nichtrostendem Stahl* werden zwei oder mehr Stufen einer Wärmebehandlung bei einer Temp. um 800° vorgenommen. (**D. B. P. 858 424** Kl. 18c vom 31/12. 1948, ausg. 8/12. 1952. E. Prior. 5/5. 1947.) HOCHSTEIN. 6491

Gilron Products Co., Cleveland, übert. von: **Roland A. Whitbeck,** Lorain, O., V. St. A., *Herstellen von Metallgegenständen mit polierter Oberfläche*. Die durch Ziehen zu verformenden Halbzeuge werden nach dem Polieren u. Reinigen der Metalloberfläche mit einer Schicht der Lsg. eines wasserlösl. organ. Schmiermittels u. eines wasserlösl. anorgan. Metallsalzes überzogen, z. B. mit einer Lsg. von 18 (Teilen) Palmölseife u. 82 Borax, die aufgetrocknet wird. Die Metalloberfläche bleibt beim Ziehen u. bei der sonstigen Behandlung blank. (**A. P. 2 609 780** vom 1/11. 1949, ausg. 9/9. 1952.) MARKHOFF. 6491

Harold Martin, Chatham, Kent, England, *Festschweißen von Schrauben auf Metallplatten*. Man versieht die Schrauben oder anderen Metallteile, die festgeschweißt werden sollen, mit einer Metall- oder Legierungsschicht mit gutem Leitvermögen, bes. *Al*, u. verschweißt dann durch elektr. Lichtbogenschweißung. (**Dän. P. 73 841** vom 27/8. 1947, ausg. 3/3. 1952. E. Prior. 10/11. 1942.) JÜRGEN SCHMIDT. 6507

Albert Jean Ducamp, Chaville, Frankreich, *Erzeugen einer Schweißflamme*. In die Gase zur Erzeugung der Flamme werden Lsgg. von Glyceroboraten, wie Alkaliglyceroborate, in Alkohol zugeführt, die außerdem noch Methylglyceroborat u. Ester der $B(OH)_3$ enthalten können. Der Zusatz verhindert die Oxydation der zu verschweißenden Oberflächen. (**A. P. 2 587 296** vom 31/10. 1949, ausg. 26/2. 1952. F. Prior. 27/11. 1948.) MARKHOFF. 6507

Superior Steel Corp., Pittsburgh, Pa., V. St. A., *Vorbehandlung von kaltgewalztem rostfreien Stahl mit 10—30% Chrom vor dem Beizen.* In der Oxydschicht werden durch Strecken Risse erzeugt, durch die die Beizsäure angreifen kann. (**E. P. 666 212** vom 6/2. 1948, ausg. 6/2. 1952. A. Prior. 21/2. 1947.) MARKHOFF. 6513

Archer-Daniels-Midland Co., übert. von: **Frank C. Haas**, Rocky River, O., **John D. Hetchler**, Rutherford und **Sidney A. Paradee**, Chicago, Ill., V. St. A., *Fettmischung für die Nachbehandlung schmelzflüssig aufgebrachter Metallüberzüge* besteht aus einem hydrierten fetten Öl u. dem Ester eines einwertigen Alkohols mit einer Fettsäure, der 12—22 C-Atome enthält. Das hydrierte fette Öl soll eine JZ. von nicht über 60 haben. — Beispiel: 17 (Teile) Cetylpalmitat u. 83 hydriertes Fischöl, wie Walöl. Die Mischung bleibt über Monate brauchbar. (**A. P. 2 565 918** vom 20/7. 1949, ausg. 28/8. 1951.) MARKHOFF. 6517

General Motors Corp., Detroit (Erfinder: **Harold W. Schultz**, Dayton, O.), V. St. A., *Lager* bestehen aus *Al* allein oder aus 2—10 (%) *Si*, 0,5—5 *Cd*, Rest Al. Für besondere Zwecke kann eine als Lauffläche dienende Überzugsschicht aus 1—10 *Sn*, Rest *Pb* oder aus *In* mit mindestens 93 *Pb* auf das Lager aufgebracht werden. Die Überzugsschicht soll eine Stärke von nicht mehr als 0,025 mm besitzen u. wird am zweckmäßigsten elektrolyt.aufplattiert. Das Al-Lager kann auch mit einer Stahlstützschale fest verbunden werden. (**D. B. P. 844 507** Kl. 40b vom 24/9. 1950, ausg. 21/7. 1952. A. Prior. 15/7. 1947.) GÖTZE. 6517

General Motors Corp., Detroit, Mich., übert. von: **William H. Pershing, Julius J. McClain** und **John A. Fulwider**, Bedford, Ind., V. St. A., *Aufbringen von Aluminiumauflagen auf Eisen.* Nach dem Ätzen werden die Gegenstände in eine geschmolzene *Zn*-Legierung mit geringen Gehh. an *Sn* u. *Al* getaucht, bis die Gegenstände die Temp. der Metallschmelze erreicht haben. Dann werden die Gegenstände in eine Form gebracht u. mit Al umgossen. Feste Bindung zwischen Fe u. Al. (**E. P. 651 996** vom 28/4. 1948, ausg. 11/4. 1951. A. Prior. 19/6. 1947.) MARKHOFF. 5617

Ford Motor Co. Ltd., London, England (Erfinder: **R. H. McCarroll** und **E. C. Jeter**), *Ausgekleidete Lager, besonders für Verbrennungsmotoren.* Auf der Lagerunterlage aus Stahl wird eine dünne Legierung aus 30—40% *Pb*, 5—20% *Ag*, höchstens 0,5% *Fe* u. Rest *Cu* angebracht. Cu soll in Dendritform vorliegen. Daneben soll ein eutekt. Gemisch von Ag u. Cu mit einem solchen aus Pb, Ag u. Cu vorliegen. Die eutekt. Gemische sollen die Zwischenräume zwischen den Dendriten ausfüllen. (**Schwed. P. 132 387** vom 11/9. 1945, ausg. 17/7. 1951. A. Prior. 11/9. 1944.) JÜRGEN SCHMIDT. 6517

General Motors Corp., Detroit, Mich. (Erfinder: **Carson O. Donley**, Indianapolis, Ind.), V. St. A., *Herstellung von Lagern.* Auf eine Ag-Oberfläche wird eine dünne Sn-Schicht ($1{,}3\cdot10^{-4}$ bis $5\cdot10^{-4}$ cm) galvan. aufgebracht u. das Ganze so lange erhitzt, bis das Sn in das Ag eindiffundiert ist. Das Ag wird hierdurch gegen korrodierende Einw. schwefelhaltiger Schmieröle geschützt. Die Ag-Schicht wird zweckmäßig auf eine Stahllagerschale unter Verwendung einer dünnen Zwischenschicht aus Cu oder Ni galvan. niedergeschlagen. — Abbildungen. (**D. B. P. 838 532** Kl. 48a vom 30/9. 1950, ausg. 8/5. 1952. A. Prior. 28/5. 1948.) MARKHOFF. 6517

Gerhard Becherer und **Helmut Hülle**, Über die Bestimmung der Fehler-Erkennbarkeit in der Röntgenmikroskopie. **Carl Benedicks**: Änderung der Festigkeit von Metallen und Nichtmetallen durch eine benetzende Flüssigkeit (Flüssigkeitseffekt). Berlin: Verl. Technik. 1952. (36 S. m. Abb.) 8° = Metallkundliche Berichte. Bd. 38. DM 2,80.

Jean Billiter, Technische Elektrochemie. Bd. 1.: Elektrometallurgie wässeriger Lösungen. 3. völlig umgearb. Aufl. Halle/Saale: Knapp. 1952. (VIII + 308 S. m. 129 Abb. u. Tab.) 8°. DM 21,60.

J. L. Kljatschkin, Schweißen der Buntmetalle. (Übers. aus dem Russ.: Alexander Feyerherd. Fachl. Überarbeitung der dt. Übers.: **Hans Richter**.) Berlin: Verl. Technik. 1952. (144 S. m. Abb.) 8°. DM 9,—.

—, Taschenbuch der Gießerei-Praxis 1953. Hrsg. unter Mitarb. bewährter Gießerei-Praktiker. Berlin: Schiele & Schön 1952. (452 S. m. Abb.) 8°. DM 4,—.

IX. Organische Industrie.

Jiří Mýl, *Elektrochemische Methoden in der organischen Chemie.* Allg. Ausführungen. Übersicht über industrielle Anwendungsmethoden. Vorteile. (Chem. Průmysl **2** (27). 122—24. April 1952.) STEINER. 6598

J. Zawadzki, J. Jurecka und **E. Treszczanowicz**, *Zink-Vanadin-Katalysatoren bei der Acetonsynthese aus Acetylen und Wasserdampf.* Es wurde die Synth. von *Aceton* aus C_2H_2 u. Wasserdampf in Ggw. eines bas. Zn–V-Katalysators ($2ZnO\cdot V_2O_5$) untersucht: Hindurchleiten eines Gemisches von C_2H_2 u. W. im Verhältnis 1:10 mit verschied. Geschwindigkeit (150, 300 u. 450 Liter/Std.) u. bei verschied. Tempp. (360—500°, in Abstufungen zu je 10—20°) durch eine Fe-Föhre vom Durchmesser 35 mm. Die besten Ergebnisse wurden mit einem Kontakt erzielt, der durch Behandeln einer Lsg. von NH_4-Vanadat u. Zn-Acetat mit NH_3 erhalten wurde (Wirkungsdauer 50 Std.). Die optimale Temp. lag bei 420—450°, die optimale Durchflußgeschwindigkeit bei 400 bis 500 Liter/Stunde. Bei höherer Geschwindigkeit traten Aldehyd u. Essigsäure mit auf. Der Zn–V–Katalysator ist wirksamer als ein Zn–Mn-Kontaktstoff, er ermöglicht ein Senken der Temp. um 70°. (Przemysł chem. **7** (**30**). 731—33. Dez. 1951.)

V. WILPERT. H 700

Ciba Akt.-Ges., Basel, Schweiz, *Herstellung eines Acylierungsmittels.* Man behandelt Furan-2-carbonsäure-5-sulfonsäure in Ggw. eines Überschusses an Pyridin mit p-Toluolsulfochlorid. Die neue Verb. eignet sich zum Acylieren von >NH- u. OH-Gruppen, z. B. in Azofarbstoffen. (**Schwz. P. 276 416** vom 22/7. 1949, ausg. 16/10. 1951.)

FABEL. H 6577

Deutsche Hydrierwerke Akt.-Ges., Düsseldorf (Erfinder: **Kurt Stickdorn**, Dessau), *Hydrierungskatalysatoren für organische Verbindungen* erhält man durch Rösten von O enthaltenden Verbb. katalyt. wirksamer Schwermetalle, bes. des Cu, Ni, Co mit O-haltigen Mn-Verbb., zweckmäßig in stöchiometr. Verhältnis bei Rotglut, bes. 500—600°, in Ggw. von Luft. Die gewonnenen Katalysatoren sind unempfindlicher gegen Verunreinigungen, bes. beständig gegen organ. Säuren, u. eignen sich vorteilhaft zur Red. von Carbonsäuren, -estern zu *Alkoholen*, zur Hydrierung ungesätt. Verbb. u. zur spaltenden Druckhydrierung. — Der aus $CuNO_3$, $MnSO_4$, $FeSO_4$, $Al(NO_3)_3$, $NiSO_4$ durch Fällen der wss. Lsg. mit Na_2CO_3 bei 70° erhaltene Nd. wird im Drehrohr in Ggw. von Luft 20 Min. auf Rotglut erhitzt. Der entstandene Katalysator löst sich nicht nach mehrtägigem Stehen in Cocosfettsäure, die z. B. mit 7% dieses Katalysators bei 290° u. 270 at mit H_2 zu den entsprechenden *Fettalkoholen* hydriert werden kann. Der Nd. aus $CuSO_4$ u. $MnSO_4$ nach dem Fällen durch Na_2CO_3 bei 70° dient nach der Röstung zum Hydrieren von Naphthalin zu *Tetrahydronaphthalin* bei 220° u. 80 at. Mit einem ähnlichen Co-haltigen Katalysator kann Stearinsäurenitril zu *n-Octadecylamin* bzw. *Adipinsäurediamid* in Ggw. von NH_3 zu *Hexamethylendiamin* red. werden. (**D. R. P. 763 698** Kl. 12o vom 3/12. 1937, ausg. 23/3. 1953.)

KRAUSS. 6585

Badische Anilin- & Soda-Fabrik, Ludwigshafen/Rh. (Erfinder: **Emma Wolffhardt**, Heidelberg), *Ausführung von Grignard-Reaktionen.* Man stellt zuerst nach Art einer kontinuierlichen Extraktion aus Mg u. einem Halogen-KW-stoff im Kreislauf eines Lösungsm. eine fertige Lsg. der Mg-organ. Verb. her u. kondensiert diese erst dann mit der umsetzungsfähigen 2. Komponente. — Mg + tert.-Butylchlorid → tert.-Butyl-MgCl + Aceton → *2.2.3-Trimethylbutanol, Halbhydrat*, F. 82°, Ausbeute ca. 40% (bezogen auf Mg), das durch H_2O-Abspaltung u. Hydrierung *2.2.3-Trimethylbutan* liefert. — 90%ig. tert.-Butyl-MgCl + CO_2 (auch als Trockeneis) → *Trimethylessigsäure*, Ertrag 65—70%. — Vorr., Zeichnung. (**D. B. P. 870 413** Kl. 12o vom 10/3. 1944, ausg. 12/3. 1953. **Zusatz zu D. B. P. 856 597; C. 1953. 4278.**)

KRAUSS. 6598

Lonza-Werke Elektrochemische Fabriken G. m. b. H., Waldshut (Erfinder: **Johann Röder**, Piesteritz), *Herstellung von CH_4* aus H_2 u. Oxyden des C unter Anwendung von Katalysatoren auf metall. Trägerstoffen, dad. gek., daß der Träger aus einer durchlochten Metallplatte besteht u. der Katalysator auf den Wandungen der Durchbohrungen in dünner Schicht angebracht ist. Der Träger kann geheizt u./oder gekühlt werden. Die Träger können mit die Zers. von CH_4 oder CO verhindernden Oberflächen, z. B. aus Al, Ni, Ag oder deren Legierungen, versehen sein. Man scheidet das Reaktionswasser aus den Reaktionsprodd. ab u. setzt das neben CH_4 restlichen CO u. CO_2 enthaltende Gemisch, gegebenenfalls nach Zusatz von H_2, erneut der katalyt. Rk. aus. (**D. B. P. 873 540** Kl. 12o vom 20/8. 1943, ausg. 16/4. 1953.)

G. KÖNIG. H 510

Dortmunder Paraffinwerke G. m. b. H. (Erfinder: **Wolfram Ohme** und **Wolfgang Ziegler**), Dortmund, *Chlorieren flüssiger, aliphatischer Kohlenwasserstoffe*, zweckmäßig synthet. Öle aus der CO-Hydrierung, bes. Öle aus der Mitteldrucksynth., dad. gek., daß man eine höchstsd. Fraktion der KW-stoffe abtrennt, für sich chloriert u. dann mit der nichtchlorierten Fraktion, gegebenenfalls auch noch mit anderen ähnlichen Ölen fremder Herkunft, vereinigt. Die Chlorierungsprodd. behandelt man vorteilhaft mit Adsorptionsmitteln, wie akt. Kohle, Bleicherde. (**D. B. P. 871 888** Kl. 12o vom 4/4. 1944, ausg. 26/3. 1953.)

G. KÖNIG. H 510

Badische Anilin- & Soda-Fabrik, Ludwigshafen/Rh. (Erfinder: **Wilhelm Schlenk**, Mannheim-Freudenheim), *Zerlegung von Gemischen von Kohlenwasserstoffen und Kohlenwasserstoffderivaten mit Thioharnstoff* nach D. B. P. 856 296. Man verwendet als Ausgangsstoffe Halogenverbb. ohne verzweigte Ketten oder cycloaliphat. Seitengruppen, die mindestens 2 Halogenatome an einem Kohlenstoffatom oder 1 Halogenatom an einem sek. Kohlenstoffatom haben. In den Beispielen erfolgt die Trennung eines Gemisches aus *Hexachloräthan* u. *Äthylenchlorid*; *Chlorbenzol* u. *CBr_4*; *1.1.1.2-Tetrachloräthan* u. *1.4-Dichlorbutan*. (**D. B. P. 870 414** Kl. 12o vom 13/7. 1950, ausg. 12/3. 1953. **Zusatz zu D. B. P. 856 296; C. 1953. 4600.**) KRAUSS. H 510

Badische Anilin- & Soda-Fabrik, Ludwigshafen/Rh. (Erfinder: **Ernst Donath,** Pittsburgh, Pa., V. St. A.), *Dehydrierung von Kohlenwasserstoffen* mit mindestens 2 C-Atomen (Äthan, Propan, Butan oder deren Gemische) in der Gasphase in Ggw. von stückigen, bewegten oder fest angeordneten Katalysatoren erfolgt dadurch, daß man die KW-stoffe auf Reaktionstemp. (ca. 350—700°, bes. 400—650°) bei n., red. oder erhöhtem Druck (ca. 10—70 at), nötigenfalls unter Zusatz geringer Mengen H_2 erhitzt, durch mindestens ein mit Katalysatoren gefülltes, nichtbeheiztes Reaktionsgefäß leitet u. die KW-stoffe umpumpt, so daß der Rückfluß mindestens das Zehnfache der fortlaufend eingeführten frischen KW-stoffe beträgt. Verwendet man mehrere hintereinandergeschaltete Reaktionsgefäße, so werden die KW-stoffe in jedem Gefäß für sich umgepumpt. — Butan → *Butylen*, Ertrag 93%. (**D. B. P. 871 002** Kl. 12o vom 4/2. 1942, ausg. 19/3. 1953.) KRAUSS. H 520

Phillips Petroleum Co., übert. von: **Jean P. Jones,** Bartlesville, Okla., V. St. A., *Nichtkatalytische Umwandlung gasförmiger, gesättigter Kohlenwasserstoffe in gasförmige, ungesättigte Kohlenwasserstoffe*. Kieselsteine werden auf 1650—3200° F erhitzt u. im Gegenstrom zu den KW-stoffen durch die Reaktionszone geführt, wobei diese auf 1500—3000° F erhitzt werden. Die heißen Gase werden auf 800° F durch die im Gegenstrom geführten Kieselsteine abgekühlt, wobei man 0,001—0,5% H_2S zusetzt, um die katalyt. Wrkg. des auf den Kieselsteinen während der Rk. gebildeten C-haltigen Materials zu inaktivieren. Zweckmäßig setzt man den Kieselsteinen 0,01% ZnO zu, um die Bldg. weiterer Reaktionsprodd. aus den entstandenen, ungesätt. KW-stoffen zu verhindern. In den Beispielen erhält man aus Äthan in 60%ig. Ausbeute *Äthylen*. — Tabellen, Vorr., Zeichnung. (**A. P. 2514497** vom 15/12. 1947, ausg. 11/7. 1950.) KRAUSS. H 520

Badische Anilin- & Soda-Fabrik (Erfinder: **Wilhelm Münster**), Ludwigshafen/Rh., *Äthylen* erhält man durch Hydrierung von Acetylen in Ggw. von Hg-haltigen Pd-Katalysatoren nach D. B. P. 827 063, indem man den für die Äthylenbldg. günstigsten Hg-Geh. dadurch einstellt, daß man zur Hydrierung mehr oder weniger Hg-enthaltenden H_2 verwendet. Zweckmäßig wird Hg-haltiger Elektrolytwasserstoff entweder zur Behandlung des Katalysators oder direkt zur Hydrierung verwendet. Ausbeute an Äthylen über 86%. (**D. B. P. 871 003** Kl. 12o vom 9/5. 1951, ausg. 19/3. 1953. **Zusatz zu D. B. P. 827 063; C. 1952. 4528.**) KRAUSS. H 520

Standard Oil Development Co., übert. von: **Eger V. Murphree,** Summit, N. J., V. St. A., *Reines Isobutylen* erhält man durch selektive Depolymerisation der entsprechenden Di- u. Trimeren in Mischung mit Butylenmischpolymeren bei 500—800° F in Ggw. feinverteilter Depolymerisationskatalysatoren [Aktiverden, Floridaerde, Bentonite, die mit H_2SO_4, HCl oder HF behandelt wurden, „Magnesol“ (= Mg-Silicat), Silicagele in Mischung mit MgO oder ZrO] im Fließbettverfahren. Aus dem erhaltenen Gas wird der mitgerissene Katalysator entfernt u. dieses dann fraktioniert. — Vorr., Zeichnungen. (**A. P. 2 514 332** vom 14/2. 1948, ausg. 4/7. 1950.) KRAUSS. H 520

Stanolind Oil & Gas Co., übert. von: **Afred Steitz jr.** und **David K. Barnes,** Tusla, Okla., V. St. A., *Zerlegung von Butanol-(1) und Methyl-n-butylketon enthaltenden Gemischen* erfolgt durch Extraktion mit W., wobei man einen an Methyl-n-butylketon (**I**) angereicherten u. an Butanol-(1) (**II**) verarmten Anteil erhält, aus dem man ein **I**-**II**-Gemisch azeotrop abdest., so daß gereinigtes **I** zurückbleibt. — Schema. (**A. P. 2 568 522** vom 27/11. 1948, ausg. 18/9. 1951.) MÖLLERING. H 560

Badische Anilin- & Soda-Fabrik (Erfinder: **Hans Joachim Pistor**), Ludwigshafen/Rh., *Herstellung sauerstoffhaltiger organischer Verbindungen*, dad. gek., daß man auf offene oder cycl. Äther oder Ester, die sich von Oxyverbb. mit mindestens 2 C-Atomen ableiten, CO u. H_2 bei erhöhter Temp. u. unter erhöhtem Druck in Ggw. von Metallen der 8. Gruppe oder anderen carbonylbildenden Metallen oder deren Verbb., gegebenenfalls in Anwesenheit von Aktivatoren, einwirken läßt u. zweckmäßig die erhaltenen Prodd. nachhydriert. Je nach den Reaktionsbedingungen entstehen z. B. aus den Äthern: Aldehyde, Lactone, Ester oder Alkohole. Aus den Lactonen Aldehydcarbonsäuren oder Lactone mit höherer C-Zahl, oder durch Disproportionierung Alkohole oder Dicarbonsäuren. — Aus Tetrahydrofuran erhält man bei 180° u. 200 at mittels CO u. H_2 Aldehyde, die nach Wiedererhitzen auf 200° u. Aufpressen von H_2 mit 100 at ein dickfl. Öl ergeben. Hieraus gewinnt man durch Dest. neben *Pentan-* u. *Hexandiol*,

Butylalkohol u. *δ-Valerolacton.* — Butyrolacton, in Ggw. eines Co-Katalysators auf Kieselgur aufgebracht, mit CO u. H_2 behandelt u. anschließend mit H_2 nachbehandelt, ergibt eine dickfl. M., die bei der Dest. im Vakuum ein Gemisch von Lactonen ergibt. Es besteht aus *α-Methylbutyrolacton, δ-Valerolacton* u. *Butyrolacton.* Aus dem Rückstand der Dest. erhält man im Hochvakuum neben δ-Valerolacton noch *Glutarsäure,* F. 96°. (**D. B. P. 871 749** Kl. 12o vom 27/6. 1942, ausg. 26/3. 1953.) G. König. H 560

Badische Anilin- & Soda-Fabrik, Ludwigshafen/Rh. (Erfinder: **Rudolf Kern,** Neustadt, Haardt), *Gewinnung von aliphatischen Alkoholen mit mehr als 2 C-Atomen oder deren Schwefelsäureestern,* dad. gek., daß man aus den bei der Polymerisation von C_2H_4 in wss. Emulsion oder in wss. Alkohol in Ggw. peroxyd. Polymerisationskatalysatoren, bes. Persulfaten, erhaltenen Prodd. die entstandenen Alkohole oder ihre Schwefelsäureester nach üblichen Methoden isoliert. — Es werden hergestellt: *Decenol,* Kp. 193 bis 196°, n = 1,4364; *Hexylalkohol,* Kp. 158°, *n-Octylalkohol,* Kp. 196°; *Eikosanol* (Arachinalkohol), F. 64°. Ester der hochmol. Alkohole sind Weichmacher für filmbildende Stoffe. (**D. B. P. 869 485** Kl. 12o vom 29/12. 1942, ausg. 5/3. 1953.) G. König. H 560

Imperial Chemical Industries Ltd., London (Erfinder: **Arthur William Charles Taylor** und **Phillip Geoffrey Harvey,** Norton-on-Tees), England, *Herstellung von Sauerstoff enthaltenden Verbindungen* durch Umsetzen von olefin. Stoffen mit CO u. H_2 (Oxo-Rk.) bei erhöhter Temp. u. unter Druck in fl. Phase, wobei als Katalysator eine lösl. organ. Co-Verb. angewandt wird, dad. gek., daß die olefin. Stoffe aus Alkenen u. aliphat. oder alicycl. Di- u./oder Polyenen bestehen u. wobei in einer 1. Stufe das Verf. in Ggw. von mindestens 0,3% Co vom Gewicht der olefin. Stoffe, berechnet als Metall, mit einem Gas durchgeführt wird, in dem das Mol.-Verhältnis von $CO:H_2$ mindestens 2:3 beträgt, u. zwar so lange, bis sich die Rk. eingestellt hat u. daß dann in einer 2. Stufe das Verf. unter Anwendung eines Gases durchgeführt wird, in dem das Mol.-Verhältnis von $CO:H_2$ von 3:7 bis 2:3 beträgt u. als Katalysator eine solche Menge an gelöstem Co angewandt wird, welche innerhalb des üblicherweise bei der Oxo-Rk. angewandten Bereiches liegt, d. h. ca. 0,1% beträgt. Der CO-Partialdruck soll vorteilhaft mindestens 100 at betragen. Eine katalyt. Hydrierung ergibt aus den *Aldehyden* die entsprechenden *Alkohole* sowie Isomere der n. Alkohole. (**D. B. P. 868 897** Kl. 12o vom 12/9. 1950, ausg. 2/3. 1953. E. Prior. 12/9. 1949.) G. König. H 660

Consortium für elektrochemische Industrie G. m. b. H., München (Erfinder: **Willy O. Herrmann,** Deisenhofen, und **Wolfram Haehnel,** München), *Crotonsäure* (**I**) erhält man durch Oxydation von Crotonaldehyd in Ggw. von Pyridin u./oder Pyridinderivv. von beliebigem Reinheitsgrad. Dieser Zusatz bewirkt, daß der Gang der Peroxyd- bzw. Persäurekonzentrationskurve um so flacher verläuft, je größer der Pyridinzusatz ist, wodurch außerdem die Oxydationsgeschwindigkeit geregelt werden kann. Erfolgt die Oxydation des Aldehyds ohne Zusatz, so hat die **I** den F. 70,2°, während der F. nach Zusatz von Reinpyridin 70,8° beträgt, außerdem enthält man im 1. Falle 6,5 g Destillatrückstand, im 2. dagegen nur 2,8 g. (**D. B. P. 870 846** Kl. 12o vom 20/2. 1951, ausg. 16/3. 1953.) Krauss. H 810

Shell Development Co., San Francisco, übert. von: **Bradford P. Geyer,** Berkeley, und **Seaver A. Blallard,** Orinda, Calif., V. St. A., *Diolefincarbonsäuren* erhält man durch Kondensation eines Ketens (Methyl-, Dimethyl-, Diäthyl-, Propyl-, Aryl-, Cycloalkylketen) mit einem α-Methylenalkanal (Methyl-, Äthyl-, Propyl-, Butyl-, Pentyl-, Cyclopentyl-, Cyclohexyl-, Phenäthyl-, Benzylacrolein, deren Analoge u. Homologe) in fl. Phase bei —40° bis +60° in Ggw. eines bas. Katalysators, bes. bei p_H 7—11 (Na-, K-, Li-, Rb-, Cs-, Ba-, Ca-, Sb-Acetat, -Propionat, -Butyrat, -Formiat, Na_2CO_3, bas. K-Phosphat, $CaCO_3$, BaO, Na-Benzoat, Na-Borat, K-Lactat, Di-Na-Tartrat, Li-Benzoat). Aus Acrolein u. Keten erhält man in Ae. in Ggw. von 0,1% Hydrochinon u. Na-Acetat bei —30° *2.4-Pentadiensäure,* $C_5H_6O_2$, F. 71°. — *3-Methyl-2.4-pentadiensäure.* — *3-Äthyl-2.4-pentadiensäure.* — *3-Cyclohexyl-2.4-pentadiensäure.* — *3-Isopropyl-2.4-pentadiensäure.* — *3-Phenäthyl-2.4-pentadiensäure.* — Zwischenprodukte. (**A. P. 2 515 595** vom 20/7. 1948, ausg. 18/7. 1950.) Krauss. H 820

Allied Chemical & Dye Corp., New York, N. Y. (Erfinder: **Harold Burroughs Foster,** Birmingham, Mich., und **Joyce Homer Crowell,** Pittsburgh, Pa.), V. St. A., *Maleinsäureanhydrid* (**I**) erhält man durch therm. Zers. von Maleinsäure (**II**) mittels eines Verdampfungsmittels (Heizfläche) bei über 150°, zweckmäßig 160—400°, bes. 180—350°, u. vorteilhaft bei 100—250 mm Hg, wobei eine augenblickliche Spaltung der **II** in Anhydrid- u. Wasserdampf erfolgt. Dieses Dampfgemisch wird dann fraktioniert kondensiert. — Eine 60%ig. wss. **II** gibt beim Aufspritzen auf eine auf 184—186° erhitzte

Metallfläche bei 115 mm Hg ein von II freies I. (**D. B. P. 869 949** Kl. 12o vom 9/1. 1938, ausg. 9/3. 1953. A. Prior. 13/1. 1937.) KRAUSS. H 820

Imperial Chemical Industries Ltd., London, England, *Äthylenbisglykolsäure* (II). Man gibt zur 68° warmen Mischung aus 315 (Teilen) 60%ig. HNO_3 u. 0,3 NH_4-Vanadat 0,5 Triäthylenglykol (I), rührt bis zum Nachlassen der exothermen Rk., setzt nochmals 74,5 I allmählich unter Rühren bei 67—73° innerhalb 2 Std. zu, rührt bei dieser Temp. noch 1 Std. nach, dest. HNO_3 u. W. ab, trennt die erhaltene Fl. von wenig V-Salz u. erhält durch Vakuumeindampfen u. Abkühlen auf 0° II. — *S-Benzylthiuroniumsalz*, F. 180°. (**E. P. 639 491** vom 12/3. 1948, ausg. 25/6. 1950.) MÜLLER-MEININGEN. H 820

General Mills, Inc., Minneapolis, Minn., V. St. A., übert. von: **Donald Theodore Warner** und **Owen Arnold Moe**, *Aldehyde* der allg. Formel AlkOOC.C(R)(R_1).CH_2.CHO (R = substituierte NH_2-Gruppe mit regenerierbarer freier NH_2-Gruppe, R_1 = CN, COOAlk, Alk = Alkyl mit 1—4 C-Atomen) erhält man durch Kondensation einer Verb. der allg. Formel (R)(R_1)CH·COOAlk mit einem Allylhalogenid in Ggw. eines alkal. Katalysators. Die ungesätt. Verb. AlkOOC·C(R)(R_1)·CH_2·CH=CH_2 wird dann mit Ozon behandelt u. das Ozonid zum Aldehyd reduziert. — Äthylacetamidomalonat wird in Na-Alkoholat mit Allylbromid erhitzt. Das erhaltene Äthyl-2-acetamido-2-carbäthoxypenten-(4)-oat wird in absol. A. bei 0—5° mit O_3 behandelt. Das Ozonid wird dann im Druckgefäß mit H_2 in Ggw. von Pd-Kohle zum *Aldehyd* red., aus A., F. 74,5—76°; *2.4-Dinitrophenylhydrazon*, F. 117—119°. — Äthylacetamidocyanacetat → *β-Acetamido-β-carbäthoxy-β-cyanpropionaldehyd*. Verwendung als Zwischenprodd. zur Synth. von Aminosäuren, bes. Lysin, Glutaminsäure, Ornithin u. Asparaginsäure. Aus den Phenylhydrazonen kann durch Ringschluß die α-Amino-α-(3-indolyl)-essigsäure erhalten werden. (**E. P. 658 413** vom 31/12. 1947, ausg. 10/10. 1951. A. Prior. 6/12. 1946.) KRAUSS. H 860

Shell Development Co., San Francisco, übert. von: **Vernon E. Haury**, Simi, Calif., V. St. A., *N-(2-Alkenyliden)-amine* der allg. Formel R—N=C(R')—C(R'')=C(R')—CH_2—R'' (R = KW-stoffrest mit höchstens einer olefin. Doppelbindung, R' u. R'' = H oder gesätt. KW-stoffreste) erhält man durch Kondensation eines Imins der Formel R—N=C(R')—CH_2—R'' mit sich selbst bei ca. 50—200°, zweckmäßig in Ggw. eines bas. oder sauren Katalysators (Alkalien, Amine, quaternäre Ammoniumbasen, HCl, H_2SO_4, H_3PO_4, Benzolsulfonsäure, $ZnCl_2$). — N-Propyliden-1.3-dimethylbutylamin u. ½% Trimethylbenzylammoniumhydroxyd werden 3 Std. erhitzt, wobei das sich als Nebenprod. bildende 1.3-Dimethylbutylamin laufend abdest. wird; man erhält *N-(2-Methyl-2-pentenyliden)-1.3-dimethylbutylamin*, $Kp._{100}$ 138—140°, das bei der Hydrolyse *α-Methyl-β-äthylacrolein*, Kp. 137—138°, liefert. — *N-(1.3-Dimethyl-2-butenyliden)-isopropylamin* → Mesityloxyd. — *Mesityloxydanil*, $Kp._{20}$ 128—130°. — *N-(4-Methyl-3-penten-2-yliden)-benzylamin*. — *N-(2-Butenyliden)-p-toluidin*. — *N-(2.3.6-Trimethyl-3-hepten-5-yliden)-cyclohexylamin*. — *N-(1.3-Diphenyl-2-buten-1-yliden)-isopropylamin*. — *N-(4-Methyl-3-penten-2-yliden)-allylamin*. — *N-(1.2.3.4-Tetraphenyl-2-buten-1-yliden)-butylamin*. (**A. P. 2 498 419** vom 19/12. 1947, ausg. 21/2. 1950.) KRAUSS. H 910

Monsanto Chemical Co., St. Louis, Mo., übert. von: **Earl W. Gluesenkamp**, Centerville, O., V. St. A., *Aromatische Dicarbonsäuren* der allg. Formel HOOC—R—COOH (R = Phenylen, Naphthylen, Diphenylen, Anthrylen), wie Phthal-, Terephthal-, Isophthalsäure, 4.4'-Diphenyldicarbonsäure, Naphthalindicarbonsäuren, erhält man durch Behandeln eines Arylendichlorids mit Mg u. Rk. des erhaltenen Arylen-bis-(MgCl) mit CO_2. Das Mg wird unter der Oberfläche eines Verdünnungsmittels zerschnitten, so daß stets frische Metalloberflächen vorhanden sind. — Aus 4.4'-Dichlordiphenyl in Äthylenglykoldiäthyläther durch Rk. mit Mg u. anschließendes Behandeln mit CO_2 Biphenyl-4.4'-dicarbonsäure. (**A. P. 2 508 022** vom 27/5. 1948, ausg. 16/5. 1950.) KRAUSS. H 1220

Dow Corning Ltd., London, England, *Organosiliciumester*. Durch Rk. von 1-p-Chlorphenoxy-2-propanol mit $(CH_3)_3SiCl$ (I) in pyridinhaltigem Toluol erhält man *(p)-ClC_6H_4·$OCH_2CH(CH_3)OSi(CH_3)_3$*; aus 2-(p-Chlorphenoxy)-äthanol u. I *2-(p-Chlorphenoxy)-äthoxytrimethylsilan*, $ClC_6H_4OCH_2CH_2OSi(CH_3)_3$, $Kp._{29}$ 166°; n_D^{25} 1,4928; $D.^{25}_4$ 1,061. — *o-Chlorphenoxyäthoxytrimethylsilan*, $Kp._{26}$ 158°; n_D^{25} 1,4928. — *Zwischenprodukte*. (**E. P. 688 818** vom 8/11. 1951, ausg. 11/3. 1953. A. Prior. 8/1. 1951.) BRÖSAMLE. H 1380

Sun Oil Co., Philadelphia, übert. von: **Herbert L. Johnson**, Media, und **Archibald P. Stuart**, Norwood, Pa., V. St. A., *Vinylcyclohexenhydrochloride* erhält man durch Behandlung von Vinylcyclohexen mit wss. HCl bei 15—120°, bes. 55—75°, wobei entweder 1 oder 2 Mol HCl aufgenommen werden (Tabelle). Man erhält aus 1-Vinylcyclohexen-(3) *1-Vinylcyclohexen-(3)-monohydrochlorid*, $Kp._{38}$ 85–87°; n_D^{20} 1,4796, u. *-dihydrochlorid*, $Kp._{38}$ 85–87°; n_D^{20} 1,4887–1,4964. – Verwendung als Weichmacher u. Zwischenprodukt. – Vorr., Zeichnung. (**A. P. 2 499 505** vom 20/11. 1945, ausg. 7/3. 1950.) Krauss. H 1810

Texas Co., New York, übert. von: **Rush F. McCleary**, Beacon, und **John A. Paterson**, Newburgh, N. Y., V. St. A., *3-Chlorthianaphthen* (I) erhält man kontinuierlich durch

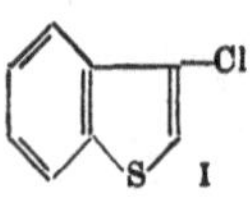

Chlorierung einer 20%ig. CCl_4-Lsg. von 1,75 (Mol) Thianaphthen (**II**) mit 1 Cl_2 mit einer Raumgeschwindigkeit von 1,0 Gewichtsteil **II** je Volumeneinheit des Reaktionsraums. – Reines **I** hat den $Kp._{10}$ 111–113°; n_D^{20} 1,6392; $D.^{20}$ 1,315. – *Pikrat*, F. 117,5–118°. – **I** + CH_3COOH + H_2O_2 → I-*Sulfon*, F. 166–168°. – Als Nebenprod. der Chlorierung entsteht *2.3-Dichlorthianaphthen*, $Kp._{10}$ 134–138°. (**A. P. 2 571 742** vom 12/5. 1948, ausg. 16/10. 1951.) Müller-Meiningen. H 3071

X. Färberei. Organische Farbstoffe.

Alfred Carpenter, *Das Färben von Mischfasermaterialien.* 3. Mitt. *Das Färben von Einheiten aus Acetatseide, Proteinfasern, „Rayolanda", Seide und Nylon.* (2. vgl. C. **1953.** 5741.) Betrachtung über die Färbeverff., Farbstoffe u. die Schwierigkeiten des Färbens von Mischungen aus: Wolle u. Acetatseide (Celafibre), Wolle u. regenerierten Proteinfasern (Ardil, Fibrolane, Vicara), Reyon u. regenerierten Proteinfasern, Wolle u. Rayolanda (animalisiertes Reyon), Rayolanda u. Cellulosefasern, Wolle u. Seide, Nylon u. Cellulosefasern, Nylon u. Acetatseide u. Nylon u. Seide. (Textile Recorder **70.** Nr. 840. 77–79. März 1953.) A. v. König. 7020

R. C. Cheetham, *Das Färben einer Mischung aus Wolle und Fibrolane für den Handstrickgarnhandel.* Fibrolane (I) (regenerierte Proteinfaser) wird durch Färben in Flotten im p_H-Bereich 2,0–3,0 oder 5,0–7,0 im Griff verschlechtert. Das beste p_H-Gebiet liegt zwischen 3,5 u. 5,0. Vf. empfiehlt daher, beim Färben von Gemischen aus **I** u. Wolle (**II**) durch Verwendung von Pufferlsgg. (Milch-, Ameisen- oder Essigsäure) einen p_H von 0,4 einzuhalten, da **I** hier am wenigsten quillt u. geschädigt wird. Ausziehkurven von Alizarine Brilliant Green G conc (LBH) an einem Gemisch 70% **II**, 30% **I** aus verschied. Flotten werden wiedergegeben: Ameisensäure, Essigsäure, Ammonacetat, Phosphatpuffer, Milchsäurepuffer, Acetatpuffer. (J. Soc. Dyers Colourists **69.** 76–83. März 1953. Manchester, Droylsden, Courtaulds Ltd.) Zahn. 7020

H. Schleicher, *Echte Schwarzfärbungen auf Woll–Zellwoll-Mischungen.* (Vgl. Faldik, C. **1953.** 1402.) Um echte Schwarzfärbungen auf Woll–Zellwoll-Materialien zu erzielen, gibt es verschied. Wege, je nachdem das Material bereits gemischt oder noch getrennt vorliegt. Im letzteren Fall, was zudem auch am geeignetsten ist, wird die Wolle zweckmäßig mit einer walkechten Chromschwarzmarke u. die Zellwolle mit einer Immedialschwarzmarke eingefärbt. Ist das Material aber bereits schon gemischt, so kann mit *Autozolchromschwarz R* in Verbindung mit Autozolchromsalz R in schwach saurem Bade gefärbt werden. Weiterhin kann man auch den Zellwollanteil mit *Sambesischwarz V* im neutralen Glaubersalzbad vorfärben, diazotieren u. entwickeln, auch *Immedialschwarz SR* unter Verwendung eines Wollschutzmittels ist geeignet, u. dann die Wolle mit Salicinschwarz HC konz. extra nachfärben. (Textil-Praxis **8.** 253–54. März 1953.) H. G. Fröhlich. 7020

—, *Die Anfärbung von Textilien aus Nylon.* Überblick über die geeigneten Farbstofftypen u. Färbeverff. zum Färben von *Nylon.* (Textile J. Australia **27.** 1258–1328. 20/1. 1953.) A. v. König. 7020

M. J. Reider, *Das Abziehen gefärbter hydrophober Fasern.* Behandelt wird das Abziehen von Farbstoffen von Textilien aus *Nylon, Acetat, Orlon, Dacron, Acrilan, Dynel, X–51* u. *Saran.* Bewertet wurden die Menge des abgezogenen Farbstoffs (handelsübliche Typen), Wrkg. des Abziehens auf das Wiederauffärben u. die Lichtechtheiten. Die Versuchsdaten sind in 9 teilweise sehr umfangreichen Tabellen wiedergegeben. Als beste Methoden werden empfohlen: Orlon Typ 41: 10% $NaClO_2$ (mit HNO_3 auf p_H 3–4 eingestellt) kochend; Orlon Typ 81: angesäuertes $NaClO_2$, 5%; Dacron: 2 Badverf. (saures Sulfoxylat + CH_2O sodann NaOCl oder $NaClO_2$; Dynel: $NaClO_2$ mit HNO_3 oder einer quartären Ammoniumverb.; Saran: $NaClO_2$ in Ggw. von HNO_3 oder Benzoesäure; Acrilan: Neutrales $NaClO_2$; Celluloseacetat: Große Voll. Seifenlsg.; Nylon: bei Dispersionsfarbstoffen u. gewöhnlichen sauren Farbstoffen große Voll. Seifenlsg. oder allg. 2 Badbehandlung mit Zn–Sulfoxylat + CH_2O, sodann $NaClO_2$; X–51: $NaClO_2$. (Amer. Dyestuff Reporter **42.** Nr. 7. P 190–205. 30/3. 1953.) Zahn. 7026

Imperial Paper and Color Corp., übert. von: **George F. Jones**, Glens Falls, N. Y., V. St. A., *Pigmentmischung zum Färben von Textilien.* Diese enthält ein dispergiertes Pigment (**I**), W. u. ein kation. Harz (**II**), das durch Rk. von 1 (Mol) Melamin mit 7½ CH_2O 1—4 Glycerin u. 1—3 eines Alkylolamins, z. B. Triäthanolamin, in der Wärme bis zur Bldg. einer klaren Lsg. entstanden ist. **II** wird dann angesäuert (p_H 0,5—2,0) u. neutralisiert. Der Geh. an **II** in der Mischung beträgt bei einem Geh. von 0,1 (%) **I** 1,4 u. bei 2,0 **I** 11,65. (**A. P. 2 614 086** vom 9/3. 1950, ausg. 14/10. 1952.) v. SCHILLER. 7021

Imperial Paper and Color Corp., übert. von: **George F. Jones**, Glens Falls, N. Y., V. St. A., *Pigmentpaste.* Sie enthält ein dispergiertes Pigment, ein kationakt. Harz (**I**) u. W. oder ein Verdickungsmittel. **I** wird durch Rk. von 1 (Mol) Melamin, mindestens 7½ CH_2O, 1—4 Glycerin u. 1—3 eines Alkylolamins, z. B. Tri- oder Diäthanolamin, in der Wärme erhalten. Wenn eine klare Lsg. vorliegt, wird angesäuert (p_H 0,5—2,0) u. dann neutralisiert. Die Paste ist zur Herst. von gefärbten Überzügen für *Textilien*, Papier, Leder u. dgl. in wss. Medium geeignet. (**A. P. 2 616 861** vom 9/3. 1950, ausg. 4/11. 1952.) v. SCHILLER. 7021

Dewey & Almy Chemical Co., Cambridge, Mass., V. St. A. (Erfinder: **W. C. Ross**), *Trocknen von bedruckten Textilfilzen.* Man trocknet durch Aufstreuen von absorbierenden Pulvern, bes. aus Talkum, Glimmer, Vermiculit, Infusorienerde, Fullererde, Kaolin oder Gemischen. (**Schwed. P. 136 008** vom 11/9. 1945, ausg. 10/6. 1952. A. Prior. 12/9. 1944.) JÜRGEN SCHMIDT. 7023

I. G. Farbenindustrie Akt.-Ges., Frankfurt/M. (Erfinder: **Siegfried Petersen**, Leverkusen), *Verbesserung der Echtheitseigenschaften von Direktfärbungen.* Man behandelt die gefärbte Ware mit wss. Lsgg. von wasserlösl. Kondensationserzeugnissen (**I**), die durch Rk. von Amino- oder Iminogruppen enthaltenden organ. Verbb. mit aliphat. Aldehyden in Ggw. von NH_4-Salzen oder von Salzen von Aminen in schwach saurer oder neutraler Lsg. in Anlehnung an D. R. P. 671 704 erhältlich sind, wobei die Anwendung der nach D. R. P. 751 174 (C. **1953.** 1724) angewandten **I** ausgenommen ist. (**D. R. P. 763 183** Kl. 8m vom 30/10. 1937, ausg. 17/11. 1952.) v. SCHILLER. 7029

Celanese Corp. of America, Del., V. St. A., übert. von: **John Wright**, Spondon, England, *Azofarbstoffe.* 4-Acetylamino-4'-amino-2'-methylazobenzol oder 4-Acetylamino-4'-amino-2'.5'-dimethylazobenzol (**I**) wird diazotiert u. mit p-Kresol oder **I** auch mit o-Kresol gekuppelt. Die Prodd. sind bes. zur Färbung von Spinnlsgg. von Celluloseestern u. Superpolyamidfasern in Goldorange bis Goldgelb geeignet. Ähnliche Farbstoffe erhält man, wenn die Ausgangsstoffe statt Acetylamino- andere Acylaminogruppen, sowie an den Benzolkernen Halogenatome oder Alkoxygruppen als Substituenten enthalten. (**A. P. 2 563 091** vom 25/6. 1942, ausg. 7/8. 1951. E. Prior. 22/7. 1941.) KALIX. 7055

Ciba Akt.-Ges., Basel, Schweiz (Erfinder: **Otto Kaiser**, Dornach, und **Raymond Gunst**, Basel), *Unsymmetrische Harnstoffderivate von Aminoazofarbstoffen* mit der allg. Formel $R_1—N_2—R_2—NH—CO—NH—R_3—N_2—R_4\langle{}^{COOH}_{OH}$ erhält man durch Einw. von Phosgen auf Monoazofarbstoffe der allg. Formel $R_1—N_2—R_2—NH_2$ u. $H_2N—R_3—N_2—R_4\langle{}^{COOH,}_{OH}$ wobei diese so gewählt werden, daß die Reaktionsprodd. mindestens 2 SO_3H-Gruppen enthalten. Hierbei bedeuten: R_1 einen SO_3H-haltigen, von auxochromen Gruppen freien, mit N_2 in α-Stellung verbundenen Naphthalinrest, $R_2—NH—$ den Rest eines in p-Stellung zu NH_2 gekuppelten Amins u. $HN—R_3—N_2—R_4\langle{}^{COOH}_{OH}$ den Rest einer 4-Amino-4'-oxy-1.1'-azobenzol-3'-carbonsäure, die gegebenenfalls durch Cl-Atome, Alkyl- u. SO_3H-Gruppen substituiert sein kann. Die Reaktionsprodd. eignen sich zum *Färben* u. *Bedrucken von Geweben* aus natürlicher u. regenerierter Cellulose mit gelben bis orangegelben Tönen, von denen sich die meisten gut weiß ätzen lassen. — Beispiel: 45,1 (Teile) des Aminoazofarbstoffs aus 1-Aminonaphthalin-3.6-disulfonsäure u. 1-Amino-2-methoxy-5-methylbenzol werden mit 25,7 4-Amino-4'-oxy-1.1'-azobenzol-3'-carbonsäure in 4000 W. + Na_2CO_3 bis zur alkal. Rk. gelöst u. bei 30—35° solange Phosgen eingeleitet, bis keine NH_2-Gruppe mehr nachweisbar ist. Rotbraunes, wasserlösl. Pulver, das Baumwolle orangegelb färbt. (**D. B. P. 845 085** Kl. 22a vom 22/2. 1945, ausg. 28/7. 1952. Schwz. Priorr. 11/9. 1946 u. 19/6. 1947.) KALIX. 7053

Ciba Akt.-Ges., Basel, Schweiz, *Monoazofarbstoffe.* 1-Oxynaphthyl-(4)-γ-ketobuttersäure wird mit 2-Amino-1-oxybenzol-4.6-disulfonsäure oder mit 2-Amino-1-oxybenzol-4-sulfonsäureamid oder mit 5-Nitro-2-amino-1-oxybenzol in Na_2CO_3-Lsg. gekuppelt.

Die Prodd. färben Wolle aus saurem Bade bordeauxrot, durch Nachchromieren u. Nachkupfern wurden die Töne rot-, braun- u. reinviolett. (**Schwz. PP. 279 175** vom 17/3. 1950, ausg. 17/3. 1952, **279 176** vom 19/5. 1949, ausg. 17/3. 1952 u. **279 177** vom 19/9. 1949, ausg. 1/3. 1952. **Zusätze zu Schwz. P. 274 849; C. 1952. 6609.**) Kalix. 7053

Ciba Akt.-Ges., Basel, Schweiz, *Azofarbstoff.* Der Leukoschwefelsäureester der Verb. I wird mit Alkalinitrit u. einer organ. Säure diazotiert, die Diazoverb. isoliert u. in Alkalicarbonat oder -hydroxydlsg. mit 1-(2'-Oxy-3'-naphthoylamino)-2-methoxybenzol gekuppelt. Dunkles, wasserlösl. Pulver, das auf Baumwolle gedruckt u. mit $NaNO_2$ + verd. H_2SO_4 entwickelt satte Bordeauxtöne von hoher Chlor-, Koch- u. Lichtechtheit ergibt. (**Schwz. P. 283 426** vom 23/12. 1949, ausg. 1/10. 1952.) Kalix. 7053

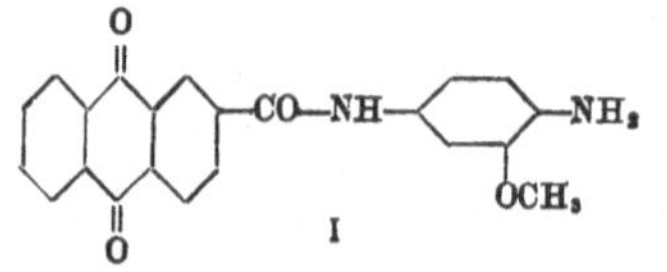

I

Sandoz Akt.-Ges., Basel, Schweiz, *Kobalthaltige Disazofarbstoffe.* Die Diazoverbb. aus 1 (Mol) 2-Amino-1-oxybenzol-4-sulfonsäure oder 1 4-Nitro-2-amino-1-oxybenzol-6-sulfonsäure werden mit 1 1-Amino-8-oxynaphthalin-3.6-disulfonsäure gekuppelt, die so erhaltenen Aminoazofarbstoffe diazotiert u. mit 1 2-Oxynaphthalin-6-sulfonsäure weitergekuppelt. Die erhaltenen Disazofarbstoffe werden mehrere Std. mit $CoSO_4$ u. Na-Acetat auf 90—95° erwärmt. Die Reaktionsprodd. färben Leder echt grau. (**Schwz. PP. 278 474** u. **278 475**, beide vom 14/4. 1949, ausg. 16/2. 1952. **Zusätze zu Schwz. P. 274 242; C. 1952. 5981.**) Kalix. 7055

Sandoz Akt.-Ges., Basel, Schweiz, *Trisazofarbstoffe.* 1 (Mol) 5,5'-Dioxy-2.2'-dinaphthylamin-7.7'-disulfonsäure (**I**), 1 tetrazotiertes 3.3'-Dimethoxy-4.4'-diaminodiphenyl (**II**), 1 1-Oxynaphthalin-3.8-disulfonsäure (**III**) u. 1 diazotiertes 4-Nitro-2-amino-1-oxybenzol (**IV**) läßt man derart miteinander reagieren, daß **II** einerseits in 2-Stellung von **III** u. andererseits in 6-Stellung von **I** u. **IV** in 6'-Stellung von **I** eingreifen. Das Reaktionsprod. wird mit Cu-abgebenden Mitteln behandelt; es färbt Baumwolle u. regenerierte Cellulose mit guter Licht- u. Waschechtheit lebhaft blau. Ähnliche Farbstoffe erhält man durch die analogen Rkk. zwischen **I, II**, 1-Oxynaphthalin-3.6-disulfosäure u. **IV**-6-Sulfosäure, ferner aus **I, II, III** u. 6-Nitro-4-chlor-2-amino-1-oxybenzol; ferner aus **I, II**, 1-Oxynaphthalin-3.6.8-trisulfosäure u. 4-Methoxy-2-aminobenzoesäure u. schließlich aus **I, II, III** u. 5-Nitro-2-aminobenzoesäure. (**Schwz. PP. 28 733, 280 736, 280 737, 280 738** u. **280 739** alle vom 15/8. 1949, ausg. 1/10. 1952. **Zusätze zu Schwz. P. 277 659; C. 1952. 7895.**) Kalix. 7055

Sandoz Akt.-Ges., Basel, Schweiz, *Polyazofarbstoff.* 1 (Mol) diazotierte 4'-Amino-2'-methyl-4-oxy-5-carboxy-1.1'-azobenzol-3-sulfonsäure wird mit 1 1-Amino-2-methoxy-5-methylbenzol gekuppelt, das erhaltene Zwischenprod. diazotiert, das Reaktionsprod. mit 1 der Cu-Komplexverb. des Monoazofarbstoffs I gekuppelt u. das Reaktionsprod. durch entmethylierende Kupferung in die Di-Cu-Komplexverb. übergeführt. (**Schwz. P. 284 077** vom 21/6. 1950, ausg. 17/11. 1952.) Kalix. 7055

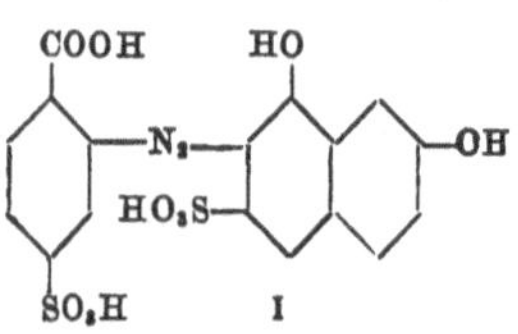

I

Durand & Huguenin Akt.-Ges., Basel, Schweiz (Erfinder: **W. Oppliger, K. Glenz** und **H. Schenkel**), *Herstellung von wasserlöslichen Leukoschwefelsäureestersalzen von schwer veresterbaren Küpenfarbstoffen der Anthrachinonreihe.* Man setzt Küpenfarbstoffe in Ggw. von feinverteiltem Cu mit $ClSO_3H$ bzw. einem äquivalenten Gemisch aus SO_3 u. HCl, in einer Mischung aus α-Picolin u. Diäthylcyclohexylamin um, die 10—60%, bis 15—35%, Diäthylcyclohexamin enthält. Als Küpenfarbstoffe sind bes. genannt 1.5-Dibenzoylaminoanthrachinon; 1.5-Di-[4'-chlorbenzoylamino]-anthrachinon; carbazoliertes Di-[5'-benzoylamino-1'-anthrachinoyl]-2.8-diaminochrysen u. carbazoliertes 8'.8''-Dibenzoylamino-1.4.1'.1''-trianthrimid. (**Schwed. P. 135 924** vom 1/3. 1951, ausg. 3/6. 1952. Schwz. Priorr. 1/3. 1950 u. 31/1. 1951.) Jürgen Schmidt. 7059

Sandoz Akt.-Ges., Basel, Schweiz, *Walkfarbstoffe der Anthrachinonreihe.* 4-Isooctyl-1-oxybenzol (**I**) wird in Ggw. eines säurebindenden Mittels in Nitrobenzol mit 1-Amino-2-brom-4-(2'.4'.6'-trimethylphenylamino)-anthrachinon (**II**) auf 150° erhitzt u. die erhaltene Farbstoffbase sulfoniert. Ähnliche Farbstoffe erhält man durch Zusammenschmelzen von **I** mit KOH u. **II**-2-sulfonsaurem Na oder von **I** mit wasserfreiem K-Acetat u. 1-Amino-4-(2'.6'-dimethylphenylamino)-anthrachinon-2-sulfonsäure. Violette, wasserlösl. Pulver, die Wolle aus schwach saurem Bade violett färben. (**Schwz. PP. 279 178** u. **279 179** vom 3/6. 1949, ausg. 16/2. 1952 u. **279 182** vom 3/6. 1949, ausg. 1/3. 1952. **Zusätze zu Schwz. P. 274 524; C. 1952. 6442.**) Kalix. 7059

Badische Anilin- & Soda-Fabrik, Ludwigshafen/Rh. (Erfinder: **Arnold Tatter,** Lambsheim), *Wasserlösliche Farbstoffe der Phthalocyaninreihe,* die auf Textilien, wie Baumwolle, Wolle oder Acetatkunstseide gut wasch- u. lichtechte Färbungen ergeben, erhält man durch Umsetzen von wasserunlösl. Phthalocyaninen, die ein- oder mehrmals über eine S-Brücke eine Carboxyl- oder Thiocarboxylgruppe oder einen diesen Gruppen entsprechenden fraktionellen Abkömmling gebunden enthalten, mit Schwefelsäure- oder Sulfonsäureestern. Die Ausgangsprodd. können z. B. erhalten werden, wenn man diazotierte Aminophthalocyanine mit Xanthogenaten oder Rhodansalzen umsetzt oder wenn man halogenhaltige Phthalocyanine mit Salzen von Verbb. der allg. Formel HS—X, worin X eine Carboxyl- oder Thiocarboxylgruppe oder einen diesen Gruppen entsprechenden funktionellen Abkömmling bedeutet, umsetzt. — Wasserlösl. Farbstoffe können erhalten werden aus: Tetra-(thiocyanatomethyl)-kupferphthalocyanin (**I**) u. Dimethylsulfat (**II**); **I** u. Diäthylsulfat (**III**); Tri-(butylxanthogenatomethyl)-kobaltphthalocyanin u. **II**; Tri-(N.N-cyclotetramethylendithiocarbamidomethyl)-kupferphthalocyanin (**IV**) u. p-Toluolsulfonsäuremethylester; Tetra-(äthylxanthogenato)-kupferphthalocyanin u. **II** oder **III**; **IV** u. **II**; ein Gemisch von Tri- u. Tetra-(N.N-dibutyl- oder N-butyldithiocarbamidomethyl)-kupferphthalocyanin oder Tri-(N.N-dimethyl- bzw. diäthyldithiocarbamidomethyl)-kobaltphthalocyanin u. **II** oder **III**. (**D. B. P. 862 817** Kl. 22c vom 23/9. 1950, ausg. 12/1. 1953.) ROICK. 7073

XIa. Farben. Anstriche. Lacke. Naturharze.

W. H. Coates, *Herstellung von Titanpigmenten.* Die Herst. von TiO_2-Pigmenten nach dem H_2SO_4-Verf. umfaßt 8 Operationen: Trocknen u. Mahlen des Ilmenits, Digerieren mit H_2SO_4, Klärung der rohen Ti-Lsg., Konditionierung u. Hydrolyse der Lsg., Abtrennung des Nd. von der Mutterlauge, Calcinierung u. Feinmahlung. Beschreibung der einzelnen Operationen mit Abbildungen u. Skizzen. — Patent- u. Literaturhinweise. Diskussion. (Proc. chem. Engng. Group Soc. chem. Ind. **32.** 13—25. 1950.) SCHEIFELE. 7092

Bernhard Cyriax, *Die Reppe-Chemie und ihr Einfluß auf dem Gebiet der Lackrohstoffe.* Vortrag. (Off. Digest Federat. Paint Varnish Product. Clubs **1952.** 479—90. Juli. Ludwigshafen, BASF.) WINIKER. 7096

Oliver Grummitt und **Dean Marsh,** *Wahlweise Methoden zur Dehydratisierung von Ricinusöl.* Unter Auswertung des umfangreichen Schrifttums werden folgende 3 Verff. zur Dehydratisierung von Ricinusöl (**I**) (Herst. trocknender Prodd.) studiert. V e r f. 1. Durch Erhitzen von Maleinsäureanhydrid mit Leinöl oder einem anderen nichtkonjugierten Öl auf 200° wird ein Addukt hergestellt (vgl. A. P. 2 188 882—890, C. **1940.** II. 563, 830, 1081), das in entsprechender Menge dem **I** zugesetzt beim Erhitzen auf 275 bis 300° die Wasserabspaltung unter Bldg. von 2 konjugierten Doppelbindungen wirksam begünstigt; analyt. Kennzeichnung der Präpp., die maximal 18% konjugiertes Dien enthalten. Betrachtungen über den mutmaßlichen Reaktionsmechanismus. Addukte mit Fumarsäure sind weniger wirksam als diejenigen mit Maleinsäureanhydrid. V e r f. 2. Unter Anknüpfung an die Arbeitsweise nach SCHEIBER (C. **1949.** II. 1138) werden Verss. über die Dehydratisierung der Fettsäuren von **I** in Ggw. von 10 Gew.-% Tonerde unter Erhitzen auf 225° (3,5 Std., Stickstoffstrom) ausgeführt. Nach der Dest. (Vakuum 1 mm Druck) fallen in einer Ausbeute von 80% Fettsäuren an, die 60% konjugierte Octadecadiensäure enthalten. Betrachtungen über den wahrscheinlichen Reaktionschemismus der Konjugierung. Diese konjugierten Säuren liefern nach der Veresterung mit Glycerin (p-Toluolsulfonsäure als Katalysator) ein sehr rasch zu einem nichtklebenden Film trocknendes Präp., das den üblichen dehydratisierten Ricinusölprodd. des Handels überlegen ist. Bei den beiden Verff. wird angenommen, daß die Dehydratisierung auf dem Weg über die Aufspaltung von Estern der Hydroxylgruppe der Ricinolsäure erfolgt. V e r f. 3. Verss. mit Kationenaustauschharzen (DOW CHEMICAL's *Dowex 50* u. *Amberlite JR 120*) als Katalysatoren (5%; Erhitzen auf 225°, Stickstoffstrom) lehren, daß auf diese Weise die Dehydratisierung begünstigt wird, die Prodd. fallen aber hinsichtlich Farbe u. Filmeigg. ab. (J. Amer. Oil Chemists' Soc. **30.** 21—25. Jan. 1953. Cleveland, O., Western Reserve Univ., Sherwin-Williams Labor.) TÄUFEL. 7096

James R. Scheibli und **Hans Dannenberg,** *Bei Raumtemperatur trocknende Anstriche auf „Epon"-Basis.* Säurekatalysierte Anstriche auf *Epon*-Basis trocknen bes. rasch u. liefern Überzüge mit guten physikal. Eigg. u. guter Beständigkeit gegen Chemikalien u. Bewitterung. Aminkatalysierte Anstriche sind bes. widerstandsfähig gegen Chemikalien u. Lösungsmittel. Das Auftragen der Anstriche erfolgt in gewissen Fällen mit einer bes. konstruierten Spritzpistole, die beschrieben wird. — Rahmenrezepte.

(Off. Digest Federat. Paint Varnish Product. Clubs **1952.** 491—503. Juli. Emeryville, Calif., Shell Development Co.) WINIKER. 7106

Pierre Sutter, *Kann die Anwendung des Viscositätsbechers verbessert werden?* Zur genaueren Best. der Gesamtausflußzeit bei Becher No. 4 wurde folgende Gleichung empir. entwickelt: $T_t = T_{90} + (T_{90} - T_{80}) + {}^2/_3 (T_{30} - T_{20})$, wo T_t = Gesamtausflußzeit, T_{20}, T_{30}, T_{80}, T_{90} = die entsprechenden Ausflußzeiten der ersten 20, 30, 80 u. 90 cm^3 sind. (Peintures, Pigments, Vernis **28.** 862—64. Dez. 1952. Union techn. de l'automobile et du Cycle.) • SCHEIFELE. 7158

Imperial Chemical Industries Ltd., übert. von: **Peter James Atkins** und **John Buttery Pesl,** Blackley, England, *Gewinnung roter Eisenoxydpigmente.* Man stellt sich eine wss., alkal. Suspension aus $FeCO_3$, $MgCO_3$ u. $Al_2(CO_3)_3$ her, worin auf 100 (Teile) Fe 0,1—7,0 Mg u. bis zu 4 Al kommen, u. erhitzt auf 60—95° unter Durchleiten von Luft. (**A. P. 2 618 532** vom 6/12. 1948, ausg. 18/11. 1952. E. Prior. 15/12. 1947.) NEBELSIEK. 7093

General Electric Co., New York, übert. von: **Herman C. Froelich,** Cleveland Heights, O., V. St. A., *Herstellung eines Leuchtstoffes.* $BaCO_3$ u. SiO_2 werden unter Zusatz von PbO als Aktivator mit BaF_2 gemischt u. ca. 2 Std. auf 1000—1200° erhitzt. Dann setzt man dem erhaltenen Prod. ein Chlorid des Ba, Ca, Sr, Mg, Al oder Zn oder NH_4Cl zu u. erhitzt nochmals 1 Std. auf 1000—1200°. (**A. P. 2 597 631** vom 22/3. 1950, ausg. 20/5. 1952.) NEBELSIEK. 7093

Radio Corp. of America, Del., Ill., übert. von: **Simon Larach,** New Brunswick, N. J., V. St. A., *Leuchtstoff,* bestehend aus Mn-aktiviertem Ba–Zn-Silicat, worin das Verhältnis BaO : ZnO : SiO_2 = 1 : 1 : 2 bzw. 0,3 : 1 : 2 ist, u. Mn ca. 0,1—2 Gew.-% ausmacht. (**A. P. 2 601 032** vom 26/4. 1951, ausg. 17/6. 1952.) NEBELSIEK. 7093

Thermoid Chemical Co., New York, N. Y., übert. von: **Laszlo Auer,** N. J., V. St. A., *Modifiziertes fettes Öl für Anstrichzwecke.* Ein trocknendes oder halbtrocknendes Öl wird mit einem Anthracenderiv. oder einem substituierten Anthrachinon modifiziert. Die verwendeten Mengen betragen 10 (Teile) auf 100 Öl. (**Can. P. 483 981** vom 16/9. 1942, ausg. 10/6. 1952.) HEYNE. 7097

Paul Mahler, New York, N. Y., V. St. A., *Herstellung von Bindemitteln.* Natürliches oder synthet. Tallöl wird in Ggw. von Mineralterpentin u. Glykol, z. B. Äthylhexandiol, als Lösungsvermittler für die entstehende Seife bei 50—75° mit 50—100% der theoret. notwendigen Menge Kalkmilch neutralisiert. Man erhält ein filmbildendes Prod., das in der *Anstrichtechnik* Verwendung findet. (**A. P. 2 616 814** vom 30/9. 1949, ausg. 4/11. 1952.) LÜTTGEN. 7097

E. I. du Pont de Nemours & Co., Wilmington, Del., übert. von: **Robert Tyler Hucks,** South River, N. J., V. St. A., *Nichtflockender und nichtstreifenziehender Nitrocelluloselack,* der neben dem Lösungsm. ein Phthalocyaninpigment u. wenigstens 0,2, zweckmäßig ca. 0,5 (%) Äthylcellulose (**I**) (vorteilhaft mit einem Äthoxylgeh. von ca. 43—45 u. einer Viscosität von ca. 50 cP) enthält. **I** kann durch Methylcellulose oder Dynamitnitrocellulose ersetzt sein. (**A. P. 2 602 756** vom 23/9. 1948, ausg. 8/7. 1952. **E. P. 670 190** vom 17/5. 1949, ausg. 16/4. 1952. A. Prior. 23/9. 1948.) GRÄGER. 7107

New Wrinkle, Inc., Dayton, O., V. St. A. (Erfinder: **W. A. Waldie**), *Verfeinern der texturbildenden Eigenschaften von gefärbten, runzelig auftrocknenden Überzugsmischungen.* Die Lacke müssen frei von geblasenen Ölen sein, u. öllösl. Harze, unter Runzelbldg. trocknende Öle, verdickte, pflanzliche Öle u. ein Lösungsm. enthalten. Die pastenförmige Mischung wird mit einem nichtfärbenden Füllmittel, das in Öl- oder Harzfirnis verteilt ist, u. einem oder mehreren Stoffen der Reihe Asbest, $MgCO_3$, Diatomeenerde u. Kaolin versetzt. (**Schwed. P. 135 770** vom 15/8. 1939, ausg. 20/5. 1952. A. Prior. 3/5. 1939.) JÜRGEN SCHMIDT. 7107

Nox-Rust Chemical Corp., Chicago, Ill., übert. von: **Edward J. Schwoegler,** Hammond, Ind., V. St. A., *Abziehbare Schutzschicht* gegen atmosphär. Korrosion u. mechan. Beschädigungen, z. B. für Verpackungszwecke. Der zu schützende metall. Körper, welcher mit einem inerten Pulver, wie z. B. Talk, Kreide oder dgl., eingepudert sein kann, wird mit einer dünnen Schicht eines schwach haftenden, weichgestellten Kunststoffes, z. B. aus der Gruppe der Polyvinyle, -styrole, -acrylate usw., mit Hilfe des Spritzverf. überzogen. Darauf wird eine 2., dickere, festhaftende Schicht aus Asphalt, mit oder ohne Füllstoffe, aufgebracht. (**A. P. 2 615 820** vom 1/3. 1949, ausg. 28/10. 1952.) LAASS. 7107

Armstrong Cork Co., Lancaster, Pa., V. St. A., *Kunstharzdispersion,* geeignet als Fußboden- oder Wandüberzug. — Beispiel: 410 (Gewichtsteile) Polyvinylchloridacetat, 136 Dioctylphthalat, 80 TiO_2, 16 $PbCrO_4$ u. 110 PAe. werden mit 13,8 butyliertem Harnstoffharz, gelöst in Butanol–Xylol zur Herabsetzung der Viscosität, versetzt. (**E. P. 682 702** vom 6/3. 1950, ausg. 12/11. 1952. A. Prior. 10/3. 1949.) SALZMANN. 7107

Chemische Werke Hüls G. m. b. H. (Erfinder: **Richard Hilpert** und **Nikolaus Roh**), Marl, *Abdeckpasten* aus Cellulosederivv. zum Schutze von Gegenständen gegen Korrosion u. Rost enthalten zusätzlich Weichmachungsmittel u. fl. Arylalkane mit mindestens 7 C-Atomen in der Kette; letztere werden aus chlorierten paraffin. oder cycloparaffin. höhermol. KW-stoffen oder Bzl., Naphthalin oder deren Homologen durch FRIEDEL-CRAFTsche Synth. gewonnen. (**D. B. P. 872 262** Kl. 39b vom 24/5. 1951, ausg. 30/3. 1953.) SALZMANN. 7107

Dr. Schaerer Akt.-Ges., Zürich, Schweiz, *Herstellung korrosionsbeständiger und isolierender Überzüge aus thermoplastischen Kunststoffen.* Der Überzug erfolgt durch Flammenspritzen in der Weise, daß die Mischung aus Brenngas u. Spritzgut erst nach dem Verlassen des Mischgerätes mit O_2 bzw. Luft gemischt wird. Hierdurch werden zu hohe Tempp. an der Spitze des Flammenkegels vermieden. — Zeichnung. (**Schwz. P. 285 554** vom 26/10. 1950, ausg. 5/1. 1953. D. Prior. 14/8. 1950.) LÜTTGEN. 7107

Kittelberger & Co., Kaiserslautern, *Herstellung von farbigen Überzügen und Musterungen auf Flächen.* Farbige Anstriche, z. B. auf Wänden oder Fußböden, welche Farbpigmente, z. B. Fe- oder Cr-Oxydfarben, enthalten, werden nach dem Auftrocknen mit Lsgg. von Salzen, Basen oder Säuren, wie Oxal- oder Phosphorsäure, behandelt, wobei andersgefärbte Verbindungen entstehen. — Der 1. Anstrich kann auch farblos sein u. enthält dann Säuren usw., die mit den nach dem Trocknen mustergerecht aufgebrachten Lsgg. farbige Verbindungen eingehen, z. B. entsteht aus $K_2Cr_2O_7$- u. Pb-Acetatzusätzen eine gelbe Musterung. — Man kann dem 1. Anstrich auch Komponenten von organ. Farbstoffen einmischen, die mit der später aufgebrachten Lsg., welche die andere Komponente enthält, die Farbstoffe bilden, z. B. Azofarbstoffe. (**D. B. P. 866 624** Kl. 75c vom 19/10. 1950, ausg. 12/2. 1953.) LAASS. 7107

E. I. du Pont de Nemours & Co., Wilmington, Del., übert. von: **Ralph E. Pike**, Media, Pa., V. St. A., *Komplementärfarbenmischung für metallisch aussehende halbdurchsichtige Lacke*, bestehend aus einem Pigmentfarbstoff (I) von koll. wasserhaltigem Fe_2O_3 oder $Cr(OH)_4$ u. einem hierzu komplementären **I**, wie Phthalocyaninblau oder -grün, Thioindigoküpenfarbstoff oder Dichlorisodibenzanthron auf Ba-Resinat, u. zwar in solchen Mengen, daß eine graue Farbmischung entstanden ist, der ein farbkräftiges Pigment von der gewünschten Tönung u. feinstverteiltes Al in Plättchenform zugesetzt wird. Als Träger ist jedes filmbildende Anstrichmittel geeignet. (**A. P. 2 604 414** vom 30/9. 1948, ausg. 22/7. 1952. **E. P. 676 696** vom 17/5. 1949, ausg. 30/7. 1950. A. Prior. 30/9. 1948.) GRÄGER. 7107

S. **Martin**, Chimica pratica delle resine sintetiche per vernici. Milano, Hoepli. 1953. (VIII + 264 S. m. 13 Abb., 5 Diagr., 11 Tab. u. 5 Taf.) L. 1000,—.

XIb. Plaste (Kunstharze. Plastische Massen).

W. Reppe, *Die Bedeutung der Acetylenchemie für die Industrie der Kunststoffe im Vergleich mit anderen Grundstoffindustrien.* (Chem. Techn. **4.** 424—28. Sept. 1952. Ludwigshafen/Rh. — C. **1952.** 4539.) WINIKER. 7170

Jose F. Caravera, *Die Polyvinylchloride als elektrische Isolierungen.* Es wird berichtet über die elektr. Eigg. der Polyvinylchloride, Wahl der geeigneten Polymerisate u. Weichmacher u. den Anwendungsbereich, der sich auf Spannungen unter 1000 V u. niedrigere Frequenzen erstreckt. (Rev. Plásticos **3.** 356—62. Nov./Dez. 1952.) SCHEIFELE. 7172

K. Thinius, *Einiges zum System Eukolloid und Weichmacher.* Zunächst werden die Methoden zur Bewertung der Weichmacherwirksamkeit (krit. Lösetemp., Viscosität der Weichmacher/Polymerisat-Mischungen, Best. der Weichmacherverträglichkeit) erörtert. Vf. versucht dann für Polyvinylchlorid (**I**)-Weichmachersysteme aus der Mol.-Länge einer organ. Verb. ihre Brauchbarkeit als Weichmacher vorauszusagen. Ferner wird über die gemeinsame Verarbeitung von lösenden u. nichtlösenden Weichmachern mit **I** u. über systemat. Unterss. über die Weichmacherwanderung berichtet. (Chem. Techn. **4.** 471—76. Okt. 1952. Magdeburg.) SCHÄFF. 7172

J. Hausen, *Erfahrungen im Bau von Kühl- und Gefrierräumen mit Polystyrolschaumstoffen.* (Kunststoffe **43.** 249—50. Juni 1953.) WINIKER. 7172

—, *Ursachen und Abhilfe von Fehlerquellen beim Verspritzen von Polystyrol.* (Kunststoffe **43.** 247—48. Juni 1953.) WINIKER. 7172

H. Hasselbach, *Silicone (Polysiloxane).* Überblick über Entw., Chemie, Eigg. u. Anwendungen. (Ingeniøren **61.** 639—44. 18/10. 1952.) R. K. MÜLLER. 7183

G. Büttner und **R. Lissmann,** *Neues Prüfverfahren für den Aushärtungsgrad von Kunstharzpreßstoffen.* Quadrat. Plättchen der Größe 10×10 mm u. der Dicke 1,5 mm werden auf eine Metallunterlage mit kreisrunder Öffnung (Durchmesser 4,5 oder 7 mm) aufgelegt u. dann unter Aufheizung auf z. B. 180° auf der der Metallunterlage abgewandten Seite einem Flüssigkeitsdruck (z. B. 10 bzw. 30 kg/cm²) ausgesetzt. Je nach dem Härtungszustand tritt eine mehr oder minder starke Verformung auf, welche mit einem Mikrometer gemessen wird. Vgl. mit der Meth. nach VICAT u. dem Verf. der Best. der acetonunlösl. Anteile. Die Meth. ist erheblich empfindlicher als die nach VICAT, hat jedoch wie alle auf der Thermoplastizität beruhenden Methoden zur Best. des Aushärtungsgrades den Mangel, nur relative Vgll. zuzulassen. — Schemat. Darst. der Apparatur. (Kunststoffe **43.** 226—31. Juni 1953. Porz.) WINIKER. 7210

C. G. Evans und **H. Warburton Hall,** *Die mechanischen Eigenschaften von Kunststoffen. Die Deutung mechanischer Prüfungen bei Kunststoffen.* Beschreibung einfacher mechan. Prüfungen an Kunststoffen (Polyesterharz- u. Phenolformaldehydharzverbunde mit Glasgewebe u. ähnlichem) u. Erörterung der Befunde u. deren Auswertung für techn. Probleme. (Chem. and. Ind. **1953.** 229—34. 14/3. London, Ministry of Supply.) SCHÄFF. 7210

C. M. Frhr. v. Meysenburg, *Bestimmung der Wärmeformbeständigkeit von Kunststoffen nach dem Martens-Verfahren.* Krit. Unters. des MARTENS-Verf. u. Vgl. des ihm zugrunde liegenden Prinzips mit dem der entsprechenden amerikan., engl. u. französ. Verfahren. Beschreibung eines Prüfgeräts u. der Ergebnisse größerer Meßreihen mit verschied. Probenformen. (Kunststoffe **43.** 214—20. Juni 1953. Darmstadt, Staatl. Materialprüfungsanst., Kunststoffprüfstelle.) WINIKER. 7210

Imperial Chemical Industries Ltd., London, England, *Stabilisieren von Kunststoffen mittels Chelatverbindungen,* dad. gek., daß dem Kunststoff eine Chelatverb. des Cu oder Ni mit einer aromat. o-Oxyazoverb. bis zu 10 Gew.-% des Kunststoffes zugesetzt wird; man nimmt z. B. Cu- oder Ni-bis-(benzolazo-p-kresol). Als Kunststoffe sind Polystyrol, -vinylchlorid, -äthylen, Superpolyamid genannt. (**Oe. P. 173 557** vom 21/9. 1951, ausg. 10/1. 1953. E. Prior. 22/9. 1950.) PANKOW. 7171

Cassella Farbwerke Mainkur (Erfinder: **Wilhelm Kunze** und **Werner Zerweck**), Frankfurt/M., *Weichmachungsmittel* für thermoplast. hochmol. Verbb., bestehend aus den Carbaminsäureestern der Formel $R_1(R_2)N-CO-O-CH_2-CH_2-OR_3$, worin R_1 Aryl, Aralkyl, Cycloalkyl, Alkyl mit mindestens 3 C-Atomen, R_2 H oder Alkyl, R_3 Aryl oder Alkyl einschließlich Aralkyl u. Cycloalkyl bedeuten. — Beispiel: *Phenylmethylcarbaminsäure-β-phenoxyäthylester.* (**D. B. P. 879 464** Kl. 39b vom 2/12. 1944, ausg. 15/6. 1953.) SALZMANN. 7171

Deutsche Hydrierwerke Akt.-Ges., Düsseldorf, *Lösungs-, Quellungs- und Weichmachungsmittel* für natürliche u. künstliche *Harze,* Cellulosederivv. u. Polymerisationsprodd., bestehend aus den Rückständen, die beim Abdestillieren von Hexahydrobenzylalkohol, seinen Homologen oder Analogen, die durch Einw. von CO u. H_2 auf einfach ungesätt. alicycl. KW-stoffe erhalten worden sind, verbleiben. (**D. B. P. 875 720** Kl. 39b vom 7/2. 1943, ausg. 7/5. 1953.) SALZMANN. 7171

Deutsche Hydrierwerke Akt.-Ges., Düsseldorf, *Lösungs- und Weichmachungsmittel* für Cellulosederivv., natürliche u. künstliche Harze sowie andere hochpolymere Verbb., bestehend aus den bei der Oxydation von Paraffin-KW-stoffen, Wachsen u. anderen hochmol. nichtaromat. Verbb. mit O_2 oder O_2-haltigen Gasen abdestillierenden neutralen Reaktionsprodd. oder deren Hydrierungs- bzw. Veresterungsprodukten. (**D. B. P. 878 850** Kl. 39b vom 17/7. 1941, ausg. 8/6. 1953.) SALZMANN. 7171

Deutsche Hydrierwerke Akt.-Ges., Düsseldorf, *Lösungs- und Weichmachungsmittel* für Celluloseester, Pheno- u. Aminoplaste, Polyvinylverbb. sowie Polyamide, bestehend aus den Estern der γ-Butyrolacton-β-propionsäure, z. B. dem Butyl- bzw. Tetrahydrofurfurylester. (**D. B. P. 879 463** Kl. 39b vom 18/7. 1944, ausg. 15/6. 1953.) SALZMANN. 7171

Deutsche Hydrierwerke Akt.-Ges., Düsseldorf (Erfinder: **Rudolf Endres,** Frankfurt/M.), *Lösungs- und Weichmachungsmittel* für Cellulosederivv., Polyvinylverbb., Pheno- u. Aminoplaste, Polyamide sowie Polyurethane, bestehend aus den Estern oder Amiden aus den bei der Behandlung von Dekahydronaphthalin oder seinen Homologen mit Luft oder anderen O_2-haltigen Gasen bei erhöhter Temp. anfallenden sauren Oxydationsprodd.; als Veresterungskomponente kommen Fettalkoholgemische in Betracht. (**D. B. P. 879 915** Kl. 39b vom 28/5. 1944, ausg. 18/6. 1953.) SALZMANN. 7171

Farbwerke Hoechst, vormals Meister Lucius & Brüning (Erfinder: **Hans Joachim Hahn**), Frankfurt/M., *Herstellung von Polyvinylformalen* durch Rk. von Polyvinylestern mit CH_2O in Ggw. von Mineralsäuren u. organ. Lösungsmitteln, dad. gek., daß man Lsgg. der Ester in mit W. verträglichen organ. Lösungsmitteln mit wss. CH_2O umsetzt u. die Reaktionsprodd. aus den Lsgg. mit niederen aliphat. Alkoholen ausfällt. Als Lösungsmittel können niedere aliphat. Carbonsäureester, z. B. Methylacetat, Äthylacetat, verwendet werden. Als Fällungsmittel sind Methanol u. A. genannt. — Beispiele. (**D. B. P. 878 861** Kl. 39c vom 24/10. 1950, ausg. 8/6. 1953.) SCHINDLER. 7173

Farbwerke Hoechst, vormals Meister Lucius & Brüning (Erfinder: **Hans Joachim Hahn**), Frankfurt/M., *Herstellung von Polyvinylbutyraldehydacetalen* durch Rk. von Polyvinylestern mit Butyraldehyd in Ggw. von Mineralsäuren u. organ. Lösungsmitteln, dad. gek., daß man mit W. verträgliche organ. Lösungsmittel, z. B. aliphat. Alkohole, verwendet u. das Reaktionsprod. mit eiskaltem W. ausfällt. Die Ausfällung kann in Ggw. von wasserlösl. Schutzkolloiden oder Netzmitteln, bes. Polyvinylalkohol, durchgeführt werden. — Beispiele. (**D. B. P. 878 862** Kl. 39c vom 25/10. 1950, ausg. 8/6. 1953.) SCHINDLER. 7173

Farbwerke Hoechst, vormals Meister Lucius & Brüning (Erfinder: **Alex Jahn**), Frankfurt/M., *Perlförmige oder körnige Polymerisationsprodukte* von Vinylverbb. in Ggw. von W., Katalysatoren u. Dispergiermitteln erhält man durch Verwendung von organ. Oxysäureestern als Dispergiermittel. Die Polymerisation kann in Ggw. eines Redoxsyst. durchgeführt werden. Als Oxysäureester sind genannt: Milchsäureoctylester, Weinsäuredioctylester u. -distearylester, Schleimsäuredibutylester u. -dioctylester, Chinasäurephenylester u. Zuckersäuredistearylester. — Beispiele. (**D. B. P. 878863** Kl. 39c vom 16/12. 1950, ausg. 8/6. 1953.) SCHINDLER. 7173

Badische Anilin- & Soda-Fabrik (Erfinder: **Hellmut Scholz**), Ludwigshafen/Rh., *Kunststoffdispersion.* In eine weichmacherfreie wss. Dispersion von *Polyvinylchlorid* oder dessen Mischpolymerisaten werden Weichmachungsmittel in Ggw. von wasserlösl., viscositätserhöhenden, makromol. Stoffen (Casein, Leim, Methylcellulose, Methyloxäthylcellulose, wasserlösl. Salze der Polyacrylsäure u. von Acrylsäuremischpolymerisaten) bei höheren Tempp., vorteilhaft 80° u. darüber, gegebenenfalls unter Druck, einverleibt. Herst. von Tauch- u. Streichartikeln, Preßmassen, Imprägnierungen u. Lederaustauschstoffen. (**D. B. P. 877 954** Kl. 39b vom 3/3. 1944, ausg. 28/5. 1953. **Zusatz zu D. B. P. 863 406; C. 1953. 4450.**) SALZMANN. 7173

Dow Corning Ltd., London, England, *Weichmacher für Polyvinylchlorid,* Polyvinylidenchlorid, Chloropren usw. erhält man durch Einw. von tert. Alkoholen auf $C_6H_5Si(CH_3)Cl_2$ in Ggw. von Pyridin. Als Verfahrensprod. erhält man z. B. *Phenylmethyldi-tert.-butoxysilan,* $C_6H_5Si(OC_4H_9)_2CH_3$, Kp.$_{0,5}$ 150°, wenn tert.-Butanol verwendet wird. Es entstehen meist Gemische von Verbb. der allg. Formel I, wobei R ein tert. Alkylrest (C_4—C_5) ist u. n den Wert 1—5 aufweist. (**E. P. 691 628** vom 18/1. 1951, ausg. 20/5. 1953. A. Prior. 3/3. 1950.) BRÖSAMLE. 7173

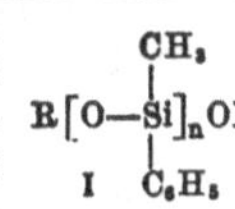

I

Deutsche Gold- und Silberscheideanstalt vormals Roessler, Frankfurt/M. (Erfinder: **Hans Wagner,** Konstanz), *Herstellung von halogenhaltigen Weichmachern,* bes. für Nitrocellulose u. *Polyvinylharze.* Cycl. Acetale, z. B. Diäthylidenpentaerythrit oder 2-Butyliden-1.3-dioxan, werden halogeniert, bes. chloriert. (**D. B. P. 879 104** Kl. 12q vom 27/5. 1944, ausg. 11/6. 1953.) FABEL. 7173

Röhm & Haas G. m. b. H. (Erfinder: **Carl Theodor Kautter**), Darmstadt, *Optisch hochwertige Kunststoffplatten* durch Polymerisation von fl., zur Herst. von opt. Glas geeigneten organ. Verbb., z. B. Methacrylsäuremethylester, zwischen distanzierten Glas- oder Metallplatten. Die Polymerisation wird zunächst nur bis zur weichen, gummiartigen Konsistenz der M. u. dann nach Entfernen der Schmalseiten zu Ende geführt. Vorteile des freien Schrumpfens der M. sind gleichmäßige Dicke, Musterfreiheit u. keine opt. Unruhe der Oberflächen. (**D. B. P. 875 092** Kl. 39c vom 7/4. 1940, ausg. 30/4. 1953.) SCHINDLER. 7173

Cassella Farbwerke Mainkur, Frankfurt/M. (Erfinder: **Werner Zerweck,** Frankfurt/M., und **Walter Brunner,** Kabul, Afghanistan), *Weichmachungsmittel* für *Cellulosederivv.,* bestehend aus den Chromanon- bzw. Thiochromanonverbb. nebenst. Formel, worin X O oder S bedeutet u. die an den C-Atomen des heterocycl. Ringes sitzenden H-Atome durch nicht wasserlösl. machende Substituenten ersetzt sein können u. der Arylenkern ebenfalls nicht wasserlösl. machende Substituenten enthalten kann. — Beispiel: *6-Methyl-* bzw. *6-tert.-Butylchromanon.* (**D. B. P. 879 311** Kl. 39b vom 20/1. 1943, ausg. 11/6. 1953.) SALZMANN. 7199

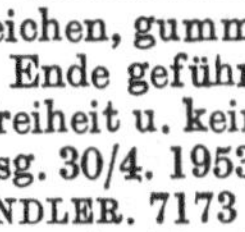

Farbenfabriken Bayer, Leverkusen (Erfinder: **Walter Droste,** Köln, und **August Höchtlen,** Bergisch-Neukirchen), *Geschichtete Preßstoffe.* Papier, Gewebe oder Holz wird mit organ. Diisocyanaten oder deren Mischungen mit Verbb. mit mindestens 2 austauschbaren H-Atomen imprägniert; die aufeinandergelegten Schichten werden so unter Druck u. bei erhöhter Temp. behandelt, daß die Imprägniermittel härten. Solche Mischungen können aus 3.3'-Dimethoxydiphenyl-4.4'-diisocyanat u. Kondensationsprodd. aus Adipin-, Phthalsäure u. Trimethylolpropan bestehen, wenn man nicht Chlorphenylendiisocyanat allein verwendet. (**D. B. P. 875 268** Kl. 39b vom 9/5. 1941, ausg. 30/4. 1953.) SALZMANN. 7205

Josef Hemmersbach, Zur fortschrittlichen Betriebsführung in der Kunststoffindustrie. Bonn: Dümmler. 1952. (107 S. m. 10 Abb., 15 Tab. u. 8 Vordr.) 8°. DM 10,80.

XII. Kautschuk. Guttapercha. Balata.

R. E. Shapter, *Die Anreicherung von Kautschuk in Guayule (Parthenium argentatum Gray) in Süd-Australien.* Bericht über die systemat. Verss. zur Steigerung der Kautschukausbeute in Guayule, die während eines Zeitraums von 6½ Jahren von 430 auf 1800 lbs./40,5 Ar gesteigert werden konnte. (Commonwealth sci. ind. Res. Organizat., Bull. **270.** 1—31. 1952. Adelaide, Univ., Waite Agricult. Res. Inst., C. S. I. R. O.) SCHÄFF. 7222

J. Fontan Yanes, *Die Mischpolymerisation in der Kautschuksynthese.* Geschildert werden die verschied. Typen von Mischpolymeren, ihre Herst. bes. in Emulsion sowie der chem. Mechanismus der Mischpolymerisation. (Rev. Plásticos **3.** 363—66. 378. Nov./Dez. 1952.) SCHEIFELE. 7222

—, *Automatische Überwachung der Polymerisationsanlage und des Trommeltrockners in einer amerikanischen Firma.* Die Regel- u. Meßeinrichtung der GENERAL TYRE & RUBBER CO., Baytown, Tex., für die kontinuierliche Herst. von Cold Rubber wird kurz beschrieben. (Rubber Age Synthetics **33.** 404—05. Nov. 1952.) SCHÄFF. 7222

S. S. Kurtz jr. und **C. C. Martin**, *Kohlenwasserstoffzusammensetzung von Ölen für die Kautschukweichmachung.* 3 typ., als Weichmacher für Kautschuk (GR–S) verwendete Erdölfraktionen wurden auf ihre Bestandteile (prozentualer Anteil der aromat., naphthen., paraffin. oder olefin. Moll., Zahl der aromat. u. naphthen. Ringe u. der paraffin. C-Atome pro Durchschnittsmol., prozentuale Verteilung der Gesamt-C-Atome auf die einzelnen Strukturen) untersucht. (India Rubber Wld. **126.** 495—99. Juli 1952. Norwood, Pa., Sun Oil Co.) SCHÄFF. 7226

I. M. Kolthoff und **R. G. Gutmacher**, *Adsorption von GR–S-Polymerisaten an Ruß.* 3. Mitt. *Adsorption an handelsübliche Rußtypen.* (2. vgl. KOLTHOFF u. Mitarbeiter, C. **1952.** 7268.) Fünf handelsübliche Rußtypen [Spheron 6 (= Graphon), Vulcan 1 (**I**), Philblack 0, Sterling 105 u. Philblack A] wurden bzgl. ihrer Adsorptionskapazitäten gegenüber *GR–S–X–418* (**II**) (50°-Standardpolymerisat) in Chloroform u. n-Heptanlsg. miteinander verglichen. Die Kapazität nimmt in der oben angegebenen Reihenfolge der Rußtypen ab. Ferner wurde der Einfl. des Lösungsm., der Zahl der Doppelbindungen bei verschied. Butadien (**III**)–Styrol (**IV**)-50°-Mischpolymerisaten [u. zum Vgl. bei reinem Polystyrol (**V**)], des Mol.-Gew. von **II** u. der Hitzevorbehandlung des Rußes auf die Adsorption untersucht u. erörtert. 2 GR–S-Typen (+ 5°- u. — 10°-Polymerisat) wurden mit **II** hinsichtlich der Adsorption an **I** verglichen. — Es wurde gefunden, daß die Adsorption nicht in direktem Zusammenhang mit der Oberfläche (m^2/g) des Rußes steht. Die Adsorption von **II** aus Lsgg. in 7 verschied. Lösungsmitteln oder Lösungsmittelmischungen an **I** nimmt mit abnehmender Lösekraft für **II** zu. Die Adsorptionskurven der 2 Kaltkautschuke u. von **II** zeigen nur einen geringen Unterschied. Vorerhitzung von Ruß auf 500 oder 1100° in N_2-Atmosphäre steigert die Adsorption um ca. 20% gegenüber nichterhitztem Ruß. Die Erhitzung des Rußes auf 425° in Luft verändert die Adsorption aus Benzollsg. nicht, verstärkt aber die Adsorption aus n-Heptanlösung. Zwischen **III–IV** (75/25)- u. **III–IV** (5/95)-Mischpolymerisaten (verschied. Zahl von Doppelbindungen) zeigt sich prakt. kein Unterschied. in der Adsorption. **V** mit hoher Viscositätszahl weist ein besonderes Verh. gegenüber Ofenrußtypen auf. **I** adsorbiert Mikrogel u. Solfraktion aus Heptanlsgg. von mikrogelhaltigem **II** (Umsatz 74,7 u. 81,5%). Bei der adsorbierten Menge von **II**-Fraktionen (mittleres Mol.-Gew. 433000—85000) zeigt sich kein deutlicher Unterschied. Nur geringe Änderung in der nach 2std. Schütteln adsorbierten Menge tritt auf, jedoch nimmt die Viscositätszahl des restlichen Kautschuks mit der Zeit ab. **II** mit niedrigem Mol.-Gew. wird schneller adsorbiert, aber nur langsam durch die fester adsorbierte höhermol. **II**-Fraktion verdrängt. Eine teilweise Kautschukfraktionierung kann beim Durchfluß der Kautschuklsg. durch eine Säule mit schwach adsorbierendem Ruß erreicht werden. Ein großer Prozentsatz des adsorbierten **II** kann mit einem „guten“ Lösungsm., wie Xylol, eluiert werden. „Gebundener“ (bound) Kautschuk (der in Bzl. unlösl. Kautschukanteil) wird bei inniger Vermischung gleicher Teile von Ruß u. in Chlf. gequollenem Kautschuk erhalten, wenn die Mischung bei 80° bzw. 20° im Vakuum getrocknet wird. Dieser Befund zeigt, daß gebundener Kautschuk nicht nur auf der Walze erzeugt werden kann. (J. physic. Chem. **56**. 740—45. Juni 1952. Minneapolis, Minn., Univ., u. Phillipsburg, N. J., J. T. Baker Chem. Co.) SCHÄFF. 7226

J. W. Illingworth, *Nylon in der Kautschukindustrie.* Augenblicklicher Stand u. zukünftige Entwicklung. — 16 Literaturhinweise. (India Rubber J. **123**. Nr. 6. **4**. 7—10. 9/8. Nr. 7. **4**. 6—10. 16/8. 1952. Fort Dunlop, Res. Centre, Textile Res. Div.) SCHÄFF. 7230

P. Rościszewski, *Verfahren zur Verbindung von Kautschuk mit Metallen.* Überblick über die Verff. zur Herst. von Verbb. zwischen Gummi u. Metallen unter Angabe der Vor- u. Nachteile. — 6 Literaturhinweise. (Przemysł chem. **7** (**30**). 727—30. Dez. 1951.) v. WILPERT. 7230

Aktiebolaget Separator, Stockholm, Schweden, *Konzentrieren von Kautschukmilch* mit einem die Aufrahmung fördernden Stoff, z. B. NH_4OH, in einem ersten Zentrifugengang auf 50—55 (%) u. in einem zweiten auf $>$ 60, bes. 63—64. (**E. P. 671 174** vom 12/5. 1950, ausg. 30/4. 1952. Schwed. Prior. 14/5. 1949.) OVERBECK. 7223

Dunlop Rubber Co. Ltd., London (Erfinder: **A. E. T. Neale,** Birmingham), England, *Stabilisieren von natürlicher Kautschukmilch* durch Zusatz von 0,01—1,0% eines Halogenderiv. eines Oxydiphenylmethans oder seiner Metallsalze mit z. B. Na, K, Zn, Mg, Hg, Al, Ca oder Ba, bes. von 2.2′-Dioxy-5.5′-dichlordiphenylmethan. (**D. B. P. 877 668** Kl. 39b vom 25/3. 1951, ausg. 26/5. 1953. E. Prior. 25/3. 1950.) OVERBECK. 7223

Farbenfabriken Bayer (Erfinder: **Hermann Wolz, Detlef Schaller** und **Hermann Holzrichter**), Leverkusen, *Kautschukartige Emulsionspolymerisate* von Butadienen mit Vinylverbb. (**I**) werden hergestellt, indem als **I** Alkylidenmalonsäureester, auch zusammen mit anderen **I**, benutzt werden. (**D. B. P. 875 728** Kl. 39c vom 27/11. 1943, ausg. 7/5. 1953.) OVERBECK. 7225

I. G. Farbenindustrie Akt.-Ges., Frankfurt/M. (Erfinder: **Kurt Meisenburg,** Leverkusen, **Ingofroh Dennstedt,** Köln, und **Ewald Zaucker,** Halle/Saale), *Polymerisierverfahren* für Butadiene oder deren Mischungen mit z. B. Styrol oder Acrylsäurenitril in wss. Emulsion bei Ggw. geringer Mengen solcher Dialkylxanthogendisulfide oder Dibenzoesäureestertetrasulfide, die in den angewandten Monomeren lösl. sind. (**D. R. P. 751 604** Kl. 39c vom 3/3. 1937, ausg. 26/5. 1953.) OVERBECK. 7225

Commonwealth Engineering Co. of Ohio, übert. von: **Elisha Betts Lewis,** Dayton, O., V. St. A., *Stabilisieren von Kautschukmilchschaum.* Durch Gaseinblasen hergestellter Schaum von Dispersionen aus natürlichem oder synthet. Kautschuk, bes. 2-Chlorbutadien-(1.3)-Polymerisat oder dessen Styrolmischpolymerisat, wird mit Orthokieselsäureäthylester, Alkalisilicat u. NH_4OH vermischt u. vulkanisiert. (**A. P. 2 585 143** vom 29/6. 1948, ausg. 12/2. 1952.) OVERBECK. 7227

N. V. de Bataafsche Petroleum Mij., Den Haag (Erfinder: **Johan Michael Goppel, Gottfried Ernst Rumscheidt** und **Johannes Thomas Hackmann,** Amsterdam), Holland, *Stabilisieren von Reaktionsprodukten* aus Polymerisaten oder Mischpolymerisaten konjugierter Diene mit SO_2 durch Zusatz von Cyanaten oder Thiocyanaten, bes. Alkali- oder Ammoniumcyanat. (**D. B. P. 874 834** Kl. 39b vom 18/5. 1949, ausg. 27/4. 1953. Holl. Prior. 18/5. 1948.) OVERBECK. 7227

N. V. de Bataafsche Petroleum Mij., Den Haag (Erfinder: **Johan Michael Goppel** und **Gottfried Ernst Rumscheidt,** Amsterdam), Holland, *Stabilisieren von Reaktionsprodukten* von Polymerisaten oder Mischpolymerisaten von konjugierten Dienen mit SO_2, bes. gegen Lichteinw., durch Zusatz von Verbb., die mindestens einen gegebenenfalls kondensierten Arylkern u. mindestens eine bes. veresterte Carboxylgruppe, deren Carbonyl-O-Atom durch S ersetzt sein kann, besitzen, u. von deren Derivv., z. B. Salicylsäure, Phenylsalicylat oder Zn-Diisopropylsalicylat. (**D. B. P. 875 405** Kl. 39b vom 18/5. 1949, ausg. 4/5. 1953. Holl. Prior. 18/5. 1948.) OVERBECK. 7227

N. V. de Bataafsche Petroleum Mij., Den Haag (Erfinder: **Johan Michael Goppel** und **Pieter Willem Olivier Wijga,** Amsterdam), Holland, *Stabilisieren von Reaktionsprodukten aus SO_2 und Polymerisaten oder Mischpolymerisaten von konjugierten Dienen* durch Behandeln mit kationakt., bes. oberflächenakt. Verbb., worauf mit Säurefarbstoffen usw. gefärbt werden kann. Vor oder nach der Behandlung können die Prodd. angequollen werden. (**D. B. P. 875 564** Kl. 39b vom 18/5. 1949, ausg. 4/5. 1953. Holl. Prior. 18/5. 1948.) OVERBECK. 7227

American Cyanamid Co., New York, N. Y., V. St. A., *Stabilisator für synthetischen Kautschuk,* bestehend aus einem 2.2'-Methylen-bis-(4.6-dialkylphenol) der nebenst. Formel (R_1 = Alkylrest mit 1—3 C-Atomen R_2 = tert.-Alkylrest mit 4—8 C-Atomen, wobei das tert. C-Atom direkt an den Phenolring gebunden ist). Es werden 0,5—2,5% am Ende der Emulsionspolymerisation zugesetzt. (**E. P. 677 585** vom 17/5. 1950, ausg. 20/8. 1952. A. Prior. 25/7. 1949.) OVERBECK. 7227

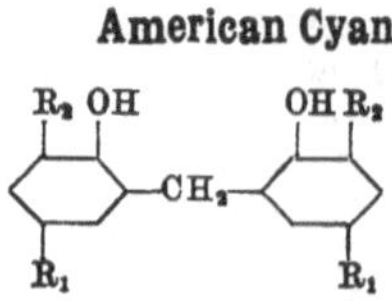

Metallgesellschaft Akt.-Ges., Frankfurt/M., und **Naftolen-Gesellschaft m. b. H.,** Wien (Erfinder: **Otto Schweitzer** und **Wolfhart Siecke,** Frankfurt/M.), *Zusatz zu Mischungen aus natürlichem oder künstlichem Kautschuk,* bestehend aus den bei der Raffination von bes. mittleren u. schweren Mineralölanteilen mit fl. SO_2 oder deren Gemisch mit einem organ. Lösungsm. gebildeten Lsgg. nach Abdest. der bei 12 mm Hg u. ca. 160° sd. Anteile u. gegebenenfalls Neutralisieren des Rückstandes mit Alkalien aus der KW-stoffphase, gegebenenfalls nach deren Abtrennung durch Dest. bei 12 mm Hg bei 160—360°, bes. 200—320°. (**D. B. P. 874 076** Kl. 39b vom 2/11. 1937, ausg. 20/4. 1953.) OVERBECK. 7227

Wingfoot Corp., übert. von: **Thomas H. Rogers jr.** und **Walter T. L. Ten Broeck,** Akron, O., V. St. A., *Herstellung von Schwammkautschuk* aus Dispersionen von natürlichem Kautschuk oder bes. Butadienmischpolymerisaten unter Zusatz von 0,5—5 (%), bes. 1—3, Hartparaffin vom F. 42—60°. (**A. P. 2 594 217** vom 1/10. 1949, ausg. 22/4. 1952.) OVERBECK. 7231

Rubber-Stichting, Delft (Erfinder: **P. ten Have,** Wijk Maastricht), Holland, *Herstellung von dichten Chlorkautschukfilmen.* Sauerstoffarmer Chlorkautschuk, der durch Chlorierung einer wss. Dispersion eines unmastizierten Kautschuks hergestellt wurde u. $\leq$61% Cl_2 enthält, wird zusammen mit einem Plastikator in wss. Dispersion zu einer dünnen Schicht ausgegossen u. bei n. oder erhöhter Temp. ohne Druck getrocknet. Die Filmbldg. kann durch Infrarotstrahlung beschleunigt werden. Der Dispersion kann ein hochmol. Stoff, wie Kautschuk, cyclisierter Kautschuk oder Polyvinylchlorid zugesetzt sein. Es kann bes. nach D. B. P. 833 563, C. **1952.** 7108 erhaltener Chlorkautschuk verwendet werden. Der Film kann auf eine Faserstoffunterlage aufgebracht werden. (**D. B. P. 875 565** Kl. 39b vom 21/4. 1950, ausg. 4/5. 1953. Holl. Prior. 31/5. 1949.) OVERBECK. 7231

Horst Ernst Frey, Methoden zur chemischen Analyse von Gummimischungen. Berlin, Göttingen, Heidelberg: Springer. 1953. (104 S. m. 16 Abb.) 8°. DM 9,60.

XIII. Ätherische Öle. Parfümerie. Kosmetik.

L. Rosenthaler, *Zur Definition der ätherischen Öle.* Als Definition wird vorgeschlagen: „flüchtige, ölartige, charakterist. u. stark riechende, in W. schwer lösl. Fll., die aus pflanzlichen Ausgangsstoffen oder auf synthet. Wege hergestellt werden." (Pharmazie **8.** 122. Febr. 1953. Bern.) FRESENIUS. 7260

A. R. Penfold und **F. R. Morrison,** *Neueste Fortschritte unserer Kenntnis australischer ätherischer Öle.* Vortrag über die äther. Öle von *Dacrydium Franklini* (Huon Pine Wood Oil), *Melaleuca bracteata, Leptospermum citratum* u. *Eucalyptus citriodora.* (Australas. J. Pharmacy [N. S.] **33.** 851—52. 30/9. 1952.) v. GIZYCKI. 7262

V. Lakshmi Narayan und **M. S. Muthana,** *Ätherisches Öl von Premna tomentosa.* Die Blätter der Verbenacee Premna tomentosa, eines bis 16 m hohen Baumes in Süd-Travancore u. Ceylon, geben 0,073% gelbliches äther. Öl von ziemlich angenehmen Geruch u. brennendem Geschmack. Eigg. $D.^{31,6}_{4}$ 0,8740, $[\alpha]_D^{20}$ (in $CHCl_3$) +31,44°, n_D^{29} 1,4862, SZ. 0, EZ. 8,9, AZ. 14,9, JZ. 75,1. Vakuumdest. (Kp.$_7$ 78—90°) ergab 6 Fraktionen, in denen 57,8 (%) Limonen, 17,2 β-Cariophyllen, 7,8 eines Sesquiterpen-KW-stoffs der nebenst. Konst., 5,6 eines Sesquiterpen-tert.-Alkohols u. 5,5 eines nicht identifizierten Diterpen-KW-stoffs festgestellt wurden. (J. Indian Inst. Sci. **35.** Sect. A 55—67. Jan. 1953. Bangalore, Indian Inst. of Sci.) MÜHLMEISTER. 7262

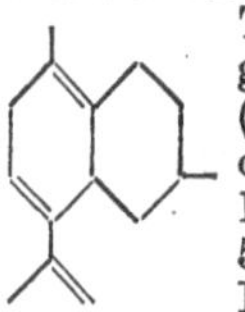

Asharam Bhati, *Der Nachweis von d-α-Phellandren im ätherischen Blätteröl der Bel, Aegle marmelos.* BASLAS u. DESPAHANDA (J. Indian chem. Soc. **26.** [1949.] 231) erhielten aus den Blättern der Rutacee Aegle marmelos, in Indien Bel genannt, 0,6% äther. Öl mit den Eigg. $D.^{26}$ 0,8476, $[\alpha]_D$ +52,1°, n_D^{31} 1,4750, SZ. 2,9, VZ. 16,1, in dem sie d-α-Phellandren (I), p-Cymol, Cineol, Citronellol, Citral u. Cuminaldehyd nachwiesen. Vf. bestätigte den Geh. an I durch Herst. der Maleinsäureverb. nach DIELS u. ADLER (Ann. Chimie **460.** [1928.] 98) u. des Nitrosits. (J. Indian Inst. Sci. **35.** Sect. A 39—42 Jan. 1953. Bangalore, Indian Inst. of Sci., u. Agra Coll.) MÜHLMEISTER. 7262

A. C. Shaw, *Darstellung und Zusammensetzung einiger kanadischer Coniferenöle.* Zur Prüfung der Verwertungsmöglichkeit der beim Fällen von Nadelholz anfallenden Zweige, Nadeln u. Zapfen bestimmte Vf. von 11 kanad. Holzsorten u. in Zapfen von 4 Sorten durch Wasserdampfdest. Ausbeuten u. Eigg. der äther. Öle. Die Ausbeuten im Labor. waren um das Mehrfache höher als im Betriebe. Von *Picea mariana Nill.* (Black spruce), *Tsuga canadensis* (Hemlock), *Abies balsama Mill.* (Balsam fir), *Thuja occidentalis* (White cedar) wurden die chem. Konstituenten prozentual bestimmt. Das wertvolle Bornylacetat kommt nur in Oel von Spruce u. Hemlock vor. Das Öl von White cedar enthält Thujon. (Pulp Paper Mag. Canada **53.** 119—21. März 1952. Ontario Res. Found., Dep. of Chem.) BORCHERS. 7262

K. Gonser, *Kölnisch Wasser. Eine Studie zu seiner Begriffsbildung.* Es wird eine Definition von *Kölnisch Wasser* (**I**) versucht. Aus vorhandener Literatur werden tabellar. Hauptbestandteile der für **I** gebrauchten äther. Öle (**II**), die Eigg. von Bergamott- u. Neroliölen, die Haftfestigkeit der Komponenten des **I**-Öls, der Geh. von **I**-Duftwässern, an **II**, Preise u. Anteile sowie Austauschstoffe mitgeteilt. Überblick über die Geruchsnoten einiger Phantasie-**I**-Öle u. ihre Verwendung für Körperpflegemittel, nach verschied Produzenten geordnet. Hinweise auf physiol. Eigg. der **II**, sehr eingehende Erörterung der Benutzung von *Isopropylalkohol*, im Zusammenhang mit der Deutschen Gesetzgebung. (Seifen-Oele-Fette-Wachse **77.** 527—29. 24/10. 549—52. 7/11. 1951. Stuttgart, Südpharma Dr. Gonser & Burger GmbH.) FREYTAG. 7276

Stefan A. Karas, *Parfümierung von Kosmeticis.* Verwendung reinster Rohstoffe mit möglichst geringem Eigengeruch u. -geschmack; Gesichtspunkte für Auswahl u. Verarbeitung der Duftstoffe in Lippenstiften, Haarwasch- u. färbemitteln, Dauerwellen- u. Enthaarungspräpp., Badeessenzen u. -salzen. (Amer. Perfumer essent. Oil Rev. **61.** 209—12. 249. März 1953.) MÜHLMEISTER. 7284

Herbert C. Janowitz, *Flüssige Cremes.* Prakt. Hinweise zur Herst. fl. Cremes. (Seifen-Oele-Fette-Wachse **78.** 375—76. 16/7. 1952. Tel-Aviv.) WINIKER. 7284.

Karl H. Sroka, *Vorschläge zum Schutze des Haares, mit besonderer Berücksichtigung der Thioglykolsäuredauerwellen-Schädigung.* (Seifen-Oele-Fette-Wachse **78.** 373—75. 16/7. 395—96. 30/7. 1952.) WINIKER. 7284

Karl Mülhens, *Vorschläge zum Schutze des Haares, mit besonderer Berücksichtigung der Thioglykolsäuredauerwellen-Schädigung.* Vf. lehnt die von SROKA (vgl. vorst. Ref.) gemachten Ausführungen ab. (Seifen-Oele-Fette-Wachse **78.** 417—18. 30/8. 1952.) WINIKER. 7284

Firmenich & Co. Successeurs de la Soc. An. M. Naef & Cie. (Erfinder: **Max Stoll**), Genf, Schweiz, *β-Methylcyclopentadecanon* (**I**), *Semicarbazon*, F. 138—140°. 1.12-Diacetyldodecan (**II**), F. 82,5° (Herst.: Sebacinsäureester wird in das Dekamethylenglykol u. dieses in das Dibromdecan übergeführt, dann mit Acetessigester kondensiert u. das erhaltene Prod. einer Ketonspaltung unterworfen) wird intramol. kondensiert, aus dem entstandenen Prod. (**III**) W. abgespalten u. dann **IV**, $Kp._{0,01}$ 100—105°, in bekannter Weise hydriert, zweckmäßig in Ggw. eines Katalysators (vgl. nebenst. Reaktionschema). — Zwischenprod. für die *Parfümerie.* (**D. B. P. 875 351** Kl. 12o vom 31/7. 1951, ausg. 30/4. 1953. Schwz. Prior. 2/9. 1946.) KRAUSS. 7277

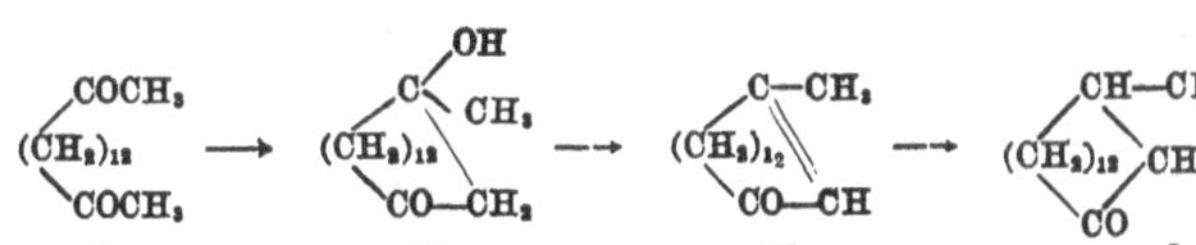

II III IV I

Farbenfabriken Bayer (Erfinder: **Martin Bollmann** und **Erwin Kroning**), Krefeld, *Riechstoff*, bestehend aus p-tert,-Butylcyclohexylacetat. (**D. B. P. 864 593** Kl. 23a vom vom 2/10. 1948, ausg. 26/1. 1953.) LÜTTGEN. 7277

Badische Anilin- & Soda-Fabrik, Ludwigshafen Rh. (Erfinder: **Hugo Kröper,** Heidelberg), *Kosmetische Zubereitungen,* z. B. Haarfixative, Hautcremes, Rasierwasser, Lichtschutzmittel u. Zahnpaste, gek. durch einen Geh. an polymeren Lactamen oder Säureamiden, die am N eine Vinylgruppe tragen, bes. von polymerem N-Vinylpyrrolidon gemäß D. R. P. 737 663 (C. **1943.** II. 2332). (**D. B. P. 873 891** Kl. 30h vom 27/7. 1944, ausg. 20/4. 1953.) E. PETERSEN. 7285

Franz Burger, Aichbühl, Württ., *Hautpflegemittel,* dad. gek., daß es neben üblichen Grundbestandteilen Inhaltsstoffe von Birkenblättern, Schafgarbe u. Schlüsselblume enthält. Diese werden z. B. durch Extraktion mit heißem W. erhalten. (**D. B. P. 872 827** Kl. 30h vom 24/3. 1950, ausg. 9/4. 1953.) E. PETERSEN. 7285

Deutsche Hydrierwerke Akt.-Ges., Düsseldorf (Erfinder: **Christoph Grundmann**, Columbus, O., V. St. A.), *Lichtschutzmittel*, gek. durch einen Geh. an Alkalisalzen des *2-Sulfanilaminothiadiazols* oder des *2-Sulfanilaminooxdiazols* u. deren Abkömmlingen. (**D. B. P. 873 733** Kl. 30i vom 24/7. 1942, ausg. 16/4. 1953.) E. PETERSEN. 7285

XV. Gärungsindustrie.

L. Genevois, *Die Sekundärprodukte der alkoholischen Gärung in Abhängigkeit vom Milieu, der Temperatur und der Heferasse.* Krit. Überblick über die diesbzgl. Forschungen mit 55 Literaturangaben, hauptsächlich aus dem Arbeitskreis des Verfassers. Die bei der alkoh. Gärung aus Zucker entstehenden Sekundärprodd. Glycerin (**I**), Brenztraubensäure (**II**), Acetaldehyd (**III**), Essigsäure (**IV**), Bernsteinsäure (**V**), Acetylmethylcarbinol (**VI**), 2.3-Butylenglykol (**VII**) stehen in folgender Beziehung, die in Hunderten von Gärungsanalysen bestätigt gefunden wurde (in Äquivalenten): 0,9 **I** = **II** + **III** + 2 **IV** + 5 **V** + 2 **VI** + **VII**. Bei der Vergärung von Traubenmost wurde auch noch folgende Beziehung gefunden: **IV** + 2 **V** = 0,33 **I**. Die Heferasse ist auf die Bldg. der einzelnen Sekundärprodd. von Einfluß. Danach wird unterschieden zwischen succinogenen u. acetogenen Hefen, ferner auch zwischen Hefen, die mehr oder weniger **VII** bilden. Die diesbzgl. Leistung der Hefen ist stark abhängig vom Gärungsmilieu u. von der Temperatur. Einfl. des p_H-Wertes des Gärsubstrates, Zusatz von 10 Millimol **III** hemmt die Gärung, von 100 Millimol tötet die Hefe; andererseits sind geringe Mengen **III** ein Wirkstoff für die Gärung, da durch seine Blockierung durch Dimedon dieselbe verlangsamt wird. (Rev. Fermentat. Ind. aliment. **6.** 18—25. Febr. 1951. Bordeaux, Fac. Sci.) KIELHÖFER. 7510

Z. Šauer, *Das Problem der hellen Farbe von Pilsner Malz.* Es werden die Schwierigkeiten besprochen, die sich bei Erzielung hellen Malzes, vor allem in der letzten Phase seiner Gewinnung ergeben. (Pivovarský Sladařský Časopis Kvas **78.** Nr. 5. Zvláštní příloha 4—6. 3/3. 1950. Prag.) FREYTAG. 7540

Karel Čížek, *Einige Störungen beim Darren.* (Pivovarský Sladařský Časopis Kvas **78.** 120—21. 14/4. 1950.) FREYTAG. 7540

Yves Deux, *Der Hopfen und seine Verwendung.* Chemie, Eigg. u. Bedeutung der Inhaltsbestandteile u. die Extraktion der erwünschten Inhaltsstoffe werden besprochen. (Ind. agric. aliment. **70.** 209—18. März 1953. École Nat. des Ind. Agricol.) FRESENIUS. 7540

Otto Aubert und **Hans Kringstad**, *Spektrophotometrische Untersuchungen über die Bitterstoffe des Hopfens.* Die Hopfenbitterstoffe, deren Umwandlungs- u. Oxydationsprodd. sowie deren Löslichkeitsverhältnisse wurden spektrophotometr. untersucht. Die UV-Absorptionskurven für reines Humulon u. Lupulon in n-Hexan werden angegeben. — In den Würzen verschwindet das Humulon beim Kochen u. es entstehen neue Stoffe mit charakterist. Spektren. Die durch Oxydation des Humulons entstandenen Stoffe sind teilweise lösl. in der Würze u. tragen zu deren bitteren Geschmack bei. Beim Kochen des Lupulons in der Würze entstehen keine lösl. Bitterstoffe, wohl aber, wenn man es vor dem Kochen oxydiert. — Die Weichharze haben einen Wert als Bitterstoffe, die Hartharze dagegen nicht. — Die Möglichkeiten einer quantitativen Best. der Bitterstoffe in Bier u. Würze auf spektrophotometr. Wege werden diskutiert. (Brygmesteren **10.** 93—107. April 1953. Oslo, Norske Bryggeriforenings Forskningsutvalg.) BECKMANN. 7540

Alena Vavruchová, *Der Einfluß ätherischer Öle auf Mikroorganismen.* In orientierenden Verss. an *Saccharomyces cerevisiae* u. *S. pastorianus* mit *Zimt-*, *Senf-* u. *Terpentinöl* wird bei der erstgenannten Hefe auch das physiol. Verh. geprüft. Die Gärungsvorgänge werden durch Ggw. äther. Öle beeinflußt. Die Bierhefe zeigt Verringerung des Zuckerabbaus. Im allg. sind bakteriostat. Wirkungen beobachtbar, in höheren Dosen auch baktericide. Entsprechend der Einwirkungsintensität kehrt die Hefezelle rasch wieder in den ursprünglichen Zustand zurück. (Pivovarský Sladařský Časopis Kvas **78.** 25—26. 20/1. 1950.) FREYTAG. 7544

H. Antelmann, K. Silbereisen und **R. Jahn**, *Gleichzeitige Bestimmung von Kohlensäure und Luft im Bier.* Nach einer Erläuterung des Prinzips der manometr. Meth. von GRAY (C. **1938.** II. 3023) zur gleichzeitigen Ermittlung von Kohlensäure u. Luft im Bier wird an Analysenergebnissen von 50 verschied. Bierproben die Bedeutung der Kontrolle des Luft- u. Kohlensäuregeh. gezeigt. (Brauerei **6.** 249—50. 4/10. 1952.) WINIKER. 7550

Vilém Kraus und **Jaroslav Švásta**, *Der Beigeschmack nach Schwefelwasserstoff im Wein.* Bericht über die Ursachen der H_2S-Bildung. Beseitigung durch Belüftung oder Eintauchen eines Ag-Löffels. (Vinařský Obzor **44.** 143—44. 1951.) STEINER. 7554

W. G. Ponomarew, *Gründe der Champagnertrübung bei Lagerung in Behältern.* Bei in Behältern gelagertem Champagner tritt nach Abfüllen in Flaschen häufig ein Nd. von *Weinstein* auf. Dies ist darauf zurückzuführen, daß durch die Abkühlung im Behälter eine unterkühlte Lsg. entstehen kann, welche beim Abfüllen auskristallisiert. Außerdem besteht die Möglichkeit einer Bldg. von *Ca-Tartrat* an den Wänden der Flaschen durch Umsatz mit aus dem Glas gelöstem Ca. Zur Champagnerbereitung sollten nur Weine mit höchstens 1% Weinstein verwendet werden. Bei etwas höherem Geh. kann leichte Sulfitierung Abhilfe schaffen. (Виноделие и Виноградарство СССР [Weinbereit. Weinbau UdSSR] **12.** Nr. 9. 20–25. Sept. 1952.) v. Schroeder. 7554

Václav Salač, *Fortschritte der Analytik auf dem Gebiet der Brauerei und Mälzerei in den letzten Jahren.* Literaturübersicht. (Pivovarský Sladařský Časopis Kvas **78.** 116–18. 14/4. 1950.) Freytag. 7598

V. Dostál, *Hebergerät.* Beschreibung eines einfachen Gerätes zur Füllung von Freudenreich-Kolben mit Würze oder Bier unter sterilen Bedingungen. (Pivovarský Sladařský Časopis Kvas **78.** 42–43. 3/2. 1950.) Freytag. 7600

Léonce Deibner und **Pierre Bénard,** *Untersuchungen über die quantitative Abtrennung der Schwefligen Säure aus organischen Flüssigkeiten durch Destillation und über ihre Stabilität im Destillat.* Beschreibung einer neuen App. zur Dest. von SO_2 aus organ. Flüssigkeiten. Die jodometr. Best. des SO_2 in 1,73nH_2SO_4 oder 0,12nHCl bewährt sich besser als bei Auffangen des Destillats in 0,5nNaOH oder in neutralem Medium. Unter dem Gesichtspunkt der Weinanalyse wird der p_H der zu destillierenden Fl. u. des Destillationsrückstandes in Abhängigkeit von Art u. Menge der zugesetzten Säure untersucht. (Ind. agric. aliment. **70.** 11–15. Jan. 187–95. März 1953. Narbonne, Inst. Nat. de la Rech. Agronom.) Fresenius. 7606

James Birtley McNair, The analysis of fermentation acids. Los Angeles: Author. (32 S., Diagr. u. Bibl.) $ 7,50.

XVI. Nahrungs-, Genuß- und Futtermittel.

John H. Nair, *Chemie in der Nahrungsmittelindustrie.* Übersicht über Mitwrkg. u. Erfolge der Chemie bei der Unters. u. Herst. der menschlichen Nahrung: Schädlingsbekämpfung, Bodenverbesserung, Nahrungsmittelbehandlung u. -konservierung, chem. Zusätze, Ernährungswissenschaft u. Nährmittelsynthese. (J. chem. Educat. **29.** 576–80. Nov. 1952. Hoboken, N. J., Thomas J. Lipton, Inc.) Blumrich. 7630

Valborg Aschehoug, *Übersicht über die wichtigsten Bakteriengruppen in Konserven.* Überblick über die Eigg. von Schimmel, Hefe u. Bakterien, Sterilisierungsproben u. deren Auswertung; Tabelle (Tidsskr. Hermetikind. **37.** 437–48. Sept. 1951.) R. K. Müller. 7634

P. N. Kisima, *Die Bestimmung der Mahleigenschaften und der Backfähigkeit bei Weizen.* Allg. über die Eignung verschied. Weizensorten für Mahl- u. Backzwecke sowie die Methoden der Kleberbestimmung. (Селекция и Семеноводство [Selekt. u. Samenzucht] **19.** Nr. 1. 11–20. Jan. 1952. Staatl. Kommission für Sortenprüfung, Labor. für Mühlen- u. Bäckerwaren.) M. Gordienko. 7670

—, *Neues, sehr stabiles Erzeugnis aus Vollweizen.* Während der Vermahlung von Weizen wird das Weißmehl abgetrennt. Kleie, Keime u. restliches Mahlgut (shorts) werden mit W. gemischt u. ausgestrichen. Es folgt eine 1,5–2 Std. dauernde Behandlung mit überhitztem Dampf. Dann wird das Gemisch bei 200° F auf höchstens 8% Feuchtigkeit getrocknet, zerrieben u. mit dem Weißmehl wieder vereinigt. Haltbarkeit des zur Herst. von Vollkornbrot geeigneten Erzeugnisses 1 Jahr bei 104° F. (Food Engng. **25.** Nr. 4. 79. 181–82. April 1953.) Fresenius. 7670

Berthold Thomas, *Die künstliche Vitaminierung von Mehl und Brot.* Besprechung der Möglichkeiten zur Vitaminierung u. sonstigen Aufwertung von Mehl, Brot u. Teigwaren. Die Scutellummüllerei (Belassung des Scutellums im Mehl) bietet die beste Art der Mitvermahlung des wertvollen Teils des Keimlings. Andere Möglichkeiten sind Zusatz von Hefe, Magermilchpulver u. Sojamehl. Künstliche Zusätze betreffen Vitamine der B-Gruppe, Fe als $FeSO_4$ u. Ca als $CaCO_3$ oder $CaHPO_4$. (Lebensmittel-Ind., Ausg. A **5.** 101–03. April 1953. Potsdam-Rehbrücke, Inst. für Ernährungsforsch.) Fresenius. 7674

John A. Johnson, *Dextrose als Süßungsmittel beim Backen.* Der Einfluß von Rohrzucker, Glucose, Fructose u. Invertzucker auf die Eigg. von Brot werden untersucht. Geprüft werden die Beschaffenheit, das Verh. beim Rösten, die Bräunung der Kruste, der Teigbetrieb, die Lagerfähigkeit. (Bakers Digest **26.** 19–22. Aug. 1952. Manhattan, Kans., Kansas State Coll.) Fresenius. 7674

—, *Dextrose für Obst- und diätetische Konserven. Erfahrungsbericht aus der amerikanischen Praxis.* (Stärke **4.** 242—43. Sept. 1952.) ULMANN. 7688

Hans Walter Schmidt, *Das Obsterhaltungspräparat „Obstabil".* Bericht über günstige Erfahrungen mit *Obstabil*, einem Pflanzenwachs u. reines Paraffinöl enthaltenden Konservierungsmittel. (Apotheker-Ztg. **3.** 171—72. Okt. 1951. Erlangen.) WINIKER. 7688

Delimir Šulc, *Die neuesten Ergebnisse der Chemie und Anwendung des Pektins.* Übersicht neuerer Arbeiten über Struktur, Eigg. u. Verwendung des Pektins. (Farmac. Glasnik **7.** 201—15. Juni 1951.) BECKMANN. 7702

Olav Ander Ronold, *Vergleichende Untersuchungen über Gelierungsmittel für Geleeherstellung.* Für verschied. Gelierungsmittel auf Alginat-, Carraghenin- u. Carboxymethylcellulosegrundlage wird die Viscosität der Lsgg. verschied. Konz. in Abhängigkeit von Temp., Erhitzungsdauer u. p_H u. die Konsistenz der mit ihnen hergestellten Gelees (mit Konsistometer nach ADAM) untersucht. Für Bäckereigelees sind die untersuchten Mittel dem Pektin durch ihren höheren F. überlegen. Die beste Grundlage für die Beurteilung der Brauchbarkeit von Geliermitteln bieten prakt. Packungsverss. mit Gelee. (Tidsskr. Hermetikind. **38.** 249—62. Mai 1952.) R. K. MÜLLER. 7708

Olav Spilde, *Die Grundlage der Wärmesterilisierung.* Vortrag über die allg. Bedingungen der Sterilität, die Wärmeresistenz der Mikroorganismen, die Methoden der Wärmesterilisierung, bes. die Sporenabtötung in Phosphatpuffer mit Abtötungskurven für verschied. Bakterien u. Waren, Wärmedurchdringungskurven u. Letalkurven, sowie Kurven der Braunfärbung von Fischfüllung in Abhängigkeit von Temp. u. p_H. (Tidsskr. Hermetikind. **37.** 451—61. Sept. 1951.) R. K. MÜLLER. 7752

Olav Spilde, *Antibiotica. Kurze Orientierung über Versuche mit Antibioticis für Nahrungsmittelkonservierung.* Verss. mit *Subtilin* (I, aus Bacillus subtilis) ergeben, daß eine Konz. 1 : 10000 (100 mg/kg) genügt, um die Entw. von gram-positiven Bakterien (Cl. sporogenes, Bac. stearothermophilus, megatherium, subtilis, coagulans, cereus usw.) zu hemmen, daß aber I gegenüber gram-negativen Bakterien unwirksam ist. Verss. mit Fischkonserven zeigen eine gewisse Wrkg. des I, jedoch ergibt es, wie andere Antibiotica in ähnlichen Verss., keine sichere Sterilisierung. (Tidsskr. Hermetikind. **37.** 297—98. Juni 1951.) R. K. MÜLLER. 7752

P. Djatschenko. *Neues auf dem Gebiet der Chemie und Physik der Milch.* Allg. Übersicht. (Молочная Промышленность [Milch-Ind.] **13.** Nr. 6. 23—29. Juni 1952.) SCHMEISS. 7756

—, *Die Neutralisation von Rahm.* Besprechung der molkereitechn. Einstellung von Rahm auf den für die Pasteurisierung richtigen Säuregeh. u. der Neutralisierungsmittel. — Tabelle für $NaHCO_3$. (Queensland agric. J. **74.** 277—84. Mai 1952.) FRESENIUS. 7756

Georges Ray, *Herstellung von Schlagsahne.* Die wichtigsten Gesichtspunkte der Herst. von Schlagsahne unter Berücksichtigung der Erfordernisse der Ernährung u. Hygiene werden besprochen. (Ind. agric. aliment. **70.** 219—22. März 1953. Écoles Nat. d'Agricult.) FRESENIUS. 7756

J. M. Bell, G. H. Bowman und **R. T. Coupland,** *Chemische Zusammensetzung und Verdaulichkeit von in Zentral-Saskatchewan geerntetem Futter mit Beobachtungen an Kochiaarten.* Vff. machten ausgedehnte Verss., um die Verdaulichkeit verschied. Futterpflanzen zu prüfen. Die einzelnen Gräserarten wurden bei mehreren Bodenarten u. mit unterschiedlicher Bearbeitung gewonnen. Nach der Ernte erfolgte Trocknung bei 62°. Als Versuchstiere für die Verfütterung dienten Schafe. Als besondere Kriterien wurden Urin, Fäces u. der Befall durch Parasiten untersucht. Außerdem wurde bei jeder Futterart eine chem. Best. auf Trockensubstanz, Eiweißstoffe, Rohfaser, stickstofffreien Extrakt, Rohfett u. Asche vorgenommen. Die Ergebnisse sind in Tabellen zusammengestellt worden. Besonderer Wert wurde auf die Feststellung der Verdaulichkeit von Kochiaarten gelegt. Die Resultate zeigen, daß diese Arten erfolgreich als Futter verwendet werden können, nur wenn die Pflanzen über 3 Fuß hoch sind, werden sie hart u. holzig, sind aber immer noch als Silofutter brauchbar. (Sci. Agric. **32.** 463—73. Sept. 1952. Saskatoon, Sask., Univ.) KNÖPKE. 7782

Joel Axelsson und **Arnold Kivimäe,** *Ensilan, Schrot und Siloferm als Zusatz bei Grünfuttersilierung.* Luzerne u. Gras wurden mit Zusatz von *Ensilan* (Na-Formiat) bzw. *Siloferm* (eine Milchsäurebakterienkultur) bzw. Schrot teils direkt, teils nach Vortrocknung siliert. Ein Einfl. der Zusätze auf die chem. Zus. des Siloprod., den Gärungsverlauf oder den Siloverlust wird nicht festgestellt. Dagegen werden Qualität u. Verluste durch die Vortrocknung günstig beeinflußt, was auf den Anstieg des Zuckergeh. u. die Verminderung des Ablaufs von Preßsaft zurückgeführt wird. Für die Milchsäurebldg. soll der Zuckergeh. des Grünfutters mindestens 1,2% betragen. Zusatz von 4% Schrot ist bei direkter Einlagerung wirksamer als nach Vortrocknung, jedoch werden größere Verluste u. Bldg. von Buttersäure beobachtet. (Kungl. Lantbruksakad. Tidskr. **91.** 148—57. 1952.) R. K. MÜLLER. 7782

H. Lüdecke und **M. Nitzsche,** *Die Bedeutung der Zuckerrübe als Futterpflanze in der Gegenwart.* Aus dem Erntedurchschnitt zweier Jahre in Holtensen wurde der verdauliche u. der Gesamtnährstoff von Zuckerrüben u. Rübenkraut für Rinder u. Schweine errechnet. Die große Bedeutung der Zuckerrüben als billige u. hochwertige Futterpflanzen wird hervorgehoben. (Zucker **5.** 120—22. 15/3. 1952. Göttingen, Forschungsstelle für Zuckerrübenanbau Holtensen.) RUTKOWSKI. 7786

Harald Hvidsten und **Hanne Simonsen,** *Untersuchungen über Laugung und Auswaschung von Vollstroh.* Beim Auslaugen von ungehacktem Stroh nach BECKMANN kann man mit genügender Auswaschung rechnen, wenn das Stroh weniger als 1,5 g, mit guter Auswaschung, wenn es 1 g NaOH/kg oder weniger enthält. Genügende Auswaschung wird erzielt, wenn in 1 Tag das W. 5mal gewechselt wird. Ausgelaugtes Vollstroh enthält wahrscheinlich weniger Trockensubstanz als ausgelaugtes gehacktes Stroh, ist ihm aber gleichwertig in chem. Zus., Verdaulichkeit u. Futterwert. (Tidsskr. norske Landbruk **59.** 85—93. März/April 1952.) R. K. MÜLLER. 7786

W. Schlolaut und **E. Kulpe,** *Tastversuch über die Wirkung von Beta-Mehl bei Wiederkäuern.* Lämmer, die 30 Tage lang 10% *Beta-Mehl* (Prod. aus Fischpreßwässern mit Phosphaten u. Vitamin D_2; GEBEKA, Weinböhla bei Dresden) im Kraftfutter erhielten, zeigten eine um fast 30% erhöhte Gewichtszunahme gegenüber ohne diesen Zusatz gefütterten Tieren. (Tierzucht **7.** 15—16. Jan. 1953. Ludwigshof, Thür., Landesanst. für Viehhalt.) KRUSEN. 7786

J. Partanen, *Über den Nährwert der Magermilch bei der Schweinemast.* Inhaltlich im wesentlichen ident. mit C. **1952.** 3585. — Ausführliche Beschreibung der Fütterungsversuche. (Valtion Maatalouskoetoiminnan, Julkaisuja **1952.** No. 136. 1—12. Tikkurila, Finnland, Versuchsstat. für Schweinezucht.) BECKMANN. 7786

Johs. Høie, *Versuche mit Hefe bei Küken.* Mit trockener Bier- oder Futterhefe lassen sich in der Aufzucht von Küken bessere Gewichtszunahme u. Lebensfähigkeit erzielen, bes. in den ersten 4—5 Wochen. Die Hefezugabe beträgt 1—4%. Als Proteinquelle ist Bierhefe wertvoller. Durch Zusatz von Vitamin B_1, Pantothensäure oder Mn-Salz wird die Wrkg. reiner Sulfithefe nicht gesteigert. Sojamehl läßt sich durch Hefe (bis 12%) in ihrem Proteinwert ersetzen. (Tidsskr. norske Landbruk **59.** 94—117. März/April 1952. Norges Landbrukshogskole, Inst. f. Fjørfe og Pelsdyr.) R. K. MÜLLER. 7786

Albert R. Mead und **Arthur R. Kemmerer,** *Der Aminosäuregehalt von getrockneten afrikanischen Riesenschnecken (Achatina fulica Bowdich).* Die Tiere wurden in kochendem W. von der Schale befreit, bei mäßiger Temp. getrocknet u. zu einem feinen Pulver zerrieben. *Arginin, Histidin, Isoleucin, Leucin, Lysin, Methionin, Phenylalanin, Threonin, Tryptophan* u. *Valin* wurden nach der Meth. von KEMMERER u. ACOSTA (J. Nutrit. **38.** [1949.] 527) quantitativ bestimmt. Wegen des hohen Lysingeh. wird auf die Eignung des Schneckenmehls als Zusatzfutter zu Baumwollsamenmehl bei der Fütterung von Federvieh hingewiesen. (Science [Washington] **117.** 138—39. 6/2. 1953. Tucson, Ariz., Univ. of Arizona, Dep. of Zool., Dep. of Nutrit.) WOLFGANG ALBRECHT. 7786

W. Ss. Makarenko, *Die Hyaluronidase von Nahrungsmitteln als Anzeichen für das Vorliegen von pathogenen Staphylokokken.* Vf. beschreibt verschied. Verff. zur Isolierung von enterotox. Staphylokokken aus Nahrungsmitteln. Es wird festgestellt, daß diese in einfacher Weise durch die Ggw. von *Hyaluronidase* (I) nachgewiesen werden können. I läßt sich nachweisen, indem man eine mehrfach verd. Probe mit Hyaluronsäure ansetzt (15 Min. bei 37°; 5 Min. in Eis) u. nach Zusatz von 15%ig. Essigsäure feststellt, daß keine Agglutination eintritt. Die Rk. auf I tritt in Konserven, die von Staphylokokken befallen sind, am 3.—5. Tag auf u. verschwindet am 10.—12. Tag wieder; dasselbe gilt für das Enterotoxin. (Гигиена и Санитария [Hyg. u. Sanitätswes.] **1953.** Nr. 1. 37—41. Jan.) R. K. MÜLLER. 7790

W. A. Smirnow und **A. I. Smirnowa,** *Über eine Fehlerquelle bei der polarimetrischen Bestimmung der Stärke im Getreidekorn.* Dadurch, daß bei der üblichen polarimetr. Best. der Stärke in pflanzlichen Materialien das Vol. des unlösl. Rückstandes nach Behandlung mit 1,1%ig. HCl nicht berücksichtigt wird, erhält man, wie Vf. bei Analysen von Getreidekörnern zeigt, um 0,4—1,6% zu hohe Werte. (Биохимия [Biochemie] **17.** 646—48. Nov./Dez. 1952. Leningrad, Technol. Inst. der Lebensmittelind.) ULMANN. 7796

L. Ss. Lewijewa, *Schnellmethode zur Bestimmung des Feuchtigkeitsgehaltes in Fischprodukten.* 1,5—2 g Substanz werden mit Sand verrieben, 3 Min. mit einer Infrarotlampe (500 Watt) bestrahlt, gekühlt u. gewogen. (Рыбное Хозяйство [Fischerei-Wirtsch.] **28.** Nr. 12. 48—49. Dez. 1952.) SCHMEISS. 7852

M. Ødelien, *Der Zusammenhang zwischen Blattprozenten bei Timotheusgras und Futterwert des Heus.* Vf. untersucht die Beziehung zwischen % Blattanteil der Pflanze (x) u. Trockensubstanzgeh. (y) je Futtereinheit an Gras- u. Heuproben mit 87—100% Timotheusgras in lufttrockenem Zustand. Die Gleichungen bei 2 Proben $y = -1,473 \log x + 3,65$ u. $y = 0,000643\ x^2 - 0,0608 + 2,70$ liefern den Korrelationskoeff. $R = 0,964$ u. die mittlere Abweichung $s = \pm 0,064$. Wenn x für die Rohfasern im Heu berechnet wird, ergibt die Gleichung $y = 0,00491\ x^2 - 0,237\ x + 4,00$ für $R = 0,903$, für $s = \pm 0,105$. Der Rohfasergeh. ist also ein gutes Maß für den Futtereinheitswert des Heus. (Tidsskr. norske Landbruk **59.** 76—84. März/April 1952. Norges Landbrukshogskole.) R. K. MÜLLER. 7866

—, Tobacco. New York: Columbia Univ. Press. 1952. (49 S., Diagr.) $ —,50.

XVII. Fette. Seifen. Wasch- u. Reinigungsmittel. Wachse. Bohnermassen usw.

J. Poliakoff, *Britische Neuerung in der Extraktion von Ölen und Fetten in der Kälte: Verfahren Chayen.* An Hand einer schemat. Darst. wird der sogenannte CHAYEN-Prozeß (BRITISH GLUES AND CHEMICAL LTD.) zur schonenden Kaltgewinnung von Fetten aus Knochen (für Gelatine- u. Leimgewinnung) beschrieben. Die Arbeitsweise beruht auf der Anwendung von Wellen hoher Frequenz, die sich dem vorhandenen kalten W. mitteilen, das unter diesen Bedingungen eine Zerstörung der Zellmembranen der Knochen herbeiführt, womit das Fett austritt u. vom W. abgetrennt werden kann. Das Verf., das sehr rasch (bei Knochen 3 Min. bis zur Fettgewinnung, 8 Min. bis zur Gewinnung der für die Gelatineherst. vorbereiteten, entfetteten Knochen), sehr schonend (keinErhitzen des Gutes) u. wirtschaftlich arbeitet, wird als brauchbar auch für andere fetthaltige Rohstoffe hingestellt (Ölsaaten, Nüsse, Leberöle von Seefischen, Heringsölfabrikation). Hinweis auf die wirtschaftliche Bedeutung des Verfahrens. (Oléagineux **8.** 85—86. Febr. 1953.) TÄUFEL. 7872

S. Čmelik, *Über das Vorkommen von flüchtigen Ölen bei Seealgen.* Aus 25 kg frischen, an der Luft getrockneten Braunalgen (*Dictyopteris polypodioides*) wird mittels Wasserdampfdest. eine wss. Fraktion gewonnen, aus der sich nach Aussalzung mit NaCl unter Benutzung von Ae. ca. 3,5 g eines leicht beweglichen, gelbbraunen Öls von eigentümlichem, durchdringendem Geruch isolieren lassen: Brechungsindex n_D^{20} 1,4899; SZ. 24,8; VZ. 124,6; EZ. 99,8; AZ. 97,1. Das Öl enthält S, ist aber frei von N; es stellt ein Stoffgemisch dar, aus dem durch Ausschütteln mit Alkalien bzw. Säuren krist. Verbb. abtrennbar sind; die mit NaOH isolierte Substanz gibt mit $FeCl_3$ eine rotviolette Farbe (Phenol). Der hinterbleibende neutrale Anteil (82%) wird in Pyridin benzoyliert u. nach dem Lösen in PAe. über Al_2O_3 (BROCKMANN) chromatographiert. Bei der Elution mit PAe. geht der Hauptanteil (57,6%) in Lsg.; er erweist sich als S-haltig; die Elutionen mit Bzl., Ae. u. Methanol enthalten schwefelfreie Benzoesäureester. Weitere 7 verschied. Rot- u. Braunalgen lassen bei der Unters. ein flüchtiges Öl nicht erkennen. (Arhiv Kemiju [Arch. Chim.] **21.** 204—09. 1949, ausg. Sept. 1950. Split, Kroatien, Inst. für Ozeanographie u. Seefischerei.) TÄUFEL. 7894

Paul H. Mensier, *Die Extraktion des Öles der frischen Cocosfrüchte.* Übersichtsbericht Unter Hinweis auf die seitherige Aufarbeitung der Cocosnuß als Ölfrucht auf dem Weg über das getrocknete Zwischenprod. Kopra, wobei die Vorteile u. Nachteile krit. aufgezeigt werden, erfolgt eine Besprechung der neueren Verff., die die unmittelbare Verarbeitung der frischen Früchte zum Ziele haben. Es werden behandelt die Patente von ALEXANDER (USA), von BECKMAN (England), von LAVA (USA) sowie das Verf. nach ROBLEDANO-LUZURIAGA. Die genannten Fabrikationsweisen gewinnen durch Zerkleinern u. Pressen der frischen Kerne jeweils eine wss. Fettemulsion [stabilisiert durch das Protein (Albumin) der Cocosnuß], deren Aufarbeitung in verschied. Weise erfolgt (vgl. Original). (Oléagineux **8.** 75—78. Febr. 1953. Paris, Inst. de Rech. pour les Huiles et Oléagineux [I.R.H.O.].) TÄUFEL. 7894

C. N. Catravas und **G. Knafo,** *Verhalten von Methyloleat und Linoleat sowie ihrer Oxydationsprodukte gegenüber Harnstoff.* Unter Einsatz der Methylester von Öl- (I) u. Linolsäure (II) werden Oxydationsverss. durchgeführt, indem bei 30° u. UV-Bestrahlung ein Strom von O_2 durch die Ester geleitet wird; analyt. Kennzeichnung der Ester nach verschied. Oxydationszeit durch Best. von Brechungsindex, JZ. (WIJS), Hydroxylzahl, Verh. gegenüber einer alkoh. gesätt. Lsg. von Harnstoff (fällbarer u. nichtfällbarer Anteil, der zusätzlich hinsichtlich der Absorption im UV sowie im Infrarot untersucht wird). Aus den experimentellen Befunden wird abgeleitet, daß unter den gewählten Bedingungen die Oxydation von **I** langsam verläuft u. zur Bldg. von instabilen Peroxyden führt; die Bldg. von Hydroxylverbb. wird, im Gegensatz zur Oxydation bei 90°, nicht begünstigt. Über die Harnstoffaddukte hinweg ist aus dem oxydierten **I** eine den unveränderten Ester darstellende Fraktion zu isolieren u. eine solche, die wohl als das Dimere von **I** zu betrachten u. peroxydhaltig ist. Für **II** tritt, gegenüber der Oxydation bei 90°, eine Verstärkung der Konjugierung nicht in Erscheinung. Die gebildeten Diene bilden mit Harnstoff teils Addukte, teils nicht, wobei der letztere Fall bevorzugt wird. Aus den infraroten Spektren von **II** wird geschlossen, daß in geringer Menge Prodd. mit alkoh. Funktion entstehen, die die Tendenz zum Übergang in Ketoverbb. besitzen. (Oléagineux **8**. 79—83. Febr. 1953. Paris, Labor. Chevreul.) TÄUFEL. 7894

Maxi Angermair, *Übersicht über die biologische Fettsynthese.* Allg. Ausführungen zu dem Problem der biol. Fettsynthese. (Seifen-Oele-Fette-Wachse **76**. 24—25. 18/1. 45—46. 1/2. 68—69. 15/2. 1950.) WINIKER. 7902

Thomas H. Vaughn, H. R. Suter und **M. G. Kramer,** *Reinigungs- und Schaumbildungseigenheiten des Systems Alkylarylsulfonat–Seife–Natriumcarboxymethylcellulose.* Unter Berücksichtigung der für die Haushaltwäscherei gegebenen Bedingungen wird die Waschwrkg. (Entfernung der Kohlenstoffverschmutzung, Wiedergewinnung der Weiße des Waschgutes, Schaumbldg.) des oben erwähnten tert. Systems unter Heranziehung der üblichen Untersuchungsverff. studiert; um die Schaumhöhe beobachten zu können, wird ein Waschapp. mit durchsichtigem Gehäuse benutzt. Aus den Ergebnissen wird gefolgert, daß Schmutzentfernung u. Weißereproduktion durch Seife erreicht bzw. überschritten werden, wenn man Mischungen verwendet, bei denen auf 5 Teile Seife (Präp. von mittlerem Titer aus Talg u. Cocosöl) 1 Teil Alkylarylsulfonat (Kreelon 4 D) (**I**) sowie etwas Natriumcarboxymethylcellulose (Carbose D) (**II**) kommen. Der Rückgang in der Schaumhöhe (hartes W.) ist bei Seife viel größer als bei **I**; im letzteren Fall wird bei W. mittlerer Härte in Konz. unter 0,2% ein größeres Schaumvol. erreicht. Wenn man **II** mit Seife u. **I** in der zur Steigerung des Reinigungsvermögens erforderlichen Konz. anwendet, werden die Schaumeigg. prakt. nicht verändert. Ist Seife der Hauptbestandteil der Mischung, hängt die Schaumhöhe krit. von der Konz. ab; wenn aber **I** überwiegt, sind bei niedriger Konz. hohe Schaumspiegel erzielbar. Die Ergebnisse vermitteln die Möglichkeit, für die Haushaltwäscherei Kombinationen des tert. Syst. von ausgezeichneter Reinigungswrkg. zusammenzustellen; darüber hinaus ist es möglich, je nach Art der Waschmaschine die gewünschten Schaumeigg. zu verwirklichen. (J. Amer. Oil Chemists' Soc. **30**. 1—5. Jan. 1953. Wyandotte, Mich., Wyandotte Chem. Corp.) TÄUFEL. 7912

Walter Kling, *Wasserlösliche grenzflächenaktive Stoffe. Wasch-, Netz- und Emulgiermittel.* Ausführlicher Übersichtsbericht. Nach Schilderung der Bauprinzipien der wasserlösl. grenzflächenakt. Stoffe werden die wichtigsten Verbb. besprochen: 1. Anionakt. Verbb.: *Seifen, prim.* u. *sek. Alkylsulfate* u. *-sulfonate, modifizierte Seifen, Eiweißkondensationsprodd., Äther-, Monoglycerid-* u. *Oxyalkylamidsulfate, Fettsäurekondensationsprodd., sulfatierte Neutralöle* u. *Fettsäuren, Ester-* u. *Amidöle, Sulfobernsteinsäureester, Alkylnaphthalin-, Alkylbenzol-* u. *Alkylbenzimidazolsulfonate, rein cycl. Sulfonate.* 2. Nichtionogene Prodd.: *Polyäthylenäther, Polyglycerinester, Polyimine.* 3. Kationakt. Prodd.: *Amin-* u. *Pyridiniumsalze.* 4. Ampholyt. Produkte. 5. Elektroneutralverbb. aus 1 u. 3. 2 Tabellen geben eine Übersicht über die einzelnen Verbb. sowie über die histor. Entw. der synthet. Waschmittel. (Angew. Chem. **65**. 201—12. 21/4. 1953. Düsseldorf, Henkel & Cie.) R. KÖNIG. 7912

H. Frotscher, *Einfluß von Fremdelektrolyten auf das capillaraktive Verhalten von anionaktiven Substanzen.* Vf. zeigt in quantitativen Verss., daß durch Neutralsalzzusatz (Na-Salze) die Oberflächenaktivität anionenakt. Substanzen (reinste krist. Alkylnatriumsalze) proportional der Gegenionenkonz. erhöht wird. Die Erhöhung der Gegenionenkonz. verringert die lösl. machende Wrkg. der zum Waschmittel gehörenden Gegenionen, wodurch die Tendenz des Eintritts der hydrophoben Fettkette in die Oberfläche begünstigt wird. Bei nicht komplexbildenden Salzen folgt die Erhöhung der Schaum- u. Waschwrkg. ebenfalls im wesentlichen der Erhöhung der Gegenionenkonz., während die Art u. die Wertigkeit des zugesetzten Elektrolyten von untergeordneter Bedeutung sind. Komplexe Anionen u. Elektrolyte, die typ. koll. Lsgg. bilden, können das Schaum- u. Waschvermögen im Gegensatz zur Capillaraktivität wesentlich über das Maß der n. 1,1wertigen Elektrolyte fördern. Die mitgeteilten Ergebnisse gelten streng nur für die Verhältnisse von Feinwäsche mit neutralen Waschmitteln, bei der mit den hohen Flottenverhältnissen von 1 : 20 bis 1 : 25

gearbeitet wird. Bei niedrigeren Flottenverhältnissen macht sich der Zusatz von Fremdelektrolyten weniger bemerkbar, er kann sogar in bestimmten Fällen schädlich sein. (Chem. Techn. **4.** 485—91. Nov. 1952. Chemnitz.) G. HEINRICH. 7912

Aktiebolaget Separator, Stockholm, Schweden (Erfinder: **S. Brennert, I. A. Afzelius** und **S. Göransson**), *Raffinieren von pflanzlichen und tierischen Ölen mit alkalischen Lösungen.* Die Lsgg. werden schnell in den Ölen fein verteilt. Dann werden die Öle u. die Lsgg. schnell in einen Reaktionsraum eingeführt, wo sie gerührt werden. Anschließend befreit man die Öle von der Reaktionslsg., d. h. den gebildeten Seifen, durch Zentrifugieren in einer hermet. geschlossenen Zentrifuge. (**Schwed. P. 135 453** vom 29/1. 1948, ausg. 29/4. 1952.) JÜRGEN SCHMIDT. 7875

Aktiebolaget Separator, Schweden, *Abtrennung von Bleicherden bei der Behandlung von tierischen, pflanzlichen und mineralischen Ölen* durch Schleudern in einer Zentrifuge unter Verwendung u. Zuleiten einer Hilfs-Fl., bes. von W., welches ein oberflächenakt. Mittel gelöst enthält. — Zeichnung. (**F. P. 974 830** vom 12/11. 1948, ausg. 26/2. 1951. Schwed. Prior. 12/11. 1947.) M. F. MÜLLER. 7875

Lanhoff Grain Co., Danville, übert. von: **Elton R. Darling,** Muncie, Ill., und **William E. C. Yelland,** Washington, D. C., V. St. A., *Extraktion von Öl.* Zerkleinertes Saatgut wird mit wss. Lsgg. (**I**) von NH_3, $(NH_4)_2CO_3$ oder Äthanolaminen behandelt, die gebildete Emulsion (**II**) vom Unlöslichen abgetrennt u. durch Brechen von **II** das Öl gewonnen. Die Konz. von **I** soll so gering sein, daß die vorliegende Stärke gelatiniert u. Protein nicht gelöst wird. Das Verf. eignet sich bes. für die Aufarbeitung von ölhaltigen Abfallmehlen der Maismühlen. (**A. P. 2 606 916** vom 10/5. 1949, ausg. 12/8. 1952.) LÜTTGEN. 7895

Charles Gunnar Ebbe Sjöström, Akarp, und **Ake Valdemar Larsson,** Linköpping, Schweden, *Schutz für Milcherzeugnisse oder Margarine vor unangenehmer Geschmacks- und Geruchsbildung.* Man setzt eine reduzierende Zucker, wie Lactose, Glucose, Galaktose, Xylose, Fructose, enthaltende Lsg. zu, die man unter Luftabschluß bei 80—95° unter Zugabe von Alkali so lange bei einem p_H von 9 behandelt, bis die Zuckerlsg. die Schutzeigg. erlangt hat. (**E. P. 675 773** vom 9/9. 1949, ausg. 16/7. 1952. **A. P. 2 609 297** vom 12/9. 1945, ausg. 2/9. 1952. Beide Schwed. Prior. 11/9. 1948.) MAASS. 7901

Colgate-Palmolive-Peet Co., Jersey-City, N. J., übert. von: **Edward A. Lawrence,** New York, N. Y., V. St. A., *Destillation von Fettsäuren.* Man verdampft diese im Vakuum u. führt die Dämpfe mit Schallgeschwindigkeit durch einen Zentrifugalseparator, z. B. Cyclon. — Zeichnung. (**A. P. 2 610 142** vom 4/8. 1949, ausg. 9/9. 1952.) LÜTTGEN. 7909

Sichel-Werke Akt.-Ges., Hannover, *Seife,* gek. durch den Zusatz von quellstärkehaltigen Alkalisalzen der Celluloseglykolsäure als Füllmittel. (**D. B. P. 872 812** Kl. 23e vom 29/2. 1940, ausg. 9/4. 1953.) LÜTTGEN. 7911

Pierre E. Bigourdan, Frankreich, *Seifenersatzmittel.* Es besteht ganz oder teilweise aus Kolophonium in Form eines *Alkaliresinats* in einem wss. Medium. Als weitere Zusätze sind genannt z. B. Lösungsmittel, welche die Harzseife zu lösen vermögen u. in W. fast unlsöl. sind. Hierzu gehören bes. Terpenalkohole, Cyclohexanole, Octylalkohol, Amylacetat, Trikresylphosphat, Terpentinöl, Terpinolen, Bzl. u. Triäthanolamin. — Vor der Überführung des Kolophoniums in das Alkalisalz wird es gegebenenfalls teilweise oder ganz sulfoniert. (**F. P. 972 450** vom 21/3. 1941, ausg. 30/1. 1951.) M. F. MÜLLER. 7911

Union Française Commerciale Industrielle, Casablanca, Marokko, *Kontinuierliche Reinigung von Seifenleim.* Dieser wird in mehreren Stufen mit Salzlsg. gewaschen, deren Konz. ein wenig höher liegt, als für die Lsg. der Seife erforderlich, mit W. ausgeschliffen u. in einem Absatzbehälter in Kern u. Leim-Nd. getrennt. Die abgeschiedene Unterlauge wird in einer größeren Menge als sich theoret. bildet (ca. 20% mehr) abgezogen, durch Erhöhung des Salzgeh. in Kern u. Unterlauge getrennt u. in die letzte Ausschleif- u. Absetzstufe zurückgeführt. — Vorrichtung. (**D. B. P. 852 733** Kl. 23e vom 6/7. 1949, ausg. 22/12. 1952. **E. P. 685 295** vom 5/7. 1949, ausg. 31/12. 1952. Beide Marrokan. Prior. 17/7. 1948.) LÜTTGEN. 7911

Chimotechnic, Union Chimique du Nord et du Rhône (Soc. An.), Rhône, Frankreich, *Herstellung von Harzestern und deren Sulfonderivaten.* Wasserfreie Na-Salze organ., bes. tert. Säuren oder deren Mischungen, werden mit Mono- oder Polychloriden von ein-, zwei- oder dreiwertigen Alkoholen (prim., prim. u. sek. oder prim. u. tert.) oder deren Mischungen umgesetzt. Die noch freie OH-Gruppen enthaltenden Reaktionsprodd. können sulfoniert werden u. dienen als Salze als *Schaum-, Reinigungs-* u. *Netzmittel.* — 100 (Teile) mit 30 Na_2CO_3 neutralisiertes Kolophonium oder neutralisierte

Ricinusölsäure werden in 260 Glykolmonochlorhydrin (I) suspendiert u. unter Rückfluß 2 Std. auf den Kp. des I erhitzt, I abdest., mehrmals mit heißem W. gewaschen; braune, halbfl., transparente Harzmasse. (**F. P. 988 005** vom 31/8. 1943, ausg. 22/8. 1951.) PANKOW. 7913

Constant Trottmann und **Jean Lucien Queutelot,** Frankreich, *Reinigungsmittel*, bes. zum Waschen der Hände, bestehend aus einem festen saugfähigen Trägerstoff, wie Papier oder Fasergewebe einschließlich Asbestgewebe, der imprägniert ist mit Emulgierungs- oder Reinigungsmitteln. — Papier wird z. B. imprägniert mit einer Lsg. aus 10 (%) Naphthalin-Na-sulfonat, 10 Na_2CO_3, 4 Dextrin u. 76 W., oder Baumwollgewebe in eine Lsg. aus 15 (%) Laurinalkohol, 10 Na_3PO_4, 3 Knochenleim u. 72 W. eingetaucht u. getrocknet. (**F. P. 974 543** vom 24/7. 1941, ausg. 23/2. 1951.) M. F. MÜLLER. 7913

Lever Brothers & Unilever Ltd., England (Erfinder: **Phillip M. Maxwell** und **Kenneth E. Perry,** V. St. A.), *Reinigungsmittel* als Seifenersatz zum Waschen von Cellulosegewebe, bestehend aus den Alkali- oder Erdalkalisalzen von Alkylarylsulfonsäuren, z. B. Dodecyltoluolsulfonsäure. — Das Reinigungsmittel enthält z. B. 10—75% des Mg-Salzes einer Alkylarylsulfonsäure u. 1—50% $MgSO_4$. Gegebenenfalls wird noch Seife zugegeben u. als weitere Zusatzmittel sind $Na_4P_2O_7$ oder Na-Tripolyphosphat sowie Na_2CO_3 u. Na_2SiO_3 genannt. — In einem Beispiel sind genannt Alkylaryl-Mg-sulfonat 30 (%), $MgSO_4$ 4,8, $Na_4P_2O_7$ 20, Na_2CO_3 15, Na_2SiO_3 20,2 u. W. 10. (**F. P. 974 713** vom 5/11. 1948, ausg. 26/2. 1951. A. Prior. 7/11. 1947.) M. F. MÜLLER. 7913

Établissements Gustave Maubec, Frankreich, *Haltbares Mittel zum Waschen von Wäsche* mit Bleichwrkg., bestehend aus 24 (%) Cocosölfettsäuren, 12 NH_4-Salze dieser Säuren, 12 Amide dieser Säuren, 2 Na-Persulfat u. 50 Na_2CO_3. (**F. P. 990 299** vom 4/5. 1949, ausg. 19/9. 1951.) M. F. MÜLLER. 7913

Cowles Chemical Co., Cleveland, O., V. St. A., *Oberflächenaktive organische Si-Verbindungen für Überzüge.* Alkyl- oder Alkylentrihalogensilane werden, zweckmäßig in Ae. gelöst, mit einer wss. Lsg. von Alkalihydroxyd hydrolysiert. — 55 (g) $C_3H_7SiCl_3$ in 300 Ae. werden mit einer Lsg. von 350 KOH in 700 W. tropfenweise versetzt u. kräftig gerührt. Nach 3 Std. verdampft man den Ae. u. filtriert den Nd. ab. Die wss. Lsgg. des erhaltenen K-Salzes des Butylsilantriols hat netzende Wrkg. u. dient u. a. als *Reinigungsmittel.* Das auf Fasern aufgezogene Triol kann durch Erhitzen polymerisiert werden u. macht das Gut wasserabweisend. (**E. P. 675 188** vom 28/10. 1948, ausg. 9/7. 1952. A. Prior. 28/10. 1947.) MÖLLERING. 7917

Maurice L. M. Nocq, Frankreich, *Herstellung von Tonerdegel für Reinigungszwecke,* als Seifenersatz u. für die Leimherstellung. — Einem Gemisch aus 1 Teil Ton u. 2 bis 4 Teilen W. werden 0,5—10% Na- oder NH_4-Zinkat zugesetzt. (**F. P. 973 538** vom 12/9. 1941, ausg. 12/2. 1951.) M. F. MÜLLER. 7917

S. C. Johnson & Son, Inc., übert. von: **Edward A. Wilder** und **Elbert S. McLoud,** Racine, Wis., V. St. A., *Raffinieren von vegetabilischem Wachs.* Rohes pulverförmiges Wachs, das vorher noch nicht geschmolzen wurde, wird unter starkem Rühren mit der 2,5fachen Menge W. von $<70^0$ vermischt. Unter allmählichem Nachlassen der Rührgeschwindigkeit wird die sich abscheidende Wachsschicht kontinuierlich abgezogen. (**A. P. 2 605 900** vom 15/5. 1948, ausg. 5/8. 1952.) LÜTTGEN. 7925

Chemische Fabrik Weil & Gscheidle, Adam Weil und **Dina Gscheidle,** Frankfurt/M.-Höchst, *Herstellung von Bohnerwachs in Körnerform.* Man versprüht verflüssigtes Bohnerwachs unter Druck, so daß sich das Lösungsm. zum Teil verflüchtigt u. eine dünne Wachsschicht über den einzelnen Teilchen bildet. — Zeichnung. (**E. P. 682 754** vom 26/4. 1951, ausg. 19/11. 1952.) LÜTTGEN. 7927

XVIIIa. Holz. Cellulose. Zellstoff. Papier. Papierdruck. Celluloid. Linoleum.

W. Schwartz, *Beiträge zur Kenntnis des Holzes als Werkstoff.* 3. Mitt. *Untersuchungen über die Beeinflussung der Quellung des Holzes durch Imprägnierung.* (2. vgl. Angew. Bot. **13.** [1931.] 257.) Schäl- u. Messerfurniere in Stärken von 0,2—1,8 mm von Birke, Buche, Okumé u. Fichte wurden der Einw. von Salzen, Säuren, Alkalien u. organ. Verbb. ausgesetzt u. ihr Einfl. auf die Quellung wurde durch Wägung festgestellt. Die Quellung wird erhöht durch LiCl u. Na_2CO_3, herabgesetzt durch $CaCl_2$ u. $NaHCO_3$. Organ. Verbb. (ein- u. mehrwertige Phenole ohne u. mit Carboxylgruppen, sowie Alkyl- u. Halogenderivv.) vermindern in verschied. Grade die Quellung, wobei Druckbehandlung den Effekt verstärkt. Sowohl Cellulose als auch Lignin scheinen an den Quellungsvorgängen beteiligt zu sein. (Angew. Bot. **26.** 228—39. Dez. 1952.) WERGIN. 7952

Alfred J. Stamm, *Diffusions- und Durchdringungsmechanismus von Lösungen in Holz.* Vf. gibt genaue Angaben über Diffusion u. Eindringen von W., Wasserdampf, Lsgg. u. Gasen in trockenes Holz. Diese erfolgen hauptsächlich in Capillarrichtung, gefolgt von Diffusion durch die Zellwände u. sind direkt proportional der Quadratwurzel der Zeit. Durch Evakuieren wird die Wasserdampfabsorption stark beschleunigt u. der Rückdruck der eingeschlossenen Luft vermindert. Auch vorheriges Dämpfen erhöht das Absorptionsvermögen des Holzes; wirkungsvoller ist das Verdrängen der Luft durch NH_3 vor der Sulfitkochung. NH_3 hat die 10fache Diffusionsgeschwindigkeit von SO_2, ist besser in W. lösl. u. verhindert durch seine alkal. Rk. ein Anbrennen des Holzes. (Pulp Paper Mag. Canada **54.** Nr. 2. 54—63. Febr. 1953. U. S. Dep. of Agricult., Forest Prod. Labor.) H. BECKER. 7952

J. E. Marian und **H. H. Fickler,** *Die Leime in der Holzindustrie. Eigenschaften, Vorbereitung und Anwendung der gebräuchlichsten Leimtypen.* Allg. Übersicht der gebräuchlichen Leimtypen, Eigg., vorbereitende Vorgänge, Verleimungsprozeß u. Nachbehandlung. Die eigentliche Verleimung wird durch Kohäsion, Adhäsion, Härtung u. Verstärkung herbeigeführt, der Abbindevorgang beruht auf einem Sol-Gel-Übergang. Es gibt reversible u. irreversible Leimtypen. Leime gelieren durch Abkühlung, Erhitzen, als Folge einer chem. Rk. oder durch Abdunsten des Lösungsmittels. Es werden einige Sonderverff. besprochen: Hochfrequenzverleimung, Verleimung gekrümmter Oberflächen, Flüssigkeitsdruckformung, Bandelementverleimung, Metall-Holz-Verleimung. (Holz Roh- u. Werkstoff **11.** 18—27. Jan. 1953. Stockholm.) STEINER. 7952

Janos Daut, *Zeitgemäße Herstellung der Halbzellstoffe.* Halbzellstoff läßt sich aus Einjahrespflanzen, Laub- u. Abfallhölzern nach dem neutralen Sulfit-, dem Sulfat- oder dem Natronverf. herstellen. Eine Vorimprägnierung des Holzes erleichtert den Aufschluß u. das Endprod. enthält weniger Splitter. Nach der Defibrierung wird der Stoff am besten in einem Kegelrefiner nachgemahlen. Die Ausbeute ist 65—85% Halbzellstoff mit besserer Reißfestigkeit u. Berstdruck u. geringerer Druckreißfestigkeit als ein vollchem. Zellstoff aus demselben Rohstoff. Der Defibratorstoff kann bis 15% zum Schrenzpapiereintrag gegeben werden u. erleichtert dann die Entwässerung u. die Papiermaschinenarbeit ohne wesentlich die Festigkeit zu beeinträchtigen. Der Halbzellstoff wird zur Herst. von Bauplatten, Wellpappe u. a., weniger für feine Papiere verwendet. Der Chemikalienverbrauch bei der Herst. von Halbzellstoff ist meist sehr hoch, da nur selten eine Chemikalienrückgewinnung aus der Ablauge lohnt. (Papier u. Druck **1.** Zellstoff u. Papier 38—40. Sept. 1952. Budapest, Papier- u. Zellulosefabrik Csepel.) H. BECKER. 7964

Ferri Casciani, *Verwendung von Chlordioxyd und Chloriten für Zellstoff und Papier.* Vf. gibt eine Übersicht über die chem. Rkk. von ClO_2 u. Chloriten, ihre Oxydationsstärke, ihre Bleicheigg., ihre Anwendung zum Lösen von pflanzlichen Inkrusten u. zum Bleichen von Zellstoff. — 108 Literaturangaben. (Paper Trade J. **136.** Nr. 10. 21—25. 6/3. 1953. Niagara Alkali Co.) H. BECKER. 7978

R. R. Coupe, *Bemerkung zum fleckenartigen Trocknen von Druckfarben.* Fleckiges Trocknen ist von der Druckfarbe selbst u. nicht von dem Untergrund abhängig. (J. Oil Colour Chemists' Assoc. **35.** 118—23. März 1952. Patra House, Leatherhead, Surrey.) SCHEIFELE. 7988

D. Hoyer, *Der Rohstoff Pappe, seine Herstellung, seine Sorten, seine Fehler und deren Ursachen.* (Vgl. C. **1953.** 3494.) Angaben über die Vor- u. Nachteile der verschied. Trockenverff. für Hand- u. Maschinenpappen u. über die weitere Ausrüstung der Pappen, wie Glätten, Prägen u. Lackieren. (Papier u. Druck **1.** Zellstoff u. Papier Nr. 2. 25—26. Aug. 1952. Heidenau, Sachsen.) H. BECKER. 7992

Gunnar Gran, *Bestimmung von Alkoxylgruppen.* 3. Mitt. *Eine Untersuchung über die Bestimmung von Methoxyl in Kohlenhydrate enthaltenden Substanzen.* (2. vgl. C. **1953.** 1102.) Bei Blindverss. mit Zuckern u. höheren Alkoholen, die keine Methoxylgruppen enthalten, wurde gefunden, daß nach der Meth. von VIEBÖCK u. SCHWAPPACH Methoxylwerte von 0,1—0,4% auftreten. Es wird vermutet, daß bei der Dest. Alkyljodide entstehen, die den Methoxylgeh. vortäuschen. Bei den Bestimmungen methoxylhaltigen Materials werden stets zu hohe Werte erhalten. Die Erhöhung wird auf die gleichen Ursachen zurückgeführt. Methyljodid (**I**) u. Alkyljodid lassen sich trennen, da **I** in alkoh. Lsg. von Trimethylamin ausfällt. Da das entstehende Tetramethylammoniumjodid (**II**) sich in dem als Lösungs. benutzten A. löst, muß der A. vorher mit **II** gesätt. werden. (Svensk Papperstidn. **56.** 179—80. 15/3. 1953. Stockholm, Swedish Forest Prod. Res. Labor., Anal. Labor., Wood Chem. Dep.) WERGIN. 8006

Horst Tröger, *Anwendungsmöglichkeiten des Dalenschen Faktors bei der Rohpappenfestigkeitsprüfung.* Es wurde untersucht, ob der DALÉNsche Faktor auch bei der Prüfung der Bruchlast von Rohpappen bei einer anderen relativen Luftfeuchtigkeit als 65 ± 2% zur Umrechnung anwendbar ist. Die Übereinstimmung zwischen ermittelten u. indirekt bezogenen Werten genügt den techn. Ansprüchen; die größte absol. Differenz betrug 0,14 kg. (Papier u. Druck 1. Zellstoff u. Papier 43—45. Sept. 1952. Altenburg, Deutsches Amt für Material- u. Warenprüfung.) H. BECKER. 8016

Karl Johan Hilbert Nordlander, Gunnolse, Schweden, *Behandlung von Holz.* Um Holz einen fossilen Charakter zu erteilen, taucht man es in W., dem Nährstoffe für Fäulnisbakterien, z. B. eine Hornleimlsg., zugefügt wird, zweckmäßig unter Fernhaltung von Licht, wobei Amine u./oder NH_3 aus der Fäulnisgärung in das Holz eindringen u. mit den Säuren des Holzes (Pektinsäuren, Harzsäuren, Gerbsäuren u. Eiweißspaltprodd.) konservierende Salze bilden. Das Holz soll bes. für die Herst. von Musikinstrumenten dienen. (**N. P. 79 105** vom 17/2. 1950, ausg. 1/10. 1951. Schwed. Prior. 18/2. 1949.) JÜRGEN SCHMIDT. 7953

Bolidens Gruvaktiebolag, Skelleftehamn, Schweden, *Herstellung von Holzkonservierungsmitteln.* Man vermischt Verbb. von Arsensäure u. Chromsäure mit Metallverbb., die schwerlösl. Arsenate u. Chromate ergeben, wobei man die Vereinigung bei Tempp. $> 35^0$ so vornimmt, daß zunächst kein unlösl. Rest bei einer nachfolgenden Verdünnung mit W. entsteht u. das Reaktionsprod. mindestens 20% As_2O_5 enthält. — Z. B. löst man 29 (kg) CrO_3 in 67—70%ig. Arsensäure (50 As_2O_5), erwärmt auf 70—110° u. setzt eine Paste aus 17,7 ZnO u. 50 W. portionsweise unter Umrühren zu. Man erhält eine dunkle Lsg., die bei Verdünnung auf 1—2% As_2O_5 klar wird. (**N. P. 79 996** vom 30/1. 1950, ausg. 31/3. 1952. Schwed. Priorr. 8/7. u. 14/12. 1949.) JÜRGEN SCHMIDT. 7953

J. Reller, Frankreich, *Gewinnung von Cellulose aus Pflanzen.* Um die Fermentation der Leimstoffe u. die damit verbundene Verfärbung der Cellulose während des Aufschließens bei Tempp. unterhalb 120° zu verhindern, werden der Aufschluß-Fl. antisept. wirkende Stoffe, z. B. NaF, zugesetzt, welche bei den jeweiligen Aufschlußtempp. stabil sind. (**F. P. 1 009 195** vom 25/5. 1948, ausg. 26/5. 1952.) GLAFEY. 7957

A. Feist und **E. Jaksch,** Wittenberge, *Kunstfaserzellstoff aus nicht vorhydrolysiertem Kiefernholz für das Direktviscoseverfahren.* Nicht vorhydrolysiertes Kiefernholz wird durch Natronsulfatkochlauge mit einer Sulfidität von 9—12% so aufgeschlossen, daß bei erhöhter Hypochloridbleichbadalkalität ein Direktviscosezellstoff entsteht, der nach dem Kochprozeß einen Aufschlußgrad von 32—34 JN, eine Cuoxam-Viscosität von 60—70 mp u., nach der Bleiche, eine Cuoxam-Viscosität von 50—55 mp aufweist. (**D. P. [DDR] 1 023** Kl. 55b vom 7/11. 1950, ausg. 4/2. 1953 [Wirtschaftspatent].) GLAFEY. 7961

Aktiebolaget Rosenblads Patenter, Stockholm, Schweden (Erfinder: **K. E. Zettervall**), *Verbrennen von eingedampfter Calciumbisulfitablauge.* Man versetzt die zur Verbrennung kommende M. mit so viel Flußmittel, daß bei der Verbrennung im Schwebezustand eine fl. Asche erhalten wird. Diese wird aus den Feuergasen vor deren Berührung mit den Ofenwänden oder Rohren zur Dampferzeugung, z. B. in einer besonderen Wirbelkammer, abgetrennt. Als Flußmittel eignen sich bes. Alkali- oder Mg-Salze. (**Schwed. P. 135 805** vom 19/4. 1951, ausg. 20/5. 1952.) JÜRGEN SCHMIDT. 7963

Aktiebolaget Kamyr, Karlstad, Schweden (Erfinder: **J. C. F. C. Richter** und **L. Glöersen**), *Nachbehandlung von aufgeschlossenen Faserstoffen durch Kochen mit einer Kochflüssigkeit, wie NaOH.* Man vermischt die Faserstoffmassen mit der Fl. bei hoher Faserstoffkonz., erhitzt unter Druck auf über 100° u. führt dann in den einzigen Kochbehälter ein, der gegen Wärmeabstrahlung isoliert ist u. in dem die Rk. ohne weitere Zufuhr von Wärme oder Chemikalien zu Ende geführt wird. Die Faserstoffkonz. kann in der Koch-Fl. zunächst gering sein, d. h. unter 12%, u. wird dann beim Unterdrucksetzen u. gleichzeitigen Abpressen auf 15—25% erhöht. Das Pressen erfolgt zweckmäßig in einer Schraubpresse, die die Abführung von W. gestattet. (**Schwed. P. 135 991** vom 21/12. 1943, ausg. 3/6. 1952. N. Prior. 21/12. 1942.) JÜRGEN SCHMIDT. 7965

M. A. L. Demouy, Frankreich, *Behandlung von Holz und Pflanzenteilen mit abgestumpfter Salpetersäure* in einem reduzierenden Medium unter Kreislauf der Aufschluß-Fl. u. zentraler Wiedergewinnung der Chemikalien. Die Behandlung des Rohstoffes erfolgt in verhältnismäßig kleinen Aufschlußbehältern (10 m^3) mit abgestumpfter 18%ig. HNO_3 bei Atmosphärendruck. Die Oxydation der Aufschluß-Fl. wird durch Einführen reduzierend wirkender Gase, z. B. CO, verhindert, welche den Heizgasen entnommen werden oder aus reinem CO bestehen können. Zur Vermeidung von Ablagerungen in den Rohrleitungen wird die Behandlungs-Fl. durch im Gegenstrom gereinigte umlaufende Siebtücher aus nicht oxydierendem Stahl filtriert. Die Steuerung der verschied. Arbeitsvorgänge erfolgt von einer den Betrieb überwachenden Zentrale.

Die entweichenden nitrosen Gase sowie Chemikalien werden zurückgewonnen. (**F. P. 1 008 720** vom 15/5. 1948, ausg. 21/5. 1952.) GLAFEY. 7965

S. à. R. L. Centre de Liaison et d'Études und **Pierre Cor**, Seine, Frankreich, *Wasser- und Feuchtigkeitsdichtmachen von Cellulosediacetat.* Man überzieht solche Celluloseacetatfolien mit Cumaron- bzw. Cumaron–Inden-Harzen, die mit Paraffin plastiziert werden können. So behandeltes Celluloseacetat dient als *Verpackungsmaterial* für Lebensmittel, Medikamente u. Parfümerien. (**F. P. 992 151** vom 17/5. 1944, ausg. 15/10. 1951.) PANKOW. 7971

Dow Chemical Co., Midland, Mich., V. St. A., *Herstellung gemischter Celluloseäther mit Methylgruppen und Glykolsäureresten.* Man behandelt Cellulose (C) mit einer 5- bis 27,5%ig. wss. Lsg. von Monochloressigsäure (oder Na-Salz), preßt ab, bringt C dann in eine 40—55%ig. wss. NaOH-Lsg. bei nicht $>60^0$, preßt erneut ab u. methyliert unter Druck u. $<80^0$ mit 1,2—1,4 (Teilen) CH_3Cl auf 1 C. Der Mischäther enthält 0,02—0,3 CH_2COOH-Reste u. 0,7—2,1 CH_3-Gruppen pro $C_6H_{10}O_5$-Einheit. (**E. P. 659 506** vom 28/3. 1949, ausg. 24/10. 1951.) FABEL. 7971

Mo och Domsjö Aktiebolaget, Örnsköldsvik, Schweden (Erfinder: **S. H. Sönnerskog** und **E. I. Jullander**), *Oxydieren von Oxyalkylcellulose.* Oxyalkylcellulose, die intakte, endständige OH-Gruppen enthalten, werden mit NO_2 oxydiert, bes. in gasförmiger Phase oder in Lösung. Als Lösungsm. ist z. B. CCl_4 geeignet. Die Reaktionsprodd. sind in starken Basen u. NH_4OH löslich. Auch entsprechende niedrigsubstituierte Äther können in gleicher Weise selektiv oxydiert werden, so daß eine hohe Alkalistabilität der Prodd. erreicht wird. (**Schwed. P. 135 421** vom 4/5. 1950, ausg. 29/4. 1952.) JÜRGEN SCHMIDT. 7971

Paper & Appliances bzw. **Pandia, Inc.**, New York (Erfinder: **Alphonse Surino**, White Plains, **Ronald George Goodwin**, Mount Vernon, N. Y., und **Richard Dunlap Kehoe †**, Hadlyme, Conn.), V. St. A., *Gewinnung von Holzzellstoff*, bes. für *Papier.* Die einem waagerechten Aufschlußrohr zugeführten u. darin durch eine Schnecke u. Dampf von über 100^0 u. hohem Druck kontinuierlich weiterbeförderten Hackschnitzel fallen aus dem Aufschlußrohr in ein senkrechtes Rohr, in dem sie unten von einem rotierenden Aufschläger zerlegt u. tangential umgewirbelt werden. Der Dampf drückt die M. unter Entspannung durch eine die Stärke der austretenden Faserbündel bestimmende u. sich nach außen erweiternde Öffnung in der Rohrwand aus dem Druckbereich. Der Stoff wird dann einem „Refiner" zugeführt. Sind am Anfang des Aufschlußrohres Chemikalien, bes. NaOH, zugesetzt worden, so wird vor dem Refiner noch gewaschen. — Vorr., Zeichnungen. (**A. P. 2 616 802** vom 26/7. 1949, ausg. 4/11. 1952. **D. B. P. 847 685** Kl. 55b vom 27/6. 1950, ausg. 28/8. 1952. A. Prior. 26/7. 1949.) G. VOGEL. 7975

Watervliet Paper Co., übert. von: **Huguenin Miller**, Watervliet, Mich., V. St. A. *Behandlung von Holz.* Laubholz, bes. von Espen oder Pappeln, wird zu Stückchen zerkleinert u. in geschlossenen Gefäßen unter Druck bei ca. 120^0 mit ca. 2—6%ig. NaOH-Lsg. imprägniert. Nach Ablassen des Druckes u. Entfernung der überschüssigen Imprägnierlsg. wird die M. bei ca. 100—232^0 mit einer ca. 15—25%ig. Suspension von Kalk in W. behandelt. Die mechan. abgetrennten u. ausgewaschenen Fasern werden gegebenenfalls noch mit Al-Sulfat oder verd. Säure gefärbt oder mit Alkalihypochlorit gebleicht. Sie dienen zur *Papierfabrikation.* (**A. P. 2 599 572** vom 1/2. 1946, ausg. 10/6. 1952.) KARST. 7975

Imperial Chemical Industries Ltd., London, **James Albert Moyse** und **Gilbert George Simpson**, Blackley, Manchester, England, *Herstellung von gefärbten Papier.* Dem Papierstoff werden nichtsubstantive Farbstoffe zusammen mit einem wasserlösl. Kondensationsprod. aus Dicyandiamid, CH_2O u. einem NH_4-Salz zugesetzt. Das Harz kann durch Zusätze von Amiden, Aminen, Harnstoffen, Carbamaten, Aminotriazinen, Phenolen oder Ketonen modifiziert sein. (**E. P. 651 139** vom 5/4. 1948, ausg. 14/3. 1951.) G. VOGEL. 7985

Ilford Ltd., Ilford, Essex (Erfinder: **Duncan Pax Woosley** und **Kenneth John Challis**), England, *Verpackungspapier*, bes. für *Rollfilme.* Das Papier erhält ein- oder beidseitig einen Überzug aus einem Chlorid einer langkettigen (z. B. 12—30 C-Atome aufweisenden gesätt. oder ungesätt.) Carbon- oder Sulfonsäure. Vorher wird zweckmäßig eine dünne Zwischenschicht aus einem wasserunlösl. Koll., bes. Celluloseacetat, aufgebracht. (**E. P. 662 873** vom 11/4. 1949, ausg. 12/12. 1951.) G. VOGEL. 7987

Interchemical Corp., New York, N. Y., übert. von: **Ernest D. Lee**, Teaneck, **Rupert J. Schefbauer jr.**, Union City, und **Otto P. Berberich**, Jersey City, N. J., V. St. A., *Herstellen von Druckfarben für Papier.* Die Farbe besteht aus einer Dispersion eines Pigmentes in einer Lsg. eines Harzes in einem Petroleum-KW-stoff, der prakt. bei n. Temp. nicht trocknet, aber bei ca. 150^0 sehr schnell verdampft. Als Harz dient ein aus der

Utah-Kohle mit Hexan extrahiertes Harz, das mit 5—15 (Teilen) Maleinsäureanhydrid u. 5—15 Glycerin (bezogen auf 100 Harz) umgesetzt ist. (**A. P. 2 579 836** vom 26/3. 1948, ausg. 25/12. 1951.) Laass. 7989

A/S Jens Villadsens Fabriker, Kopenhagen, Dänemark, *Dachbelagmasse.* Auf einer Unterlage in Bahn- oder Bänderform aus unarmierten bituminösen Stoffen, wie Teer, Asphalt oder Pech, in Form einer Haut wird mit Hilfe eines Bindemittels auf einer oder beiden Seiten ein Streumittel aufgebracht. Die bituminöse Haut besteht z. B. aus 75 (Gew.-%) oxydiertem Asphalt mit F. 70—90° (Kugel- u. Ringmeth.) u. 25 Talkum u. ist außen mit 1200 g künstlich gefärbten Steinen von der Siebgröße 40—20 je m² bestreut. Die M. dient bes. zum Ausbessern von Dächern u. kann zur Erhöhung ihrer Geschmeidigkeit auch noch mit mineral. oder fetten Ölen oder Fetten versetzt sein. (**Dän. P. 73 487** vom 4/2. 1948, ausg. 10/12. 1951. Schwed. Prior. 15/2. 1947.) Jürgen Schmidt. 7993

XVIIIb. Textilfasern.

—, *Tierischer Leim in der Textilverarbeitung.* Besprochen wird die Verwendung von tier. Leim, bes. auch von Gelatine als Schlichtemittel für *Reyon, Vinyon* u. *Nylon.* Die Vorteile dieser Schlichtearten gegenüber den sonst gebräuchlichen werden erörtert. Kurze Hinweise hinsichtlich der Herst. von Gelatine werden gegeben. (Textile Weekly **51.** 94—96. 9/1. 1953.) P. Eckert. 8030

M. Marcou, *Untersuchungen über einige neue Probleme der Ausrüster.* Allg. gehaltene Ausführungen. (Teintex **17.** 629—41. 15/10. 1952.) Zahn. 8032

M. J. Mouton, *Die Technik der Bleicherei.* Übersicht. (Teintex **17.** 643—61. 15/10. 1952. Saint-Dié, Frankreich.) Zahn. 8032

W. B. Blumenthal, *Zirkonverbindungen in Gewebeimprägnierungsmitteln.* Zr-Salze machen Gewebe schon allein etwas wasserdicht; zusammen mit Seifen u. Wachsemulsion wird eine sehr gute Wrkg. erzielt. Die Imprägnierung geht beim Waschen oder bei Trockenreinigung verloren, kann aber durch weitere Behandlung mit einem stark hydrolysierenden Metallsalz stabilisiert werden. (Ind. Engng. Chem. **42.** 640—42. April 1950. Niagara Falls, N. Y., Nat. Lead Co.) Manz. 8036

C. W. North, *Statische Elektrizität. Kontrolle während der Verarbeitung von Acetatseide.* Die Ursachen für das Auftreten stat. Elektrizität, die Fehler u. Schwierigkeiten, die sie verursachen kann, sowie die Methoden zu ihrer Überwachung u. Beseitigung z. B. durch Erdung, Neutralisation, Imprägnierung des Garns oder Ionisation der Luft, werden diskutiert. (Textile Mercury Argus **128.** 556—60. 27/3. 1953.) A. v. König. 8040

H. C. Borghetty, *Chemische und physikalische Modifikationen der Textilfasern.* Gedrängte allg. Übersicht über chem. u. physikal. Veränderungen der Textilfasern. An chem. Modifikationen der vegetabil. Fasern werden kurz besprochen: die Einw. von Harnstoff-, Phenol- u. Vinylharzen, sowie Celluloseestern u. -äthern, die Flammfestausrüstung, die Animalisierung u. die Nachbehandlung von Färbungen zur Verbesserung der Echtheit. Bei den tier. Fasern wird lediglich die Mottenfest- u. Filzfestausrüstung erwähnt. Die physikal. Modifikationen beziehen sich nur auf die Herst. von Stapelfaser, auf das Kalandern, Scheeren, Prägen, Glätten, Rauhen, Stärken usw., also alles Arbeitsgänge, die eine Veränderung der Oberflächenstruktur bezwecken. — 28 Literaturhinweise. (Colloid Chem. **7.** 599—617. 1950. New York, N. Y., General Dyestuff Corp.) H. G. Fröhlich. 8040

Verne W. Tripp und **Mary L. Rollins,** *Morphologie und chemische Zusammensetzung von einigen Komponenten der Zellwand der Baumwollfaser.* Die lichtmkr. Morphologie des Baumwollhaares wird kurz dargestellt. Nach der Cuticula u. Primärwand (I) folgt die erste Schicht der Sekundärwand [genannt „winding" (II)]. Es gelang, Fetzen von I zu isolieren, die schwache Doppelbrechung zeigen u. im Lichtmikroskop den Eindruck eines Netzwerkes aus zwei gekreuzten Bandsystemen, jedes unter einem Winkel von ca. 70° zur Längsachse, hervorrufen. Nach Entfernung von Wachs, Pektinen u. anderen Nichtcellulosestoffen wird im Elektronenmikroskop ein vorwiegend quer zur Längsachse orientiertes Fibrillarnetzwerk sichtbar. Durchmesser der Fibrillen beträgt zumeist 200 Å, bei einigen 100 Å. Dicke von I wird auf 0,2 μ geschätzt. Analyse von I: Wachs (alkohollösl., 60°) = 7,6%, Pektin = 8,8%, Protein = 13,8%, Cellulose (cuoxamlösl.) = 54%, Cutin = 3,5%, Asche = 3%. In der Asche wurde spektrograph. festgestellt: Al, Cu, Fe, Mg, Mn, Si; in Spuren: Na; nicht anwesend: Co, K u. P. Die etwas unregelmäßig, aber bevorzugt parallel gelagerten Fibrillen in II sind unter 30° zur Längsachse orientiert. Gesamtdicke von II beträgt ca. 0,1 μ. Hauptbestandteil ist Cellulose. Die Gesamtwand wird gegen das Lumen durch eine besondere Haut (III) abgegrenzt, ca. 1 μ dick, ohne erkennbare Struktur, mit 28% Proteingehalt. I u. III enthalten die Gesamtmenge oder den größten Teil der einzelnen Nichtcellulosestoffe. Kleine Mengen von Wachs u. Pektin scheinen auch in der Sekundärwand anwesend zu sein. Analyse des Gesamt-Baumwollhaares: Cellulose 95,3%, Protein 1,0%, Wachs 0,75%, Pektinsubstanzen 0,99%, Asche 0,86%, Zucker, organ. Säuren usw. 1,1%. (Analytic. Chem. **24.** 1721—28. Nov. 1952. New Orleans, La., Southern Reg. Res. Labor.) WERGIN. 8044

Josephine Y. B. See und **Lilly K. Gomez,** *Untersuchungen über den Aufschluß von Ramiefasern und die Entholzung von Abacafasern mit Hilfe von Mikroorganismen.* Die Kittsubstanzen der Ramie können durch natürliche Röste nur schlecht u. nicht ohne Schädigung der Cellulose entfernt werden. Vff. versuchten, die Entfernung der Kittsubstanz mit stäbchenförmigen Mikroorganismen, wie sie bei der natürlichen Röste vorkommen, durchzuführen. Da die Organismen den Aufschluß durch Absonderung von Enzymen bewirken, sind Temp., p_H u. O_2-Anwesenheit wesentlich. Am besten waren aerobe Bedingungen, p_H 6,2—6,4 u. 35—36°. Bei 31—32° war die Aufschlußzeit erheblich länger. Durch künstliche Anreicherung der Röst-Fl. an wirksamen Enzymen konnte der Aufschluß beschleunigt werden, z. B. dadurch, daß die Röst-Fll. mehrmals gebraucht wurden. Die besten Ergebnisse wurden bei völliger Untertauchung der Ramie in Nährbouillon erzielt. Die Entfernung des Lignins aus *Abacafasern* mißlang in allen Fällen. (Natur. appl. Sci. Bull. **10.** 199—247. Juli/Sept. 1950. Dep. of Chem.) FRIEDEMANN. 8050

Saburo Okajima und **Shigeru Hayama,** *Optische Eigenschaften von Keratinfasern.* 1. Mitt. *Der Brechungskoeffizient.* Bei 5 Sorten *Schafwolle* aus Japan u. England wurden die Brechungskoeffizienten parallel ($n_{||}$) u. senkrecht ($n_{\perp}$) zur Faserachse nach BECK u. nach dem „Retardationsverf." bestimmt. Die Fasern wurden bei 60° getrocknet u. 1—36 Tage in Mischungen von Chlor- u. Jodbenzol + Trikresylphosphat getränkt. Der Befeuchtungsgrad betrug 41—86%, $n_{||}$ $1{,}556_2$—$1{,}559_7$, $n_{\perp}$ $1{,}545_3$—$1{,}549_6$, ohne große Streuung u. für alle Sorten kaum meßbar differierend. Streckung um 40—60% mit Verwandlung der α- in die β-Form des *Keratins* zeigte kaum meßbaren Einfluß. Dem Vorhandensein einer etwa schuppigen Außenschicht wird kein großer Einfl. auf das Wesen der Hauptmasse der Faser zugeschrieben. — 4 Tabellen. (J. chem. Soc. Japan, ind. Chem. Sect. [Kōgyō Kagaku Zassi] **54.** 399—401. Juni 1951. Xamagata Univ. [Orig.: japan.]) SCHULER. 8060

—, *Entschlichten mit Enzymen und ihre Verwendung bei den Verfahren zum Nichtfilzendmachen der Wolle.* Zur Entfernung von Stärkeschlichten von Cellulosefasern eignen sich die weniger hitzeempfindlichen Malz- u. Bakterienpräpp. besser als die Pankreas- u. Pilzamylasen. Ca-Salze erhöhen die Hitzestabilität von α-Amylasen. Zum Nichtfilzendmachen der Wolle eignet sich das Enzym Papain (I) besser als Trypsin. Die Aktivität von I wird durch $NaHSO_3$ (II) erhöht. I wird an der Wolloberfläche absorbiert u. reagiert mit den Schuppen der Wolle. Da I nicht mit Cellulose reagiert, eignet es sich zum Nichtfilzendmachen von Mischgeweben. Die Bleiche mit II wird durch I verbessert. I u. II vermögen in einem Verf. Wolle-Seide-Mischungen zu entbasten u. nichtfilzend zu machen. (Textile Recorder **70.** Nr. 840. 86. März 1953.) A. v. KÖNIG. 8060

William S. Kilborne, *Naturseide.* Allg. gehaltene Ausführungen. (Ind. Engng. Chem. **44.** 2166—2168. Sept. 1952. New York, N. Y., William Skinner & Sons.) H. G. FRÖHLICH. 8068

G. Bozza, *Die Doppelbrechung künstlicher Fasern.* 1. Mitt. (Vgl. C. **1951.** II. 1528.) Vf. definiert die Polarisierbarkeit α der aus $C_6H_{10}O_5$-Gruppen bestehenden Elemente mit bestimmter Orientierung u. bestimmten Anisotropieeigg.; die Polarisation des Elements unter Einw. einer elektr. Kraft F entspricht dem elektr. Moment $p = \alpha F$, u. die Summe der Polarisationen aller in der Volumeinheit enthaltenen Elemente ergibt die Polarisation der Volumeinheit: $P = \gamma F$. Der Tensor γ wird mathemat. behandelt u. ein Parameter C u. ein Winkel β abgeleitet, von denen die Brechungsindices abhängen u. dadurch die Doppelbrechung. Als typ. Fälle der Verteilung a priori werden erörtert: gleichmäßige, ellipsoide, sinusoidale u. allgemeinere Verteilungen. Als von bes. Verformungsmechanismen abgeleitete Verteilungen behandelt Vf. die Verteilung I u. II nach KRATKY (C. **1935.** I. 522; **1938.** II. 3384; **1940.** I. 1812), von denen bes. II mit Röntgenunterss. gut übereinstimmt. Die nach beiden Methoden berechneten C-Werte werden gegen den Dehnungsgrad $a^{1/3}$ aufgetragen. (Suppl. del Nuovo Cimento Nr. 1. [9] **10.** 1—23. 1953. Milano, Politecn., Ist. di Fisica tecn.) R. K. MÜLLER. 8070

G. Bozza und **E. Bonauguri,** *Die Doppelbrechung künstlicher Fasern.* 2. Mitt. (1. vgl. vorst. Ref.) Die Einzelfasern (Fibrillen) können auch innerhalb des gleichen Fadens Unterschiede im Durchmesser u. im opt. Weg aufweisen (nicht kreisförmiger Querschnitt oder Nichtkonstanz des Titers), hinzu kommen Unterschiede im Streckverhalten. In einer

Tabelle u. Diagrammen werden die Beziehungen zwischen Streckung, theoret. u. effektivem Titer mitgeteilt. Stark orientierte Fäden quellen stark in Querrichtung, dehnen sich aber wenig. Es werden Beziehungen zwischen der mikrometr. ermittelten Fadenbreite d_t, dem Drehwinkel α des Analysators u. der Doppelbrechung $n_\gamma - n_\alpha$ entwickelt. Maximal wird $n_\gamma - n_\alpha = 0{,}0349$ gefunden. Die mkr. gemessenen u. aus dem Gewicht erhaltenen Titer sind nicht ident., stehen aber in annähernd linearer Beziehung (t_g = ca. 0,9 t_m). Aus der isotropen Kontraktion β (ca. 0,404) wird die „effektive" Streckung abgeleitet, auf dessen Wert für den isotropen Faden die Doppelbrechung bezogen wird. In mehreren Tabellen werden die Doppelbrechungswerte für Fäden verschied. Titers zusammengestellt u. u. a. zur Unters. der Theorien von KRATKY (vgl. vorst. Ref.) ausgewertet. (Suppl. del Nuovo Cimento Nr. 1. [9] **10.** 24—54. 1953. Milano, Politecn. u. Univ., Ist. di Fisica.) R. K. MÜLLER. 8070

J. B. Quig und **R. W. Dennison,** *Kennzeichnende Eigenschaften der vollsynthetischen Fasern.* Inhaltlich ident. mit der in C. **1953.** 794 referierten Arbeit. (Ind. Engng. Chem. **44.** 2176—83. Sept. 1952. Wilmington, Del., Textile Res. Div., E. I. du Pont de Nemours.) P. ECKERT. 8080

Hans Böhringer, *Die wichtigsten physikalischen Eigenschaften von Perlonseide.* Besprechung der Unterss. an Hand von 25 Diagrammen. (Faserforsch. u. Textiltechn. **3.** 381—90. Okt. 1952. Schwarza, Inst. für Technol. der Chemiefasern.) P. ECKERT. 8080

W. C. Wylie jr., *Orientierende Versuche über das Schlichten von Orlon- und Dacron-Stapelfaser.* Für die orientierenden Schlichtverss. wurden die folgenden Verbb. verwendet: 1. Polyacrylsäure (PMA), 2. Polyvinylalkohol (PVA), 3. Polyacrylsäure (PAA), 4. Na-Alginat u. 5. ein Copolymerisat aus Methylvinyläther u. Maleinsäureanhydrid (PMA/Ma). Die an 0,25—0,4 g schweren Fasersträngchen ausgeführten Verss. haben gezeigt, daß sich Dacron-Stapelfaser wesentlich schwerer schlichten läßt als Orlon-Stapelfaser. Die besten Ergebnisse wurden mit einer Mischung aus 13% PVA u. 2% Na-Alginat erhalten. Weiterhin hat eine 15%ig. Lsg. von PMA/MA ebenfalls einen positiven Effekt bewirkt, während die anderen Verbb. keinerlei Wrkg. zeigten. Die erhaltenen Ergebnisse sind ausführlich in 6 Tabellen zusammengestellt. (Amer. Dyestuff Reporter **42.** P11—13. 5/1. 1953. Clemson, S. C., School of Textiles; Clemson Agricult. Coll.) H. G. FRÖHLICH. 8080

—, *Neuer kontinuierlicher p_H-Registrierapparat.* Bericht über einen neuen Universal Glaselektroden p_H-Registrierapp., der nur wenig Wartung zur Instandhaltung erfordert. Die p_H-Bereiche von: p_H 0—10 bei $< 50^0$, p_H 0—14 bei 50—100° u. p_H 10—14 bei $< 75^0$ sind je nach der Art der Glaselektrode meßbar. Der App. eignet sich bes. für die Textilindustrie. (Textile Manufacturer **78.** 633. Dez. 1952.) A. v. KÖNIG. 8096

S. H. Mhatre und **G. P. Tawde,** *Die quantitative Trennung von Fasermischungen durch Flotation.* Nach LAROSE (Canad. J. Res., Sect. B **16.** [1938.] 61; C. **1939.** I. 4409) kann man Wolle (I) von Lanital (II) aus Gemischen durch Flotation des leichteren **II** in einer Fl. mit einer D. zwischen **I** u. **II** trennen. Ähnlich wurden mit einem Gemisch von CCl_4 u. Xylol wechselnder Zus. in einem einfachen Gerät (Trennungsrohr 3 cm Durchmesser, 26 cm Länge, unten an Hg-Gefäß angeschlossen seitlicher Auslauf oben 0,7 cm Durchmesser) jeweils 100 mg der fein geschnittenen Fasermischung (105° getrocknet) geschüttelt u. die schwimmende Schicht ausgedrückt u. in einem Glasfiltertiegel gesammelt u. gewogen. Beleganalysen zeigen eine gute Trennung von Baumwolle u. **I**, Viscose u. Acetat, Baumwolle u. Jute bzw. Viscose, **I** u. Seide. Die Meth. ist bes. nützlich für Baumwolle–Jute-Mischungen, weil für deren Trennung keine Meth. existiert. (J. Textile Inst. **44.** T70—75. Febr. 1953.) ZAHN. 8100

J. R. Geigy Akt.-Ges., Zürich, Schweiz (Erfinder: **E. Keller** und **R. Zweidler**), *Herstellung von Stilbenderivaten zur Erhöhung des Weißgrades von Textilien.* Zur Herst. von Verbb. der allg. Formel **I**, in der Ar einen aromat. Rest, „Alkylen" einen niederen Alkylenrest u. Y einen in 2-Stellung zur NH-Gruppe gebundenen 1.3.5-Triazinring, der in 4- u. 6-Stellung gegebenenfalls substituierte Aminogruppen trägt, setzt man eine durch Ar–O–Alkylen–CO monoacylierte 4.4'-Diamino-2.2'-disulfonsäurestilbenverb. mit 1 Mol 2.4.6-Trihalogen-1.3.5-triazin um u. überführt die Halogenatome durch gegebenenfalls substituierte Aminogruppen. Oder man behandelt N-Mono-4.6-dihalogen-1.3.5-triazinyl-(2)-Verbb. von 4.4'-Diamino-2.2'-disulfonsäurestilbenverbb. mit Acylierungsmitteln zur Einführung des Restes Ar–O–Alkylen–CO, worauf die Halogenatome durch Aminogruppen ersetzt werden. Anschließend können die Prodd. noch mit Formaldehyd kondensiert werden. — Z. B. behandelt man das nach A. P. 2 368 844 (C. **1945.** II. 1414) erhaltene Kondensationsprod.

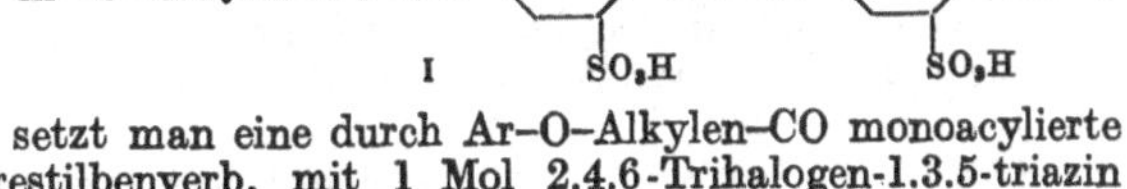

I

aus 4-Nitro-4'-aminostilben-2.2'-disulfonsäure u. Cyanurchlorid mit NH_3 bei 20—25° u. dann bei 90—95° um. Darauf wird nach BÉCHAMP mit Fe u. HCl red. u. mit Phenoxyessigsäurechlorid in Bzl. acyliert. (**Schwed. P. 133 776** vom 23/10. 1948, ausg. 4/12. 1951. Schwz. Prior. 24/10. 1947.) JÜRGEN SCHMIDT. 8027

Thibaud Gibbs & Co. und **Jean Ripert** und **Ernest Baum**, Frankreich, *Kationenaktive Stoffe*. Tert. Amine oder P-, S-, oder As-Verbb. werden in quaternäre N-Verbb. oder Oniumbasen übergeführt u. dann mit reaktionsfähigen N-Verbb. (I) u. andere reaktionsfähige Gruppen tragenden Verbb. (II) umgesetzt. An I sind genannt: Hydrazine, Harnstoff, Semicarbazid u. ihre S-Derivv., auch Hydrazide, Ureide, Semicarbazide, Thioureide, Thiosemicarbazide. Als II kommen in Betracht: aliphat., alicycl., heterocycl. u. hydroheterocycl. Verbb., wie Halogensäuren, Säurechloride, -anhydride, Ester u. dergleichen. — 7 (Teile) Trimethylamin läßt man 2 Std. bei 80° mit 12 Chloräthylacetat reagieren; nach dem Abkühlen werden 4 Hydrazin zugegeben u. 1 Std. weiterbehandelt. Dann fügt man 24 Laurinsäurechlorid hinzu u. kondensiert bei 120°. Das Prod. ist ein gutes *Schaummittel*. (**F. P. 988 827** vom 18/1. 1944, ausg. 31/8. 1951.) WITTHOLZ. 8029

Imperial Chemical Industries Ltd., London, England, *Garnschlichte*, bestehend aus einer wss. Lsg. einer Carboxyalkylcellulose oder deren Na-Salz u. einer in W. lösl. gesätt. aliphat. Carbonsäure. — Geeignet ist ein Ansatz aus 2 (Teilen) Na-Salz von Carboxymethylcellulose, 1 Polymethacrylsäure, 0,7 Äthylenglykol, 0,03 Talgsulfonat u. 96 Wasser. (**E. P. 669 089** vom 30/7. 1948, ausg. 26/3. 1952. A. Priorr. 19/8. u. 20/9. 1947.) MÖLLERING. 8031

Monsanto Chemical Co., übert. von: **John Kenneth Craver** und **William E. Weesner**, Webster Groves, **Harry R. Gramrath**, St. Louis, Mo., V. St. A., *Polyvinylchlorid Massen*, gek. durch einen Geh. an Monoalkyldiphenylphosphat, dessen Alkylgruppe 6—12 C-Atome enthält. — Beispiel: Octyl-, 2-Äthylhexyl-, Lauryldiphenylphosphat oder 2-Methylpentyldikresylphosphat. — Geeignet sind ferner: 2-Methylpentoxyäthyldikresylphosphat, Butoxyäthyl- bzw. 2-Äthylhexoxyäthyldiphenylphosphat; gemischte u. substituierte Diarylphosphate, wie Butoxyäthyl-, Dodecyl- bzw. 2-Äthylhexylverbb. von Di-(o-chlorphenyl)-phosphat u. Phenyl-(bzw. Kresyl-)(o-chlorphenyl)-phosphat. Die Weichmacher sind kälte- u. zugleich wärmebeständig u. lassen sich mit Polyvinylchloridharzen zu Massen verschied. Viscosität verarbeiten, die für *Überzüge* auf *Geweben, Vorhängen*, Papier u. Holz geeignet sind. (**A. PP. 2 557 089, 2 557 090** u. **2 557 091** vom 2/1. 1948, ausg. 19/6. 1951.) SALZMANN. 8033

Industrial Accountancy Partnership Ltd. (Erfinder: **Lajos Bihaly**), London, England, *Einlage für die Herstellung von chemisch versteiften Kleidungsstücken*. Man imprägniert Einlagen für die chem. Versteifung von mehrschichtigen Bekleidungsstücken, bes. Wäschestücken, die neben Baumwollfäden oder anderen nichtthermoplast. Fäden auch Fäden aus thermoplast. Stoffen, wie Celluloseacetat, enthalten, mit wss. Dispersionen von thermoplast. Kunstharzen mit einem Erweichungspunkt zwischen 50 u. 130°, deren Kunstharzgeh. vorteilhaft so gewählt wird, daß nach dem Abquetschen u. Trocknen 2—5%, bes. ca. 3%, des Trockengewichtes der Einlage zurückbleiben. Zweckmäßig verwendet man eine positiv geladene Dispersion eines thermoplast. Kunstharzes, z. B. eine anionwirksame Dispersion eines β-Äthoxyäthylmethacrylatpolymeren, oder eine positiv geladene Dispersion eines Methylmethacrylatpolymeren oder eine Dispersion eines Äthylacrylat–Styrol-Copolymeren. Die Neigung der Einlagen, vor ihrer Verklebung mit anderen Stoffschichten Falten zu bilden oder sich zu werfen, wird durch die Imprägnierung stark vermindert, ihr Klebevermögen jedoch nicht wesentlich herabgesetzt; die durch das thermoplast. Kunstharz herbeigeführte Versteifung verschwindet nach dem Verkleben mit den äußeren Schichten der Bekleidungs- bzw. Wäschestücke. Vor dem Imprägnieren wäscht man die Einlagen zwecks Entfernung der anionwirksamen Substanzen, wie Seifen, Fettalkoholsulfonaten oder dgl., vorteilhaft mit einem oberflächenwirksamen Reinigungsmittel, aus. Die Imprägnierung der Einlagen nach der Erfindung hat den Zweck, diesen vorübergehend, d. h. bevor sie mit den äußeren Stoffschichten verklebt sind, eine größere Festigkeit zu geben, um ihre Handhabung zu erleichtern. (**Oe. P. 173 429** vom 11/9. 1950, ausg. 27/12. 1952. E. Prior. 30/5. 1949.) RAETZ. 8033

C. C. Wakefield & Co. Ltd., London, England (Erfinder: **Elliott Alfred Evans** und **Norman Ernest Frederick Hitchcock**), *Antistatische Ausrüstung von Textilien, besonders Kunstseiden*. Man behandelt mit einer wss. Lsg. oder Dispersion eines Esters einer Carbonsäure mit einem Mol.-Gew. < 100 u. einem Polyglykol mit Mol.-Gew. > 200. — Geeignet ist z. B. ein Ansatz aus 46 (Teilen) Diäthylenglykol, 34 Glyceryldiacetat, 20 W. u. 20 Polyäthylenglykol mit Mol.-Gew. 4000. (**E. P. 665 914** vom 1/9. 1948, ausg. 6/2. 1952.) MÖLLERING. 8033

British Intercontinental Corp., Tanger (Erfinder: **Luis Llobet Nicolau,** Barcelona, Spanien), *Erhöhung der Zugfestigkeit und Gebrauchstüchtigkeit von Textilfäden* tier., pflanzlicher u. synthet. Herkunft, dad. gek., daß sie mit einer Pinenchlorhydratlsg. imprägniert u. darauf einer Behandlung mit der Lsg. einer Ätznatronseife unterworfen werden, wodurch die HCl-Acidität abgestumpft u. Camphen erhalten wird, das dann z. B. mittels einer $KMnO_4$-Aceton-Lsg. zu Campholid u. Campher oxydiert wird, die im Gut verbleiben; Nachbehandlung mit einer Lsg. von HNO_3-Äthylester, Waschen u. Trocknen. — Zeichnung. (**D. B. P. 878 257** Kl. 29b vom 26/5. 1951, ausg. 1/6. 1953.) SALZMANN. 8037

Socony-Vacuum Oil Co., Inc., N. Y., übert. von: **John W. Schick,** Camden, **Howard D. Hartough,** Pitman, und **Darwin E. Badertscher,** Woodbury, N. J., V. St. A., *Wasserabweisende Textilimprägnierungen* erhält man durch Behandlung mit wss. Lsgg. von heterocycl., N-haltigen Kondensaten, die durch Rk. in Ggw. von $NaHSO_3$ aus Thiophen u. CH_2O-Lsg. (36%ig) u. NH_4Cl bzw. NH_2OH–HCl in den Molverhältnissen von 5 : 5 : 5 oder 1 : 3 : 1 oder 3 : 5 : 5 oder 2 : 6 : 2 erhalten worden sind. Die aufgebrachte Imprägnierung wird durch Erhitzen auf 100—127° fixiert. — Tabellen über Waschbeständigkeiten bei Nylon, Kunstseide, Seide u. Wolle. (**A. P. 2 559 260** vom 25/7. 1947, ausg. 3/7. 1951.) MÖLLERING. 8037

Dow Corning Corp., V. St. A. (Erfinder: **James Franklin Hyde,**) *Wasserabstoßendmachen von Gegenständen,* wie Wolle, Baumwolle, Seide, Nylon, Reyon, Papier, Holz, Asbest, Phenol-CH_2O- oder Methylmethacrylatharze, Glas, Beton oder Ziegel. Man taucht diese Gegenstände in eine wss., z. B. 1—5gew.-%ig. Lsg. eines Organosilyls der Formel RSi≡ oder $(CH_3)_2Si$= (R = Methyl, Äthyl, Propyl, Phenyl), wobei die Si-Atome mit O-Atomen verbunden sind u. restliche Si-Valenzen die OM-Gruppe (M = Alkalimetall) binden u. auf das Si-Atom 1—1,7 organ. Reste u. 0,8—1,5 Alkalimetallatome kommen, trocknet die Gegenstände u. heizt auf 80—200°. Die Überzüge können mit schwachen organ. Säuren oder wss. Lsgg. von Schwermetallsalzen nachbehandelt werden. Man kann die Gegenstände auch damit bestreichen. Man taucht z. B. Zeitungspapier in eine 4%ig. wss. Lsg. von $CH_3SiOONa$, heizt 15 Min. in Luft auf 110°, spült in 5%ig. Essigsäure, trocknet, wäscht neutral u. trocknet erneut. Das Papier ist feucht 5mal so fest wie unbehandeltes. (**F. P. 991 088** vom 22/7. 1949, ausg. 1/10. 1951. A. Prior. 11/8. 1948.) PANKOW. 8037

Soc. d'Études de Modèles et Procédés S. E. M. E. P., Marokko, *Verschweißen zweier Gewebe.* Zwecks Herst. eines undurchlässigen Verbundstoffes von großer Schmiegsamkeit u. guter Wärmeisolierfähigkeit verschweißt man zwei Gewebe aus gerauhter *Baumwolle* oder *Velours*-Gewebe mittels einer Vinylkunstharzfolie (z. B. aus Vinylchlorid), die man durch einen regelbaren elektr. Induktionsstrom zum Schmelzen bringt, wobei man das Ganze zweckmäßig verpreßt. Eine Schädigung der Gewebefasern tritt hierbei nicht ein, u. das ursprüngliche Aussehen der letzteren bleibt erhalten. Das neue Prod. eignet sich bes. zur Herst. von Schuhwerk mit *Pelzimitation.* (**F. P. 979 830** vom 31/1. 1949, ausg. 4/5. 1951. Marokkan. Prior. 19/7. 1948.) RAETZ. 8045

United States of America, übert. von: **George C. Daul** und **John D. Reid,** New Orleans, La., V. St. A., *Knitterfeste und nichtfärbbare Baumwolle* (I) erhält man durch Behandlung einer partiell carboxymethylierten I mit einem Melamin- oder Harnstoff-CH_2O-Vorkondensat u. anschließende Aushärtung bei 140—150°. (**A. P. 2 584 114** vom 14/4. 1950, ausg. 5/2. 1952.) MÖLLERING. 8045

Soc. An. d'Innovations Chimiques Sinnova ou Sadic, Frankreich, *Rösten von Flachs, Hanf und dergleichen.* Zur Aktivierung der bakteriellen Fermentation werden der Fermen-

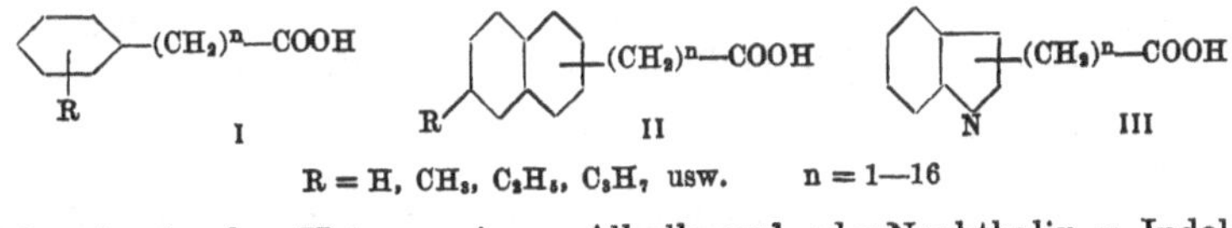

R = H, CH_3, C_2H_5, C_3H_7 usw. n = 1—16

tierungslsg. Auxine, bes. Heteroauxine, u. Alkylbenzol- oder Naphthalin- u. Indolcarbonsäure von der Formel I oder II oder III zugesetzt. Die Konzz. betragen $^1/_{500000}$ bis $^1/_{100000}$. (**F. P. 996 877** vom 30/8. 1949, ausg. 27/12. 1951.) WITTHOLZ. 8051

Merck & Co., Inc., Rahway, übert. von: **Ida Marie Rasmussen,** New Brunswick, und **Edward F. Rogers,** Middletown, N. J., V. St. A., *N.N'-Methylen-bis-(α-chloracetamid).* Aus Chloracetamid, Formaldehyddimethylacetal u. konz. H_2SO_4, F. 165°. Imprägniert *Wolle mottenecht,* bes. aus Lsg. in Aceton. (**A. P. 2 617 747** vom 28/6. 1950, ausg. 11/11. 1952.) LANGER. 8061

W. F. Fuhrhop, Edgware, und **H. van Issum**, Bradford, England, *Herstellung von plüsch- und samtähnlichen Stoffen.* Kardierte *Wollfasern* werden mit Hilfe von Füllmitteln zu Schichten zusammengelegt, dann quer zur Faserlängsrichtung zerschnitten, u. die einzelnen so erhaltenen Schichten mit einer Unterlage, z. B. aus plast. Stoffen, versehen u. verstärkt. Als Füll- u. Bindemittel dienen vor allem Lsgg. mit Alginsäure oder Alginaten, z. B. 7 (Teile) Alginsäure, 4 H_3PO_4 u. 89 Wasser. Die Alginate können durch Zusatz von Schwermetallsalzen in unlösl. Alginate, z. B. von Al, Ca, Cu oder Fe, umgewandelt werden. (**Schwed. P. 134 339** vom 23/10. 1947, ausg. 22/1. 1952.) Jürgen Schmidt. 8061

Fritjoff Hirsch, Schliersee, *Veredlung von Keratinfasern*, z. B. Roßhaar oder Wolle, durch eine Behandlung mit 5%ig. Chlorallösung. Steigerung der Festigkeit u. Anfärbbarkeit. (**D. B. P. 877 053** Kl. 29b vom 9/12. 1950, ausg. 18/5. 1953.) Salzmann. 8067

North American Rayon Corp., New York, N. Y., V. St. A., *Herstellung von Viscoseseide.* Man setzt der Viscose vor dem Auspressen in das Fällbad 0,001—0,05 Gew.-% polymerisiertes Alkylenoxyd, bes. Äthylenoxyd mit einem Polymerisationsgrad von über 30, zu. Hierdurch wird die Krustenbldg. an der Spinndüse vermieden, bes. bei einem Fällbad mit geringen Mengen an Zn-Salzen, wie $ZnSO_4$. (**N. P. 79 152** vom 21/10. 1947, ausg. 15/10. 1951. A. Prior. 7/3. 1940.) Jürgen Schmidt. 8075

North American Rayon Corp., New York, übert. von: **Rudolph S. Bley**, Milligan College, Tenn., V. St. A., *Kunstseidenaßspinnverfahren.* Um das Absetzen von Verunreinigungen u. Inkrustierungen an der Spinndüse zu vermeiden, versieht man diese mit einem Überzug aus einem wasserlösl. kationakt. Komplexsalz (nach Werner), das durch Erhitzen von z. B. I (vgl. nebenst. Formel) auf 100—150° erhalten wird. R bedeutet Alkyl-, Alkylen-, Aralkyl-, Arylreste mit mindestens 9 C-Atomen. (**A. P. 2 588 200** vom 23/2. 1950, ausg. 4/3. 1952.) Salzmann. 8075

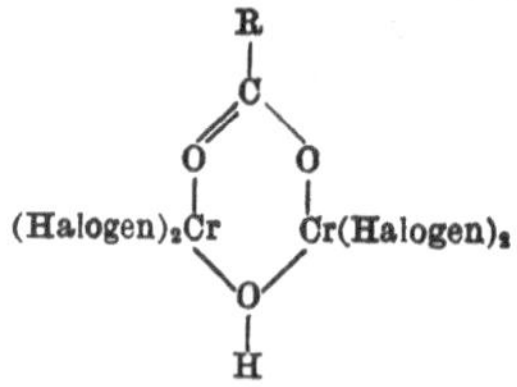

Kurt Quehl, Neumünster, *Erhöhung der Sprungelastizität von Cellulosetextilien.* Das Gut, z. B. Zellwollstoff, wird mit einer wss. Lsg. von Borax u. Casein, gegebenenfalls unter Zusatz von $NaHCO_3$ oder K_2CO_3, behandelt u. getrocknet. (**D. B. P. 865 588** Kl. 8k vom 1/11. 1949, ausg. 2/2. 1953.) Mölleking. 8075

Vereinigte Glanzstoff-Fabriken Akt.-Ges., Wuppertal-Elberfeld (Erfinder: **Julius C. Funcke**, Erlenbach/M., und **Elmar Profft**, Magdeburg), *Verminderte Quellfähigkeit von Cellulosehydratseiden* erreicht man durch Behandlung mit einer Lsg., die CH_2O, Harnstoff u. NH_4Cl im Verhältnis 80 : 10 : 1 enthält; nach Abschleudern des Überschusses wird das Gut bei 60—85° getrocknet. (**D. B. P. 866 640** Kl. 8k vom 23/2. 1943, ausg. 12/2. 1953.) Mölleking. 8075

XIX. Brennstoffe. Erdöl. Mineralöle.

M. Th. Mackowsky, *Neuere Anschauungen über den Inkohlungsvorgang.* Der Inkohlungsvorgang ist keineswegs für alle Fälle ein einheitlicher Vorgang; es ist vielmehr anzunehmen, daß eine Reihe von Faktoren, die im Frühstadium der Umwandlung des pflanzlichen Ausgangsmaterials einsetzen, den gesamten Werdegang der Inkohlung beeinflussen u. das Endprod. prägen helfen. Hierher gehören das Klima, die Acidität, die Ökologie, die Schwermetallionenkonz. u. das Maß der Absenkungsgeschwindigkeit. Neben dem H/O + N-Verhältnis u. a. wird die Gitterkonstante der verschied. Prodd. betrachtet u. eine Arbeitshypothese aufgestellt, die mit der Bldg. einer O-Brücke u. Aufweitung der Gitterabstände rechnet. (Fortschr. Mineralog. **28.** 38—46. 1949, ausg. Dez. 1950. Essen.) Zedlitz. 8126

M. Teichmüller und **R. Teichmüller**, *Das Inkohlungsbild des Niedersächsischen Wealden-Beckens.* Zahlreiche Aufschlüsse erlaubten eine Ermittlung der Ursachen für die verschied. dort anzutreffenden Inkohlungsgrade, die von Anthrazit bis zur Braunkohle reichen. Nicht Faltungsdruck oder Absenkung in wärmere Tiefe wird als inkohlungsfördernder Faktor angenommen, sondern eine geringe therm. Tiefenstufe, zumal im zentral gelegenen Teil des Beckens, die ihren Grund in einer magmat. Tiefenintrusion haben soll. (Z. dtsch. geol. Ges. **100.** 498—517. 1948, ausg. 25/10. 1950. Krefeld, Amt für Bodenforsch.) Zedlitz. 8126

Zbigniew Suchodolski, *Untersuchung über die Abhängigkeit der Backeigenschaften der Kohle von den geologischen Verhältnissen im östlichen Teil des Kohlegebiets von Waldenburg (Watbrzych).* Der Geh. der Kohlen des untersuchten Gebiets an flüchtigen Bestandteilen wird nach der Lage der einzelnen Vorkk. graph. verarbeitet u. mit den ebenso behandelten Backeigg. in Verbindung gebracht. Aus den Unterss. ergeben sich

Schlüsse auf die Metamorphose der Kohlen dieses Gebiets. (Prace badawcze Głównego Inst. Górnictwa, Komunikat **1952.** Nr. 114. 3—32.) R. K. MÜLLER. 8126

Marius Picon, *Thermische Fraktionierung von Kohlen, die früher zu Extraktionszwecken benutzt waren.* Vf. untersuchte die durch Verbrennung von bereits zu Extraktionszwecken benutzter Kohle entstehenden Gase nach der Meth. der therm. Fraktionierung. So zeigte *Anthrazit* u. *Peranthrazit* unter 900° einen Gewichtsverlust von 17%, bei weiterer Erhitzung auf 1000° wieder eine Gewichtszunahme um 2%. Aus den Unterss. an zum Teil sehr alten Kohlen, zum Teil aus dem Jahre 1891 stammend, folgert Vf., daß allg. bei der Lagerung der gebrauchten Extraktionskohlen eine Oxydation stattfindet, die sich vor allem auf die therm. weniger stabilen Prodd. auswirkt u. dabei neben H_2 CO u. CO_2 entstehen läßt. Der gleiche Vorgang scheint bei der Lagerung mancher Öle in Luft stattzufinden. (C. R. hebd. Séances Acad. Sci. **231.** 1491—93. 18/12. 1950.) ROEDER. 8128

Donald F. Othmer, *Die Gewinnung von Essigsäure aus wässerigen Lösungen (zum Beispiel aus den bei der Holzdestillation anfallenden).* Im Anschluß an die Darst. der Holzdest. wird die azeotrope Dest. von Fll. u. bes. solchen von der Zus. der Holzdestillationsprodd. u. auch die Essigsäuregewinnung aus anderen Verff. der chem. Industrie besprochen. (Euclides [Madrid] **13.** 57—61. Febr. 1953.) R. K. MÜLLER. 8140

E. J. Dickinson und **J. H. Nicholas,** *Die Sauerstoff-Einwirkung auf Teeröle.* An Teerölen 4 verschied. Teerarten, deren physikal. u. chem. Eigg. beschrieben sind, werden Verss. bzgl. der Einw. von O_2 unter verschied. Bedingungen angestellt, um die Frage der Erhöhung der Haltbarkeit von Straßenteeren zu klären. Untersucht wurde die Kinetik der Sauerstoffabsorption bei Atmosphärendruck u. 65°, wobei gefunden wurde, daß bei der Absorption 2 gleichzeitig verlaufende Haupt-Rkk., an denen einerseits die mittels Lauge extrahierbaren Phenole u. andrerseits die KW-stoffe beteiligt sind, ablaufen, deren Reaktionskonstanten aus den gefundenen Meßergebnissen berechnet sind. Bzgl. des Reaktionsverlaufes ist bei Verdünnung eines Öles mit α-Chlornaphthalin als indifferentem Lösungsm. kein Einfl. zu bemerken, jedoch ist ein deutlicher Einfl. der Phenole auf die Absorption zu beobachten, was sowohl aus den experimentellen Daten, die bei ca. 30% Konz. an Phenol ein Maximum der Absorption zeigen, als auch aus den Werten für die Reaktionskonstante hervorgeht. Eine Red. eines Öles mit Zinkstaub zeigt im Vgl. zu unbehandeltem keinen bemerkenswerten Unterschied. Bei den durch die Sauerstoffeinw. erhaltenen Reaktionsprodd. handelt es sich in der Hauptsache um W., CO_2 u. Harzstoffe, wovon letztere, wie weitere Verss. zeigten, fast ausschließlich von den vorhandenen Phenolen stammen u. wie der hohe Sauerstoffgeh. annehmen läßt, einen hohen Anteil polarer Gruppen besitzen. Um den Einfl. von Temp. u. Druck auf die Oxydation zu messen, sind Verss. zwischen den Tempp. 65 u. 120° mit einem Öl u. einer Ölfraktion, sowie bei Tempp. von 87° u. einem Druck von weniger als 1 at, wobei ein Fallen der O_2-Aufnahme festzustellen ist, vorgenommen worden. Bei diesen Verss. mußte auf Grund der reaktionskinet. Messungen eine Beteiligung der KW-stoffe des Öles an der Oxydation angenommen werden. Aus vorläufigen Unterss. an Straßenteeren ist zu entnehmen, daß die bei der Teerölоxydation gewonnenen Erkenntnisse auf den ganzen Teer anwendbar sind. Abschließend erfolgt eine Beschreibung einiger Verff. u. Bestimmungen, die für die ausgeführten Verss. von Wichtigkeit sind. (Bitumen, Teere, Asphalte, Peche verwandte Stoffe **1.** 119—23. 1950. Harmondsworth, Dep. of Sci. and Ind. Res., Road Res. Labor.) DICKHAUT. 8176

Juan Rodríguez Jurado, *Untersuchung des Braunkohleschwelteeres aus Puentes de Garcia Rodriguez.* Es wird die Extraktion der Braunkohle mit Bzl.-A. (7,68% Extrakt) sowie der in Laboratoriums-REITHEL-Öfen erhaltene Schwelteer untersucht; die Fraktionen bis 210° (14—16%), 210—250° (9—10%), im Vakuum 50 mm (60—65%), Koks (6%) werden ausführlich untersucht. Die Entschweflung des Leichtöles gelang am besten mit H_2SO_4 (S im Raffinat noch 0,5%). Die Mittelöle wurden mit Selektivlösungsmitteln, wie Furfurol, SO_2, raffiniert. Das Paraffinöl hat ca. 13% Paraffin (Acetonmeth.) u. ist gegenüber H_2SO_4 von über 85% Geh. sehr empfindlich. Bei der Dest. lassen sich ca. 6% des Teeres als Fraktion $D.^{15}$ 0,9475 abtrennen, Viscosität (20°) 48° E, deren Raffination mit Säure nicht gelang u. mit Furfurol (1 : 1) 60% Extrakt lieferte. — Der Teer hat 0,5—0,6% Basen, von denen bis 140° nur 10—12% übergehen. Die Aufarbeitung des Teeres, Dest., Entparaffinierung, Extraktion, Herst. von Dieselölen u. Schmierölen wird erörtert. — Tabellen der Versuchsergebnisse. (Combustibles [Zaragoza] **1950.** April/Juni u. Okt./Dez.) ALTPETER. 8178

W. C. Schroeder, *Benzin und Öl aus Ölschiefer.* Es wird über Verbesserungen der Gewinnung von Ölschiefer, über die Entw. im Bau der Retorten, über die Raffination des Schieferöles sowie über die Wettbewerbsstellung der Ölschieferindustrie berichtet. (Mines Mag. **42.** Nr. 12. 31—32. 60. Dez. 1952.) BOYE. 8180

M. I. Warenzow und **W. T. Mordowski,** *Die möglichen Bedingungen für die Anhäufung von organischer Substanz zur Erdölbildung.* In Weiterentw. der These GUBKINs vom pflanzlich-tier. Ursprung des Erdöls wird festgestellt, daß neben der marinen organ. Substanz für die Bldg. von Erdöl die von den Kontinenten stammende organ. Substanz von großer Bedeutung ist. Die erdölreichsten Gebiete sind an die vorgelagerten Senken u. Plateaus gebunden. Unter den Ablagerungen der Zwischengebirgsdepressionen sind die Oligozän-, Miozän- u. Pliozänschichten für die Erdölbldg. am günstigsten. Wichtig sind auch die darunter liegenden mesozoischen Ablagerungen. (Известия Академии Наук СССР, Серия Геологическая [Nachr. Akad. Wiss. UdSSR, geol. Ser.] **1950.** Nr. 6. 136—38. Nov./Dez.) LEBTAG. 8188

W. Wagner, *Das Erdöl im Rheintalgraben mit besonderer Berücksichtigung der Neubohrungen im Untermiozän Hessens.* An Hand mehrerer Profile wird der geolog. Aufbau des Oberrheintalgrabens erläutert u. dargelegt, an welchen Stellen die Voraussetzungen für die Bldg. von Erdöllagern vorhanden sind. Die Arbeit enthält zahlreiche Angaben über Profilmächtigkeiten, Bitumengehh. usw. (Z. dtsch. geol. Ges. **100.** 518—43. 1948, ausg. 25/10. 1950. Darmstadt.) ZEDLITZ. 8188

R. Riedl, *Die Synthese von Kohlenwasserstoffen und Motorbrennstoffen aus Kohlenoxyd und Wasserstoff und ihre Bedeutung für die Gasindustrie (Fischer-Tropsch-Synthese).* Übersichtlicher Bericht mit vielen Zeichnungen, Tabellen, Analysen u. Betriebsdaten. (Paliva **32.** 194—202. Sept. 1952.) STEINER. 8200

Gunnar Törnblom, *Soll man zu ultraleichten Motorölen übergehen?* Auf Grund engl. Verss. werden Motoröle der Viscositätsgruppe *SAE 5 W* als Winteröle für Kraftfahrzeuge empfohlen. (Teknillinen Aikakauslehti **43.** 57—59. 10/2. 1953.) BECKMANN. 8204

T. B. Lane und **J. R. Hughes,** *Untersuchung der Ölfilmbildung in Getrieben durch Messung des elektrischen Widerstandes.* Die Dicke von Ölschichten in Zahnradgetrieben wurde durch Best. des elektr. Übergangswiderstandes zwischen je zwei Zahnrädern untersucht. Der Widerstand wurde mit einem Kathodenstrahloscillographen registriert, dessen Zeitablenkung synchron mit der Zahnradumdrehung geschrieben wurde. Eine absol. Messung der Ölfilmstärke war nicht möglich, es zeigte sich aber, daß der Ölfilm um so dünner wird, je höher die Gleitgeschwindigkeit an der Kontaktstelle u. je größer die Belastung des Getriebes ist. Auch bzgl. der Zähigkeit des Öles wurden einige qualitative Beziehungen ermittelt. (Brit. J. appl. Physics **3.** 315—18. Okt. 1952. Chester, Shell Petroleum Co. Ltd., Thornton Res. Centre.) REUSSE. 8220

W. H. Peterson und **A. Bondi,** *Eine Untersuchung der Seifenaerogele aus Schmiermitteln.* Nach dem Verf. von KISTLER zur Gewinnung von Aerogelen gelingt es, das unveränderte Seifenskelett (Aerogel) eines aus Na-Seife u. Mineralöl bestehenden Schmiermittels zu isolieren. Dieses Verf. beruht auf der Entfernung des fl. Dispersionsmittels durch Erwärmen des Syst. auf eine über der krit. Temp. der extrahierenden Fl. liegende Temp., die im bestimmten Fall unterhalb des ersten Umwandlungspunktes der Seife (ca. 80°) liegt. Daher muß die Ölphase durch ein genügend flüchtiges Medium u. ohne Meniskusbldg. verdrängt werden. Dies gelang, indem man in einer Druckbombe das Mineralöl aus der Schmiere durch verflüssigtes *Butylen* u. letzteres durch fl. *Äthylen* verdrängt. Das nach Verdampfen des C_2H_4 erhaltene Seifenskelett besitzt die gleiche Raumerfüllung wie das Ölgel (die Volumenschrumpfung beträgt ca. 2%) u. besitzt auf Grund der Tieftemperaturadsorption von N_2 eine spezif. Oberfläche von ca. 80 m^2/g. Eine große Anzahl von Verss. diente der Prüfung der mechan. Eigg. in den durch Behandlung der Seifenskelette mit verschied. Mineralölen wiedergebildeten Gelen oder Schmieren (Prüfung mit dem Kegelpenetrometer u. nach dem SCHELL-ROLL-Test mit einem rotierenden Eisenzylinder zur Unters. der Schmierwrkg.). Die Verwendung von Aerogelseifen verhindert auch die oft störende Wrkg. der Öle auf die Seifenfasern. Die Neubldg., d. h. der Ersatz des verdrängten Öles in dem Aerogel, führt zu einer Schmiere mit ganz ähnlichen Eigg. wie das Ausgangsmaterial u. beweist so die reversible Natur dieser Systeme. Benutzt man zur Wiederherst. andere Öle als das ursprüngliche, so zeigt sich, daß die Konsistenz der erhaltenen Schmieren von der Viscosität (Kurve mit einem Minimum) u. dem Reinheitsgrad des benutzten Öls abhängt. Die Konsistenz steigt linear mit dem log. der Ölviscosität an u. fällt ab, wenn das Öl größere Mengen an adsorbierbaren Verunreinigungen enthält; auch Siliconöle verhalten sich anomal. (J. physic. Chem. **57.** 30—35. Jan. 1953. Emeryville, Calif., Shell Developm. & Co.) HENTSCHEL. 8222

G. L. Hopps und **A. A. Berk,** *Bestimmung von Vanadium in Heizölasche.* Vff. bestimmen sehr kleine V-Mengen (0,005—0,450 mg in 25 ml Lsg.) quantitativ als Phosphor–Vanadium-Wolfram-Komplex im photoelektr. Colorimeter mit Filter u. Hochdruck

Hg-Lampe. — 10—20 mg Heizölasche mit 2 ml konz. H_2SO_4 u. 0,5 ml konz. HNO_3 ca. 5 Min. abrauchen, abkühlen, 10—15 ml dest. W. u. 3 ml konz. HNO_3 zugeben, bis zur Lsg. des beim Abrauchen ausgefallenen Salzes erhitzen, mit 1 ml 85%ig. H_3PO_4 u. 1,5 ml 0,5mol. Na_2WO_4-Lsg. versetzen, wenige Sek. kochen, auf Raumtemp. abkühlen, im Meßkolben auf 25 ml auffüllen u. Farbdichte messen. V-Geh. auf einer Eichkurve ablesen, die wie vorst. unter Anwendung bekannter V-Mengen erhalten wird. Cr-Geh. bis 5% u. Fe-Geh. in der Asche stören die Best. nicht. Die Fehlergrenze der Meth. liegt bei ca. 1%. Bei hohen V-Konzz. gibt das weniger strenge Filter 460 u. eine gewöhnliche W-Lampe befriedigende Werte. (Analytic. Chem. **24.** 1050—51. Juni 1952. College Park, Md., U. S. Bur. of Min.) BARCHET. 8252

Erz- u. Kohle-Flotation G. m. b. H. (Erfinder: **Wilhelm Schäfer**), Bochum, *Aufbereitung von Kohle, Graphit oder dergleichen nach dem Schaumschwimmverfahren.* Man wendet hierbei die Kondensationsprodd. aus polymerisierten Terpentinölen u. Phenolen als Schwimmittel an. Das Kondensationsprod. wird z. B. durch Einw. von fl. wasserfreiem Ammoniak auf p-Kresol u. Terpentinölpolymerisat hergestellt. Das Kohleausbringen, das z. B. bei phenolhaltigem Steinkohlenteermittelöl 83,6% betrug, wird mit Hilfe des neuen Kondensationsprod. auf 86,7% erhöht. Weitere Vorteile sind bessere Filterfähigkeit der Flotationskohle u. gesteigerte Filterleistung. Zur Herst. polymerisierter Terpentinöle kondensiert man niedrigschm. Harze mit alkylierten Phenolen. Bei der Kondensation sollen die Tempp. 200—220° nicht übersteigen. (**D. B. P. 849 831** Kl. 1c vom 18/8. 1951, ausg. 18/9. 1952.) W. HAUSWALD. 8135

C. Otto & Co., G. m. b. H. (Erfinder: **Max Goebel** und **Walter Oppelt,** Bochum), *Schwelen nichtbackender Brennstoffe, insbesondere Ölschiefer,* in stetig betriebenen senkrechten Spülgasöfen mit Vortrocknung des Brennstoffes durch im Kreislauf geführten Wasserdampf u. Benutzung der hierbei ausgetriebenen Feuchtigkeit bei der weiteren Behandlung des Brennstoffes. Der beim Trocknen entstehende überschüssige Wasserdampf dient nach mittelbarem Erhitzen zum Spülen im oberen Teil der Schwelzone. Die mittelbare Kühlung des Schwelgases erfolgt durch W., das dabei erwärmt wird. Seine fühlbare Wärme wird dadurch ausgenutzt, daß man mit diesem W. die im unteren Teil der Schwelzone u. in der Ausbrennzone verwandten Spülmittel berieselt u. hierbei mit Wasserdampf sättigt. Nur für die zusätzliche Dampferhitzung ist Wärme erforderlich, die man z. B. durch Verbrennen des gekühlten Schwelgases erhalten kann. (**D. B. P. 849 838** Kl. 10a vom 19/10. 1944, ausg. 18/9. 1952.) W. HAUSWALD. 8141

Badische Anilin- & Soda-Fabrik (Erfinder: **Gerhard Free** und **Wilhelm v. Füner**), Ludwigshafen/Rh., *Kohlenwasserstofföle aus kohlenstoffhaltigen Stoffen.* Bei der Spaltung oder Druckhydrierung solcher Stoffe gelangt man zu KW-stoffölen, wenn man Katalysatoren benützt, die durch Vermischen einer Wasserglaslsg. oder eines Kieselsäuresols mit Lsgg. eines oder mehrere Metallsalze unter Vermeidung einer Ausfällung u. Zugabe eines Fällungsmittels hergestellt wurden u. denen gegebenenfalls das Metall wieder entzogen wurde. Als Metallsalze können Erdmetallsalze, bes. Al-Salze, verwendet werden. (**D. B. P. 870 152** Kl. 23b vom 10/5. 1938, ausg. 12/3. 1953.) UNGER. 8197

Badische Anilin- & Soda-Fabrik, Ludwigshafen/Rh. (Erfinder: **Wilhelm Flesch,** Heidelberg), *Spalten von Kohlenwasserstoffen.* Die KW-stoffe werden bei diskontinuierlicher Betriebsweise in eine durch die Vergasungsmittel bewegte Brennstoffschicht eingeführt. Das Spalten in der bewegten Brennstoffschicht wird durch Heißblaseperioden unterbrochen, in denen O-haltige Gase von oben her in die ruhende Brennstoffschicht eingeblasen werden, so daß unten ein staubfreies Generatorgas abzieht. Durch dessen Verbrennung werden Wärmespeicher aufgeheizt, die im Wechselbetrieb zur Überhitzung des in der Spaltperiode zur Bewegung u. Vergasung des Brennstoffes benötigten Dampfes dienen. — Zeichnung. (**D. B. P. 872 241** Kl. 23b vom 31/8. 1951, ausg. 30/3. 1953.) UNGER. 8197

Anglo-Iranian Oil Co., London, **Henry Thomas Larne** und **Frederick William Bertram Porter,** Sunbury-on-Thames, England, *Katalytische Spaltung von Erdölkohlenwasserstoffen.* Eine Erdölfraktion wird in der Dampfphase mit H_2 in einer Entschwefelungszone mit einem Katalysator in Berührung gebracht, der sowohl die Dehydrierung von Naphthenen zu Aromaten als auch die Umwandlung von organ. gebundenem S zu H_2S bewirkt u. durch S-Verbb. nicht vergiftet wird. Temp. u. Druck werden so eingerichtet, daß bei der Dehydrierung der Naphthene nicht mehr H_2 entwickelt wird, als zur Umwandlung des organ. gebundenen S erforderlich ist, u. daß die Dampfphase aufrechterhalten wird. Es wird ein H_2-reiches Gasgemisch abgetrennt u. zur Entschwefelungszone zurückgeführt. Die entschwefelte Fraktion wird zu einer Spaltzone weitergeleitet. Tempp. u. Drucke in der Entschwefelungszone: 650—800° F, 25—500 lbs./sq. in., Katalysator:

Oxyde von Co u. Mo auf Al-Oxyd. — Zeichnung. (**E. P. 682 317** vom 9/11. 1949, ausg. 5/11. 1952.) UNGER. 8197

Standard Oil Development Co., Del., übert. von: **Walter J. Schmidt jr.** und **Forrest H. Blanding**, Cranford, N. J., V. St. A., *Katalytische Spaltung*. Zur Umwandlung von schweren KW-stoffölen in niedrigersd. Brennöle u. Benzine spaltet man frisches ungecracktes Öl in Ggw. eines Katalysators unter kontrollierten Bedingungen, wobei ca. 30—40% des Frischöls in Leichtbenzinanteile umgewandelt werden. Man fraktioniert die entstehenden Prodd., um eine Leichtbenzinfraktion abzuscheiden, ferner eine leichte Brennölfraktion u. eine schwere Ölfraktion. Man entfernt die leichte Fraktion, behandelt die schwere Ölfraktion, um daraus die Aromaten zu entfernen, u. unterwirft dieses extrahierte Öl zusammen mit der zuerstgenannten Fraktion einer weiteren Spaltung. Die Schwerölfraktion behandelt man mit einem selektiven Lösungsm. für Aromaten, wie fl. SO_2, Phenol, Dichlordiäthyläther, Furfurol, chlorierten KW-stoffen, z. B. CCl_4. Als Spaltkatalysator dient ein synthet. Kieselsäure–Al-Oxyd-Gelkontakt in feiner Verteilung. — Zeichnung. (**A. P. 2 616 836** vom 29/12. 1949, ausg. 4/11. 1952.) UNGER. 8197

Universal Oil Products Co., Chicago, übert. von: **Charles L. Thomas**, Winnetka, Ill., V. St. A., *Katalytische Spaltung von Kohlenwasserstoffen mit Si–Al–Zr-Kontakten*. Zur Herst. von Leichtbenzin aus normalerweise fl. KW-stofffraktionen durch Cracken arbeitet man in Ggw. eines Katalysators, der durch Calcinieren einer M. aus Kieselsäure, Aluminiumoxyd u. Zirkonoxyd bei mindestens 700° F erhalten wurde. Die M. erhält man durch milde Säurebehandlung von Zeolith, den man von Alkali befreit. (**A. P. 2 608 525** vom 11/1. 1946, ausg. 26/8. 1952.) UNGER. 8197

Shell Development Co., San Francisco, Calif., übert. von: **Edward Joseph Jahn**, Edwardsville, Ill., V. St. A., *Schmiermittel zur Metallbearbeitung*. Die Mischung besteht aus einem leichten fl. KW-stoff (Kp. 300—700° F), der mit H_2SO_4 (87—95%) behandelt wurde, u. 3—10% eines fetten Materials, wie Lanolin, Oleylalkohol u. Olein. Weitere Zusätze sind öllösl. Polyalkylphenole (0,01—1%) u. Metallnaphthenate. (**A. P. 2 605 224** vom 24/6. 1949, ausg. 29/7. 1952.) UNGER. 8221

Shell Development Co., übert. von: **Alvin P. Anderson**, San Francisco, Calif., V. St. A., *Korrosionsschützendes Mineralöl für Metalle*, bestehend aus einem asphaltfreien Mineralöl, welches 0,25—5,0% eines wachsartigen Umsetzungsprod. von chloriertem Paraffinwachs mit NH_3 enthält. (**Can. P. 483 974** vom 12/4. 1943, ausg. 10/6. 1952. A. Prior. 25/3. 1942.) M. F. MÜLLER. 8221

Standard Oil Development Co., übert. von: **Lorne W. Sproule** und **Laurence F. King**, Sarnia, Ontario, Can., *Hochtemperaturschmierfett*, bestehend aus einem Gemisch von 3—6 (Teilen) Mineralschmieröl (I) mit einer Viscosität zwischen 80 u. 125 S.S.U. bei 100° F u. 1—6 I mit einer Viscosität von 2—5000 S.S.U. bei 100° F, das mit 10—25% Na-Seife verdickt ist. (**A. P. 2 591 630** vom 28/11. 1950, ausg. 1/4. 1952.) DERSIN. 8223

Standard Oil Development Co., übert. von: **Arnold J. Morway**, Rahway, N. J., und **Earl W. Ball**, New Rochelle, N. Y., V. St. A., *Hochleistungsschmierfett*, bestehend aus 30—40(%) Asphaltrückstand mit einer SAYBOLT-Viscosität von 1000—5000 bei 100° F, 10 Pb-Oleat als Hochdruckzusatz, 8—18 Na-Seife von Rapsöl, 0,05—1 öllösl. Petroleumsulfonat als Rostverhinderer u. als Rest Mineralschmieröl der SAYBOLT-Viscosität von 35—300 bei 210° F. (**A. P. 2 583 436** vom 1/12. 1949, ausg. 22/1. 1952.) DERSIN. 8223

Standard Oil Development Co., übert. von: **Arnold J. Morway**, Clark Township, Union County, und **Alfred H. Matuszak**, Westfield, N. J., V. St. A., *Hochtemperaturschmierfett*, bestehend aus Mineralöl, das durch Erhitzen mit 5—10% Acrolein (I) oder dimerem **I**, Alkalilsg. u. einer äquivalenten Menge höherer Fettsäuren, z. B. hydrierten Fischölsäuren, verdickt ist. (**A. P. 2 591 586** vom 30/9. 1950, ausg. 1/4. 1952.) DERSIN. 8223

Gaz de France-Service National, Paris, Frankreich, *Verfestigen und Zerkleinern von Pech*. Flüssiges Pech u. ähnliche Stoffe werden dem niedrigeren Ende eines geneigten, endlosen Gummiförderbandes (I) aufgegeben, während vom höheren Ende aus W. entgegenströmt. Während des Übergangs der verfestigten Bruchstücke auf ein zweites **I** wird durch Hindurchblasen von Luft das anhaftende W. entfernt. — Zeichnung. (**E. P. 664 028** vom 24/10. 1949, ausg. 2/1. 1952.) HARDER. 8229

A. D. Petrow, Chemie der Motortreibstoffe. Moskau: Verlag der Akad. der Wiss. der UdSSR. 1953. (512 S.) 24 Rbl. 10 Kop. [russ.]

Wilson et Wells, Charbon, coke et sous-produits. Paris: Ch. Béranger. (588 S.) Fr. 5900,—.

—, La Gazéification des charbons (Gazéification souterraine. Gazéification des charbons extraits). Publ. de l'O. E. C. E. Paris: Presses universitaires de France. (108 S.) Fr. 320,—.

XXI. Leder. Gerbstoffe.

R. L. Sykes, *Untersuchungen über die reaktionsfähigen Gruppen im Kollagen.* 1.Mitt. *Die Reaktionen der ε-Aminogruppen des Lysins.* Das für die Best. der Endgruppen eingeführte 2.4-Dinitrofluorbenzol kann auch zur Best. des Lysins im intakten Proteinmol. verwendet werden. Das gereinigte Reaktionsprod. wird mit Säure hydrolysiert, u. die dabei frei werdende Dinitrophenylaminosäure wird aus dem Hydrolysat abgetrennt, chromatograph. isoliert u. colorimetr. bestimmt; es können 75—80% des im Kollagen vorhandenen Lysins erfaßt werden. Weiter werden eine Rk. der NH_2-Gruppe des Lysins mit Glyoxylsäure u. eine andere mit Bromacetylnatrium beschrieben. (J. Soc. Leather Trades' Chemists **36.** 267—73. Sept. 1952. Leeds, Univ., Dep. of Leather Ind.) STADLER. 8334

Robert Stubbings und **Edwin R. Theis,** *Untersuchungen über Enthaarung.* 6. Mitt. *Der Einfluß von Salzen auf die Eigenschaften von Kalkbrühen.* Der Einfl. von Salzzusätzen auf den p_H u. die titrierbare Alkalität von Kalkäschern wurde eingehend untersucht. Da $Ca(OH)_2$ nicht vollständig dissoziiert ist, bewirkt jede Erhöhung der Kalklöslichkeit eine Vergrößerung des Verhältnisses $OH'/Ca^{\cdot\cdot}$. Die Zugabe eines Elektrolyten zu Kalkschlamm bewirkt eine Erhöhung der Löslichkeit von $Ca(OH)_2$, u. zwar um so stärker, je höher die Valenz des zugesetzten Kations oder Anions ist. Der Effekt ist am deutlichsten bei geringen Salzzusätzen. Hierbei beeinflussen einwertige Salze (NaCl, NaSH) das p_H nicht, während mehrwertige das p_H erhöhen. Zusatz von OH-Ionen [NaOH, $Ba(OH)_2$] vermindert die Kalklöslichkeit, während p_H u. titrierbare Alkalität ansteigen. Zugabe von Salzen, deren Anionen schwerlösl. Kalksalze bilden (Na_2CO_3, $Na_2C_2O_4$), hat dieselbe Wrkg. wie die Zugabe der äquivalenten Menge NaOH. Salze, die in W. unter alkal. Rk. hydrolysieren (Na_2S, NaCN), haben eine Wrkg., die zwischen der neutraler Salze u. der von NaOH liegt. Die Stärke der Hydrolyse des Salzes bestimmt, ob die Wrkg. sich mehr der neutraler Salze oder der von Alkali nähert. Die beobachteten Erscheinungen lassen sich gut mit dem Prinzip der Interionenanziehung, entsprechend der DEBYE-HÜCKEL-Gleichung für Aktivitätskoeffizienten, u. mit dem Massenwirkungsgesetz erklären. — 3 Tabellen, 3 Abbildungen. (J. Amer. Leather Chemists Assoc. **47.** 523—36. Aug. 1952. Bethlehem, Pa., Lehigh Univ., Div. Leather Techn. Inst. Res.) O. ENGEL. 8334

Robert Stubbings und **Edwin R. Theis,** *Untersuchungen über Enthaarung.* 7. Mitt. *Der Einfluß von Salzzusätzen zu Kalkbrühen auf die Schwellung der tierischen Haut.* (6. vgl. vorst. Ref.) Die in vorst. Ref. beschriebenen Unterss. wurden unter Zusatz von Hautmaterial wiederholt. Durch die Anwesenheit der Hautsubstanz wird das p_H der Lsgg. u. die titrierbare Alkalität erniedrigt, die Kalklöslichkeit erhöht. — Innerhalb der OH-Ionenkonz. von 0,045—0,055n ist die Quellung der Haut eine lineare Funktion dieser Konzentration. Der Zusatz geringer Mengen von Na-Salzen zum Kalk bewirkt eine Verstärkung der Quellung, geringe Mengen von Ca-Salzen vermindern sie. Hohe Konzz. der zugesetzten Salze wirken in umgekehrtem Sinne. Die Erscheinungen lassen sich auf Grund des DONNAN-Effektes, einer Dehydratation u. einer Änderung der Kohäsion der Hautfasern erklären. Bei der Betriebskontrolle ist es nicht ausreichend, das p_H des Äschers zu messen, sondern es muß auch die titrierbare Alkalität bestimmt werden. — 3 Abbildungen, 4 Tabellen. (J. Amer. Leather Chemists Assoc. **47.** 536—47. Aug. 1952. Bethlehem, Pa., Lehigh Univ., Div. Leather Technol. Inst. Res.) O. ENGEL. 8334

P. Chambard, *Salzungsversuche mit Kalbfellen.* Aus den Salzungsverss. der Jahre 1950 u. 1951 kann über die Natur der Salzflecken folgendes geschlossen werden: Die Rot- u. Violettfärbung u. die Haarlässigkeit sind sicher bakteriellen Ursprungs. Sehr wahrscheinlich durch Bakterien verursacht sind die baumförmigen Flecken des Narbens (arborescence de fleur) u. die Braunfärbung der Fleischseite. Sie bleiben während der Gerbung sichtbar, verschwinden aber zum größten Teil nach der Zurichtung. Vielleicht bakteriellen Ursprungs sind die Keimflecken der Fleischseite (piqûre de sel), die als kleine braune verhärtete Erhebungen erscheinen u. im Äscher grünschwarz werden. Sehr wahrscheinlich mechan. hervorgerufen sind die sternförmigen Flecken des Narbens, u. zwar unter der Einw. der Salzkristallisation beim Austrocknen der Felle. Sie sind daher bes. häufig auf den Außenfellen der Stapel u. an den Faltstellen. Wahrscheinlich bakteriell verursacht sind dagegen die den letztgenannten Flecken ähnlichen, bei denen jedoch der Narben nicht aufgesprengt ist. Es besteht kein genet. Zusammenhang zwischen den Keimflecken der Fleischseite u. den Flecken der Narbenseite. Die ersteren werden wahrscheinlich durch aerobe, die letzteren durch anaerobe Bakterien hervorgerufen. Keimflecken der Fleischseite zeigen eine schlechte Konservierung der Felle an. Ihr Vorhandensein macht daher auch das Vorhandensein von Flecken auf der Narbenseite, die ja bei den Rohfellen nicht sichtbar sind, wahrscheinlich. Die Unwirksamkeit geringer Mengen von Antiseptika erklärt sich daraus, daß diese von der Oberfläche der Haut gebunden werden u. daher die Interfibrillär-Fl. nicht schützen. — In Laboratoriumssalzungsverss. wurde die abgelaufene Salzlake auf ihren Bakteriengeh. geprüft. Bei Verwendung von 40% Salz war die Zahl der Bakterien um ein Vielfaches geringer als bei nur 25% Salz, u. zwar sowohl bei Sodasalz als auch bei reinem Salz. Durch Zusatz von β-Naphthol wurde die Bakterienzahl vermindert. — 2 Tabellen. 1 Abbildung. (Bull. Assoc. franç. Chimistes Ind. Cuir Doc. sci. techn. Ind. Cuir **14.** 152—58. Sept./Okt. 1952.) O. ENGEL. 8334

K. H. Gustavson, *Der Einfluß der Neutralsalze auf die Chromgerbung.* Eine Erwiderung auf Veröffentlichungen von SHUTTLEWORTH (C. **1952.** 8073; **1953. 6399**), in welcher erneut darauf hingewiesen wird, daß NaCl die Cr-Aufnahme aus verd. bas. Cr-Brühe stark beschleunigt u. steigert, während bei zunehmender Cr-Konz. dieser Einfl. vermindert wird u. schließlich eine Abnahme auftritt. Auch eine Zugabe steigender Mengen $NaClO_4$ zu einer Lsg. von Cr-Perchlorat führt zu einer zunehmenden Aufnahme von Cr durch Hautpulver wie durch Haut. Anders wirken sich Zugaben von Na_2SO_4 aus. Der Einfl. der Neutralsalze in verd. bas. Cr-Lsgg. sei nicht mit einer verhinderten Aufnahmefähigkeit der akt. Gruppen im Protein zu erklären, sondern mit einer Rückwrkg. der Neutralsalze auf die Stabilität u. Zus. der inneren Sphäre des Cr-Komplexes u. damit dessen Fähigkeit, eine Bindung im Sinne einer Gerbung einzugehen. (J. Soc. Leather Trades' Chemists **36.** 284—91. Sept. 1952. Stockholm, Garverinaringens Forskningsinst.) STADLER. 8336

S. C. Shuttleworth, *Bemerkung zur Theorie der Chromgerbung.* Verf. weist in seiner Erwiderung auf eine Veröffentlichung von GUSTAVSON (C. **1953.** 1912) nochmals auf das unterschiedliche Verh. des einwertigen Chlorids u. des zweiwertigen Sulfats bei der Neutralsalzzugabe hin u. betont das verschied. Reaktionsvermögen von Cl u. SO_4 als Ligand im Chromkomplex. (J. Soc. Leather Trades' Chemists **36.** 292—93. Sept. 1952. Grahamstown, C. P., South Africa, Leather Ind. Res. Inst.) STADLER. 8336

A. Küntzel, *Bemerkung zu der Arbeit von H. Batzer und G. Weißenberger: Gerbversuche mit Polyamiden.* (Vgl. C. **1953.** 1115.) Es wird darauf hingewiesen, daß der im Zusammenhang mit Theorien über die Gerbung angewandte Begriff der „Vernetzung" nichts über die Art der Bindung von Gerbstoffen an die Hautsubstanz aussagt. Der Behauptung BATZERs, daß Vf. für die pflanzliche Gerbung eine Hauptvalenzbindung der Gerbstoffe an die Haut annehme, wird unter Hinweis auf die entsprechenden Arbeiten widersprochen. In den von BATZER zitierten Arbeiten ist eine solche Annahme nirgends ausgesprochen. (Makromolekulare Chem. **8.** 178—81. Juli 1952. Darmstadt, Inst. Gerbereichem.) O. ENGEL. 8336

Hans Batzer, *Stellungnahme zu der Bemerkung von A. Küntzel.* In einer Entgegnung auf die Ausführungen von KÜNTZEL (vgl. vorst. Ref.) wird bemerkt, daß eine ausführliche Diskussion über die Gerbtheorien im ursprünglichen Manuskript auf Wunsch der Schriftleitung gestrichen worden sei. Der Hauptwert sei auf die experimentellen Befunde gelegt worden. (Makromolekulare Chem. **8.** 182. Juli 1952. Freiburg/Br., Staatl. Forschungsinst. makromol. Chem.) O. ENGEL. 8336

P. Chambard und **I. Jullien,** *Gerbung mit dem Gerbstoff der Rinde von Eucalyptus sideroxylon.* Die Gerbverss. mit entfärbtem Eucalyptusrindenextrakt (vgl. C. **1952.** 3434) u. Mischungen mit synthet. Gerbstoffen wurden in größerem Maßstab wiederholt. Die zweite Arbeitsweise ist zweckmäßiger. Wenn der Anteil an Eucalyptusextrakt nicht zu hoch gewählt wird, sind Leder von gutem Aussehen u. guten techn. Eigg. zu erhalten. (Bull. Assoc. franç. Chimistes Ind. Cuir Doc. sci. techn. Ind. Cuir **14.** 158—62. Sept./Okt. 1952.) O. ENGEL. 8336

D. G. Roux, *Die Fraktionierung und Papierchromatographie von Mimosa-Extrakt.* Durch Fällen mit Alkohol werden aus einem 10%ig. wss. Extrakt von Mimosa eine gummiartige Substanz, aus dem Filtrat durch Fällen mit Bleiacetat die Gerbstoffe gefällt, während die Zucker dabei in Lsg. bleiben. Die Gerbstofffraktion wird durch zweidimensionale Papierchromatographie deutlich in mindestens 7 Substanzen aufgetrennt, wobei frische Extrakte sehr viel deutlichere Chromatogramme geben als Handelsextrakte, bei denen durch Oxydationen Kondensationen eingetreten sind. (J. Soc. Leather Trades' Chemists **36.** 274—84. Sept. 1952. Grahamstown, South Africa, Leather Ind. Res. Inst.) STADLER. 8336

A. Basiński, M. Czerniawski und **J. Skraga,** *Untersuchungen über die Viscosität und Struktur pflanzlicher Gerbstoffe.* Untersucht wurde die Viscosität (η) der Lsgg. von Kastanienextrakt (I) Quebracho „Korona" (**II**), Eichenextrakt (**III**) u. Quebracho „Ordinary" (**IV**). Mit zunehmender Temp. verringert sich η, mit steigender Konz.

wächst η. Lsgg. von gleicher Konz. zeigen unter gleichen Bedingungen große Unterschiede. Die Best. von η kann daher als Grundlage der Gerbstoffidentifizierung benutzt werden. Die D. der Lsgg. wächst linear mit der Konzentrationszunahme, so daß so der Gerbstoffgeh. ermittelt werden kann. η der Gerbstofflsgg. befolgt nicht das Gesetz von EINSTEIN, was auf die Hydratbldg. der Teilchen zurückzuführen ist. Ein Vgl. der Hydratisierung der Gerbstoffe zeigt, daß **I** u. **II** einander diesbzgl. sehr ähnlich sind; sie nimmt mit der Konz. zu. **III** weist bei niederem Geh. höhere Hydratbldg. auf, die mit der Konzentrationssteigerung unbedeutend zunimmt. Bei gleicher Konz. ähnelt die Hydratisierung von **IV** der von **III**. Das Achsenverhältnis der Gerbstoffteilchen wurde nach KUHN berechnet. Es ist für **III** u. **IV** bedeutend höher als für **I** u. **II** u. wächst mit steigender Konz. der Gerbstofflsgg., womit zunehmende Aggregation der Teilchen bewiesen erscheint. (Prace Głównego Inst. Chem. przemysłowej **1.** 49—58. 1951, ausg. 1952.) FREYTAG. 8336

R. Schubert, *Anionaktivität — Kationaktivität. Neue Begriffe für die Technik der Lederherstellung.* Die Begriffe Anion- u. Kationaktivität werden erläutert. Ihre Bedeutung bei der Gerbung, Färbung, Fettung u. Zurichtung der Leder wird besprochen. Als wichtigster Grundsatz gilt, daß Stoffe entgegengesetzter Aktivität nicht gleichzeitig angewandt werden dürfen. (Leder **3.** 155—60. 15/7. 1952. Ludwigshafen/Rh.) O. ENGEL. 8340

Georg Königsfeld, *Perwolit als Lederaustauschwerkstoff in Verarbeitung und Gebrauch.* Fortsetzung u. Schluß zu C. **1953.** 2059. (Dtsch. Schuh- u. Leder-Z. **2.** 19—21. Jan. 1953.) WINIKER. 8352

J. Pore, *Die verschiedenen Methoden der Wasserbestimmung in den Fettstoffen, die in den Gerbereien angewandt werden.* Es wird eine Übersicht über die Methoden der Wasserbest. in Fetten gegeben. Vf. weist darauf hin, daß die in manchen sulfonierten Ölen enthaltenen kleinen Mengen von flüchtigen Alkoholen bei der azeotropen Dest. mit Xylol oder Bzl. das Ergebnis der Wasserbest. verfälschen können. Es muß in solchen Fällen eine entsprechende Korrektur angebracht werden. Für Bzl. u. Xylol werden Korrekturtabellen mitgeteilt. — 2 Tabellen. (Bull. Assoc. franç. Chimistes Ind. Cuir Doc. sci. techn. Ind. Cuir **14.** 130—36. Juli/Aug. 1952.) O. ENGEL. 8360

L. H. de Jong, *Gerbstoffbestimmung.* Übersicht über die Verff. zur Gerbstoffbestimmung. (Der Gerbstoff wird mit Hautpulver geschüttelt oder durch Hautpulver gefiltert: Schüttel- u. Filterverfahren.) Die krit. Prüfung zeigt, daß beide Verff. für synthet. Gerbstoffe u. teilweise für Sulfitcellulose eigentlich ungeeignet sind. Solange kein anderes Verf. zur Verfügung steht, ist das Schüttelverf. auf Grund der damit erzielten niedrigeren Ergebnisse das für den Gerber sicherere Verfahren. (Nederl. Leder-Ind. **63.** 621—22. 11/12. 640—42. 18/25. 12. 1952.) WESLY. 8364

Fettchemie- und Fewa-Werk VEB (Erfinder: **Friedrich Schmitt**), Chemnitz, *Pickeln von Blößen und Pelzfellen.* Man verwendet Pickelbrühen, die neben Neutralsalzen, wie NaCl oder Na_2SO_4, das bei der Fettsäuresynth. durch Paraffinoxydation anfallende, niedermol. Fettsäuren enthaltende Kühlwasser enthalten, das mit NH_3, Alkalien oder organ. N-Basen neutralisiert sein kann; zweckmäßig werden ferner Sulfonierungsprodd. von einwertigen aliphat. Alkoholen mit ca. 4—10 C-Atomen im Mol. mitverwendet. Die so behandelten Blößen zeigen ein feines, geschlossenes Aussehen des Narbens; die anschließend durchgeführte mineral. bzw. pflanzliche Gerbung verläuft schneller, die Gerbbrühen werden besser erschöpft, u. die Gerbstoffe verteilen sich in den einzelnen Hautschichten gleichmäßiger. Das fertige Leder besitzt einen bes. weichen, wattigen Griff, sehr gute Narbenelastizität u. hohe Reißfestigkeit. (**D. P.** [**DDR**] **1 404** Kl. 28a vom 6/11. 1942, ausg. 14/7. 1952 [Wirtschaftspatent].) RAETZ. 8335

László Bolgár, London, England, *Herstellung von Gerbmitteln.* Man kondensiert β-Naphtholsulfonsäure (**I**) mit akt. Methylol- u. Aminogruppen enthaltenden Harnstoff- oder Thioharnstoff-NH_3-Aldehydkondensationsprodukten. — 360 (g) 40%ig. CH_2O-Lsg., 34 25%ig. NH_3-Lsg. (**II**) u. 50 50%ig. H_2SO_4 werden auf 70° erhitzt, langsam mit 120 50%ig. Harnstofflsg. gemischt u. 2 Std. auf 70° erhitzt. 80g des Reaktionsprod. werden mit aus 144 β-Naphthol, 120 98%ig. H_2SO_4 u. 50 W. hergestellter Lsg. von **I** 5 Std. auf 90—95° erhitzt, mit 150 W., 70 **II** u. 28 85%ig. HCOOH vermischt. (**E. P. 649 570** vom 1/4. 1947, ausg. 31/1. 1951.) LÜTTGEN. 8337

Fettchemie- und Fewa-Werk VEB (Erfinder: **Friedrich Schmitt** und **Rudolf Mauderer**), Chemnitz, *Herstellung von Sämischleder*, dad. gek., daß man Reh-, Hirsch-, Renntier-, Gemsenfelle oder andere geeignete Felle, die zuvor durch Weichen, Schwöden, Äschern, Entfernen des Narbens u. Beizen für die Sämischgerbung vorbereitet worden sind, einer kombinierten Gerbung unterwirft, indem man sie gleichzeitig oder in beliebiger Reihenfolge einerseits mit bekannten Gerbmitteln, wie Chromsalz, Alaun, Formaldehyd oder synthet. Gerbstoffen, u. andererseits mit verhältnismäßig großen, mindestens ca. 2% vom Blößengewicht betragenden Mengen Fettalkoholsulfonat bei saurer Rk. behandelt, wodurch die Fettalkoholsulfonate zum Aufziehen auf die Collagenfasern gebracht u. auf ihnen haltbar fixiert werden. — Die vorbereiteten Felle werden vor der Gerbung mit einer Lsg. von NaCl u. Säure gepickelt, wobei die Pickelbrühe bei der nachfolgenden Chromgerbung verwendet wird u. schließlich die Behandlung mit Fettalkoholsulfonat in saurer Lsg. erfolgt. (**D. P. [DDR] 403** Kl. 28a ,vom 13/7. 1941, ausg. 5/3. 1952 [Wirtschaftspatent].) M. F. MÜLLER. 8341

Soc. An. Française du Ferodo, Seine, Frankreich, *Herstellung von Kunstleder aus Lederfasern.* Als Bindemittel verwendet man eine Mischung aus Polyvinylacetat, einem Phenoplast, einem sauren Katalysator u. einem Lösungsm. für diese, wie nicht entphenolierte Teerschweröle, Kreosotöl, Trikresylphosphat, Cyclohexanon, Alkylphthalat; zusätzlich können Chlornaphthaline oder -benzole, Amine, Lignitwachs, Kolophonium, Alkydharze, Polymethacrylsäure zugesetzt werden. Das Bindemittel kann als Öl-in-Wasser-Emulsion mit einer Fasersuspension gemischt u. durch Koagulation auf der Faser niedergeschlagen werden. Sohlenleder macht man z. B. aus folgender Mischung: 50 (Teile) Abfälle von pflanzlich gegerbtem Leder, 55 Chromlederabfälle, 16 Polyvinylacetat, 13 Kresolformolharz, 20 m- bzw. p-Kresol, 7 Monochlornaphthalin, 2 Al-Sulfat, 3 Kastanienextrakte, 2 synthet. Tannin. Verwendung für Schuhe, Reibrollen, Friktionskegel, Ledermanschetten, Kupplungen. (**F. P. 981 258** vom 25/3. 1943, ausg. 24/5. 1951.) PANKOW. 8353

XXIV. Photographie.

Joachim-Hermann Scharf, *Zur Frage der Wahl des Aufnahmematerials in der wissenschaftlichen Mikrophotographie.* 1. Mitt. *Die Verwendung moderner Dünnschichtplatten für durch- und auffallendes gewöhnliches und polarisiertes Licht.* (Mikroskopie [Wien] **6.** 383—39. 1951. Mainz, Univ., Anatom. Inst.) GOTTFRIED. 8590

Herman H. Duerr, *Der Ansco-Color Negativ-Positiv-Prozeß.* Vf. beschreibt die Grundlagen des Ansco-Farbfilmes. Drei verschied. Materialien finden hierbei Verwendung: Color Negative Film Type 843, Color Dupe Negative Film Type 846 u. Color Positive Release Printing Film Type 848. Angabe der Entwicklungsvorschriften mit Rezepten. (Binghampton, N. Y., General Aniline & Film Corp., Ansco Div.) W. GÜNTHER. 8630

G. P. Fajerman und **N. N. Schischkina,** *Die Rolle des Alkalis bei der Farbentwicklung.* Wie früher gezeigt worden war (vgl. C. **1933.** II. 3375), besteht die Rolle des Alkalis darin, die notwendige Konz. der H-Ionen zu erzeugen u. zu erhalten. Als Prüfmaterial wurden AGFA-Color-Negativfilme Typ G-L u. AGFA-Positivfilm verwendet. Die Belichtung erfolgte durch ГОИ[2]-Sensitometer mit Lampe, Farbtemp. 2840° K, entwickelt wurde bei 18°, die Verss. ließen sich gut reproduzieren. Die p_H-Werte betrugen für Negativentwickler 11,3; 10,7; 10,2; 9,7 u. 9,1, für Positivverff. 11,3; 10,7; 10,0; 9,2 u. 8,8. Die Dichten wurden mit einem spektrophotometr., mit Se-Zelle verbundenen Gerät mit Monochromator gemessen. Die Adsorptionskurven hatten drei Maxima, die sich weder durch Variieren der Entwicklungszeiten (EZ) noch durch Änderung der p_H-Werte änderten. Die Entwicklungsgeschwindigkeit nimmt mit zunehmendem p_H-Wert zu. Die Werte für die D. der drei Schichten ändert sich mit zunehmenden EZ nicht gleichmäßig. Bei kurzen EZ wird die oberste Schicht am schnellsten entwickelt, mit Verlängerung der EZ wächst die Zunahme der D. bei der untersten Schicht schneller, es erfolgt daher ein Ausgleich für die drei Schichten. Bei Messungen der D. für die Wellenlängen 440, 530 u. 670 mμ zeigten sich die gleichen Beziehungen wie bei der Entw. des Ag-Bildes. Die Unters. der Werte für die spektrale Adsorption zeigt, daß bei niedrigem p_H-Wert u. kurzer EZ (4 Min.) in der untersten Schicht eine größere Menge Farbstoff (blaugrün) gebildet wird, bei ansteigendem p_H wird jedoch die Bldg. des purpurnen u. gelben Farbstoffes beschleunigt. Vff. nehmen an, daß dies durch die Verschiedenheit der drei Emulsionen zu erklären ist. Die Bldg. von Farbstoffen ist von der Red. der Ag-Ionen abhängig, die zur Entstehung von metall. Ag u. zu den Oxydationsprodd. des Entwicklers führt. Diese Oxydationsprodd. bilden mit den „Komponenten" der Emulsionsschicht die Farbbilder. Die Menge der entstandenen Farbstoffe ist linear vom p_H-Wert abhängig. Von der Schwarz–Weiß-Entw. unterscheidet sich somit die Farbentw. nicht, die Bindung der Oxydationsprodd. erfolgt in diesem Falle nicht durch Sulfit, sondern durch die der Emulsion zugefügte „Komponente". (Журнал Физической Химии [J. physik. Chem.] **25.** 1026—32. Sept. 1951.) OEHRN. 8630

Kalle & Co. Akt.-Ges. (Erfinder: **Maximilian Paul Schmidt** und **August Rebenstock**), Wiesbaden, *Lichtempfindliche Schichten für die Herstellung von Gerbbildern.* Die Schichten enthalten als lichtempfindliche Substanz Azide mit mehreren Azidogruppen, z. B. das Na-Salz der *2-(4'-Azidophenyl)-5-azido-1.3-benztriazol-6-sulfosäure* u. als Bindemittel natürliche oder synthet., bes. wasserlösl. Kolloide, wie Gelatine oder Polyvinylpyrrolidon. (**D. B. P. 858 195** Kl. 57b vom 31/8. 1943, ausg. 4/12. 1952.) Kalix. 8601

Polaroid Corp., übert. von: **Edwin H. Land,** Cambridge, Mass., V. St. A., *Material für die Schnellphotographie nach dem Silbersalzdiffusionsverfahren.* Auf einem durchsichtigen Film befindet sich eine hochempfindliche Negativschicht (**I**) u. auf einer undurchsichtigen Unterlage (z. B. Papier) eine wenig empfindliche Positivschicht (**II**). **I** u. **II** liegen leicht trennbar miteinander verbunden aufeinander. An einer Seite dieser Kombination befindet sich ein durch mechan. Druck leicht zerstörbarer Kunststoffbehälter, der eine wss. Lsg. (**III**) eines Entwicklers u. Halogensilberlösungsm. enthält. Zunächst wird **I** (durch den Film hindurch) so belichtet, daß nur in **I** ein latentes Bild entsteht. Durch Druck auf den Behälter wird dann **III** freigegeben, damit in **I** ein Negativ entwickelt u. die unbelichtete **II** mit **III** getränkt wird. **II** wird dann durch das in **I** vorhandene Negativ hindurch belichtet, wodurch sich in **II** ein Positiv bildet, das sich gleichzeitig entwickelt. Zum Schluß wird **I** von **II** getrennt. Nach einer weiteren Ausführungsform kann auch das Positiv in einer zwischen **I** u. **II** befindlichen, durchsichtigen Hilfsschicht erzeugt werden. — Nach einer weiteren Ausführungsform befindet sich **I** auf Papier u. ist mit einer (nicht lichtempfindlichen) „Bildempfangsschicht" (**IV**) durch eine Art aufklappbaren Rahmen zusammengepreßt. An einer Seite zwischen **I** u. **IV** befindet sich wie bei der vorst. Ausführungsform die Lsg. **III**. Bei der Verwendung des Materials wird der Rahmen aufgeklappt, **I** durch eine Kamera belichtet, der Rahmen wieder geschlossen u. (bei Tageslicht) **III** zwischen **I** u. **IV** verteilt. Dadurch entsteht in **I** ein Negativ u. in **IV** ein Positiv, worauf beide Teile voneinander getrennt werden. — Nach einer weiteren Ausführungsform ist **I** für Röntgenstrahlen empfindlich u. befindet sich auf einer für sichtbares Licht undurchlässigen, für Röntgenstrahlen jedoch durchlässigen Unterlage u. wird durch diese hindurch belichtet. Entw. des Negativs u. Erzeugung des Positivs in **IV** werden wie beim vorst. Verf. ausgeführt. **I** u. **IV** sind leicht trennbar miteinander verbunden, u. **IV** enthält „Entwicklungskeime" aus PbS, CdS u. ZnS. (**A. PP. 2 565 376** vom 19/2. 1947, **2 565 377** vom 13/6. 1950 u. **2 565 378** vom 19/9. 1950, alle ausg. 21/8. 1951.) Kalix. 8601

E. I. du Pont de Nemours & Co., übert. von: **Orion Edwin Schupp jr.**, Wilmington, Del., V. St. A., *Halogensilber–Polyvinylalkohol-Emulsion.* Zur Herst. wird ein Polyvinylalkohol (**I**) verwendet, der vollkommen frei von Estergruppen ist, ein Mol.-Gew. von ca. 100000 (bestimmt nach dem osmot. Verf.) u. eine Gardtner-Holdt-Viscosität von 12—50 Poises bei 25° als Lsg. von 10 **I** in 80 A. besitzt. **I** soll etwa der Formel $(CH_2 \cdot CHOH)_{2200}$ entsprechen. Davon wird zunächst durch $^1/_4$—2std. Rühren bei 90° eine 3—10%ig. Lsg. in W. hergestellt u. in dieser ein Silberhalogenid (**II**) oder eine Mischung verschied. **II** ausgefällt u. gereift. Dann wird der **I–II**-Komplex durch 20%ig. Na_2SO_4-Lsg. koaguliert, die überstehende Lsg. abgegossen u. der Komplex bis zu einem pAg von 7,5—8,5 (= Leitfähigkeit = 200—2000 $\mu\Omega$) ausgewaschen. **I–II** wird dann bei 90—100° durch Zugabe von W. oder wss. **I**-Lsg. peptisiert u. nach Zugabe von Sensibilisatoren, Stabilisatoren usw. in der üblichen Weise zu einer lichtempfindlichen Schicht vergossen. (**A. P. 2 579 016** vom 17/5. 1946, ausg. 18/12. 1951.) Kalix. 8601

General Aniline & Film Corp., New York, N.Y. (Erfinder: **Usevolod Tulagin,** Phillippsburg, N. J., und **Robert Fleming Coles,** Easton, Pa.), V. St. A., *Phenozonium-Farbstoffbilder.* Belichtetes Halogensilber wird mit o-Phenylendiaminlsgg. in Ggw. von 8-Oxychinolinderivv. der allg. Formel I entwickelt. Es bedeuten: R ein Halogenatom, eine NO_2-, SO_3H- oder Arsensäuregruppe, R_1 ein H-Atom, eine Alkylgruppe oder einen einkernigen carbocycl. aromat. Rest, R_2 ein H-Atom, einen COOH- oder $CONHR_3$-Rest, in dem R_3 einen sulfonierten aliphat. Rest mit mindestens 10 C-Atomen oder einen sulfonierten aromat. Rest bedeutet, der durch R_3 substituiert ist. Die Rk. erfolgt ohne die übliche Zwischenstufe von Chinoniminverbindungen. — Beispiele: 6-Brom-, 6-Sulfo-, 6-Nitro- u. 6-Arseno-8-oxychinolin, 2-Phenyl-6-brom-8-oxycinchoninsäure, 6-Brom-8-oxychinaldin, 2-Phenyl-6-chlor-6-oxycinchoninoyloctadecyllaurin, 2-(3'-Nitrophenyl)-6-brom-8-oxycinchoninsäure. (**D. B. P. 850 385** Kl. 57b vom 14/12. 1948, ausg. 25/9. 1952. A. Prior. 23/12. 1947.) Kalix. 8631

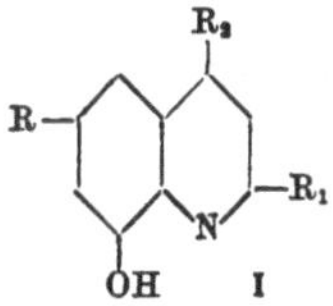

I

Universum Film-Akt.-Ges., Berlin (Erfinder: **Klaus Wernick,** Babelsberg), *Tonphotographie.* Zur Vermeidung der „Zuschüttung der Täler" bei photograph. Tonaufzeichnung in Gegentakt-Halbwellenschrift werden die Aufnahmen durch ein Umkehrverf. zu einem Positiv entwickelt; aus der hiervon gezogenen Kopie wird nochmals durch ein Umkehrverf. ein Positiv hergestellt. (**D. R. P. 767 688** Kl. 57b vom 7/5. 1939, ausg. 2/2. 1953.) KALIX. 8637

Siegfried Winter, Berlin, *Regenerierung von abgespielten Filmen.* Bildschichten, die aus Gelatine oder anderen hydrophilen Kolloiden bestehen, werden kurzzeitig Wasserdampfnebeln bei Tempp. über dem F. der Schicht ausgesetzt, so daß nur die Oberfläche schm. u. sich deren Unregelmäßigkeiten einebnen. (**D. B. P. 859 254** Kl. 57b vom 13/10. 1948, ausg. 11/12. 1952.) KALIX. 8641

Lufaco, Soc. An., Freiburg, Schweiz, *Reproduktionsverfahren.* Zur Herst. einer im Handsatz anzulegenden Vorlage, bes. für den Notendruck, werden Satzelemente (I) verwendet, die wenigstens zum Teil aus magnetisierbaren Metallen bestehen, u. eine Unterlage (**II**) aus ebensolchem Material. Die **I** werden nach dem Setzen auf **II** elektromagnet. festgehalten u. in verkleinerter, vergrößerter oder etwas verzerrter Form (für Zierschriften) photographiert; von dieser Aufnahme wird nach irgendeinem bekannten Verf. eine Druckplatte hergestellt. Für **I** wird vorzugsweise helles, für **II** dunkles Material verwendet. — Abbildungen. (**Schwz. P. 279 322** vom 26/10. 1949, ausg. 1/3. 1952.) KALIX. 8645

Emil Hermann Winter, Bern, Schweiz, *Mehrfarbendruck.* Eine lichtempfindliche Schicht auf einem durchsichtigen Träger wird durch einen Mehrfarbenpunktraster (I), der sich mit ihr in Kontakt befindet, bildmäßig belichtet; aus dem so gewonnenen Negativ wird nach bekannten Verff. eine Positivdruckplatte hergestellt u. mit dieser auf ein Material gedruckt, das einen mit **I** ident., aber seitenverkehrten **I** enthält. Hierzu wird eine Druckfarbe verwendet, die so dunkel ist, daß sie die nicht zum Bildaufbau dienenden Rasterpunkte vollständig abdeckt. (**Schwz. P. 278 311** vom 14/4. 1950, ausg. 16/5. 1952.) KALIX. 8645

General Aniline & Film Corp., New York (Erfinder: **Sam Charles Slifkin** und **Thaddeus J. Trojnar,** Binghampton), N. Y., V. St. A., *Diazotypiematerial.* Die lichtempfindliche Schicht enthält eine Diazoverb. u. eine Azokomponente der allg. Formel XSO_2N-RR′, in der X einen organ., in wenigstens einer Stellung kupplungsfähigen Kern u. R u. R′ H-Atome, Alkyl- oder Oxyalkylgruppen darstellen. Bes. geeignet sind folgende Sulfonamid (I)-Verbb.: 4-(Aceto-acetamido)-benzol-**I**, 3-[3′-Methylpyrazolon-5-yl-(1′)]-benzol-**I**, 6.7-Dioxy-(N-β-oxyäthyl)-naphthalin-(2)-**I**, 4-**I**-Resorcin. Die **I**-Verbb. sind ebensogut in W. wie in organ. Fll. löslich u. geben wasserfestere Kupplungsprodd., als die bisher bekannten sulfonierten Azokomponenten. (**D. B. P. 854 885** Kl. 57b vom 1/1. 1949, ausg. 6/11. 1952. A. Prior. 12/4. 1946.) KALIX. 8647

General Aniline & Film Corp., New York, N. Y. (Erfinder: **Maximilian H. Reichel,** Easton, Pa.), V. St. A., *Stabilisierung von Zweikomponenten-Diazotypieschichten.* Die Schichten erhalten einen Zusatz von sulfonierten o-Oxycarbonsäuren der Bzl.- oder Naphthalinreihe, z. B. von 5-Sulfosalicylsäure, 5-Sulfo-o-kresotinsäure, 6-Sulfo-2-oxynaphthalin-3-carbonsäure oder 8-Sulfo-2-oxynaphthalin-3-carbonsäure. (**D. B. P. 869 007** Kl. 57b vom 1/3. 1949, ausg. 2/3. 1953. A. Prior. 4/1. 1945.) KALIX. 8647

General Aniline & Film Corp., New York (Erfinder: **Carl Botkin** und **Sam Charles Slifkin,** Binghampton), N. Y., V. St. A., *Kontrastregelung von Diazotypieschichten.* Den Sensibilisierungslsgg. wird *Ascorbinsäure* oder *Isoascorbinsäure* zugesetzt, wodurch die γ-Werte der damit hergestellten lichtempfindlichen Schichten zwischen 1 u. 2 eingestellt u. diese für Halbtonkopien eingestellt werden. — Beispiel: 2 g p-Diazodimethylanilin·HCl + 5 g Resorcin + 0,4 g Ascorbinsäure + 0,1 g Saponin + 5 g Citronensäure + 5 cm^3 Glykol in 80 cm^3 Wasser. (**D. B. P. 854 884** Kl. 57b vom 1/1. 1949, ausg. 6/11. 1952. A. Prior. 13/5. 1946.) KALIX. 8647

J. J. **Hansma**, Foto-chemicaliën en recepten. 6e dr. Geh. omgewerkt en belangrijk uitgebreid door. Amsterdam: E. van Beugen. Bloemendaal, Focus. (149 S.) Fl. 3,75.

Herausgeber u. verantwortlich für den Inhalt: Prof. Dr. Maximilian Pflücke, Berlin W 8, Jägerstraße 22/23, Fernsprecher: 200481, 201464. Redaktion: Chefredakteure Dr. Eugen Klever und Prof. Dr. Maximilian Pflücke. Verlag: Akademie-Verlag GmbH, Berlin W 5, Mohrenstraße 39 (Fernsprecher 203096, Postscheckkonto Berlin 35021) u. Verlag Chemie, GmbH, Weinheim/Bergstraße (Postscheckkonto Frankfurt/M. 145314 u. Berlin [West] 7430, Fernsprecher: Weinheim 2017). Bestell- u. Verlags-Nr. dieses Heftes: 1007/124/43. Das Chemische Zentralblatt erscheint wöchentlich.
Satz u. Druck: VEB Leipziger Druckhaus, Leipzig, III/18/203. X. 53.
Veröffentlicht unter der Lizenznummer 1212 des Amtes für Literatur und Verlagswesen der Deutschen Demokratischen Republik.
Printed in Germany.

FSC
www.fsc.org
MIX
Papier | Fördert
gute Waldnutzung
FSC® C083411

Zeitfracht Medien GmbH
Ferdinand-Jühlke-Straße 7
99095 Erfurt, Deutschland
produktsicherheit@kolibri360.de